Hans E. Laux

Der große Kosmos Pilzführer

Alle Speisepilze mit ihren giftigen Doppelgängern

KOSMOS

Mit 1118 Farbfotos von Peter Dobbitsch (S. 539/2), Manfred Enderle (S. 227/3, 279/2, 291/1, 295/1, 303/3, 347/3), Peter Hausmann (S. 79/4, 81/1), Werner Jurkheit (S. 397/1 u. 2), Ewald Kajan (S. 291/2, 315/1), Georg Ottmann (S. 119/3), Eugen Rapp (S. 213/1), Prof. Imre Rimoczi, Budapest (S. 607/3), Helga Steiner (S. 623/3b) und dem Verfasser (alle übrigen) sowie 39 Farb- und 91 Schwarzweißzeichnungen von Wolfgang Lang.

Umschlaggestaltung von Friedhelm Steinen-Broo, eStudio Calamar, Pau (Spanien), unter Verwendung einer Aufnahme von Hans E. Laux: Steinpilze und einer Aufnahme von Peter Mullen: Fliegenpilz.

Legenden zu den doppelseitigen Abbildungen: S. 2/3 Stockschwämmchen, S. 40/41 Geweihförmige Wiesenkoralle (beide Aufnahmen von Hans E. Laux)

Die Deutsche Bibliothek – CIP-Einheitsaufnahme
Ein Titelsatz für diese Publikation ist bei
Der Deutschen Bibliothek erhältlich

Wichtige Hinweise für den Benutzer
Auch die ausführlichste Diagnose in einem Pilzbestimmungsbuch kann die umfassende Erfahrung nicht ersetzen, die ein Pilzsammler erst im Laufe der Zeit erwirbt. Lassen Sie deshalb selbst bestimmte Pilze beim geringsten Zweifel an der Diagnose vorsichtshalber von einem Fachmann nachbestimmen (Pilzberatungsstellen, anerkannte Pilzberater). Im Zweifelsfall sollten Sie eine fragliche Art nicht verwenden. Verlag und Autor tragen keinerlei Verantwortung für Fehlbestimmungen durch den Leser dieses Buches oder für individuelle Unverträglichkeiten.
Allgemein gilt: Pilze nie roh essen! Sofern nicht anders angegeben, schließt der Hinweis „essbar“ stets ein, dass der Pilz zuvor durch Braten, Kochen etc. eine Hitzebehandlung erfuhr.

Gedruckt auf chlorfrei gebleichtem Papier

ISBN 3-440-08457-4
Lektorat: Angelika Holdau, Stefanie Tommes
Textredaktion: Annegret Kuhn
Grundlayout: Friedhelm Steinen-Broo, eStudio Calamar
Produktion: Siegfried Fischer, Lilo Pabel
Printed in Italy/Imprimé en Italie
Satz und Reproduktion: Typomedia GmbH, Ostfildern
Druck und Bindung: Printer Trento S.r.l., Trento

Postfach 10 60 11
D-70049 Stuttgart
TELEFON +49 (0)711-2191-0
FAX +49 (0)711-2191-422
WEB www.kosmos.de
E-MAIL info@kosmos.de

Zu diesem Buch

Über 1000 mitteleuropäische Pilze werden in diesem Buch vorgestellt, neben unseren bekannten Speise- und Giftpilzen auch viele weniger geläufige, meist für den Verzehr unbedeutende und auch sehr seltene Arten, die durch ihre Formen- und Farbenvielfalt und ihre Lebensweise faszinieren. Außer einer großen Anzahl europäischer Röhren- und Lamellenpilze wurden daher auch die meist ganzjährig anzutreffenden, aber in populären Pilzbüchern oft vernachlässigten Nichtblätterpilze und Schlauchpilze gebührend berücksichtigt. Pilzsammler, Hobbymykologen und Naturfreunde können sich so einen Überblick über die mitteleuropäische Pilzflora verschaffen.

Das Buch soll zur intensiveren Beschäftigung mit diesen interessanten Organismen anregen. Viele haben im Kreislauf der Natur große Bedeutung als Saprophyten, indem sie totes organisches Material abbauen und es in seine Grundbestandteile zerlegen. Andere leben als Mykorrhizapilze mit Bäumen und Gehölzen in symbiotischer Lebensgemeinschaft. Erwähnenswert sind auch verschiedene Parasiten und Schadpilze, die bei Forstleuten gefürchtet sind.

Die Bilder zeigen die Pilze in ihrer natürlichen Umgebung. Bei zahlreichen Aufnahmen wurde die Begleitflora mit einbezogen, zum Größenvergleich sind vertraute Blütenpflanzen, Moose und Farne zu sehen. Bei Mykorrhizapilzen wurde oft ein typisches Merkmal wie Blatt und Frucht des Partnerbaumes dazugelegt. Neben dem Habitusbild sind zur Vereinfachung der Bestimmung in bestimmten Fällen wichtige Details zusätzlich abgebildet. In die Beschreibung von Speisepilzen sind Fotos giftiger Doppelgänger eingefügt, damit werden unter Berücksichtigung der klaren Texte Verwechslungen weitgehendst ausgeschlossen.

Die Pilze sind systematisch in sieben Hauptgruppen eingeteilt. Mit Hilfe des Farbcodes im Bestimmungsteil ab Seite 42 und der Umrisszeichnungen lassen sich die Pilze grob charakterisieren und zuordnen. Die Gattungsbeschreibungen in den Kästen erleichtern die weitere Einordnung. Systematische Grundlage dieses Buches sind die „Kleine Kryptogamenflora", Band IIb/2 „Die Röhrlinge und Blätterpilze" von M. Moser und Band IIb/1 „Die Nichtblätterpilze, Gallertpilze und Bauchpilze" von W. Jülich sowie „Pilze der Schweiz" Band 1 (Ascomyceten) von J. Breitenbach und F. Kränzlin.

Die aktuellen wissenschaftlichen Bezeichnungen sowie die Volksnamen sind dem Standardwerk „Abbildungsverzeichnis mitteleuropäischer Großpilze" von A. Bollmann, A. Gminder und P. Reil entnommen. Alte, vertraute Pilznamen wurden mit aufgenommen. Über das Register sind die gesuchten Arten zu finden.

Die wesentlichen Merkmale der Arten wurden auf der Basis aktueller Literatur, anhand von Beobachtungen an frischem Belegmaterial sowie mikroskopischen Untersuchungen beschrieben.

Die Klassierung nach den Kriterien „essbar", „kein Speisepilz" oder „giftig" erfolgt zunächst auf übersichtliche Art anhand von Symbolen. Die genauen Angaben im zugehörigen Text sind jedoch unbedingt zu beachten! Die Hinweise zur Genießbarkeit in der Fachliteratur schwanken bei manchen Arten erheblich. Zum einen ist nicht jeder Pilz, dessen Verzehr unangenehme Folgen hat, wirklich giftig. Viele, die roh genossen heftige Beschwerden verursachen, sind nach spezieller Zubereitung oder Vorbehandlung essbar. Vom Rohverzehr der Wildpilze ist grundsätzlich abzuraten. Zum andern sind manche als „essbar" deklarierte Arten nur in jugendlichem Zustand genießbar. Sehr viele Pilze sind ungenießbar, ohne giftig zu sein. Sie schmecken brennend scharf, bitter oder unangenehm. Auch holzige, zähe oder schleimige Arten sind praktisch für den Verzehr nicht geeignet. Dazu kommt die große Zahl der sehr kleinen, oft winzigen und schon von daher für Ernährungszwecke unbedeutenden Spezies.

Bau und Bestimmungsmerkmale der Pilze

Was als „Pilz" angesehen und bezeichnet wird, sind nur die sichtbaren, meist kurzlebigen, Sporen bildenden Fruchtkörper. Der eigentliche Pilz-Organismus besteht aus einem meist haardünnen, spinnwebartigen oder wattigen lebenden Fadengeflecht, dem Myzel, welches im Boden, in Laub- und Nadelstreu, in totem oder lebendem Holz oder in anderen Materialien lebt.

Pilze sind in Aufbau und Lebensweise von den Blütenpflanzen grundverschieden. Sie besitzen kein Blattgrün und können daher selbst keine organischen Stoffe aufbauen; sie sind daher auf den Abbau organischer Stoffe angewiesen. Dabei spielen sie eine unersetzliche Rolle im „Recycling" der Natur. Pflanzliche Abfallstoffe werden von ihnen abgebaut und in Humus übergeführt. Man bezeichnet diese Pilzarten als Saprophyten. Beziehen die Pilze ihre Nährstoffe aus lebenden Materialien, so bezeichnet man sie als Parasiten. Viele sind auf gewisse Baumarten spezialisiert und können in Forstmonokulturen ungeheure Schäden anrichten. Naturnahe Mischwälder sind aufgrund ihrer Artenvielfalt weniger anfällig. Wie immer in der Natur wird zuerst der schwächere, unterdrückte und vorgeschädigte Baum angegrif-

Links: Der Zottige Schillerporling erscheint oft als Parasit an Apfelbäumen. **Rechts:** Der Knopfstielige Rübling lebt wie die meisten Pilze von totem organischem Material, das er abbaut.

fen. Wenn der Nährstoff im Substrat aufgebraucht ist, kommt es zu keiner Fruchtkörperbildung mehr.

Zahlreiche Großpilzarten Mitteleuropas leben in einer symbiotischen Lebensgemeinschaft mit Bäumen und anderen Blütenpflanzen. Ihre Myzelien umwachsen die Wurzeln der Partner oder dringen in diese ein. Diese so genannte Mykorrhiza bringt beiden Partnern Vorteile. Bäume, die in Baumschulen mit Mykorrhizapilzen beimpft wurden, haben sich als wesentlich wuchskräftiger erwiesen als Bäume ohne Mykorrhizapartner. Es ist bekannt, dass Mykorrhizapilze unter schädlichen Umwelteinflüssen wie Schadstoffeintrag aus der Luft und ökologischen Veränderungen ihrer Lebensräume stark leiden, was bei manchen Arten zu einem deutlichen Rückgang geführt hat.

Pilze können sich geschlechtlich und ungeschlechtlich fortpflanzen. Die ungeschlechtliche Fortpflanzung erfolgt durch Abschnürung von Vermehrungssporen (Konidien). Die geschlechtliche Fortpflanzung über Sporen ist eine komplizierte Ereignisfolge. Die Fruchtkörperbildung erfolgt nur unter geeigneten Temperatur-, Feuchtigkeits-, Ernährungs- und anderen Bedingungen. Das Wachstum der Pilze ist deshalb kaum berechenbar. Viele Arten entwickeln Fruchtkörper nur alle paar Jahre.

Die Fruchtkörper der Pilze sind außerordentlich vielgestaltig. Die bekannten Pilzarten sind charakteristisch „pilzförmig“ in Hut und Stiel gegliedert. Sie gehören zur Klasse der Ständerpilze *(Basidiomycetes)*. Für die Bestimmung der Hutpilze ist es wichtig, auf die verschiedenen Hut- und Stielformen zu achten. Andere Vertreter der Ständerpilze mit oft ausgefallen geformten Fruchtkörpern sind Korallen-, Stachel-, Keulen- und Leistenpilze, Porlinge, Rinden-, Gallert- und Bauchpilze. In der Klasse der Schlauchpilze *(Ascomycetes)* findet man Becherlinge, Erdzungen, Morcheln, Lorcheln und Kohlenbeeren. Wichtig für die Be-

Pilzhüte – hier vom Gelbstieligen Nitrat-Helmling – spielen für die Artbestimmung eine Schlüsselrolle.

stimmung der Pilze ist die Untersuchung aller Merkmale am besten mehrerer Fruchtkörper in möglichst unterschiedlichen Altersstufen.

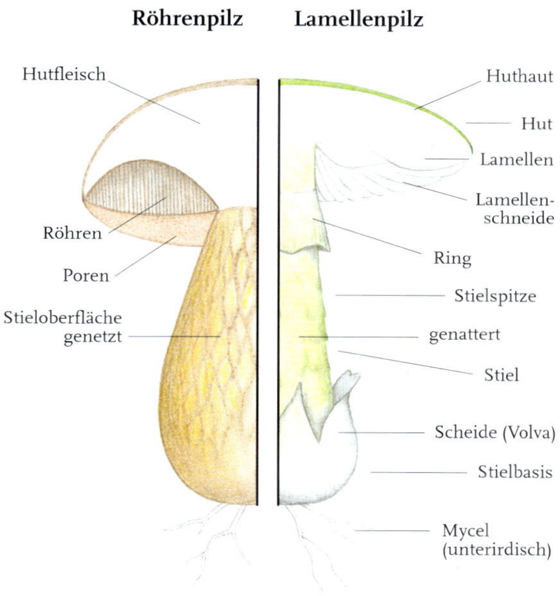

Schematischer Aufbau eines Röhrenpilzes (links, Gallenröhrling) und eines Lamellenpilzes (rechts, Grüner Knollenblätterpilz).

DER HUT

Erstes sichtbares Merkmal ist die Form, Größe, Farbe und Oberflächenbeschaffenheit der Hüte. Die Hutformen ändern sich im Lauf der Pilzentwicklung oft beträchtlich. Jung sind sie meist rund und kugelig, ausgereift können Hüte gewölbt, ausgebreitet, niedergedrückt, schüsselförmig, kegelig, glockig, eiförmig, spitzbuckelig, genabelt oder trichterig ausgebildet sein. Die Hutoberfläche kann glatt, glänzend oder schmierig, sie kann samtig, bereift, schuppig, radialfaserig, feldrig aufgerissen oder mit Velumflocken besetzt sein. Oft ist eine auffällige Zonierung ein wichtiges Merkmal. Der Rand ist häufig eingerollt. Hutränder sind glatt, gerieft, eingerissen und oft mit Velumresten behangen. Die Hutfarbe ist für die Bestimmung zwar sehr wichtig, sie kann sich aber während des Wachstums und durch Witterungseinflüsse beträchtlich ändern.

An der Unterseite der Hüte findet man das Hymenophor, das von der Sporen bildenden Fruchtschicht (Hymenium) überzogen ist. Das

Hymenophor kann die Form von Röhren, Lamellen, Leisten oder Stacheln haben; dadurch wird die Oberfläche stark vergrößert, sodass sich besonders viele Sporen entwickeln können.

Die meisten Hutpilze tragen unterschiedlich gefärbte blattartige Lamellen. Die Lamellenfarbe junger Pilze kann sich mit zunehmender Reife der Fruchtkörper durch die ausgeworfenen Sporen vollständig verändern. Lamellen können breit und schmal, dick und dünn ausgebildet sein. Sie sind am Stiel frei, ausgebuchtet, gerade oder herablaufend angewachsen. Der Lamellenrand wird als Schneide bezeichnet. Sein Aussehen ist für die Bestimmung oft wichtig und kann nur mit einer guten Lupe erkannt werden.

Bei den Röhrlingen lässt sich die Röhrenschicht in der Regel gut ablösen, bei den Porlingen ist sie meist fest mit dem Hutfleisch verwachsen. Die Röhrenmündungen (Poren) können rund, vieleckig oder labyrinthisch ausgebildet sein. Viele verfärben sich auf Druck. Die Porengröße ist eine weitere Bestimmungshilfe.

Die riesige Sporenproduktion eines einzelnen Individuums kann man leicht beobachten. Dazu legt man den Pilz mit dem Hymenium nach unten auf ein weißes Papier. Darüber kommt ein Glas. Die Farbe des Sporenpulvers ist nach ein paar Stunden oder über Nacht an dem entstandenen Abwurfpräparat zu erkennen; sie ist oft eine wichtige Bestimmungshilfe. Bei Wulstlingen, Ritterlingen, Schnecklingen und Helmlingen ist das Sporenpulver weiß, bei Rötlingen und Dachpilzen rosafarben, bei Risspilzen und Schüpplingen braun, bei Champignons dunkelviolett bis schwarz, bei Schleierlingen und Kremplingen rostbraun. Bei den Täublingen schwankt die Farbe des Sporenpulvers von weiß bis dottergelb, sie ist aber für die sichere Zuordnung der einzelnen Arten besonders bedeutsam.

Die Größe und Form der Sporen ist von Art zu Art verschieden; zur Bestimmung dieser Merkmale braucht man ein Mikroskop.

Das Hymenophor kann sehr unterschiedlich ausgebildet sein: **oben** längs gestreckte Mündungen (Poren) beim Hohlfuß-Schuppenröhrling; **Mitte** Lamellen beim Lachs-Reizker; **unten** Stacheln beim Semmel-Stoppelpilz.

DER STIEL

Auch der Stielabschnitt der Fruchtkörper ist oft sehr unterschiedlich geformt, bisweilen fehlt er ganz. Stiele können bauchig, keulig oder zylindrisch sein oder wurzelnde Form haben. Wichtig für die Bestimmung ist auch ihre Oberfläche. Sie kann glatt, genetzt, geschuppt, genattert, längsfaserig sein. Manche Stiele tragen einen Ring. Er ist meist deutlich ausgebildet und leicht zu erkennen. Durch Witterungseinflüsse oder unvorsichtige Entnahme der Fruchtkörper aus dem Boden kann er allerdings abfallen, was zu fatalen Verwechslungen führen kann. Neben dem Ring ist die Form der Stielbasis ein wichtiges Merkmal. Sie kann wurzelnd, zugespitzt, abgerundet oder knollig ausgebildet sein. Oft trägt sie einen mehr oder weniger stark ausgebildeten Myzelfilz.

Bei einigen Pilzgruppen der Ständerpilze sind junge Pilze von einer Gesamthülle (Velum universale) umschlossen. Sie reißt beim Heranwachsen der Fruchtkörper. Reste bleiben oft an der Stielbasis als Volva (Scheide) oder auf dem Hut als Flocken zurück. Bei anderen trägt der Stiel als Rest einer Teilhülle (Velum partiale) einen Ring. Bei den Schleierlingen ist die fädige Cortina eine spezielle Form des Velum partiale, seltener des Velum universale. Ring und Scheide sind aufschlussreiche Bestimmungsmerkmale.

DAS FLEISCH

Konsistenz, Farbe, Geruch und Geschmack des Fleisches sind wichtige Bestimmungshilfen. Man kann beim Anschneiden der Fruchtkörper oft eine beeindruckende Verfärbung des Fleisches beobachten. Das Fleisch von Milchlingen und Täublingen ist mürbe und brüchig. Bei bodenbewohnenden Hutpilzen ist es in der Regel weich. Auf Holz wachsende Porlinge haben zähes, oft holzartig hartes Fleisch (Trama). Beim Anschneiden mancher Pilzarten kann Milchsaft austreten, der an der Luft unverändert bleibt oder aber sich

Wichtige Erkennungsmerkmale am Stiel: **oben** beringter Stiel des Buchen-Schleimrüblings; **Mitte** Stiel des Fliegenpilzes mit warzigen Schuppengürteln an der Basis; **unten** Rotbrauner Streifling mit lappiger, am Stiel heraufreichender Volva.

deutlich verfärbt. Davon haben die Milchlinge ihren Namen. Auch einige andere Pilzarten (z. B. Helmlinge) führen Saft, der sich bei Verletzung verfärben kann. In den Pilzbeschreibungen ist in der Rubrik „Fleisch" der Geschmack häufig als Artmerkmal aufgeführt, von Geschmacksproben von Fleisch und Milch muss bei unbekannten Pilzen aber wegen der Vergiftungsgefahr dringend abgeraten werden.

Wann und wo sind Pilze zu finden?

Wenn im Frühling Huflattich und Märzveilchen blühen, setzt ein meist zaghaftes Wachstum der Frühjahrspilze ein. Von Speisepilzsammlern sehnlichst erwartet macht der Fichtenzapfenrübling *(Strobilurus esculentus)* den Anfang. Der Pilz kann in manchen Jahren nach der Schneeschmelze massenhaft auf Fichtenzapfen auftreten. Ein besonderes Erlebnis ist ein Fund der unter Schutz stehenden Jura-Kelchbecherlinge *(Sarcoscypha jurana).* Im April locken verschiedene Morchelarten den Kenner zur Suche an die vertrauten Plätze.

Die Haupterscheinungszeit vieler Röhren- und Lamellenpilze fällt in die Monate Juli bis Oktober. Für viele Großpilze sind die klimatischen und ernährungsbiologischen Voraussetzungen zu dieser Zeit optimal und oft zeigen sie sich in geradezu überwältigender Artenvielfalt. Wenn in Schönwetterperioden der Waldboden von Sommerwärme und trockenem Wind austrocknet, geht das Wachstum der Sommerpilze schnell zurück; es lohnt sich dann oft kaum mehr, nach Pilzen zu suchen. Ein nasser und kühler Sommer bietet aber noch lange keine Gewähr für üppiges Pilzwachstum. Wer Wildpilze sammeln möchte, muss also das Wetter immer im Auge behalten.

Links: Die essbare Spitz-Morchel erscheint mit den ersten Frühblühern. **Rechts:** Das Rauchblättrige Schwefelköpfchen findet man im Winter noch im ersten Schnee.

Nach den ersten Nachtfrösten Ende Oktober geht das Wachstum vieler Röhren- und Lamellenpilze stark zurück. Dafür erscheinen im Spätherbst und Winter in Tauperioden viele Gallertpilze, Schichtpilze und Schlauchpilze. Auch diese Pilzgruppen werden in diesem Buch gebührend berücksichtigt. Der genau beobachtende Pilzfreund kann sich somit das ganze Jahr über mit dem Thema Pilze beschäftigen. Der Speisepilzsammler wird im Winter noch nach Austernseitlingen *(Pleurotus ostreatus)* und Samtfußrüblingen *(Flammulina velutipes)* Ausschau halten.

BÄUME UND PILZE

Wer sich mit Pilzen beschäftigt, wird nicht umhinkommen, sich ein gewisses Grundwissen über Bäume, Sträucher und Begleitpflanzen sowie über Waldgesellschaften und Bodenverhältnisse anzueignen. Besonders wichtig für den Pilzsammler ist das Wissen um die Beziehungen zwischen Bäumen und Pilzen. Viele Pilze sind in der Wahl ihrer Partner wenig wählerisch, andere teils hoch spezialisiert. Im Folgenden werden unsere wichtigsten Waldbäume und einige bekannte oder interessante, nützliche oder schädliche Pilzpartner vorgestellt.

Die Fichte *(Picea abies)* wird in vielen Gebieten Europas als beliebter, schnell und gerade wachsender Forstbaum gepflanzt. Sie hat eine Vielzahl von Pilzen als Mykorrhizapartner. Dazu gehören Fliegenpilz *(Amanita muscaria)*, Kegelhütiger Knollenblätterpilz *(Amanita virosa)*, Perlpilz *(Amanita rubescens)*, Fichten-Steinpilz *(Boletus edulis)* und der Maronen-Röhrling *(Xerocomus badius)*. Auch der bittere Gallenröhrling *(Tylopilus felleus)* und viele *Russula*-Arten sind Fichtenbegleiter. Auf am Boden liegenden Zapfen findet man im Frühjahr oft massenhaft kleine, schwarze Fichtenzapfen-Becherlinge *(Ciboria bulgarioides)*.

Ein weiterer Nadelbaum mit interessanten Begleitpilzen ist die Weißtanne *(Abies alba)*. Bei ihr findet man den Lachs-Reizker *(Lactarius salmonicolor)* und die seltene Breitblättrige Glucke *(Sparassis brevipes)*. Auf den abgefallenen Zapfenschuppen kann man im Frühjahr gezielt nach Zapfenschuppen-Stromabecherlingen *(Ciboria rufofusca)* suchen. Hoch in den Kronen der Weißtannen wächst an Ästen und Stämmen der farbenfrohe Blutrote Borstenscheibling *(Hymenochaete cruenta)*.

In den europäischen Gebirgen ist die Lärche *(Larix decidua)* bodenständig. Wo der Baum ins Flachland gepflanzt wurde, sind Mykorrhizapilze mit zugewandert. Man findet unter ihnen als beliebten Speisepilz den Goldröhrling *(Suillus grevillei)*, den seltenen Hohlfuß-Röhrling *(Boletinus cavipes)*, den Grauen Lärchen-Röhrling *(Suillus viscidus)* und den Rostroten Lärchen-Röhrling *(Suillus tridentinus)*. Im Gebirge wächst der unter Schutz stehende Lärchen-Porling *(Fomitopsis officinalis)* parasitisch an Lärchenstämmen.

Die Wald-Kiefer *(Pinus sylvestris)* ist an ihrem Wuchs und den paarweise stehenden Nadeln leicht zu erkennen. Sie gedeiht sowohl auf trockenen Kalkböden als auch in feuchten Moorwäldern. Beide Waldformen haben ihre spezielle, reichhaltige Pilzflora. Unter Kiefern wachsen Edelreizker *(Lactarius deliciosus)*, Butterpilz *(Suillus luteus)*, Kupferroter Gelbfuß *(Chroogomphus rutilus)*, viele Ritterlinge und Schleierlinge. Auf Kiefernzapfen kann man fast das ganze Jahr über den kleinen Ohrlöffelstacheling *(Auriscalpium vulgare)* finden. Auf Kiefernholz wächst der Kiefern-Feuerschwamm *(Phellinus pini)*; in südlichen Ländern ist er ein gefährlicher Forstschädling an der Aleppo-Kiefer *(Pinus halepensis)*. Auf Kiefernzweigen wächst der unscheinbare Kiefern-Zystidenrindenpilz *(Peniophora pini)*, ein Fall für Spezialisten.

Unter den Laubbäumen zeichnet sich die Rotbuche *(Fagus sylvatica)* als häufiger Mykorrhizapartner aus. Man findet unter Rotbuchen Schnecklinge, Täublinge und herrliche Röhrlinge wie den Satans-Röhrling *(Boletus satanas)*, Silber-Röhrling *(Boletus fechtneri)* und den Netzstieligen Hexen-Röhrling *(Boletus luridus)*. Viele holzbewohnende Arten wachsen auf Buchenholz, so die Buckel-Tramete *(Trametes gibbosa)* an alten Buchenstümpfen und -stämmen. Ebenfalls an Buchenstümpfen findet man einen beliebten Speisepilz, das Stockschwämmchem *(Kuehneromyces mutabilis)*. Es erscheint oft in so großen Mengen, dass man an einem Stumpf Pilze für eine ganze Mahlzeit ernten kann. Im Laub und Humus unter Rotbuchen findet man auf al-

Oben: Der Fichten-Steinpilz (r.) ist einer der vielen Pilzpartner der Fichte (l.). **Unten:** Rotbuchen (l.) sind ideale Mykorrhizapartner. Der Zunderschwamm hat in einem Bannwald einen Buchenstamm in ganzer Länge besetzt (r.).

ten, verrotteten Buchecker-Fruchtschalen die Buchenfruchtschalen-Holzkeule *(Xylaria carpophila).*

Die Stiel-Eiche *(Quercus robur)* hat ihren Namen von den gestielten Früchten, die Früchte der Trauben-Eiche *(Quercus petraea)* sind ungestielt. Eichenbegleiter sind viele Röhrlinge, Milchlinge und Ritterlinge. Häufig findet man hier auch den hochgiftigen Grünen Knollenblätterpilz *(Amanita phalloides),* den Eichen-Milchling *(Lactarius quietus)* oder den Speise-Täubling *(Russula vesca).* Selten sind Bitter-Röhrling *(Boletus radicans)* und Eichhase *(Dendropolyporus umbellatus).* In wärmebegünstigten Flaumeichenwäldern *(Quercus pubescens)* findet man den Fransigen Wulstling *(Amanita strobiliformis).* Auch viele auf Holz wachsende Arten erscheinen an Eiche, so der Leberreischling *(Fistulina hepatica)* und der Zottige Eichen-Schichtpilz *(Stereum gausapatum).*

Die Gattung der Birken *(Betula)* ist in Europa sehr artenreich. Als Mykorrhizapilze bekannt sind der Birken-Röhrling *(Leccinum scabrum)* und die seltenere Birken-Rotkappe *(Leccinum versipelle).* Auch der Fliegenpilz *(Amanita muscaria)* kommt häufig bei Birken vor. Viele Milchlinge, Ritterlinge und Täublinge leben in Gemeinschaft mit der

Oben: Den Eichen-Milchling (r.) findet man häufig unter Eichen, hier Stiel-Eiche (l.). **Unten:** Birken (l.) sind anspruchslose Waldbäume. Birken-Milchlinge (r.) sind häufig unter Birken anzutreffen.

Birke; so findet man in Parks und Gärten unter verschiedenen Birkenarten im Spätherbst oft den Birken-Milchling *(Lactarius torminosus)*. Ein übler Baumschädling, der ausschließlich auf Birken vorkommt, ist der Birken-Porling *(Piptoporus betulinus)*. Wenn seine Fruchtkörper erscheinen, ist der Baum nicht mehr zu retten.

Pilze richtig sammeln

Meist sind es kulinarische Ambitionen, die den Pilzsammler motivieren, die begehrten Gewächse genauer kennen zu lernen. Es gibt Pilzsammler, die damit zufrieden sind, wenn sie ein paar Dutzend Arten sicher kennen. Andere wiederum beschäftigen sich intensiver mit dem Thema und erfreuen sich an der farb- und formenreichen Pilzwelt und an jeder neuen Art, die sie kennenlernen – ob essbar oder nicht.

PILZE KENNEN LERNEN

Eine bewährte Methode zur Erweiterung der Pilzkenntnisse sind gemeinsame Exkursionen mit erfahrenen Pilzkennern. Am besten prägt man sich dabei immer wieder ein paar unbekannte, leicht erkennbare Arten ein, nimmt sie getrennt von den Speisepilzen mit nach Hause und überprüft dort mit Hilfe der Literatur noch einmal alle ihre Merkmale.

Zur Hauptsaison werden vielerorts Pilzführungen angeboten; ein Problem ist hier allerdings eine oft zu große Teilnehmerzahl. Pilzvereine bieten in größeren Städten das ganze Jahr über ein umfangreiches Programm. Bei Pilzausstellungen wird oft eine große Artenfülle präsentiert – eine weitere gute Möglichkeit, die Pilzkenntnisse zu erweitern. Für Anfänger ist es empfehlenswert, einem Pilzverein beizutreten, wo sie im Kreis von erfahrenen Fachleuten ihr Wissen vertiefen und die eigenen Bestimmungen überprüfen lassen können.

DIE AUSRÜSTUNG DES PILZSAMMLERS

Wichtigster Ausrüstungsgegenstand ist ein luftdurchlässiger Korb. Luftdicht schließende Behältnisse sind ungeeignet. Durch übermäßiges Schwitzen kann sich darin das Sammelgut vorzeitig zersetzen.

Giftige oder unbekannte Arten dürfen nicht mit den Speisepilzen zusammengelegt werden, sie kommen in separate Behältnisse.

Auf Holz und Baumstümpfen wachsende Arten kann man mit einem Messer abschneiden; am Boden wachsende Pilze werden vorsichtig aus dem Humus gedreht.

Zur Beobachtung feiner Details benötigt der Pilzsammler eine Lupe mit zehnfacher Vergrößerung.

Sehr kleine, bis wenige Zentimeter große, also nur botanisch interessante Arten können in kleinen Behältnissen oder vorsichtig in Alufolie verpackt für weitere Untersuchungen mitgenommen werden. Passionierte Pilzfreunde können sich ein Pilzherbar oder eine Pilz-Diasammlung anlegen. Nähere Beobachtungen zu den Funden wie Vorkommen, Standort, Begleitpflanzen sollten dokumentiert und zusammen mit dem Funddatum und der Messtischblattnummer für weitere Auswertungen festgehalten werden.

Links: Wiesen-Egerling – ein Pilz, den man körbeweise sammeln kann. **Rechts:** Ein idealer Pilzkorb, in dem immer Ordnung herrscht.

ZEHN GRUNDREGELN FÜR DAS PILZESAMMELN

1. Sammeln Sie für die Küche immer nur Pilze, die Ihnen ganz sicher bekannt sind! Im Zweifelsfall bleiben sie stehen oder man lässt sie bei einem Fachmann oder einer Beratungsstelle nachbestimmen. Wichtig für die Bestimmung der Pilze ist die Untersuchung aller Merkmale mehrerer Fruchtkörper in unterschiedlichen Altersstufen.
2. Alte Exemplare bleiben stehen. Man erkennt sie am weichen Hut, ihr Fleisch ist meist madig. Alte und angeschimmelte Pilze verursachen wie verdorbenes Fleisch schwere Gesundheitsstörungen.
3. An Holz wachsende Arten werden mit dem Messer abgeschnitten. Am Boden wachsende Pilze kann man ebenfalls abschneiden. Pilze, die noch bestimmt werden müssen, dreht man aber besser vorsichtig heraus. An der Basis sind oft wichtige Merkmale für die Bestimmung zu erkennen.
4. Reinigen Sie Ihre Pilze schon im Wald von anhaftenden Nadeln, Laub- und Humusresten. Bei Arten mit starkem Hutschleim wird die Huthaut ebenfalls gleich entfernt, sonst klebt das Sammelgut im Korb zusammen.
5. Gesammelt wird in luftdurchlässigen Behältern, am besten eignen sich luftige Körbchen. Fest verschlossene, luftundurchlässige Behältnisse und Plastiktüten sind ungeeignet.
6. Zuhause legt man die Pilze kühl und luftig aus. Sie sollen innerhalb von 24 Stunden zubereitet werden. Sehr festfleischige Arten kann man im Kühlschrank zwei bis drei Tage aufbewahren.
7. Pilze, die bereits einen Frost überstanden haben, bleiben stehen. Es gibt wenige Arten, die man auch im Winter in gefrorenem Zu-

stand sammeln kann. Die meisten Winterpilze sind nach dem Auftauen jedoch nicht mehr frisch.
8. Sammeln Sie nur ausgewachsene, gut erkennbare Arten. Noch nicht völlig entwickelte Pilze sind leicht zu verwechseln.
9. Nehmen Sie Rücksicht auf die Natur. Durchwühlen Sie nicht den Waldboden und lassen Sie einzeln wachsende Fruchtkörper stehen. Geschützte Arten dürfen nicht gesammelt werden.
10. Sammeln Sie nur so viel, wie Sie auch verzehren können. Für die Bereitung einer köstlichen Pilzmahlzeit oder Beilage sind kleine Mengen ausreichend. Lassen Sie anderen Pilzsammlern etwas übrig.

UMWELTBELASTETE WILDPILZE

Parkanlagen, Wald-, Weg- und Straßenränder sind als Standort für viele Pilzarten bekannt, darunter geschätzte Speisepilze wie etwa Stadt-Egerling *(Agaricus bitorquis)*, Violetter Rötelritterling *(Lepista nuda)*, Netzstieliger Hexenröhrling *(Boletus luridus)* und Nelken-Schwindling *(Marasmius oreades)*. Leider wirkt das Umfeld in vielen Fällen wenig einladend zum Einsammeln einer gesunden, wohlschmeckenden Pilzmahlzeit. Viele dieser Plätze sind in Stadtnähe durch Hinterlassenschaften der ausgeführten Vierbeiner verunziert.

Eine Gefahr stellen vor allem in der Natur nicht abbaubare industrielle Schadstoffe wie Blei, Cadmium und Quecksilber dar, die über die Nahrungsmittel in den menschlichen Körper gelangen und schwere gesundheitliche Schäden hervorrufen. Hohe Belastungen können vor allem in der Nähe stark befahrener Straßen und problematischer Industrieanlagen sowie in Städten auftreten. Giftige Schwermetallverbindungen werden besonders in gilbenden Egerlingen angereichert, man sollte deshalb auf deren Genuss verzichten. Für den Verzehr von Zuchtpilzen sind keine Einschränkungen bekannt.

Verschiedene Wildpilzarten speichern radioaktives Caesium in unterschiedlich hohem Maße. Die hohen Belastungen nach dem Reaktorunfall in Tschernobyl sind zurückgegangen, das Risiko ist damit im Bewusstsein vieler Pilzsammler in Vergessenheit geraten. Vorsorglich sollten aber nur unkritische Arten in gering belasteten Gebieten gesammelt werden. Auf Hinweise der Behörden ist zu achten.

Der Stadt-Egerling wächst oft an ungepflegten Straßenrändern.

GEFAHREN IM WALD

In gefährdeten Gebieten besteht beim Verzehr roher Wildfrüchte das Risiko einer Infektion mit dem Kleinen Fuchsbandwurm. Da Wildpilze generell nicht roh genossen werden sollten, spielt dieses Problem für Pilzsammler eine untergeordnete Rolle. Alles Gekochte, Gebackene und Gebratene kann unbedenklich verzehrt werden.

Unerfreuliche Mitbringsel von der Pilzsuche sind Zecken. Als Schutzmaßnahmen sind Repellents nützlich, die man vor dem Waldgang aufträgt. Dringend zu empfehlen, wenn auch im Sommer nicht immer angenehm, ist feste Kleidung mit Kopfbedeckung und hohen Stiefeln. Die Plagegeister sitzen nicht, wie früher vielfach angenommen, nur auf Bäumen und Büschen, sondern vor allem an Gräsern und können an den Beinen hochkrabbeln. Nach dem Waldbesuch sollte man den Körper nach Zecken absuchen. Hat sich eine festgebissen, entfernt man sie am besten mit einer Pinzette.

Zecken können zwei verschiedene Krankheitserreger übertragen. Der Gefahr einer Frühsommer-Meningo-Enzephalitis (FSME) kann durch eine Schutzimpfung begegnet werden, der sich jeder Waldgänger unterziehen sollte. Wesentlich höher ist das Risiko einer Erkrankung an Borreliose. Wenn sich nach dem Zeckenbiss eine ringförmige Rötung an der Bissstelle bildet und grippeähnliche Zustände auftreten, muss dringend ein Arzt aufgesucht werden, der die Erkrankung durch eine Blutuntersuchung erkennt und behandelt. Eine vorbeugende Impfung gegen Borreliose gibt es nicht.

Oben: Vorsicht vor Verwechslungen! Die obere Abbildung zeigt links den tödlich giftigen Spitzhütigen Knollenblätterpilz und rechts den essbaren Dünnfleischigen Anis-Egerling. **Unten:** Der ebenfalls tödlich giftige Grüne Knollenblätterpilz.

Giftpilze und Pilzvergiftungen

Pilzvergiftungen sind besonders gefürchtet. Wer Wildpilze für den Verzehr sammelt, ist gut beraten, dabei immer die gebotene Vorsicht walten zu lassen. Essbare und giftige Pilze sind sich oft täuschend ähnlich. Verwechslungen lassen sich nur durch sicheres Kennenlernen der Arten vermeiden. Besonders Anfänger sollten sich zunächst auf eine leicht erkennbare Gruppe wie die Röhrlinge beschränken.

Wichtig ist die sichere Kenntnis der gefährlichen, tödlichen Giftpilze. Wichtige Arten sind in diesem Buch auf der hinteren inneren Umschlagklappe abgebildet. Aus dieser Übersicht ist klar ersichtlich, dass die meisten gefährlichen Giftpilze zur Gruppe der Lamellenpilze gehören.

Leider gibt es keine allgemein gültigen Merkmale, die auf die Giftigkeit eines Pilzes hinweisen. Weder Farbe noch Form sagen etwas über die Bekömmlichkeit aus, und giftige Pilze gibt es während der ganzen Saison. Man findet Giftpilze in allen größeren Pilzgruppen; oft sind sie den Speisepilzen nahe verwandt und täuschend ähnlich. Zur Sicherheit wird in diesem Buch auf die Problematik der giftigen „Doppelgänger" besonders eingegangen, sie sind bei den Speisepilzen im Rahmen der Artbeschreibungen mit abgebildet.

WAS TUN BEI PILZVERGIFTUNGEN?

Bei den ersten Anzeichen einer Pilzvergiftung muss sofort ein Arzt zu Hilfe gerufen werden.

Beim Erkrankten sofort Brechreiz auslösen (3–5 Teelöffel Kochsalz auf ein Glas warmes Wasser als Brechmittel; Kinder bekommen kein Salzwasser!), Magen entleeren, den erbrochenen Mageninhalt zur Untersuchung aufbewahren. Keine Medikamente geben! Alle Pilzabfälle müssen überprüft werden. Die Art der verzehrten Giftpilze muss zur Einleitung der entsprechenden Therapie möglichst schnell festgestellt werden. Bei Verdacht auf Vergiftung mit tödlich giftigen Arten ist die sofortige Krankenhauseinweisung aller am Essen beteiligten Personen zu veranlassen.

Bei schweren Vergiftungen ist die Latenzzeit, das ist die Zeit zwischen der Einnahme der Mahlzeit und den ersten Zeichen einer Erkrankung, häufig länger als bei leichten. Eine kurze Latenzzeit schließt jedoch eine Doppelvergiftung mit einem weiteren, gefährlicheren Giftpilz nicht aus.

Zu den stark gefährdeten Arten zählen der Schmarotzer-Röhrling (l.) und die Blutrotfleckende Koralle (r.).

Naturschutz

Pilze waren lange Zeit das Stiefkind der Naturschützer. Erst der auffällige Artenrückgang hat die Menschen aufmerksam gemacht. Verantwortlich für den Artenverlust sind Biotopveränderungen und -zerstörungen, verursacht durch Entwässerung von Feuchtgebieten, Umwandlung natürlicher Wälder in forstliche Monokulturen, Umstellung von extensiv genutzten Arealen auf ertragreiche landwirtschaftliche Nutzflächen sowie Anlage von Siedlungen und Ausbau von Verkehrswegen. Dazu kommt die Schadstoffeinbringung über Luft und Regenwasser. Übermäßiges Sammeln von Speisepilzen erscheint, abgesehen von wenigen Arten, für den Rückgang wenig signifikant. Die Wirksamkeit von zeitlichen Sammelbeschränkungen durch Behörden wird oft als fraglich bezeichnet. Der Pilzsammler soll behutsam vorgehen, seltene und geschützte Arten sind zu schonen. Schließlich gibt es genügend gute Speisepilze, die keinesfalls gefährdet sind.

Wichtig für die Bewahrung der vielfältigen Pilzflora ist die Erhaltung der besonders wertvollen Lebensräume. Dazu kann deren Umwandlung in Schutzgebiete und die Einrichtung von Bannwäldern beitragen. Naturnahe Forstwirtschaft, Beibehalten historischer Waldnutzungsformen, Schutz von natürlichen Wäldern, Auenwäldern und besonders pilzreichen Waldgesellschaften wie Eichen-Hainbuchen-Wäldern sowie der Verbleib alter und abgestorbener Bäume im Wald sind wichtige Beiträge. Auch die Weiterführung althergebrachter, extensiver Wirtschaftsweisen, wie das Mähen von Streuwiesen, gehört zum Artenschutz. Die Reduzierung der Schadstoffbelastungen ist eine dringende Forderung an Politiker und alle Beteiligten.

Erläuterungen zur Bestimmungshilfe

Anhand der auf den nächsten Seiten folgenden Bestimmungsübersicht können Sie Ihre Pilze zunächst grob zuordnen. Der Überblick über die wichtigsten Gattungen wird durch Skizzen und kurze Beschreibungen der typischen Merkmale erleichtert. Die ausgewählten Gattungen sind diejenigen mit hohen Artenzahlen oder mit einzelnen besonders häufigen oder bekannten Vertretern.

Entsprechend der Pilzsystematik ist die Übersicht in sieben Teile gegliedert:

- Stielporlinge, Röhrenpilze, Kremplinge und Verwandte
- Blätterpilze
- Sprödblättler (Täublinge und Milchlinge)
- Nichtblätterpilze (Leistenpilze, Keulenartige, Stachelinge und Verwandte)
- Schichtpilze, Porlinge (s. lat.) und Verwandte
- Gallertpilze und Bauchpilze
- Schlauchpilze (Morcheln, Lorcheln, Becherlinge, Trüffeln und Verwandte)

Die Einteilung der Pilze in diesem Buch ist auf die Standardwerke von Moser (Röhrlinge und Blätterpilze), Jülich (Nichtblätterpilze) und Breitenbach-Kränzling (Schlauchpilze) aufgebaut.

Symbole im Bestimmungsteil

Essbar
Nähere Erläuterungen in der Artbeschreibung sind unbedingt zu berücksichtigen! Allgemein gilt: Die Einstufung als „essbar" bezieht sich immer auf gegarte (gebratene, gekochte oder gebackene) Pilze. Pilze nicht roh essen!

Kein Speisepilz
Ungenießbar oder für Speisezwecke unbedeutend.

Giftig

KLASSE **Basidiomycetes (Ständerpilze)**
UNTERKLASSE **Hymenomycetidae**

Ordnung Polyporales

FAMILIE **Polyporaceae**

GATTUNG ***Polyporus*** (Stielporlinge) → Seite 42

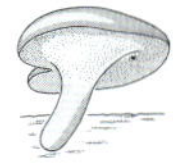

Fruchtkörper zäh, trocken fast holzig; Stiel zentral, exzentrisch oder seitlich; Röhren meist sehr kurz; Sporen hyalin, glatt, zylindrisch-elliptisch. Meist auf Holz, einjährig, überwintern selten. Die Gattung *Polyporus* (Porlinge im engeren Sinn) umfasst etwa 12 mitteleuropäische Arten.

GATTUNG ***Phyllotopsis*** (Orangeseitlinge) → Seite 46

GATTUNG ***Pleurotus*** (Seitlinge) → Seite 46

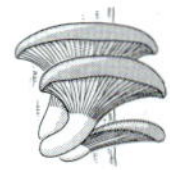

Die Gattung *Pleurotus* umfasst etwa zehn Arten mit großen, fleischigen Fruchtkörpern; sie sind seitlich gestielt und wachsen vorwiegend an Holz; Lamellen herablaufend, Sporenpulver weiß.

GATTUNG ***Lentinus*** (Sägeblättlinge) → Seite 48

Fruchtkörper zäh, auf Holz wachsend; Stiel zentral oder leicht exzentrisch; Lamellenschneide meist gesägt; Sporen nicht amyloid.

GATTUNG ***Lentinula*** (Shiitake-Pilze) → Seite 52

Ordnung Boletales

FAMILIE **Strobilomycetaceae**

GATTUNG ***Strobilomyces*** (Strubbelköpfe) → Seite 52

Gattung mit einer europäischen Art. Hut mit dicken Schuppen; Fleisch rötend.

GATTUNG ***Porphyrellus*** (Porphyrröhrlinge) → Seite 54

FAMILIE **Boletaceae**

GATTUNG ***Gyroporus*** (Blasssporröhrlinge) → Seite 54

Die Gattung besteht in Mitteleuropa aus zwei leicht erkennbaren Arten mit trockener, samtiger Hutoberfläche und blassgelbem Sporenpulver.

GATTUNG ***Gyrodon*** (Grüblinge) → Seite 56

GATTUNG ***Boletinus*** (Schuppenröhrlinge) → Seite 56

GATTUNG ***Suillus*** (Schmierröhrlinge) → Seite 56

Hüte meist schmierig oder schleimig, trocken glänzend, selten filzig; Röhrenschicht gut ablösbar; Stiele z. T. mit schleimiger Ringzone. Mykorrhizapilze von Nadelbäumen. Die Gattung *Suillus* umfasst in Europa etwa 20 Arten.

GATTUNG ***Phylloporus*** (Goldblatt-Pilze) → Seite 64

GATTUNG ***Xerocomus*** (Filzröhrlinge) → Seite 66

Hut trocken oder samtig; Stiel meist ohne Netz; Poren gelb oder grüngelb; Röhrenschicht gut ablösbar.

GATTUNG ***Boletellus*** (Rippensporröhrlinge) → Seite 70

GATTUNG ***Chalciporus*** (Zwergröhrlinge) → Seite 70

GATTUNG ***Pulveroboletus*** (Nadelholzröhrlinge) → Seite 72

GATTUNG ***Boletus*** (Dickröhrlinge) → Seite 72

Hut trocken, kompakt; Stiel relativ dick, mit Netz oder Pünktchen; Röhrenschicht gut ablösbar; Sporenpulver oliv bis olivbraun. In Europa etwa 40 Arten. Mykorrhizabildner. Viele sind selten und zu schonen.

GATTUNG ***Tylopilus*** (Gallenröhrlinge) → Seite 82

GATTUNG ***Leccinum*** (Raufußröhrlinge) → Seite 82

Huthaut bisweilen am Rand überstehend; Stiel rauflockig oder schuppig; Röhrenschicht um den Stiel stark niedergedrückt, gut ablösbar, alt polsterförmig hervorquellend. Raufußröhrlinge sind in Deutschland geschützt. Giftpilze sind keine darunter.

FAMILIE **Paxillaceae**

GATTUNG ***Paxillus*** (Kremplinge) → Seite 90

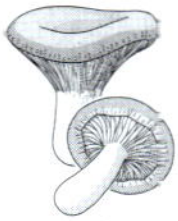

Fruchtkörper fleischig; Hutrand jung eingerollt; Stiel zentral bis seitlich; Lamellen dicht stehend, am Stiel herablaufend und anastomosierend, leicht vom Hutfleisch lösbar; Sporenpulver ocker bis rostbraun.

GATTUNG ***Tapinella*** (Muschelkremplinge) → Seite 92

GATTUNG ***Hygrophoropsis*** (Afterleistlinge) → Seite 92

GATTUNG ***Omphalotus*** (Ölbaumpilze) → Seite 92

GATTUNG ***Ripartites*** (Filzkremplinge) → Seite 94

FAMILIE **Gomphidiaceae**

GATTUNG ***Gomphidius*** (Schmierlinge) → Seite 94

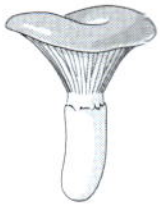

Fruchtkörper fleischig; Hut meist schleimig; Lamellen entfernt stehend, dicklich, weit herablaufend, bei der Reife fast schwarz. Die nahe stehende Gattung *Chroogomphus* wird nicht von allen Autoren abgetrennt.

GATTUNG ***Chroogomphus*** (Gelbfüße) → Seite 96

Ordnung	Agaricales

FAMILIE **Hygrophoraceae**

GATTUNG ***Hygrophorus*** (Schnecklinge) → Seite 98

Fruchtkörper dickfleischig; Huthaut oft schleimig oder schmierig; Lamellen dicklich, oft entfernt stehend, angewachsen bis bogig herablaufend; Stiele ringlos, selten mit Schleimwulst; Sporenpulver weiß. In Europa etwa 50 Arten; keine Giftpilze.

GATTUNG ***Hygrocybe*** (Saftlinge)
incl. ***Camarophyllus*** (Ellerlinge) → Seite 112

Die Gattung *Hygrocybe* (Saftlinge) enthält +/– glasige, meist lebhaft gefärbte Arten mit oft spitzkegeligem Hut. Pilze der Gattung *Camarophyllus* (Ellerlinge) haben herablaufende Lamellen und einen trockenen bis schmierigen, aber nicht schleimigen Hut. Die Ellerlinge werden neuerdings der Gattung *Hygrocybe* zugeordnet. Viele Arten sind wegen Veränderungen ihrer Lebensräume bedroht. Alle Saftlinge sind in Deutschland geschützt.

FAMILIE **Tricholomataceae**

GATTUNG ***Haasiella*** (Goldnabelinge) → Seite 124

Der Habitus erinnert an die Gattung *Omphalina*. Hut leicht genabelt, Lamellen am Stiel herablaufend. Sporenpulver blassorange.

GATTUNG ***Rickenella*** (Heftelnabelinge) → Seite 124

Kleine Arten; Hüte genabelt, Stiel und Fleisch dünn, Lamellen weit herablaufend. Die Gattung besteht aus drei Arten.

GATTUNG ***Phytoconis*** (Flechtennabelinge) → Seite 126

GATTUNG ***Omphalina*** (Nabelinge) → Seite 126

GATTUNG ***Laccaria*** (Lacktrichterlinge) → Seite 126

Alle Arten der Gattung *Laccaria* haben ziemlich dicke und entfernt stehende Lamellen, die am Stiel waagerecht angewachsen sind oder etwas herablaufen. Ihr Sporenpulver ist weiß. Die Gattung umfasst in Mitteleuropa etwa zehn Arten. Giftpilze sind nicht darunter.

GATTUNG ***Clitocybe*** (Trichterlinge) → Seite 130

Die Gattung *Clitocybe* enthält viele Arten mit herablaufenden Lamellen und oft trichterigem Hut; dieses Merkmal ist zwar namensgebend, jedoch nicht absolut zuverlässig. Stiele ohne Ring. Sporenpulver meist weiß. Neben Speisepilzen finden sich unter den Trichterlingen gefährliche Giftpilze.

GATTUNG ***Lepista*** (Rötelritterlinge/Röteltrichterlinge) → Seite 138

Pilze der Gattung *Lepista* erinnern an Ritterlinge oder Trichterlinge. Ihre Lamellen sind ausgebuchtet bis herablaufend und meist leicht vom Hutfleisch ablösbar. Ihre Sporen sind oft feinwarzig.

GATTUNG ***Tricholomopsis*** (Holzritterlinge) → Seite 144

Die Gattung *Tricholomopsis* umfasst etwa vier saprophytisch auf Holz wachsende, ritterlingsähnliche Arten; alle sind ungenießbar. Lamellen und Fleisch sind gelb gefärbt; Huthaut mit Schüppchen. Sporenpulver weiß.

GATTUNG ***Tricholoma*** (Ritterlinge) → Seite 146

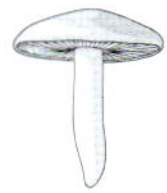

Meist mittelgroße bis große Arten; Lamellen am Stiel ausgebuchtet oder abgerundet angewachsen. Fleisch ziemlich kräftig. Stiel meist ringlos. Sporenpulver weiß.

GATTUNG ***Armillaria*** (Hallimaschverwandte) → Seite 164

Fruchtkörper meist büschelig auf Holz wachsend; Lamellen angewachsen bis herablaufend; Hutoberfläche trocken, +/– schuppig; Stiele oft beringt. Weißfäuleerzeuger.

GATTUNG ***Arrhenia*** (Adermooslinge) → Seite 164

GATTUNG ***Lyophyllum*** (Raslinge, Graublättler) → Seite 166

Die Gattung ist sehr heterogen. Sie enthält einschließlich der vereinigten Gattung Graublättler *(Tephrocybe)* etwa 50 Arten. Dazu gehören teils büschelig wachsende, oft rötlich, blau bis schwarz verfärbende Arten mit weißem Sporenpulver.

GATTUNG ***Calocybe*** (Schönköpfe) → Seite 170

Die Gattung *Calocybe* ist vielgestaltig; Pilze ritterlings- oder rüblingsähnlich; Hüte weiß bis lebhaft gefärbt; Lamellen gedrängt. Gattung mit etwa zehn Arten.

GATTUNG ***Nyctalis*** (Zwitterlinge) → Seite 172

GATTUNG ***Cantharellula*** (Gabelblättlinge) → Seite 172

GATTUNG ***Pseudoclitocybe*** (Gabeltrichterlinge) → Seite 174

GATTUNG ***Leucopaxillus*** (Krempenritterlinge) → Seite 174

GATTUNG ***Melanoleuca*** (Weichritterlinge) → Seite 176

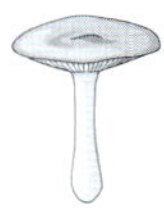

Die Gattung umfasst etwa 35 Arten. Sie haben flache, breite, fleischige, ritterlingsähnliche Fruchtkörper, ihre Lamellen sind am Stiel ausgebuchtet angewachsen. Stiel ohne Ring. Die Sporen sind warzig, amyloid, ohne Keimporus. Die Gattung ist noch unzureichend erforscht, einige Arten sind unsicher; auch wenn bislang keine Giftpilze darunter bekannt sind, ist wegen der schwierigen Bestimmbarkeit der einzelnen Arten Vorsicht angezeigt.

GATTUNG ***Catathelasma*** (Möhrlinge) → Seite 178

GATTUNG ***Phyllotus*** (Seitlinge) → Seite 180

GATTUNG ***Microcollybia*** (Sklerotienrüblinge) → Seite 180

GATTUNG ***Collybia*** (Rüblinge) → Seite 182

Etwa 40 Arten. Bestes Kennzeichen ist die knorpelig-zähe oder elastische Konsistenz der Fruchtkörper. Hüte mittelgroß, teilweise hygrophan. Ring oder Volva fehlen. Sporenpulver weiß bis cremeocker.

GATTUNG ***Marasmiellus*** (Zwergschwindlinge) → Seite 188

GATTUNG ***Micromphale*** (Stinkschwindlinge) → Seite 188

GATTUNG ***Hohenbuehelia*** (Muschelinge) → Seite 190

GATTUNG ***Tectella*** (Schleierseitlinge) → Seite 190

GATTUNG ***Panellus*** (Zwergknäuelinge) → Seite 192

Die Gattung umfasst etwa fünf auf Holz wachsende Arten. Stiel klein, seitlich sitzend oder fehlend. Sporen zylindrisch bis elliptisch, glatt, hyalin.

GATTUNG ***Sarcomyxa*** (Muschelseitlinge) → Seite 194

GATTUNG ***Oudemansiella*** (Schleimrüblinge) → Seite 194

GATTUNG ***Megacollybia*** (Breitblättler) → Seite 194

GATTUNG ***Xerula*** (Wurzelrüblinge) → Seite 196

GATTUNG ***Macrocystidia*** (Gurkenschnitzlinge) → Seite 196

GATTUNG ***Strobilurus*** (Nagelschwämme) → Seite 198

GATTUNG ***Marasmius*** (Schwindlinge) → Seite 200

Kleine bis mittelgroße Pilze, die bei Trockenheit einschrumpfen und bei Feuchtigkeit wieder aufleben können; meist mit feiner, samtiger und/oder runzeliger Huthaut.

GATTUNG ***Mycena*** (Helmlinge) → Seite 206

Die Gattung enthält mehr als 100 meist kleinere, zarte Arten mit oft +/– glockigem Hut und dünnem Stiel. Ihr Hutrand ist feucht durchscheinend gerieft. Einige milchen bei Verletzung weiß, rot oder orange, andere fallen durch gefärbte Lamellenschneiden auf. Ihr Sporenpulver ist weiß.

GATTUNG ***Dermoloma*** (Samtritterlinge) → Seite 222

GATTUNG ***Hydropus*** (Wasserfüße) → Seite 224

GATTUNG ***Myxomphalia*** (Kohlennabelinge) → Seite 224

GATTUNG ***Xeromphalina*** (Glöckchennabelinge) → Seite 224

GATTUNG ***Baeospora*** (Rüblinge) → Seite 226

GATTUNG ***Flammulina*** (Samtfußrüblinge) → Seite 226

Die Gattung *Flammulina* umfasst in Mitteleuropa etwa drei Arten, die an Rüblinge *(Collybia)* erinnern. Ihre Hüte sind klebrig, die Huthaut gelatinös; alle wachsen an Holz.

GATTUNG ***Cystoderma*** (Körnchenschirmlinge) → Seite 228

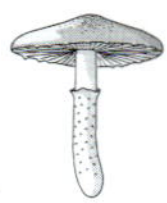

Gattung mit etwa 15 Arten. Die kleinen Pilze erinnern an Schirmlinge. Ihre Hutoberfläche hat einen körnigen oder feinschuppigen, abwischbaren Belag. Sporenpulver weiß.

FAMILIE **Entolomataceae**

GATTUNG ***Rhodocybe*** (Tellerlinge) → Seite 232

Die Gattung *Rhodocybe* bildet den Übergang von der Familie der *Tricholomataceae* zu den *Entolomataceae*. Sie umfasst etwa 15 kleine bis mittelgroße, selten auch große, fleischige Arten mit herablaufenden Lamellen, die mit dem Fingernagel leicht vom Hutfleisch ablösbar sind. Ihr Sporenpulver ist rosa, selten graubraun gefärbt. Viele Tellerlinge haben einen bitteren Geschmack, weshalb man sie auch Bitterlinge nennt.

GATTUNG ***Clitopilus*** (Räslinge) → Seite 234

GATTUNG ***Entoloma*** (Rötlinge) → Seite 234

Einheitliches Merkmal der Rötlinge sind die eckigen Sporen und das +/– rosa gefärbte Sporenpulver. Ihre Lamellen haben in reifem Zustand einen fleischrosa Schimmer. Viele Rötlinge sind giftig oder giftverdächtig.

FAMILIE **Plutaceae**

GATTUNG ***Volvariella*** (Scheidlinge) → Seite 244

GATTUNG ***Pluteus*** (Dachpilze) → Seite 246

In Mitteleuropa gibt es etwa 50 Arten der Gattung *Pluteus*. Sie haben keinen Ring und keine Volva. Fast alle wachsen saprophytisch auf Holz oder Holzresten. Sporenpulver rosa.

FAMILIE **Amanitaceae**

GATTUNG ***Amanita*** (Wulstlinge) → Seite 250

Die Gattung umfasst mehr als 30 Arten. Ihre Hutoberfläche ist oft mit Hüllresten bedeckt, die Lamellen sind weiß, meist frei. Stiel mit oder ohne Ring. Stielgrund mit ausgeprägter Volva oder Flockengürteln. Die zur Gattung gehörenden Scheidenstreiflinge (früher: *Amanitopsis*) haben keinen Ring; ihr Hutrand ist deutlich gerieft. Da in der Gattung gefährlichste Giftpilze vorkommen, sollten die essbaren Vertreter nur bei genauer Artenkenntnis für Speisezwecke gesammelt werden,

GATTUNG ***Limacella*** (Schleimschirmlinge) → Seite 264

Die Gattung *Limacella* umfasst etwa acht Arten. Ihr Hut ist oft schmierig, die Lamellen stehen frei. Sie sind mit den Wulstlingen eng verwandt. Sporenpulver weiß.

FAMILIE **Agaricaceae**

GATTUNG ***Agaricus*** (Egerlinge) → Seite 264

Die Gattung *Agaricus* umfasst mehr als 60 Arten mit im Alter +/– dunkelbraunen oder schwärzenden Lamellen. Stiel meist mit Ring. Viele Egerlinge sind essbar; verschiedene gilbende Arten sind aber stark mit giftigen Schwermetallen belastet.

GATTUNG ***Melanophyllum*** (Zwergschirmlinge) → Seite 274

GATTUNG ***Chamaemyces*** (Schmierschirmlinge) → Seite 274

GATTUNG ***Cystolepiota*** (Mehlschirmlinge) → Seite 276

GATTUNG ***Echinoderma*** (Stachelschirmlinge) → Seite 276

GATTUNG ***Lepiota*** (Schirmlinge) → Seite 278

Kleine bis mittelgroße Pilze. Hut meist schuppig; Lamellen frei. Stiel mit häutigem oder faserigem Ring oder ringartiger Zone. Einige Vertreter sind sehr giftig. Sporenpulver meist weiß oder blass cremefarben. Etwa 40 Arten.

GATTUNG ***Macrolepiota*** (Riesenschirmpilze) → Seite 282

Große Lamellenpilze. Hut geschuppt; Lamellen frei; Ring verschiebbar; Sporen glatt.

GATTUNG ***Leucoagaricus*** (Egerlingsschirmpilze) → Seite 284

GATTUNG ***Phaeolepiota*** (Glimmerschüpplinge) → Seite 286

GATTUNG ***Leucocoprinus*** (Faltenschirmlinge) → Seite 286

FAMILIE **Coprinaceae**

GATTUNG ***Coprinus*** (Tintlinge) → Seite 288

Gattung mit etwa 100 Arten. Die sehr zarten bis großen, eiförmigen oder kegeligen Hüte zerfließen bei der Sporenreife oder zergehen schnell. Das Sporenpulver ist schwarz. Nur wenige eignen sich als Speisepilze.

GATTUNG **_Lacrymaria_** (Saumpilze) → Seite 298

GATTUNG **_Panaeolus_** (Düngerlinge) → Seite 298

GATTUNG **_Psathyrella_** (Faserlinge/Mürblinge) → Seite 300

Meist dünnfleischige, zerbrechliche Lamellenpilze. Hut oft mit Velumresten, Stiel beringt oder unberingt. Kleine Arten können mit Düngerlingen verwechselt werden.

FAMILIE **Bolbitiaceae**

GATTUNG **_Conocybe_** (Samthäubchen/Glockenschüpplinge) → Seite 306

Die Gattungen *Conocybe* und *Pholiotina* wurden vereint, damit umfasst die Gattung *Conocybe* in Mitteleuropa etwa 80 meist schwer bestimmbare Arten.

GATTUNG **_Bolbitius_** (Mistpilze) → Seite 310

GATTUNG **_Agrocybe_** (Ackerlinge) → Seite 310

Hüte klein bis mittelgroß; Stiel beringt oder unberingt. Das Sporenpulver ist rostbraun; die Sporen sind glatt, oft mit Keimporus. Die Gattung umfasst etwa zehn Arten, die an gedüngten Plätzen, auf Mist oder Holz wachsen.

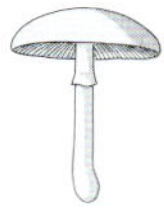

FAMILIE **Strophariaceae**

GATTUNG **_Stropharia_** (Träuschlinge) → Seite 312

Fleischige bis mittelgroße Lamellenpilze mit braunen Lamellen, die oft einen Lilaton aufweisen; der Stiel ist beringt. Das Sporenpulver ist braun bis violettschwarz; die Sporen sind glatt. Gattung mit nahezu 20 Arten.

GATTUNG **_Hypholoma_** (Schwefelköpfe) → Seite 316

Unter den Schwefelköpfen gibt es mehrere giftige oder ungenießbare Arten. An Hut und Stiel sind häufig Velumreste zu finden, der Stiel hat aber nie einen häutigen Ring.

GATTUNG **_Psilocybe_** (Kahlköpfe) → Seite 322

GATTUNG **_Pholiota_** (Schüpplinge) → Seite 322

Pilze mit +/– schuppigem und/oder schmierig-schleimigem, oft gelb oder fuchsig gefärbtem Hut. Sporenpulver und Lamellen sind im Alter rostfarben. Die meisten Vertreter der Gattung *Pholiota* wachsen saprophytisch oder parasitisch auf Holz. Es sind keine Speisepilze darunter. Die Gattung umfasst etwa 30 Arten.

GATTUNG **_Kuehneromyces_** (Stockschwämmchen) → Seite 330

In Europa zwei Arten, die von manchen Autoren wieder zu *Pholiota* gestellt werden.

GATTUNG **_Phaeomarasmius_** (Schüppchenschnitzlinge) → Seite 332

GATTUNG **_Tubaria_** (Trompetenschnitzlinge) → Seite 332

FAMILIE **Crepidotaceae**

GATTUNG **_Crepidotus_** (Stummelfüßchen) → Seite 334

Gattung mit etwa 20 muschel- oder nierenförmig wachsenden Arten an Holz, selten auch auf dem Erdboden. Stiel kurz, seitenständig oder verkümmert; Lamellen tonbraun; Sporenpulver ocker- bis rostbraun; Sporen glatt oder warzig; Huthaut meist trocken.

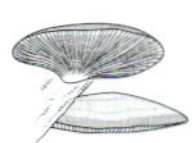

FAMILIE **Cortinariaceae**

GATTUNG ***Inocybe*** (Risspilze) → Seite 336

Dazu gehören mehr als 150 kleine bis große, oft kegelhütige, auf dem Erdboden wachsende Arten. Ihre Hutoberfläche ist eingewachsen faserig bis filzig oder schuppig, der Rand oft radialrissig (Name!). Sporenpulver meist braun. Die Gattung enthält keine Speisepilze. Viele Risspilze sind giftig.

GATTUNG ***Hebeloma*** (Fälblinge) → Seite 352

Kleine bis mittelgroße Lamellenpilze. Fruchtkörper weißlich bis braun; Lamellen hellbraun, bisweilen tränend; Stiel mit oder ohne Ringzone. Sporenpulver braun. Viele haben einen rettichartigen Geruch, Geschmack meist bitter. Keine Speisepilze.

GATTUNG ***Alnicola*** (Erlenschnitzlinge) → Seite 354

GATTUNG ***Gymnopilus*** (Flämmlinge) → Seite 356

GATTUNG ***Leucocortinarius*** (Schleierritterlinge) → Seite 356

GATTUNG ***Rozites*** (Reifpilze) → Seite 356

GATTUNG ***Galerina*** (Häublinge) → Seite 358

GATTUNG ***Cortinarius*** (Schleierlinge) → Seite 360

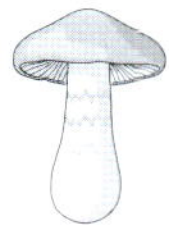

Die Gattung *Cortinarius* ist sehr artenreich. Es sind kleine bis sehr große Lamellenpilze, ihre Lamellen sind breit angewachsen. Meist ist ein spinnwebartiges, gut entwickeltes Velum vorhanden. Sporenpulver rostbraun; Sporen fein rau bis warzig. Mykorrhizapilze. Die etwa 500 Arten werden in sieben Untergattungen aufgeteilt: *Cortinarius* (Schleierlinge), *Dermocybe* (Hautköpfe), *Leprocybe* (Rauköpfe), *Myxacium* (Schleimfüße), *Phlegmacium* (Schleimköpfe, Klumpfüße), *Sericeocybe* (Dickfüße) und *Telamonia* (Gürtelfüße, Wasserköpfe).

UNTERGATTUNG ***Cortinarius*** (Schleierlinge) (Cor.) → Seite 360

Große, gänzlich violette Fruchtkörper.

UNTERGATTUNG ***Dermocybe*** (Hautköpfe) (Der.) → Seite 360

Meist kleine Arten mit trockenem Hut und lebhaft gelben, grünen, orangefarbenen oder roten Lamellen; Stiele trocken. Die lebhafte Färbung rührt von Anthrachinon-Farbstoffen her. Etwa 15 Arten. Viele sind giftig.

UNTERGATTUNG ***Leprocybe*** (Rauköpfe) (Lep.) → Seite 364

Hut trocken, oft faserig-filzig bis feinschuppig, bisweilen glatt, meist nicht hygrophan; Lamellen gelb, grünlich oder braun. Die Gattung enthält lebensgefährliche Giftpilze.

UNTERGATTUNG ***Phlegmacium*** (Schleimköpfe, Klumpfüße) (Phl.) → Seite 368

Hut klebrig oder schleimig, nicht hygrophan, dickfleischig; Stiel trocken; Lamellen jung tongrau, gelb, grün oder blau bis violett; viele mit doppelter Cortina (an Knollenrand und Stielspitze); Stiel oft mit abgesetzter Basalknolle. Viele Arten auf Kalkböden. Schleimköpfe sind vielerorts im Rückgang begriffen.

UNTERGATTUNG **_Sericeocybe_** (Dickfüße) (Ser.) → Seite 382
Mittelgroße bis große Arten, meist kompakt, meist mit trockenem, glattem Hut; Lamellen blass-tongrau oder braun, manchmal auch bläulich; Stiele zylindrisch-keulig, nie mit gerandeter Knolle.

UNTERGATTUNG **_Myxacium_** (Schleimfüße) (Myx.) → Seite 386
Fruchtkörper schlank; Hut und Stiel meist schleimig; Lamellen weißlich bis blassbraun, teils violett; einige Arten schmecken bitter und sind ungenießbar, Giftpilze gibt es nicht in dieser Untergattung.

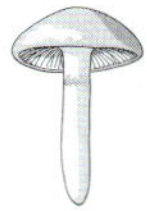

UNTERGATTUNG **_Telamonia_** (Gürtelfüße, Wasserköpfe) (Tel.) → Seite 388
Kleine oder große Arten; Hut wenig farbenfreudig, trocken, meist hygrophan und braun; Lamellen grauweißlich, braun oder bläulich, seltener gelblich; Stielspitze oft blaulila. Wenig erforschte Untergattung.

Sprödblättler (Täublinge und Milchlinge)

Ordnung **Russulales**

FAMILIE **Russulaceae**

GATTUNG **_Russula_** (Täublinge) → Seite 392
Fruchtkörper in Hut und Stiel gegliedert, spröde; Hut oft lebhaft bunt gefärbt; Stiele brechen waagerecht durch (nicht fasernd); Lamellen meist splitternd, oft gegabelt; Fleisch bei Verletzung nicht milchend. Mild schmeckende Arten sind essbar.

GATTUNG **_Lactarius_** (Milchlinge) → Seite 422
Fruchtkörper in Hut und Stiel gegliedert, brüchig, bei Verletzung milchend; Lamellen angewachsen; Stiele zylindrisch, alt hohl; Sporenpulver weiß bis ocker. Die Milchlinge sind mit etwa 100 Arten in Mitteleuropa vertreten. Alle sind Mykorrhizapilze. Die meisten sind ungenießbar oder giftig.

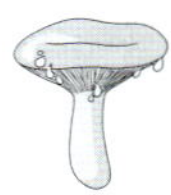

Ordnung	Aphyllophorales
	a) Cantharelloide, clavarioide und hydnoide Pilze
FAMILIE	**Cantharellaceae**
GATTUNG	***Cantharellus*** (Pfifferlinge) → Seite 454 Fruchtkörper gewöhnlich trichterförmig mit lange eingebogenem Rand; Stiel zentral; Hymenium mit lamellenähnlichen oder aderigen Leisten oder fast glatt; Sporenpulver cremegelb; Sporen elliptisch, inamyloid.
GATTUNG	***Craterellus*** (Trompeten) → Seite 458
GATTUNG	***Pseudocraterellus*** (Leistlinge) → Seite 458
FAMILIE	**Clavariaceae**
GATTUNG	***Clavaria*** (Keulen) → Seite 460
GATTUNG	***Clavariadelphus*** (Riesenkeulen) → Seite 462 Fruchtkörper keulenförmig, fleischig, kompakt, unverzweigt, einzeln stehend und nicht büschelig; Sporen glatt, hyalin, inamyloid; weltweit etwa 15 Arten.
GATTUNG	***Clavulinopsis*** (Wiesenkorallen) → Seite 462
GATTUNG	***Typhula*** (Fadenkeulchen) → Seite 464
GATTUNG	***Macrotyphula*** (Röhrenkeulen) → Seite 466 Fruchtkörper fadenförmig bis schlank keulenförmig, mit glatter Oberfläche, bisweilen hohl; Sporen elliptisch, glatt.
GATTUNG	***Ramariopsis*** (Wiesenkorallen) → Seite 466
FAMILIE	**Clavulinaceae**
GATTUNG	***Clavulina*** (Korallenpilze) → Seite 468 Fruchtkörper wachsartig, verzweigt oder unverzweigt, auf Erde oder an morschem Holz.
FAMILIE	**Sparassidaceae**
GATTUNG	***Sparassis*** (Glucken) → Seite 470 Ähnlich einem Badeschwamm mit welligen bis krausen Ästen, der einem wurzelnden Strunk entspringt.
FAMILIE	**Pterulaceae**
GATTUNG	***Pterula*** (Borstenkorallen) → Seite 470
FAMILIE	**Gomphaceae**
GATTUNG	***Gomphus*** (Schweinsohren) → Seite 472 Nur ein typisch geformter Vertreter in Europa.
FAMILIE	**Ramariaceae**
GATTUNG	***Ramaria*** (Korallen) → Seite 472 Fruchtkörper aufrecht, korallenartig verzweigt, meist blassgelb bis gelbbraun; Fleisch brüchig oder elastisch; Sporen warzig oder stachelig, inamyloid.
FAMILIE	**Hydnaceae**
GATTUNG	***Hydnum*** (Stoppelpilze) → Seite 478 Hutunterseite mit typischen Stacheln; Stiel zentral bis seitlich; Sporen breitelliptisch bis fast kugelig, glatt.
FAMILIE	**Auriscalpiaceae**
GATTUNG	***Auriscalpium*** (Ohrlöffelstachelinge) → Seite 480
FAMILIE	**Hericiaceae**
GATTUNG	***Creolophus*** (Stachelseitlinge) → Seite 480
GATTUNG	***Hericium*** (Stachelbärte) → Seite 480

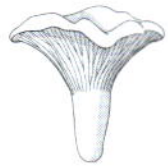

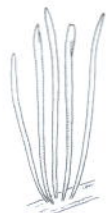

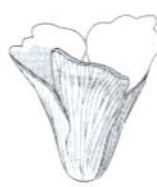

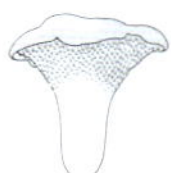

b) Corticioide, stereoide und poroide Pilze

FAMILIE **Corticiaceae s. lat.**

GATTUNG ***Aleurodiscus*** (Mehlscheiben) → Seite 482

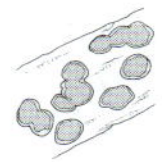

Fruchtkörper resupinat bis flach schüsselförmig, Hymenium glatt; Sporen hyalin, feinwarzig, dickwandig, amyloid. In Europa acht bis zehn Arten.

GATTUNG ***Cytidia*** (Becherrindenschwämme) → Seite 482

GATTUNG ***Corticium*** (Rindenpilze) → Seite 484

GATTUNG ***Pulcherricum*** (Rindenpilze) → Seite 484

GATTUNG ***Vuilleminia*** (Rindensprenger) → Seite 484

GATTUNG ***Sistotrema*** (Schütterzähne) → Seite 486

GATTUNG ***Trechispora*** (Stachelsporrindenpilze) → Seite 486

GATTUNG ***Chondrostereum*** (Knorpelschichtpilze) → Seite 486

GATTUNG ***Cylindrobasidium*** (Rindenpilze) → Seite 488

GATTUNG ***Merulius*** (Fältlinge) → Seite 488

GATTUNG ***Phlebia*** (Kammpilze) → Seite 488

GATTUNG ***Sarcodontia*** (Stachelschwämme) → Seite 490

GATTUNG ***Plicatura*** (Aderzähling) → Seite 490

GATTUNG ***Rogersella*** (Holunderrindenpilze) → Seite 490

GATTUNG ***Hyphoderma*** (Rindenpilze) → Seite 492

GATTUNG ***Steccherinum*** (Resupinatstachelinge) → Seite 492

GATTUNG ***Lopharia*** (Schichtpilze) → Seite 494

GATTUNG ***Peniophora*** (Zystidenrindenpilze) → Seite 494

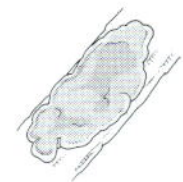

Fruchtkörper meist resupinat, membranös, bisweilen wachsartig; Sporen glatt, hyalin, inamyloid. Weißfäuleerzeuger. In Europa etwa 30 Arten.

GATTUNG ***Stereum*** (Schichtpilze) → Seite 498

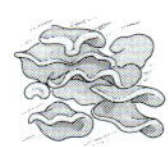

Fruchtkörper meist flächig am Substrat angewachsen, mit kleinen Hutkanten, lederig-zäh; Hymenium glatt; Sporen dünnwandig, glatt, amyloid. Weißfäuleerzeuger.

GATTUNG ***Xylobolus*** (Mosaikschichtpilze) → Seite 500

GATTUNG ***Meruliopsis*** (Lederfältlinge) → Seite 502

GATTUNG ***Amylostereum*** (Schichtpilze) → Seite 502

FAMILIE **Coniophoraceae**

GATTUNG ***Coniophora*** (Braunsporrindenpilze) → Seite 504

GATTUNG ***Leucogyrophana*** (Fältlingshäute) → Seite 504

GATTUNG ***Cristella*** (Stachelsporrindenpilze) → Seite 504

FAMILIE **Cyphellaceae**

GATTUNG ***Merismodes*** (Hängebecherchen) → Seite 504

GATTUNG ***Cyphella*** (Fingerhüte) → Seite 506

FAMILIE **Thelephoraceae**

GATTUNG ***Thelephora*** (Warzenpilze) → Seite 506

GATTUNG ***Hydnellum*** (Korkstachelinge) → Seite 508

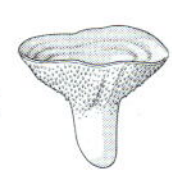

Am Erdboden wachsende, zähe, korkartige, mittelgroße, in Hut und Stiel gegliederte Stachelpilze. Sporen warzig-höckerig oder stachelig ornamentiert. In Europa etwa 15, in Deutschland etwa zehn Arten.

GATTUNG ***Sarcodon*** (Braunsporstachelinge) → Seite 512

GATTUNG ***Bankera*** (Weißsporstachelinge) → Seite 512

GATTUNG ***Phellodon*** (Duftstachelinge) → Seite 514

GATTUNG ***Boletopsis*** (Rußporlinge) → Seite 516

FAMILIE **Hymenochaetaceae**

GATTUNG ***Hymenochaete*** (Borstenscheiblinge) → Seite 516

GATTUNG ***Coltricia*** (Dauerporlinge) → Seite 518

GATTUNG ***Inonotus*** (Schillerporlinge) → Seite 520

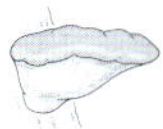

Fruchtkörper einjährig, konsolenförmig, ohne harte Kruste. Oberfläche meist behaart, Fleisch frisch weich, rostbraun, Röhren nicht geschichtet; Poren frisch oft silbrig schimmernd; Sporen elliptisch bis fast kugelig. Oft parasitisch, Weißfäuleerzeuger. In Europa etwa 15 Arten.

GATTUNG ***Phellinus*** (Feuerschwämme) → Seite 526

Fruchtkörper mehrjährig, korkartig, hart, resupinat oder konsolenförmig; Fleisch hart, rotbraun, mit KOH schwarz; Sporen zylindrisch, elliptisch oder fast kugelig. Weißfäuleerzeuger. Etwa 30 europäische Arten an Bäumen und Sträuchern.

FAMILIE **Fistulinaceae**

GATTUNG ***Fistulina*** (Leberreischlinge) → Seite 538

FAMILIE **Bondarzewiaceae**

GATTUNG ***Bondarzewia*** (Bergporlinge) → Seite 538

FAMILIE **Ganodermataceae**

GATTUNG ***Ganoderma*** (Lackporlinge) → Seite 538

FAMILIE **Polyporaceae s. lat.**

GATTUNG ***Scutiger*** (Porlinge) → Seite 540

GATTUNG ***Dendropolyporus*** (Eichhasen) → Seite 544

GATTUNG ***Apoxona*** (Wabenschwämme) → Seite 544

GATTUNG ***Piptoporus*** (Hautporlinge) → Seite 544

GATTUNG ***Laetiporus*** (Schwefelporlinge) → Seite 546

GATTUNG ***Ceriporiopsis*** (Wachsporlinge) → Seite 546

GATTUNG ***Oxyporus*** (Steifporlinge) → Seite 546

GATTUNG ***Grifola*** (Klapperschwämme) → Seite 548

GATTUNG ***Meripilus*** (Riesenporlinge) → Seite 548

GATTUNG ***Abortiporus*** (Saftwirrlinge) → Seite 548

GATTUNG ***Loweomyces*** (Saftporlinge) → Seite 550

GATTUNG ***Phaeolus*** (Braunporlinge) → Seite 550

GATTUNG ***Hapalopilus*** (Weichporlinge) → Seite 550

GATTUNG ***Gloeoporus*** (Knorpelporlinge) → Seite 552

GATTUNG ***Spongiporus*** (Saftporlinge) → Seite 552

GATTUNG ***Tyromyces*** (Weißporlinge) → Seite 554

GATTUNG ***Leptoporus*** (Saftporlinge) → Seite 556

GATTUNG ***Ptychogaster*** (Polsterpilze) → Seite 556

GATTUNG ***Oligoporus*** (Mehlstaubporlinge) → Seite 556

GATTUNG ***Bjerkandera*** (Rauchporlinge) → Seite 558

GATTUNG ***Climacocystis*** (Schwammporlinge) → Seite 558

GATTUNG ***Junghuhnia*** (Porenschwämme) → Seite 560

GATTUNG ***Schizopora*** (Spaltporlinge) → Seite 560

GATTUNG ***Antrodia*** (Trameten) → Seite 560

GATTUNG ***Cerrena*** (Wirrlinge) → Seite 562

GATTUNG *Cinereomyces* (Resupinatporlinge) → Seite 562
GATTUNG *Diplomitoporus* (Nadelholztrameten) → Seite 564
GATTUNG *Dichomitus* (Astporlinge) → Seite 564
GATTUNG *Datronia* (Datronien) → Seite 564
GATTUNG *Coriolopsis* (Borstentrameten) → Seite 566
GATTUNG *Lenzites* (Blättlinge) → Seite 566
GATTUNG *Trametes* (Trameten) → Seite 568

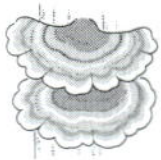

Fruchtkörper ein- oder mehrjährig, flach konsolen- bis rosettenförmig, zäh, einzeln oder dachziegelig wachsend; Poren und Fleisch meist weißlich; Sporen zylindrisch, oft +/– gekrümmt, glatt, inamyloid. Weißfäuleerzeuger.

GATTUNG *Pycnoporus* (Zinnoberschwämme) → Seite 572
GATTUNG *Skeletocutis* (Knorpelporlinge) → Seite 572
GATTUNG *Trichaptum* (Lederporlinge) → Seite 574
GATTUNG *Daedalea* (Wirrlinge) → Seite 574
GATTUNG *Daedaleopsis* (Blätterwirrlinge) → Seite 576
GATTUNG *Fomes* (Zunderschwämme) → Seite 576
GATTUNG *Fomitopsis* (Baumschwämme) → Seite 578

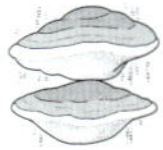

Fruchtkörper mehrjährig, hart, holzig, mit Kruste; Poren klein; Sporen glatt, hyalin, inamyloid. Braunfäuleerzeuger.

GATTUNG *Ischnoderma* (Harzporlinge) → Seite 580
GATTUNG *Gloeophyllum* (Blättlinge) → Seite 580

Fruchtkörper ein- bis mehrjährig, fächer- bis konsolenförmig, selten resupinat, meist dünn, zäh, korkartig; Fleisch rost- bis zimtbraun; Sporen zylindrisch, glatt, inamyloid. Braunfäuleerzeuger, meist auf Nadelholz. In Europa fünf Arten.

GATTUNG *Heterobasidion* (Wurzelschwämme) → Seite 582

Unterklasse **Heterobasidiomycetidae**

Ordnung **Auriculariales**

FAMILIE **Auriculariaceae**

GATTUNG ***Auricularia*** (Ohrlappenpilze) → Seite 584
Fruchtkörper gallertig, schüssel- bis muschelförmig; Sporen glatt, hyalin; auf Holz.

Ordnung **Tremellales**

FAMILIE **Tremellaceae**

GATTUNG ***Exidia*** (Drüslinge) → Seite 584
Fruchtkörper gekröseartig, kreiselförmig, runzelig, gelatinös, mit kleinen Wärzchen (Lupe!); Sporen allantoid, glatt, hyalin, inamyloid; saprophytisch auf Holz.

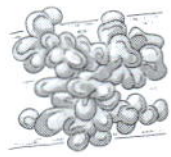

GATTUNG ***Pseudohydnum*** (Zitterzähne) → Seite 588

GATTUNG ***Tremella*** (Zitterlinge) → Seite 590
Fruchtkörper polsterförmig oder gekröseartig, +/– gelatinös, selten im Inneren mit härterem, nicht gelatinösem Kern, ganze Oberfläche mit Fruchtschicht; Sporen fast kugelig, glatt, inamyloid.

GATTUNG ***Tremiscus*** (Gallerttrichter) → Seite 592

Ordnung **Dacryomycetales**

FAMILIE **Dacryomycetaceae**

GATTUNG ***Calocera*** (Hörnlinge) → Seite 592
Die Gattung besteht in Mitteleuropa aus fünf Holz bewohnenden Arten. Fruchtkörper zylindrisch, spatelförmig oder gabelig verzweigt, durch Carotinoide gelborange gefärbt; Sporen glatt, hyalin, meist mit 1–3 Septen.

GATTUNG ***Dacryomyces*** (Gallerttränen) → Seite 594

GATTUNG ***Ditiola*** (Gallertbecher) → Seite 594

FAMILIE **Exobasidiaceae**

GATTUNG ***Exobasidium*** (Nacktbasidien) → Seite 596

Unterklasse **Gasteromycetidae**

Ordnung **Phallales**

FAMILIE **Clathraceae**

GATTUNG ***Clathrus*** (Gitterlinge) → Seite 598
Die Fruchtkörper entwickeln sich aus so genannten Hexeneiern, die reif tintenfischartig oder als Gitterkugel ausgebildet sind; Sporenmasse mit aasartigem Geruch.

FAMILIE **Phallaceae**

GATTUNG ***Mutinus*** (Hundsruten) → Seite 598

GATTUNG ***Phallus*** (Stinkmorcheln) → Seite 600

Ordnung **Nidulariales**

FAMILIE **Nidulariaceae**

GATTUNG ***Crucibulum*** (Tiegelteuerlinge) → Seite 600

GATTUNG ***Cyathus*** (Teuerlinge) → Seite 600

FAMILIE **Sphaerobolaceae**

GATTUNG ***Sphaerobolus*** → Seite 602

Ordnung Lycoperdales

FAMILIE **Geastraceae**

GATTUNG ***Geastrum*** (Erdsterne) → Seite 602

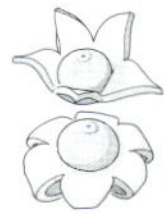

Fruchtkörper meist unterirdisch angelegt; bei der Reife Außenschicht (Exoperidie) sternförmig aufreißend, in der freigelegten kugeligen Endoperidie entwickelt sich die Sporenmasse (Gleba), die reif meist pulverig zerfällt; Sporen rund, +/– warzig.

GATTUNG ***Myriostoma*** (Sieb-Erdsterne) → Seite 606

FAMILIE **Lycoperdaceae**

GATTUNG ***Bovista*** (Boviste) → Seite 608

Fruchtkörper kugelig oder birnenförmig; fast die ganze weiße Innenmasse reift zur Sporenmasse heran, steriler Stielteil (Subgleba) reduziert oder gänzlich fehlend; Sporen kugelig bis elliptisch, glatt oder warzig, oft mit stielförmigem Sterigmenrest. Boviste sind jung, solange das Fleisch noch weiß ist, essbar.

GATTUNG ***Calvatia*** (Großstäublinge) → Seite 610

GATTUNG ***Langermannia*** (Riesenboviste) → Seite 610

GATTUNG ***Lycoperdon*** (Stäublinge) → Seite 612

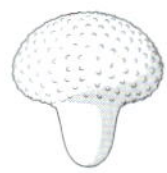

Fruchtkörper birnenförmig; reife Sporenmasse entweicht durch eine Scheitelöffnung; steriler Stielteil (Subgleba) meist deutlich entwickelt, gekammert; Sporen kugelig.

GATTUNG ***Vascellum*** (Staubbecher) → Seite 614

Ordnung Sclerodermatales

FAMILIE **Astraeaceae**

GATTUNG ***Astraeus*** (Wettersterne) → Seite 616

FAMILIE **Pisolithaceae**

GATTUNG ***Pisolithus*** (Erbsenstreulinge) → Seite 616

FAMILIE **Sclerodermataceae**

GATTUNG ***Scleroderma*** (Hartboviste) → Seite 616

Fruchtkörper rundlich, relativ schwer; Oberfläche glatt oder schuppig; fertiler Innenteil (Gleba) erst weiß, bald schwarz, schließlich pulverig zerfallend; Scheitelöffnung groß und unregelmäßig; Sporen rund, stachelig, Stacheln bisweilen netzartig verbunden.

Ordnung Tulostomatales

FAMILIE **Tulostomataceae**

GATTUNG ***Tulostoma*** (Stielboviste) → Seite 618

Ordnung Hymenogastrales

FAMILIE **Rhizopogonaceae**

GATTUNG ***Rhizopogon*** (Wurzeltrüffeln) → Seite 620

Ordnung Melanogastrales

FAMILIE **Melanogastraceae**

GATTUNG ***Melanogaster*** (Schleimtrüffeln) → Seite 620

FAMILIE **Stephanosporaceae**

GATTUNG ***Stephanospora*** (Möhrentrüffeln) → Seite 620

KLASSE	**Ascomycetes (Schlauchpilze)**
Ordnung	**Taphrinales**
FAMILIE	**Taphrinaceae**
GATTUNG	***Taphrina*** (Narrentaschen) → Seite 622 Pilze, die auf Pflanzen parasitieren, in denen sie Wucherungen hervorrufen; eigentliche Fruchtkörper fehlen.
Ordnung	**Clavicipitales**
FAMILIE	**Clavicipitaceae**
GATTUNG	***Claviceps*** (Mutterkorne) → Seite 622
GATTUNG	***Cordyceps*** (Kernkeulen) → Seite 624
Ordnung	**Sphaeriales**
FAMILIE	**Hypocreaceae**
GATTUNG	***Hypocreopsis*** (Scheinflechtenpilze) → Seite 626
GATTUNG	***Hypocrea*** (Pustelpilze) → Seite 626
FAMILIE	**Nectriaceae**
GATTUNG	***Nectria*** (Zinnober-Pustelpilze) → Seite 626
FAMILIE	**Diatrypaceae**
GATTUNG	***Diatrype*** (Eckenscheibchen) → Seite 628
GATTUNG	***Diatrypella*** → Seite 630
GATTUNG	***Eutypa*** (Krustenkugelpilze) → Seite 630
GATTUNG	***Quaternaria*** → Seite 632
FAMILIE	**Sphaeriaceae**
GATTUNG	***Hypoxylon*** (Kohlenbeeren) → Seite 632 Was als halbkugeliger bis krustenförmiger Fruchtkörper erscheint, ist ein Stroma (Hyphengewebe), in das die eigentlichen Fruchtkörper (Perithezien) eingebettet sind. Die Sporen werden in den Perithezien gebildet; die Mündungen (Ostiolen), aus denen die Sporen austreten, sind ins Stroma eingesenkt oder liegen papillenförmig an der Oberfläche.
GATTUNG	***Daldinia*** (Kugelpilze) → Seite 636
GATTUNG	***Xylaria*** (Holzkeulen) → Seite 636 Fruchtkörper (Stroma) meist auf Holz, keulen- bis geweihförmig, schwarz, innen weiß; die Sporen werden innerhalb des Stromas in rundlichen Perithezien gebildet und treten durch kleine Öffnungen (Ostiolen) nach außen. Die Gattung ist in Mitteleuropa mit etwa sieben Arten vertreten.
FAMILIE	**Diaporthaceae**
GATTUNG	***Melogramma*** (Kugelpilze) → Seite 638
Ordnung	**Coronophorales**
FAMILIE	**Coronophoraceae**
GATTUNG	***Bertia*** (Maulbeer-Kugelpilze) → Seite 638
Ordnung	**Phacidiales**
FAMILIE	**Hypodermataceae**
GATTUNG	***Rhytisma*** (Runzelschorfe) → Seite 640
GATTUNG	***Colpoma*** (Schildbecherlinge) → Seite 640

Ordnung	**Helotiales**
FAMILIE	**Geoglossaceae**
GATTUNG	***Geoglossum*** (Erdzungen) → Seite 640
GATTUNG	***Trichoglossum*** (Haarzungen) → Seite 642
GATTUNG	***Leotia*** (Gallertkäppchen) → Seite 642
GATTUNG	***Microglossum*** (Erdzungen) → Seite 642
GATTUNG	***Mitrula*** (Haubenpilze) → Seite 644
GATTUNG	***Spathularia*** (Spatelinge) → Seite 644
FAMILIE	**Dermataceae**
GATTUNG	***Propolis*** (Holzscheibchen) → Seite 646
GATTUNG	***Durandiella*** (Tannenbecher) → Seite 646
GATTUNG	***Cudonia*** (Kreislinge) → Seite 646
GATTUNG	***Callorina*** (Brennnesselbecherchen) → Seite 646
GATTUNG	***Trochila*** (Deckelbecherchen) → Seite 648
FAMILIE	**Hyaloscyphaceae**
GATTUNG	***Dasyscyphus*** (Haarbecherchen) → Seite 648
FAMILIE	**Sclerotiniaceae**
GATTUNG	***Myriosclerotinia*** (Sklerotienbecherlinge) → Seite 650
GATTUNG	***Lanzia*** (Stromabecherlinge) → Seite 650
GATTUNG	***Dumontinia*** (Anemonenbecherlinge) → Seite 650
GATTUNG	***Ciboria*** (Stromabecherlinge) → Seite 652
FAMILIE	**Helotiaceae**
GATTUNG	***Ombrophila*** (Gallertkreislinge) → Seite 652
GATTUNG	***Ascocoryne*** (Gallertbecher) → Seite 654
GATTUNG	***Bulgaria*** (Schmutzbecherlinge) → Seite 654
GATTUNG	***Bisporella*** (Holzbecherchen) → Seite 654
GATTUNG	***Hymenoscyphus*** (Stängelbecherlinge) → Seite 656
GATTUNG	***Cudoniella*** (Kreislingchen) → Seite 656
GATTUNG	***Pezizella*** (Becherchen) → Seite 656
GATTUNG	***Chlorociboria*** (Grünspanbecherlinge) → Seite 658
GATTUNG	***Encoelia*** (Büschelbecherlinge) → Seite 658
Ordnung	**Pezizales**
FAMILIE	**Morchellaceae**
GATTUNG	***Morchella*** (Morcheln) → Seite 660 Fruchtkörper in Hut und Stiel gegliedert, innen hohl; Hutoberfläche wabenförmig gekammert, das Hymenium überzieht die Innenseite der Kammern; Sporen elliptisch, glatt. Bodenbewohner.
GATTUNG	***Verpa*** (Verpeln) → Seite 662
GATTUNG	***Disciotis*** (Morchelbecherlinge) → Seite 662
FAMILIE	**Helvellaceae**
GATTUNG	***Gyromitra*** (Lorcheln) → Seite 664
GATTUNG	***Rhizina*** (Wurzellorcheln) → Seite 666
GATTUNG	***Helvella*** (Lorcheln) → Seite 668 Fruchtkörper in Hut und Stiel gegliedert, Hüte meist +/– sattelförmig, unregelmäßig gelappt oder pokalförmig; Sporenpulver weiß; Sporen elliptisch, meist mit einem großen Tropfen.

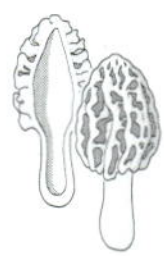

FAMILIE **Pezizaceae**

GATTUNG ***Sarcosphaera*** (Kronenbecherlinge) → Seite 674

GATTUNG ***Peziza*** (Becherlinge) → Seite 674

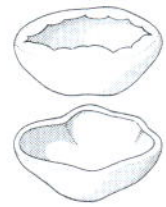

Fruchtkörper schüssel- oder becherförmig, meist ungestielt; Fleisch sehr brüchig, bisweilen farbig milchend; die Sporen bildende Fruchtschicht befindet sich auf der Innenseite der Becher. Sporen elliptisch bis spindelförmig, hyalin, glatt, warzig bis netzig. Die Gattung *Peziza* ist sehr artenreich.

GATTUNG ***Otidea*** (Öhrlinge) → Seite 678

GATTUNG ***Tarzetta*** (Napfbecherlinge) → Seite 680

GATTUNG ***Sowerbyella*** (Wurzelbecherlinge) → Seite 680

FAMILIE **Sarcoscyphaceae**

GATTUNG ***Sarcoscypha*** (Kelchbecherlinge) → Seite 680

GATTUNG ***Pseudoplectania*** (Schwarzborstlinge) → Seite 682

FAMILIE **Humariaceae**

GATTUNG ***Geopora*** (Sandborstlinge) → Seite 682

GATTUNG ***Humaria*** (Borstenbecherlinge) → Seite 684

GATTUNG ***Scutellinia*** (Schildborstlinge) → Seite 684

GATTUNG ***Pseudombrophila*** (Kleinbecherlinge) → Seite 684

GATTUNG ***Caloscypha*** (Prachtbecherlinge) → Seite 684

GATTUNG ***Aleuria*** (Orangebecherlinge) → Seite 686

GATTUNG ***Geopyxis*** (Kohlenbecherlinge) → Seite 686

Ordnung Tuberales

FAMILIE **Eutuberaceae**

GATTUNG ***Genea*** (Blasentrüffeln) → Seite 686

GATTUNG ***Tuber*** (Trüffeln) → Seite 688

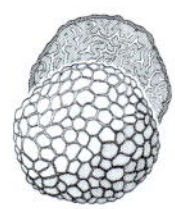

Fruchtkörper knollenförmig, unterirdisch wachsend, reif mitunter aus dem Erdboden herausschauend; Fruchtfleisch marmoriert. Sporen rundlich bis elliptisch, netzig oder stachelig; die Schläuche enthalten 1–6 Sporen (nie 8).

GATTUNG ***Choiromyces*** (Mäandertrüffeln) → Seite 690

Ordnung Pleosporales

FAMILIE **Pleosporaceae**

GATTUNG ***Leptosphaeria*** (Kugelpilzchen) → Seite 690

Ordnung Hysteriales

FAMILIE **Hysteriaceae**

GATTUNG ***Glyphium*** (Kohlenpilze) → Seite 690

Bestimmungsteil: Pilzarten

GATTUNG **Polyporus (Stielporlinge)**
FAMILIE *Polyporaceae*
Fruchtkörper einjährig, zäh, trocken fast holzig; Stiel zentral, exzentrisch oder seitlich; Röhren meist sehr kurz; Sporen hyalin, glatt, zylindrisch-elliptisch. Die Stielporlinge sind einjährig, überwintern selten und wachsen meist auf Holz. Die Gattung *Polyporus* (Porlinge im engeren Sinn) umfasst etwa 12 mitteleuropäische Arten.

1 Waben-Stielporling, Waben-Porling
Polyporus mori (Poll.) Fr. *Polyporaceae*

HUT 2–8 cm breit, rundlich-oval, nierenförmig, seitlich oft eingedellt, Mitte vertieft; Oberfläche angedrückt schuppig, blassgelblich bis orangegelb, alt ausgeblasst und fast weiß; Rand lange eingerollt, scharf. **RÖHREN** bis 5 mm lang. **POREN** groß, +/– radial gestreckt, 1–5 mm lang, 4- bis 6-eckig. **STIEL** exzentrisch stehend, 0,5–2 cm lang, 0,3–1 cm breit, weißlich-cremefarben. **FLEISCH** 1–2 mm dick, cremefarben. **SPOREN** 8–12 × 3–4 µm, elliptisch, glatt, hyalin. **VORKOMMEN** April bis Juni einzeln oder gesellig an abgestorbenem Laubholz, wärmeliebend, selten, einjährig; Weißfäuleerzeuger. **VERWENDUNG** Kein Speisepilz.

2 Sommer-Stielporling, Maiporling
Polyporus ciliatus Fr.: Fr., *Polyporus lepideus* (Fr.) ex Steudel
Polyporaceae

HUT 4–8 cm breit, flach gewölbt, ausgebreitet oder etwas niedergedrückt; Oberfläche feinfilzig, gelbbraun, dunkelbraun, graubraun, in der Farbtönung bisweilen schwach konzentrisch gezont; Rand lange eingebogen. **RÖHREN** 2–4 mm lang, nur kurz am Stiel herablaufend, nicht ablösbar, weißlich. **POREN** bei jungen Pilzen mit bloßem Auge kaum erkennbar, 5–7 pro mm, rund bis eckig, jung weiß, später grauweiß bis cremeocker. **STIEL** 2–8 cm lang, 0,5–1,2 cm breit, meist zentral stehend, zylindrisch, gegen die Basis etwas verdickt, anfangs mit graubräunlichem Filz, später bräunlich genattert. **FLEISCH** dünn, zäh, elastisch, weiß-blassgelb; Geruch und Geschmack unbedeutend. **SPOREN** 5–7 × 1,5–2,5 µm. **VORKOMMEN** April bis Juli auf Stümpfen und liegenden Ästen von Laubbäumen. **VERWENDUNG** Kein Speisepilz.

3 Winter-Stielporling, Winterporling
Polyporus brumalis (Pers.): Fr. *Polyporaceae*

HUT 2–6(–10) cm breit, ausgebreitet bis niedergedrückt; Oberfläche jung feinfilzig oder faserig-schuppig, alt kahl, dunkelbraun-dunkelgrau, später auch gelbbraun; Rand scharf, wellig gelappt, trocken eingerollt. **RÖHREN** 1–3 mm lang, nur kurz am Stiel herablaufend, cremeweiß. **POREN** rundlich bis länglich-eckig, deutlich sichtbar, meist 2–3 pro mm, cremeweiß **(3b)**. **STIEL** 2–7 cm lang, 0,3–0,7 cm breit, meist zentral, biegsam, fein filzig-schuppig, alt kahl, bräunlich bis graubraun. **FLEISCH** bis 3 mm dick, elastisch-zäh, biegsam, trocken hart, weißlich; Geruch pilzartig, Geschmack mild. Beim Schnitt durch den frischen Fruchtkörper erkennt man in der Trama eine deutliche dunklere, graugelbe Linie, die parallel zur Röhrenschicht verläuft und sich bis in den Stiel hinein fortsetzt. **SPORENPULVER** weißlich. **SPOREN** 5–7 × 2–2,5 µm. **VORKOMMEN** Oktober bis April an toten Ästen und Stämmen, auch auf Stümpfen von Laubbäumen in ganz Europa. **VERWENDUNG** Kein Speisepilz. **WISSENSWERTES** Der ähnliche ▸ **Sommer-Stielporling (siehe 2)** hat viel engere Poren.

1

2

3a

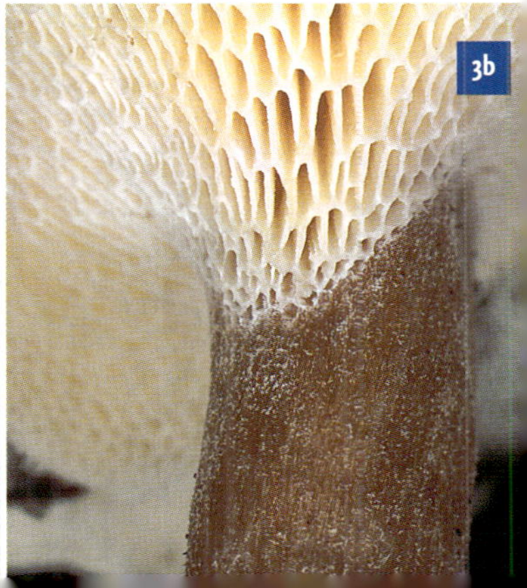
3b

1 Schuppiger Stielporling, Schuppiger Porling

Polyporus squamosus (Huds.) Fr. *Polyporaceae*

HUT 8–40(–60) cm breit, bis 5 cm dick, erst leicht konvex, später ausgebreitet bis niedergedrückt, halbkreis-, nieren- oder fächerförmig; Oberfläche gelb bis ockergelb mit zahlreichen großen, konzentrisch angeordneten, dunkelbraunen, flach anliegenden Schuppen; Rand dünn, etwas eingebogen. **RÖHREN** bis 10 mm lang, am Stiel herablaufend, nicht ablösbar. **POREN** unregelmäßig eckig bis länglich, blassgelb bis cremefarben. **STIEL** meist seitlich stehend, kurz und dick, 4–8 cm lang, 1–4(–6) cm breit, blassgelb. **FLEISCH** jung saftig, weich, später lederig, zäh, weißlich bis cremefarben; Geruch und Geschmack mehl- bis gurkenartig. **SPORENPULVER** weiß. **SPOREN** 10–14 × 4–5 µm, länglich elliptisch, hyalin, mit Tropfen. **VORKOMMEN** April bis zum Sommer einzeln bis fast büschelig als Parasit oder Saprophyt an Stümpfen oder Stämmen lebender oder toter Laubbäume, in denen er eine aktive Weißfäule hervorruft; in Europa weit verbreitet. Die riesigen Fruchtkörper können bei Regenwetter in wenigen Tagen heranwachsen. **VERWENDUNG** Kein Speisepilz. **WISSENSWERTES** Der ähnliche, kleinere **Sklerotien-Stielporling** *(Polyporus tuberaster)* erscheint vom Frühjahr bis Sommer auf am Boden liegenden Buchenstämmen und -ästen. Besonders in südeuropäischen Ländern findet man an seiner Stielbasis einen so genannten „Pilzstein“, das ist ein faustgroßes Sklerotium, aus dem über Jahre hinweg immer wieder Fruchtkörper hervorwachsen können.

2 Löwengelber Stielporling

Polyporus varius (Pers.): Fr. *Polyporaceae*

HUT 3–10(–15) cm breit, rundlich bis fächerförmig, jung konvex, später etwas vertieft; Oberseite glatt, ockergelblich, hellbraun, auch mit zimtfarbenen Tönen; Rand wellig verbogen, scharf, dünn, trocken etwas eingerollt. **RÖHREN** am Stiel herablaufend. **POREN** rundlich bis eckig, sehr klein, 4–6 pro mm, jung weißlich-cremefarben, alt ocker- bis graubraun. **STIEL** 1–4 cm lang, 0,3–1 cm breit, zentral bis exzentrisch stehend, weißgelblich bis bräunlich, glatt, matt, mit braunschwarzer Basis oder ganze untere Hälfte braunschwarz gefärbt. **FLEISCH** 2–5 mm dick, zäh, lederartig, trocken holzig-hart, weißlich; Geruch angenehm, Geschmack etwas bitter. **SPOREN** 7–10 × 2–3,5 µm, zylindrisch, hyalin. **VORKOMMEN** Einzeln oder zu mehreren ganzjährig an liegenden, seltener an stehenden abgestorbenen Stämmen und Ästen sowie auf Stümpfen verschiedener Laubholzarten, besonders oft an Buche *(Fagus sylvatica)*. **VERWENDUNG** Kein Speisepilz. **WISSENSWERTES** Ähnlich ist der in Europa weit verbreitete, aber selten zu findende **Schwarzfuß-Stielporling** oder **Braunfuß-Stielporling** *(Polyporus melanopus)*. Er wächst parasitisch oder saprophytisch vom Sommer bis Herbst an vergrabenem Holz verschiedener Laubbäume, seltener findet man ihn an Nadelholz.

3 Pfennig-Porling

Polyporus varius var. *nummularius* Pers. *Polyporaceae*

HUT 1–2 cm breit, rund; Oberfläche blassgelblich, bräunlich. **STIEL** schlank, dünn, +/– zentral stehend. **VORKOMMEN** Ganzjährig auf abgefallenen kleinen Laubholzästchen, meist an Buche *(Fagus sylvatica)*. **VERWENDUNG** Kein Speisepilz. **WISSENSWERTES** Der Pfennig-Porling ist eine kleinhütige Zwergform des ▸ **Löwengelben Stielporlings (siehe 2)**. Artrang hat dieser Pilz nicht. Das im Foto abgebildete Blatt vom in Laub- und Nadelwäldern verbreiteten Wald-Sauerklee *(Oxalis acetosella)* ermöglicht einen Größenvergleich. Der Pilzhut ist 1,5 cm breit.

1

2

3

1 Schwarzroter Stielporling

Polyporus badius (Pers.) Schw., *Polyporus picipes* Fr.
Polyporaceae

HUT 5–30 cm breit, anfangs gewölbt, dann abgeflacht bis trichterförmig; Oberfläche glatt, glänzend, rötlich-kastanienbraun, zum Rand hin gelblich, in der Mitte schwärzlich; Rand sehr dünn, gewellt, flatterig. **RÖHREN** 0,5–2 mm lang, am Stiel herablaufend. **POREN** fein, 6–8 pro mm, rund, weiß, später cremefarben. **STIEL** 1–8 cm lang, 0,5–2 cm breit, mittelständig bis exzentrisch, grauschwarz, matt, dunkle Stielspitze deutlich zur hellen Porenschicht abgegrenzt. **FLEISCH** 2–5 mm dick, lederartig, zäh, weiß; Geruch angenehm, Geschmack mild. **SPORENPULVER** cremefarben. **SPOREN** 6–8,5 × 2,5–4 µm, zylindrisch-elliptisch, glatt, hyalin. **VORKOMMEN** Mai bis November gern in Auenwäldern an totem Holz von Laubbäumen, oft zu mehreren, bisweilen verwachsen. **VERWENDUNG** Kein Speisepilz.

2 Orangeseitling

Phyllotopsis nidulans (Pers.: Fr.) Sing. *Polyporaceae*

HUT 3–7 cm breit, halbrund, muschel- bis nierenförmig, meist seitlich am Substrat angewachsen und 2–5 cm abstehend, seltener resupinat am Scheitel angewachsen; Oberfläche striegelig-samtig, mattorange bis orangegelb, trocken blassgelb; Rand lange eingerollt, filzig und dadurch heller erscheinend. **LAMELLEN** ziemlich gedrängt, untermischt, orange bis ockerbraun. **STIEL** fehlend oder Hüte nur kurzstielig zusammengezogen. **FLEISCH** dünn, elastisch, ohne gelatinöse Schicht, gelblich; Geruch und Geschmack unangenehm. **SPORENPULVER** fleischrosa. **SPOREN** 6–7 × 2–3 µm. **VORKOMMEN** August bis April einzeln, meist dachziegelig an morschen Stümpfen und an am Boden liegenden Stämmen von Laub- und Nadelhölzern; selten. **VERWENDUNG** Kein Speisepilz. **WISSENSWERTES** Der Orangeseitling ist die einzige Art der Gattung *Phyllotopsis*; er kann mit dem bevorzugt auf Nadelholz wachsenden ▸ **Muschelkrempling (S. 92/1)** verwechselt werden. Dieser hat braunes Sporenpulver.

GATTUNG **Pleurotus (Seitlinge)**
FAMILIE *Polyporaceae*

Die Gattung *Pleurotus* umfasst etwa zehn Arten mit großen, fleischigen Fruchtkörpern, seitlich gestielt, vorwiegend an Holz wachsend; Lamellen herablaufend, Sporenpulver weiß.

3 Berindeter Seitling

Pleurotus dryinus (Pers.: Fr.) Kumm. *Polyporaceae*

HUT 5–15 cm breit, +/– muschelförmig, dickfleischig; Oberfläche matt, jung weißblassgelb, später grau-graubraun, mit angedrückten Schuppen locker besetzt; Rand jung mit flüchtigen Velumresten. **LAMELLEN** am Stiel weit herablaufend, an der Basis anastomosierend, weißlich-blassgelb; Schneiden wellig. **STIEL** 2–5 cm lang, 1–3 cm breit, exzentrisch, weißlich-cremefarben, mit sehr flüchtigem Ring. **FLEISCH** zäh, weißlich, alt gelblich; Geruch würzig, Geschmack nussartig. **SPORENPULVER** weiß. **SPOREN** 9–15 × 3–5 µm, zylindrisch, glatt, hyalin, mit Tropfen. **VORKOMMEN** August bis November einzeln oder dachziegelig, meist an verletzten Stämmen von Laub- und Nadelbäumen; verursacht im Holz Weißfäule. **VERWENDUNG** Kein Speisepilz. **WISSENSWERTES** Ebenfalls an Holz wächst der ▸ **Austern-Seitling (S. 48/2).**

1

2

3

1 Rillstieliger Seitling

Pleurotus cornucopiae (Paul. ex Pers.) Roll. *Polyporaceae*

HUT 5–12 cm breit, jung gewölbt, später abgeflacht, niedergedrückt bis trichterförmig; Oberfläche weißlich-bräunlich, glatt; am Rand gelappt. **LAMELLEN** weit am Stiel herablaufend, anastomosierend, weißlich-blassgelblich. **STIEL** auffällig längsrillig, meist exzentrisch, zu mehreren verwachsen. **FLEISCH** zäh, weiß; Geruch etwas mehlartig. **SPOREN** 8–11 × 3,5–5 µm. **VORKOMMEN** Mai bis November büschelig an totem Laubholz; selten. **VERWENDUNG** Essbar; zäh. **WISSENSWERTES** Ähnlich ist der ▸ **Austern-Seitling (siehe 2).**

2 Austern-Seitling, Austernpilz

Pleurotus ostreatus (Jacq.: Fr.) Kumm. *Polyporaceae*

HUT 5–15(–30) cm breit, spatel- bis muschelförmig; Oberfläche glatt, kahl, glänzend, feucht klebrig, verschiedenfarbig: graulila, graubraun, graublau, schiefergrau bis schwarzviolett; Rand anfangs eingerollt, später eingebogen. **LAMELLEN** am Stiel herablaufend, gedrängt, unterschiedlich lang, in Stielnähe queradrig, jung weißlich, später gelblich; Schneiden wellig bis schwach gekerbt. **STIEL** sehr kurz und dick, exzentrisch oder fast seitlich am Hut sitzend, meist büschelig verwachsen, oft nur schwach ausgebildet oder fehlend; Basis filzig. **FLEISCH** jung weich und weiß, später zäh, faserig; Geruch würzig, Geschmack mild. **SPORENPULVER** lilagrau. **SPOREN** 7–9 × 3–4 µm, zylindrisch, glatt, hyalin, mit Tropfen. **VORKOMMEN** Oktober bis März parasitisch und saprophytisch an Stämmen und Stümpfen von Laubbäumen, sehr selten an Nadelholz. **VERWENDUNG** Essbar. Der Austernseitling ist ein sehr guter Speisepilz und kann auf verschiedenen Substraten gezüchtet werden. **WISSENSWERTES** Der Pilz kann mit dem ▸ **Gelbstieligen Muschelseitling (S. 194/1)** verwechselt werden, der zur gleichen Jahreszeit an Laub- und Nadelholz wächst; er ist kleiner, hat einen olivgrünen bis olivgelben Hut, sein Stiel ist gelb bis olivgrün; er schmeckt nach längerem Kauen bitterlich und ist für die Küche nicht zu empfehlen. Der **Taubenblaue Seitling** *(Pleurotus ostreatus* var. *columbinus)* ist eine Farbvariante des Austern-Seitlings. Der **Lungen-Seitling** *(Pleurotus pulmonaris)* hat einen gelblich-weißen Hut.

GATTUNG **Lentinus (Sägeblättlinge)**
FAMILIE *Polyporaceae*
Fruchtkörper zäh, auf Holz wachsend, Stiel zentral oder leicht exzentrisch, Lamellenschneide meist gesägt, Sporen nicht amyloid.

3 Anis-Sägeblättling, Wohlriechender Knäueling

Lentinus suavissimus Fr., *Panus suavissimus* (Fr.) Sing.
Polyporaceae

HUT 2–5 cm breit, flach trichterig, oft muschelförmig; Oberfläche matt-feinfilzig, weißlich, hellgelb bis ockergelb; Rand lange eingebogen, später abstehend, +/– wellig verbogen. **LAMELLEN** etwas weit stehend, untermischt, am Stiel bogig herablaufend, am Stielansatz stark gegabelt, bisweilen wabig-porig in den Stiel übergehend, jung weiß, später gelblich; Schneiden fein gesägt (Lupe). **STIEL** 1–3 cm lang, 3–5 mm breit, auch ganz fehlend, oft seitlich stehend, voll, zäh, weißlich bis gelb. **FLEISCH** dünn, zäh, weiß; Geruch und Geschmack nach Anis. **SPORENPULVER** weiß. **SPOREN** 5–8 × 3–4 µm. **VORKOMMEN** Sommer bis Herbst einzeln bis gesellig an toten Ästen von Weiden *(Salix)*, selten an anderen Laubgehölzen. **VERWENDUNG** Kein Speisepilz.

1

2

3

1 Birken-Knäueling, Laubholz-Knäueling

Lentinus torulosus (Pers.: Fr.) Lloyd, *Panus conchatus* (Bull.: Fr.) Fr.
Polyporaceae

HUT 4–10 cm breit, kreis-, muschel- bis fast trichterförmig, büschelig wachsend; Oberfläche matt, radialfaserig, bisweilen etwas schuppig, jung lila-weinrötlich, alt ausblassend; Rand anfangs eingerollt, später glatt, scharf. **LAMELLEN** am Stiel herablaufend, gedrängt stehend, schmal, vereinzelt gegabelt, anfangs weißlich-creme, später blassgelb bis hellocker und lila angehaucht; Schneiden ganzrandig. **STIEL** kurz, 1–3 cm lang, voll, zäh, striegelig-filzig, jung lilarötlich, später blass ockergelb, seitlich bis fast zentral stehend, bisweilen ganz fehlend oder mit den Stielen der Nachbarfruchtkörper verwachsen. **FLEISCH** dünn, zäh, lederig, schmutzig weiß; Geruch unangenehm, Geschmack mild bis etwas bitterlich. **SPORENPULVER** cremeweiß. **SPOREN** 5–6 × 3–3,5 µm, breitelliptisch, glatt, hyalin, inamyloid. **VORKOMMEN** Juni bis November meist büschelig an Laubholzstümpfen oder -ästen, meist von Buche *(Fagus sylvatica)* und Birke *(Betula)*. **VERWENDUNG** Kein Speisepilz.

2 Getigerter Sägeblättling, Getigerter Knäueling

Lentinus tigrinus (Bull.: Fr.) Fr., *Panus tigrinus* (Bull.: Fr.) Sing.
Polyporaceae

HUT 4–10 cm breit, jung geschlossen, dann ausgebreitet, +/– genabelt bis trichterförmig, dünnfleischig, elastisch, zäh; Oberfläche in der Mitte mit dicht stehenden, zum Rand hin etwas radial angeordneten schwarzbraunen Schüppchen auf hellem Grund **(2b)**; Rand scharf, +/– flatterig und im Alter etwas eingerissen. **LAMELLEN** am Stiel herablaufend, breit, cremefarben bis gelblich **(2a)**; Schneiden fein gesägt, zuletzt fransig zerrissen. **STIEL** 3–8 cm lang, 4–8 mm breit, schlank, voll, zäh, teilweise exzentrisch stehend, verbogen, meist tief im Holz wurzelnd, cremeweißlich, zur Basis hin graubräunlich, feinschuppig bis punktiert, jung mit vergänglicher Velumzone. **FLEISCH** dünn, zäh, weißlich, mitunter etwas gilbend; Geruch angenehm, Geschmack mild, nach längerem Kauen kratzend. **SPORENPULVER** weiß. **SPOREN** 6–8 × 3–3,5 µm, zylindrisch bis elliptisch, glatt, hyalin, mit Tropfen, inamyloid. **VORKOMMEN** Besonders im Frühjahr einzeln oder büschelig an Stümpfen und liegenden Ästen von Pappel *(Populus)* und Weide *(Salix)*, in milden Lagen in Auenwäldern, an Bächen und Flüssen. Die abgebildeten Pilze wuchsen an angeschwemmtem Holz an einem oberitalienischen See. **VERWENDUNG** Kein Speisepilz.

3 Schuppiger Sägeblättling

*Lentinus lepideus (*Fr.: Fr.) Fr. *Polyporaceae*

HUT 3–12 cm breit, jung gewölbt, später ausgebreitet mit vertiefter oder gebuckelter Mitte; Oberfläche nicht schmierig, weißlich-hellbräunlich mit +/– anliegenden, braunen Schuppen; Rand anfangs lange eingerollt und durch einen flüchtigen Schleier mit dem Stiel verbunden. **LAMELLEN** am Stiel herablaufend, weit stehend, weißlich bis blassocker; Schneiden grob gekerbt-gesägt. **STIEL** 3–6(–10) cm lang, 1–2 cm breit, meist exzentrisch stehend, hart, zäh, weißlich, zur Basis hin bräunlich, unterhalb einer undeutlichen Ringzone mit abstehenden weißlichen bis bräunlichen Schuppen. **FLEISCH** dick, zäh, weißlich; Geruch süßlich-harzig, Geschmack mild. **SPORENPULVER** weiß. **SPOREN** 7–12 × 3–4,5 µm, länglich-elliptisch, glatt, hyalin, inamyloid. **VORKOMMEN** Mai bis Oktober an Nadelholzstümpfen und verbautem Nadelholz; verursacht Braunfäule. **VERWENDUNG** Kein Speisepilz. **WISSENSWERTES** An verbautem Holz kann der Pilz ungewöhnlich verzweigte, oft hutlose Fruchtkörper ausbilden.

1

2a

2b

3

1 Harziger Sägeblättling

Lentinus adhaerens (Alb. & Schw.: Fr.) Fr. *Polyporaceae*

HUT 3–6 cm breit, rundlich, gewölbt, alt niedergedrückt-trichterförmig, oft flatterig; Oberfläche fein samtig-filzig, klebrig-harzig, schmutzig hellbeige bis nussbraun-ockerbraun, bisweilen mit kleinen dunkleren Flecken; Rand lange heruntergebogen. **LAMELLEN** mit Strich am Stiel herablaufend, breit, untermischt, klebrig, jung weißlich, dann strohgelb-ledergelb; Schneiden fein gesägt-schartig. **STIEL** 2–5 cm lang, 0,5–1 cm breit, zentral oder exzentrisch stehend, glatt, klebrig, voll bis hohl, Spitze etwas rillig, gelb-ocker bis bräunlich; Basis bisweilen weißfilzig. **FLEISCH** knorpelig, zäh, gelbbräunlich; Geruch angenehm, Geschmack bitter-kratzend. **SPORENPULVER** hell cremefarben. **SPOREN** 7–10 × 2,5–3,5 µm, zylindrisch-elliptisch, glatt, hyalin, teilweise mit Tropfen, inamyloid. **VORKOMMEN** Herbst bis Frühjahr meist gesellig oder büschelig an alten Stümpfen und an am Boden liegendem Nadelholz; selten. **VERWENDUNG** Kein Speisepilz.

2 Shiitakepilz

Lentinula edodes (Berk.) Peg., *Lentinus edodes* (Berk.) Sing.
Polyporaceae

HUT 5–10(–15) cm breit, erst gewölbt, dann niedergedrückt; Oberfläche trocken, rötlich braun, dunkelbraun, graubraun, mit eingewachsenen weiß-bräunlichen, +/– dreieckigen Schüppchen; Rand anfangs eingerollt, mit zottigen Velumresten, später glatt. **LAMELLEN** eng stehend, jung weißlich, später zartgelb, alt graulich, fleischbraun; Schneiden wellig gezähnelt. **STIEL** 3–5 cm lang, bis 1,5 cm dick, oft exzentrisch stehend, weißlich bis bräunlich, grobfaserig bis wollig-schuppig. **FLEISCH** fest, weiß, unter der Huthaut bräunlich; Geruch und Geschmack aromatisch, lauchartig. **SPORENPULVER** weiß. **SPOREN** 6–6,5 × 2,5–3 µm. **VORKOMMEN** Der Pilz stammt aus den fernöstlichen Ländern, wo er angeblich seit 2000 Jahren kultiviert wird. Bei uns hat man vor etwa 60 Jahren mit den ersten Kulturversuchen auf Laubhölzern begonnen. Im gewerblichen Pilzanbau erfolgt heute die Kultur verschiedener Rassen überwiegend auf Spezialsubstraten. **VERWENDUNG** Sehr guter Speisepilz.

GATTUNG **Strobilomyces (Strubbelkopf)**
FAMILIE *Strobilomycetaceae*
Nur eine europäische Art. Hut mit dicken Schuppen.

3 Strubbelkopf, Strubbelkopfröhrling

Strobilomyces strobilaceus (Scop.: Fr.) Berk., *Strobilomyces floccopus* (Vahl: Fr.) Karst. *Strobilomycetaceae*

HUT 5–15 cm breit, anfangs halbkugelig, später gewölbt-abgeflacht; Oberfläche grau, mit feldrig angeordneten, etwas abstehenden, dicken, braun-schwärzlichen Schuppen bedeckt; Rand fransig, die Röhren überragend. **RÖHREN** bis 3 cm lang, am Stiel angewachsen, etwas herablaufend, anfangs weißgrau, später dunkelgrau. **POREN** rundlich-eckig, jung weißlich, später graubräunlich, an Druckstellen bräunend, dann schwärzend. **STIEL** 6–15 cm lang, bis 2 cm breit, fest, zylindrisch, oft gebogen; Oberfläche grob flockig-fransig, schmutzig graubraun. **FLEISCH** dick, grauweiß, im Schnitt erst rötend **(3a)**, dann schwärzend; Geruch unbedeutend, Geschmack mild. **SPORENPULVER** schwarzbraun. **SPOREN** 9–12 × 8–11,5 µm, rundlich. **VORKOMMEN** Juli bis Oktober einzeln oder gesellig im Laub- und Nadelwald. **VERWENDUNG** Kein Speisepilz.

1

2

3a

3b

1 Düsterer Porphyrröhrling, Düsterer Röhrling

Porphyrellus porphyrosporus (Fr.) Gilb., *Porphyrellus pseudoscaber* (Secr.) Sing. *Strobilomycetaceae*

HUT 5–15 cm breit, jung halbkugelig, später polsterförmig gewölbt bis ausgebreitet; Oberfläche feinsamtig, matt, später glatt, trocken, graubraun, dunkelbraun, dunkel olivgrau, bei Trockenheit bisweilen rissig; Rand jung heruntergebogen, scharf. **RÖHREN** 1–2 cm lang, breit bis ausgebuchtet angewachsen, schmutzig graubräunlich bis graurosa. **POREN** eckig, graubraun, graurosa, schwarzgrau, auf Druck blaugrün oder schwarzbraun. **STIEL** 5–15 cm lang, zylindrisch bis bauchig, samtig, wie der Hut gefärbt, ohne Netz, an der Basis weißlich, filzig, +/– zugespitzt, an Druckstellen verfärbend. **FLEISCH** fest, weißlich, im Schnitt langsam blauend, grünend oder rosa färbend; Geruch säuerlich-muffig, Geschmack bitterlich oder schärflich. **SPORENPULVER** rotbraun. **SPOREN** 12–16 × 5–7 µm, elliptisch-spindelig. **VORKOMMEN** Juni bis Oktober einzeln bis gesellig in sauren Laub- und Nadelwäldern, bevorzugt im Bergland, im Flachland selten. **VERWENDUNG** Essbar. **WISSENSWERTES** Der leicht erkennbare Düstere Röhrling ist die einzige europäische Art der Gattung *Porphyrellus*.

GATTUNG **Gyroporus (Blassporröhrlinge)**
FAMILIE *Boletaceae*
Die Gattung besteht in Mitteleuropa aus zwei leicht erkennbaren Arten mit trockener, samtiger Hutoberfläche und blassgelbem Sporenpulver.

2 Hasen-Röhrling

Gyroporus castaneus (Bull.: Fr.) Quél. *Boletaceae*

HUT 3–5(–10) cm breit, jung halbkugelig, dann gewölbt, alt bisweilen niedergedrückt; Oberfläche jung feinfilzig-samtig, dann glatt, kahl, zimtbraun, hell kastanienbraun, gelbbräunlich; Rand oft heller, scharf. **RÖHREN** 5–10 mm lang, am Stiel ausgebuchtet bis fast frei, leicht vom Hutfleisch ablösbar, jung weiß, dann blass- bis strohgelb. **POREN** sehr klein, rundlich, jung weißlich bis blassgelb. **STIEL** 4–8 cm lang, 1–3 cm breit, aufwärts verjüngt, Basis oft keulig-bauchig, gekammert bis hohl; Oberfläche jung flaumig, alt glatt, hutfarben. **FLEISCH** fest, weiß, im Schnitt nicht verfärbend; Geruch angenehm, Geschmack mild. **SPORENPULVER** blassgelb. **SPOREN** 8–11 × 4,5–6 µm, elliptisch. **VORKOMMEN** Juli bis Oktober im Laubwald, gern unter Eichen *(Quercus)*; in Europa verbreitet; als Seltenheit zu schonen. **VERWENDUNG** Essbar.

3 Kornblumen-Röhrling

Gyroporus cyanescens (Bull.: Fr.) Quél. *Boletaceae*

HUT 4–10 cm breit, anfangs halbkugelig, dann polsterförmig gewölbt; Oberfläche trocken, matt, feinfilzig-faserschuppig, strohgelb-ockerlich, alt graugelb; Rand lange herabgebogen und die Röhren etwas überragend. **RÖHREN** 0,5–1 cm lang, am Stiel ausgebuchtet angewachsen, jung weißlich, später blassgelb. **POREN** rundlich, jung weiß, dann blassgelb, auf Druck sofort tief blauend. **STIEL** 5–10 cm lang, bis 2,5 cm dick, erst bauchig, dann keulig-gestreckt, feinfilzig, blassgelb. **FLEISCH** weiß, im Schnitt sofort intensiv blauend, grauweiß ausblassend, im Stiel gekammert; Geruch schwach, Geschmack mild. **SPORENPULVER** zitronengelblich. **SPOREN** 8–10 × 5–6 µm. **VORKOMMEN** Juli bis Oktober einzeln bis gesellig in Laub- und Nadelwäldern, auf sandigen Böden; als Seltenheit zu schonen. **VERWENDUNG** Essbar. **WISSENSWERTES** Leicht erkennbar, blaut in allen Teilen und ist kaum zu verwechseln.

1

2

3

1 Erlen-Grübling

Gyrodon lividus (Bull.: Fr.) Karst. *Boletaceae*

HUT 3–10(–12) cm breit, jung gewölbt, dann flach oder niedergedrückt, oft unregelmäßig verbogen; Oberfläche fein eingewachsen filzig-faserig, feucht schmierig, trocken matt, fahl strohgelb, gelbbraun, alt bräunlich; Rand dünn, heruntergebogen, Huthaut am Rand etwas überstehend. **RÖHREN** 3–5 mm lang, am Stiel herablaufend, kaum ablösbar, grüngelblich. **POREN** klein, eckig, grüngelblich, auf Druck schnell blauend. **STIEL** 3–10 cm lang, schlank, oft gebogen, blassgelb, rotbräunlich befasert. **FLEISCH** weich, blassgelb, im Schnitt blauend; Geruch unbedeutend, Geschmack säuerlich. **SPORENPULVER** olivbraun. **SPOREN** 4–8 × 3–5 µm. **VORKOMMEN** August bis Oktober meist gesellig in ganz Europa unter Erlen *(Alnus)* in Auenwäldern, an naturnahen Flussufern und in Mooren; selten, in Deutschland geschützt. **VERWENDUNG** Essbar.

2 Hohlfuß-Schuppenröhrling, Hohlfuß-Röhrling

Boletinus cavipes (Klotzsch in Fr.) Kalchbr. *Boletaceae*

HUT 4–10(–15) cm breit, anfangs konvex bis stumpfkegelig, dann abgeflacht mit leicht eingedrückter Mitte, oft gebuckelt; Oberfläche filzig-schuppig, gelb-, gold- bis rostbraun; Rand jung eingerollt, mit Velumresten. **RÖHREN** 3–10 mm lang, etwas herablaufend, schwer vom Hut abtrennbar, erst gelb, dann grüngelb. **POREN** wabenartig, länglich gestreckt, wie die Röhren gefärbt. **STIEL** 5–8 cm lang, bis 2 cm breit, zylindrisch, von jung an hohl, wie die Röhren gefärbt, mit faserigen Schüppchen besetzt; Ring flockig. **FLEISCH** dick, bald weich, weißgelblich, im Schnitt nicht blauend; Geruch angenehm, Geschmack mild. **SPORENPULVER** gelboliv. **SPOREN** 8–10 × 3–4 µm. **VORKOMMEN** Juli bis Oktober unter Lärchen *(Larix)*, im Gebirge stellenweise häufig, im Flachland selten, schonenswert, fehlt im Mittelmeerraum. **VERWENDUNG** Essbar.

GATTUNG **Suillus (Schmierröhrlinge)**
FAMILIE *Boletaceae*

Hüte meist schmierig oder schleimig, trocken glänzend, selten filzig; Röhrenschicht gut ablösbar; Stiele z. T. mit schleimiger Ringzone; Mykorrhizapilze von Nadelbäumen. Die Gattung *Suillus* umfasst in Europa etwa 20 Arten.

3 Gold-Röhrling, Goldgelber Lärchen-Röhrling

Suillus grevillei (Klotzsch: Fr.) Sing., *Suillus flavus* (With.) Sing.
Boletaceae

HUT 5–15 cm breit, jung halbkugelig, dann polsterförmig, später ausgebreitet; Oberfläche feucht stark schmierig, glänzend, trocken seidenmatt, klebrig, hellgelb bis orangebraun; Huthaut bei feuchtem Wetter leicht abziehbar, am Rand etwas überhängend. **RÖHREN** bis 10 mm lang, am Stiel schwach ausgebuchtet angewachsen, gelb, später bräunlich gelb. **POREN** anfangs rundlich, eng, später unregelmäßig verzogen, gelb, später bräunlich gelb, auf Druck schmutzig rosa bis bräunlich fleckend. **STIEL** bis 12 cm lang, bis 2 cm breit, meist zylindrisch, fleischig, voll, gelb, unterhalb des Rings bräunlich gefasert bis flockig, feucht stark schmierig; Ring weißlich bis gelblich, anfangs wulstig, vergänglich; Basismyzel weiß. **FLEISCH** dick, bald weich, hellgelb bis zitronengelb, im Schnitt langsam rosaviolettlich verfärbend, nicht blauend; Geruch angenehm, Geschmack fade. **SPORENPULVER** hell olivbraun. **SPOREN** 7–11 × 3–5 µm. **VORKOMMEN** Juni bis Oktober einzeln oder gesellig unter Lärchen *(Larix)*. **VERWENDUNG** Essbar. **WISSENSWERTES** Als Schmierröhrling leicht erkennbar.

1

2

3

1 Grauer Lärchen-Röhrling

Suillus viscidus (L.) Roussel, *Suillus aeruginascens* (Secr.) Snell
Boletaceae

HUT 4–10 cm breit, anfangs gewölbt, dann ausgebreitet-abgeflacht; Oberfläche feucht schmierig, graugrünlich-braungelblich; Haut abziehbar; Rand mit faserigen Velumresten. **RÖHREN** bis 12 mm lang, angewachsen bis herablaufend, grauweiß, alt graubraun. **POREN** weit, eckig-radial verlängert, jung grauweiß, später schmutzig graubraun, auf Druck dunkler oder olivbräunlich. **STIEL** bis 10 cm lang, bis 2 cm dick, zylindrisch, fleischig, jung grauweißlich, später graubräunlich, unterhalb des Rings faserig-schuppig; Ring dünn, vergänglich. **FLEISCH** fest, später weich, weißlich, alt graulich, im Stiel gelblich; Geruch schwach aromatisch, Geschmack mild, fade. **SPORENPULVER** olivgelb. **SPOREN** 10–14 × 3,5–6 µm, spindelförmig-elliptisch. **VORKOMMEN** Juli bis Oktober einzeln oder gesellig in Wäldern, Gärten und Parkanlagen unter Lärchen *(Larix)*, bevorzugt auf Kalk. **VERWENDUNG** Essbar. **WISSENSWERTES** Typisch sind die grauen Farbtöne und das Vorkommen unter Lärchen.

2 Rostroter Lärchen-Röhrling

Suillus tridentinus (Bres.) Sing. *Boletaceae*

HUT 5–8(–12) cm breit, anfangs halbkugelig, dann gewölbt; Oberfläche eingewachsen faserig, alt kahl, feucht klebrig-schmierig, orangegelblich, ockerbräunlich, rostorange; Haut abziehbar; Rand jung eingebogen, mit Velumresten. **RÖHREN** 5–10 mm lang, am Stiel ein wenig herablaufend. **POREN** eckig, groß, zum Stiel hin etwas langgezogen, jung prächtig orange, alt braunorange. **STIEL** bis 10 cm lang, voll, zylindrisch oder bauchig, oft verbogen, an der Spitze mit feiner Netzzeichnung, jung mit dem Hutrand durch einen Schleier verbunden, der später oft nur in Spuren als Ring am Stiel zurückbleibt. **FLEISCH** dick, fest, zitronengelb, gelbweiß, im Schnitt langsam rötlichbräunlich verfärbend; Geruch angenehm, fruchtartig, Geschmack mild. **SPORENPULVER** oliv- bis zimtbraun. **SPOREN** 9–13 × 4–6 µm, elliptisch. **VORKOMMEN** Juli bis Oktober einzeln bis gesellig unter Lärchen auf Kalk, vorwiegend im Alpenraum, außerhalb dieses Raums selten und schonenswert. **VERWENDUNG** Essbar. **WISSENSWERTES** Mit Giftpilzen ist der beschriebene Pilz kaum zu verwechseln.

3 Helvetischer Körnchenröhrling

Suillus sibiricus (Sing.) Sing. ssp. *helveticus* Sing. *Boletaceae*

HUT bis 10 cm breit, jung halbkugelig, dann flach gewölbt, meist stumpf gebuckelt, alt oft flatterig; Oberfläche jung stark schleimig, später klebrig, blassgelb, besonders gegen den Rand hin mit angedrückten, bräunlichen Faserschüppchen; Rand mit herunterhängenden faserhäutigen weißlichen Velumflocken. **RÖHREN** bis 10 mm lang, ausgebuchtet angewachsen bis leicht herablaufend. **POREN** eckig-radial gestreckt, senfgelb, auf Druck schwach rotbräunlich. **STIEL** bis 6 cm lang, bis 1,5 cm breit, zylindrisch, etwas verbogen; Basis schwach zugespitzt und rosafarben überhaucht; Oberfläche mit braunrötlichen Drüsenpünktchen auf blassgelbem Grund; im oberen Viertel mit ringartiger, wolliger, jung bisweilen etwas wulstartig abgesetzter Velumzone. **FLEISCH** dick, jung fest, später schwammig, hellgelb, im Schnitt schwach rosabräunlich anlaufend; Geruch und Geschmack säuerlich. **SPORENPULVER** braunoliv. **SPOREN** 8,5–11 × 4–5 µm, elliptisch, glatt, gelblich, mit Tropfen. **VORKOMMEN** September bis Oktober in den Zentralalpen unter Arven *(Pinus cembra)*, außerhalb des natürlichen Areals sehr selten und wohl durch Arvenanpflanzungen eingebracht; als Seltenheit zu schonen. **VERWENDUNG** Essbar.

1

2

3

1 Moor-Röhrling

Suillus flavidus (Fr.: Fr.) Presl *Boletaceae*

HUT 2–6(–8) cm breit, jung kegelig, dann flach gewölbt bis ausgebreitet, oft mit niederem Buckel; Oberfläche feucht schleimig, trocken klebrig, ockergelb bis fast zitronengelb, alt schmutzig gelb; Huthaut abziehbar; Rand jung mit schleimigen Velumresten. **RÖHREN** bis 1 cm lang, blassgelb. **POREN** weit, eckig, jung goldgelb, alt schmutzig gelb, auf Druck nicht verfärbend. **STIEL** bis 8 cm lang, bis 1 cm dick, schlank, bisweilen verbogen; mit anfangs gelblichem, später bräunlichem, schleimigem Ring; darüber auf gelblichem Grund punktiert, darunter bräunlich längsfaserig. **FLEISCH** weich, blassgelb; Geruch angenehm, Geschmack mild, säuerlich. **SPORENPULVER** zimtbraun. **SPOREN** 7–9 × 3–4 µm, elliptisch, glatt. **VORKOMMEN** Juli bis Oktober einzeln bis gesellig unter zweinadeligen Kiefern in Mooren und feuchten Wäldern, auf sumpfig-sauren Böden; als Seltenheit zu schonen. **VERWENDUNG** Essbar.

2 Butterpilz, Butter-Röhrling

Suillus luteus (L.: Fr.) Roussel *Boletaceae*

HUT 5–12 cm breit, jung halbkugelig, dann polsterförmig, gelbbraun bis schokoladenbraun; Oberfläche glatt, feucht schleimig-schmierig und durch die Schleimschicht graulila getönt, trocken glänzend, radial gefasert; Haut abziebar; Rand anfangs mit dem Stiel durch einen häutigen Schleier verbunden, der als bräunlicher Ring am Stiel bleibt. **RÖHREN** bis 12 mm lang, angewachsen oder schwach herablaufend, zitronengelb, später etwas olivgelb. **POREN** klein, eckig, wie die Röhren gefärbt. **STIEL** 3–6(–10) cm lang, 1–2 cm breit, zylindrisch bis etwas verdickt, voll, fest, gelblich, mit blassbräunlichen Drüsenpunkten über dem im Alter +/– braunviolettlichen Ring. **FLEISCH** zart, weich, gelb-weißlich; Geruch schwach obstartig, Geschmack mild, säuerlich. **SPORENPULVER** zimtbraun. **SPOREN** 7–10 × 3–4 µm, spindelig, glatt, mit Tropfen. **VORKOMMEN** Juni bis November einzeln oder gesellig in ganz Europa von der Küste bis in alpine Zonen unter zweinadeligen Kiefern *(Pinus)*. **VERWENDUNG** Essbar. Individuelle Unverträglichkeitsreaktionen sind möglich. Personen, die nach dem Verzehr Beschwerden haben, müssen auf den weiteren Genuss des Pilzes verzichten. **WISSENSWERTES** Wegen seiner typischen Form und Farbe und dem Vorkommen unter Kiefern kaum zu verwechseln.

3 Elfenbein-Röhrling

Suillus placidus (Bonord.) Sing. *Boletaceae*

HUT 4–8(–10) cm breit, jung polsterförmig, später ausgebreitet, mit stumpfem Buckel oder schwach eingedellter Mitte; Oberfläche feucht schmierig, trocken etwas klebrig, glatt, glänzend, jung elfenbeinweißlich, später gelblich bis bräunlich gelb; Huthaut abziehbar. **RÖHREN** 4–10 mm lang, +/– am Stiel herablaufend. **POREN** jung weißlich, später gelb, alt gelbbräunlich, oft mit milchweißen, später bräunlichen Tröpfchen **(3a)**. **STIEL** bis 10 cm lang, bis 2 cm dick, zylindrisch, oft verbogen, auf weißem Grund purpurbraun drüsig-pustelig; Basis oft etwas verjüngt. **FLEISCH** weich, weißlich, alt gelblich; Geruch angenehm, Geschmack mild. **SPORENPULVER** gelboliv. **SPOREN** 7–10,5 × 2,5–3,5 µm. **VORKOMMEN** Sommer bis Herbst unter fünfnadeligen Kiefern wie Arve *(Pinus cembra)* und Weymouths-Kiefer (*Pinus strobus)*; als Seltenheit zu schonen. **VERWENDUNG** Essbar. **WISSENSWERTES** Im Alpengebiet findet man ebenfalls unter Arven (Zirbelkiefern) den **Zirben-Röhrling** *(Suillus plorans)* mit strohgelbem bis schokoladebraunem Hut, eckigen, blassgelben bis olivbraunen Poren und olivgelbem bis bräunlichem Stiel, der gänzlich mit purpurbraunen Drüsenpunkten besetzt ist.

1

2

3a

3b

1 Ringloser Butterpilz

Suillus collinitus (Fr.) Kuntze, *Suillus fluryi* Huijsm. *Boletaceae*

HUT 3–10 cm breit, jung halbkugelig, später gewölbt, alt abgeflacht; Oberfläche glatt, jung und bei feuchter Witterung schmierig-schleimig, trocken matt glänzend, eingewachsen faserig, hellbraun, rotbraun bis kastanienbraun **(1b)**; Rand ohne Velum, die Röhren etwas überragend. **RÖHREN** bis 1 cm lang, am Stiel ausgebuchtet bis gerade angewachsen, gelb. **POREN** rundlich-eckig, anfangs blassgelb, später olivgelb. **STIEL** 4–7 cm lang, 1–2 cm breit, gelblich, mit braunrötlichen Schüppchen, ohne Ring; Stielbasis rosafarben, Myzelfilz rosafarben **(1a)**. **FLEISCH** gelb, mit KOH lachsrosa verfärbend; Geruch säuerlich, Geschmack mild. **SPORENPULVER** hellbräunlich. **SPOREN** 7,5–10 × 3,5–4,5 µm, elliptisch, glatt. **VORKOMMEN** August bis November einzeln bis gesellig bevorzugt an Waldrändern, auf Heiden und naturbelassenen Wiesen immer unter Kiefern (*Pinus*), auf Kalkböden. **VERWENDUNG** Essbar. **WISSENSWERTES** Der Ringlose Butterpilz unterscheidet sich vom ▸ **Butterpilz (S. 60/2)** durch fehlenden Ring und den rosafarbenen Basalmyzelfilz.

2 Körnchen-Röhrling, Schmerling

Suillus granulatus (L.: Fr.) Roussel *Boletaceae*

HUT 4–10 cm breit, jung halbkugelig, später konvex bis polsterförmig; Oberfläche feucht stark schmierig, trocken matt, glänzend, gelbbraun bis rotbraun; Huthaut abziehbar, am Rand etwas überhängend. **RÖHREN** 5–12 mm lang, angeheftet oder leicht herablaufend, blassgelb, alt schmutzig gelb. **POREN** klein, rundlich-eckig, gelbweiß, später olivgelb, jung mit milchigen Guttationströpfchen. **STIEL** bis 9 cm lang, bis 2 cm breit, zylindrisch, oft verbogen, fest, voll, gelblich, alt schmutzig bräunlich, an der Spitze jung mit milchigen Tröpfchen, später bräunlich punktiert (Körnchen); Ring fehlt. **FLEISCH** dick, zart, weich, weißlich-gelblich, im Schnitt nicht verfärbend; Geruch angenehm würzig, Geschmack schwach säuerlich. **SPORENPULVER** hell orangebraun. **SPOREN** 8–10 × 3–5 µm, elliptisch-spindelig, glatt, mit Tropfen. **VORKOMMEN** Juni bis Oktober meist gesellig unter zweinadeligen Kiefern *(Pinus)*, gern auf Kalk. **VERWENDUNG** Essbar, aber oft mit abführender Wirkung.

VERWECHSLUNG MIT GIFTPILZEN ▸ **Mittelmeer-Körnchenröhrling (siehe 3).**

3 Mittelmeer-Körnchenröhrling

Suillus mediterraneensis (Blum & Jacquet.) Redeuilh, *Suillus granulatus* var. *mediterraneensis* *Boletaceae*

HUT 5–12 cm breit, gewölbt, gelbbraun bis dunkel rötlich braun; Huthaut bei feuchter Witterung schmierig, zu drei Viertel abziehbar. **RÖHREN** kurz, herablaufend, chromgelb, alt gelbgrünlich. **POREN** eckig, fein, lebhaft gelb, alt gelbbräunlich. **STIEL** relativ kurz, zylindrisch, weißlich bis chromgelb, mit braunen Drüsenpunkten besetzt; Basis oft mit rosaviolettlichem Ton. **FLEISCH** jung chromgelblich, weich. **SPOREN** 9–12 × 4–5 µm. **VORKOMMEN** Herbst bis Frühjahr im Mittelmeerraum unter Aleppo-Kiefern *(Pinus halepensis)*, auf Kalkböden, weit verbreitet. **VERWENDUNG** Schwach giftig. **WISSENSWERTES** Der beschriebene Pilz kann Bauchschmerzen und Durchfälle verursachen. In der Fachliteratur wird der Mittelmeer-Körnchenröhrling bisweilen auch als essbar bezeichnet. Möglicherweise beziehen sich die unterschiedlichen Angaben auf gelegentlich beobachtete individuelle Unverträglichkeitsreaktionen, wie sie auch beim ▸ **Körnchen-Röhrling (siehe 2)** gelegentlich zu beobachten sind. Empfindliche Personen sollten vorsichtshalber auf den Genuss des Pilzes verzichten. Der Mittelmeer-Körnchenröhrling ist leicht mit dem Körnchen-Röhrling zu verwechseln.

1a

1b

2

3

1 Kuh-Röhrling

Suillus bovinus (L.: Fr.) Roussel *Boletaceae*

HUT 4–8(–12) cm breit, jung gewölbt, später abgeflacht, alt oft verbogen; Oberfläche glatt, klebrig, glänzend, feucht schmierig, gelbbraun, orangebraun, rötlich braun; Rand anfangs eingerollt. **RÖHREN** bis 10 mm lang, breit angewachsen bis etwas herablaufend, vom Hutfleisch schwer lösbar, graugelb bis olivgelb. **POREN** groß, unregelmäßig-eckig, längs gezogen, mit niedrigeren Zwischenwänden, wie die Röhren gefärbt. **STIEL** 2–6(–10) cm lang, 0,5–1,5 cm breit, zäh, elastisch, zylindrisch, meist verbogen, ockerlich, gelblich, zur Basis oft braunrötlich, ohne Ring. **FLEISCH** zäh, elastisch, gelblich, über den Röhren oft etwas blauend; Geruch angenehm, Geschmack säuerlich. **SPORENPULVER** blass olivbraun. **SPOREN** 7–11 × 3–5 µm, spindelförmig. **VORKOMMEN** Juli bis November meist gesellig oder büschelig unter Kiefern *(Pinus);* in Heiden und Mooren auf nährstoffarmen, sauren Böden. **VERWENDUNG** Essbar. **WISSENSWERTES** Der Kuh-Röhrling ist oft mit dem ► **Rosa Schmierling (S. 94/2)** vergesellschaftet, bisweilen sind sogar Myzel und Stielbasis der beiden Arten miteinander verwachsen. Ebenfalls unter Kiefern wächst der ähnliche ► **Sand-Röhrling (siehe 2).** Beide sind mit Giftpilzen kaum zu verwechseln.

2 Sand-Röhrling

Suillus variegatus (Swartz.: Fr.) Kuntze *Boletaceae*

HUT 6–15 cm breit, jung halbkugelig, später breit gewölbt, Mitte bisweilen niedergedrückt; Oberfläche angedrückt filzig-feinschuppig, Haut nicht abziehbar, feucht kaum schmierig, schnell trocken, schmutzig gelb, braungelb, ockergelb; Rand jung eingerollt. **RÖHREN** 8–15 mm lang, kaum vom Hutfleisch ablösbar, blassgelb, im Schnitt schwach blauend. **POREN** ziemlich klein, etwas eckig, grüngelb, später grauoliv, auf Druck schwach blauend. **STIEL** 5–10 cm lang, 1–3 cm breit, voll, glatt, zylindrisch, ohne Ring, zur Basis hin oft verdickt, gelbbraun, etwas heller als der Hut, feinfilzig überzogen. **FLEISCH** dünn, gelblich, im Schnitt meist schwach blauend; Geruch säuerlich-unangenehm, Geschmack unbedeutend, mild. **SPORENPULVER** olivbräunlich. **SPOREN** 7–11 × 3–5 µm, elliptisch, glatt, mit Tropfen. **VORKOMMEN** Juli bis November unter Kiefern *(Pinus),* vorwiegend auf sauren Böden. **VERWENDUNG** Essbar.

3 Goldblatt, Europäisches Goldblatt

Phylloporus pelletieri (Lév.) Quél., *Phylloporus rhodoxanthus* (v. Schweiniz) Bresadola *Boletaceae*

HUT 3–8 cm breit, erst gewölbt, später ausgebreitet, rotbräunlich bis purpurbräunlich; Oberfläche samtig-filzig, trocken; Rand scharf. **LAMELLEN** angewachsen bis herablaufend, breit, untermischt, mit zahlreichen, auffallend starken Anastomosen, bisweilen verkümmert porig, zitronengelb bis goldgelb. **STIEL** bis 6 cm lang, 0,5–1,5 cm breit, zentral, oft exzentrisch, Basis verjüngt, erst gelbbräunlich, dann braunrot; Basis und Myzelfilz gelb. **FLEISCH** weich, weißlich-hellbräunlich; Geruch pilzartig, Geschmack mild. **SPORENPULVER** gelbbraun-olivbraun. **SPOREN** 10–13 × 4–5 µm, elliptisch, glatt. **VORKOMMEN** Juli bis Oktober in Laub- und Nadelwäldern; als Seltenheit zu schonen. **VERWENDUNG** Essbar. **WISSENSWERTES** Die Gattung *Phylloporus* bildet den Übergang von den Röhrlingen zu den Blätterpilzen, was an Exemplaren mit stark anastomosierenden Lamellen deutlich wird. Der Pilz wurde schon verschiedenen Gattungen zugeordnet. Weltweit umfasst die Gattung *Phylloporus* etwa zehn Arten, von denen in Europa nur die eine hier beschriebene Spezies vorkommt.

1

2

3

Gattung **Xerocomus** (Filzröhrlinge)
Familie *Boletaceae*
Hut trocken oder samtig; Stiel meist ohne Netz; Poren gelb oder grüngelb; Röhrenschicht gut ablösbar.

1 Blutroter Röhrling, Blutroter Filzröhrling

Xerocomus rubellus (Krbh.) Quél., *Xerocomus versicolor* Rosk.
Boletaceae

HUT bis 8 cm breit, anfangs halbkugelig, später gewölbt-abgeflacht, alt bisweilen wellig; Oberfläche feinsamtig, matt, lebhaft blutrot, rosarot, alt braunrot. **RÖHREN** bis 1 cm lang, ausgebuchtet, bisweilen mit Strich herablaufend. **POREN** rundlich-eckig, leuchtend gelb, alt olivgrünlich, bei Berührung blauend. **STIEL** bis 10 cm lang, bis 1,5 cm breit, zylindrisch, Basis zugespitzt; gelblich, karminrötlich punktiert bis längsstreifig; Basis und Myzelfäden chromgelb. **FLEISCH** dick, bald weich, hellgelb, im Schnitt etwas blauend; Geruch obstig-säuerlich, Geschmack säuerlich. **SPORENPULVER** oliv. **SPOREN** 9–13 × 4–6 µm, elliptisch, glatt, dickwandig. **VORKOMMEN** Juni bis Oktober einzeln bis gesellig in Laub- und Mischwäldern, an grasigen Plätzen; selten, schützenswert. **VERWENDUNG** Essbar. **WISSENSWERTES** Verwechselt werden kann der Pilz mit dem nahe stehenden ▸ **Rotfuß-Röhrling (S. 70/1).**

2 Schmarotzer-Röhrling, Parasitischer Röhrling

Xerocomus parasiticus (Bull.: Fr.) Quél. *Boletaceae*

HUT bis 6 cm breit, jung halbkugelig, später polsterförmig; Oberfläche gelbbraun bis olivbraun, matt, alt oft rissig; Rand lange heruntergebogen. **RÖHREN** bis 6 mm lang, etwas herablaufend, zitronengelb, alt bräunlich gelb. **POREN** eckig, gelb, alt olivbräunlich. **STIEL** bis 6 cm lang, zylindrisch und verbogen, gelbbraun, orangebraun, längsfaserig mit bräunlichen Schüppchen. **FLEISCH** dick, zitronengelb; Geruch unbedeutend, Geschmack mild. **SPORENPULVER** rotbräunlich. **SPOREN** 12–18 × 4–6 µm, spindelig-elliptisch. **VORKOMMEN** Sommer bis Herbst parasitisch an ▸ **Dickschaligen Kartoffel-Hartbovisten (S. 618/2);** selten, schützenswert. **VERWENDUNG** Kein Speisepilz.

3 Maronen-Röhrling

Xerocomus badius (Fr.: Fr.) Kuehn. ex Gilb. *Boletaceae*

HUT 3–12(–18) cm breit, jung halbkugelig, bald polsterförmig gewölbt bis flach; Oberfläche feucht schmierig-klebrig, trocken matt, schokoladen- bis dunkelbraun, alt glänzend. **RÖHREN** 1–2 cm lang, am Stiel ausgebuchtet, jung blassgelblich, später grüngelb-oliv. **POREN** groß, eckig, jung weißlich, bald grüngelb, auf Druck blaugrün **(3b).** **STIEL** bis 10 cm lang, bis 4 cm breit, zylindrisch, voll und fest, auf hellerem Grund bräunlich längs gefasert, ohne Netz; Basis heller bis weißlich. **FLEISCH** dick, weißlichblassgelb, im Schnitt etwas blauend, fest, erst im Alter weich; Geruch pilzartig, Geschmack mild, nussartig. **SPORENPULVER** olivbraun. **SPOREN** 11–18 × 5–6 µm, spindelförmig. **VORKOMMEN** Juni bis November in Nadel-, seltener in Laubwäldern, auf sauren Böden, einzeln bis gesellig wachsend, in Europa weit verbreitet. **VERWENDUNG** Essbar.

KRITISCHE VERWECHSLUNG Der Maronen-Röhrling ist leicht zu erkennen. Wenn man ihn mit dem sehr bitteren ▸ **Gallenröhrling (S. 82/2)** verwechselt, ist das ganze Pilzgericht verdorben.

Gallenröhrling

1

2

3a

3b

1 Aprikosenfarbiger Röhrling

Xerocomus armeniacus (Quél.) Quél. *Boletaceae*

HUT 3–7 cm breit, jung konvex, alt polsterförmig-verflacht; Oberfläche trocken, matt, orange-aprikosenfarben, alt oft rissig. **RÖHREN** bis 1 cm lang, goldgelb-gelboliv. **POREN** am Stiel angewachsen-niedergedrückt, rundlich, jung hellgelb, dann gelboliv, auf Druck blauend. **STIEL** bis 10 cm lang, bis 2 cm breit, hutfarben. **FLEISCH** jung gelblich, im unteren Stielteil orange, im Hut im Schnitt blauend; Geschmack mild, Geruch unbedeutend. **SPOREN** 9–15 × 4–6 µm. **VORKOMMEN** Sommer bis Herbst in Laub- und Nadelwäldern, im Mittelmeerraum verbreitet (Südfrankreich, Italien, Spanien); in Mitteleuropa nur sehr selten in wärmeren Gebieten anzutreffen, schonenswert. **VERWENDUNG** Essbar.

2 Ziegenlippe, Filziger Röhrling, Filz-Röhrling

Xerocomus subtomentosus (L.: Fr.) Quél., *Boletus subtomentosus* L. *Boletaceae*

HUT 3–10(–12) cm breit, jung fast halbkugelig, später flach polsterförmig, fleischig; Oberfläche gelboliv, olivbraun, samtig, feinfilzig, trocken, kaum aufreißend; Haut nicht abziehbar; Rand bisweilen die Poren überragend. **RÖHREN** bis 1,5 cm lang, am Stiel etwas ausgebuchtet, bisweilen strichförmig herablaufend, leicht vom Hut lösbar, jung leuchtend gelb. **POREN** weit, besonders zum Stiel hin groß und eckig, dottergelb, alt grüngelb bis bräunlich gelb, auf Druck nicht oder nur schwach blauend. **STIEL** 3–10 cm lang, 0,5–2 cm breit, schlank, meist zylindrisch, oft verbogen, gelbbräunlich, bräunlich bis rotbräunlich, feinkörnig-flockig bis längspunktiert-gefasert. **FLEISCH** jung fest, bald weich, weißlich, im Stiel gelblich, im Schnitt nicht oder nur wenig blauend; Geruch unbedeutend, Geschmack mild. **SPORENPULVER** olivbräunlich. **SPOREN** 10–15 × 4–6 µm, spindelig, glatt. **VORKOMMEN** Juni bis Oktober einzeln bis gesellig in Laub- und Nadelwäldern in ganz Mitteleuropa, in allen Höhenlagen bis in den alpinen Bereich. **VERWENDUNG** Essbar. **WISSENSWERTES** Von der Ziegenlippe sind verschiedene Formen und Varietäten bekannt. Verwechslungen sind möglich mit ▸ **Rotfuß-Röhrlingen** **(S. 70/1)**, die bisweilen wenig Rottöne haben können. Ähnlich ist auch der sehr seltene **Eichen-Filzröhrling** *(Xerocomus quercinus)*, eine wärmeliebende Art.

3 Schwarzblauender Röhrling

Xerocomus pulverulentus (Opat.) Gilb., *Boletus pulverulentus* Opat. *Boletaceae*

HUT 4–8 cm breit, jung halbkugelig, später polsterförmig gewölbt mit etwas vertiefter Mitte; Oberfläche samtig, später glatt, in der Farbe variierend von haselnussbraun, schmutzig rotbraun bis kastanienbraun, bei Regen leicht schmierig; Rand lange eingebogen, glatt bis wellig. **RÖHREN** 5–15 mm lang, ausgebuchtet angewachsen bis etwas herablaufend, leuchtend zitronengelb, olivgelb, sofort blauend. **POREN** circa 1 pro mm, eckig, goldgelb-dottergelb, alt olivgelb, bei Berührung sofort tief dunkelblau verfärbend. **STIEL** 4–8 cm lang, 0,5–1,5 cm breit, zylindrisch, gegen die Basis zugespitzt, oben chromgelb, darunter rotbraun bis rötlich streifig, bei Berührung dunkelblau. **FLEISCH** zitronengelb, im Schnitt sofort dunkelblau verfärbend; Geruch unbedeutend, Geschmack mild. **SPORENPULVER** olivbraun. **SPOREN** 11–15 × 4,5–5,5 µm, spindelig, mit Tropfen. **VORKOMMEN** Juni bis September einzeln oder gesellig in Laub- und Nadelwäldern. **VERWENDUNG** Essbar. **WISSENSWERTES** Typisch ist die rasche, tief dunkelblaue Verfärbung des ganzen Pilzes bei Verletzung.

1

2

3

1 Rotfuß-Röhrling

Xerocomus chrysenteron (Bull.) Quél., *Boletus chrysenteron* Bull.
Boletaceae

HUT 3–8(–12) cm breit, jung halbkugelig, dann polsterförmig-abgeflacht; Oberfläche gelb-, mittel- bis dunkelbraun, auch mit olivlichen oder rötlichen Tönen, matt, samtig, oft felderig aufgerissen, in Rissen und Fraßstellen meist rötlich werdend. **RÖHREN** bis 1 cm lang, erst blassgelb, dann grüngelb, ausgebuchtet, meist strichförmig herablaufend, leicht ablösbar. **POREN** groß, eckig, jung blassgelb, später gelbgrün, auf Druck meist schwach blaugrün. **STIEL** bis 10 cm lang, bis 2 cm breit, meist zylindrisch, zur Basis hin verjüngt, oft verbogen, voll, auf gelblichem Grund meist rötlich punktiert bis rötlich gestreift; Spitze gelb, Basis weißlich. **FLEISCH** bald weich, gelblich, unter der Huthaut rötlich, im Schnitt meist schwach blauend; Geruch unbedeutend bis säuerlich, Geschmack säuerlich. **SPORENPULVER** olivbraun. **SPOREN** 13–15 × 5–6 µm. **VORKOMMEN** Juni bis November in ganz Europa häufig in Laub- und Nadelwäldern, auch in Parks. **VERWENDUNG** Jung essbar; neigt frühzeitig zum Verschimmeln. **WISSENSWERTES** Sammelart. Ähnlich ist der **Falsche Rotfuß-Röhrling** *(Xerocomus porosporus).* Seine Huthaut ist in den Rissen farblos, sein Stiel hat meist keine Rottöne. **VERWECHSLUNG MIT GIFTPILZEN** Unerfahrene Sammler können den Pilz mit dem ▸ **Schönfuß-Röhrling (S. 76/3)** verwechseln; dieser schmeckt bitter, sein Hut und Stiel sind kräftiger.

Schönfuß-Röhrling

2 Herbst-Rotfuß, Bereifter Rotfuß-Röhrling

Boletellus pruinatus (Fr. & Hök) Klofac & Grisai-Greilh.
Boletaceae

HUT 4–10 cm breit, jung halbkugelig, polsterförmig; Oberfläche matt, schwarzpurpurn, braunrötlich, jung runzelig, bereift, nicht felderig rissig. **RÖHREN** bis 1 cm lang (länger als das Hutfleisch dick ist), zitronengelb. **POREN** rundlich-eckig, jung intensiv gelb, auf Druck +/– schmutzig bräunlich. **STIEL** 3–8 cm lang, bis 2,5 cm breit, jung gelb, alt rötlich geflammt-punktiert. **FLEISCH** gelb, im Schnitt blauend. **SPOREN** 11–16 × 4,5–5,5 µm. **VORKOMMEN** Juni bis Oktober in Laub- und Nadelwäldern. **VERWENDUNG** Essbar. **WISSENSWERTES** Wie beim ▸ **Rotfuß-Röhrling (siehe 1).**

3 Pfeffer-Röhrling, Pfeffriger Zwergröhrling

Chalciporus piperatus (Bull.: Fr.) Bat., *Boletus piperatus* Bull.: Fr.
Boletaceae

HUT 2–8 cm breit, jung halbkugelig, dann polsterförmig; Oberfläche bei feuchter Witterung leicht klebrig, trocken matt, bisweilen feldrig rissig, zimt- bis orangebraun, rötlich braun; Rand scharf bis wulstig, alt etwas wellig. **RÖHREN** 3–10 mm lang, am Stiel angewachsen oder etwas herablaufend, jung orange, dann braunrot. **POREN** rundlich, zum Stiel hin eckig und größer, jung orange, dann braunrot, auf Druck schmutzig braun verfärbend. **STIEL** 4–7 cm lang, 0,5–1 cm breit, schlank, gegen die Basis leicht zugespitzt, voll, glatt, gelb bis rotbraun; Myzel gelb. **FLEISCH** dünn, fest, alt weich, gelblich, in der Stielbasis zitronengelb; ohne besonderen Geruch, Geschmack brennend scharf. **SPORENPULVER** rötlich braun. **SPOREN** 8–11 × 3–4 µm, elliptisch. **VORKOMMEN** Juli bis Oktober in Nadel- und Mischwäldern. **VERWENDUNG** Kein Speisepilz. **WISSENSWERTES** Wird bisweilen in kleinen Mengen als Würzpilz verwendet, in größeren Mengen kann er heftige Magen-Darm-Störungen verursachen. Ähnlich ist der **Bitterliche Zwergröhrling** *(Chalciporus amarellus);* er hat kleinere Fruchtkörper.

1

2

3

1 Goldporiger Röhrling

Pulveroboletus gentilis (Quél.) Sing., *Pulveroboletus cramesinus* (Secr.) Mos., *Aureoboletus cramesinus* (Secr.) Wall. *Boletaceae*

HUT 2–5 cm breit, jung halbkugelig, später ausgebreitet; Oberfläche feucht klebrig, trocken etwas glänzend, graurosa, rosabräunlich. **RÖHREN** bis 1 cm lang, chrom- bis goldgelb. **POREN** groß, unregelmäßig, chrom- bis goldgelb. **STIEL** 5–8 cm lang, bis 1 cm breit, gelb, bisweilen mit Flecken, zur Basis hin bräunlich. **FLEISCH** elastisch, weich, weißlich, unter der Huthaut rosabräunlich, im Schnitt nicht verfärbend; Geruch und Geschmack angenehm. **SPOREN** 11–15 × 4,5–5,5 µm. **VORKOMMEN** August bis Oktober in Laubwäldern in milden Lagen; selten, schonenswert. **VERWENDUNG** Essbar.

2 Nadelholz-Röhrling

Pulveroboletus lignicola (Kbch.) Snell & Dick, *Buchwaldoboletus lignicola* (Kbch.) Pil. *Boletaceae*

HUT bis 10 cm breit, konvex; Oberfläche feucht schmierig, trocken samtig, matt, filzig, ockerbraun, orangegelb, goldbraun; Rand heruntergebogen, die Poren deutlich überragend. **RÖHREN** bis 1 cm lang, kurz herablaufend. **POREN** länglich eckig, anfangs gelblich, später rostgelb, auf Druck blaugrün. **STIEL** bis 10 cm lang, bis 2,5 cm breit, zylindrisch, bisweilen exzentrisch stehend, rostgelb bis rostbräunlich; Basis mit gelben Myzelfäden. **FLEISCH** weich, gelb, im Schnitt über den Röhren grünblau, wieder ausblassend; Geruch angenehm harzig, Geschmack leicht säuerlich. **SPORENPULVER** braunoliv. **SPOREN** 6–12 × 3–4 µm. **VORKOMMEN** Sommer bis Herbst am Fuß und an Stümpfen von Nadelbäumen; selten, schonenswert. **VERWENDUNG** Essbar. **WISSENSWERTES** Häufiger Begleitpilz ist der ► **Kiefern-Braunporling (S. 550/2).**

GATTUNG **Boletus (Dickröhrlinge)**
FAMILIE *Boletaceae*
Hut trocken, kompakt; Stiel relativ dick, mit Netz oder Pünktchen; Röhrenschicht gut ablösbar; Sporenpulver oliv bis olivbraun. In Europa etwa 40 Arten. Mykorrhizabildner. Viele sind selten und zu schonen.

3 Flockenstieliger Hexen-Röhrling, Schusterpilz

Boletus erythropus (Fr.: Fr.) Krbh., *Boletus luridiformis* Rostk. in Sturm *Boletaceae*

HUT 8–20 cm, anfangs halbkugelig, später polsterförmig; Oberfläche samtig, alt kahl, glänzend, feucht klebrig-schmierig, meist dunkelbraun, im Alter auch heller; Rand die Röhren etwas überragend. **RÖHREN** 1–3 cm lang, blassgelb, am Stiel ausgebuchtet angewachsen, Röhrenboden gelb. **POREN** eng, rundlich, gelblich, bald orange bis dunkelrot, zum Rand hin gelblich, bei Berührung sofort schwarzblau verfärbend. **STIEL** 4–15 cm lang, 2–5 cm breit, anfangs bauchig, auf gelblichem Grund dicht mit karminroten Schüppchen bedeckt, auf Druck blauend. **FLEISCH** dick, fest, alt weich, gelb, im Schnitt sofort dunkelblau verfärbend; Geschmack mild, angenehm, Geruch unbedeutend. **SPORENPULVER** olivbraun. **SPOREN** 12–18 × 4–6,5 µm. **VORKOMMEN** Mai bis Oktober auf kalkfreien, sauren Böden in Laub- und Nadelwäldern in fast ganz Europa. **VERWENDUNG** Essbar, gut erhitzen.
VERWECHSLUNG MIT GIFTPILZEN ► **Satans-Röhrling (S. 74/3)** und ähnliche rotporige Röhrlinge.

Satans-Röhrling

1

2

3

1 Netzstieliger Hexen-Röhrling

Boletus luridus Schaeff.: Fr. *Boletaceae*

HUT 5–20 cm breit, anfangs halbkugelig, dann polsterförmig-abgeflacht; Oberfläche jung ledergelblich-braungelblich mit Orangeton, alt olivbraun bis dunkel orangebraun, jung feinfilzig, matt, bei Berührung sofort dunkel verfärbend. **RÖHREN** bis 2 cm lang, ausgebuchtet, gelblich, alt grünlich, leicht ablösbar, im Schnitt sofort blaugrün verfärbend; Röhrenboden orangerot, im Schnitt als rote Linie zwischen Hutfleisch und Röhren erkennbar **(1b)**. **POREN** klein, rundlich, jung olivgelb, dann orangerot, schließlich karminrot; bei Berührung schnell grünblau fleckend. **STIEL** 5–15 cm lang, 1,5–5 cm breit, jung bauchig, später gestreckt; im oberen Teil gelblich, nach unten orangerot bis purpurn, jung bei Berührung stark blauend; Netz dunkler, grobmaschig, längs gezogen, nach unten auch in Linien geflockt. **FLEISCH** fest, alt schwammig, schnell blauend; Geruch pilzartig, Geschmack mild. **SPORENPULVER** olivbraun. **SPOREN** 9–17 × 5–7 µm, elliptisch. **VORKOMMEN** Mai bis Oktober in Laubwäldern und Parkanlagen auf kalkhaltigen Böden, in Europa vorwiegend im Süden. **VERWENDUNG** Essbar, gut erhitzen; verursacht individuelle Unverträglichkeitsreaktionen vor allem in Verbindung mit Alkoholgenuss.

VERWECHSLUNG MIT GIFTPILZEN ▸ **Satans-Röhrling (siehe 3)** und ähnliche rotporige Röhrlinge.

2 Mosers Satansröhrling

Boletus splendidus Martin ssp. *moseri* Sing. & Kuthan
Boletaceae

HUT 8–20 cm breit, polsterförmig; Oberfläche fein lederartig, mausgrau, graubraun, alt purpurfarben; Rand scharf, oft überstehend. **RÖHREN** bis 8 mm lang, gelbgrün, ausgebuchtet; Röhrenboden hell schwefelgelb. **POREN** von jung an tiefrot bis dunkel purpurrot. **STIEL** 6–10 cm lang, bis 5 cm breit, jung knollig, dann keulig, jung an der Spitze gelblich, sonst auf der ganzen Länge rot mit rotem Netz; Basismyzel hellgelb bis schmutzig cremefarben. **FLEISCH** dick, weich, blassgelb, bei Druck und Schnitt etwas blauend; Geruch unbedeutend, Geschmack mild. **SPOREN** 11,5–18 × 5,5–6,5 µm. **VORKOMMEN** Sommer bis Herbst in Berg-Fichtenwäldern und Mischwäldern; sehr selten. **VERWENDUNG** Giftig.

3 Satans-Röhrling, Satanspilz

Boletus satanas Lenz *Boletaceae*

HUT bis 25 cm breit, jung halbkugelig, dann gewölbt, alt ausgebreitet; Oberfläche anfangs etwas filzig, später glatt, schwach klebrig, grauweiß, hell grauoliv oder ockerlederfarben; Rand eingebogen, die Röhren etwas überragend. **RÖHREN** bis 2,5 cm lang, am Stiel abgerundet, erst blassgelb, später grüngelb. **POREN** klein, rundlich, anfangs gelblich, bald karminrot-purpurn. **STIEL** bis 12 cm lang, 5–10 cm breit, bauchig bis kugelig, unter dem Hut gelblich, zur Basis karminrötlich, im oberen Teil mit feinem, hellgelblichem bis rötlichem Netz, auf Druck wie die Poren grünblau. **FLEISCH** dick, fest, alt schwammig, weißgelblich, im Schnitt schwach blauend; Geruch unangenehm, alt aasartig, Geschmack jung mild. **SPORENPULVER** braunoliv. **SPOREN** 10–16 × 4–7 µm, spindelförmig. **VORKOMMEN** Juli bis Oktober in Laubwäldern unter Buchen *(Fagus)* auf Kalk; selten, in Europa bevorzugt in südlichen Ländern. **VERWENDUNG** Giftig; verursacht schwere Magen-Darm-Erkrankungen mit heftigem Erbrechen. **WISSENSWERTES** Der ähnliche ▸ **Blasshütige Purpur-Röhrling (S. 76/2)** hat einen rosa getönten Hut.

1a

1b

2

3

1 Fahler Röhrling

Boletus impolitus Fr. *Boletaceae*

HUT 5–20 cm breit, halbkugelig, später polsterförmig, alt etwas verflachend; Oberfläche feinfilzig, später kahl, jung grau-olivbraun, blass ledergelb, zimtbraun; Rand scharf, anfangs eingebogen. **RÖHREN** 5–20 mm lang, ausgebuchtet, leicht ablösbar. **POREN** zitronengelb bis goldgelb, auf Druck nicht blauend. **STIEL** 5–15 cm lang, 2–5 cm breit, dick, bauchig, gelb, ohne Netz, abwärts gelbbraun, mit +/– rötlich braunem Anflug; Basis zugespitzt, nicht wurzelnd. **FLEISCH** weiß bis blassgelb, nicht blauend; Geruch +/– intensiv nach Jodoform oder Karbol, zumindest beim Anschnitt in der Stielbasis, Geschmack mild bis schwach säuerlich. **SPORENPULVER** olivbräunlich. **SPOREN** 10–16 × 5–6 µm. **VORKOMMEN** Der Fahle Röhrling kann in Mitteleuropa schon Ende Mai erscheinen; Hauptfruktifikationszeit ist Juni bis Oktober. Er wächst einzeln bis gesellig in Laubwäldern und in Parkanlagen gern unter Eichen *(Quercus)*, Hainbuchen *(Carpinus betulus)* und Rotbuchen *(Fagus sylvatica)* auf Kalkböden, bevorzugt in Gegenden mit mildem Klima; standorttreu, selten, schützenswert; in Europa verbreitet, vorwiegend im Süden. **VERWENDUNG** Kein Speisepilz.

2 Blasshütiger Purpur-Röhrling

Boletus rhodoxanthus (Krbh.) Kallenb. *Boletaceae*

HUT 5–20 cm breit, anfangs halbkugelig, alt polsterförmig; Oberfläche jung samtig-filzig, später glatt, jung blass beige-hellocker, bräunlich gelb mit blassrosa Tönen; Rand leicht eingerollt. **RÖHREN** bis 2,5 cm lang, am Stiel ausgebuchtet angewachsen, leicht ablösbar, gelb, auf Druck etwas blauend. **POREN** klein, rund-elliptisch, anfangs gelb, dann purpur-orange, auf Druck blaugrün verfärbend. **STIEL** 5–12 cm lang, 3–6 cm breit, bauchig, später keulig, auf orangegelbem Grund purpurrot feinnetzig, zur Spitze hin gelblich, zum Grund hin kaum netzig. **FLEISCH** fest, alt schwammig, gelb bis goldgelb, im Schnitt blauend; Geruch und Geschmack unauffällig. **SPORENPULVER** olivbraun. **SPOREN** 10–15 × 4–5 µm, elliptisch-spindelig. **VORKOMMEN** Juli bis September in Laubwäldern, bevorzugt bei Rotbuche *(Fagus sylvatica)*, in milden Lagen, gern auf Kalkböden; selten, wie viele Arten dieser Gruppe durch Umwelteinflüsse stark gefährdet. **VERWENDUNG** Kein Speisepilz.

3 Schönfuß-Röhrling

Boletus calopus Pers.: Fr. *Boletaceae*

HUT 5–15(–20) cm breit, anfangs halbkugelig, dann polsterförmig-abgeflacht; Oberfläche trocken, matt, schwach filzig, tonfarben, graugelblich, blass graubräunlich, oft kleinfeldrig eingerissen; Rand jung eingebogen, scharf. **RÖHREN** 5–15 mm lang, ausgebuchtet angewachsen, intensiv gelb. **POREN** eng, zitronengelb, bei Berührung sofort blaugrün verfärbend. **STIEL** 6–10(–15) cm lang, 2–4 cm breit, kräftig, zylindrisch oder schwach keulig-knollig, oben gelblich, abwärts karminrot geflammt mit erhabener heller Netzzeichnung, bei Druck blauend. **FLEISCH** dick, fest, weißgelblich, im Schnitt schwach blauend; Geruch unangenehm, säuerlich, Geschmack bitter. **SPORENPULVER** olivbraun. **SPOREN** 10–16 × 4–6 µm, spindelförmig, glatt. **VORKOMMEN** Juni bis Oktober in Laub- und Nadelwäldern, auf nährstoffarmen Böden der Mittelgebirge und Alpen, im Flachland selten; in Europa verbreitet, jedoch in südlichen Ländern selten. **VERWENDUNG** Kein Speisepilz, roh giftig. **WISSENSWERTES** Der Schönfuß-Röhrling verursacht Magen-Darm-Störungen. Er ähnelt mit seinem hellen Hut von oben dem ▸ **Satans-Röhrling (S. 74/3)**, der jedoch rote Poren hat. ▸ **Rotfuß-Röhrlinge (S. 70/1)** sind im Habitus schmächtiger.

1

2

3

1 Wurzelnder Bitter-Röhrling

Boletus radicans Pers.: Fr. *Boletaceae*

HUT 6–20(–30) cm breit, jung halbkugelig, dann polsterförmig; Oberfläche jung feinfilzig, später glatt, bisweilen feldrig aufreißend, weißlich, blassgrau, alt schmutzig graubräunlich; Haut nicht abziehbar, am Rand überstehend. **RÖHREN** 1–4 cm lang, ausgebuchtet, zitronengelb, alt schmutzig oliv. **POREN** klein, eckig bis rund, zitronengelb, alt braunoliv, auf Druck intensiv blauend. **STIEL** 5–12 cm lang, bis 7 cm breit, voll, fest, knollig-bauchig bis keulig; zitronengelblich, mit undeutlichem, gelblich-bräunlichem Netz, auf Druck blauend; Basis oft zugespitzt. **FLEISCH** fest, alt weich, blass zitronengelb, im Schnitt blauend; Geruch unangenehm, Geschmack bitter. **SPOREN** 10–16 × 4–6 µm. **VORKOMMEN** Juli bis Oktober in Laubwäldern und Parkanlagen auf Kalkböden; in Nordeuropa selten. **VERWENDUNG** Kein Speisepilz.

2 Silber-Röhrling

Boletus fechtneri Vel. *Boletaceae*

HUT 4–15(–25) cm breit, halbkugelig bis polsterförmig; Oberfläche matt, nicht schmierig, jung fast weiß, silbergrau, alt graubräunlich; Rand jung überstehend. **RÖHREN** bis 2,5 cm lang, jung angewachsen, später ausgebuchtet, grünlich gelb, alt oliv. **POREN** eng, rund-eckig, jung zitronengelb, auf Druck blauend. **STIEL** bis 15 cm lang, jung bauchig, später zylindrisch-keulig, zitronengelb, Netz im oberen Teil gelblich, Stiel in der Mitte oder gegen die Basis mit undeutlichen rötlichen Flecken. **FLEISCH** jung fest, später weich, hellgelblich, im Hut im Schnitt blauend; Geruch unbedeutend, Geschmack mild. **SPOREN** 9–16 × 4–6 µm. **VORKOMMEN** Im Sommer in wärmebegünstigten Buchenwäldern *(Fagus sylvatica)* auf Kalk; stark rückläufig, vielerorts erloschen. **VERWENDUNG** Essbar.

3 Anhängsel-Röhrling

Boletus appendiculatus Schaeff. *Boletaceae*

HUT 8–12(–20) cm breit, jung halbkugelig, später gewölbt-ausgebreitet; Oberfläche feinfilzig, trocken, ockerbraun, kastanienbraun, alt etwas feldrig aufgerissen; Rand scharf und die Röhren etwas überragend. **RÖHREN** 5–15 mm lang, am Stiel ausgebuchtet angewachsen, chromgelb. **POREN** chromgelb, alt olivgelb, bei Druck blauend. **STIEL** bis 15 cm lang, 2–5 cm breit, zitronengelb-goldgelb, im oberen Teil mit gelblichem Netz; Basis zugespitzt, leicht wurzelnd. **FLEISCH** dick, weißlich-blassgelb, im Schnitt schwach blauend; Geruch angenehm, Geschmack mild. **SPOREN** 10–16 × 4–6 µm. **VORKOMMEN** Juni bis Oktober einzeln bis gesellig in Laubwäldern und Parkanlagen, besonders auf Kalkböden; selten, schützenswert. **VERWENDUNG** Essbar.

4 Echter Königs-Röhrling

Boletus regius Kromb. *Boletaceae*

HUT 6–15(–20) cm breit, anfangs halbkugelig, dann polsterförmig bis ausgebreitet; Oberfläche faserig, bald kahl, trocken, jung rosa bis hell blutrot, alt ausblassend. **RÖHREN** 0,5–3 cm lang, gelb, alt olivgrün. **POREN** rundlich bis eckig, leuchtend zitronengelb-goldgelb, später olivlich, auf Druck kaum blauend. **STIEL** 5–15 cm lang, 3–7 cm breit, jung bauchig, dann gestreckt-keulig, zitronengelb, Basis purpurn, nach oben mit feinem, gelbem Netz. **FLEISCH** fest, hart, gelb; Geruch schwach, Geschmack mild. **SPOREN** 11–16 × 4–5 µm. **VORKOMMEN** Mai bis September in Laubwäldern, auf Kalk. Sehr selten; die Vorkommen dieses schönen Röhrlings in Mittel- und Südeuropa sind vielerorts erloschen oder stark rückläufig. **VERWENDUNG** Essbar.

1

2

3

4

1 Schwarzhütiger Steinpilz, Schwarzer Steinpilz

Boletus aereus Bull.: Fr. *Boletaceae*

HUT 5–20 cm breit, halbkugelig bis polsterförmig; Oberfläche fein filzig-samtig, graubraun, dunkelbraun. **RÖHREN** am Stiel ausgebuchtet, bis 3,5 cm lang, weiß bis cremefarben, zuletzt olivgrün. **POREN** etwa 2 pro mm, jung weiß, bei Druck oft rostfarben. **STIEL** bis 10 cm lang, 2–4 cm breit, bauchig bis zylindrisch, braun mit meist gleichfarbenem Netz. **FLEISCH** weiß, im Schnitt kaum bis schmutzig rötlich verfärbend; Geruch unbedeutend, Geschmack mild. **SPOREN** 11–17 × 4–6 µm. **VORKOMMEN** Juni bis Oktober in wärmebegünstigten Laubwäldern (vorwiegend Eiche); selten, wie viele Arten dieser Gruppe durch Umwelteinflüsse gefährdet und vielerorts rückläufig, als Seltenheit zu schonen. **VERWENDUNG** Essbar.

KRITISCHE VERWECHSLUNG Wie beim ▸ **Fichten-Steinpilz (siehe 3).**

2 Kiefern-Steinpilz, Rothütiger Steinpilz

Boletus pinophilus Pil. & Dermek, *Boletus pinicola* (Vitt.) Vent. *Boletaceae*

HUT 6–15(–30) cm breit, jung halbkugelig, später polsterförmig, dickfleischig, rotbräunlich, dunkel braunrot, gegen den Rand heller; Oberfläche oft runzelig, matt, glatt, feucht etwas schmierig; Huthaut die Röhren etwas überragend. **RÖHREN** bis 2,5 cm lang, am Stiel ausgebuchtet, leicht ablösbar, jung weißlich, später gelb-oliv. **POREN** jung weißlich, alt gelbbräunlich mit Olivton. **STIEL** bis 15 cm lang, jung fast kugelig, dann zylindrisch oder bauchig, hellbraun, rötlich braun, Spitze mit weißlichem, gegen die Basis rötlich-braungelblichem Netz. **FLEISCH** fest, im Alter schwammig, weiß; Geruch angenehm würzig, Geschmack mild. **SPORENPULVER** olivbraun. **SPOREN** 16–20 × 4,5–5,5 µm. **VORKOMMEN** Juli bis Oktober auf sauren Böden, meist unter Kiefern *(Pinus)*, in fast ganz Europa; selten, schonenswert. **VERWENDUNG** Essbar. **WISSENSWERTES** Der Kiefern-Steinpilz gehört zum Formenkreis um den ▸ **Fichten-Steinpilz (siehe 3).**

KRITISCHE VERWECHSLUNG Wie beim ▸ **Fichten-Steinpilz (siehe 3).**

3 Fichten-Steinpilz, Steinpilz, Herrenpilz

Boletus edulis Bull.: Fr. *Boletaceae*

HUT bis 25 cm breit, jung halbkugelig, später polsterförmig bis flach gewölbt; Huthaut glatt, wildlederartig, feucht etwas schmierig, haselnussbraun, hellbraun bis dunkelbraun; Rand glatt, lange heruntergebogen und die Röhren etwas überragend. **RÖHREN** 1–4 cm lang, am Stiel ausgebuchtet, anfangs weißlich, später gelbgrünlich; Röhrenboden weißlich. **POREN** eng, wie die Röhren gefärbt. **STIEL** bis 20 cm lang, bis 6 cm breit, jung meist bauchig, später zylindrisch, bauchig oder keulig, im oberen Teil hellbräunlich mit hellerem Adernetz, zur Basis hin weißlich mit weniger deutlichem bis fehlendem Netz. **FLEISCH** fest, alt schwammig, weißlich, alt unter der Huthaut bräunlich; Geruch angenehm, Geschmack mild, nussartig. **SPORENPULVER** olivbraun. **SPOREN** 14–20 × 3,5–6 µm, spindelig-elliptisch, glatt. **VORKOMMEN** Juli bis Oktober in Nadelwäldern, seltener auch in Laubwäldern in ganz Europa. In manchen Jahren kann der Fichten-Steinpilz in jungen Fichtenschonungen massenhaft auftreten. **VERWENDUNG** Essbar, geschätzter Speisepilz.

KRITISCHE VERWECHSLUNG Der Fichten-Steinpilz ist leicht erkennbar. Wenn er mit dem bitteren ▸ **Gallenröhrling (S. 82/2)** verwechselt wird, ist das ganze Pilzgericht verdorben.

Gallenröhrling

1

2

3

1 Eichen-Steinpilz, Sommer-Steinpilz

Boletus reticulatus Schaeff., *Boletus aestivalis* Paul.: Fr.
Boletaceae

HUT 6–30 cm breit, anfangs halbkugelig, später polsterförmig-abgeflacht; Oberfläche feinfilzig, zur Mitte hin aufgeraut, bei Trockenheit oft feldrig-rissig, hell lederbräunlich, nussbräunlich. **RÖHREN** 1–3 cm lang, ausgebuchtet, jung weißlich, alt olivgrün. **POREN** eng, rundlich, jung weißlich, alt olivgrün. **STIEL** bis 20 cm lang, 3–8 cm breit, jung bauchig, später zylindrisch, graubraun, lederfarben, Basis weißlich; vollständig genetzt, Netz weißlich, alt bräunlich nachdunkelnd. **FLEISCH** dick, im Hut bald weich, weißlich, unter der Huthaut hellbraun, im Schnitt nicht verfärbend; Geruch angenehm, Geschmack mild, angenehm. **SPORENPULVER** olivbraun. **SPOREN** 13–17 × 4–5 µm, spindelförmig. **VORKOMMEN** Mai bis Juli in grasigen, sommerwarmen, kalkreichen Buchen- und Eichenwäldern, auch in Parkanlagen; selten. **VERWENDUNG** Essbar. **KRITISCHE VERWECHSLUNG** Wie beim ▸ **Fichten-Steinpilz (S. 80/3).**

2 Gallenröhrling

Tylopilus felleus (Bull.: Fr.) Karst. *Boletaceae*

HUT 5–12(–20) cm breit, anfangs halbkugelig, dann polsterförmig bis ausgebreitet, hellbräunlich bis dunkel graubraun, auch mit Olivtönen; Oberseite feinfilzig, trocken matt, feucht etwas schmierig; Rand stumpf; Haut nicht abziehbar. **RÖHREN** 1–2,5 cm lang, am Stiel ausgebuchtet angewachsen, später polsterartig vorgewölbt, leicht ablösbar, weißlich bis blass rosafarben. **POREN** rundlich-eckig, erst weißlich, dann lachsrosa, an Druckstellen schmutzig bräunlich. **STIEL** bis 15 cm lang, bis 4 cm dick, keulig, am Grunde bauchig verdickt, hellbräunlich mit Olivton, zur Spitze heller, mit einem dunkleren, erhabenen, grobmaschigen Netz, welches fast den ganzen Stiel überzieht. **FLEISCH** dick, im Hut weich, weiß, im Schnitt kaum verfärbend, bisweilen +/– schwach rosa; Geruch angenehm pilzartig, Geschmack sehr bitter. **SPORENPULVER** rosabraun. **SPOREN** 11–15 × 3,5–5 µm. **VORKOMMEN** Juni bis Oktober in Laub- und Nadelwäldern, gern auf sauren Böden, in ganz Europa. **VERWENDUNG** Kein Speisepilz. **WISSENSWERTES** Junge Gallenröhrlinge sehen Steinpilzen oft täuschend ähnlich.

GATTUNG **Leccinum (Raufußröhrlinge)**
FAMILIE *Boletaceae*
Huthaut bisweilen am Rand überstehend; Stiel rauflockig oder schuppig; Röhrenschicht um den Stiel stark niedergedrückt, gut ablösbar, alt polsterförmig hervorquellend. In Deutschland geschützt. Keine Giftpilze.

3 Gelbporiger Raufußröhrling

Leccinum tessellatum (Kuntze) Rauschert, *Leccinum crocipodium* (Let.) Watl. *Boletaceae*

HUT 5–15 cm breit, jung halbkugelig, später polsterförmig; Oberfläche samtig, jung zitronengelb, später bräunlich; Huthaut alt und bei Trockenheit feldrig rissig. **RÖHREN** bis 3 cm lang, jung zitronengelb, am Stiel ausgebuchtet. **POREN** klein, rundlich-eckig, jung gelblich, auf Druck schmutzig lila bis bräunend. **STIEL** 5–10(–20) cm lang, 1–2,5(–5) cm breit, zylindrisch bis etwas keulig, weißlich gelb, jung mit gelblichen, später dunkler werdenden Schüppchen. **FLEISCH** zitronengelb, im Schnitt rötend, dann bräunend bis schwärzend. **SPOREN** 12–17,5 × 4,5–7 µm. **VORKOMMEN** Juni bis September in Laubwäldern, als Seltenheit zu schonen. **VERWENDUNG** Essbar.

1

2

3

1 Grüneichen-Raufußröhrling

Leccinum lepidum (Bouchet ex Essette) Quadraccia, *Leccinum corsicum* (Roll.) Sing. *Boletaceae*

HUT 5–15 cm breit, jung halbkugelig, später gewölbt; Oberfläche schwach filzig, feucht etwas schmierig, grauocker, braun, braunrot. **RÖHREN** am Stiel ausgebuchtet, lang, zitronengelb. **POREN** rundlich, fein, zitronengelb. **STIEL** 5–12 cm lang, 1–3 cm breit, keulig, zylindrisch, mit zugespitzter Basis, gelblich, Stielschuppen bei Berührung bräunend. **FLEISCH** fest, weiß-gelb; Geruch unbedeutend, Geschmack mild. **SPOREN** 18–20 × 5–7 µm. **VORKOMMEN** Im Spätherbst bis zum Winteranfang in mediterranen Steineichenwäldern; in Italien ziemlich verbreitet unter der wintergrünen Stein-Eiche *(Quercus ilex)*. **VERWENDUNG** Essbar.

2 Eichen-Rotkappe, Eichen-Raufuß

Leccinum quercinum (Pil.) ex Green et Watl., *Krombholziella quercina* (Pil.) Sutara *Boletaceae*

HUT 6–15(–20) cm breit, jung halbkugelig, später polsterförmig; Oberfläche feinfilzig, später glatt, orangebraun, ziegelfarben, kastanienbraun; Huthaut am Rand etwas überstehend. **RÖHREN** bis 3 cm lang, am Stiel stark ausgebuchtet, weißlich bis blassbraun. **POREN** klein, weißlich, später grau bis graugelblich, auf Druck bräunlich fleckend. **STIEL** bis 18 cm lang, 2–4 cm breit, schwach keulig; Schüppchen auf hellem Grund anfangs weißlich, bald braunrot, im Alter schwärzend. **FLEISCH** dick, weiß, mit Eisensulfat verfärbt es sich olivlich, im Schnitt schwach rosa-grauviolett; Geruch und Geschmack angenehm. **SPORENPULVER** gelbbraun. **SPOREN** 12–18 × 4–5,5 µm, spindelig. **VORKOMMEN** August bis Oktober in warmen Eichenwäldern; die Vorkommen sind in Mitteleuropa überall deutlich rückläufig, in Deutschland ist diese seltene Art wie alle Raufußröhrlinge geschützt. **VERWENDUNG** Essbar. **WISSENSWERTES** Einige Autoren betrachten die Eichen-Rotkappe lediglich als Varietät der ▸ **Espen-Rotkappe (siehe 3)**.

3 Espen-Rotkappe, Kapuziner

Leccinum rufum (Schaeff.) Kreis., *Leccinum aurantiacum* (Bull.) Gray *Boletaceae*

HUT 5–20(–25) cm breit, erst halbkugelig, dann polsterförmig; Oberfläche feinfilzig, trocken matt, feucht leicht schmierig, orangerot, braunrot bis orangebraun; Huthaut am Rand etwas überstehend. **RÖHREN** bis 2 cm lang, um den Stiel niedergedrückt, leicht ablösbar, lange weißlich, alt olivgrau und schwammig. **POREN** sehr klein, weißlich, später olivgrau, bei Druck ganz leicht bräunend. **STIEL** 8–15 cm lang, 1–4 cm breit, zylindrisch bis bauchig, weißlich, jung mit weißlichen, später orangebraunen bis rotbraunen abstehenden Schüppchen bedeckt. **FLEISCH** dick, fest, alt weich, weiß, mit Eisensulfat färbt es sich grün bis schiefergrün, im Schnitt verfärbt es sich langsam graulila bis grauschwarz, beim Kochen wird es schwarz; Geruch und Geschmack angenehm. **SPORENPULVER** olivbräunlich. **SPOREN** 13–17 × 4–5 µm, elliptisch, glatt. **VORKOMMEN** Selten ab Juni, Hauptfruktifikationszeit von Juli bis Oktober, gern an lichten Waldrändern unter Zitterpappeln *(Populus tremula)* in ganz Europa. In Deutschland im Süden häufiger; vielerorts ist der Pilz hier jedoch stark zurückgegangen; er ist wie alle Raufußröhrlinge geschützt. **VERWENDUNG** Essbar. **WISSENSWERTES** Als Raufußröhrling (keine Giftpilze) leicht erkennbar. Die Espen-Rotkappe kann mit der ▸ **Eichen-Rotkappe (siehe 2)** verwechselt werden. Die seltene **Nadelwald-Rotkappe** *(Leccinum vulpinum)* wächst unter Fichten und Kiefern.

1

2

3

1 Birken-Rotkappe, Heide-Rotkappe

Leccinum versipelle (Fr. in Fr. et Hök) Snell, *Leccinum testaceoscabrum* (Secr.) Sing. *Boletaceae*

HUT 5–20 cm breit, erst halbkugelig, dann breit polsterförmig, dickfleischig; Oberfläche filzig, trocken matt, bei feuchter Witterung leicht schmierig, orangegelb, ockergelb; Rand mit kleinem Saum überstehend. **RÖHREN** bis 3 cm lang, alt schwammig, um den Stiel niedergedrückt, jung schmutzig weißlich, später graulich, leicht ablösbar. **POREN** ziemlich klein, jung schmutzig weißlich, bald graubraun. **STIEL** 8–15 cm lang, 2–4 cm breit, jung bauchig, später zylindrisch-keulig, weißlich, von Anfang an dicht mit abstehenden, schwärzlichen Stielschuppen bedeckt; bei Druck grünblau verfärbend. **FLEISCH** fest, im Hut im Alter weich, weiß, im Schnitt schwach blauend oder rötend, beim Kochen schwärzend; Geruch angenehm, Geschmack mild. **SPORENPULVER** olivbraun. **SPOREN** 13–16 × 4–6 µm, elliptisch, glatt, mit Tropfen. **VORKOMMEN** Juni bis November unter Birken *(Betula)* in ganz Europa weit verbreitet, in Osteuropa und Skandinavien noch ziemlich häufig und als Speisepilz gern gesammelt; in Deutschland vielerorts rückläufig und geschützt. **VERWENDUNG** Essbar. **WISSENSWERTES** Als Raufußröhrling (keine Giftpilze) leicht erkennbar. Ähnlich ist die ▸ **Espen-Rotkappe (S. 84/3)**, ein Mykorrhizapilz der Zitterpappel *(Populus tremula)*.

2 Hainbuchen-Raufußröhrling, Hainbuchen-Raufuß

Leccinum carpini (Schulz in Michel) Moser ex Reid, *Krombholziella carpini* (Schulz) Bon *Boletaceae*

HUT 5–10(–15) cm breit, jung halbkugelig, dann polsterförmig; Oberfläche glatt, runzelig oder feldrig rissig, feucht etwas klebrig, hellbraun, olivbraun, schwarzbraun. **RÖHREN** 1,5–3 cm lang, um den Stiel tief ausgebuchtet, angewachsen, schmutzig weißlich. **POREN** klein, weißlich, später gelbbraun, bei Berührung grauend. **STIEL** 5–15 cm lang, bis 3 cm breit, zylindrisch, Basis oft keulig; weißgrau mit grauschwärzlichen Schüppchen besetzt. **FLEISCH** im Hut bald weich, im Stiel fest, weißlich, im Schnitt rötlich, später schwarzviolettlich, mit Eisensulfat grün verfärbend, schnell dunkler werdend; Geruch angenehm, Geschmack mild. **SPORENPULVER** tabakbraun. **SPOREN** 12–20 × 5–7 µm. **VORKOMMEN** Juli bis Oktober im Laubwald und in Parkanlagen, vor allem unter Hainbuchen *(Carpinus betulus)*; in Europa weit verbreitet, in Deutschland geschützt. **VERWENDUNG** Essbar. **WISSENSWERTES** Dieser Pilz kann mit dem ▸ **Birkenpilz (S. 88/1)** verwechselt werden.

3 Verschiedenfarbener Raufußröhrling

Leccinum variicolor Watling, *Leccinum oxydabile* (Singer) Singer *Boletaceae*

HUT 5–9 cm breit, gewölbt; Oberfläche alt kahl, mausgrau, graubraun, haselnussbraun, oft gefleckt. **RÖHREN** weiß bis blass cremefarben. **POREN** fein, weißlich bis cremefarben, auf Druck schwach rötend. **STIEL** 8–15 cm lang, 2–2,5 cm breit, mit grauen, alt tabakbraunen Schüppchen auf weißem Grund, zur Basis netzartig; im unteren Teil bei Reibung intensiv blaugrün verfärbend. **FLEISCH** weiß, im Schnitt schwach rötend, im Stielgrund blaugrün; Geruch und Geschmack angenehm. **SPOREN** 12–16 × 4,5–6 µm. **VORKOMMEN** August bis Oktober in feuchten Wäldern unter Birken *(Betula)* auf sauren Böden, oft im Torfmoos *(Sphagnum)*. In Deutschland durch Trockenlegung der Biotope gefährdet; geschützt. **VERWENDUNG** Essbar. **WISSENSWERTES** Dieser Pilz ist mit dem ▸ **Birkenpilz (S. 88/1)** leicht zu verwechseln; typisches Merkmal von *Leccinum variicolor* ist seine blaugrün verfärbende Stielbasis.

1

2

3

1 Birkenpilz, Gemeiner Birkenpilz

Leccinum scabrum (Bull.: Fr.) Gray, *Boletus scaber* Bull.: Fr.
Boletaceae

HUT 5–15 cm breit, jung halbkugelig, später polsterförmig; Oberfläche glatt, kahl, feucht schmierig, trocken matt, gelbbraun, graubraun bis rötlich braun; Huthaut nicht überhängend. **RÖHREN** 1–3 cm lang, kissenartig vorgewölbt, am Stiel tief ausgebuchtet angewachsen, leicht ablösbar, weißlich, später graulich. **POREN** klein, weißlich, schmutzig weißlich, später graulich, an Druckstellen langsam bräunlich. **STIEL** 5–20 cm lang, 1–3,5 cm breit, schlank, nach oben verjüngt, weißlich, mit graubräunlichen, später schwärzlichen Schüppchen bedeckt, die im oberen Teil des Stiels manchmal längsstreifig-netzig angeordnet sind; Basismyzel weiß. **FLEISCH** jung fest, bald schwammig, weißlich, später grauweiß, im Schnitt nicht verfärbend; Geruch unbedeutend, Geschmack mild, säuerlich. **SPORENPULVER** gelbbraun. **SPOREN** 12,5–21 × 4–6,5 µm, glatt, mit Tropfen. **VORKOMMEN** Juni bis Oktober in Europa bis Lappland unter Birken *(Betula)*, in Deutschland weit verbreitet. **VERWENDUNG** Essbar, das Fleisch wird allerdings bald weich.

KRITISCHE VERWECHSLUNG Der Birkenpilz kann mit dem bitteren ► **Gallenröhrling (S. 82/2)** verwechselt werden.

Gallenröhrling

2 Moor-Birkenpilz, Weißer Birkenpilz

Leccinum holopus (Rostk.) Watl., *Leccinum scabrum* var. *niveum* (Fr. ex Opat.) Moser *Boletaceae*

HUT 3–7 cm breit, jung halbkugelig, bald polsterförmig; Oberfläche weißlich, trocken feinsamtig, feucht schmierig. **RÖHREN** 5–12 mm lang, um den Stiel niedergedrückt, weiß, mit zunehmendem Alter vorgewölbt. **POREN** klein, wie die Röhren gefärbt. **STIEL** bis 10 cm lang, 0,8–1,5 cm breit, schlank, weiß mit weißlichen, später blassbraunen Schuppen, auf Druck grünlich. **FLEISCH** fest, später weich, weißlich mit grünlichen Tönen; Geruch unbedeutend, Geschmack mild bis säuerlich. **SPOREN** 15–21 × 5–7 µm. **VORKOMMEN** Juni bis Oktober in Mooren und feuchten Wäldern im Torfmoos unter Birken *(Betula)*; in Europa von Nord nach Süd rasch selten werdend, in Deutschland in montanen Lagen in Mooren, geschützt. **VERWENDUNG** Essbar. **WISSENSWERTES** Der Moor-Birkenpilz kann mit dem **Grobschuppigen Raufuß** *(Leccinum nucatum)* verwechselt werden. Beide Arten sind in Mitteleuropa selten und durch Entwässerung, Grundwasserabsenkung oder vollständige Trockenlegung der Moore und Feuchtgebiete vielerorts erloschen oder gefährdet.

3 Schwärzlicher Birkenpilz, Dunkler Birken-Raufuß

Leccinum scabrum var. *melaneum* (Smotl.) Derm., *Leccinum melaneum* (Smotl.) Pil. & Derm. *Boletaceae*

HUT 5–15 cm breit, jung halbkugelig, bald polsterförmig; Oberfläche dunkelbraun bis schwarzbraun, trocken feinsamtig, feucht schmierig. **RÖHREN** bis 15 mm lang, um den Stiel niedergedrückt, weiß, reif aschgrau. **POREN** klein, wie die Röhren gefärbt. **STIEL** bis 15 cm lang, 1–3,5 cm breit, weiß mit braunschwarzen Stielschuppen. **FLEISCH** fest, später weich, weiß; Geruch und Geschmack angenehm. **SPORENPULVER** bräunlicholiv. **SPOREN** 15–23 × 5–7 µm. **VORKOMMEN** Juli bis Oktober unter Birken *(Betula)*; selten, geschützt. **VERWENDUNG** Essbar. **WISSENSWERTES** Der hier beschriebene Pilz stellt eine Varietät des ► **Gemeinen Birkenpilzes (siehe 1)** dar, mit dem er leicht zu verwechseln ist.

1

2

3

GATTUNG **Paxillus (Kremplinge)**
FAMILIE *Paxillaceae*

Fruchtkörper fleischig; Hutrand jung eingerollt; Stiel zentral bis seitlich; Lamellen dicht stehend, am Stiel herablaufend und anastomosierend, leicht vom Hutfleisch lösbar; Sporenpulver ocker bis rostbraun.

1 Kahler Krempling, Empfindlicher Krempling

Paxillus involutus (Batsch: Fr.) Fr. *Paxillaceae*

HUT 5–15(–20) cm breit, schon bald niedergedrückt; Oberfläche feucht etwas schmierig, trocken matt glänzend, gelbbraun, olivbraun, rostbraun; Rand meist gefurcht, lange eingerollt. Hut, Lamellen und Stiel verfärben sich bereits auf leichten Druck dunkel braunrot. **LAMELLEN** gedrängt stehend, am Stiel herablaufend, oft gegabelt, leicht vom Hut ablösbar, jung blassgelb, gelbbräunlich, alt rostbraun. **STIEL** 5–8 cm lang, 1–2 cm breit, voll, zylindrisch, oft gebogen, blassgelb,schmutzig gelb bis braunrötlich, Oberfläche oft fein bereift. **FLEISCH** weich, saftig, blass gelbbraun; Geruch und Geschmack säuerlich. **SPORENPULVER** rostbraun. **SPOREN** 8–10 × 4,5–6 µm, oval, glatt. **VORKOMMEN** Juni bis November verbreitet in Laub- und Nadelwäldern; in Europa überall häufig. **VERWENDUNG** Giftig. Der Kahle Krempling verursacht roh oder nicht ausreichend gekocht Durchfall und Erbrechen. Bei wiederholtem Genuss kann er auch ausreichend gekocht plötzlich und selbst nach Jahren eine Antigen-Antikörper-Reaktion auslösen; die dann entstehende Hämolyse kann zum Tod führen.

2 Erlen-Krempling

Paxillus rubicundulus Ort., *Paxillus filamentosus* (Scop.) Fr. ss. auct. *Paxillaceae*

HUT 2–7(–15) cm breit, niedergedrückt bis trichterförmig, ohne Buckel, unregelmäßig verbogen; Oberfläche braungelb, olivbraun, glatt mit dunkleren, eingewachsenen oder angedrückten Schuppen; Rand kaum oder nur leicht eingerollt. **LAMELLEN** herablaufend, oft gegabelt, blassgelblich bis goldbraun, alt dunkler; an Druckstellen langsam rotbräunlich fleckend. **STIEL** bis 5 cm lang, voll, nach unten verjüngt, blassgelblich-bräunlich. **FLEISCH** gelblich, im Schnitt bräunlich; Geruch und Geschmack unbedeutend. **SPORENPULVER** braun. **SPOREN** 6,5–8 × 4,5–5 µm. **VORKOMMEN** Juli bis November gesellig unter Erlen *(Alnus)* in Auenwäldern, Erlenbrüchen, an Seeufern und Bachrändern; in Europa verbreitet. **VERWENDUNG** Kein Speisepilz; vermutlich wie der ▸ **Kahle Krempling (siehe 1)** giftig.

3 Samtfuß-Krempling

Paxillus atrotomentosus (Batsch: Fr.) Fr. *Paxillaceae*

HUT 7–15(–30) cm breit, halbrund, muschel- oder zungenförmig, dickfleischig, fest; Oberfläche jung feinfilzig, braunsamtig, alt kahl, rissig; Rand lange eingerollt. **LAMELLEN** gedrängt, am Stiel herablaufend, schmal, oft gegabelt und durch Querwände verbunden, ablösbar, blassgelb bis hellocker, an Druckstellen langsam bräunend. **STIEL** bis 8 cm lang, 2–4 cm breit, bauchig; Oberfläche samtig-filzig, dunkelbraun-braunschwarz, deutlich von den Lamellen abgesetzt. **FLEISCH** dick, weich, weißlich bis blassgelblich; Geruch säuerlich, Geschmack bitterlich. **SPORENPULVER** gelbbraun. **SPOREN** 4–5,5 × 3–4 µm. **VORKOMMEN** Juli bis November einzeln bis gesellig an morschen Stümpfen und Wurzeln von Nadelbäumen. **VERWENDUNG** Ganz jung essbar.
VERWECHSLUNG MIT GIFTPILZEN ▸ **Kahler Krempling (siehe 1).**

1

2

3

1 Gemeiner Muschelkrempling

Tapinella panuoides (Fr.: Fr.) Gilb., *Paxillus panuoides* Fr.
Paxillaceae

HUT 2–8(–10) cm, fächerförmig, oft dachziegelig; Oberfläche samtig, matt, blass braungelb, ockerfarben; Rand gelappt, etwas eingerollt. **LAMELLEN** herablaufend, anastomosierend, gelb bis hell ockerrötlich, ablösbar. **STIEL** fehlend oder sehr kurz und seitlich ansitzend. **FLEISCH** dünn, weich, blassgelb. **SPORENPULVER** hellbraun. **SPOREN** 4–6 × 3–4 µm. **VORKOMMEN** Sommer bis Herbst meist büschelig an Stümpfen oder Wurzeln verschiedener Nadelhölzer, in Mitteleuropa verbreitet; im Mittelmeergebiet wächst er oft am Holz der Aleppo-Kiefer *(Pinus halepensis)*; Braunfäuleerzeuger. **VERWENDUNG** Kein Speisepilz. **WISSENSWERTES** Leicht mit dem ▸ **Orangeseitling (S. 46/2)** zu verwechseln. Sein Sporenpulver ist fleischrosa gefärbt.

2 Falscher Pfifferling, Falscher Eierschwamm

Hygrophoropsis aurantiaca (Wulf.: Fr.) Mre. *Paxillaceae*

HUT 3–6(–10) cm breit, anfangs gewölbt, bald trichterförmig, alt wellig verbogen bis flatterig; Oberfläche samtig-filzig, trocken, glanzlos, gelb bis leuchtend orangegelb, alt oder nach Frost verkahlend und ausblassend; Rand lange stark eingerollt. **LAMELLEN** am Stiel weit herablaufend, gedrängt, gegen den Hutrand gegabelt, weich, leuchtend orange. **STIEL** 2–6 cm lang, 0,3–0,8 cm breit, zäh, voll bis hohl, zentral oder etwas exzentrisch, zylindrisch, zur Basis hin verjüngt, glatt, kahl, orangegelb oder heller. **FLEISCH** weich, biegsam, zäh, gelblich bis orange; Geruch und Geschmack unauffällig. **SPORENPULVER** gelbweißlich. **SPOREN** 5–8 × 3,5–5 µm, glatt, elliptisch. **VORKOMMEN** August bis November gesellig in Laub- und Nadelwäldern; verbreitet. Nicht selten auch an morschen, im Zerfall begriffenen Baumstümpfen. **VERWENDUNG** Kein Speisepilz. Wird bisweilen zwar als essbar bezeichnet, kann jedoch bei empfindlichen Personen Verdauungsstörungen verursachen. **WISSENSWERTES** Der Falsche Pfifferling hat einen treffenden Namen: Oft täuscht sein Hut im Wald selbst erfahrene Pilzsammler und er wird bei oberflächlicher Betrachtung mit dem ▸ **Echten Pfifferling (S. 454/1)** verwechselt.

3 Leuchtender Ölbaumpilz, Ölbaumtrichterling

Omphalotus olearius (DC: Fr.) Sing. *Paxillaceae*

HUT 6–12(–20) cm breit, erst gewölbt, bald abgeflacht und trichterförmig, bisweilen mit schwachem Buckel; Oberfläche seidig glänzend, glatt bis fein radialfaserig, orange bis rotbraun; Rand lange eingerollt. **LAMELLEN** weit herablaufend, dicht stehend, untermischt, wenig gegabelt, dünn, biegsam, gelb bis orangegelb. **STIEL** 7–15 cm lang, 0,8–1,5(–3) cm breit, voll, zäh, oft exzentrisch stehend, gegen die Basis verjüngt, büschelig verwachsen, orangegelb, alt braunrötlich, längsstreifig. **FLEISCH** faserig, zäh, gelb bis orangebraun; Geruch angenehm, Geschmack mild. **SPORENPULVER** gelbweiß. **SPOREN** 5–7 × 5–6 µm, rundlich, inamyloid. **VORKOMMEN** Juli bis November an morschem Holz von Eichen *(Quercus)* und anderen Laubbäumen, das auch im Erdboden vergraben sein kann. In Mitteleuropa selten in wärmebegünstigten Gegenden, in Südeuropa verbreitet und überwiegend an der Basis von Ölbäumen *(Olea europaea)*; Weißfäuleerzeuger. **VERWENDUNG** Giftig; er verursacht Übelkeit, Erbrechen und Durchfall. **WISSENSWERTES** Kann mit dem ▸ **Echten Pfifferling (S. 454/1)** verwechselt werden und hat auch eine gewisse Ähnlichkeit mit dem ▸ **Falschen Pfifferling (siehe 2)**. Die Lamellen des Ölbaumtrichterlings können unter bestimmten Bedingungen im Dunkeln schwache Leuchterscheinungen zeigen (Biolumineszenz).

1

2

3

1 Bewimperter Filzkrempling

Ripartites tricholoma (Alb. & Schw.: Fr.) Karst. *Paxillaceae*

HUT 1–4 cm breit, jung halbkugelig, später ausgebreitet-niedergedrückt, schwach gebuckelt, alt oft +/– trichterförmig; Oberfläche faserig-filzig, weiß, alt ockergrau; Rand lange eingerollt, mit borstigen Fransen. **LAMELLEN** am Stiel breit angewachsen bis kurz herablaufend, etwas gedrängt, leicht vom Hut ablösbar, jung weißlich-cremefarben mit rosa Beiton, später tonbräunlich. **STIEL** bis 4 cm lang, bis 5 mm breit, voll, weiß überfasert, später ockerbraun. **FLEISCH** dünn, weißlich; Geruch und Geschmack unauffällig. **SPORENPULVER** lehmbraun. **SPOREN** 4–5 × 3–4 µm, eiförmig, mit isoliert stehenden Warzen. **VORKOMMEN** August bis November einzeln bis gesellig auf Nadelstreu und Holzabfällen, seltener auf Laubhumus; verbreitet. **VERWENDUNG** Kein Speisepilz. **WISSENSWERTES** Die Gattung *Ripartites* umfasst etwa sechs Arten. Im Habitus erinnern sie an Nabelinge oder kleine Trichterlinge.

GATTUNG **Gomphidius (Schmierlinge)**
FAMILIE *Gomphidiaceae*

Fruchtkörper fleischig; Hut meist schleimig; Lamellen entfernt stehend, dicklich, weit herablaufend, bei der Reife fast schwarz. Die nahe stehende Gattung *Chroogomphus* wird nicht von allen Autoren abgetrennt.

2 Rosenroter Schmierling, Rosa Schmierling

Gomphidius roseus (Fr.) Karst. *Gomphidiaceae*

HUT 3–5 cm breit, jung gewölbt, dann flach bis niedergedrückt, alt trichterförmig; Oberfläche feucht schmierig, karminrot, alt etwas ausblassend, schmutzig rot, oft schwarz fleckend; Rand lange nach unten gebogen, scharf, wellig. **LAMELLEN** sichelförmig am Stiel herablaufend, breit, teilweise gegabelt, anfangs weißlich, später graulich, zuletzt dunkelgrau; Schneiden glatt. **STIEL** 3–6 cm lang, 0,5–1 cm breit, zur Basis hin verjüngt, voll, feucht schleimig, weißlich, im oberen Teil mit von den Sporen dunkel verfärbter Ringzone. **FLEISCH** zart, weich, weiß, unter der Huthaut und in der Stielbasis blassrot; Geruch unbedeutend, Geschmack mild. **SPORENPULVER** fast schwarz. **SPOREN** 17–21 × 5–5,5 µm. **VORKOMMEN** Sommer bis Herbst unter Kiefern *(Pinus)* auf kalkarmen Böden in ganz Europa. **VERWENDUNG** Kein Speisepilz. **WISSENSWERTES** Wächst oft zusammen mit dem im Bild mit abgebildeten ▸ **Kuhröhrling (S. 64/1).**

3 Lärchen-Schmierling, Fleckender Schmierling

Gomphidius maculatus Fr. *Gomphidiaceae*

HUT 3–5 cm breit, anfangs gewölbt, später abgeflacht, meist niedergedrückt; Oberfläche schmierig-klebrig, graurosa, ockerbräunlich, Mitte dunkler; Rand dünn; der ganze Pilz fleckt auf Druck weinrötlich, später wird er an den Druckstellen schwarz. **LAMELLEN** breit, sichelförmig am Stiel herablaufend, jung grauweiß, bald grau, später schwarzbraun. **STIEL** bis 7 cm lang, bis 1 cm dick, jung mit rosafarbenen Tröpfchen an der Spitze, voll, alt hohl, weißlich, mit rosafarben-rötlichen, später dunkleren, länglichen Flecken; Basis gelblich. **FLEISCH** weich, weißlich, in der Basis gelblich, beim Anschneiden rosa anlaufend; geruchlos, Geschmack mild. **SPORENPULVER** olivschwärzlich. **SPOREN** 17–23 × 6–8 µm, elliptisch-spindelförmig, glatt. **VORKOMMEN** Juli bis Oktober einzeln bis gesellig unter Lärchen *(Larix)* in Wäldern und Parkanlagen; in Norddeutschland sehr selten. **VERWENDUNG** Unbedeutend.

1

2

3

1 Großer Schmierling, Großer Gelbfuß, Kuhmaul

Gomphidius glutinosus (Schaeff.: Fr.) Fr. *Gomphidiaceae*

HUT 5–8(–12) cm breit, anfangs halbkugelig, bald schwach gewölbt, später etwas trichterig, violettgrau-graulila, im Alter schwarzbraun gefleckt; Hut und Lamellen sind anfangs von einer schleimig-glasigen Haut überzogen, die beim Aufschirmen abreißt und als abziehbare Schleimschicht auf dem Hut und als Schleimwulst am Stiel zurückbleibt. **LAMELLEN** dick, wachsartig, entfernt stehend, teilweise gegabelt, weit am Stiel herablaufend, ganz jung weißlich, später aschgrau bis schwärzlich, auf Druck fleckend. **STIEL** bis 8 cm lang, bis 1,5 cm breit, Basis meist verdickt, voll, stark schleimig, oben eingeschnürt, weißlich, später violett-graulich; Basis intensiv gelb. **FLEISCH** dick, weich, weißlich, alt grau, in der Stielbasis intensiv gelb; Geruch und Geschmack unbedeutend. **SPORENPULVER** schwarzbraun. **SPOREN** 18–22 × 5–8 µm. **VORKOMMEN** Juli bis Oktober in Nadelwäldern und Mischwäldern auf allen Böden; in ganz Europa in höheren Lagen. **VERWENDUNG** Essbar; das Fleisch wird beim Kochen dunkel. Schleimschicht beim Sammeln entfernen. **WISSENSWERTES** Aufgrund der typischen Form und Farbe leicht erkennbar, mit Giftpilzen kaum zu verwechseln.

2 Filziger Gelbfuß

Chroogomphus helveticus (Sing.) Mos., *Gomphidius helveticus* Sing. *Gomphidiaceae*

HUT bis 8 cm breit, rundlich-gewölbt, mit stumpfem Buckel; Oberfläche trocken, matt, nur bei feuchter Witterung etwas schmierig, fein faserig-filzig bis schuppig, orangefarben, orangebräunlich; Rand jung durch faserigen Schleier mit dem Stiel verbunden. **LAMELLEN** am Stiel herablaufend, breit, jung rosaocker, bald orangebräunlich, später durch Sporenpulver dunkler. **STIEL** bis 8 cm lang, 1–2 cm breit, +/– zylindrisch, oft gebogen, gegen die Basis meist etwas verjüngt, hutfarben und wie dieser bei Berührung kupferrötlich verfärbend. **FLEISCH** fest, gelborange, verletzt karminrötlich; Geruch angenehm, etwas fruchtartig, Geschmack mild. **SPORENPULVER** olivbräunlich. **SPOREN** 14–21 × 6–8,5 µm, spindelig-elliptisch. **VORKOMMEN** Juli bis Oktober unter Fichten *(Picea abies)* in mittleren und höheren Berglagen; selten. **VERWENDUNG** Essbar.
VERWECHSLUNG MIT GIFTPILZEN ▸ **Spitzgebuckelter Raukopf (S.366/1)** und ähnliche Schleierlinge.

Spitzgebuckelter Raukopf

3 Kupferroter Gelbfuß

Chroogomphus rutilus (Schaeff.: Fr.) Miller, *Gomphidius rutilus* (Schaeff.: Fr.) Lund., *Gomphidius viscidus* (L.) Fr. *Gomphidiaceae*

HUT 4–8(–12) cm breit, jung halbkugelig bis kegelig, später ausgebreitet, oft gebuckelt; Oberfläche feucht schmierig, trocken kahl, glänzend, braunorange, grauorange bis kupferrötlich; Rand ganz jung durch einen faserigen Schleier mit dem Stiel verbunden. **LAMELLEN** deutlich herablaufend, entfernt stehend, breit, olivocker bis olivbraun, alt grauschwärzlich. **STIEL** 3–10 cm lang, 1–2 cm breit, voll, zylindrisch, zur Basis leicht verjüngt, gelbbräunlich, orange-ockerfarben, genattert-gebändert, an der Spitze mit schwach ausgebildeter faseriger Ringzone, Basis dunkelgelb. **FLEISCH** dick, gelborange-lachsfarben; Geruch unbedeutend, Geschmack mild. **SPORENPULVER** olivbraun. **SPOREN** 18–24 × 6–7 µm, spindelförmig, glatt. **VORKOMMEN** Juli bis November unter Kiefern (*Pinus*), bevorzugt auf Kalkböden. **VERWENDUNG** Essbar.
VERWECHSLUNG MIT GIFTPILZEN Wie beim ▸ **Filzigen Gelbfuß (siehe 2).**

1

2

3

Gattung **Hygrophorus (Schnecklinge)**
Familie *Hygrophoraceae*
Fruchtkörper dickfleischig; Huthaut oft schleimig oder schmierig; Lamellen dicklich, oft entfernt stehend, angewachsen bis bogig herablaufend; Stiele ringlos, selten mit Schleimwulst; Sporenpulver weiß; keine Giftpilze.

1 Trockener Schneckling, Riesen-Schneckling

Hygrophorus penarius Fr., *Hygrophorus barbatulus* Becker
Hygrophoraceae

HUT 4–10(–15) cm breit, jung fast halbkugelig, später verflachend, oft schwach gebuckelt, cremeweißlich bis elfenbeinfarben mit etwas dunklerer Mitte; Oberfläche trocken matt bis feinfilzig; Rand scharf, lange nach unten gebogen, alt wellig. **LAMELLEN** cremeweiß bis hell lederfarben mit lachsrosa Schimmer, schmal, bogig am Stiel herablaufend, entfernt stehend, auffällig gegabelt und anastomosierend; Schneiden glatt. **STIEL** bis 10 cm lang, bis 2,5 cm breit, zylindrisch bis konisch, Basis zugespitzt, voll bis markig, trocken, feucht leicht klebrig, etwas heller als der Hut, zur Spitze hin fein weißflockig. **FLEISCH** dick, fest, weiß; ohne besonderen Geruch, Geschmack mild. **SPORENPULVER** weiß. **SPOREN** 6–8 × 3,5–5 µm. **VORKOMMEN** In Laubwäldern auf Kalk, selten. **VERWENDUNG** Essbar.

VERWECHSLUNG MIT GIFTPILZEN ▸ Bleiweißer Firnistrichterling (S. 130/1) und ähnliche Trichterlinge.

Bleiweißer Firnistrichterling

2 Goldzahn-Schneckling, Gelbfleckiger Schneckling

Hygrophorus chrysodon (Batsch: Fr.) Fr. *Hygrophoraceae*

HUT 2–7 cm breit, anfangs gewölbt, später abgeflacht mit stumpfem Buckel, weißlich, bei Druck gilbend, alt zunehmend gelbflockig; Oberfläche feucht stark schmierig, trocken matt, glatt, schwach eingewachsen radialfaserig, am Rand mit feinen zitronengelben Flöckchen. **LAMELLEN** breit am Stiel angewachsen bis kurz herablaufend, weiß bis cremefarben, wachsartig; Schneiden oft fein gelbflockig **(2a)**. **STIEL** 3–8 cm lang, 0,5–1 cm breit, zylindrisch, blassgelb, fein gelbschuppig, besonders an der Spitze, dort mit gelben Tröpfchen. **FLEISCH** fest, weiß; Geruch schwach, Geschmack mild. **SPORENPULVER** weiß. **SPOREN** 8–10 × 4–5 µm. **VORKOMMEN** August bis November in Laub- und Nadelwäldern, bevorzugt auf Kalkböden. **VERWENDUNG** Essbar.

3 Elfenbein-Schneckling

Hygrophorus eburneus (Bull.: Fr.) Fr. *Hygrophoraceae*

HUT 3–8 cm, jung halbkugelig, dann gewölbt, später unregelmäßig ausgebreitet, alt gelegentlich mit vertiefter Mitte; Oberfläche feucht mit Schleim überzogen, glitschig, klebrig, rein weiß, später in der Mitte elfenbeinfarben, trocken seidenmatt, nicht gilbend oder bräunend, kahl; Rand anfangs eingerollt. **LAMELLEN** rein weiß bis hell cremefarben, dicklich, am Stiel breit angewachsen bis etwas herablaufend, am Grunde aderig verbunden. **STIEL** 4–12 cm lang, 0,5–1 cm breit, zylindrisch, alt hohl, häufig gebogen, Basis zugespitzt, rein weiß, bisweilen blass elfenbeinfarben, schleimig, zur Spitze hin fein kleiig. **FLEISCH** zum Rand hin dünn, weich, weiß, nicht verfärbend; Geruch eigenartig süßlich-aromatisch, Geschmack mild. **SPORENPULVER** weiß. **SPOREN** 8–9,5 × 4,5–6 µm. **VORKOMMEN** August bis November einzeln bis gesellig in Laubmischwäldern in ganz Europa. **VERWENDUNG** Kein Speisepilz.

1

2a

2b

3

1 Schleimigberingter Schneckling

Hygrophorus ligatus Fr., *Hygrophorus gliocyclus* Fr.
Hygrophoraceae

HUT 3–8(–10) cm breit, anfangs halbkugelig-glockig, später verflachend, bisweilen mit stumpfem Buckel; Oberfläche feucht sehr schleimig, trocken klebrig, elfenbeinfarben, bisweilen fast weiß, strohgelblich, ockergelblich; Rand lange nach unten eingebogen. **LAMELLEN** herablaufend, entfernt stehend, mit Zwischenlamellen, breit, elfenbeinfarben, mit blass lachsfarbenem Reflex; Schneiden glatt. **STIEL** 4–8(–10) cm lang, 0,5–1,5(–2,5) cm breit, zylindrisch, zur Basis meist zugespitzt; an der Spitze mit dünnem Schleimring, der bei Trockenheit verschwindet; oberhalb des Ringes weiß, feinflockig, trocken, darunter blass hutfarben, stark schleimig. **FLEISCH** im Hut dick, weiß bis blassgelb; Geruch unbedeutend, Geschmack mild, fade. **SPORENPULVER** weiß. **SPOREN** 7–10 × 4–6 µm, elliptisch, glatt, hyalin. **VORKOMMEN** Im Herbst unter Kiefern *(Pinus)*, auf Kalkböden, fehlt im Norden Deutschlands. **VERWENDUNG** Essbar. **WISSENSWERTES** Als Schneckling (keine Giftpilze) leicht zu erkennen; typisch sind die herablaufenden Lamellen und der vergängliche Schleimring.

2 Verfärbender Schneckling

Hygrophorus discoxanthus (Fr.) Rea, *Hygrophorus cossus* (Sow.) Fr., *Hygrophorus chrysaspis* Métr. *Hygrophoraceae*

HUT 3–5(–8) cm breit, jung halbkugelig bis kegelig, dann gewölbt, später abgeflacht, oft mit niedergedrückter Mitte; Oberfläche jung weiß bis cremeweiß, bald vom Rand her gelbbraun bis rostbraun verfärbend, feucht schmierig-schleimig, trocken matt; Rand scharf, die Lamellen etwas überragend. **LAMELLEN** am Stiel breit angewachsen bis etwas herablaufend, ziemlich entfernt stehend, cremeweißlich, gelbbraun verfärbend. **STIEL** 3–6(–10) cm lang, 0,5–1 cm breit, feucht schmierig, weiß, wie Hut und Lamellen später verfärbend, Spitze weißkleiig oder mit Tröpfchen, Basis zugespitzt, voll, alt hohl. **FLEISCH** weiß; Geruch unangenehm, haftet beim Zerreiben intensiv an den Fingern; Geschmack unangenehm. **SPORENPULVER** weiß. **SPOREN** 7–9 × 4–5 µm, elliptisch, glatt, hyalin. **VORKOMMEN** August bis Oktober unter Buchen *(Fagus sylvatica)* auf Kalkböden, in Mitteleuropa verbreitet. **VERWENDUNG** Kein Speisepilz. **WISSENSWERTES** Durch die bald einsetzende Verfärbung unterscheidet sich der Pilz von seinem Doppelgänger, dem ▸ **Elfenbein-Schneckling (S. 98/3).**

3 Rasiger Purpur-Schneckling

Hygrophorus erubescens (Fr.) Fr. *Hygrophoraceae*

HUT 4–10 cm breit, jung fast halbkugelig, bald gewölbt-gebuckelt, später flach, im Alter vertieft; Oberfläche jung glatt, fast weiß, dann purpurrosa-weinrötlich mit dunklerem, fein geschupptem Scheitel und weinroten Flecken, alt ausblassend, zum Teil gelbfleckig; feucht schmierig-klebrig, trocken kahl; Rand jung eingerollt. **LAMELLEN** breit angewachsen bis herablaufend, fast entfernt stehend, vereinzelt gegabelt, mit Zwischenlamellen; anfangs weißlich, bald rosa-blassgelb; Schneiden glatt, alt mit weinrötlichen Flecken. **STIEL** 3–7(–12) cm lang, bis 1,5 cm breit, zylindrisch, oft verbogen, voll, weißlich, fein weinrötlich gekörnt, jung mit Tröpfchen, im Alter schwach gilbend; Basis meist verjüngt. **FLEISCH** dick, weißlich, schwach gilbend; Geruch angenehm, Geschmack etwas bitter. **SPORENPULVER** weiß. **SPOREN** 8–11 × 4–5 µm, langelliptisch, glatt, hyalin. **VORKOMMEN** August bis Oktober gesellig in Gruppen und Ringen, selten einzeln, in Fichtenwäldern, vor allem im Bergland, gern auf Kalkböden, fehlt im Norden. **VERWENDUNG** Kein Speisepilz.

1

2

3

1 Geflecktblättriger Purpur-Schneckling

Hygrophorus russula (Schaeff.: Fr.) Quél. *Hygrophoraceae*

HUT 5–10 cm breit, jung halbkugelig, fleischig, später gewölbt, alt unregelmäßig wellig; Oberfläche feucht etwas klebrig, trocken matt, auf weißem oder rosafarbenem Grund weinrot gesprenkelt, alt schmutzig weinrot, zum Rand hin weiß; Rand lange eingebogen. **LAMELLEN** breit angewachsen, ausgebuchtet oder herablaufend, ziemlich entfernt stehend, erst weiß, bald weinrot gefleckt; Schneiden glatt. **STIEL** 4–8 cm lang, bis 2 cm breit, voll, weiß, purpurrot gefleckt. **FLEISCH** weißlich; Geruch angenehm, fruchtartig, Geschmack mild oder bitter. **SPORENPULVER** weiß. **SPOREN** 7–8 × 4–5,5 µm, elliptisch, glatt, hyalin, mit Tropfen. **VORKOMMEN** Sommer bis Herbst selten einzeln, meist in Ringen oder Reihen in Laubwäldern, besonders unter Eichen *(Quercus)* und Rotbuchen *(Fagus sylvatica)*, auf kalkhaltigen Böden; im Mittelmeerraum unter Stein-Eichen *(Quercus ilex)*; in Deutschland selten. **VERWENDUNG** Kein Speisepilz. **WISSENSWERTES** Der Pilz unterscheidet sich vom ähnlichen ▸ **Rasigen Purpur-Schneckling (S. 100/3)** durch kräftigen Stiel, fast ausgebuchtete Lamellen und fehlende Gelbfärbung.

2 Weinroter Schneckling

Hygrophorus capreolarius (Kalchbr.) Sacc.,
Limacium capreolarium (Kalchbr.) Sacc. *Hygrophoraceae*

HUT 4–8 cm breit, jung halbkugelig, später konvex, etwas gebuckelt, dann abgeflacht und bisweilen niedergedrückt; Oberfläche trocken, dunkel weinrot bis purpurbraun, dunkler gestreift; Rand lange nach unten gebogen. **LAMELLEN** am Stiel herablaufend, entfernt stehend, am Grunde aderig verbunden, breit, rosa-weinrot bis purpurrötlich, alt schmutzig weinbraun; Schneiden glatt. **STIEL** bis 10 cm lang, 0,7–1,5 cm breit, zylindrisch, voll, Basis verjüngt, auf weinrotem Grund abwärts braunfaserig gestreift, Spitze blass. **FLEISCH** in der Hutmitte dick, zum Rand hin dünn, blass weinrötlich; Geruch unbedeutend, Geschmack mild. **SPORENPULVER** weiß. **SPOREN** 7–10 × 3,5–5 µm, breitelliptisch, glatt, farblos. **VORKOMMEN** September bis Oktober meist gesellig in Berg-Nadelwäldern unter Fichte *(Picea abies)*, Weißtanne *(Abies alba)* und Buche *(Fagus sylvatica)* auf Kalkböden; selten, schonenswert. **VERWENDUNG** Kein Speisepilz.

3 Isabellrötlicher Schneckling

Hygrophorus poetarum Heim *Hygrophoraceae*

HUT 5–15(–20) cm breit, jung halbkugelig-konvex, später verflachend bis niedergedrückt, mit schwachem Buckel; Oberfläche feucht etwas klebrig, trocken seidig-matt, creme- bis rosafarben, isabellfarben, Mitte etwas mehr orange, Huthaut zu Zweidrittel abziehbar; Rand lange eingerollt, jung schwach flaumig, alt wellig. **LAMELLEN** breit angewachsen bis kurz herablaufend, weißlich bis blass cremefarben mit lachsrosa Schimmer, nicht fleckend; Schneiden glatt. **STIEL** 3–12 cm lang, bis 2,5 cm breit, zylindrisch, Basis verjüngt, weißlich-cremefarben mit rosa Hauch; Stielspitze etwas kleiig, feucht mit Tröpfchen. **FLEISCH** dick, weiß, unter der Huthaut zart hellorange, nicht rötend; Geruch süßlich nach Perubalsam, Geschmack mild, fade. **SPORENPULVER** weiß. **SPOREN** 7–10 × 5–6 µm, breitelliptisch, glatt, hyalin. **VORKOMMEN** Im Herbst einzeln bis gesellig in Laubwäldern unter Rotbuche *(Fagus sylvatica)*, vorzugsweise auf Kalkböden; selten, schützenswert. **VERWENDUNG** Essbar.

Riesen-Rötling

VERWECHSLUNG MIT GIFTPILZEN ▸ **Riesen-Rötling (S. 238/2).**

1

2

3

1 Orange-Schneckling, Weißtannen-Schneckling

Hygrophorus pudorinus (Fr.) Fr. *Hygrophoraceae*

HUT 4–10(–20) cm breit, jung halbkugelig, später konvex bis abgeflacht mit stumpfem Buckel, fleischig; Oberfläche blassorange bis rosa-gelborange, Mitte meist dunkler, Huthaut feucht etwas klebrig, nie schleimig, trocken seidig matt; Rand lange eingebogen. **LAMELLEN** weißlich mit auffälliger Orangetönung, am Stiel breit angewachsen bis etwas herablaufend; Schneiden glatt. **STIEL** bis 12 cm lang, bis 2,5 cm breit, zylindrisch, gegen die Basis bisweilen zugespitzt; weißlich, blass orangefarben überhaucht, Basis gelb; feucht leicht schleimig, gegen die Stielspitze mehlig-schuppig. **FLEISCH** weißlich, unter der Huthaut orangegelb, im Stiel weiß und in der Stielbasis gelb; Geruch meist etwas harzig, mit an Terpentin erinnernder Komponente, Geschmack harzig. **SPORENPULVER** weißlich. **SPOREN** 8–12 × 5–6,5 µm, elliptisch, glatt, hyalin. **VORKOMMEN** Einzeln oder gesellig und in Ringen im Areal der Weißtanne *(Abies alba)* in montanen Lagen Europas auf Kalkböden. **VERWENDUNG** Kein Speisepilz, ungenießbar. **WISSENSWERTES** Ähnlich ist der ▸ **Isabellrötliche Schneckling (S. 102/3)** aus dem Laubwald.

2 Orangefalber Schneckling

Hygrophorus unicolor Groeg., *Hygrophorus leucophaeus* ss. Ricken *Hygrophoraceae*

HUT 2–5(–7) cm breit, jung halbkugelig, später gewölbt und oft verbogen; Oberfläche anfangs schleimig, trocken fein radialfaserig, orangebeige, orangefalb, mit dunklerer, orangefuchsig-rotbrauner Mitte, zum Rand hin heller, fast weiß; Rand lange eingebogen, zuletzt gerade stehend und schwach gerippt. **LAMELLEN** am Stiel angewachsen bis kurz herablaufend, anfangs weiß, später blass lachsfarben; Schneiden glatt. **STIEL** 5–7 cm lang, bis 1 cm breit, zylindrisch, oft gebogen, voll, später hohl, blassgelb bis blassorange, fein weißflockig, Basis bisweilen zugespitzt. **FLEISCH** in der Hutmitte dick, weißlich-blassgelb; Geruch schwach, angenehm, Geschmack mild. **SPORENPULVER** weiß. **SPOREN** 6–9 × 4–5 µm, elliptisch, glatt, hyalin. **VORKOMMEN** September bis Oktober einzeln bis gesellig unter Rotbuchen *(Fagus sylvatica)*, auf kalkhaltigen Böden. **VERWENDUNG** Kein Speisepilz.

3 Hain-Schneckling, Wald-Schneckling

Hygrophorus nemoreus (Pers.: Fr.) Fr. *Hygrophoraceae*

HUT 6–12 cm breit, jung halbkugelig, bald flach bis niedergedrückt, schwach gebuckelt; Oberfläche meist trocken, matt, nur bei feuchter Witterung etwas schmierig, eingewachsen radialfaserig, blass orangebräunlich; Rand heller, eingerollt, später eingerissen. **LAMELLEN** am Stiel breit angewachsen bis kurz herablaufend, ziemlich entfernt stehend, blass cremefarben mit Orangetönung; Schneiden glatt. **STIEL** bis 8 cm lang, bis 1,5 cm breit, zylindrisch, weißlich bis blassockerlich, auf ganzer Länge faserig-flockig; Basis verjüngt. **FLEISCH** weiß-cremefarben, unter der Huthaut orangebräunlich; Geruch schwach mehlartig, Geschmack mild. **SPORENPULVER** weiß. **SPOREN** 6,5–8 × 4–5 µm. **VORKOMMEN** Sommer bis Herbst einzeln, seltener in Gruppen in Laubwäldern, meist unter Eichen *(Quercus)* und Edelkastanien *(Castanea sativa)* auf Kalkböden; Verbreitungsgebiet ganz Mitteleuropa, überall selten. **VERWENDUNG** Essbar. **WISSENSWERTES** Kann verwechselt werden mit dem ▸ **Isabellrötlichen Schneckling (S. 102/3).**
VERWECHSLUNG MIT GIFTPILZEN ▸ **Riesen-Rötling (S. 238/2).**

Riesen-Rötling

1

2

3

1 Braunscheibiger Schneckling

Hygrophorus discoideus (Pers.: Fr.) Fr. *Hygrophoraceae*

HUT 2–6 cm breit, jung halbkugelig, später gewölbt-abgeflacht, mit schwachem Buckel; Oberfläche feucht schmierig-schleimig, beige-fuchsigbraun, Scheibe dunkler. **LAMELLEN** schwach herablaufend, entfernt stehend, wachsartig, cremefarben, blass gelbbräunlich. **STIEL** bis 6 cm lang, blass gelbbräunlich, weißlich befasert, schwach schmierig, bei feuchter Witterung schleimig. **FLEISCH** zum Rand hin dünn, weich, weißlich-blassbräunlich; Geruch und Geschmack unbedeutend. **SPORENPULVER** weiß. **SPOREN** 6–9 × 3–5 µm. **VORKOMMEN** Im Herbst gesellig in Berg-Fichtenwäldern, auch in Mischwäldern unter eingestreuten Fichten auf Kalkböden; fehlt im Norden Deutschlands. **VERWENDUNG** Essbar. **WISSENSWERTES** Kann verwechselt werden mit dem ungenießbaren, im Spätherbst oft in Massen erscheinenden ▸ **Dunkelscheibigen Fälbling (S. 352/2).** Dieser hat rostbraunes Sporenpulver.

2 Frost-Schneckling

Hygrophorus hypothejus (Fr.: Fr.) Fr. *Hygrophoraceae*

HUT 2–4(–7) cm breit, anfangs konvex-glockig, dann abgeflacht bis vertieft mit kleinem Buckel; Oberfläche feucht mit dicker Schleimschicht, gelbbraun, braunoliv bis grauoliv; Rand lange heruntergebogen. **LAMELLEN** am Stiel breit angewachsen bis etwas herablaufend, entfernt stehend, dicklich, anfangs weißlich, bald hellocker, alt orangegelb. **STIEL** 4–7 cm lang, 0,5–1 cm breit, schlank, zylindrisch, gegen die Basis zugespitzt, jung voll, später hohl, schmierig-schleimig, mit vergänglicher weißlicher ringartiger Zone, darüber feinflockig. **FLEISCH** weißlich, unter der bis zur Hälfte abziehbaren Huthaut gelblich, fest; Geruch unbedeutend, Geschmack mild. **SPORENPULVER** weiß. **SPOREN** 8–9 × 4–5 µm. **VORKOMMEN** Im Spätherbst bis zum Winter nach den ersten Frösten einzeln oder gesellig in Kiefernwäldern auf sandigen, mageren Böden, gebietsweise häufig. **VERWENDUNG** Essbar, beliebter Speisepilz. **WISSENSWERTES** Aufgrund der typischen Farbe und Form und der späten Erscheinungszeit unter Kiefern leicht erkennbar und kaum mit Giftpilzen zu verwechseln. Frost-Schnecklinge mit goldgelbem Hut werden als Farbvariante (var. *aureus*) eingestuft.

3 Orangegelber Lärchenschneckling

Hygrophorus speciosus Peck, *Hygrophorus bresadolae* Quél.
Hygrophoraceae

HUT bis 7 cm breit, jung halbkugelig, später ausgebreitet, chrom- bis orangegelb mit dunklerer, orangerötlicher Mitte, Oberfläche radialfaserig, schleimig bis klebrig; Haut abziehbar; Rand jung eingebogen. **LAMELLEN** am Stiel herablaufend, anastomosierend, breit, wachsartig, weißlich bis cremefarben, alt gelblich; Schneiden glatt. **STIEL** bis 10 cm lang, zylindrisch, gelblich, andeutungsweise genattert, schleimig, jung mit schleimigem Velum bis zum Hutrand, später noch mit schleimiger Wulst; zur Spitze und Basis hin weißlich. **FLEISCH** weißlich, unter der Huthaut gelblich bis orange; ohne besonderen Geruch und Geschmack. **SPORENPULVER** weiß. **SPOREN** 8–10 × 5–6 µm, glatt, hyalin, mit Tropfen. **VORKOMMEN** In montanen bis subalpinen Zonen im natürlichen Verbreitungsgebiet der Europäischen Lärche *(Larix decidua)*, fehlt praktisch außerhalb des Alpengebiets. **VERWENDUNG** Essbar. **WISSENSWERTES** Als Schneckling (keine Giftpilze) leicht erkennbar. Ähnlich ist der ▸ **Lärchen-Schneckling (S. 108/1).** Der **Gelbbeschleierte Schneckling** *(Hygrophorus aureus)* hat einen orange gefärbten Hut; er wächst bei Kiefern. Viele Autoren sehen in ihm eine Variante des ▸ **Frost-Schnecklings (siehe 2).**

1

2

3

1 Lärchen-Schneckling

Hygrophorus lucorum Kalchbr. *Hygrophoraceae*

HUT 2–6 cm breit, anfangs halbkugelig bis konvex, im Alter verflachend bis leicht niedergedrückt, oft schwach gebuckelt; Oberfläche feucht schmierig, jung mit weißlichen Velumflöckchen, trocken radialfaserig, lebhaft zitronengelb, zur Mitte dunkler (eine abgesetzte Scheibe ist jedoch nicht erkennbar), im Alter ausblassend; Rand anfangs eingerollt. **LAMELLEN** am Stiel angewachsen bis etwas herablaufend, bisweilen gegabelt, mit Zwischenlamellen, anfangs weißlich, später gelblich; Schneiden glatt. **STIEL** bis 7 cm lang, 0,7–1 cm breit, schlank, bisweilen verbogen, längsfaserig, blassgelb, zur Spitze hin weißlich, jung mit vergänglichen weißlichen Hüllresten. **FLEISCH** in der Hutmitte dick, weich, weißlich, unter der Huthaut deutlich gelb; mit pilzartigem Geruch und Geschmack. **SPORENPULVER** weiß. **SPOREN** 7–10 × 4–6 µm, elliptisch, glatt, hyalin, mit Tropfen. **VORKOMMEN** September bis November gesellig, weit verbreitet in Europa vom subalpinen Bereich bis ins Flachland unter Lärchen *(Larix)*, auf kalkhaltigem Boden. **VERWENDUNG** Essbar. **WISSENSWERTES** Leicht erkennbarer Schneckling. Ebenfalls unter Lärchen wächst der ähnliche ▸ **Orangegelbe Lärchenschneckling (S. 106/3).**

2 Olivbraungestiefelter Schneckling

Hygrophorus persoonii Arn., *Hygrophorus dichrous* Kuehn. & Romagn. *Hygrophoraceae*

HUT 4–8 cm breit, anfangs gewölbt, alt flach ausgebreitet mit Buckel, hornbraun, olivbraun, graubraun mit dunklerer Mitte; Oberfläche feucht schleimig; Rand lange eingebogen, scharf. **LAMELLEN** breit, untermischt, etwas am Stiel herablaufend, weißlich, alt graulich mit grünlichem Ton. **STIEL** bis 10 cm lang, bis 1,5 cm dick, schlank, voll, fest, feucht schleimig-schmierig, Spitze weißlich, mehlig-flockig, abwärts auf hellem Grund graubräunlich genattert; Basis zugespitzt. **FLEISCH** fest, weiß; Geruch unangenehm muffig, Geschmack unbedeutend. **SPORENPULVER** weiß. **SPOREN** 9–13 × 5–7,5 µm, breitelliptisch, hyalin. **VORKOMMEN** Spätsommer bis Herbst in Laubwäldern, auf kalkhaltigen Böden; als Seltenheit zu schonen. **VERWENDUNG** Essbar. **WISSENSWERTES** Er gleicht dem ▸ **Natternstieligen Schneckling (siehe 3)**; dieser wächst im Nadelwald.

3 Natternstieliger Schneckling

Hygrophorus olivaceoalbus (Fr.: Fr.) Fr. *Hygrophoraceae*

HUT 3–6 cm breit, erst halbkugelig-glockig, später konvex bis flach ausgebreitet, mit stumpfem Buckel; graubraun, grauoliv, Scheitel fast schwarzbraun, Rand oft blasser; Oberfläche feucht schleimig-schmierig, trocken fettig anzufühlen, oft eingewachsen faserig gestreift; Rand lange nach unten gebogen, anfangs mit dem Stiel durch ein schleimiges Velum verbunden. **LAMELLEN** breit, entfernt stehend, am Stiel etwas bogig herablaufend, weiß bis cremeweiß; Schneiden glatt. **STIEL** bis 12 cm lang, bis 0,8 cm breit, schlank, feucht schleimig, voll, auf weißem Grund graubraun-olivlich genattert oder gebändert; Spitze weißlich, trocken, mit Flöckchen, darunter mit einer undeutlichen Ringzone. **FLEISCH** dünn, weich, weiß; Geschmack mild, Geruch unbedeutend. **SPORENPULVER** weiß. **SPOREN** 12–16 × 6–8,5 µm, elliptisch, hyalin, glatt. **VORKOMMEN** August bis November, oft massenhaft, in moosigen, sauren Nadelwäldern; in Mitteleuropa vor allem im Bergland verbreitet. **VERWENDUNG** Essbar, guter Speisepilz. **WISSENSWERTES** Leicht erkennbare Art. Verwechslungen mit Giftpilzen sind ziemlich ausgeschlossen.

1

2

3

1 Großer Kiefern-Schneckling

Hygrophorus latitabundus Britz., *Hygrophorus fuscoalbus* (Lasch: Fr.) Fr. *Hygrophoraceae*

HUT 5–12 cm breit, jung halbkugelig, dann konvex, alt flach bis leicht trichterförmig, mit stumpfem Buckel, blass graubraun bis dunkel olivbraun, Mitte dunkler; Oberfläche feucht stark schleimig und glänzend, trocken matt; Rand lange nach unten gebogen. **LAMELLEN** breit angewachsen bis etwas herablaufend, mit Zwischenlamellen, dicklich, weiß bis leicht cremefarben; Schneiden glatt. **STIEL** bis 10 cm lang, bis 3 cm breit, fest, voll, zylindrisch bis bauchig, schleimig; im oberen Drittel mit einer Ringzone, Spitze weiß, mit Flöckchen, unterhalb des Rings schleimig und etwas olivbraun genattert; Basis zugespitzt. **FLEISCH** fest, weiß; Geruch leicht aromatisch, Geschmack mild. **SPORENPULVER** weiß. **SPOREN** 8–12 × 6–8 µm, elliptisch, hyalin, glatt, mit Tropfen. **VORKOMMEN** Spätsommer bis Herbst in lichten Wäldern, an Waldrändern und in Heiden unter Kiefern *(Pinus)*, auf Kalkböden; ziemlich selten. **VERWENDUNG** Essbar. **WISSENSWERTES** Mit Giftpilzen ist die beschriebene Art kaum zu verwechseln. Im Berg-Nadelwald wächst unter Fichten der ähnliche ▸ **Natternstielige Schneckling (S. 108/3)**, der jedoch viel schmächtigere Fruchtkörper entwickelt. Der **Rußbraune Schneckling** *(Hygrophorus camarophyllus)* wächst unter Fichten *(Picea abies)*; er hat einen trockenen, +/– dunkelbraunen Hut und Stiel.

2 Wohlriechender Schneckling

Hygrophorus agathosmus (Fr.) Fr. *Hygrophoraceae*

HUT 4–8 cm breit, anfangs halbkugelig, später gewölbt bis abgeflacht mit flachem Buckel; Oberfläche feucht schmierig, trocken klebrig, hellgrau bis dunkelgrau, selten auch fast weiß, Mitte oft feinschuppig; Rand lange eingebogen. **LAMELLEN** am Stiel etwas herablaufend, untermischt, mitunter gegabelt, jung weißlich, später blassgraulich; Schneiden glatt. **STIEL** 5–8 cm lang, 1–2 cm breit, zylindrisch, voll, fest, weißlich bis blassgrau, zur Spitze hin mit kleiigen weißen Flöckchen. **FLEISCH** unterm Scheitel dick, weißlich; Geruch angenehm nach Bittermandeln, Geschmack mild. **SPORENPULVER** weiß. **SPOREN** 8–11 × 5–6 µm, elliptisch, glatt, hyalin. **VORKOMMEN** August bis November meist gesellig in moosigen Berg-Nadelwäldern, besonders unter Fichten *(Picea abies)*, bevorzugt auf Kalk; in europäischen Gebirgsnadelwäldern gebietsweise häufig, im Flachland seltener. **VERWENDUNG** Essbar. **WISSENSWERTES** Habitus und Bittermandelgeruch kennzeichnen die Art eindeutig, Verwechslungen mit Giftpilzen sind ziemlich ausgeschlossen. Der ▸ **Schwarzpunktierte Schneckling (S. 112/1)** unterscheidet sich durch fehlenden Geruch und dunkle Schüppchen am Stiel, er ist ebenfalls essbar.

3 Hyazinthen-Schneckling

Hygrophorus hyacinthinus Quél., *Hygrophorus agathosmus* var. *hyacinthinus* Quél. *Hygrophoraceae*

HUT 3–7(–10) cm breit, jung halbkugelig, später gewölbt bis ausgebreitet, +/– gebuckelt; Oberfläche feucht schmierig, weiß, weißlich grau; Rand eingebogen. **LAMELLEN** am Stiel kurz herablaufend, breit, weiß. **STIEL** bis 7 cm lang, verbogen, voll, weißlich, faserig, ohne Schüppchen. **FLEISCH** Geruch aufdringlich nach Hyazinthen oder Fruchtbonbons, Geschmack mild. **SPORENPULVER** weiß. **SPOREN** 9–11,5 × 5–6 µm, elliptisch. **VORKOMMEN** Spätsommer bis Herbst im Berg-Nadelwald, selten, fehlt im Flachland. **VERWENDUNG** Kein Speisepilz. **WISSENSWERTES** Der Pilz wird von manchen Autoren lediglich als Variante des ▸ **Wohlriechenden Schnecklings (siehe 2)** angesehen.

1

2

3

1 Schwarzpunktierter Schneckling

Hygrophorus pustulatus (Pers.: Fr.) Fr. *Hygrophoraceae*

HUT 1,5–4 cm breit, anfangs halbkugelig, später gewölbt bis abgeflacht, +/– gebuckelt, alt oft niedergedrückt; Oberfläche feucht schmierig, graubraun, mit dunklerer Mitte, die zum Rand hin in feine Schüppchen aufbricht; Rand dünn, lange heruntergebogen, die Lamellen etwas überragend. **LAMELLEN** etwas herablaufend, entfernt stehend, mit Zwischenlamellen, am Grunde aderig verbunden, wachsartig, weiß. **STIEL** 4–8 cm lang, bis 1 cm breit, zylindrisch, oft verbogen, voll, später ausgestopft, weißlich, mit braunschwarzen Pusteln bedeckt. **FLEISCH** weich, weiß; ohne besonderen Geruch, Geschmack mild. **SPOREN** 7–10 × 4,5–5,5 µm. **VORKOMMEN** September bis November meist gesellig in Fichtenwäldern in ganz Europa. **VERWENDUNG** Essbar.

2 März-Schneckling, Schneepilz, März-Ellerling

Hygrophorus marzuolus (Fr.) Bres. *Hygrophoraceae*

HUT 3–15(–20) cm breit, gewölbt, dann verflacht, oft unregelmäßig aufgebogen; Oberfläche feucht klebrig, anfangs unterm Moos und Laub weißlich, dann graufleckig, später grauschwarz mit schieferfarbenen Tönen; Rand lange heruntergebogen. **LAMELLEN** dick, wachsartig, entfernt stehend, am Stiel breit angewachsen, nur wenig herablaufend, untermischt, teilweise gegabelt, am Grund oft aderig verbunden, anfangs weiß, dann graulich. **STIEL** 2–8(–10) cm lang, 1–3,5 cm breit, fest und voll, bisweilen durch büscheliges Wachstum verbogen, weiß, später grau, Spitze etwas schuppig. **FLEISCH** dick, fest, weiß; Geruch und Geschmack unbedeutend. **SPORENPULVER** weiß. **SPOREN** 5–8 × 4–6 µm. **VORKOMMEN** Februar bis Mai oft gesellig in Laub- und Nadelwäldern in Berglagen und im Gebirge auf Kalkböden; als Seltenheit zu schonen, geschützt. **VERWENDUNG** Essbar.

GATTUNG **Hygrocybe (Saftlinge) inkl. Camarophyllus (Ellerlinge)**
FAMILIE *Hygrophoraceae*

Die Gattung *Hygrocybe* (Saftlinge) enthält +/– glasige, meist lebhaft gefärbte Arten oft mit spitzkegeligem Hut. Pilze der Gattung *Camarophyllus* (Ellerlinge) haben herablaufende Lamellen und einen trockenen bis schmierigen, aber nicht schleimigen Hut. Die Ellerlinge werden neuerdings der Gattung *Hygrocybe* zugeordnet. Viele Arten sind wegen Veränderungen ihrer Lebensräume bedroht. Alle Saftlinge sind in Deutschland geschützt.

3 Orangefarbener Wiesen-Ellerling

Hygrocybe pratensis (Pers.: Fr.) Murr., *Camarophyllus pratensis* (Pers.: Fr.) Kumm., *Hygrophorus pratensis* (Pers.: Fr.) Fr. *Hygrophoraceae*

HUT 2–8 cm breit, jung konvex, später abgeflacht, Mitte schwach gebuckelt oder etwas niedergedrückt, alt trichter- oder kreiselförmig; Oberfläche glatt, trocken, matt, aprikosenfarben, orangefuchsig bis orangebräunlich **(3a)**; Rand scharf. **LAMELLEN** entfernt stehend, breit, wachsartig, am Stiel herablaufend, am Grund mit Anastomosen, hutfarben **(3b)**; Schneiden heller, glatt. **STIEL** 2–9 cm lang, 0,5–1,5 cm breit, zylindrisch, glatt, gegen die Basis oft zugespitzt, weißlich-cremefarben, später mit Orangeton, weiß längsfaserig. **FLEISCH** in der Hutmitte dick, zum Rand hin dünn, cremeorange; Geruch unbedeutend, Geschmack mild. **SPORENPULVER** weiß. **SPOREN** 5–7 × 4–5,5 µm. **VORKOMMEN** September bis November einzeln bis gesellig auf Wiesen und Weiden, in Magerrasen, vielerorts rückläufig, schonenswert. **VERWENDUNG** Essbar.

1

2

3a

3b

1 Schneeweißer Ellerling, Schneeweißer Saftling

Hygrocybe virginea (Wulf.: Fr.) Ort. & Watl., *Camarophyllus virgineus* (Wulf.: Fr.) Kumm. *Hygrophoraceae*

HUT 1,5–3(–5) cm breit, jung konvex, später flach oder leicht vertieft mit stumpfem Buckel oder mit niedergedrückter Mitte; Oberfläche kahl, hygrophan, fühlt sich fettig an, trocken seidenmatt, weiß-cremeweißlich; Rand im feuchten Zustand durchscheinend gerieft. **LAMELLEN** am Stiel herablaufend, entfernt stehend, am Grund aderig verbunden, cremeweiß; Schneiden glatt. **STIEL** 2–5(–6) cm lang, 0,3–0,5 cm breit, zylindrisch, zur Basis zugespitzt, erst voll, später ausgestopft-hohl, weiß-cremefarben; Basis bisweilen schwach rosabräunlich gefärbt. **FLEISCH** dünn, wässrig, cremeweiß; geruchlos, Geschmack mild. **SPORENPULVER** weiß. **SPOREN** 7–11 × 4–5,5 µm. **VORKOMMEN** September bis Dezember meist truppweise auf Wiesen, Weiden, Magerrasen, Wacholderheiden in ganz Europa, bevorzugt auf kalkhaltigen Böden. **VERWENDUNG** Essbar. **WISSENSWERTES** Sehr ähnlich ist der **Juchten-Ellerling** *(Hygrocybe russocoriacea).* Er erscheint ebenfalls sehr spät im Jahr an den gleichen Plätzen. Dieser Pilz ist an seinem typischen feinen Geruch nach Juchtenleder zu erkennen. Er ist als Speisepilz nicht zu empfehlen.

VERWECHSLUNG MIT GIFTPILZEN Sehr giftige weiße Trichterlinge wie zum Beispiel der ▸ **Feld-Trichterling (S. 136/1)** können zu dieser Jahreszeit noch an den gleichen Plätzen wachsen.

Feld-Trichterling

2 Dattelbrauner Saftling

Hygrocybe colemanniana (Blox.) Ort. & Watl., *Camarophyllus subradiatus* ss. Arnolds *Hygrophoraceae*

HUT 3–6 cm breit, gewölbt, dann ausgebreitet, mit Buckel; Oberfläche feucht etwas schmierig, fettig glänzend, dunkelgrau, graubraun bis rötlich braun, mit dunklerer Mitte, trocken seidenmatt, ausblassend; Rand durchscheinend gerieft, alt aufgebogen, wellig und bisweilen etwas rissig. **LAMELLEN** am Stiel herablaufend, entfernt stehend, am Grund deutlich aderig verbunden, weißlich bis blassbräunlich; Schneiden glatt. **STIEL** 4–6 cm lang, 5–8 mm breit, jung voll, alt hohl, weißlich, seidig-faserig. **FLEISCH** dünn; geruchlos, Geschmack mild. **SPORENPULVER** weiß. **SPOREN** 7–9 × 4,5–7 µm, rundlich-elliptisch, glatt, hyalin. **VORKOMMEN** September bis Oktober einzeln bis gesellig an grasigen Plätzen, in Halbtrockenrasen, auf naturbelassenen Wiesen, an Waldrändern, auch in Parkanlagen; selten. **VERWENDUNG** Kein Speisepilz.

3 Spitzgebuckelter Saftling, Safrangelber Saftling

Hygrocybe persistens (Britz.) Sing., *Hygrocybe acutoconica* (Clements) Sing. *Hygrophoraceae*

HUT 1,5–5 cm breit, kegelig-glockig; Oberfläche kahl, glänzend, schwach schmierig, goldgelb-orangegelb; Rand jung oft einwärts gebogen. **LAMELLEN** am Stiel angeheftet, entfernt stehend, bauchig, goldgelb bis orangegelb. **STIEL** 3–8 cm lang, schlank, starr, brüchig, gegen die Basis etwas verdickt, längsfaserig, goldgelb-orangegelb. **FLEISCH** weiß-blassgelblich; Geruch und Geschmack unbedeutend. **SPORENPULVER** weiß. **SPOREN** 10–14 × 6–8 µm, zylindrisch-elliptisch, glatt, hyalin. **VORKOMMEN** Juni bis Oktober einzeln bis gesellig auf Waldwiesen, Halbtrockenrasen, naturbelassenen Wiesen, Dünenrasen. **VERWENDUNG** Kein Speisepilz, schwach giftig, verursacht Verdauungsstörungen.

1

2

3

1 Papageigrüner Saftling

Hygrocybe psittacina (Schaeff.: Fr.) Kumm. *Hygrophoraceae*

HUT 1–3 cm breit, anfangs halbkugelig-glockig, dann gewölbt bis ausgebreitet, stumpf gebuckelt; Oberfläche feucht stark schleimig, trocken klebrig, seidenmatt, grün, gelbgrün, grünorange bis orange, alt blassgelb ausblassend; Rand scharf, durchscheinend gerieft. **LAMELLEN** am Stiel ausgebuchtet angeheftet, breit, entfernt stehend, grünlich, mit gelblichen Schneiden. **STIEL** 4–6 cm lang, dünn, zylindrisch, alt hohl, sehr zerbrechlich, schleimig, grünlich, abwärts auch gelb bis orange, an der Ansatzstelle zwischen Stielspitze und Lamellen immer mit blaugrüner Zone. **FLEISCH** dünn, glasig-wässrig, brüchig, weißlich mit gelben oder grünlichen Tönen; ohne besonderen Geruch und Geschmack. **SPORENPULVER** weiß. **SPOREN** 8–10 × 4–6 µm, elliptisch, farblos. **VORKOMMEN** August bis November auf Grasflächen, in Magerrasen, naturnahen Wiesen, auf Weiden und an Waldrändern; in Europa verbreitet und bislang noch nicht selten, aber rückläufig, in Deutschland geschützt. **VERWENDUNG** Schwach giftig, der Pilz verursacht in größeren Mengen genossen Verdauungsstörungen. **WISSENSWERTES** Wegen ihres glasigen Fleisches werden Saftlinge auch Glasköpfe genannt.

2 Grauer Saftling

Hygrocybe unguinosa (Fr.: Fr.) Karst. *Hygrophoraceae*

HUT 1–5 cm breit, jung gewölbt, später abgeflacht, meist schwach gebuckelt, auch eingedellt; Oberfläche bei feuchter Witterung stark schleimig und fein gerieft, trocken klebrig, glänzend, grau, graubraun, alt ausblassend. **LAMELLEN** am Stiel breit angewachsen, mit Zahn kurz herablaufend, entfernt stehend, blassgrau; Schneiden heller, glatt. **STIEL** 3–6 cm lang, bis 6 mm breit, hohl, oft breit gedrückt, schleimig-klebrig, graulich-graubräunlich mit blasserer Spitze, teilweise durchscheinend quer gebändert. **FLEISCH** dünn, brüchig, blassgrau; ohne besonderen Geruch und Geschmack. **SPORENPULVER** weiß. **SPOREN** 6–9 × 4–6 µm, breitelliptisch, glatt, hyalin. **VORKOMMEN** Einzeln bis gesellig an grasigen Plätzen, in moosigen Wiesen, Magerwiesen, in wenig gepflegten Parkanlagen und an Waldrändern; selten. **VERWENDUNG** Kein Speisepilz. **WISSENSWERTES** Bei den Saftlingen überwiegen bunte, leuchtende Farben, seltener findet man graue und braune Arten. Dazu gehören neben der hier beschriebenen Art der **Alkalische Saftling** *(Hygrocybe murinaca)* und der **Rötende Saftling** *(Hygrocybe ovina);* beide sind selten.

3 Zäher Saftling

Hygrocybe laeta (Pers.: Fr.) Kumm. *Hygrophoraceae*

HUT 1–3,5 cm breit, jung gewölbt, später ausgebreitet; Oberfläche creme-orange bis olivbraun, feucht stark schleimig, Rand bis zwei Drittel durchscheinend gerieft. **LAMELLEN** am Stiel etwas herablaufend, entfernt stehend, am Grund aderig verbunden, lachsrosa bis fleischfarben. **STIEL** 3–7 cm lang, 2–4 mm breit, meist etwas gebogen, elastisch, zäh, hohl, schmierig-klebrig, blassrosa bis gelborange, Spitze mit grauolivem Ton, durchscheinend quer gebändert. **FLEISCH** dünn, im Hut leicht gelblich; Geruch schwach, Geschmack mild. **SPORENPULVER** weiß. **SPOREN** 5–7,5 × 4–5 µm, breitelliptisch, glatt, hyalin, mit Tropfen. **VORKOMMEN** September bis Oktober einzeln bis gesellig an grasigen Plätzen, auf naturbelassenen Wiesen, Weiden, in Trockenrasen und Mooren; selten, durch Veränderung der Lebensräume stark rückläufig. **VERWENDUNG** Kein Speisepilz. **WISSENSWERTES** Von *Hygrocybe laeta* sind einige Farbvarianten beschrieben wie forma *pallida*, forma *pseudopsittacina* und forma *griseopallida*.

1

2

3

1 Bitterer Saftling

Hygrocybe reai (Maire) Ricken *Hygrophoraceae*

HUT 0,5–2 cm breit, jung gewölbt, später ausgebreitet; Oberfläche feucht schmierig-schleimig, trocken matt, rotorange, alt ausblassend; Rand leicht gerieft. **LAMELLEN** breit angewachsen, teils mit Zahn herablaufend, gelb bis orange. **STIEL** bis 5 cm lang, ockerorange, schmierig, röhrig. **FLEISCH** dünn; Geruch unbedeutend, Geschmack auffallend bitter. **SPOREN** 6–8,5 × 4–5 µm, elliptisch, teilweise leicht eingeschnürt. **VORKOMMEN** Sommer bis Herbst auf Wiesen und Weiden zwischen Moosen; selten. **VERWENDUNG** Kein Speisepilz. **WISSENSWERTES** Wichtiges Bestimmungsmerkmal ist der stark bittere Geschmack, andere, ähnliche rote Saftlinge sind mild oder nur schwach bitter.

2 Kegeliger Saftling, Schwärzender Saftling

Hygrocybe conica (Schaeff.: Fr.) Kumm., *Hygrocybe nigrescens* (Quél.) Kuehn. *Hygrophoraceae*

HUT 4–6 cm breit, spitz- bis stumpfkegelig, später ausgebreitet mit Buckel; Oberfläche orangegelb bis orangerot, radialfaserig; Rand oft unregelmäßig gelappt, die Lamellen überragend, alt manchmal eingerissen. Hut, Lamellen und Stiel bei Berührung und im Alter schwärzend. **LAMELLEN** angeheftet bis fast frei, bauchig, blass- bis lebhaft gelb. **STIEL** 3–8 cm lang, bis 1 cm breit, zylindrisch, oft drehwüchsig, brüchig, erst ausgestopft, dann hohl, faserig gestreift, jung zitronengelb, später gelborange, Basis weißlich. **FLEISCH** dünn, brüchig, gelblich, im Schnitt graulila verfärbend, allmählich schwärzend; Geruch und Geschmack unbedeutend. **SPORENPULVER** weiß. **SPOREN** 8–12 × 5–6 µm, elliptisch, hyalin. **VORKOMMEN** August bis Oktober einzeln bis gesellig an grasigen Plätzen, auf Dünen, Magerwiesen, Alpweiden und in Laubwäldern. Wie viele Arten der Gattung *Hygrocybe* rückläufig. **VERWENDUNG** Giftig; verursacht gastrointestinale Störungen. Generell sollten die Saftlinge nicht nur wegen ihrer Schönheit und Seltenheit, sondern auch wegen gelegentlich auftretender Vergiftungen von Speisepilzsammlern gemieden werden. Aufgrund der schwierigen Bestimmbarkeit konnten die bekannt gewordenen Vergiftungen oft nicht einer definierten Art zugeschrieben werden. Über die Giftstoffe ist kaum etwas bekannt. **WISSENSWERTES** Das Schwärzen des Kegeligen Saftlings ist auf Oxidationsprozesse zurückzuführen. Der Kegelige Saftling und der etwas kräftigere **Schwärzende Saftling** *(Hygrocybe nigrescens)* sind kaum eindeutig abgrenzbar, einige Autoren betrachten die beiden Pilze jedoch als zwei verschiedene Arten.

3 Schnürsporiger Saftling

Hygrocybe obrussea (Fr.: Fr.) Wünsche, *Hygrocybe quieta* (Kuehn.) Sing. *Hygrophoraceae*

HUT 2–6 cm breit, kegelig-glockig, später abgeflacht, mit stumpfem Buckel; Oberfläche feucht etwas fettig anzufühlen, gelborange bis orange; Rand scharf, oft eingerissen, kaum gerieft. **LAMELLEN** am Stiel +/– breit angeheftet, mit Zahn herablaufend, gelb bis gelborange. **STIEL** 2–6 cm lang, 4–10 mm breit, zylindrisch, hohl, trocken, gelb bis gelborange, quer gebändert, Basis bisweilen weißlich. **FLEISCH** dünn, zitronengelb bis blass orangegelb; Geruch nach Blattwanzen wie beim ▸ **Eichen-Milchling (S. 450/2)**, Geschmack etwas unangenehm. **SPORENPULVER** weiß. **SPOREN** 7–10 × 4–5 µm, elliptisch, Mitte eingeschnürt, glatt, hyalin. **VORKOMMEN** September bis November einzeln bis gesellig auf grasigen Plätzen, bei Hecken; selten. **VERWENDUNG** Kein Speisepilz.

1

2

3

1 Granatroter Saftling, Größter Saftling

Hygrocybe punicea (Fr.) Kumm. *Hygrophoraceae*

HUT 4–7(–12) cm breit, jung kegelig, später glockig-ausgebreitet, mitunter stumpf gebuckelt; Oberfläche feucht klebrig, radialfaserig, blutrot bis scharlachrot, besonders in der Mitte gelbrot ausblassend; Rand scharf, glatt, schwach gerieft, im Alter aufgebogen. **LAMELLEN** am Stiel ausgebuchtet bis schmal angeheftet, ziemlich entfernt stehend, breit, bauchig, jung blassgelb, später orangerot. **STIEL** 5–9(–12) cm lang, 0,5–2 cm breit, zylindrisch, trocken, voll bis hohl, rot bis orangerot, Basis gelblich. **FLEISCH** dünn, brüchig, blassgelb, unter der Huthaut braunrot; Geruch und Geschmack unbedeutend. **SPORENPULVER** weiß. **SPOREN** 8–11 × 4,5–6 µm. **VORKOMMEN** Sommer bis Herbst in Mitteleuropa an grasigen Wald- und Wegrändern, auf naturnahen Wiesen, Magerrasen und alpinen Matten, im Norden und Osten sehr selten, in Deutschland geschützt. **VERWENDUNG** Essbar. **WISSENSWERTES** Der Granatrote Saftling gehört mit seiner stattlichen Größe und seinen leuchtenden Farben zu den eindrucksvollsten Vertretern der mitteleuropäischen Pilzflora und ist leicht zu erkennen. Wie bei allen Arten der Gattung *Hygrocybe* sind die Vorkommen durch Überdüngung der Wiesen und Umstellung auf ertragreichere Fettwiesen vielerorts erloschen oder stark bedroht.

VERWECHSLUNG MIT GIFTPILZEN Junge Exemplare können mit dem ▸ **Kegeligen Saftling (S. 118/2)** verwechselt werden.

Kegeliger Saftling

2 Honig-Saftling

Hygrocybe reidii Kühn. *Hygrophoraceae*

HUT 2–6 cm breit, gewölbt, später flach; Oberfläche glänzend, scharlachrot, rotorange; Rand alt oft wellig. **LAMELLEN** am Stiel angewachsen bis kurz herablaufend, orangegelb-rosaorange. **STIEL** hutfarben, zur Basis hin heller, orangegelb, glatt. **FLEISCH** dünn, brüchig, gelblich; Geruch deutlich honigartig, im Alter unangenehm. **SPOREN** 6–8 × 3,5–5 µm. **VORKOMMEN** Sommer bis Herbst einzeln bis gesellig auf naturbelassenen Wiesen mit schwach sauren bis schwach basischen Böden; selten. **VERWENDUNG** Kein Speisepilz. **WISSENSWERTES** Ähnlich ist der ▸ **Bittere Saftling (S. 118/1)**; dieser hat einen schleimigen Hut und Stiel sowie einen stark bitteren Geschmack, außerdem fehlt ihm der feine Duft des Honig-Saftlings.

3 Schuppiger Moor-Saftling

Hygrocybe coccineocrenata (Ort.) Mos. *Hygrophoraceae*

HUT 1–3 cm breit, jung gewölbt, später kreiselförmig; Oberfläche trocken, anfangs rot, orangegelb ausblassend, faserschuppig-flockig; Rand oft gekerbt. **LAMELLEN** am Stiel breit angewachsen und herablaufend, entfernt stehend, jung blassgelb; Schneiden glatt. **STIEL** 3–7 cm lang, bis 3 mm breit, orangegelb bis orangerot, glatt, glänzend, alt hohl. **FLEISCH** dünn, brüchig, gelb; ohne besonderen Geruch und Geschmack. **SPOREN** 9–14 × 5–8 µm, breitelliptisch, glatt, hyalin. **VORKOMMEN** Sommer bis Herbst einzeln bis gesellig in Mooren im Torfmoos *(Sphagnum)*; sehr selten. **VERWENDUNG** Kein Speisepilz. **WISSENSWERTES** Ebenfalls im Torfmoos findet man den ähnlichen **Sumpf-Saftling**, auch **Knoblauch-Saftling** genannt *(Hygrophorus helobia)*. Die Bestimmung dieser prächtig rot- bis orangerot gefärbten, seltenen Saftlinge bereitet sehr viel Probleme; makroskopische Merkmale sind unzureichend, auch mikroskopische Bestimmungen erfordern sehr viel Erfahrung im Umgang mit dieser schwierigen Gattung.

1

2

3

1 Mennigroter Saftling

Hygrocybe miniata (Fr.) Kumm. *Hygrophoraceae*

HUT 0,5–1,5(–4) cm breit, jung halbkugelig, gewölbt, dann ausgebreitet, Mitte eingedellt; Oberfläche matt, trocken, feinschorfig-filzig, mennigrot, leuchtend zinnoberrot, später orangerot ausblassend. **LAMELLEN** am Stiel meist breit angewachsen, mit Zähnchen herablaufend, orangerot mit helleren, gelben Schneiden. **STIEL** 2–6 cm lang, 2–5 mm breit, zerbrechlich, trocken, kahl, zinnoberrot, gegen Basis orangegelb. **FLEISCH** dünn, brüchig, orange, in der Hutmitte weißlich; Geruch und Geschmack unbedeutend. **SPOREN** 8–11 × 5–6 µm, elliptisch, glatt, hyalin, teilweise mit Tropfen. **VORKOMMEN** Juni bis Oktober zwischen Moosen und Gräsern in Wiesen und Weiden, an Wegen und Waldrändern; in Mitteleuropa zerstreut, in Deutschland wie alle Saftlinge geschützt. **VERWENDUNG** Kein Speisepilz. **WISSENSWERTES** Es gibt viele ähnliche Arten. Der ▸ **Pfifferlings-Saftling (siehe 2)** wächst ebenfalls an grasigen Plätzen. Der ▸ **Schuppige Moor-Saftling (S. 120/3)** und der **Sumpf-Saftling** *(Hygrocybe helobia)* kommen in Mooren oder deren Randgebieten im Torfmoos *(Sphagnum)* vor. Die genaue Bestimmung der zahlreichen, prächtig rot- bis orangerot gefärbten Saftlinge ist oft nur mit Hilfe eines Mikroskops möglich.

2 Pfifferlings-Saftling, Trichterförmiger Saftling

Hygrocybe lepida Arn., *Hygrocybe cantharellus* (Schw.: Fr.) Murr. ss. auct. *Hygrophoraceae*

HUT 0,5–3,5 cm breit, jung gewölbt, später abgeflacht, niedergedrückt bis kreiselförmig, trichterförmig vertieft; Oberfläche trocken, orangerot-zinnoberrot, mit gleichfarbigen Faserschüppchen bedeckt, alt ausblassend; Rand oft gekerbt. **LAMELLEN** am Stiel herablaufend, ziemlich entfernt stehend, anfangs weißlich, dann blassgelb-dottergelb. **STIEL** 3–7 cm lang, bis 4 mm breit, brüchig, zinnoberrot-orangerot, bisweilen gelblich, zur Basis hin heller. **FLEISCH** dünn, brüchig, hellgelb, unter der Huthaut orangegelb; ohne besonderen Geruch, Geschmack unbedeutend. **SPORENPULVER** weiß. **SPOREN** 8–11 × 5–7 µm, elliptisch, glatt, hyalin. **VORKOMMEN** Juli bis Oktober einzeln bis gesellig in Mooren, feuchten Wäldern, feuchten Wiesen und Erlenbrüchen; selten, wie die meisten Saftlinge infolge von Biotopveränderungen wie Grundwasserabsenkung, Trockenlegung der Standorte und andere Umwelteinflüsse stark rückläufig. **VERWENDUNG** Kein Speisepilz.

3 Gelboliver Ellerling, Gelbgrüner Ellerling

Hygrocybe grossula (Pers.), *Camarophyllus grossulus* (Pers.) Clem., *Omphalina grossula* (Pers.) Sing. *Hygrophoraceae*

HUT 0,5–2(–4) cm breit, gewölbt, dann abgeflacht, zuletzt fast genabelt, jung grüngelb, später blassgelb bis fast weiß; Rand bis zur Hutmitte gerieft. **LAMELLEN** am Stiel herablaufend, entfernt stehend, selten gegabelt, dicklich, jung grüngelb, später blass; Schneiden glatt. **STIEL** 1–3 cm lang, 1–3 mm breit, verbogen, Oberfläche glatt, matt, jung grüngelb, im Alter blasser. **FLEISCH** dünn; Geruch muffig. **SPORENPULVER** weiß. **SPOREN** 8–11 × 5–6 µm, elliptisch, glatt, hyalin, mit Tropfen, inamyloid (Jodreaktion negativ). **VORKOMMEN** Herbst bis Winter einzeln bis gesellig an morschen Nadelholzstücken, an Stümpfen und Stämmen, in mitteleuropäischen Berg-Nadelwäldern zerstreut, im Flachland sehr selten. **VERWENDUNG** Unbedeutend. **WISSENSWERTES** Diese Art steht systematisch zwischen den Nabelingen *(Omphalina)* und den Ellerlingen *(Camarophyllus)*. Unter dem Namen *Omphalina grossula* ist der Pilz besser bekannt.

1

2

3

GATTUNG **Haasiella (Goldnabelinge)**
FAMILIE *Tricholomataceae*
Der Habitus erinnert an die Gattung *Omphalina.* Hut leicht genabelt, Lamellen am Stiel herablaufend. Sporenpulver blassorange.

1 Zweisporiger Goldnabeling

Haasiella venustissima (Fr.) Kotl. & Pouz. *Tricholomataceae*

HUT 2–5 cm breit, anfangs gewölbt, bald niedergedrückt, alt trichterförmig; Oberfläche feucht klebrig, leuchtend orange-orangegelb, alt etwas ausblassend; Rand im Alter wellig, gerieft. **LAMELLEN** am Stiel weit herablaufend, entfernt stehend, bisweilen gegabelt, orangefarben. **STIEL** bis 4 cm lang, bis 0,5 cm breit, orangefarben, schorfig-schuppig, jung ausgestopft, bald hohl; Basis mit weißem Myzel. **FLEISCH** weißlich-orange; Geruch seifig-mehlig, Geschmack mild. **SPORENPULVER** blassorange. **SPOREN** 7–8 × 5–6 µm, breitelliptisch. **VORKOMMEN** In milden Wintern bis zum Frühjahr in Parkanlagen; sehr selten. **VERWENDUNG** Kein Speisepilz. **WISSENSWERTES** Der **Viersporige Goldnabeling** *(Haasiella splendidissima)* unterscheidet sich nur mikroskopisch durch seine vier- statt zweisporigen Basidien.

GATTUNG **Rickenella (Heftelnabelinge)**
FAMILIE *Tricholomataceae*
Kleine Arten, Hüte genabelt, Stiel und Fleisch dünn, Lamellen weit herablaufend. Die Gattung besteht aus drei Arten.

2 Orangeroter Heftelnabeling

Rickenella fibula (Bull.: Fr.) Raith., *Gerronema fibula* (Bull.: Fr.) Sing., *Omphalina fibula* (Bull.: Fr.) Kumm. *Tricholomataceae*

HUT 0,4–1 cm breit, halbkugelig, Scheitel abgeflacht und tief genabelt; Oberfläche glatt, matt, lebhaft orange, zum Rand heller, trocken ausblassend; Rand schwach gekerbt-gefurcht, bisweilen etwas wellig. **LAMELLEN** sichelförmig am Stiel herablaufend, weißlich bis blassorange; Schneiden glatt. **STIEL** 2–6 cm lang, etwa 1 mm breit, zylindrisch, hohl, glatt, orange, gegen die Basis etwas heller; Basis bisweilen feinfilzig. **FLEISCH** sehr dünn, blassorange; Geruch und Geschmack unbedeutend. **SPORENPULVER** weißlich. **SPOREN** 4–5 × 2,5–3 µm, elliptisch, glatt, hyalin. **VORKOMMEN** Juni bis Oktober einzeln oder gesellig gern zwischen Moosen; in Europa weit verbreitet und sehr häufig. **VERWENDUNG** Unbedeutend.

3 Blaustieliger Heftelnabeling

Rickenella swartzii (Fr.: Fr.) Kuyper, *Rickenella setipes* (Fr.) Raith. *Tricholomataceae*

HUT 0,5–1,5 cm breit, dünnhäutig, gewölbt, kaum genabelt; Oberfläche bei feuchter Witterung fast bis zur Mitte gerieft, blass graubraun, Mitte grauviolett bis fast schwarz; Rand hell, jung eingebogen, alt bisweilen aufgebogen. **LAMELLEN** am Stiel herablaufend, weiß bis blassgrau. **STIEL** 3–5 cm lang, bis 1,5 mm breit, hohl, gelborange bis blassbräunlich, zur Spitze hin immer violett-bläulich. **FLEISCH** bläulich bis dunkel violettbraun; Geruch und Geschmack unbedeutend. **SPOREN** 4–5 × 2–3 µm, elliptisch, hyalin, glatt. **VORKOMMEN** Juni bis Oktober einzeln oder in Gruppen zwischen Gräsern und Moosen; weit verbreitet. **VERWENDUNG** Unbedeutend.

1

2

3

1 Heide-Flechtennabeling, Gefalteter Nabeling

Phytoconis ericetorum (Pers.: Fr.) Redh. & Kuyp., *Omphalina ericetorum* (Pers.: Fr.) Lge. *Tricholomataceae*

HUT 0,5–1,5 cm breit, erst gewölbt, dann ausgebreitet, genabelt bis trichterförmig; Oberfläche hygrophan, glatt, blassgelb, cremefarben, zur Mitte hin hellbräunlich mit +/– lila Tönung, alt fast weiß; Rand tief gekerbt. **LAMELLEN** sehr entfernt stehend, herablaufend, vereinzelt gegabelt, blassgelb bis weißlich. **STIEL** 1–2(–3) cm lang, hutfarben, zur Spitze hin dunkler, Basis schwach weißfilzig. **FLEISCH** dünn, blass; ohne besonderen Geruch und Geschmack. **SPORENPULVER** weißlich. **SPOREN** 7–11 × 5–8 µm, elliptisch, glatt, hyalin. **VORKOMMEN** Frühsommer bis Herbst auf Torfböden und auf morschem Holz in Symbiose mit einer Flechte. **VERWENDUNG** Unbedeutend.

2 Torfmoos-Nabeling

Omphalina gerardiana (Peck.) Sing., *Omphalina sphagnicola* (Berk.) Mos. *Tricholomataceae*

HUT 1,5–3,5 cm breit, tief genabelt bis fast trichterig; Oberfläche beigebraun bis graubraun, besonders in der Mitte mit feinen schwarzbraunen, spitzen Schuppen (Lupe!), feucht durchscheinend gerieft; Rand auch etwas gefurcht, jung eingebogen, im Alter bisweilen wellig. **LAMELLEN** am Stiel weit herablaufend, entfernt stehend, blass graubraun. **STIEL** 2–5 cm lang, 3–5 mm breit, jung voll, alt eng hohl, graubraun, erscheint +/– quer gebändert, bisweilen zur Basis hin verdickt, Basis weißlich mit weißem Myzelfilz. **FLEISCH** dünn, wässrig, blass graubraun; Geruch und Geschmack unbedeutend. **SPORENPULVER** weiß. **SPOREN** 8–14 × 3,5–5 µm. **VORKOMMEN** Juni bis Oktober einzeln bis gesellig in Mooren. **VERWENDUNG** Kein Speisepilz.

GATTUNG **Laccaria (Lacktrichterlinge)**
FAMILIE *Tricholomataceae*
Alle Arten der Gattung *Laccaria* haben ziemlich dicke und entfernt stehende Lamellen, die am Stiel waagerecht angewachsen sind oder etwas herablaufen. Die Gattung umfasst in Mitteleuropa etwa zehn Arten. Giftpilze sind keine dabei.

3 Violetter Lacktrichterling, Lackbläuling

Laccaria amethystina (Huds.) Coke., *Laccaria amethystea* (Bull.) Murr. *Tricholomataceae*

HUT 2–5 cm breit, anfangs gewölbt, später ausgebreitet und meist etwas vertieft, oft unregelmäßig verbogen; Oberfläche glatt oder feinschuppig, hygrophan, lebhaft violett, im Alter und bei Trockenheit ausblassend; Rand anfangs eingerollt. **LAMELLEN** am Stiel breit angewachsen, etwas herablaufend, dick, breit, entfernt stehend, lebhaft violett. **STIEL** 4–10 cm lang, 4–8 mm breit, schlank, oft wellig verbogen, steif, voll, violett, weißlich längs gefasert. **FLEISCH** dünn, elastisch, violettlich; Geruch und Geschmack schwach, pilzartig. **SPORENPULVER** weiß. **SPOREN** 8–10 µm, kugelig, stachelig. **VORKOMMEN** Juni bis November bisweilen einzeln, meist gesellig in Laub- und Nadelwäldern; in ganz Europa weit verbreitet. **VERWENDUNG** Essbar.

VERWECHSLUNG MIT GIFTPILZEN Vorsicht vor dem ▸ **Lilaseidigen Risspilz (S. 342/3)!** Ähnlich gefärbte ▸ **Rettich-Helmlinge (S. 214/1)** haben einen intensiven Rettichgeruch und -geschmack.

Rettich-Helmling

1

2

3

1 Zweifarbiger Lacktrichterling

Laccaria bicolor (Maire) Orton *Tricholomataceae*

HUT 2–5(–10) cm breit, jung gewölbt, dann ausgebreitet, bisweilen vertieft; Oberfläche feinschuppig, fleischrötlich-braunrot; Rand jung heruntergebogen. **LAMELLEN** am Stiel angeheftet bis herablaufend, breit, entfernt stehend, untermischt, lilarosa. **STIEL** 3–8 cm lang, längsfaserig, alt hohl, fleischbräunlich; Basis mit lilafarbenem Filz. **FLEISCH** dünn, rosabräunlich; Geruch schwach pilzartig. **SPOREN** 6–10 × 5–8 µm, kugelig-breitelliptisch, mit ca. 1 µm langen Stacheln. **VORKOMMEN** Juli bis Oktober einzeln bis gesellig in Nadelwäldern, seltener in Laubwäldern und auf feuchten Waldwiesen. **VERWENDUNG** Essbar. **WISSENSWERTES** Große Ähnlichkeit hat der unten beschriebene ▸ **Rötliche Lacktrichterling (siehe 2).**

2 Rötlicher Lacktrichterling, Roter Lackpilz

Laccaria laccata (Scop.: Fr.) Cooke *Tricholomataceae*

HUT 1–4 cm breit, jung gewölbt, später abgeflacht bis niedergedrückt; Oberfläche glatt bis feinschuppig, hygrophan, feucht orangebraun-fleischrötlich, trocken blasser; Rand jung eingerollt, später wellig verbogen, durchscheinend gerieft. **LAMELLEN** am Stiel breit angewachsen, bisweilen etwas herablaufend, entfernt stehend, lachsrosa bis braunrötlich. **STIEL** bis 10 cm lang, schlank, zylindrisch, oft gedreht, zäh, hutfarben, weißlich längsfaserig. **FLEISCH** dünn, fleischrötlich; Geruch schwach würzig, Geschmack mild. **SPORENPULVER** weiß. **SPOREN** 7–9 × 6–8 µm, breitelliptisch, warzig-stachelig, hyalin, Stacheln bis 1 µm lang. **VORKOMMEN** Juni bis November einzeln bis gesellig in Laub- und Nadelwäldern, an Waldrändern und in Parkanlagen; in ganz Europa weit verbreitet. **VERWENDUNG** Essbar. **WISSENSWERTES** *Laccaria laccata* ist sehr variabel, es sind verschiedene Varietäten beschrieben. Da der Hut hygrophan ist, ändert sich das Aussehen des Pilzes bei Trockenheit beträchtlich.

VERWECHSLUNG MIT GIFTPILZEN Unerfahrene Sammler können beim leichtsinnigen Einsammeln Lacktrichterlinge mit Hautköpfen wie dem ▸ **Blutblättrigen Hautkopf (S. 362/3)** oder mit Risspilzen verwechseln.

Blutblättriger Hautkopf

3 Braunroter Lacktrichterling

Laccaria proxima (Boud.) Pat. *Tricholomataceae*

HUT 2–7 cm breit, gewölbt bis ausgebreitet, im Alter oft eingedellt; Oberfläche meist feinschuppig, hygrophan, fleischrötlich-rotbräunlich; Rand nicht oder schwach gerieft, fast nie eingerollt. **LAMELLEN** gerade angewachsen, gedrängter als beim ▸ **Rötlichen Lacktrichterling (siehe 2),** fleischrosa. **STIEL** 3–12 cm lang, 2–5 mm breit, steif, rotbräunlich, meist dunkler als der Hut, +/– längsstreifig. **FLEISCH** dünn; Geruch und Geschmack unbedeutend. **SPORENPULVER** weiß. **SPOREN** 8–11 × 7–8 µm, breitelliptisch, mit 0,5–1 µm langen Stacheln. **VORKOMMEN** August bis Oktober auf nährstoffarmen Böden, an feuchten Stellen im Wald, an Wegrändern, in Mooren oft im Torfmoos *(Sphagnum);* verbreitet. **VERWENDUNG** Essbar. **WISSENSWERTES** Die richtige Zuordnung der auf dieser Seite beschriebenen drei Arten ist nicht immer einfach, da Übergangsformen die Bestimmung erschweren. Für den Speisepilzsammler sind Verwechslungen ungefährlich, da alle drei Arten essbar sind. Im Speisewert werden Lacktrichterlinge nicht als sehr wertvoll eingestuft.

VERWECHSLUNG MIT GIFTPILZEN Wie beim oben beschriebenen ▸ **Rötlichen Lacktrichterling (siehe 2).**

1

2

3

GATTUNG **Clitocybe (Trichterlinge)**
FAMILIE *Tricholomataceae*

Die Gattung *Clitocybe* enthält viele Arten mit herablaufenden Lamellen und oft trichterigem Hut; dieses Merkmal ist zwar namengebend, jedoch nicht absolut zuverlässig. Stiele ohne Ring. Sporenpulver meist weiß. Neben Speisepilzen finden sich unter den Trichterlingen gefährliche Giftpilze.

1 Bleiweißer Firnistrichterling, Laubfreund-Trichterling

Clitocybe phyllophila (Pers.: Fr.) Kumm., *Clitocybe cerrusata* (Fr.) Kumm. *Tricholomataceae*

HUT 3–8(–10) cm breit, flach gewölbt bis niedergedrückt, bisweilen leicht gebuckelt; Oberfläche glatt, weiß, jung firnisartig bereift, alt gelblich, oft in konzentrischen Zonen aufgesprungen; Rand lange eingebogen, alt oft gelappt. **LAMELLEN** meist wenig herablaufend, gedrängt, jung weißlich, bald cremefarben. **STIEL** 3–6(–10) cm lang, 0,5–1 cm breit, elastisch, alt hohl, hutfarben, weiß bereift; Basis keulig, striegelig-filzig. **FLEISCH** fest, weiß; Geruch schwach aromatisch, Geschmack mild. **SPORENPULVER** cremefarben. **SPOREN** 4–6 × 3–4 µm. **VORKOMMEN** August bis Dezember gesellig, oft in Ringen oder Gruppen in Nadelwäldern, seltener auch in Laubwäldern. **VERWENDUNG** Giftig, enthält Muscarin. Vergiftungserscheinungen treten nach einer Viertel- bis vier Stunden auf.

2 Grüner Anis-Trichterling

Clitocybe odora (Bull.: Fr.) Kumm. *Tricholomataceae*

HUT 3–8 cm breit, anfangs gewölbt, später flach ausgebreitet, mit niederem Buckel, oft stark wellig-flatterig verbogen, kaum trichterförmig; Oberfläche fein radialfaserig, in der Mitte bisweilen feinschuppig, jung blaugrünlich, später mehr graugrün, im Alter meist ausblassend, bisweilen fast weiß; Rand jung etwas eingerollt. **LAMELLEN** am Stiel breit angewachsen bis leicht herablaufend, mit kürzeren und gegabelten untermischt, jung blass cremefarben, später blass graugrünlich bis ockergrünlich. **STIEL** 4–8 cm lang, 0,5–1 cm breit, zylindrisch, ausgestopft, später hohl, erst weißlich, dann blass graugrünlich, etwas heller als der Hut, längsfaserig; Basis feinflaumig. **FLEISCH** weich, weiß bis blassgrün; Geruch stark anisartig, Geschmack mild. **SPORENPULVER** cremefarben. **SPOREN** 6–8 × 4–5 µm. **VORKOMMEN** August bis November in Laub- und Nadelwäldern, in ganz Europa verbreitet. **VERWENDUNG** Essbar, der Anisgeruch bleibt beim Kochen erhalten. **WISSENSWERTES** Wichtige Merkmale des Pilzes sind Geruch und Farbe.

3 Keulenfuß-Trichterling

Clitocybe clavipes (Pers.:Fr.) Kumm. *Tricholomataceae*

HUT 4–6 cm breit, anfangs flach gewölbt, dann ausgebreitet, bisweilen schwach niedergedrückt, stumpf gebuckelt; Oberfläche glatt, seidig-faserig, graubraun, braunoliv, am Rand heller bis weißlich; Rand leicht gerippt. **LAMELLEN** sichelförmig am Stiel herablaufend, teilweise gegabelt, untermischt, elfenbeinweiß bis blassgelb. **STIEL** 4–7(–10) cm lang, voll, schwammig, längsfaserig, weißlich bis blassbräunlich; Basis auffallend aufgeblasen **(3a)**, bis 3 cm breit, weißfilzig. **FLEISCH** weich, schwammig, weißlich; Geruch und Geschmack pilzartig-würzig. **SPORENPULVER** weiß. **SPOREN** 5–7 × 3–4 µm. **VORKOMMEN** Juli bis November gesellig in bodensauren Nadelwäldern in ganz Europa. **VERWENDUNG** Kein Speisepilz; wirkt mit Alkohol genossen giftig.

1

2

3a

3b

1 Buchsblättriger Trichterling

Clitocybe alexandri (Gill.) Gill. *Tricholomataceae*

HUT 10–20 cm breit, jung konvex, mit schwachem Buckel, bald flach, alt niedergedrückt, fleischig; Oberfläche lederbräunlich bis ockerbraun, alt rissig; Rand anfangs eingerollt. **LAMELLEN** am Stiel herablaufend, gedrängt, queraderig verbunden, blass cremefarben, ocker, alt gelbbräunlich. **STIEL** 4–7 cm lang, bis 4 cm breit, zylindrisch, keulig, voll, schmutzig weißgelblich. **FLEISCH** weich, weißlich milchkaffeebraun; Geruch angenehm pilzartig, Geschmack mild. **SPORENPULVER** weiß. **SPOREN** 5,5–6,5 × 3,5–4,5 µm. **VORKOMMEN** August bis November gesellig und in Ringen in Nadelwäldern auf Kalkböden; im Norden sehr selten. **VERWENDUNG** Essbar. **WISSENSWERTES** Der beschriebene Pilz ist einer der prächtigsten Trichterlinge. Sein kräftiger Stiel und das Vorkommen in Nadelwäldern auf kalkhaltigen Böden sind wichtige Bestimmungsmerkmale.

VERWECHSLUNG MIT GIFTPILZEN Wie beim ▸ **Mönchskopf (siehe 3).**

2 Graublättriger Trichterling

Clitocybe inornata (Sow.: Fr.) Gill. *Tricholomataceae*

HUT 5–10 cm breit, flach gewölbt, später niedergedrückt; Oberfläche samtig-feinfilzig, grauweißlich bis graubräunlich, bereift; Rand lange heruntergebogen, grob gekerbt. **LAMELLEN** meist gerade angewachsen, gedrängt, leicht ablösbar, grauweißlich bis graubräunlich. **STIEL** 3–8 cm lang, 1–2 cm breit, zylindrisch, alt ausgestopft, hutfarben; Basis wattig weißfilzig. **FLEISCH** weißlich; Geruch unangenehm, ranzig, Geschmack ranzig. **SPORENPULVER** weiß. **SPOREN** 8–9 × 2,5–3 µm, spindelförmig. **VORKOMMEN** September bis November einzeln oder gesellig in Nadelwäldern, besonders unter Fichten, seltener in Laubwäldern, auf Kalkböden. **VERWENDUNG** Kein Speisepilz.

3 Mönchskopf

Clitocybe geotropa (DC & Lam.) Quél. *Tricholomataceae*

HUT 5–20(–30) cm breit, bald flach ausgebreitet mit eingesenkter Mitte, später trichterig, fast immer deutlich gebuckelt; Oberfläche seidig bis angedrückt filzig, später kahl, weißlich, cremebeige, ocker; Rand lange eingerollt, bisweilen kammartig gerieft, alt heruntergebogen. **LAMELLEN** stark am Stiel herablaufend, schmal, dicht stehend, weich, am Rand mit vielen kürzeren Lamellen untermischt, weißlich bis cremefarben; Schneiden glatt. **STIEL** 8–15 cm lang, 1,5–3 cm breit, fest, voll, kräftig, hutfarben, häufig längsfaserig, im Alter zäh und wässrig; Basis etwas keulig und stark weißfilzig. **FLEISCH** in der Hutmitte dick, zum Rand hin dünn, jung fest, alt elastisch-zäh, weißlich bis cremefarben; Geruch süßlich, aromatisch, Geschmack mild. **SPORENPULVER** weiß. **SPOREN** 6–7 × 5–6 µm, elliptisch oder rundlich. **VORKOMMEN** September bis November meist in großen Ringen **(3b)** in Laub- und Nadelwäldern, an Waldrändern, auf Waldwiesen und Weiden. **VERWENDUNG** Jung essbar.

VERWECHSLUNG MIT GIFTPILZEN Ausgewachsene Mönchsköpfe sind an ihrer Größe und dem typischen Buckel in der Hutmitte leicht erkennbar. Weniger erfahrene Speisepilzsammler sollten sich jedoch beim Einsammeln junger Exemplare vor Verwechslungen mit giftigen Trichterlingen wie dem ▸ **Bleiweißen Firnistrichterling (S. 130/1)** und verwandten Arten hüten, die allerdings nur halb so groß werden wie *Clitocybe geotropa.*

Bleiweißer Firnistrichterling

1

2

3a

3b

1 Kerbrandiger Trichterling

Clitocybe costata Kühn. et Romagn. *Tricholomataceae*

HUT 3–8(–10) cm breit, trichterförmig; Oberfläche feinsamtig, meist ohne Buckel, lederfarben bis ockerbräunlich; Rand unregelmäßig gekerbt bis gelappt. **LAMELLEN** am Stiel herablaufend, hellocker; Schneiden oft gekerbt. **STIEL** 3–5 cm lang, bis 0,8 cm breit, ockerbräunlich, deutlich faserig. **FLEISCH** weich, bräunlich; Geruch aromatisch, Geschmack fade. **SPORENPULVER** weiß. **SPOREN** 6–8 × 3–5 µm, tropfenförmig, glatt. **VORKOMMEN** Sommer bis Herbst gesellig in Nadel- und Mischwäldern, an Waldwegen. **VERWENDUNG** Kein Speisepilz. **WISSENSWERTES** Vom ähnlichen ▸ **Ockerbraunen Trichterling (siehe 2)** unterscheidet er sich durch seinen dunkleren Stiel und den unregelmäßig gekerbten bis gelappten Rand.

2 Ockerbrauner Trichterling

Clitocybe gibba (Pers.: Fr.) Kumm., *Clitocybe infundibuliformis* (Schaeff.) Quél. *Tricholomataceae*

HUT 2–10 cm breit, anfangs gewölbt, schon bald trichterförmig, besonders jung mit kleinem, fühlbarem Buckel; Oberfläche kahl, lederfarben bis ockerbraun, beim Austrocknen ausblassend; Rand anfangs stark eingerollt, alt +/– gerippt und wellig. **LAMELLEN** weit am Stiel herablaufend, gedrängt, untermischt, bisweilen gegabelt, weißlich bis blass cremefarben. **STIEL** 3–5 cm lang, 0,5–1 cm breit, schlank, zäh, voll bis ausgestopft, alt hohl, weißlich-hutfarben, abwärts oft leicht verdickt und zottig; Basis mit weißem Myzelfilz, der mit Humus, Streu und Nadeln einen Substratballen bildet. **FLEISCH** zum Hutrand hin dünn, zäh, weiß; Geruch angenehm, etwas süßlich bis bittermandelartig, Geschmack mild. **SPORENPULVER** weiß. **SPOREN** 5–7 × 3,5–5 µm, elliptisch-tropfenförmig, glatt, mit Tropfen. **VORKOMMEN** Juni bis September meist gesellig, oft in Reihen und Ringen in Laub- und Nadelwäldern, gern an Wegrändern; in ganz Europa sehr häufig und weit verbreitet. **VERWENDUNG** Kein Speisepilz; wird bisweilen auch als essbar bezeichnet, kann jedoch bei empfindlichen Personen Magen- und Darmbeschwerden verursachen. **WISSENSWERTES** Die Artengruppe um *Clitocybe gibba* enthält einige schwer unterscheidbare Vertreter. Der Ockerbraune Trichterling ist leicht zu verwechseln mit dem ▸ **Kerbrandigen Trichterling (siehe 1)**, dem ▸ **Fuchsigen Rötelritterling (S. 142/3)** und dem ▸ **Wasserfleckigen Rötelritterling (S. 144/1).**

3 Würzelchen-Trichterling, Frühlings-Trichterling

Clitocybe radicellata Gill., *Clitocybe pruinosa* Kumm., *Clitocybe verna* Egeland ex Lundell *Tricholomataceae*

HUT 2–5 cm breit, ganz jung gewölbt, bald niedergedrückt, alt trichterig; Oberfläche hellbraun, grau bereift, alt ausblassend, matt, feucht fettig anzufühlen, trocken bisweilen konzentrisch rissig; Rand scharf, alt +/– wellig. **LAMELLEN** gerade angewachsen oder am Stiel kurz herablaufend, fast gedrängt, untermischt, weißlich bis blass gelbbräunlich; Schneiden glatt. **STIEL** 2–5 cm lang, 3–5 mm breit, oft gebogen, elastisch, alt hohl, weißlich bis blass gelbbräunlich; Basis filzig, mit dünnen Myzelsträngen. **FLEISCH** dünn, blass gelbbräunlich; Geruch unbedeutend, Geschmack etwas bitter. **SPORENPULVER** weiß. **SPOREN** 4–6 × 3–4 µm, breitelliptisch, inamyloid. **VORKOMMEN** Erscheint schon im Spätwinter bis zum späten Frühjahr gesellig in moosigen Nadelwäldern; selten. **VERWENDUNG** Kein Speisepilz. **WISSENSWERTES** Ebenfalls vom zeitigen Frühjahr bis zum Sommer findet man besonders unter Lärchen den **Lärchen-Trichterling** *(Clitocybe vermicularis).*

1

2

3

1 Feld-Trichterling

Clitocybe dealbata (Sow.: Fr.) Kumm. *Tricholomataceae*

HUT 2–5 cm breit, Hutmitte bald niedergedrückt, fast trichterförmig; Oberfläche matt, weißlich, schwach firnisartig bereift; Rand jung eingerollt, ungerieft, alt wellig. **LAMELLEN** fast gerade angewachsen bis etwas herablaufend, schmal, ziemlich gedrängt stehend, gabelig, blassgelblich. **STIEL** 2–4 cm lang, zylindrisch, faserig, voll, alt hohl, auf blass ockerrosalichem Grund weißlich, Spitze bisweilen bestäubt. **FLEISCH** dünn, wässrig, blass fleischfarben; Geruch stark mehlartig, Geschmack mild, mehlartig (Vorsicht, nicht probieren!). **SPORENPULVER** weiß. **SPOREN** 5–6 × 3–4 µm, oval, hyalin, glatt. **VORKOMMEN** Juli bis November meist gesellig auf grasigen Plätzen, auf Rasenflächen, Weiden, an Wegrändern, außerhalb geschlossener Wälder. **VERWENDUNG** Stark giftig, der Pilz enthält Muscarin. **WISSENSWERTES** Es gibt verschiedene sehr schwer unterscheidbare giftige weiße Trichterlinge, vor denen gewarnt werden muss. Dazu gehören **Wiesen-Trichterling** *(Clitocybe agrestis)*, **Wachsstieliger Trichterling** *(Clitocybe candicans)*, **Heide-Trichterling** *(Clitocybe ericetorum)*, **Rinnigbereifter Trichterling** *(Clitocybe rivulosa)*, ► **Bleiweißer Firnistrichterling (S. 130/1).** Alle sind hochgiftig und können beim Sammeln von Speisepilzen wie ► **Maipilz (S. 170/1)**, ► **Mehlpilz (S. 234/1)** und weißhütigen Schnecklingen und Egerlingen zu Verwechslungen führen.

2 Langstieliger Duft-Trichterling, Duft-Trichterling

Clitocybe fragrans (With.: Fr.) Kumm., *Clitocybe suaveolens* (Schum.: Fr.) Kumm. *Tricholomataceae*

HUT 1–5 cm breit, anfangs gewölbt, bald flach, niedergedrückt bis trichterig, wellig verbogen; Oberfläche hygrophan, glatt, feucht speckig glänzend, beige-grau, Mitte dunkler, beim Trocknen cremefarben bis weißlich; Hutrand feucht gerieft. **LAMELLEN** breit angewachsen oder etwas herablaufend, +/– gedrängt, hellbeige bis cremefarben; Schneiden glatt. **STIEL** bis 5 cm lang, zylindrisch, etwas knorpelig, alt hohl, wie der Hut gefärbt; Basis weißlich filzig mit dem Substrat verwachsen. **FLEISCH** dünn, weißlich, hygrophan; Geruch deutlich nach Anis, Geschmack mild mit süßlicher Komponente. **SPORENPULVER** weiß. **SPOREN** 6–9 × 3–5 µm, elliptisch, glatt, hyalin. **VORKOMMEN** Frühjahr bis Spätherbst einzeln oder gesellig in Laub-, seltener Nadelwäldern. **VERWENDUNG** Giftig, enthält Muscarin. **WISSENSWERTES** Eine Reihe von ähnlichen, grauweißen bis graubraunen, hygrophanen Trichterlingen sind schwer voneinander abzugrenzen. Einige davon sind giftig oder verdächtig. Ebenfalls nach Anis riecht der ► **Grüne Anis-Trichterling (S. 130/2).**

3 Kleinsporiger Mehl-Trichterling

Clitocybe ditopa (Fr.: Fr.) Gill. *Tricholomataceae*

HUT 2–5 cm breit, jung gewölbt, dann verflacht bis niedergedrückt, alt trichterig; Oberfläche hygrophan, feucht dunkel graubraun bis rußig graubraun, abwischbar weißlich bereift, trocken heller, glatt; Rand lange eingebogen, nicht gerieft. **LAMELLEN** angewachsen-herablaufend, ziemlich dicht stehend, hell graubraun bis dunkelgrau. **STIEL** 2–4 cm lang, zylindrisch, bald hohl, bisweilen etwas breit gedrückt, graubraun; Basis filzig. **FLEISCH** dünn, grauweißlich-graubräunlich; Geruch und Geschmack mehlartig bis ranzig-mehlig. **SPORENPULVER** weiß. **SPOREN** 3–3,5 × 2,5–3 µm, fast rund, glatt, hyalin, mit Tropfen. **VORKOMMEN** September bis November meist gesellig bis büschelig in Nadelwäldern auf Nadelstreu und Reisig. **VERWENDUNG** Kein Speisepilz.

1

2

3

1 Weicher Trichterling, Geriefter Mehl-Trichterling

Clitocybe vibecina (Fr.) Quél., *Clitocybe langei* Hora
Tricholomataceae

HUT 1–5 cm breit, jung flach gewölbt, bald niedergedrückt und trichterförmig bis genabelt; Oberfläche kahl, fettig anzufühlen, hygrophan, feucht braungrau, trocken hell beigebräunlich; Rand gerieft. **LAMELLEN** kurz herablaufend, graubraun. **STIEL** 2–6 cm lang, jung voll, alt hohl, graubraun, Oberfläche weißlich faserig; Basis weißlich filzig. **FLEISCH** dünn, graulich; Geruch und Geschmack mehlig, mehlartig-ranzig. **SPORENPULVER** weiß. **SPOREN** 5–7 × 3–4 µm, elliptisch, glatt. **VORKOMMEN** Meist spät im Jahr gesellig in Nadelwäldern, Mischwäldern und auf Heiden. **VERWENDUNG** Kein Speisepilz.

2 Nebelgrauer Trichterling, Nebelkappe, Graukappe

Clitocybe nebularis (Batsch.: Fr.) Kumm., *Lepista nebularis* (Batsch.: Fr.) Harm. *Tricholomataceae*

HUT 5–20(–25) cm breit, anfangs stark gewölbt, später ausgebreitet, Mitte oft schwach gebuckelt oder niedergedrückt; Oberfläche glatt, trocken, feucht etwas fettig, mit abwischbarem Reif, aschgrau-graubraun; Rand anfangs eingerollt, alt flatterig. **LAMELLEN** schmal, am Stiel gerade angewachsen bis etwas herablaufend, sehr dicht stehend, untermischt, leicht vom Hut ablösbar, blassgelb. **STIEL** 6–10 cm lang, 2–4 cm breit, kräftig, voll, später hohl, cremeweißlich bis hellgrau; Basis oft stark erweitert, weißfilzig. **FLEISCH** dick, jung fest, weißlich; Geruch süßlich, etwas unangenehm, Geschmack mild, säuerlich. **SPORENPULVER** cremeweiß. **SPOREN** 6–7 × 3–4 µm. **VORKOMMEN** September bis November in Laub- und Nadelwäldern, Massenpilz in ganz Europa. **VERWENDUNG** Jung gut gekocht essbar. Individuelle Unverträglichkeitsreaktionen sind möglich. Wer nach dem Verzehr Beschwerden hat, muss künftig auf den Genuss des Pilzes verzichten. **VERWECHSLUNG MIT GIFTPILZEN** Sehr leicht zu verwechseln mit dem ▸ **Riesen-Rötling (S.238/2).** Besonders junge Fruchtkörper können auch von erfahrenen Pilzsammlern verwechselt werden.

Riesen-Rötling

GATTUNG **Lepista (Rötelritterlinge)**
FAMILIE *Tricholomataceae*
Die Pilze erinnern an Ritterlinge oder Trichterlinge. Lamellen ausgebuchtet bis herablaufend, meist leicht vom Hutfleisch ablösbar. Sporen oft feinwarzig.

3 Schmutziger Rötelritterling

Lepista sordida (Schum.: Fr.) Sing. *Tricholomataceae*

HUT 2–6(–8) cm breit, gewölbt bis ausgebreitet, alt niedergedrückt, mit Buckel; Oberfläche hygrophan, blass grauviolettlich, fleischbräunlich, schmutzig violettlich, trocken ausblassend. **LAMELLEN** ausgebuchtet bis aufsteigend angewachsen, schmutzig grauweißlich-lila, alt lila-bräunlich. **STIEL** 3–6 cm lang, 3–8 mm breit, hutfarben; Basis weißfilzig. **FLEISCH** weißlich-lila bis fleischrötlich; Geruch erdig-muffig, Geschmack mild. **SPORENPULVER** fleischrosa. **SPOREN** 6–7 × 3,5–4 µm. **VORKOMMEN** September bis November einzeln oder truppweise bis büschelig auf gedüngten Wiesen, in Gärten, bei Komposthaufen, in Parkanlagen. **VERWENDUNG** Kein Speisepilz. **WISSENSWERTES** Der Pilz ist sehr variabel.

1

2

3

1 Blassblauer Rötelritterling

Lepista glaucocana (Bres.) Singer *Tricholomataceae*

HUT 5–12 cm breit, gewölbt, später flach ausgebreitet, dickfleischig; Oberfläche glatt, grauweißlich bis blassviolett. **LAMELLEN** am Stiel ausgebuchtet angewachsen, weißlich bis blasslila. **STIEL** zylindrisch bis keulig, blassviolett; Basis verdickt. **FLEISCH** dick, weißlich; Geruch erdartig. **SPORENPULVER** beigerosa. **SPOREN** 6–8 × 3–5 µm, elliptisch, hyalin. **VORKOMMEN** September bis Oktober in Laub- und Nadelwäldern. **VERWENDUNG** Kein Speisepilz. **WISSENSWERTES** Manche Autoren betrachten diesen Pilz nur als eine blasse Variante des ▸ **Violetten Rötelritterlings (siehe 2).**

2 Violetter Rötelritterling

Lepista nuda (Bull.: Fr.) Cke. *Tricholomataceae*

HUT 5–15(–20) cm breit, anfangs gewölbt, später flach ausgebreitet, wellig verbogen; Oberfläche glatt, matt oder glänzend, violett, bräunlich-violett, alt hell- bis graulila ausblassend; Rand lange eingerollt, glatt. **LAMELLEN** am Stiel ausgebuchtet angewachsen, fast gedrängt, leicht vom Hutfleisch lösbar, violett bis graulila, nicht braun verfärbend. **STIEL** 4–12 cm lang, bis 3 cm breit, zylindrisch bis keulig, voll, violett mit weißsilbrigen Längsfasern; Basis verdickt. **FLEISCH** weich, zart, weißlich-lila; Geruch angenehm würzig-aromatisch, Geschmack mild, nussartig. **SPORENPULVER** fleischrötlich. **SPOREN** 6,5–8,5 × 4–5 µm, elliptisch, hyalin. **VORKOMMEN** Juli bis November, bisweilen auch im Frühjahr von April bis Mai meist in Ringen und Gruppen in Laub- und Nadelwäldern, auch in Gärten; in Europa verbreitet. **VERWENDUNG** Essbar; individuelle Unverträglichkeitsreaktionen sind möglich. Personen, die nach dem Verzehr Beschwerden haben, müssen auf den weiteren Genuss des Pilzes verzichten.

VERWECHSLUNG MIT GIFTPILZEN Es gibt zwei ähnlich gefärbte, schwach giftige Schleierlinge: ▸ **Lila Dickfuß (S. 382/2)** und ▸ **Bocks-Dickfuß (S. 384/1);** sie unterscheiden sich von *Lepista nuda* durch widerlichen Geruch, braunes Sporenpulver und zumindest im Alter braune Lamellen.

Lila Dickfuß

3 Lilastiel-Rötelritterling, Maskierter Ritterling

Lepista saeva (Fr.) Ort., *Lepista personata* (Fr.: Fr.) Cke. *Tricholomataceae*

HUT 5–15(–25) cm breit, jung halbkugelig, bald flach gewölbt; Oberfläche glatt, matt, feucht glänzend, fettig anzufühlen, blassgrau, ockergrau, blassbräunlich, alt graubraun, kaum mit Lilaton; Rand anfangs etwas eingerollt, später scharf. **LAMELLEN** am Stiel ausgebuchtet, angeheftet, mit kleinem Zahn herablaufend, jung weißlich, später blassgrau; Schneiden glatt bis schwach wellig. **STIEL** 3–6(–10) cm lang, 1–3 cm breit, kräftig, voll, zylindrisch, am Grund bisweilen verdickt, auf weißlichem Grund schön violettblau, längsfaserig. **FLEISCH** dick, fest, weißlich; Geruch schwach, Geschmack mild, nussartig. **SPORENPULVER** blassrosa bis schmutzig rosa. **SPOREN** 6–8 × 4–5 µm, elliptisch, feinwarzig. **VORKOMMEN** August bis November, auch in milden Wintern, einzeln, in Gruppen oder in großen Ringen in Wiesen, Weiden, Magerrasen, Parkanlagen, Laubwäldern; als Seltenheit zu schonen. **VERWENDUNG** Essbar. **WISSENSWERTES** Der beschriebene Pilz gehört zur Gruppe der Rötelritterlinge, die auf dem Hut violette Töne aufweisen. Typisch sind der schön violett gefärbte Stiel und das Vorkommen auf wenig gedüngtem Grasland.

VERWECHSLUNG MIT GIFTPILZEN Wie beim ▸ **Violetten Rötelritterling (siehe 2).**

1

2

3

1 Veilchen-Rötelritterling, Veilchen-Ritterling

Lepista irina (Fr.) Bigelow, *Tricholoma irinum* (Fr.) Kumm.
Tricholomataceae

HUT 4–8(–12) cm breit, jung fast halbkugelig, später gewölbt-abgeflacht mit +/– stumpfem Buckel; Oberfläche hygrophan, glatt, matt, blass weißgrau-cremefarben, Mitte blassbräunlich; Rand eingebogen, bisweilen schwach gerippt, alt flatterig. **LAMELLEN** am Stiel etwas ausgebuchtet oder gerade angewachsen, mäßig gedrängt, untermischt, leicht ablösbar, cremefarben, alt mit graurosa Beiton. **STIEL** 6–10 cm lang, 1–2 cm breit, zylindrisch, jung voll, später ausgestopft-hohl, weißlich bis cremefarben, längsfaserig. **FLEISCH** in der Hutmitte dick, wässrig, weißlich; Geruch süßlich-aromatisch nach getrockneter Veilchenwurzel *(Iridis Rhizoma)*, Geschmack mild. **SPORENPULVER** cremeorange. **SPOREN** 6–7 × 3,5–4,5 µm. **VORKOMMEN** September bis November gesellig bis büschelig, in Ringen und Reihen in Laub- und Nadelwäldern, gern auf Kalk; verbreitet. **VERWENDUNG** Essbar.

VERWECHSLUNG MIT GIFTPILZEN Vorsicht vor Verwechslungen mit giftigen Trichterlingen wie dem ▸ **Bleiweißen Firnistrichterling (S. 130/1)** und verwandten Arten!

Bleiweißer Firnistrichterling

2 Horngrauer Rötelritterling

Lepista panaeolus (Fr.) Karst., *Lepista luscina* (Fr.: Fr.) Sing.
Tricholomataceae

HUT 5–10(–15) cm breit, jung gewölbt, später ausgebreitet; Oberfläche hellgrau, hornbräunlich, graubraun, oft mit konzentrisch angeordneten dunkleren Flecken; Rand lange eingebogen. **LAMELLEN** am Stiel ausgebuchtet bis gerade angewachsen, leicht vom Hut lösbar, dicht stehend, blass fleischrosa, alt schmutzig graurosa. **STIEL** 3–7 cm lang, bis 2 cm breit, ocker-fleischfarben, weißlich längsfaserig; Basis keulig. **FLEISCH** dick, weißlich; Geruch süßlich-aromatisch, Geschmack mild. **SPORENPULVER** fleischrötlich. **SPOREN** 4,5–6,5 × 3–4 µm. **VORKOMMEN** September bis November einzeln oder in Ringen in Halbtrockenrasen, Wiesen, Weiden und Parks. **VERWENDUNG** Essbar. **WISSENSWERTES** Der ähnliche ▸ **Veilchen-Rötelritterling (siehe 1)** hat keine Wasserflecken auf dem Hut.

VERWECHSLUNG MIT GIFTPILZEN Wie beim ▸ **Veilchen-Rötelritterling (siehe 1).**

3 Fuchsiger Rötelritterling, Fuchsiger Trichterling

Lepista flaccida (Sow.: Fr.) Pat., *Lepista inversa* (Scop.: Fr.) Pat., *Clitocybe inversa* Scop. ex Fr. *Tricholomataceae*

HUT 3–8 cm breit, jung flach gewölbt, bald niedergedrückt, später trichterförmig; Oberfläche matt, etwas hygrophan, trocken blass ocker- bis lederbraun, feucht fuchsig-rotbraun, auch schwach fleckig; Rand scharf, jung eingerollt, später unregelmäßig gewellt. **LAMELLEN** weit herablaufend, teilweise gegabelt, dicht stehend, weißlich gelb, später gelbrötlich bis fuchsig, vom Hut ablösbar. **STIEL** 2–5 cm lang, bis 1 cm breit, meist zylindrisch, jung voll, später hohl; Oberfläche hutfarben oder blasser, meist weißlich überfasert; Basis mit auffälligem Myzelfilz. **FLEISCH** dünn, cremefarben bis blassbräunlich; Geruch und Geschmack herb säuerlich. **SPORENPULVER** weißlich. **SPOREN** 4–5 × 3,5–4,5 µm. **VORKOMMEN** August bis November meist in Gruppen oder Ringen in Laub- und Nadelwäldern. **VERWENDUNG** Essbar, aber nicht sehr schmackhaft. **WISSENSWERTES** Ähnlich ist der ▸ **Würzige Tellerling (S. 232/1)**; sein Sporenpulver ist fleischrosa.

1

2

3

1 Wasserfleckiger Rötelritterling

Lepista gilva (Pers.: Fr.) Roze, *Lepista flaccida* f. *gilva* (Pers.: Fr.) Krieglst. *Tricholomataceae*

HUT 3–8 cm breit, jung flach gewölbt, später niedergedrückt; Oberfläche matt, blassgelb, hell ockergelb, oft mit +/– konzentrisch angeordneten, dunkler ockerfarbenen Wasserflecken; Rand lange eingebogen. **LAMELLEN** weit am Stiel herablaufend, teilweise gegabelt, dicht stehend, jung weißlich gelb. **STIEL** hutfarben oder blasser; Basis weißfilzig mit Substratklumpen. **FLEISCH** relativ fest, blassgelb; Geruch aromatisch. **SPORENPULVER** weißlich. **SPOREN** 3–5 µm, rundlich. **VORKOMMEN** August bis Oktober oft in Reihen und Ringen, bevorzugt in Nadelwäldern. **VERWENDUNG** Essbar, aber wenig schmackhaft. **WISSENSWERTES** Der Pilz wird von manchen Autoren nur als Sonderform des ► **Fuchsigen Rötelritterlings (S. 142/3)** gesehen.

GATTUNG **Tricholomopsis (Holzritterlinge)**
FAMILIE *Tricholomataceae*

Die Gattung *Tricholomopsis* umfasst etwa vier saprophytisch auf Holz wachsende, ritterlingsähnliche Arten; alle sind ungenießbar. Lamellen und Fleisch sind gelb gefärbt; Huthaut mit Schüppchen. Sporenpulver weiß.

2 Olivgelber Holzritterling

Tricholomopsis decora (Fr.) Sing. *Tricholomataceae*

HUT 3–7(–9) cm breit, jung konvex, später abgeflacht, Mitte bisweilen gebuckelt, oft schwach niedergedrückt; Oberfläche goldgelb, mit spitzen, dunkelbraunen bis olivschwärzlichen Schüppchen bedeckt, Mitte braunschwarz; Rand dünn, lange heruntergebogen. **LAMELLEN** am Stiel ausgebuchtet angewachsen, mit Zwischenlamellen, goldgelb; Schneiden glatt. **STIEL** 3–7 cm lang, zylindrisch, oft seitlich stehend, voll, alt hohl, schwefelgelb, längsfaserig, jung feinschuppig. **FLEISCH** im Buckel dick, etwas zäh, blassgelb; Geruch unbedeutend, Geschmack mild bis bitterlich. **SPORENPULVER** weiß. **SPOREN** 6–7,5 × 4–5,5 µm, breitelliptisch, glatt, hyalin, mit Tropfen. **VORKOMMEN** Juni bis November einzeln oder büschelig in europäischen Gebirgsnadelwäldern auf morschem Nadelholz. **VERWENDUNG** Kein Speisepilz.

3 Purpurfilziger Holzritterling

Tricholomopsis rutilans (Schaeff.: Fr.) Sing. *Tricholomataceae*

HUT 5–15 cm breit, jung stumpfkegelig-gewölbt, später ausgebreitet, oft mit stumpfem Buckel; Oberfläche matt, radial angedrückt purpurrot oder violettrötlich schuppig-flockig, wenn der Hut sich ausbreitet, wird zunehmend die gelbe Grundfarbe sichtbar; Rand dünn, lange heruntergebogen. **LAMELLEN** sehr gedrängt, untermischt, ausgebuchtet bis angewachsen, lebhaft gelb-chromgelb; Schneiden feinflockig. **STIEL** 5–12 cm lang, zylindrisch, oft gebogen, fest, voll, später hohl, wie der Hut auf gelbem Grund rötlich schuppig-flockig, seltener nur gelb, Stielspitze gelblich-weiß. **FLEISCH** in der Hutmitte dick, fest, alt wässrig-weich, blassgelb; Geruch und Geschmack unbedeutend. **SPORENPULVER** weiß. **SPOREN** 6,5–8 × 4,5–5,5 µm, breitelliptisch, glatt. **VORKOMMEN** Juni bis November einzeln oder in kleinen Büscheln an Wurzeln und morschen Stümpfen von Nadelhölzern, vor allem an Kiefern *(Pinus)*; weit verbreitet. **VERWENDUNG** Kein Speisepilz. **WISSENSWERTES** Mit seinen leuchtenden Farben ist dieser Pilz praktisch nicht zu verwechseln. Am gleichen Substrat wächst der ► **Olivgelbe Holzritterling (siehe 2).**

1

2

3

GATTUNG **Tricholoma (Ritterlinge)**
FAMILIE *Tricholomataceae*
Meist mittelgroße bis große Arten. Lamellen am Stiel ausgebuchtet oder abgerundet-angewachsen; Fleisch ziemlich kräftig; Stiel meist ringlos; Sporenpulver weiß.

1 Krokodil-Ritterling

Tricholoma caligatum (Viv.) Rick., *Tricholoma matsutake* (S. Ito & Imai) Sing. *Tricholomataceae*

HUT 7–15(–20) cm breit, anfangs lange halbkugelig, dann gewölbt bis ausgebreitet; Oberfläche auf elfenbeinfarbenem Grund mit rotbräunlichen, kastanienbraunen bis porphyrbraunen Faserschuppen konzentrisch überzogen; Rand weißlich, lange eingerollt, jung mit dichtem Velum mit dem Stiel verbunden. **LAMELLEN** ausgebuchtet angeheftet, weiß oder cremefarben, bei Druck bräunlich fleckend. **STIEL** 10–15 cm lang, bis 3 cm breit, voll, mit stark ausgeprägtem häutigem Ring, darüber weiß, darunter mit braunen Fasern der Gesamthülle (Velum universale) zonenartig marmoriert; Basis abgerundet. **FLEISCH** dick, fest, zäh, weiß-cremefarben; Geruch auffällig, nicht sehr angenehm, Geschmack bitter. **SPORENPULVER** weiß. **SPOREN** 6,5–7,5 × 4,5–5,5 µm, breitelliptisch. **VORKOMMEN** September bis November einzeln bis gesellig in Nadelwäldern, wärmeliebend, in Mitteleuropa selten und schützenswert, in Südeuropa verbreitet in Kiefernwäldern und Macchien. **VERWENDUNG** Essbar.
VERWECHSLUNG MIT GIFTPILZEN ▸ Halsband-Ritterling (siehe 2).

2 Halsband-Ritterling

Tricholoma focale (Fr.) Ricken, *Tricholoma robustum* (Alb. & Schw.: Fr.) Ricken *Tricholomataceae*

HUT 5–10(–15) cm breit, anfangs gewölbt, dann ausgebreitet, mit Buckel; Oberfläche rotbräunlich, mit dunkleren Fasern überzogen oder schuppig, alt rissig; Rand jung eingebogen. **LAMELLEN** am Stiel ausgebuchtet angewachsen, weißlich oder weißlich gelb, alt und bei Druck rotbräunlich. **STIEL** mit häutigem Ring, darunter rotbräunlich schuppig, darüber weißflockig. **FLEISCH** fest, weiß, im Schnitt rötend; Geruch und Geschmack nach Mehl. **SPORENPULVER** weiß. **SPOREN** 4–6,5 × 3–4 µm. **VORKOMMEN** September bis November unter Kiefern *(Pinus);* selten. **VERWENDUNG** Giftig, verursacht Erbrechen und Durchfall.

3 Orangeroter Ritterling

Tricholoma aurantium (Schaeff.: Fr.) Rick. *Tricholomataceae*

HUT 5–12 cm breit, anfangs gewölbt, später ausgebreitet bis niedergedrückt, oft mit flachem Buckel; Oberfläche feinschuppig, feucht schmierig, lebhaft orangerot bis orangebraun, Mitte bisweilen dunkler oder heller; Rand lange eingerollt, später wellig verbogen. Hutrand und Stielspitze im Wachstum oft mit orange-bernsteinfarbenen Tröpfchen besetzt **(3a)**. **LAMELLEN** am Stiel ausgebuchtet angewachsen, gedrängt, weiß, später cremefarben, rotbraun fleckend; Schneiden gezähnelt. **STIEL** 5–8 cm lang, 1–2 cm breit, zylindrisch, voll, mit dicht stehenden, fast konzentrisch angeordneten orangeroten Schuppen auf hellem Grund, zur Spitze hin mit scharf abgegrenzter weißer Zone. **FLEISCH** fest, weiß; Geruch stark mehlartig-gurkenartig, Geschmack bitter. **SPORENPULVER** weiß. **SPOREN** 4–5 × 3–3,5 µm. **VORKOMMEN** August bis November einzeln bis gesellig, oft in Ringen in Nadelwäldern, gelegentlich auch in Laubwäldern, auf Kalkböden; im Norden sehr selten. **VERWENDUNG** Kein Speisepilz.

1

2

3a

3b

1 Fastberingter Ritterling

Tricholoma fracticum (Britz.) Kreis., *Tricholoma subannulatum* (Batsch) Bres., *Tricholoma batschii* Gulden *Tricholomataceae*

HUT 7–12(–15) cm breit, jung halbkugelig, dann gewölbt, später abgeflacht; Oberfläche bei feuchter Witterung sehr schmierig, trocken seidenmatt, dunkel rotbraun bis kastanienbraun; Huthaut abziehbar; Rand lange eingerollt, bei alten Fruchtkörpern wellig. **LAMELLEN** am Stiel ausgebuchtet angewachsen, eng stehend, mit Zwischenlamellen, erst weißlich-cremefarben, alt bräunlich fleckend. **STIEL** 6–12 cm lang, 1,5–2,5 cm breit, kräftig, unten blass rotbraun, längsfaserig, oben mit ringartiger Zone, darüber seidig weiß. **FLEISCH** dick, fest, weiß, rosabraun fleckend; mit schwachem Mehlgeruch, Geschmack bitter. **SPORENPULVER** weiß. **SPOREN** 4–6 × 3,5–4,5 µm, rundlich, glatt, hyalin, mit Tropfen. **VORKOMMEN** Im Herbst einzeln bis gesellig, oft in Reihen und Ringen in montanen Nadelwäldern, auf Kalk. **VERWENDUNG** Ungenießbar oder schwach giftig, kann Verdauungsstörungen und Erbrechen verursachen. **WISSENSWERTES** Der **Weißbraune Ritterling** *(Tricholoma striatum)* wächst ebenfalls im Nadelwald; er ist schlanker, seine Hutoberfläche ist feinfaserig, der Rand gerieft, er schmeckt weniger bitter und ist ebenfalls schwach giftig. Ähnlichkeit mit dem beschriebenen Pilz hat auch der ▸ **Halsband-Ritterling (S. 146/2).**

2 Gerippter Ritterling

Tricholoma acerbum (Bull.: Fr.) Quél. *Tricholomataceae*

HUT 6–15 cm breit, dickfleischig, gewölbt; Oberfläche blass gelbbraun, kahl oder matt; Rand lange eingerollt und typisch gerippt oder gekerbt. **LAMELLEN** am Stiel ausgebuchtet angewachsen, dicht stehend, cremeweiß, alt braunfleckig. **STIEL** 5–7(–10) cm lang, 2–3 cm breit, zylindrisch, zur Basis zugespitzt, cremeweiß, längsfaserig. **FLEISCH** weiß; Geruch unbedeutend, Geschmack schärflich-bitterlich. **SPORENPULVER** weiß. **SPOREN** 4–6 × 3–4 µm, kugelig. **VORKOMMEN** Sommer bis Herbst einzeln bis gesellig in Laub- und Mischwäldern; selten. **VERWENDUNG** Giftig. **WISSENSWERTES** Ähnlich ist der **Sellerie-Ritterling** *(Tricholoma apium);* er ist an seinem starken Geruch nach Sellerie oder Liebstöckel gut erkennbar und kann als Würzpilz verwendet werden. Beide Arten sind sehr selten.

3 Gelbblättriger Ritterling

Tricholoma fulvum (DC.: Fr.) Sacc., *Tricholoma flavobrunneum* (Fr.) Kumm. *Tricholomataceae*

HUT 4–10 cm breit, jung gewölbt, bald ausgebreitet, mit niedergedrückter Mitte oder schwachem Buckel; Oberfläche feucht glänzend, schmierig, fein eingewachsen radialfaserig, dunkel rotbraun, zum Rand hin gelblich; Rand meist gerippt. **LAMELLEN** am Stiel ausgebuchtet angewachsen, jung blassgelb, bald bräunlich gelb, rostbraun fleckend, zuletzt gänzlich rostbraun. **STIEL** 5–10 cm lang, bis 2 cm breit, jung voll, zylindrisch, bisweilen bauchig und spindelig wurzelnd, gelbbräunlich mit dunklerer Längsfaserung, Spitze blass. **FLEISCH** fest, im Hut weiß-blassgelb, im Stiel gelb; Geruch und Geschmack mehlartig. **SPORENPULVER** weiß. **SPOREN** 5–7 × 4–5 µm, breitelliptisch. **VORKOMMEN** Sommer bis Herbst einzeln bis gesellig meist unter Birken *(Betula).* **VERWENDUNG** Kein Speisepilz, giftverdächtig. Der Pilz kann Verdauungsstörungen verursachen; ungeklärt ist, ob diese durch ungenügendes Kochen, individuelle Unverträglichkeiten oder giftige Wirkstoffe bedingt sind. **WISSENSWERTES** Ähnlich ist der ▸ **Blassfleischige Fichten-Ritterling (S. 152/2),** ein seltener Ritterling aus süddeutschen Nadelwäldern.

1

2

3

1 Brandiger Ritterling

Tricholoma ustale (Fr.: Fr.) Kumm. *Tricholomataceae*

HUT 4–7(–12) cm breit, jung halbkugelig-kegelig, dann gewölbt, zuletzt abgeflacht; Oberfläche bei feuchter Witterung klebrig-schmierig, trocken glänzend, glatt, hell kastanienbraun bis braunschwarz, zum Rand blasser, alt schwärzlich. **LAMELLEN** am Stiel ausgebuchtet angewachsen, dicht stehend, mit Zwischenlamellen, cremeweiß, später rostfleckig. **STIEL** 4–10 cm lang, bis 2 cm breit, alt meist hohl, abwärts mit feiner bräunlicher Faserung, an der Spitze hell, ohne Ringzone; oft büschelig verwachsen. **FLEISCH** weiß, im Schnitt bräunend; Geruch und Geschmack unbedeutend. **SPORENPULVER** hell cremefarben. **SPOREN** 5,5–6,5 × 3,5–5 µm, elliptisch, glatt, hyalin, mit Tropfen. **VORKOMMEN** Sommer bis Herbst vor allem unter Rotbuchen (*Fagus sylvatica*). **VERWENDUNG** Kein Speisepilz; giftverdächtig. **WISSENSWERTES** Verschiedene ähnliche braunhütige Ritterlinge sind teilweise schwer bestimmbar. Viele davon sind ungenießbar oder leicht giftig. Ungeklärt ist, ob die beobachteten Gesundheitsstörungen durch ungenügendes Kochen, individuelle Unverträglichkeiten oder durch giftige Wirkstoffe verursacht werden.

2 Lärchen-Ritterling, Schwammiger Ritterling

Tricholoma psammopus (Kalchbrenner) Quél. *Tricholomataceae*

HUT 3–6(–8) cm breit, gewölbt, später ausgebreitet, schwach gebuckelt; Oberfläche trocken, faserschuppig, cremefarben, braungelb bis ockergelb; Rand lange herabgebogen. **LAMELLEN** am Stiel ausgebuchtet angewachsen, weißlich, später strohgelblich, rostfleckend. **STIEL** 4–7(–10) cm lang, bis 1,5 cm breit, hellocker, flockig, oben weißlich. **FLEISCH** weißlich bis blassgelblich; Geruch unbedeutend, Geschmack bitter. **SPORENPULVER** weiß. **SPOREN** 5,5–6,5 × 4,5–5,5 µm. **VORKOMMEN** Juli bis Oktober in Bergwäldern, an Waldrändern, in Gärten und Parkanlagen unter Lärchen *(Larix)*; selten. **VERWENDUNG** Kein Speisepilz. **WISSENSWERTES** Ähnlich ist der ▸ **Feinschuppige Ritterling (S. 152/1),** der vor allem unter Kiefern *(Pinus)* zu finden ist. Sein Hut ist 3–14 cm breit; Oberfläche braun, trocken, eingewachsen radialfaserig bis angedrückt feinschuppig; Stiel längsfaserig mit heller Spitze, ohne Ringzone, Stielbasis zugespitzt oder spindelig. Er ist ebenfalls ungenießbar. Ähnlichkeit hat auch der unten beschriebene ▸ **Zottige Ritterling (siehe 3)** unter Fichten *(Picea abies).*

3 Zottiger Ritterling, Bärtiger Ritterling

Tricholoma vaccinum (Schaeff.: Fr.) Kumm. *Tricholomataceae*

HUT 3–7(–10) cm breit, jung kegelig bis glockenförmig, später abgeflacht mit stumpfem Buckel; Oberfläche stets trocken, blass rotbraun, mit braunen bis braunroten faserigen Schuppen besetzt; Rand stark wollig-filzig, zottig, die Lamellen etwas überragend und eingerollt; im Alter kann der zottige Hutrand verkahlen. **LAMELLEN** am Stiel ausgebuchtet angewachsen, mit Zahn am Stiel herablaufend, jung weißlich bis cremefarben, dann braunrot fleckend, im Alter bräunlich; Schneiden schwach wellig. **STIEL** 3–10 cm lang, 1–2 cm breit, zylindrisch, bald hohl, grob braunfaserig berindet, unten hell braunrot, zur Spitze hin heller; Basis etwas verdickt. **FLEISCH** dünn, weißlich, im Schnitt rötend, dann bräunend; Geruch erdartig, Geschmack bitter, schärflich. **SPORENPULVER** weiß. **SPOREN** 5,0–6,5 × 4,5–5,0 µm, breitelliptisch, glatt. **VORKOMMEN** August bis November meist gesellig in Gruppen oder Reihen in Nadelwäldern, besonders unter Fichten *(Picea abies),* seltener in Laubwäldern; bevorzugt auf Kalkböden. **VERWENDUNG** Kein Speisepilz, wie viele braunhütige Ritterlinge ungenießbar.

1

2

3

1 Feinschuppiger Ritterling

Tricholoma imbricatum (Fr.: Fr.) Kumm. *Tricholomataceae*

HUT 3–8(–14) cm breit, konvex, glockig, breit gebuckelt; Oberfläche trocken, hellbraun bis dunkelbraun, zum Rand blasser, alt in feine Schüppchen aufgelöst; Rand lange heruntergebogen. **LAMELLEN** am Stiel ausgebuchtet angewachsen, mit Zahn herablaufend, weißlich-cremefarben; Schneiden schwach gekerbt, rostfleckig. **STIEL** 7–10(–13) cm lang, 1–3 cm breit, blassbraun längsfaserig, ohne ausgeprägte Ringzone, Spitze heller. **FLEISCH** weißlich; Geruch unauffällig, Geschmack bitterlich. **SPORENPULVER** weiß. **SPOREN** 5–8 × 4–5 µm. **VORKOMMEN** September bis November gesellig, oft in Ringen in Kiefernwäldern *(Pinus)* in ganz Europa. **VERWENDUNG** Kein Speisepilz. **WISSENSWERTES** Verschiedene sehr ähnliche braunhütige Ritterlinge sind giftverdächtig oder giftig. Wichtig für deren Bestimmung ist oft die Kenntnis des Mykorrhizabaumes. Dazu gehören der oft unter Birken *(Betula)* wachsende ▸ **Gelbblättrige Ritterling (S. 148/3)**, der ▸ **Zottige Ritterling (S. 150/3)** mit braunen oder braunroten Faserschuppen auf dem Hut, der **Rostfleckende Kiefern-Ritterling**, der ebenfalls unter Kiefern wächst, und der ▸ **Lärchen-Ritterling (S. 150/2)**, der, wie sein Name sagt, unter Lärchen *(Larix)* erscheint. Alle kommen als Speisepilz nicht infrage.

2 Blassfleischiger Fichten-Ritterling

Tricholoma pseudonictitans Bon *Tricholomataceae*

HUT 4–8 cm breit, jung gewölbt, bald ausgebreitet, mit schwachem Buckel; Oberfläche feucht glänzend, schmierig, fein eingewachsen radialfaserig, dunkel rotbraun, zum Rand hin heller; Rand nicht gerippt. **LAMELLEN** am Stiel ausgebuchtet angewachsen, weiß, cremeweiß, später bräunlich; Schneiden bräunlich fleckend. **STIEL** 4–8 cm lang, 1–2 cm breit, zylindrisch, zugespitzt, hutfarben, mit Längsfaserung; Spitze heller. **FLEISCH** fest, gelb; Geruch mehlartig, Geschmack nach längerem Kauen bitterlich. **SPOREN** 5,5–7 × 4,5–5,5 µm. **VORKOMMEN** Sommer bis Herbst in Nadelwäldern. **VERWENDUNG** Kein Speisepilz.

3 Schwarzfaseriger Ritterling

Tricholoma portentosum (Fr.) Quél. *Tricholomataceae*

HUT 4–12(–15) cm breit, jung halbkugelig-glockig, dann gewölbt bis flach mit stumpfem Buckel; Oberfläche bei feuchter Witterung klebrig-schmierig, trocken glänzend, graubraun mit gelben bis graulila Tönen, mit eingewachsenen schwarzen Fasern radial gestreift, Mitte fast schwarz; Huthaut abziehbar. **LAMELLEN** am Stiel ausgebuchtet angewachsen, jung weiß, später gelb fleckend, alt gelblich grün. **STIEL** 6–10 cm lang, bis 2,5 cm breit, etwas faserig, alt hohl, kahl, weißlich, grüngelblich fleckend. **FLEISCH** weißlich, unter der Huthaut graugelb; Geruch mehlartig, Geschmack mild, schwach mehlartig. **SPORENPULVER** weiß. **SPOREN** 5–6 × 3,5–5 µm, elliptisch. **VORKOMMEN** Erscheint ab September und kann auch noch nach Wintereinbruch bis in den Dezember hinein angetroffen werden. In Laub- und Nadelwäldern auf sandigen und lehmigen Böden, gern unter Fichten *(Picea abies)* und Kiefern *(Pinus)*; selten. **VERWENDUNG** Essbar.

VERWECHSLUNG MIT GIFTPILZEN Im Habitus ähnlich ist der ▸ **Tiger-Ritterling (S. 162/2)**, ebenfalls mit Mehlgeruch. Der ▸ **Brennendscharfe Ritterling (S. 158/2)** hat einen spitzen Buckel und schmeckt brennend scharf. Der ▸ **Seifen-Ritterling (S. 156/3)** riecht seifig und rötet in der Stielbasis.

Tiger-Ritterling

1

2

3

1 Grünling

Tricholoma equestre (L.: Fr.) Kumm., *Tricholoma auratum* (Paul.: F.) Gill., *Tricholoma flavovirens* (Pers.: Fr.) Lund. *Tricholomataceae*

HUT bis 12 cm breit, jung halbkugelig-glockig, bald konvex, breit gebuckelt, dickfleischig; Oberfläche feucht klebrig, gelbgrünlich, gelbolivbraun bis braungelb mit eingewachsenen bräunlich gelben Schüppchen. **LAMELLEN** tief ausgebuchtet angewachsen, eng stehend, hell schwefelgelb bis zitronengelb. **STIEL** bis 10 cm lang, zylindrisch bis etwas keulig, voll, Spitze weißlich, abwärts gelbgrünlich bis bräunlich gelb. **FLEISCH** weiß bis gelblich; Geruch schwach mehlartig, Geschmack mild. **SPORENPULVER** weiß. **SPOREN** 6–7 × 3–4 µm. **VORKOMMEN** September bis Dezember in Laub- und Nadelwäldern; in Deutschland geschützt. **VERWENDUNG** Essbar. **VERWECHSLUNG MIT GIFTPILZEN** Ähnlich sind der ► **Leuchtendgelbe Klumpfuß (S. 380/1)** und der ► **Schwefel-Ritterling (siehe 3)**, der aber penetrant riecht.

Leuchtendgelber Klumpfuß

2 Weißfleischiger Grünling

Tricholoma auratum (Fr.) Gill. *Tricholomataceae*

WISSENSWERTES Vom Grünling werden zwei standortspezifische Arten unterschieden. Der in sandigen Kiefernwäldern wachsende *Tricholoma auratum* ist robuster und hat ein dickeres, gelbliches Hutfleisch. Im Laubwald wächst die schmächtigere Form *Tricholoma flavovirens*. Beide werden heute von den meisten Autoren unter *Tricholoma equestre* zusammengefasst; in Deutschland geschützt. **VERWENDUNG** Essbar.

3 Schwefel-Ritterling

Tricholoma sulphureum (Bull.: Fr.) Kumm. *Tricholomataceae*

HUT 3–7 cm breit, anfangs halbkugelig, bisweilen stumpfkegelig, dann gewölbt bis abgeflacht, gebuckelt, alt oft unregelmäßig verbogen; Oberfläche matt, trocken, kahl, schwefelgelblich, bisweilen mit braunrötlicher, geschuppter Mitte; Rand lange eingerollt, scharf. **LAMELLEN** ausgebuchtet, mit Zahn angewachsen, entfernt stehend, breit, schwefelgelblich. **STIEL** bis 8 cm lang, schlank, oft gebogen, voll, schwefelgelblich. **FLEISCH** fest, lebhaft schwefelgelblich; Geruch widerlich, leuchtgasartig, Geschmack unangenehm. **SPORENPULVER** weiß. **SPOREN** 9–12 × 5–6 µm. **VORKOMMEN** Juli bis Oktober in Laub- und Nadelwäldern; weit verbreitet. **VERWENDUNG** Schwach giftig. **WISSENSWERTES** Der Schwefel-Ritterling ist der Doppelgänger des ► **Grünlings (siehe 1)**. Beide auf dieser Seite beschriebenen Schwefel-Ritterlinge sind schwach giftig. Sie verursachen Erbrechen und Magen-Darm-Beschwerden. Schon wegen ihres unangenehmen Geruchs wird man sie wohl kaum mit Speisepilzen verwechseln.

4 Violettbrauner Schwefel-Ritterling

Tricholoma bufonium (Pers.: Fr.) Gill., *Tricholoma sulphureum* var. *bufonium* (Pers.: Fr.) *Tricholomataceae*

HUT 4–7 cm breit, fleischig, alt flach gewölbt, etwas gebuckelt; Oberfläche feinschuppig, jung etwas klebrig, braunrot, Mitte purpurviolettbraun. **LAMELLEN** ausgebuchtet angewachsen, breit, schmutzig gelb. **STIEL** bis 8 cm lang, bis 1,5 cm breit, voll, gelblich, bisweilen fuchsig. **FLEISCH** weich, gelblich; Geruch widerlich, leuchtgasartig, Geschmack unangenehm. **SPORENPULVER** weiß. **SPOREN** 9–12 × 5–6 µm. **VORKOMMEN** Sommer bis Herbst in Mischwäldern. **VERWENDUNG** Schwach giftig.

1

2

3

4

1 Lästiger Ritterling, Nadelwald-Gas-Ritterling

Tricholoma inamoenum (Fr.: Fr.) Gil. *Tricholomataceae*

HUT 4–6 cm breit, anfangs halbkugelig, später gewölbt-ausgebreitet, mit schwachem Buckel; Oberfläche seidig, kahl, matt, weißlich bis weißgelblich, Mitte dunkler, blass tonfarben; Rand glatt. **LAMELLEN** entfernt stehend, ausgebuchtet angewachsen, breit, weiß bis blassgelb. **STIEL** bis 7 cm lang, schlank, voll, weißlich, gegen die Basis oft schmutzig bräunlich. **FLEISCH** dünn, weißlich; Geruch sehr unangenehm, leuchtgasartig, Geschmack mild, kohlartig. **SPORENPULVER** weiß. **SPOREN** 8–10 × 4–5,5 µm. **VORKOMMEN** September bis Oktober einzeln oder truppweise in Berg-Fichtenwäldern, auf Kalkböden. **VERWENDUNG** Kein Speisepilz. **WISSENSWERTES** Es gibt verschiedene schwer abgrenzbare Arten mit unterschiedlichen Standortansprüchen. Alle sind ungenießbar und werden wegen ihres unangenehmen Geruchs wohl kaum verzehrt.

2 Unverschämter Ritterling

Tricholoma lascivum (Fr.) Gill. *Tricholomataceae*

HUT 3–7(–12) cm breit, anfangs gewölbt, bald abgeflacht, oft unregelmäßig wellig, gebuckelt, zuletzt mit eingesenkter Mitte; Oberfläche seidig, matt, anfangs weißlich-cremefarben, bald ockerlich, Mitte dunkler; Rand dünn, etwas überstehend. **LAMELLEN** am Stiel ausgebuchtet angewachsen und mit Zahn herablaufend, entfernt, untermischt, breit, weißlich, später cremefarben; Schneiden schwach gekerbt. **STIEL** bis 6 cm lang, bis 1,5 cm breit, voll, fest, weißlich-cremefarben mit bräunlichem Hauch, Spitze weiß bereift. **FLEISCH** weiß; Geruch süßlich-widerlich, Geschmack bitterlich-unangenehm, schärflich. **SPORENPULVER** weißlich. **SPOREN** 6–8 × 3,5–5 µm, elliptisch-apfelkernartig, glatt, hyalin, mit Tropfen. **VORKOMMEN** August bis Oktober verbreitet in Laubwäldern, besonders unter Eiche *(Quercus)*, Hainbuche *(Carpinus betulus)* und Buche *(Fagus sylvatica)*, nicht unter Birke *(Betula)*. **VERWENDUNG** Kein Speisepilz. **WISSENSWERTES** Verschiedene ähnliche weißhütige Ritterlinge sind schwer zu unterscheiden: der ▸ **Lästige Ritterling (siehe 1)** wächst im Fichtenwald, der **Strohblasse Trichterling** *(Tricholoma stiparophyllum)* unter Birken (*Betula*).

3 Seifen-Ritterling

Tricholoma saponaceum (Fr.: Fr.) Kumm. *Tricholomataceae*

HUT 4–8(–16) cm breit, anfangs halbkugelig, später gewölbt-abgeflacht; Oberfläche kahl, glatt, auch eingewachsen faserschuppig, feucht schmierig, Farbe sehr veränderlich, schwarzbraun, graubraun bis olivbraun, auch mit grünlichen und gelblichen Tönen, selten gänzlich weiß; dunkle Hüte sind zum Rand hin stets heller gefärbt; Rand heruntergebogen, die Lamellen etwas überragend. **LAMELLEN** breit, entfernt stehend, ausgebuchtet angewachsen, untermischt, schmutzig weißlich bis grüngelblich, bei Verletzung langsam rötend. **STIEL** 4–10 cm lang, bis 2 cm breit, zylindrisch, oft spindelförmig, auch keulig, cremeweißlich, mit graubraunen Schüppchen oder Fasern, Basis meist zugespitzt und beim Reiben langsam rötend. **FLEISCH** schmutzig weißlich, blass, an verletzten Stellen, besonders in der Stielbasis, langsam rötend; Geruch nach Seifenlauge, Geschmack bitterlich-mehlartig. **SPORENPULVER** weiß. **SPOREN** 5–6 × 3–4 µm, elliptisch, hyalin, glatt, teilweise mit Tropfen. **VORKOMMEN** August bis November gesellig in Laub- und Nadelwäldern, in Europa weit verbreitet. **VERWENDUNG** Schwach giftig, verursacht Brechdurchfälle. **WISSENSWERTES** Verschiedene Farb- und Formvarianten bereiten gelegentlich Schwierigkeiten bei der Bestimmung. Alle Varitäten und Formen zeichnen sich durch das Merkmal aus, bei Reiben besonders an der Stielbasis zu röten.

1

2

3

1 Schärflicher Ritterling

Tricholoma sciodes (Pers.) Martin *Tricholomataceae*

HUT 4–7 cm breit, jung glockig, später gewölbt-ausgebreitet, abgerundet gebuckelt; Oberfläche seidig glänzend, auf hellgrauem Grund, gelegentlich auch mit violettlichem Ton, radial braunfaserig, bisweilen angedrückt schuppig; Rand lange heruntergebogen, radial einreißend. **LAMELLEN** am Stiel ausgebuchtet angewachsen, dicht stehend, weiß, meist mit rosa Reflex; Schneiden alt schwärzend. **STIEL** 5–10 cm lang, 1–2 cm breit, zylindrisch, alt hohl, glatt, weiß-grauweiß, eingewachsen faserig, Spitze bereift. **FLEISCH** dünn, weiß-grauweißlich; Geruch schwach erdartig, Geschmack erst bitter, nach längerem Kauen scharf. **SPORENPULVER** weiß. **SPOREN** 6–8 × 5–6,5 µm, breitelliptisch, glatt, hyalin. **VORKOMMEN** Spätsommer bis Herbst einzeln bis gesellig in kalkreichen Rotbuchenwäldern. **VERWENDUNG** Kein Speisepilz, schwach giftig, verursacht wie der ▸ **Brennendscharfe Ritterling (siehe 2)** Magen- und Darmstörungen, Übelkeit und Erbrechen.

2 Brennendscharfer Ritterling

Tricholoma virgatum (Fr.: Fr.) Kumm. *Tricholomataceae*

HUT 3–5(–8) cm breit, jung spitzkegelig, später ausgebreitet, mit spitzem Buckel; Oberfläche seidig, auf aschgrauem bis metallisch grauem Grund dunkel radialfaserig, bei Trockenheit glänzend, mitunter eingerissen; Rand lange heruntergebogen, scharf. **LAMELLEN** am Stiel ausgebuchtet, eher dicht stehend, mit Zwischenlamellen, graulich; Schneiden gekerbt. **STIEL** 5–8 cm lang, bis 1 cm breit, zylindrisch bis schwach verdickt, weiß-aschgrau, faserig. **FLEISCH** weißlich, unter der Huthaut graulich; Geruch undeutlich, etwas erdig-rettichartig, Geschmack brennend scharf. **SPORENPULVER** weiß. **SPOREN** 6–7,5 × 4,5–5,5 µm, elliptisch, mit Tropfen. **VORKOMMEN** Sommer bis Herbst in Nadelwäldern, selten auch bei Laubbäumen; vorwiegend an bodensauren Standorten. **VERWENDUNG** Giftig, verursacht Übelkeit, Erbrechen und Magen-Darm-Erkrankungen (gastrointestinales Pilzsyndrom). **WISSENSWERTES** Der Brennendscharfe Ritterling gehört zur Gruppe der Ritterlinge mit brennend scharfem Geschmack. Hierzu zählt auch der ▸ **Schärfliche Ritterling (siehe 1).** Sie sind alle leicht mit essbaren grau- bis schwarzhütigen Ritterlingen zu verwechseln.

3 Rötender Ritterling

Tricholoma orirubens Quél. *Tricholomataceae*

HUT 4–8(–10) cm breit, jung halbkugelig, später flach gewölbt; Oberfläche auf grauweißem Grund dicht mit schwarzbraunen Schuppen oder Fasern besetzt, bisweilen rosa überhaucht; Rand heller. **LAMELLEN** grauweiß, bei längerem Liegen oder im Alter rötlich. **STIEL** 4–5(–7) cm lang, 0,5–1,5 cm breit, weißlich, mit grau- bis braunschwarzer Überfaserung. **FLEISCH** weißlich, bei längerem Liegen langsam typisch rötlich färbend; Geruch und Geschmack mehlartig. **SPORENPULVER** weiß. **SPOREN** 5–6,5 × 4,5–5 µm. **VORKOMMEN** September bis November einzeln oder gesellig in Laub- und Nadelwäldern, gern unter Rotbuchen *(Fagus sylvatica)*. **VERWENDUNG** Essbar.

VERWECHSLUNG MIT GIFTPILZEN Fatale Folgen haben Verwechslungen mit dem ▸ **Tiger-Ritterling (S. 162/2).** Vergiftungen mit diesem Pilz können in schweren Fällen tödlich enden. Unter den Ritterlingen mit schwarz-grauem bis grau-braunem, schuppigem Hut befinden sich weitere Giftpilze. Dazu gehören die oben beschriebenen Spezies ▸ **Brennendscharfer Ritterling (siehe 2)** und ▸ **Schärflicher Ritterling (siehe 1).**

Tiger-Ritterling

1

2

3

1 Silbergrauer Erd-Ritterling, Gilbender Ritterling

Tricholoma argyraceum (Bull.) Gill., *Tricholoma scalpturatum* (Fr.) Quél. *Tricholomataceae*

HUT 4–8 cm breit, anfangs kegelig, später abgeflacht mit stumpfem Buckel, auf hellgrauem oder graubräunlichem Grund grau bis dunkelgrau-dunkelbraun faserig oder feinschuppig, Zentrum dunkler; Rand dünn, alt oft eingerissen und gelbfleckig. **LAMELLEN** ausgebuchtet, mit Zahn herablaufend, fast gedrängt, untermischt, weißlich, bei ausgewachsenen Fruchtkörpern sowie auf Druck nach längerem Liegen gilbend. **STIEL** bis 7 cm lang, bis 1 cm breit, ausgestopft-hohlfaserig, fast weiß, seidig-graufaserig, jung mit flüchtigen Velumresten. **FLEISCH** dünn, weich, weiß, gilbend, im Stiel faserig; Geruch und Geschmack mehlartig. **SPORENPULVER** weiß. **SPOREN** 5–7 × 3–4 µm, elliptisch, glatt, hyalin, mit Tropfen. **VORKOMMEN** Mai bis November in grasigen Laub- und Nadelwäldern, in Gärten und Parks, oft sehr zahlreich. **VERWENDUNG** Kein Speisepilz.

2 Beringter Erd-Ritterling

Tricholoma cingulatum (Almfelt in Fr.) Jacobasch
Tricholomataceae

HUT 3–6 cm breit, gewölbt bis ausgebreitet, mit stumpfem Buckel, bisweilen schwach eingedellt; Oberfläche feinschuppig, trocken, matt, blassgrau bis graubraun, zum Rand hin heller; Rand jung mit weißen Velumresten, lange heruntergebogen. **LAMELLEN** am Stiel ausgebuchtet angewachsen, weißlich bis graulich, alt gilbend. **STIEL** bis 8 cm lang, bis 1 cm breit, zylindrisch, brüchig, ausgestopft, weißlich bis schwach graubräunlich, unter dem Ring etwas faserschuppig; Ring häutig-wollig, eng anliegend. **FLEISCH** dünn, fest, weißlich, alt etwas gilbend; Geruch und Geschmack leicht mehlartig. **SPORENPULVER** weiß. **SPOREN** 4–5 × 2,5–3,5 µm. **VORKOMMEN** September bis Oktober unter Weiden *(Salix)* und Birken *(Betula)* in Auenwäldern und Parks; selten, schonenswert. **VERWENDUNG** Essbar. **WISSENSWERTES** Der Ring am Stiel ist ein wichtiges Bestimmungsmerkmal. Beringte Arten sind bei den Ritterlingen relativ selten.
VERWECHSLUNG MIT GIFTPILZEN Wie beim ▸ **Schuppenstieligen Erd-Ritterling (siehe 3)**, beim ▸ **Rötenden Ritterling (S. 158/3)** und beim ▸ **Schwarzfaserigen Ritterling (S. 152/3)**.

3 Schuppenstieliger Erd-Ritterling

Tricholoma squarrulosum Bres. *Tricholomataceae*

HUT 4–5(–9) cm breit, flach gewölbt; Oberfläche graubraun, Mitte dunkler, dicht mit schwarzbraunen Schuppen besetzt. **LAMELLEN** grauweiß. **STIEL** 4–5(–7) cm lang, 1–2 cm breit, grauweiß, mit grau- bis braunschwarzen Schuppen. **FLEISCH** weiß bis grau; Geruch mehlartig. **SPORENPULVER** weiß. **SPOREN** 6–7,5 × 4,5–5,5 µm. **VORKOMMEN** September bis November in Laub- und Nadelwäldern, selten. **VERWENDUNG** Essbar. **WISSENSWERTES** Leicht zu verwechseln mit dem ▸ **Schwarzschuppigen Erd-Ritterling (S. 162/1)**, den manche Autoren nur als Variante des Schuppenstieligen Erd-Ritterlings betrachten. Da unter den Ritterlingen mit schwarzgrauem bis grau-braunem, schuppigem Hut mehrere kritische und schwer bestimmbare Giftpilze vorkommen, sollten sie nur mit größter Vorsicht und bei genauer Artenkenntnis für Speisezwecke gesammelt werden.
VERWECHSLUNG MIT GIFTPILZEN ▸ **Tiger-Ritterling (S. 162/2)** und ähnliche giftige Arten.

Tiger-Ritterling

1

2

3

1 Schwarzschuppiger Erd-Ritterling

Tricholoma atrosquamosum (Chév.) Sacc. *Tricholomataceae*

HUT 4–8 cm breit, flach gewölbt, mit schwachem Buckel; Oberfläche grau, dicht mit schwarzen Schuppen besetzt. **LAMELLEN** am Stiel ausgebuchtet angewachsen, weißlich; Schneiden oft schwarz punktiert. **STIEL** 5–9 cm lang, 0,8–1,5 cm breit, grauweiß, schwärzlich geschuppt. **FLEISCH** weiß bis blassgrau; Geschmack mehlartig. **SPORENPULVER** weiß. **SPOREN** 5,5–7 × 4,5–5,5 µm. **VORKOMMEN** September bis November in Laub- und Nadelwäldern, selten. **VERWENDUNG** Essbar. **WISSENSWERTES** Im Gegensatz zum ähnlichen ▸ **Rötenden Ritterling (S. 158/3)** rötet das Fleisch des Schwarzschuppigen Erd-Ritterlings nicht.

VERWECHSLUNG MIT GIFTPILZEN Es gibt verschiedene ähnliche giftige Ritterlinge. Fatal wären Verwechslungen mit dem ▸ **Tiger-Ritterling (siehe 2).**

2 Tiger-Ritterling

Tricholoma pardalotum Herink & Kotl., *Tricholoma pardinum* ss. auct., *Tricholoma tigrinum* ss. auct. *Tricholomataceae*

HUT 5–10(–20) cm breit, jung halbkugelig-glockig, später ausgebreitet, niedergedrückt oder stumpf gebuckelt; Oberfläche auf weißem Grund mit silbergrauen bis graubräunlichen, groben, konzentrisch angeordneten Schuppen besetzt; Rand meist heller, lange eingebogen. **LAMELLEN** am Stiel ausgebuchtet angewachsen, breit, bauchig, mäßig dicht stehend, jung weißlich, später gelblich; Schneiden schartig. **STIEL** 6–10(–12) cm lang, 2–3,5(–5) cm breit, zylindrisch mit keuliger Basis, fest, voll, weißlich oder etwas ockerlich, schwach bräunlich längsfaserig bis schuppig; Spitze jung oft mit Wassertröpfchen. **FLEISCH** dick, weißlich; Geruch mehlartig, Geschmack mild, mehlartig. **SPORENPULVER** weiß. **SPOREN** 8–10 × 5,5–6,5 µm, elliptisch, glatt, hyalin, mit Tropfen. **VORKOMMEN** August bis Oktober einzeln bis gesellig in Laub- und Nadelwäldern, vorzugsweise auf Kalkböden, fehlt in Norddeutschland. **VERWENDUNG** Giftig; verursacht lang anhaltende kolikartige Bauchschmerzen und schwere Brechdurchfälle. Die Vergiftungserscheinungen treten eine halbe bis drei Stunden nach der Mahlzeit ein. In schweren Fällen können sie besonders bei gesundheitlich geschwächten Personen zum Tod führen.

3 Erd-Ritterling, Mäusegrauer Erdritterling

Tricholoma terreum (Schff.: Fr.) Kumm. *Tricholomataceae*

HUT 3–8 cm breit, anfangs glockig, dann ausgebreitet, mit stumpfem Buckel; Oberfläche matt, trocken, radialfaserig, Fasern mausgrau bis nahezu schwarz; Rand scharf, etwas heruntergebogen, im Alter bisweilen eingerissen. **LAMELLEN** ausgebuchtet, zahnartig herablaufend, ziemlich eng stehend, besonders zum Rand hin blassgrau, nicht gilbend; Schneiden oft gekerbt. **STIEL** 3–8 cm lang, 1–1,5 cm breit, zylindrisch, alt hohl, zerbrechlich, weiß bis blassgrau, glatt; Spitze fein kleiig. **FLEISCH** dünn, zerbrechlich, weißlich bis grauweiß; fast geruchlos (kein Mehlgeruch), Geschmack mild. **SPORENPULVER** weiß. **SPOREN** 5–8 × 4–6 µm, elliptisch, glatt, hyalin, mit Tropfen. **VORKOMMEN** September bis November in Kiefernwäldern Europas auf Kalkböden; verbreitet. Bei milder Witterung erscheint der Erd-Ritterling oft noch nach den ersten Frösten massenhaft. **VERWENDUNG** Essbar.

VERWECHSLUNG MIT GIFTPILZEN Ähnlich ist der ▸ **Brennendscharfe Ritterling (S. 158/2).** Sehr giftig ist der oben beschriebene ▸ **Tiger-Ritterling (siehe 2).**

Brennendscharfer Ritterling

1

2

3

GATTUNG **Armillaria (Hallimaschverwandte)**
FAMILIE *Tricholomataceae*
Büschelig auf Holz wachsend; Hüte trocken, schuppig; Stiele oft mit Ring.

1 Honiggelber Hallimasch

Armillaria mellea (Vahl.: Fr.) Kumm. *Tricholomataceae*

HUT 3–10 cm breit, anfangs halbkugelig, alt ausgebreitet; Oberfläche jung olivgelb, später honiggelb, Rand heller, mit faserigen, abwischbaren Schüppchen bedeckt, später gerieft. **LAMELLEN** am Stiel angewachsen, mit Zahn herablaufend, weißlich, im Alter rotbraun gefleckt; Schneiden wellig bis schwach gekerbt. **STIEL** bis 15 cm lang, 0,5–1,5 cm breit, längsfaserig, zäh, alt hohl, weißlich bis bräunlich, mit dickem Ring. **FLEISCH** dünn, fest, im Stiel faserig, weißlich; Geruch muffig, Geschmack herb, im Hals kratzend. **SPORENPULVER** weiß. **SPOREN** 7–8,5 × 5,5–6,5 µm. **VORKOMMEN** August bis November meist büschelig an lebenden und abgestorbenen Laubbäumen in ganz Europa. **VERWENDUNG** Nach Abkochen und Weggießen des Kochwassers jung essbar, roh giftig. Unverträglichkeiten sind möglich; Personen, die Beschwerden haben, müssen auf den Genuss des Pilzes verzichten.
VERWECHSLUNG MIT GIFTPILZEN Ebenfalls auf Holz wächst der ► **Gift-Häubling (S. 358/1).**

Gift-Häubling

2 Dunkler Hallimasch, Gemeiner Hallimasch

Armillaria ostoyae (Romagn.) Herink, *Armillaria polymyces* Marxm. & Romagn. *Tricholomataceae*

HUT 3–10(–20) cm breit, halbkugelig, dann gewölbt bis ausgebreitet; Oberfläche fleischfarben, rötlich braun, mit dunkleren, abwischbaren Schüppchen bedeckt; Rand heller, lange eingebogen, später gerieft. **LAMELLEN** ausgebuchtet bis gerade angewachsen, mit Zahn herablaufend, weißlich bis hellbräunlich, im Alter rotbraun gefleckt. **STIEL** bis 15 cm lang, 2–3 cm breit, längsfaserig, zäh, alt hohl, weißlich, gegen die Basis bräunlich, mit abstehendem, weißlichem, unterseits bräunlich beschupptem Ring. **FLEISCH** dünn, fest, im Stiel faserig, weißlich; Geruch angenehm, Geschmack herb-zusammenziehend, im Rachen kratzend. **SPORENPULVER** weiß. **SPOREN** 6–10 × 5–7 µm. **VORKOMMEN** August bis November meist büschelig an lebendem und abgestorbenem Nadelholz. **VERWENDUNG** Jung essbar, roh giftig; Verzehrregeln wie beim ► **Honiggelben Hallimasch (siehe 1). WISSENSWERTES** Ähnlich ist der ► **Sparrige Schüppling (S. 324/1).** Dieser Pilz schmeckt bitter und ist für Speisezwecke nicht geeignet.
VERWECHSLUNG MIT GIFTPILZEN Wie beim ► **Honiggelben Hallimasch (siehe 1).**

3 Gezonter Adermoosling

Arrhenia spathulata (Fr.: Fr.) Redhead, *Arrhenia muscigenum* (Bull.) Karst. *Tricholomataceae*

HUT 0,5–2 cm breit, spatel- bis muschelförmig; Oberfläche graubraun, aschgrau, ausblassend, hygrophan, feucht schwach gezont; Rand wellig. **Hymenium** aderig-faltig, seltener ganz glatt, grau. **STIEL** kurz (1–4 mm lang), lateral, hutfarben, feinfilzig. **FLEISCH** unbedeutend, ohne besonderen Geruch und Geschmack. **SPOREN** 5,5–8,5 × 5–6 µm, elliptisch, hyalin. **VORKOMMEN** Ganzjährig einzeln bis gesellig auf Dach-Drehzahnmoos *(Tortula muralis)*; selten. **VERWENDUNG** Unbedeutend.

1

2

3

Gattung **Lyophyllum (Raslinge)**
Familie *Tricholomataceae*

Die Gattung ist sehr heterogen. Sie enthält einschließlich der vereinigten Gattung Graublättler *(Tephrocybe)* etwa 50 Arten. Dazu gehören teils büschelig wachsende, oft rötlich, blau bis schwarz verfärbende Arten mit weißem Sporenpulver.

1 Favres Schwärzling, Karminschwärzling

Lyophyllum favreii Haller & Haller *Tricholomataceae*

HUT 5–12 cm breit, flach gewölbt, bisweilen flach gebuckelt; Oberfläche matt, jung fein bereift, graubraun, violettgrau; Rand scharf. **LAMELLEN** am Stiel ausgebuchtet angewachsen, sehr gedrängt, grüngelb, zitronengelb, auf Druck rötend, dann schwärzend. **STIEL** 5–7 cm lang, zylindrisch, voll, auf hellem Grund braunschwarz faserig, Spitze weißlich-cremefarben. **FLEISCH** fest, weiß bis gelblich, im Schnitt langsam rötend, dann schwärzend; Geruch muffig, Geschmack mild. **SPOREN** 3,5–5 × 3–3,5 µm. **VORKOMMEN** August bis Oktober in Nadel- und Laubwäldern; sehr selten, schützenswert. **VERWENDUNG** Kein Speisepilz. **WISSENSWERTES** Dieser leicht bestimmbare Pilz wurde erstmals 1946 in der Schweiz gefunden.

2 Ulmen-Rasling, Laubholz-Rasling

Lyophyllum ulmarium (Bull.: Fr.) Kühn., *Hypsizygus ulmarius* (Bull.: Fr.) Readhead, *Pleurotus ulmarius* (Bull.: Fr.) Quél. *Tricholomataceae*

HUT 5–15(–20) cm breit, gewölbt bis ausgebreitet; Oberfläche matt, trocken, blass ockergrau-beige, lederfarben, selten graulich, zumindest jung wasserfleckig; Rand lange heruntergebogen, scharf. **LAMELLEN** angewachsen und mit Zähnchen herablaufend, eng stehend, mit Zwischenlamellen, jung weißlich, später cremefarben; Schneiden wellig. **STIEL** 5–15 cm lang, 1–3 cm breit, meist exzentrisch angewachsen und stark gebogen; Basis etwas zugespitzt. **FLEISCH** dick, zäh, weiß; Geruch jung mehligsäuerlich, Geschmack mild. **SPORENPULVER** weiß. **SPOREN** 5–7,5 µm, kugelig, glatt, hyalin. **VORKOMMEN** Sommer bis Herbst einzeln bis büschelig oft in mehreren Metern Höhe an lebenden Stämmen und an umgestürzten Laubbäumen, gern an Ulmen *(Ulmus)*; selten. **VERWENDUNG** Kein Speisepilz.

3 Weißer Rasling, Lerchensporn-Ritterling

Lyophyllum connatum (Schum.: Fr.) Sing *Tricholomataceae*

HUT 3–7(–15) cm breit, jung halbkugelig, später gewölbt, im Alter ausgebreitet-niedergedrückt mit wellig verbogenem Rand; Oberfläche matt bis seidig glänzend, rein weiß, fein bereift, im Alter wässrig-grauweiß. **LAMELLEN** angewachsen oder herablaufend, untermischt, teilweise gegabelt, weiß, alt cremefarben-gelblich. **STIEL** 4–10 cm lang, 1–2 cm breit, zylindrisch, auch bauchig, jung voll, später fast hohl, weiß, im Alter gelblich, matt, längsfaserig, Spitze weiß bepudert, Basis meist büschelig verwachsen. **FLEISCH** dünn, knorpelig, weiß; Geruch süßlich, Geschmack mild. **SPORENPULVER** weiß. **SPOREN** 5,5–7 × 3–4 µm, elliptisch, glatt, hyalin, mit Tropfen. **VORKOMMEN** August bis November selten einzeln, meist dicht büschelig oder in Reihen in Laub- und Nadelwäldern, an grasigen, krautreichen Waldwegen. **VERWENDUNG** Giftig; der Pilz galt früher als essbar, er enthält nach neueren Forschungsergebnissen aber einen erbgutschädigenden Stoff. **WISSENSWERTES** Der ganze Pilz färbt sich mit Eisensulfat langsam violett.

1

2

3

1 Büscheliger Rasling, Brauner Rasling

Lyophyllum decastes (Fr.: Fr.) Sing., *Lyophyllum aggregatum* (Schaeff.) Kuehn. *Tricholomataceae*

HUT 3–7(–15) cm breit, gewölbt bis ausgebreitet, bisweilen wellig verbogen; Oberfläche glatt, matt glänzend, feucht etwas schmierig, braun, graubraun bis schwärzlichbraun; Haut abziehbar; Rand anfangs nach unten gebogen. **LAMELLEN** ausgebuchtet angewachsen, bisweilen etwas herablaufend, weißlich mit ockerlichem Schein. **STIEL** 5–12 cm lang, bis 1,5 cm breit, zylindrisch, verbogen, elastisch, längsfaserig, weißlich bis hellbräunlich, meist büschelig verwachsen. **FLEISCH** fest und etwas zäh, weißlich; Geruch unbedeutend, nicht mehlartig, Geschmack mild. **SPORENPULVER** weiß. **SPOREN** 5,5–7 × 5–6,5 µm. **VORKOMMEN** September bis November in Wäldern, an Wegrändern, in Parks und auf Wiesen. **VERWENDUNG** Essbar. **WISSENSWERTES** Vom Büschel-Rasling sind verschiedene Varianten bekannt, die sich in Habitus, Hutfarbe und Konsistenz unterscheiden. Da unter dem Mikroskop kaum Trennungsmerkmale festzustellen sind, wird von einigen Autoren nur eine Art anerkannt. Alle Varianten sind essbar.

VERWECHSLUNG MIT GIFTPILZEN Kann von unerfahrenen Sammlern mit dem ▸ **Riesen-Rötling (S. 238/2)** verwechselt werden; dessen Hut hat ebenfalls einen matten Glanz, ist aber in der Regel heller.

Riesen-Rötling

2 Gerberei-Rasling, Gerberei-Schwärzling

Lyophyllum leucophaeatum (Karst.) Karst. *Tricholomataceae*

HUT 3–8 cm breit, gewölbt, später ausgebreitet, mit flachem Buckel; Oberfläche eingewachsen-faserig, matt, beigebraun-graubräunlich; Rand lange eingerollt. **LAMELLEN** am Stiel ausgebuchtet angewachsen, eng stehend, gelbbräunlich, auf Druck erst tiefblau verfärbend, dann schwärzend; Schneiden wellig. **STIEL** 3–8(–10) cm lang, 0,5–1 cm breit, zylindrisch, alt ausgestopft bis hohl, graubraun, fein mehlig bereift; Basis mit weißem Myzelfilz. **FLEISCH** blassgrau, im Schnitt sofort tiefblau, dann schwarz verfärbend; Geruch unbedeutend, Geschmack mild. **SPORENPULVER** blass cremefarben. **SPOREN** 6–8 × 3–4 µm. **VORKOMMEN** Spätsommer bis Herbst in Laub- und Nadelwäldern, gern an Waldwegen und Waldrändern; selten. **VERWENDUNG** Kein Speisepilz.

3 Wurzel-Graublatt

Lyophyllum rancidum (Fr.) Sing., *Tephrocybe rancida* (Fr.) Donk. *Tricholomataceae*

HUT 2–5 cm breit, anfangs gewölbt, später ausgebreitet, stumpf gebuckelt; Oberfläche grau bis graubraun, glatt, eingewachsen radialfaserig, bisweilen weißlich bereift, nicht hygrophan; Rand scharf. **LAMELLEN** am Stiel ausgebuchtet angewachsen, grau. **STIEL** bis 10 cm lang, bisweilen exzentrisch, Stielbasis weißfilzig, bis 5 cm wurzelartig verlängert, hohl, grau bis graubraun. **FLEISCH** dünn, weißlich; Geruch stark ranzig, Geschmack mehlartig-ranzig. **SPORENPULVER** weiß. **SPOREN** 7–8 × 3–4 µm, elliptisch, glatt, mit Tropfen. **VORKOMMEN** Im Herbst einzeln bis gesellig in Laub- und Nadelwäldern, in Süddeutschland verbreitet, im Norden und Osten seltener. **VERWENDUNG** Kein Speisepilz. **WISSENSWERTES** *Lyophyllum rancidum* ist die einzige *Lyophyllum*-Art mit wurzelndem Stiel. An diesem Merkmal ist das Wurzel-Graublatt leicht zu erkennen. Wichtig für die Bestimmung ist auch der stark mehlartig-ranzige Geruch und Geschmack.

1

2

3

GATTUNG **Calocybe (Schönköpfe)**
FAMILIE *Tricholomataceae*
Die Gattung *Calocybe* ist vielgestaltig. Pilze ritterlings- oder rüblingsähnlich; Hüte weiß bis lebhaft gefärbt; Lamellen gedrängt. Gattung mit etwa zehn Arten.

1 Maipilz, Mai-Ritterling, Mai-Schönkopf

Calocybe gambosa (Fr.) Sing., *Tricholoma georgii* (Clus.: Fr.) Quél.
Tricholomataceae

HUT 3–10(–12) cm breit, jung halbkugelig, später abgeflacht, oft wellig verbogen, fleischig; Oberfläche kahl, glatt, weißlich, cremeweiß bis grau-bräunlich; Rand jung eingerollt und lange eingebogen. **LAMELLEN** schmal, dicht stehend, am Stiel etwas ausgebuchtet, auch mit kurzem Zähnchen herablaufend, weißlich, später cremefarben. **STIEL** 5–8 cm lang, 1–2 cm breit, voll, fest, zylindrisch, an der Spitze etwas faserig, weißlich-elfenbeinfarben. **FLEISCH** dick, fest, weißlich, im Schnitt nicht rötend; mit starkem Mehlgeruch, Geschmack mehlartig. **SPORENPULVER** weiß. **SPOREN** 4–6 × 2–3,5 µm. **VORKOMMEN** April bis Juni an grasigen Stellen in Laubwäldern, an Waldrändern, im Gebüsch, auf Wiesen und in Parks, oft in Reihen und Ringen. **VERWENDUNG** Essbar. **WISSENSWERTES** Der Pilz ist in Form und Farbe recht vielgestaltig, verschiedene Varietäten sind beschrieben. **VERWECHSLUNG MIT GIFTPILZEN** Mit dem in ganz Europa verbreiteten, sehr giftigen ▸ **Ziegelroten Risspilz (S. 336/2)**, der jung ebenfalls einen weißen Hut hat, aber nicht nach Mehl riecht. Auf Druck und mit zunehmender Reife nimmt er eine ziegelrote Farbe an.

Ziegelroter Risspilz

2 Dottergelber Schönkopf

Calocybe chrysenteron (Bull.: Fr.) Sing. ex Bon
Tricholomataceae

HUT 2–6 cm breit, jung halbkugelig bis glockig, später ausgebreitet, bisweilen niedergedrückt; Oberfläche seidenmatt, feinfaserig, goldgelb bis dottergelb; Rand anfangs eingerollt, glatt. **LAMELLEN** am Stiel ausgebuchtet angewachsen, goldgelb; Schneiden glatt. **STIEL** bis 6 cm lang, zylindrisch, oft zur Basis hin verjüngt, meist kürzer als der Hut breit, voll, später hohl, fein längsfaserig, goldgelb. **FLEISCH** dünn, hell zitronengelb; Geruch mehlartig, Geschmack mild, bei längerem Kauen bitter. **SPORENPULVER** weiß. **SPOREN** 3–4,5 × 2–3 µm. **VORKOMMEN** August bis Oktober oft truppweise in Laub- und Nadelwäldern, gern an grasigen Waldwegen; selten. **VERWENDUNG** Kein Speisepilz.

3 Veilchenblauer Schönkopf

Calocybe ionides (Bull.: Fr.) Donk *Tricholomataceae*

HUT 3–5 cm breit, gewölbt bis ausgebreitet, mit stumpfem Buckel; Oberfläche matt, glatt, blauviolett, alt ausblassend; Rand bereift. **LAMELLEN** ausgebuchtet, weiß-cremefarben. **STIEL** 3–6 cm lang, bis 7 mm breit, hutfarben, Spitze weiß; Basis weißfilzig. **FLEISCH** weißlich; Geruch nach Mehl, Geschmack mild. **SPORENPULVER** weiß. **SPOREN** 5–6 × 2–3 µm. **VORKOMMEN** Juli bis Oktober meist gesellig in feuchten Laub- und Nadelwäldern auf kalkhaltigen Böden. **VERWENDUNG** Kein Speisepilz. **WISSENSWERTES** Auf Wiesen und Weiden wächst der **Fleischrötliche Schönkopf** *(Calocybe carnea)* mit fleischrosafarbenem Hut und Stiel.

1

2

3

1 Stäubender Zwitterling

Nyctalis asterophora Fr., *Asterophora lycoperdoides* (Bull.) Ditmar in Link *Tricholomataceae*

HUT 0,5–2 cm breit, anfangs halbkugelig, später gewölbt; Oberfläche jung weißlich-cremefarben, mehlig, dann bräunlich, in Chlamydosporen zerfallend; Rand lange eingerollt. **LAMELLEN** dicklich, entfernt stehend, blass, oft unvollständig, nur als dicke Falten ausgebildet oder gänzlich fehlend. **STIEL** 1–3 cm lang, zerbrechlich, zylindrisch verbogen, alt hohl, weißlich, feinflaumig-mehlig. **FLEISCH** blass; Geruch unangenehm ranzig-fischartig. **SPOREN** 3–6 × 2–4 µm, breitelliptisch, oft fehlend; Chlamydosporen größer, kugelig, warzig-stumpfstachelig, bräunlich. **VORKOMMEN** Sommer bis Herbst meist büschelig parasitisch auf alten faulenden Fruchtkörpern von Milchlingen und Täublingen. **VERWENDUNG** Kein Speisepilz. **WISSENSWERTES** Die Gattung **Zwitterlinge** *(Nyctalis)* enthält kleine, weißliche, parasitisch auf modernden Fruchtkörpern wachsende Pilzchen, die auf der Hutoberfläche Chlamydosporen bilden, durch welche die Pilze sich verbreiten.

2 Beschleierter Zwitterling

Nyctalis parasitica (Bull.: Fr.) Fr., *Asterophora parasitica* (Bull.: Fr.) Sing *Tricholomataceae*

HUT 0,5–2 cm breit, jung kegelig bis halbkugelig, später +/– ausgebreitet; Oberfläche seidig faserig, weißlich, alt grau bis graubraun. **LAMELLEN** am Stiel +/– breit angewachsen, breit, sehr entfernt stehend, weißlich bis graulich-graubräunlich. **STIEL** 1–3 cm lang, 2–3 mm breit, zylindrisch, auf graubraunem Grund weißlich überfasert; Basis bisweilen weißfilzig. **FLEISCH** dünn; Geruch unangenehm bis mehlartig, Geschmack mehlartig. **SPORENPULVER** weiß. **SPOREN** 5–6 × 3–4 µm, elliptisch; Chlamydosporen größer, spindelförmig. **VORKOMMEN** Sommer bis Herbst meist gesellig in Gruppen parasitisch auf faulenden, feucht liegenden Pilzen aus der Familie der *Russulaceae;* selten. **VERWENDUNG** Kein Speisepilz.

3 Rötender Gabelblättling

Cantharellula umbonata (Gmelin: Fr.) Sing., *Cantharellus umbonatus* Gmel.: Fr. *Tricholomataceae*

HUT 2–4 cm breit, jung gewölbt, mit eingerolltem Rand, bald trichterig-kreiselförmig, oft mit kleinem Buckel; Oberfläche trocken, angedrückt schuppig, etwas schorfig, grau, graubraun oder violettlich; Rand alt wellig, schwach gekerbt. **LAMELLEN** am Stiel herablaufend, vor dem Hutrand gegabelt, dicklich, wachsartig, weiß, cremeweiß, auf Druck nach einiger Zeit rötend (Name!). **STIEL** 3–7 cm lang, 2–6 mm breit, zylindrisch, alt hohl, blasser als der Hut. **FLEISCH** dünn, weißlich, unter der Huthaut blassgrau, an Bruchstellen und im Schnitt oft langsam rötend; Geruch unbedeutend, Geschmack mild, fade. **SPORENPULVER** weiß. **SPOREN** 7–11 × 3–4 µm, spindelig bis elliptisch, glatt, hyalin, amyloid. **VORKOMMEN** September bis Oktober einzeln oder gesellig auf sauren Böden im Nadelwald auf Moospolstern, in feuchten Halbtrockenrasen, auf Sumpfwiesen, am Rand von Mooren; durch Verlust der Lebensräume allgemein rückläufig. **VERWENDUNG** Kein Speisepilz. **WISSENSWERTES** Pilze der Gattung **Wachstrichterlinge** *(Cantharellula)* haben einen trichterlingsartigen Habitus, ihr Hut ist nicht hygrophan, ihre Lamellen sind leistenförmig, mehrfach gegabelt. Der ähnliche **Blaugraue Gabeltrichterling,** auch **Blaugrauer Scheintrichterling** genannt *(Cantharellula obbata,* Synonym *Pseudoclitocybe obbata),* wächst auf Waldwiesen, er hat einen deutlichen Blausäuregeruch, sein Fleisch rötet nicht.

1

2

3

1 Kaffeebrauner Gabeltrichterling

Pseudoclitocybe cyathiformis (Bull.: Fr.) Sing. *Tricholomataceae*

HUT 3–8 cm breit, trichterförmig; Oberfläche kahl, glatt, hygrophan, matt bis glänzend, dunkel kastanienbraun, kaffeebraun, trocken milchkaffeebraun **(1a)**; Rand lange eingerollt, scharf, bisweilen schwach gerieft. **LAMELLEN** schmutzig graubeige, gedrängt, am Stiel herablaufend, oft gegabelt, teilweise anastomosierend **(1b)**. **STIEL** 5–8 cm lang, 0,5–1 cm breit, zylindrisch, bräunlich, teilweise weißlich überfasert; Basis meist verdickt, weißfilzig. **FLEISCH** dünn, wässrig, graubeige-bräunlich; Geruch schwach aromatisch, Geschmack mild, pilzartig. **SPORENPULVER** weißlich. **SPOREN** 8–12 × 5–7 µm, elliptisch, glatt, hyalin, mit Tropfen, amyloid. **VORKOMMEN** September bis November meist gesellig in Laub- und Nadelwäldern, an grasigen Waldwegen, auch auf kultivierten Böden und auf morschem Holz, in Europa weit verbreitet, ohne besondere Ansprüche an den Boden. **VERWENDUNG** Essbar. **WISSENSWERTES** Ein gut erkennbarer Herbstpilz. Zur Gattung *Pseudoclitocybe* gehören etwa drei Arten. Sie haben trichterlings- bis nabelingsförmige Fruchtkörper und stehen den Trichterlingen nahe, haben aber amyloide Sporen.

2 Riesen-Krempentrichterling

Leucopaxillus giganteus (Sibth.: Fr.) Sing., *Leucopaxillus cabdidus* (Bres.) Sing., *Aspropaxillus giganteus* (Sow.: Fr.) Kühn. & Mre. *Tricholomataceae*

HUT 10–20(–40) cm breit, bald trichterförmig, ohne Buckel; Oberfläche glatt, matt, trocken, wildlederartig, jung weißlich, später blass lederfarben; Haut abziehbar; Rand lange eingerollt, schwach gefurcht, im Alter hochgebogen und dünn. **LAMELLEN** am Stiel herablaufend, sehr dicht stehend, mit vielen Zwischenlamellen untermischt, bisweilen am Stielansatz gegabelt, schmutzig weißlich bis cremefarben, alt blass lederfarben, leicht ablösbar. **STIEL** 3–8(–12) cm lang, 2–4,5 cm breit, voll, fest, glatt, zylindrisch, Basis verdickt; jung weiß, später cremeocker bis braungelblich, schwach längsfaserig. **FLEISCH** dick, fest, weiß; Geruch mehlig-aromatisch, Geschmack mild, nussartig. **SPORENPULVER** weiß. **SPOREN** 6–7 × 3–4 µm, elliptisch, glatt, amyloid. **VORKOMMEN** Juli bis September gesellig, oft in Reihen und großen Ringen in montanen Fichten- und Mischwäldern, auf Waldwiesen, Almen, an Waldrändern. **VERWENDUNG** Essbar; wird jedoch nicht von jedermann vertragen.

VERWECHSLUNG MIT GIFTPILZEN Junge Exemplare können mit dem ▸ **Bleiweißen Firnistrichterling (S. 130/1)** und ähnlichen giftigen Trichterlingen verwechselt werden.

Bleiweißer Firnistrichterling

3 Bitterer Krempentrichterling

Leucopaxillus gentianeus (Quél.) Kotl., *Leucopaxillus amarus* (Alb. & Schw.: Fr.) Kühn. *Tricholomataceae*

HUT 5–10(–15) cm breit, gewölbt bis ausgebreitet; Oberfläche matt, trocken, rotbraun, alt ausblassend; Rand lange eingerollt. **LAMELLEN** am Stiel gerade angewachsen bis leicht herablaufend, dicht stehend, weißlich, alt braun fleckend. **STIEL** 4–8 cm lang, 1–2 cm breit, weiß, auf Druck bräunend. **FLEISCH** fest, weiß; Geruch mehlig, Geschmack sofort sehr bitter. **SPORENPULVER** weiß. **SPOREN** 4–6 × 3,5–5,5 µm, elliptisch, amyloid. **VORKOMMEN** August bis November auf sauren Böden in Nadelwald und Laubwäldern, selten, in Deutschland nur im Süden. **VERWENDUNG** Kein Speisepilz.

1a

1b

2

3

GATTUNG **Melanoleuca (Weichritterlinge)**
FAMILIE *Tricholomataceae*

Die Gattung umfasst etwa 35 Arten. Sie haben flache, breite, fleischige, ritterlingsähnliche Fruchtkörper, ihre Lamellen sind am Stiel ausgebuchtet angewachsen. Stiel ohne Ring. Die Sporen sind warzig, amyloid, ohne Keimporus. Weichritterlinge sind gut erkennbar. Die Gattung ist aber noch unzureichend erforscht; auch wenn bislang keine Giftpilze darunter bekannt sind, ist wegen der schwierigen Bestimmbarkeit der einzelnen Arten Vorsicht angezeigt.

1 Almen-Weichritterling, Alpen-Weichritterling

Melanoleuca subalpina (Britz.) Brsky. & Stgl. *Tricholomataceae*

HUT 6–10(–12) cm breit, bald flach, mit Buckel, jung weißlich bis blass ockerlich, Mitte dunkler; Oberfläche glänzend, alt feldrig aufgerissen. **LAMELLEN** am Stiel ausgebuchtet angewachsen, weiß-cremefarben, alt ockerlich. **STIEL** bis 8 cm lang, bis 1 cm breit, zylindrisch, voll, weißlich-ocker, gestreift; Basis verdickt, weißfilzig. **FLEISCH** in der Hutmitte dick, weich, weiß. **SPORENPULVER** cremeweiß. **SPOREN** 8–11 × 4–6 µm. **VORKOMMEN** Vom Frühling bis zum Herbst einzeln bis gesellig auf Bergwiesen und alpinen Weiden. **VERWENDUNG** Essbar.

2 Raufuß-Weichritterling

Melanoleuca verrucipes (Fr. in Quél.) Sing. *Tricholomataceae*

HUT 8–10(–15) cm breit, bald flach ausgebreitet, mit niedergedrückter Mitte, oft mit Buckel; Oberfläche trocken, lederig, glatt, matt, weiß, alt cremefarben, Buckel etwas dunkler bis bräunlich; Rand jung eingerollt, alt zurückgezogen. **LAMELLEN** am Stiel ausgebuchtet angewachsen, mit Zahn kurz herablaufend, untermischt, fast eng stehend, bauchig, jung weißlich bis gelblich weiß. **STIEL** 5–15 cm lang, 0,5–1,5 cm breit, zylindrisch, markig gefüllt; Oberfläche grob längsgerieft, weiß, alt weißgelb, gänzlich mit kleinen, dunkelbraunen bis schwarzbraunen, nicht abwischbaren Pusteln besetzt **(2a)**; an der Basis knollig verdickt (bis 3 cm), mit Myzel- und Substratresten. **FLEISCH** fest, weiß; Geruch süßlich-anisartig, später etwas unangenehm, Geschmack angenehm, mild, nussartig. **SPORENPULVER** weiß. **SPOREN** 8–10 × 4–5,5 µm, elliptisch, feinwarzig, amyloid. **VORKOMMEN** Mai bis Oktober meist gesellig in Gärten, Wäldern und auf Weiden, an Holzlagerplätzen und auf Rindenmulch; selten, scheint jedoch in jüngster Zeit in Ausbreitung begriffen. **VERWENDUNG** Essbar.

3 Kurzstieliger Weichritterling

Melanoleuca brevipes (Bull.: Fr.) Pat. *Tricholomataceae*

HUT 4–8 cm breit, gewölbt bis flach, +/– gebuckelt bis niedergedrückt; Oberfläche etwas hygrophan, kahl, eingewachsen faserig, graubraun-porphyrbraun; Rand lange heruntergebogen. **LAMELLEN** am Stiel ausgebuchtet angewachsen bis schwach herablaufend, sehr gedrängt stehend, jung weißlich, grauweißlich, alt grau. **STIEL** kurz, 2–4 cm lang, bis 2 cm breit, längsfaserig, etwas keulig, graubraun. **FLEISCH** weich, weißlich, im Stiel bräunlich; Geruch pilzartig, Geschmack angenehm, mild. **SPORENPULVER** blass cremefarben. **SPOREN** 7–9 × 4,5–7 µm, elliptisch, warzig, hyalin. **VORKOMMEN** Mai bis Dezember einzeln bis gesellig an grasigen Plätzen, auf Wiesen, Weiden, an Wegrändern, in Parkanlagen. **VERWENDUNG** Essbar. **WISSENSWERTES** Auffällige Merkmale sind der düstere, graubraune Hut und der kurze Stiel, nach dem der Pilz seinen Namen erhalten hat.

1

2a

2b

3

1 Gemeiner Weichritterling

Melanoleuca melaleuca (Pers.: Fr.) Murr., *Melanoleuca vulgaris* (Pat.) Pat. *Tricholomataceae*

HUT 4–8(–10) cm breit, anfangs gewölbt, dann ausgebreitet, +/– gebuckelt bis niedergedrückt; Oberfläche hygrophan, glänzend, grauschwarz bis schwarzbraun. **LAMELLEN** am Stiel ausgebuchtet bis angewachsen, gedrängt stehend, jung weißlich. **STIEL** 5–7(–10) cm lang, 0,5–1 cm breit, längsfaserig, dunkelbraun, schwach keulig. **FLEISCH** weich, weißlich, im Alter dunkler, in der Stielbasis bräunlich; Geruch und Geschmack unbedeutend. **SPORENPULVER** weißlich. **SPOREN** 7–9 × 4–5,5 µm, elliptisch, warzig, hyalin. **VORKOMMEN** September bis November einzeln bis gesellig in Laub- und Nadelwäldern an grasigen Plätzen, gern an Wegrändern; weit verbreitet. **VERWENDUNG** Essbar, aber nicht besonders schmackhaft. **WISSENSWERTES** Die Gattung enthält einige Arten, die noch unzureichend geklärt sind; auch wenn bislang keine Giftpilze darunter bekannt sind, ist wegen der schwierigen Bestimmbarkeit für Speisepilzsammler Vorsicht angezeigt.

2 Frühlings-Weichritterling, Falber Weichritterling

Melanoleuca cognata (Fr.) Konr. & Maubl. *Tricholomataceae*

HUT 4–10(–15) cm breit, jung gewölbt, stumpf gebuckelt, später abgeflacht; Oberfläche glatt und seidenmatt, fühlt sich fettig an, bei Regen schmierig, hellbraun, ockerbraun, graubräunlich, Mitte dunkler; Huthaut bis zur Hälfte abziehbar; Rand anfangs eingebogen. **LAMELLEN** am Stiel ausgebuchtet, mit Zähnchen angewachsen, breit, gedrängt, untermischt, jung graulich-cremefarben, alt satt ocker. **STIEL** 6–10 cm lang, 0,5–1,5 cm breit, ausgestopft, zylindrisch, schlank, heller als der Hut, faserig gestreift; Basis verdickt, weißfilzig. **FLEISCH** zart, weich, cremefarben, blassgelblich; Geruch schwach, Geschmack mild. **SPORENPULVER** cremefarben. **SPOREN** 9–10 × 5,5–6 µm, elliptisch, feinwarzig, hyalin, mit Tropfen. **VORKOMMEN** April bis Juni, seltener vom Sommer bis zum Herbst einzeln oder gesellig in Laub- und Nadelwäldern, gern an Waldwegen, unter Reisighaufen und an grasigen Plätzen; verbreitet. **VERWENDUNG** Essbar. **WISSENSWERTES** Zur Haupterscheinungszeit im Frühjahr ist der Pilz kaum zu verwechseln.

3 Wurzel-Möhrling, Doppelring-Trichterling

Catathelasma imperiale (Quél.) Sing., *Biannularia imperialis* (Quél.) Beck *Tricholomataceae*

HUT 7–20 cm breit, jung gewölbt, später ausgebreitet, selten schwach trichterig, kompakt; Oberfläche trocken, faserschuppig, zur Mitte schuppig-schollig, blassbraun bis dunkelbraun; Rand lange eingerollt und faserig-fetzig behangen. **LAMELLEN** am Stiel herablaufend, dicht stehend, schmal, einzelne gegabelt, cremefarben, bisweilen an den Schneiden schwärzend. **STIEL** 5–12 cm lang, 2,5–5 cm breit, voll, starr, über dem doppelten Ring weiß, darunter häutig-fetzig, +/– gebändert, schmutzig cremefarben bis blass ockerfarben; Basis zugespitzt, bisweilen wurzelnd. **FLEISCH** hart, kompakt, weiß; Geruch und Geschmack mehlig-gurkenartig. **SPORENPULVER** weißlich. **SPOREN** 11–13 × 5–6 µm, länglich elliptisch, glatt, hyalin, mit Tropfen. **VORKOMMEN** Sommer bis Herbst einzeln bis gesellig in grasigen Gebirgsnadelwäldern und auf Almweiden, auf Kalkböden; als Seltenheit zu schonen; fehlt im Norden. **VERWENDUNG** Essbar. **WISSENSWERTES** Mit seiner stattlichen Gestalt, seinem Mehlgeruch, dem kräftigen Hut mit lange eingebogenem Rand und dem breiten Stiel mit doppeltem Ring ist dieser einzige Pilz der Gattung *Catathelasma* leicht zu erkennen.

1

2

3

1 Ohrförmiger Seitling

Phyllotus porrigens (Pers.: Fr.) Karst., *Pleurocybella porrigens* (Pers.: Fr.) Sing., *Nothopanus porrigens* (Pers.) Sing. *Tricholomataceae*

HUT 2–10 cm vom Substrat abstehend, 2–5 cm breit, spatelförmig bis muschelförmig, zungenförmig oder ohrartig gewunden (Name!), stiellos angewachsen, meist büschelig; Oberfläche glatt, weiß, im Alter gilbend; Rand jung eingebogen, später gewellt und gelappt, glatt, scharf. **LAMELLEN** dicht stehend, von der Anwachsstelle radial ausgebreitet, weißlich-elfenbeinfarben **(1b)**. **FLEISCH** dünn, zäh, weiß; Geruch pilzartig, Geschmack unbedeutend. **SPORENPULVER** weiß. **SPOREN** 5–7 × 4,5–6,5 µm, fast kugelig, glatt, hyalin, inamyloid. **VORKOMMEN** Sommer bis Herbst meist büschelig gedrängt oder dachziegelig an morschem Nadelholz, an Stümpfen und am Boden liegenden Stämmen in Berg-Nadelwäldern; im Schwarzwald und im Alpenraum verbreitet, sonst selten, fehlt im Norden; der Pilz kann auch an feucht liegendem verbautem Holz erscheinen. **VERWENDUNG** Kein Speisepilz. **WISSENSWERTES** *Phyllotus porrigens* ist die einzige Art der Gattung. Viel kleiner sind die im Winterhalbjahr oft in großen Mengen an Ästen und Zweigen von am Boden liegenden Nadelhölzern erscheinenden Fruchtkörper des ▸ **Milden Zwergknäuelings (S. 192/1)**; ihre Huthaut ist gummiartig abziehbar. Verwechslungen sind auch möglich mit dem ▸ **Gallertfleischigen Stummelfüßchen (S. 334/1)**, das ebenfalls eine gelatinöse Huthaut hat.

2 Gelbknolliger Sklerotienrübling

Microcollybia cookei (Bres.) Lennox *Tricholomataceae*

HUT bis 2 cm breit, abgeflacht, bisweilen schwach genabelt, weißlich, Mitte dunkler, gelbbräunlich. **LAMELLEN** am Stiel breit angewachsen, dicht stehend, weiß. **STIEL** 1–4 cm lang, dünn, Basis filzig, mit einem 2–5 mm breiten gelblichen Sklerotium. **FLEISCH** unbedeutend; ohne auffälligen Geruch und Geschmack. **SPOREN** 3,5–5 × 2,5–3,5 µm. **VORKOMMEN** Sommer bis Herbst in feuchten Wäldern gesellig bis rasig auf Resten faulender Blätterpilze und auf dabeiliegenden moderigen Pflanzenresten. **VERWENDUNG** Unbedeutend. **WISSENSWERTES** Die Gattung der **Sklerotienrüblinge** *(Microcollybia)* enthält mehrere kleine Arten, die auf faulenden, meist vorjährigen Blätterpilzen oder moderigen Pflanzenresten wachsen. Sehr ähnlich ist der ▸ **Braunknollige Sklerotienrübling (S. 182/1)** mit dunkelbraunen bis rotbraunen Sklerotien.

3 Seidiger Sklerotienrübling

Microcollybia cirrhata (Pers.) Lennox, *Collybia cirrhata* (Schum.: Fr.) Kumm. *Tricholomataceae*

HUT bis 1,5 cm breit, jung halbkugelig, alt ausgebreitet-vertieft, feinfilzig, weißlich, Mitte blassbräunlich; Rand gerieft. **LAMELLEN** am Stiel angewachsen, weiß. **STIEL** bis 2 cm lang, dünn, Basis ohne Sklerotium. **FLEISCH** dünn; Geruch und Geschmack unbedeutend. **SPOREN** 3,5–5,5 × 2–3 µm. **VORKOMMEN** Sommer bis Herbst auf Resten faulender Blätterpilze der Gattungen *Lactarius* und *Russula* in Mooren, zwischen Heidelbeeren, Rauschbeeren und Moosen, bisweilen scheinbar auf Waldboden. **VERWENDUNG** Unbedeutend. **WISSENSWERTES** Ein hübscher, äußerst seltener Verwandter ist der **Traubenstielige Sklerotienrübling** *(Microcollybia racemosa)*. Dieser Pilz wurde erst wenige Male in Deutschland gefunden. Er wächst ebenfalls auf alten, faulenden Pilzfruchtkörpern und Pflanzenresten. Sein Hut ist 0,3–1 cm breit, schmutzig weiß bis grau. Bemerkenswert ist der 2–5 cm lange Stiel mit zahlreichen kurzen, abstehenden Seitenverzweigungen, die am Ende zum Teil ein schleimiges weißliches Köpfchen tragen. Die Sklerotien sind schwärzlich und fast kugelig geformt.

1a

1b

2

3

1 Braunknolliger Sklerotienrübling

Microcollybia tuberosa (Bull.: Fr.) Lennox, *Collybia tuberosa* (Bull.: Fr.) Kumm. *Tricholomataceae*

HUT bis 1,5 cm breit, dünn, flach gewölbt, bisweilen schwach genabelt; Oberfläche matt, seidig, weißlich, Mitte gelbbräunlich; Rand nach unten gebogen. **LAMELLEN** ausgebuchtet angewachsen, breit, weißlich-cremefarben. **STIEL** bis 5 cm lang, zylindrisch, weiß bis blassbräunlich, glatt, röhrig; Basis mit einem länglichen, rotbraunen, glänzenden, innen weißlichen Sklerotium verbunden. **FLEISCH** häutig; Geruch und Geschmack unbedeutend. **SPORENPULVER** weiß. **SPOREN** 4–6 × 2–3 µm, elliptisch, glatt, hyalin. **VORKOMMEN** August bis November gesellig auf faulenden Resten abgestorbener Milchlinge und Täublinge. **VERWENDUNG** Unbedeutend.

GATTUNG **Collybia (Rüblinge)**
FAMILIE *Tricholomataceae*

Etwa 40 Arten. Bestes Kennzeichen ist die knorpelig-zähe oder elastische Konsistenz der Fruchtkörper. Hüte mittelgroß, teilweise hygrophan. Ring oder Volva fehlen. Sporenpulver weiß bis cremeocker.

2 Brennender Rübling

Collybia peronata (Bolt.: Fr.) Sing., *Marasmius peronatus* (Bolt.: Fr.) Fr. *Tricholomataceae*

HUT 3–5(–7) cm breit, anfangs gewölbt, später flach mit kleinem Buckel; Oberfläche kahl bis fein radialfaserig, hellbraun, blass rötlich braun, bisweilen mit gelblichem Ton, bei Trockenheit hell semmelfarben; Rand scharf, lange abwärts gebogen, alt bisweilen schwach gekerbt bis runzelig, wellig-schlaff. **LAMELLEN** ausgebuchtet bis angewachsen, ziemlich entfernt stehend, mit Zwischenlamellen, blassgelb bis gelbbraun, auch mit Lilaton; Schneiden hell. **STIEL** 4–7 cm lang, 3–5 mm breit, zylindrisch, nach unten leicht verbreitert, zäh, elastisch; Basis und bisweilen auch der untere Teil des Stiels mit dichtem, gelblichem oder weißlichem Myzelfilz überzogen. **FLEISCH** dünn, alt zäh, lederig, weißlich bis blassgelb; Geruch angenehm, Geschmack zuerst mild, nach einigem Kauen brennend scharf. **SPORENPULVER** cremefarben. **SPOREN** 6–8 × 3–4 µm, elliptisch, glatt, hyalin. **VORKOMMEN** Juli bis Oktober meist gesellig bis truppweise auf Blättern und Nadeln in Laub- und Nadelwäldern, sehr oft in Buchenwäldern; in Europa weit verbreitet. **VERWENDUNG** Kein Speisepilz.

3 Striegeliger Rübling

Collybia hariolorum (Bull.: Fr.) Quél. *Tricholomataceae*

HUT 2–5 cm breit, konvex bis abgeflacht, bisweilen mit stumpfem Buckel; Oberfläche glatt, matt, cremefarben bis blassbräunlich, Mitte mehr rötlich braun; Rand feucht kurz gerieft, scharf. **LAMELLEN** ausgebuchtet angewachsen, etwas gedrängt, schmal; Schneiden glatt. **STIEL** bis 6 cm lang, bis 0,5 cm breit, voll bis hohl, weißlich bis blassgelblich, feinfilzig, im unteren Teil meist deutlich striegelig **(3a)**. **FLEISCH** blass; Geruch stark nach faulendem Kohl, Geschmack nach altem Kohl. **SPORENPULVER** weißlich-cremefarben. **SPOREN** 6–8 × 3–3,5 µm, zylindrisch-elliptisch, glatt, hyalin. **VORKOMMEN** Mai bis September gesellig, meist büschelig in Laubwäldern. **VERWENDUNG** Giftig; verursacht Verdauungsstörungen. **WISSENSWERTES** Der Striegelige Rübling ist durch den unangenehmen Geruch und seine striegelige Stielbasis gut erkennbar. Der ähnliche, essbare ▸ **Waldfreund-Rübling (S. 184/2)** riecht schwach säuerlich.

1

2

3a

3b

1 Knopfstieliger Rübling

Collybia confluens (Pers.: Fr.) Kumm. *Tricholomataceae*

HUT 1,5–4 cm breit, dünn, gewölbt bis abgeflacht, mit flachem Buckel; Oberfläche glatt, matt, feucht blassocker, fleischbräunlich, trocken ausblassend; Rand alt wellig verbogen. **LAMELLEN** fast frei, auffallend dicht stehend, anfangs weißlich, später cremefarben, blass lederfarben bis rosabräunlich; Schneiden fein bewimpert (Lupe!). **STIEL** 4–10 cm lang, 3–7 mm breit, steif, hohl, glatt oder längsrillig, oft breit gedrückt, rotbräunlich-graulich, mit lilagrauer, feinflockiger Bereifung; Stielspitze am Lamellenansatz knopfförmig erweitert; Basis mit weißfilzigem Myzelgeflecht, Stiele oft büschelig verwachsen. **FLEISCH** dünn, zäh, creme-bräunlich; Geruch schwach aromatisch, Geschmack pilzartig, mild. **SPORENPULVER** weiß. **SPOREN** 7–10 × 3–4 µm, schmal tropfenförmig. **VORKOMMEN** Sommer bis Herbst in Büscheln, oft in Reihen oder Ringen, in Laub- und Nadelwäldern; in Mitteleuropa verbreitet. **VERWENDUNG** Kein Speisepilz. **WISSENSWERTES** Der Knopfstielige Rübling hat seinen Namen von der knopfartig erweiterten Stielspitze, die beim Ablösen des Hutes sichtbar wird. Der ähnliche **Büschel-Rübling** *(Collybia acervata)* wächst an Fichtenstümpfen.

2 Waldfreund-Rübling

Collybia dryophila (Bull.: Fr.) Kumm. *Tricholomataceae*

HUT 2–6 cm breit, anfangs gewölbt, dann ausgebreitet, dünn, alt oft wellig verbogen; Oberfläche glatt, kahl, hygrophan, Farbe variabel: gelblich, gelbbraun, fleischrötlich, mit dunklerer Mitte, bei Trockenheit ausblassend; Rand scharf, feucht bisweilen fein gerieft. **LAMELLEN** ausgebuchtet, mit Zähnchen angewachsen, sehr gedrängt, mit Zwischenlamellen, weißlich bis blassgelblich. **STIEL** 3–8 cm lang, 2–5 mm breit, schlank, kahl, zäh, hohl, blassgelb, gelblich-rot bis orange-bräunlich mit hellerer Spitze; Basis oft etwas filzig. **FLEISCH** dünn, blass, weißlich; Geruch schwach säuerlich, Geschmack mild. **SPORENPULVER** weiß. **SPOREN** 4–6 × 2–3 µm, elliptisch, glatt, hyalin, inamyloid. **VORKOMMEN** Mai bis Oktober einzeln, truppweise bis büschelig; in ganz Europa weit verbreitet und häufig in Laub- und Nadelwäldern, Parkanlagen und Gärten. **VERWENDUNG** Essbar, gut abkochen; empfindliche Personen sollten ihn meiden. **WISSENSWERTES** Die beschriebene Art ist sehr veränderlich und wird nicht immer sicher erkannt; verschiedene Varietäten sind bekannt.

VERWECHSLUNG MIT GIFTPILZEN Der giftige ▸ **Striegelige Rübling (S. 182/3)** riecht nach faulendem Kohl, sein Stiel ist im unteren Teil stark filzig.

Striegeliger Rübling

3 Gefleckter Rübling

Collybia maculata (Alb. & Schw.: Fr.) Kumm. *Tricholomataceae*

HUT 3–8(–12) cm breit, jung halbkugelig, später flach gewölbt; Oberfläche kahl, glatt, anfangs weiß-cremeweiß, allmählich mit rostigen Flecken bedeckt, besonders zur Mitte hin; Rand dünn, lange eingebogen, alt wellig. **LAMELLEN** am Stiel abgerundet angeheftet, dünn, sehr gedrängt, untermischt, weiß-cremefarben, später rostbraun fleckend; Schneiden schwach gekerbt. **STIEL** 6–10 cm lang, zäh, zylindrisch, oft verdreht, längsfaserig feinrillig, alt hohl, anfangs weißlich, später nach unten rostfleckig; Basis zugespitzt. **FLEISCH** in der Hutmitte dick, fest, weiß; Geruch streng, +/– holzartig, Geschmack bitter. **SPORENPULVER** cremerosa. **SPOREN** 5–6 × 4–5 µm. **VORKOMMEN** August bis November meist gesellig, oft in Ringen in Laub- und Nadelwäldern. **VERWENDUNG** Kein Speisepilz.

1

2

3

1 Horngrauer Rübling

Collybia butyracea (Bull.: Fr.) Kumm. var. *asema*
Tricholomataceae

HUT 4–7 cm breit, gewölbt-ausgebreitet, alt abgeflacht, meist stumpf gebuckelt; Oberfläche kahl, glatt, bei feuchter Witterung fettig glänzend, horngrau, graubraun, hygrophan, daher meist zweifarbig mit dunklerer Mitte und hellerem Rand. **LAMELLEN** am Stiel ausgebuchtet, gedrängt, weich, weiß; Schneiden leicht gekerbt. **STIEL** 3–8 cm lang, elastisch, hohl, zur Basis hin etwas keulig aufgeblasen, längsfaserig, graubräunlich-horngrau; Basis weißfilzig. **FLEISCH** dünn, elastisch, weiß; Geruch würzig, Geschmack mild. **SPORENPULVER** weißlich-cremefarben. **SPOREN** 6–7 × 3–3,5 µm, elliptisch, glatt, hyalin. **VORKOMMEN** Sommer bis Herbst bisweilen einzeln, meist gesellig in Laub- und Nadelwäldern ganz Europas. **VERWENDUNG** Essbar; die zähen Stiele nicht verwenden. **WISSENSWERTES** Ähnlich kann der auf Pappelblättern wachsende **Winter-Schüppling** *(Pholiota oedipus)* aussehen, sein Stiel trägt jedoch einen Ring; er ist kein Speisepilz.

VERWECHSLUNG MIT GIFTPILZEN ▸ Striegeliger Rübling (S. 182/3).

Striegeliger Rübling

2 Butter-Rübling, Kastanienroter Rübling

Collybia butyracea (Bull.: Fr.) Kumm. var. *butyracea*
Tricholomataceae

HUT 2–7 cm breit, gewölbt-ausgebreitet, alt abgeflacht, oft stumpf gebuckelt; Oberfläche hygrophan, kahl, glatt, feucht fettig glänzend, +/– rotbraun mit dunklerer Mitte; Rand jung eingerollt, alt oft hochgebogen. **LAMELLEN** am Stiel ausgebuchtet, schmal angeheftet, gedrängt, untermischt, weich, weiß bis schmutzig weiß; Schneiden fein gekerbt. **STIEL** 3–8 cm lang, 0,4–1 (Basis bis 2,5) cm breit, elastisch-zäh, hohl, zur Basis hin keulig aufgeblasen, rotbraun, weißlich faserig längs gestreift; Basis meist filzig. **FLEISCH** dünn, elastisch, weißlich, blass-rotbraun; Geruch angenehm würzig, Geschmack mild. **SPORENPULVER** weißlich-cremefarben. **SPOREN** 6–7 × 3–3,5 µm, elliptisch-tropfenförmig. **VORKOMMEN** Juli bis November meist gesellig, oft in Ringen in Laub- und Nadelwäldern, vorwiegend auf sauren, nährstoffarmen Böden. **VERWENDUNG** Essbar; die Stiele sind zäh. **WISSENSWERTES** Die Trennung der Spezies *Collybia butyracea* in zwei Varietäten wird nicht von allen Autoren akzeptiert.

VERWECHSLUNG MIT GIFTPILZEN Wie beim **▸ Horngrauen Rübling (siehe 1).**

3 Spindeliger Rübling, Spindelfüßiger Rübling

Collybia fusipes (Bull.:Fr.) Quél. *Tricholomataceae*

HUT 4–8 cm breit, jung kegelig bis gewölbt, bald unregelmäßig verbogen bis abgeflacht, bisweilen mit stumpfem Buckel; Oberfläche matt, hygrophan, rotbraun, oft mit dunkleren Flecken **(3b)**; Rand anfangs eingebogen, alt oft gelappt. **LAMELLEN** entfernt stehend, dick, mit Zwischenlamellen, anastomosierend, am Stiel tief ausgebuchtet und schmal angeheftet, grauweißlich bis blass rötlich braun, rostrot gefleckt **(3a)**; Schneiden glatt. **STIEL** 5–10 cm lang, 1–2 cm breit, spindelförmig, oft verdreht, knorpelig, runzelig gefurcht, zäh, alt hohl, tief wurzelnd, blass bis braunrot, zum Hut hin heller. **FLEISCH** dünn, zäh, weißlich bis blass cremefarben; Geruch schwach pilzartig, Geschmack mild. **SPORENPULVER** weiß. **SPOREN** 5–6,5 × 3–4 µm, elliptisch, glatt, hyalin. **VORKOMMEN** Juli bis Oktober meist büschelig an Wurzeln und Stümpfen alter Laubbäume, besonders an Eichen *(Quercus)*. **VERWENDUNG** Kein Speisepilz.

1

2

3a

3b

1 Kerbblättriger Rübling

Collybia prolixa (Hornem.: Fr.) Gill. *Tricholomataceae*

HUT 4–7(–10) cm breit, jung kegelig-glockig, alt ausgebreitet, mit Buckel; Oberfläche bei feuchter Witterung klebrig, glatt, kahl, rotbraun, Mitte dunkler; Rand scharf. **LAMELLEN** am Stiel ausgebuchtet angewachsen, sehr dicht stehend, weißlich-blasscreme; Schneiden stark gekerbt, alt rotbraun fleckend. **STIEL** 3–8(–12) cm lang, bis 1 cm breit, kahl, längs gefurcht, jung weißlich, alt blassbräunlich. **FLEISCH** dünn, weich, weiß; Geruch unauffällig, Geschmack mild. **SPORENPULVER** cremefarben. **SPOREN** 4–5,5 × 4–5 µm, breitelliptisch-rundlich. **VORKOMMEN** Sommer bis Herbst einzeln oder in kleinen Büscheln an morschem Nadelholz; selten. **VERWENDUNG** Kein Speisepilz. **WISSENSWERTES** Der ähnliche **Drehstielige Rübling** *(Collybia distorta)* hat einen meist verdrehten Stiel, seine Lamellen sind im Alter rostfleckig, die Sporen sind kleiner (3–4 µm breit). Man findet ihn meist auf oder bei morschen Stümpfen von Nadelbäumen in montanen Wäldern; er fehlt im Norden.

2 Astschwindling, Gemeiner Zwergschwindling

Marasmiellus ramealis (Bull.: Fr.) Sing. *Tricholomataceae*

HUT bis 1 cm breit, erst halbkugelig, bald gewölbt-ausgebreitet, alt schwach genabelt; Oberfläche matt, schmutzig weiß bis blass lehmfarben, in der Mitte oft etwas dunkler **(2b)**; Rand scharf, feucht runzelig gerieft. **LAMELLEN** entfernt stehend, untermischt, breit angewachsen, jung weißlich-cremefarben, später mit schmutzig rosa Ton **(2a)**. **STIEL** 1–2 cm lang, voll, elastisch, Spitze weißlich, nach unten dunkler bis rotbraun, schwach weißlich flockig. **FLEISCH** sehr dünn; Geruch unbedeutend, Geschmack etwas bitterlich moderig. **SPOREN** 8–11 × 2,5–4 µm, länglich elliptisch, glatt, hyalin. **VORKOMMEN** Juni bis Oktober in Regenperioden gruppenweise, oft in dichten Rasen, an morschen Laub- und Nadelholzästchen, gern in Reisighaufen; verbreitet. **VERWENDUNG** Unbedeutend. **WISSENSWERTES** Die **Zwergschwindlinge** *(Marasmiellus)* gleichen den Schwindlingen (Gattung *Marasmius*), von denen sie sich unter anderem durch das fehlende Wiederaufleben nach Eintrocknung unterscheiden. Die Gattung *Marasmiellus* enthält etwa zehn Arten.

3 Gemeiner Stinkschwindling

Micromphale foetidum (Sow.: Fr.) Sing., *Marasmius foetidus* (Sow.:Fr.) Fr. *Tricholomataceae*

HUT 1,5–3,5 cm breit, dünn, fast häutig, jung halbkugelig, später ausgebreitet mit niedergedrückter Mitte; feucht schmutzig rotbräunlich, deutlich radial gefurcht und bisweilen fast bis zur Mitte dunkler gestreift, trocken heller; Rand dünn, jung eingebogen, im Alter wellig verbogen. **LAMELLEN** entfernt stehend, breit angewachsen, bisweilen leicht herablaufend, am Grund mit Anastomosen, heller als der Hut; Schneiden blasser, glatt. **STIEL** 1,5–5 cm lang, oft breit gedrückt und verbogen, zur Basis verschmälert, elastisch, hohl, zäh, schwarzbraun, feinsamtig, Spitze heller. **FLEISCH** dünn, zäh-gelatinös, braunrötlich; Geruch und Geschmack nach faulem Kohl mit Lauchkomponente. **SPORENPULVER** weißlich. **SPOREN** 6–10 × 3–5 µm, elliptisch, glatt. **VORKOMMEN** Mai bis November gesellig bis fast büschelig auf morschen Ästen und Stümpfen von Hasel, Rotbuche, Esche und anderen Laubbäumen, gern an feuchten Stellen, auf Kalkböden. **VERWENDUNG** Kein Speisepilz. **WISSENSWERTES** Ähnlich ist der **Kohl-Stinkschwindling** *(Micromphale brassicolens)*, der jedoch auf modernden Buchenblättern wächst. Die Arten der Gattung *Micromphale* haben einen unangenehmen Geruch, der an faulenden Kohl erinnert; sie sind ungenießbar.

1

2a

2b

3

1 Nadel-Stinkschwindling

Micromphale perforans (Hoffm.: Fr.) Gray *Tricholomataceae*

HUT 0,5–1,5 cm breit, jung gewölbt, bald abgeflacht, Mitte leicht vertieft; Oberfläche matt, radial gefurcht-gerunzelt, trocken beigefarben, feucht fleischbräunlich. **LAMELLEN** entfernt stehend, untermischt, teils verkümmert, am Stiel angewachsen, hellbeige bis fleischfarben. **STIEL** bis 4 cm lang, 1–1,5 mm breit, elastisch, hohl, feinsamtig (Lupe!), schwarzbraun, Spitze heller; meist einzeln einer Fichtennadel aufsitzend. **FLEISCH** dünn; Geruch und Geschmack nach faulendem Kohl mit knoblauchartiger Komponente; der unangenehme Geruch verschwindet beim Trocknen. **SPORENPULVER** weiß. **SPOREN** 5–8 × 3–3,5 µm, elliptisch-tropfenförmig. **VORKOMMEN** Mai bis November meist scharenweise bis rasig auf Fichtennadeln. **VERWENDUNG** Unbedeutend. **WISSENSWERTES** Sehr ähnlich ist der ▸ **Rosshaar-Schwindling (S. 200/3);** er ist geruchlos und hat einen glatten, glänzenden, rosshaarähnlichen Stiel, die Lamellen sind am Stiel ohne Kollar angewachsen. Zu Verwechslungen Anlass geben könnte auch das ▸ **Käsepilzchen (S. 200/2);** dreht man jedoch dessen Hut um, sind alle Zweifel beseitigt: es ist leicht erkennbar an seinem kragenförmigen Kollar um den Stiel. Sein Geruch und Geschmack sind unbedeutend.

2 Erd-Muscheling, Erd-Muschelseitling

Hohenbuehelia geogenia (DC: Fr.) Sing. *Tricholomataceae*

HUT 4–10 cm breit, halbtrichterig, fächerförmig, zungenförmig; Oberfläche hellbeige-ockerbräunlich-dunkelbraun, jung leicht bereift, matt bis schwach glänzend; Rand dünn, jung eingerollt, später gewellt und gelappt, scharf. **LAMELLEN** sehr gedrängt, stark herablaufend, gegen den Stiel oft gabelig, anfangs weißlich, später cremefarben; Schneiden wellig gekerbt. **STIEL** 1–4(–6) cm lang, meist seitlich oder auch zentral stehend, zäh, weißlich. **FLEISCH** faserig, zäh, weiß; Geruch und Geschmack mehlartig. **SPORENPULVER** weißlich. **SPOREN** 5–8 × 3,5–5 µm, breitelliptisch, glatt, hyalin. **VORKOMMEN** Sommer bis Herbst büschelig auf dem Erdboden in Laub- und Nadelwäldern, in Gärten und Parkanlagen, bisweilen in großen Kolonien auf Holzabfällen oder auf im Boden vergrabenem Holz; als Seltenheit zu schonen. **VERWENDUNG** Essbar. **WISSENSWERTES** Alle **Muschelinge** *(Hohenbuehelia)* sind schwer bestimmbar und sollten nur von erfahrenen Pilzfreunden gesammelt werden. Es sind kleine bis mittelgroße, allesamt seltene Arten mit einer gelatinösen Schicht unter der Huthaut; meist sind sie stiellos oder seitlich gestielt. Am häufigsten ist der **Blaugraue Muscheling** *(Hohenbuehelia atrocoerulea)* anzutreffen; er ist kleiner als der Erd-Muscheling und wächst auf totem Laub- und Nadelholz.

3 Klebriger Schleierseitling

Tectella patellaris (Fr.) Murr. *Tricholomataceae*

FRUCHTKÖRPER 1–2 cm breit, umgekehrt-becherförmig aus dem Substrat hervorbrechend, jung von ocker-weißem Velum überzogen, das bald in Schüppchen zerreißt und die haselnussbraune Fruchtkörperoberfläche freigibt; Fruchtkörper +/– stielartig ausgezogen; Rand zottig, weiß. **LAMELLEN** gedrängt, jung von wattig-faserigem Velum bedeckt, dunkel ockergelb-bräunlich. **FLEISCH** dünn, ockergelblich, zäh, trocken knochenhart. **SPORENPULVER** weiß. **SPOREN** 3–4 × 1–1,5 µm, wurst- bis bohnenförmig, mit Tropfen. **VORKOMMEN** Ganzjährig an alten, abgestorbenen, noch stehenden Haselstämmen und -ästen *(Corylus avellana)*, auch an anderen Laubhölzern; sehr selten, in Deutschland sind nur wenige Fundorte bekannt. **VERWENDUNG** Unbedeutend. **WISSENSWERTES** Einzige Art der Gattung *Tectella*.

1

2

3

Gattung **Panellus (Zwergknäuelinge)**
Familie *Tricholomataceae*

Die Gattung umfasst etwa fünf kleine, dünnfleischige, auf Holz wachsende Arten; Stiel klein, seitlich sitzend oder fehlend. Sporen zylindrisch bis elliptisch, glatt, hyalin.

1 Milder Zwergknäueling

Panellus mitis (Pers.: Fr.) Sing., *Pleurotus mitis* (Pers.: Fr.) Quél., *Urosporellina mitis* (Pers.: Fr.) Kreisel *Tricholomataceae*

HUT 0,5–2(–3) cm breit, muschel- bis nierenförmig; Oberfläche matt, anfangs feinsamtig, hygrophan, jung weißlich mit schwachem Rosaton, später lehmfarben, zuletzt blass fleischbräunlich; Haut zäh, gummiartig dehnbar, abziehbar. **LAMELLEN** schmal, gedrängt, scharf vom Stielchen abgesetzt, jung weißlich, später blass rosaockerlich; Schneiden glatt, gelatinös, mit einer Pinzette als Faden abziehbar. **STIEL** kurz, fast fehlend, seitlich, nach oben verdickt, weißlich, mit Körnchen. **FLEISCH** dünn, zäh; Geruch pilzartig, Geschmack mild. **SPORENPULVER** weiß. **SPOREN** 3–5 × 1–1,3 µm. **VORKOMMEN** Oktober bis März an Nadelholz, meist gesellig an liegenden Stämmen und Ästen, weit verbreitet; erzeugt Braunfäule. **VERWENDUNG** Kein Speisepilz. **WISSENSWERTES** Ähnlich ist der zu den **Stummelfüßchen** *(Crepidotus)* gehörende **Schneeweiße Zwergseitling** *(Pleurotellus chioneus).* Er wächst an morschen Laubholz- und anderen Pflanzenresten.

2 Eichen-Zwergknäueling, Herber Zwergknäueling

Panellus stipticus (Bull.: Fr.) Karst. *Tricholomataceae*

HUT 1,5–4 cm breit, halbkreis- bis muschelförmig, abgeflacht; Oberfläche matt, fein kleiig-schuppig, schwach konzentrisch gezont, klebrig, bräunlich gelb, ockergelb, trocken blassbeige; Rand jung eingerollt, später wellig, gekerbt-gerillt. **LAMELLEN** dicht stehend, teilweise gegabelt, mit Anastomosen, deutlich vom kurzen Stielchen abgesetzt, zimtbräunlich bis hellbräunlich, klebrig anzufühlen. **STIEL** 0,5–2 cm lang, seitlich stehend, voll, elastisch, gegen die Lamellen verbreitert, hellbeige bis ockerbräunlich, feinkleiig. **FLEISCH** dünn, elastisch, blass ockerfarben; Geruch unbedeutend, Geschmack nach längerem Kauen herb, kratzend, bitter. **SPORENPULVER** weißlich. **SPOREN** 3–5,5 × 2–3 µm. **VORKOMMEN** Das ganze Jahr über büschelig oder dachziegelförmig, seltener einzeln an totem Holz von Laubbäumen, vorwiegend auf Schnittflächen alter Eichen- und Buchenstümpfe. **VERWENDUNG** Kein Speisepilz.

3 Violettblättriger Zwergknäueling

Panellus violaceofulvus (Batsch: Fr.) Sing., *Pleurotus violaceofulvus* (Batsch: Fr.) Pil. *Tricholomataceae*

HUT 0,5–2,5 cm breit, jung rundlich-haubenförmig, dann muschelförmig ausgebreitet; Oberfläche matt, feinfilzig, trocken, rotbraun, zur Anwachsstelle hin oft weiß bereift. **LAMELLEN** fast entfernt stehend, untermischt, violettbräunlich, zur Anwachsstelle konzentrisch zusammenlaufend; Schneiden glatt. **STIEL** kaum ausgebildet, Hüte meist stiellos am Holz angewachsen. **FLEISCH** sehr dünn; Geruch und Geschmack unbedeutend. **SPORENPULVER** weiß. **SPOREN** 6–10 × 2–4 µm, elliptisch, glatt, hyalin. **VORKOMMEN** Vom Winter bis zum Frühjahr, am leichtesten nach der Schneeschmelze, findet man die Pilzchen meist gesellig an Ästchen und Stämmchen der Weißtanne *(Abies alba);* selten. **VERWENDUNG** Kein Speisepilz.

1

2

3

1 Gelbstieliger Muschelseitling

Sarcomyxa serotina (Schrad.: Fr.) Karst., *Panellus serotinus* (Pers.: Fr.) Kuehn. *Tricholomataceae*

HUT 3–10 cm breit, muschel-, breit zungen- bis nierenförmig, Oberfläche trocken fein braunfilzig, später kahl, feucht schleimig-schmierig, olivgrün, olivgelb, gelbbraun, auch grauviolettlich; Rand jung eingerollt. **LAMELLEN** gedrängt stehend, gerade angewachsen oder etwas am Stiel herablaufend und +/– abgegrenzt, blassgelb bis ockergelb; Schneiden manchmal violettlich. **STIEL** 0,5–3 cm lang, 1–2 cm breit, randständig, gelb-ockerlich mit feinen bräunlichen Schuppen. **FLEISCH** blass, an der Anwachsstelle dick, zum Rand hin dünn; Geruch pilzartig, Geschmack mild bis etwas bitter. **SPORENPULVER** weiß. **SPOREN** 4,5–5,5 × 1–2 µm, zylindrisch, schwach gekrümmt. **VORKOMMEN** Oktober bis November und in milden Wintern gesellig bis dachziegelig auf lebenden oder abgestorbenen Stämmen und Stümpfen verschiedener Laubhölzer, selten an Nadelholz. **VERWENDUNG** Kein Speisepilz. **WISSENSWERTES** Vom ► **Austern-Seitling (S. 48/2),** mit dem der Pilz gern verwechselt wird, unterscheidet er sich durch die gelblichen Lamellen.

2 Buchen-Schleimrübling, Beringter Schleimrübling

Oudemansiella mucida (Schrad.: Fr.) v. Hoehn., *Mucidula mucida* (Schrad.: Fr.) Pat. *Tricholomataceae*

HUT 3–8(–12) cm breit, jung halbkugelig, später gewölbt; Oberfläche bei feuchter Witterung stark schleimig, weiß, alt ockerlich, besonders in der Hutmitte; Huthaut in feuchtem Zustand als gelatinöse Membran abziehbar; Rand runzelig gerieft. **LAMELLEN** am Stiel ausgebuchtet angewachsen, mit Zahn herablaufend, bauchig, entfernt stehend, weiß, alt ockerlich. **STIEL** 4–9 cm lang, 0,3–1 cm breit, schlank, weiß, unter dem Ring graulich, Ring häutig, oberseits fein gerieft; Basis keulig verdickt, graubräunlich. **FLEISCH** dünn, zäh, weiß; Geruch und Geschmack unbedeutend bis schwach krautartig. **SPORENPULVER** weiß. **SPOREN** 14–18 × 12–16 µm, rundlich, glatt, hyalin. **VORKOMMEN** September bis November bisweilen einzeln, meist büschelig an stehenden oder liegenden Stämmen und Ästen der Rotbuche *(Fagus sylvatica)*, oft hoch über dem Erdboden in luftiger Höhe; selten auf anderen Laubbäumen; verbreitet. **VERWENDUNG** Kein Speisepilz. **WISSENSWERTES** Zur Gattung *Oudemansiella* gehören nur zwei Arten. Nahe verwandt und früher in derselben Gattung vereint sind die Wurzelrüblinge.

3 Breitblättriger Rübling, Breitblattrübling

Megacollybia platyphylla (Pers.: Fr.) Kotl. & Pouz., *Collybia platyphylla* (Pers.: Fr.) Mos. *Tricholomataceae*

HUT 5–15 cm breit, anfangs halbkugelig bis glockig, später ausgebreitet, oft flach gebuckelt; Oberfläche eingewachsen radialfaserig, bisweilen etwas schuppig aufgerissen, graubraun, mitunter auch hell olivbräunlich oder schmutzig weißlich, bei Trockenheit vom Rand her strahlig eingerissen **(3a)**. **LAMELLEN** sehr breit, ausgebuchtet angeheftet, entfernt stehend, blassweißlich bis cremefarben. **STIEL** 5–15 cm lang, 1–2 cm breit, zylindrisch, jung voll, bald hohl, zäh, erst schmutzig weiß, später blassgrau, faserig gestreift, Spitze heller; an der Basis mit langen, weißen, verzweigten Myzelsträngen. **FLEISCH** dünn, weiß; Geruch unbedeutend, Geschmack mild bis etwas bitter. **SPORENPULVER** weiß. **SPOREN** 7–9 × 6–7 µm, breitelliptisch bis rundlich, glatt. **VORKOMMEN** Mai bis Oktober meist gesellig an morschen Laub- und Nadelholzstümpfen und an im Boden liegendem Holz. **VERWENDUNG** Kein Speisepilz.

1

2

3a

3b

1 Schwarzhaariger Wurzelrübling

Xerula melanotricha Doerf., *Oudemansiella badia* (Quél.) ss. auct.
Tricholomataceae

HUT bis 8 cm breit, bald flach ausgebreitet, bisweilen schwach gebuckelt; Oberfläche matt, samtig, dunkel rotbraun-schwarzbraun, Rand meist heller, mit 1–2 mm langen Borsten. **LAMELLEN** am Stiel ausgebuchtet, mit Zahn angewachsen, untermischt, entfernt stehend, cremeweiß. **STIEL** 5–15 cm lang, bis 2 cm breit, zylindrisch, zäh, steif, rotbraun-schwarzbraun, Spitze gelborange-orangebraun; Basis verdickt, spindelig, wurzelnd. **FLEISCH** dünn, weißlich; Geruch unbedeutend, Geschmack mild. **SPORENPULVER** weiß. **SPOREN** 9–12 × 10–11 µm. **VORKOMMEN** Juli bis Oktober einzeln, bisweilen gesellig im Berg-Nadelwald bei Stümpfen und Wurzeln von Weißtannen *(Abies alba),* auf Kalkböden; selten. **VERWENDUNG** Kein Speisepilz. **WISSENSWERTES** Ähnlich ist der **Braunhaarige Wurzelrübling** *(Xerula pudens).* Er wächst in Laubwäldern, seine Hutrandborsten sind kürzer als 1 mm. Die Arten der Gattung *Xerula* waren früher der Gattung *Oudemansiella* zugeordnet.

2 Grubiger Wurzelrübling, Wurzel-Schleimrübling

Xerula radicata (Relhan: Fr.) Doerf., *Oudemansiella radicata* (Relh.: Fr.) Sing. *Tricholomataceae*

HUT 3–8(–15) cm breit, jung kegelig-glockig, konvex, bald fast flach, meist mit Buckel; Oberfläche radialrunzelig-grubig, feucht schleimig-schmierig, trocken glänzend, milchkaffeebraun bis haselnussbraun; Huthaut abziehbar. **LAMELLEN** gerade angewachsen oder ausgebuchtet strichförmig herablaufend, entfernt stehend, mit Zwischenlamellen, am Grunde teilweise aderig, weiß; Schneiden weiß, bisweilen auch bräunlich. **STIEL** 8–20 cm lang, 0,5–2 cm breit, oft drehwüchsig und im Boden mit wurzelartiger spindeliger Verlängerung, graubräunlich, zur Spitze hin weißlich, längsstreifig bis schwach gefurcht. **FLEISCH** sehr dünn, weich, weiß; Geruch und Geschmack unbedeutend. **SPORENPULVER** weiß. **SPOREN** 13–16 × 9–11 µm. **VORKOMMEN** Juni bis Oktober einzeln bis gesellig auf oder neben alten Baumstümpfen oder am Boden auf vergrabenem Laubholz, bevorzugt von Buchen *(Fagus sylvatica).* **VERWENDUNG** Essbar. **WISSENSWERTES** Leicht erkennbare Art. Ebenfalls an Holz wächst der ungenießbare ▸ **Breitblättrige Rübling (S. 194/3).**

3 Gurkenschnitzling, Gemeiner Gurkenschnitzling

Macrocystidia cucumis (Pers.: Fr.) Joss., *Naucoria cucumis* (Pers.: Fr.) Kumm. *Tricholomataceae*

HUT 2–6(–8) cm breit, jung kegelig bis glockig, später abgeflacht und gebuckelt; Oberfläche glatt-feinsamtig, rotbraun bis dunkelbraun, Mitte fast schwarzbraun, zum Rand blasser, gelblich-ockergelblich; Rand schwach durchscheinend gerieft. **LAMELLEN** am Stiel ausgebuchtet angewachsen, fast gedrängt stehend, etwas bauchig, jung weißlich, alt ockerbräunlich; Schneiden glatt. **STIEL** 3–7 cm lang, 3–6 mm breit, zylindrisch, voll bis hohl, zäh, steif, dunkel rotbraun bis schwarzbraun, Spitze meist heller, fein bereift. **FLEISCH** dünn, dunkelbraun; Geruch jung gurkenartig, alt nach Fisch oder Tran, Geschmack mild, tranartig. **SPORENPULVER** rost-ockerfarben bis orangebraun. **SPOREN** 8–9 × 3,5–4,5 µm, elliptisch, glatt. **VORKOMMEN** Juli bis November meist gesellig an grasigen Waldwegen, oft auf Holzlagerplätzen, in Laub- und Nadelwäldern und in Parkanlagen unter Brennnesseln *(Urtica)* und anderen Kräutern. **VERWENDUNG** Kein Speisepilz. **WISSENSWERTES** Die Gattung *Macrocystidia* besteht nur aus einer sehr variablen Art.

1

2

3

1 Fichtenzapfen-Nagelschwamm

Strobilurus esculentus (Wulf.: Fr.) Sing. *Tricholomataceae*

HUT 1–4 cm breit, jung gewölbt, später ausgebreitet, bisweilen etwas gebuckelt; Oberfläche kahl, matt, oft etwas radialrunzelig, hellbraun bis dunkelbraun, selten fast weiß. **LAMELLEN** angeheftet bis fast frei, fast gedrängt, untermischt, weißlich bis blassgrau. **STIEL** 2–8 cm lang, 1–3 mm breit, dünn, zäh, hohl, steif, glatt, jung weißlich, später nach unten gelb-rostbraun, nach oben heller, mit langer, faseriger Wurzel, die von einem im Humus liegenden Fichtenzapfen ausgeht. **FLEISCH** dünn, etwas zäh, weiß; Geruch schwach würzig, Geschmack mild, pilzartig. **SPORENPULVER** weißlich. **SPOREN** 4,5–7,5 × 3–4 µm, fast elliptisch, hyalin. **VORKOMMEN** März bis Mai, bisweilen auch schon im Spätherbst, gesellig auf im Waldhumus vergrabenen Fichtenzapfen; weit verbreitet und häufig. Der zarte Pilz kann bei günstiger Witterung in großen Mengen auftreten, sodass sich das Einsammeln für ein kleines Gericht lohnt. **VERWENDUNG** Essbar. **WISSENSWERTES** Zur gleichen Jahreszeit können an den Zapfen **Fichtenzapfen-Helmlinge** *(Mycena strobilicola)* wachsen. Diese riechen unangenehm nach Chlor und sind ungenießbar. Am gleichen Zapfen erscheint gelegentlich der kleine schwarze bis grauschwarze ▸ **Fichtenzapfen-Stromabecherling (S. 652/1)**; der kleine Ascomyzet kann mit zahlreichen Fruchtkörpern den ganzen Zapfen überziehen.

VERWECHSLUNG MIT GIFTPILZEN Der größere ▸ **Frühlings-Giftrötling (S. 236/2)** erscheint zur gleichen Jahreszeit im Nadel- und Laubwald; seine jungen Fruchtkörper können beim hastigen Einsammeln mit Fichtenzapfen-Nagelschwämmen verwechselt werden.

Frühlings-Giftrötling

2 Milder Kiefernzapfen-Nagelschwamm

Strobilurus stephanocystis (Hora) Sing. *Tricholomataceae*

HUT 0,5–2,5 cm breit, erst gewölbt, dann ausgebreitet, bisweilen flach gebuckelt; Oberfläche glatt, matt, gelbbraun bis rötlich braun; Rand glatt, die Lamellen etwas überragend. **LAMELLEN** angeheftet bis frei, weißlich bis blassgelblich; Zystiden breit keulig-flaschenförmig, mit abgerundeter Spitze, oft mit Kristallen besetzt. **STIEL** bis 6 cm lang, 1–2 mm breit, elastisch, Spitze heller bis weißlich, im unteren Teil gelb- bis rotbraun; mit faserig-filziger Wurzel. **FLEISCH** dünn, weiß; Geruch angenehm, Geschmack mild. **SPOREN** 5,5–10 × 3–4 µm. **VORKOMMEN** März bis Mai einzeln bis gesellig auf im Boden oder in der Nadelstreu liegenden Kiefernzapfen. **VERWENDUNG** Kein Speisepilz.

3 Bitterer Kiefernzapfen-Nagelschwamm

Strobilurus tenacellus (Pers.: Fr.) Sing. *Tricholomataceae*

HUT bis 2,5 cm breit, jung halbkugelig, dann flach gewölbt, bisweilen mit kleinem Buckel; Oberfläche glatt, matt, dunkel ockerbraun bis dunkelbraun, oft mit hellerer Mitte, selten weißlich; Rand glatt, feucht etwas gerieft. **LAMELLEN** schmal angeheftet bis frei, etwas gedrängt, grauweißlich; Zystiden dünnwandig, lanzettlich-spindelig, ohne Kristalle. **STIEL** 2–6 cm lang, bis 2 mm breit, elastisch, glatt, gelbbraun-bernsteinfarben, an der Spitze weißlich; Basis striegelig mit faseriger Wurzel. **FLEISCH** dünn, weiß; Geruch unbedeutend, Geschmack bitter bis schärflich, auch mild. **SPORENPULVER** weiß. **SPOREN** 5–6,5 × 3–3,5 µm, zylindrisch-elliptisch, glatt, hyalin, inamyloid. **VORKOMMEN** April bis Juni, selten auch schon im Spätherbst einzeln bis gesellig auf Kiefernzapfen. **VERWENDUNG** Kein Speisepilz.

1

2

3

Gattung **Marasmius (Schwindlinge)**
Familie *Tricholomataceae*
Kleine bis mittelgroße Pilze, die bei Trockenheit einschrumpfen und bei Feuchtigkeit wieder aufleben können; meist mit feiner, samtiger und/oder runzeliger Huthaut.

1 Halsband-Schwindling

Marasmius rotula (Scop.: Fr.) Fr. *Tricholomataceae*

HUT 0,5–1,5 cm breit, halbkugelig bis konvex, genabelt, oft mit angedeuteter kleiner Papille, tief faltig-gefurcht, an einen offenen Fallschirm erinnernd, jung weißlich, später beigeocker bis blassbräunlich. **LAMELLEN** entfernt stehend, am Stielansatz in einen Ring (Kollar) mündend, weißlich; Schneiden glatt. **STIEL** 2–6 cm lang, etwa 1 mm breit, biegsam, zäh, glatt, kahl, glänzend, dunkelbraun-schwärzlich, Spitze heller; Basis mit schwarzen Rhizomorphen. **FLEISCH** dünn; Geruch unbedeutend, Geschmack mild bis pilzartig. **SPORENPULVER** weißlich. **SPOREN** 7–10 × 3,5–5 µm, elliptisch, glatt, hyalin. **VORKOMMEN** Frühjahr bis Herbst sehr häufig, oft in dichten Kolonien, auf am Boden liegenden Laubholzästchen und Holzabfällen; in Europa weit verbreitet. **VERWENDUNG** Kein Speisepilz. **WISSENSWERTES** Viele Schwindlinge sind in der Wahl ihrer Wirtspflanze hoch spezialisiert. Der **Schilf-Schwindling** *(Marasmius limosus)* wächst auf Schilfblättern, der **Efeublatt-Schwindling** *(M. epiphylloides)* auf Efeublättern und der **Orangerötliche Schwindling** *(M. curreyi)* auf Gräsern. Alle sind unscheinbar und leicht zu übersehen.

2 Käsepilzchen, Nadelstreu-Käsepilzchen

Marasmius bulliardii Quél. *Tricholomataceae*

HUT 2–6(–10) mm breit, fallschirmartig, radial gefurcht; Oberfläche glatt, genabelt, weißlich bis blass lederfarben, Nabel dunkelbraun; Rand wellig. **LAMELLEN** breit, sehr entfernt stehend, hell holzfarben, vom Stiel durch ein kragenartiges Kollar getrennt. **STIEL** bis 5 cm lang, bis 0,5 mm breit, rosshaarartig, glatt, hohl, steif, braunschwarz, glänzend, Spitze blass. **FLEISCH** sehr dünn; Geruch und Geschmack unbedeutend. **SPOREN** 8–12 × 3,5–4,5 µm, elliptisch bis schwach tropfenförmig, glatt, hyalin. **VORKOMMEN** Frühjahr bis Herbst in der Nadelstreu auf Fichtennadeln, auch auf abgestorbenen Blättern, gesellig bis rasig wachsend. **VERWENDUNG** Unbedeutend. **WISSENSWERTES** Vom Käsepilzchen findet man im Laubwald auf abgestorbenen Blättern eine Form mit Stielauswüchsen und sterilen Hütchen (forma *bulliardii),* im Nadelwald auf am Boden liegenden Nadeln eine Form ohne Stielauswüchse (forma *acicola*).

3 Rosshaar-Schwindling

Marasmius androsaceus (L.: Fr.) Fr. *Tricholomataceae*

HUT 0,3–1 cm breit, gewölbt, Mitte oft leicht niedergedrückt, radialrunzelig; Oberfläche kahl, matt, rosabraun bis dunkel rotbraun, Mitte dunkler; Rand scharf. **LAMELLEN** am Stiel breit angewachsen, ohne Kollar, untermischt, sehr entfernt stehend, mit Zwischenlamellen, schmutzig braunrosa. **STIEL** 3–6 cm lang, bis 0,5 mm breit, rosshaarartig, kahl, glänzend, schwarz bis dunkelbraun, steif, zäh, trocken gerieft und verdreht, mit auffälligen rosshaarähnlichen Rhizomorphen. **FLEISCH** häutig dünn, dunkel rotbraun; ohne besonderen Geruch und Geschmack. **SPORENPULVER** weiß. **SPOREN** 6–7 × 3–4 µm, elliptisch, glatt, hyalin. **VORKOMMEN** April bis November auf Pflanzenresten; in Europa weit verbreitet und sehr häufig. **VERWENDUNG** Unbedeutend.

1

2

3

1 Echter Knoblauch-Schwindling

Marasmius scorodonius (Fr.: Fr.) Fr. *Tricholomataceae*

HUT 0,5–3 cm breit, jung halbkugelig, dann abgeflacht mit kleinem Buckel; Oberfläche matt, meist gerunzelt, rosabraun, braunrot, alt ausblassend; Rand dünn, +/– schwach gerieft. **LAMELLEN** am Stiel angeheftet, entfernt stehend, weißlich. **STIEL** 3–6 cm lang, dünn, röhrig, zäh, glänzend, rotbraun-schwarzbraun, zur Spitze heller. **FLEISCH** sehr dünn, zäh; Geruch und Geschmack nach Knoblauch. **SPORENPULVER** weiß. **SPOREN** 7–9 × 3–4 µm, elliptisch-tropfenförmig, glatt. **VORKOMMEN** Juni bis November gesellig bis rasig auf Nadelstreu und an Pflanzenresten. **VERWENDUNG** Feiner Würzpilz, der sich gut zum Trocknen eignet und als Knoblauchersatz dient. **WISSENSWERTES** Es gibt verschiedene Schwindlinge mit Knoblaucharoma, die als Würzpilze verwendet werden; der Echte Knoblauch-Schwindling ist der beste, sein Aroma verliert sich beim Trocknen nicht. Wie alle Schwindlinge *(Marasmius)* schrumpft der beschriebene Pilz bei Trockenheit bis zur Unkenntlichkeit zusammen und kann nach einer kurzen Regenperiode wieder aufleben.

2 Langstieliger Knoblauch-Schwindling

Marasmius alliaceus (Jacq.: Fr.) Fr. *Tricholomataceae*

HUT 2–4 cm breit, zunächst halbkugelig-glockig, später gewölbt, Mitte niedergedrückt; Oberfläche matt, blassbräunlich, mit dunklerem Scheitel, feucht dunkelbräunlich, Rand gerieft, trocken ockerlich bis milchweiß. **LAMELLEN** am Stiel angeheftet, schmutzig weißlich bis cremefarben, fast entfernt stehend, mit Zwischenlamellen. **STIEL** 6–15(–20) cm lang, 3–6 mm breit, hohl, starr, glanzlos, matt, bereift, dunkelbraun, schwarzbraun, an der Spitze blass; Basis erweitert, striegelig-filzig. **FLEISCH** dünn, weißlich-grau; Geruch knoblauchartig, Geschmack stark knoblauchartig, nicht brennend. **SPORENPULVER** hell cremefarben. **SPOREN** 8–11 × 6–8 µm, mandelförmig, glatt, hyalin, mit Tropfen. **VORKOMMEN** Juni bis November einzeln bis gesellig in feuchten Buchenwäldern, gern auf kalkreichen Böden, meist auf abgestorbenen Buchenästen; im natürlichen Verbreitungsareal der Rotbuche *(Fagus sylvatica)* in Europa verbreitet. **VERWENDUNG** Kein Speisepilz; wird bisweilen in kleinen Mengen als Würzpilz verwendet. **WISSENSWERTES** Der Langstielige Knoblauch-Schwindling hat einen treffenden Namen. Er ist an seinem auffällig langen Stiel leicht erkennbar und sein intensiver Knoblauchgeruch wird im Wald oft wahrgenommen, bevor man den Pilz zu Gesicht bekommt. Sehr ähnlich ist der ▸ **Große Knoblauch-Schwindling (siehe 3)** mit bereiftem, rotbräunlichem Stiel und brennend scharfem Geschmack; er wächst auf abgefallenen Blättern.

3 Großer Knoblauch-Schwindling

Marasmius querceus Britz., *Marasmius prasiosmus* (Fr.: Fr.) Fr.
Tricholomataceae

HUT 2–4 cm breit, zunächst gewölbt, dann ausgebreitet; Oberfläche graubraun, lederfarben, weißlich ausblassend; Rand feucht gerieft. **LAMELLEN** ziemlich eng stehend, blass lederfarben. **STIEL** 6–10 cm lang, 3–4 mm breit, bereift, im Alter glänzend, dunkelbraun, rotbräunlich, an der Spitze blasser. **FLEISCH** mit intensiv knoblauchartigem Geruch, Geschmack ebenfalls knoblauchartig, nach einigem Kauen brennend scharf. **SPOREN** 7–10 × 4–5 µm, schmal tropfenförmig. **VORKOMMEN** Im Spätherbst gesellig im Fall-Laub verschiedener Laubbäume, wie Rotbuche *(Fagus sylvatica)*, Eiche *(Quercus)*; nicht häufig, im Norden und Osten Deutschlands sehr selten. **VERWENDUNG** Kein Speisepilz; in kleinen Mengen als Würzpilz verwendbar.

1

2

3

1 Hornstiel-Schwindling

Marasmius cohaerens (Pers.: Fr.) Cke. & Quél. *Tricholomataceae*

HUT 2–3,5 cm breit, jung halbkugelig-glockig, dann konvex, alt verflacht mit stumpfem Buckel; Oberfläche samtig, runzelig, blassbraun, lederbraun, Mitte dunkler; Rand feucht gerieft. **LAMELLEN** ausgebuchtet, +/– entfernt stehend, untermischt, bauchig, gelblich weiß bis hell graubräunlich; Schneiden dunkler. **STIEL** bis 8 cm lang, bis 4 mm breit, zylindrisch, röhrig, kahl, glänzend, schwarzbraun, nach oben rotbraun, Spitze weißlich; Basis mit blassgelblichem Myzelfilz. **FLEISCH** weiß bis blassgelblich; geruchlos, Geschmack unbedeutend. **SPORENPULVER** weiß. **SPOREN** 6,5–10 × 4–5 µm, elliptisch bis mandelförmig, glatt, hyalin. **VORKOMMEN** Juli bis Oktober einzeln oder gesellig in Laub- und Nadelwäldern. **VERWENDUNG** Kein Speisepilz. **WISSENSWERTES** Große Ähnlichkeit hat der **Ledergelbe Schwindling** *(Marasmius torquescens)* mit mattem, bereiftem Stiel.

2 Nelken-Schwindling, Feld-Schwindling

Marasmius oreades (Bolt.: Fr.) Fr. *Tricholomataceae*

HUT 2–5 cm breit, anfangs gewölbt, später ausgebreitet, oft stumpf gebuckelt; Oberfläche hygrophan, bei feuchter Witterung fettig glänzend, blass ledergelb bis lederbräunlich, rotbräunlich, trocken blasser; Rand scharf, bisweilen etwas gefurcht. **LAMELLEN** am Stiel ausgebuchtet angeheftet, entfernt stehend, untermischt, anastomosierend, dicklich, weißlich bis blass lederfarben. **STIEL** 4–7 cm lang, schlank, zäh, elastisch, voll, weißlich-lederfarben, zur Basis hin dunkler; Basis weißzottig. **FLEISCH** dünn, weißlich; Geruch angenehm-würzig, Geschmack mild. **SPORENPULVER** weiß. **SPOREN** 7–10 × 5–6 µm, elliptisch bis mandelförmig, glatt, hyalin, inamyloid. **VORKOMMEN** Mai bis November bisweilen in großen Mengen in Reihen und Ringen auf Wiesen, Rasenflächen, in Parkanlagen und an Waldrändern; weit verbreitet. **VERWENDUNG** Essbar, eignet sich gut als Würzpilz; die Stiele sind zäh. **WISSENSWERTES** Das Myzel dieses Pilzes setzt im Wachstumsbereich Stickstoffverbindungen frei, das Gras erscheint zunächst saftig dunkelgrün.

VERWECHSLUNG MIT GIFTPILZEN An denselben Plätzen können der ▸ **Ziegelrote Risspilz (S. 336/2)** und andere giftige Risspilze, Trichterlinge, Rötlinge und Düngerlinge wachsen.

Ziegelroter Risspilz

3 Violettlicher Schwindling

Marasmius wynnei Berk. & Broome *Tricholomataceae*

HUT 2–4(–6) cm breit, jung halbkugelig, bald flach ausgebreitet oder etwas gebuckelt, etwas verbogen; Oberfläche kahl, hygrophan, feucht fast bis zur Mitte gerieft, in der Farbe veränderlich: weißlich, auch blassbräunlich, meist mit violettem Ton und blasserem Rand; Rand wellig. **LAMELLEN** ausgebuchtet, mit schmal herablaufendem Zahn, entfernt stehend, untermischt, breit, weißlich bis cremefarben, auch graulila; Schneiden glatt oder schartig. **STIEL** 3–7 cm lang, bis 0,4 cm breit, zylindrisch bis flach, bisweilen verdreht, zusammengedrückt, steif, elastisch, hohl, im oberen Teil cremefarben, abwärts rotbraun, bereift, büschelig verwachsen; Basis mit feinem Myzel, das als dichter Filz oft große Flächen unter der Laubstreu überzieht. **FLEISCH** dünn, im Hut weiß; Geruch und Geschmack etwas unangenehm. **SPORENPULVER** weiß. **SPOREN** 5–7 × 3–4 µm, elliptisch, glatt, hyalin, mit Tropfen. **VORKOMMEN** Juni bis November meist büschelig und in Ringen in Laubwäldern auf Laubstreu und auf morschem Holz; bevorzugt in Kalkgebieten. **VERWENDUNG** Kein Speisepilz.

1

2

3

Gattung **Mycena (Helmlinge)**
Familie *Tricholomataceae*

Die Gattung enthält mehr als 100 meist kleinere, zarte Arten mit oft +/– glockigem Hut und dünnem Stiel. Ihr Hutrand ist in feuchtem Zustand durchscheinend gerieft. Einige milchen bei Verletzung weiß, rot oder orange, andere fallen durch gefärbte Lamellenschneiden auf. Ihr Sporenpulver ist weiß, die Sporen sind glatt und meist amyloid.

1 Dehnbarer Helmling, Überhäuteter Helmling

Mycena epipterygia (Scop.: Fr.) Gray *Tricholomataceae*

HUT 1–2,5 cm breit, anfangs glockig, später glockig-gewölbt, oft mit flachem Buckel; Oberfläche klebrig, durchscheinend gerieft, weißlich, zitronengelblich bis graugelblich, zum Rand heller; Huthaut plastikartig abziehbar. Alte Hüte sind im Finalstadium oft von Schimmelpilzen befallen. **LAMELLEN** am Stiel angewachsen und mit Zähnchen herablaufend, untermischt, anfangs weiß, blassgrau, später oft mit rosa Reflex; Schneiden mit einer Pinzette als Faden abziehbar. **STIEL** bis 8 cm lang, 1–3 mm breit, zylindrisch, zäh, hohl, blassgelb-zitronengelb, mit zäher, schleimiger Haut, die sich beim Auseinanderziehen des Stiels plastikartig dehnt. **FLEISCH** dünn; Geruch muffig-mehlig, Geschmack unbedeutend. **SPORENPULVER** weiß. **SPOREN** 8–10 × 4–5,5 µm, ellipsoid, glatt, hyalin, mit Tropfen. **VORKOMMEN** September bis November in Europa einzeln, meist gesellig bis truppweise in Laub- und Nadelwäldern im abgefallenen Laub, an Pflanzenresten und an vermodertem Holz; weit verbreitet. **VERWENDUNG** Unbedeutend. **WISSENSWERTES** Der beschriebene Pilz ist eine Sammelart: Es gibt verschiedene Varietäten und Übergangsformen, die schwer abzugrenzen sind.

2 Klebriger Helmling

Mycena vulgaris (Pers.: Fr.) Kumm. *Tricholomataceae*

HUT 0,5–1(–1,5) cm breit, glockig, gewölbt bis fast gebuckelt; Oberfläche schmierig, klebrig, gerieft, grau, Mitte dunkler. **LAMELLEN** kurz herablaufend, fast entfernt stehend, weißlich; Lamellenschneide gallertig, als Faden abziehbar. **STIEL** bis 5 cm lang, etwa 1 mm breit, schleimig-schmierig, hellgrau-graubraun. **FLEISCH** dünn, unbedeutend, ohne besonderen Geruch und Geschmack. **SPOREN** 7–11 × 3–5,5 µm, elliptisch. **VORKOMMEN** Im Herbst oft massenhaft in Fichtenwäldern auf Nadelstreu. **VERWENDUNG** Unbedeutend.

3 Kleiner Schleimfuß-Helmling

Mycena rorida (Scop.: Fr.) Quél. *Tricholomataceae*

HUT 2–10 mm breit, jung gewölbt, später abgeflacht, schwach eingedrückt, +/– genabelt; Oberfläche fein mehlig, gerieft oder gefurcht, weiß, blassgelb, graubraun, Mitte etwas dunkler. **LAMELLEN** am Stiel herablaufend, entfernt stehend, untermischt, weiß. **STIEL** 2–5 cm lang, bis 1 mm breit, hyalin bis weiß, frisch mit dicker, transparenter Schleimschicht überzogen, die am Stiel nach unten hängende bis herablaufende Tropfen bilden kann **(3b)**. **FLEISCH** Unbedeutend. **SPOREN** 8–13 × 3,5–5,5 µm, schmalelliptisch. **VORKOMMEN** Mai bis Oktober einzeln bis gesellig auf kleinen Zweigen und anderen Pflanzenresten in feuchten Nadel- und Mischwäldern, bevorzugt in montanen Lagen. **VERWENDUNG** Unbedeutend. **WISSENSWERTES** *Mycena rorida* hat im Gegensatz zu den meisten Arten der Gattung *Mycena* eine Hutdeckschicht aus rundlichen Zellen.

1

2

3a

3b

1 Gelborangemilchender Helmling
Mycena crocata (Schrad.: Fr.) Kumm. *Tricholomataceae*

HUT 1–2(–3) cm breit, jung kegelig, bald glockig-ausgebreitet, mit Buckel; Oberfläche kahl, etwa bis zur Mitte gerieft, graugelb bis graubraun mit dunklerem Scheitel, oft orangerot fleckend. **LAMELLEN** am Stiel ausgebuchtet angewachsen, weiß, oft orangefleckig. **STIEL** 4–8 cm lang, etwa 2 mm breit, steif, hohl, im oberen Teil gelblich-blassgrau, nach unten leuchtend rotgelb-gelbbraun, oft schwach wurzelnd, Basis weiß- bis gelbstriegelig. **FLEISCH** dünn, wässrig, safrangelb, bei Verletzung in Hut und Stiel sofort gelborange milchend, die Milch färbt die Finger intensiv orangerot; Geruch und Geschmack unbedeutend. **SPORENPULVER** cremeweißlich. **SPOREN** 7–11 × 4–6 µm, elliptisch, glatt, mit Tropfen, amyloid. **VORKOMMEN** Mai bis November einzeln, truppweise oder etwas büschelig bevorzugt in feuchten Buchenwäldern auf am Boden liegenden Buchenästen und -zweigen auf kalkhaltigen und lehmigen Böden. **VERWENDUNG** Unbedeutend.

2 Purpurschneidiger Blut-Helmling
Mycena sanguinolenta (Alb. & Schw.: Fr.) Kumm.
Tricholomataceae

HUT 0,5–1,5 cm breit, glockig gewölbt bis ausgebreitet, oft mit niederem Buckel; Oberfläche matt, bis zum Scheitel gerieft, cremeockerlich mit Rosaton, braunrot bis purpurbräunlich, zum Rand hin heller. **LAMELLEN** am Stiel schmal angeheftet, schmutzig weiß bis blassgrau; Schneiden glatt, braun- bis weinrot. **STIEL** 3–8 cm lang, bis 1,5 mm breit, kahl, zerbrechlich, hohl, graurosa, weinrot bis purpurbräunlich; jung bei Bruch einen wässrigen, weinroten bis braunrosafarbenen Saft ausscheidend; Basis striegelig. **FLEISCH** dünn, graurosa; Geruch und Geschmack etwas nach Rettich. **SPORENPULVER** weißlich. **SPOREN** 8–11 × 4–4,5 µm, elliptisch, glatt, hyalin, mit Tropfen. **VORKOMMEN** Mai bis Oktober meist gesellig in Laub- und Nadelwäldern, gern auf im Boden liegenden morschen Fichtenzweigen und Holzresten; verbreitet. **VERWENDUNG** Unbedeutend. **WISSENSWERTES** Lamellen mit roten Schneiden hat auch der ▸ **Rotschneidige Helmling (S. 218/2);** er wächst an abgestorbenen Fichtenästen *(Picea abies)* oder an morschen Ästen der Weißtanne *(Abies alba)* in Nadelwäldern, sehr selten findet man ihn an Laubholzästen.

3 Großer Blut-Helmling, Blut-Helmling
Mycena haematopus (Pers.: Fr.) Kumm. *Tricholomataceae*

HUT 1–3 cm breit, jung halbkugelig, bald kegelig-glockenförmig, oft gebuckelt; Oberfläche kahl, matt, fleischbräunlich, hell braunrot, Mitte dunkler; Rand gerieft mit etwas überstehender, gezähnelter oder gefranster Huthaut. **LAMELLEN** am Stiel ausgebuchtet, mit Zahn angewachsen-herablaufend, entfernt stehend, jung blass graurosa, später dunkler, an verletzten Stellen dunkelrot gefleckt; Schneiden glatt, blass. **STIEL** 4–8 cm lang, 1–3 mm breit, zylindrisch, hohl, glatt, oft schwach bepudert, rosabräunlich, meist büschelig wachsend. **FLEISCH** dünn; bei Verletzung geben frische Fruchtkörper besonders in der Stielbasis etwas dunkelrote bis braunrote Flüssigkeit ab, ein wichtiges Erkennungsmerkmal; Geruch unbedeutend, Geschmack etwas schärflich-rettichartig. **SPORENPULVER** weiß. **SPOREN** 8–11 × 5–7 µm, breitelliptisch, amyloid. **VORKOMMEN** April bis Oktober meist in kleinen Büscheln auf toten Stämmen, Ästen und Stümpfen von Laubhölzern, besonders an Rotbuche *(Fagus sylvatica)*, sehr selten an Nadelholz. **VERWENDUNG** Kein Speisepilz. **WISSENSWERTES** Ebenfalls rötlichen Saft hat der ▸ **Purpurschneidige Blut-Helmling (siehe 2).**

1

2

3

1 Weißmilchender Helmling

Mycena galopus (Pers.: Fr.) Kummer *Tricholomataceae*

HUT 1–2 cm breit, kegelig-glockig, bisweilen mit stumpfem Buckel; Oberfläche kahl, trocken, fast bis zur Mitte wellig gerieft, Farbe sehr variabel: graubraun, aber auch weißlich bis schwarzbraun, Mitte dunkler, Rand heller. **LAMELLEN** ausgebuchtet angewachsen, entfernt stehend, weißlich bis grauweißlich. **STIEL** 5–8 cm lang, 1–2 mm breit, zylindrisch, hohl, glatt, matt, grau, Spitze weißlich bis cremefarben; beim Abbrechen zumindest in frischem Zustand einen weißen Milchsaft absondernd, ein wichtiges Bestimmungsmerkmal **(1b)**; Basis bisweilen verdickt, oft weißstriegelig. **FLEISCH** dünn, weiß; Geruch rettichartig, Geschmack mild, etwas rettich- bis krautartig. **SPORENPULVER** hell cremefarben. **SPOREN** 10–14 × 5–7 µm, ellipsoid, glatt, hyalin, mit Tropfen, amyloid. **VORKOMMEN** Mai bis November scharenweise in Wäldern aller Art zwischen Moosen und Laub, auch auf am Boden liegendem morschem Holz; in Europa weit verbreitet. **VERWENDUNG** Unbedeutend. **WISSENSWERTES** Dieser weit verbreitete Helmling ist an seiner weißen Milch leicht zu erkennen, solang die Pilze frisch sind. Man findet Varietäten mit Hutfarben von weiß (var. *alba*) bis schwarzbraun (var. *nigra*).

2 Orangeroter Helmling

Mycena acicula (Schaeff.: Fr.) Kumm. *Tricholomataceae*

HUT 0,3–1 cm breit, jung halbkugelig, später glockig bis gewölbt, Oberfläche matt bis seidig glänzend, etwas bereift, leuchtend orange bis orangerot, zum Rand hin gelblich, fast bis zur Hutmitte durchscheinend gerieft; Rand wellig. **LAMELLEN** gerade angewachsen, weiß bis gelblich; Schneiden weißlich. **STIEL** 2–5 cm lang, 0,5–1 mm breit, zylindrisch, hellgelb, zum Grund hin heller; Basis mit weißem Myzelfilz. **FLEISCH** dünn; ohne besonderen Geruch und Geschmack. **SPORENPULVER** weiß. **SPOREN** 9–12 × 3–4,5 µm, fast spindelig, glatt, hyalin, inamyloid. **VORKOMMEN** Mai bis Oktober einzeln bis gesellig auf am Boden liegenden Zweigen, Rindenstücken, Pflanzenresten in und außerhalb der Wälder an feuchten Plätzen. **VERWENDUNG** Unbedeutend. **WISSENSWERTES** Nur wenige Helmlinge sind so leicht zu erkennen wie die beschriebene Art. Der Orangerote Helmling hat eine gewisse Ähnlichkeit mit dem ▸ **Korallenroten Helmling (S. 212/1)**, dieser hat jedoch einen weißen Stiel und keine Orangetöne im Hut.

3 Voreilender Helmling

Mycena abramsii (Murr.) Murr., *Mycena praecox* Vel.
Tricholomataceae

HUT 1–3(–4) cm breit, jung stumpf kegelig-glockig, alt fast ganz flach, meist gebuckelt; Oberfläche matt, dunkelbraun-rußbraun, graubraun-beige, zum Rand weißlich-blassgrau, Rand bis drei Viertel durchscheinend gerieft. **LAMELLEN** ausgebuchtet, mit Zähnchen angewachsen, etwas entfernt stehend, breit, schwach bauchig, untermischt, schmutzig weißlich, später grauweißlich mit helleren Schneiden. **STIEL** 3–6(–9) cm lang, 1–3 mm breit, zylindrisch, hohl, brüchig, hutfarben, zur Spitze weißlich; Basis weißlich striegelig-filzig. **FLEISCH** dünn, blass; Geruch kräftig nitrös bis rettichartig, Geschmack schwach rettichartig. **SPORENPULVER** weiß. **SPOREN** 8–12 × 4,5–6 µm, zylindrisch-elliptisch, glatt, hyalin, mit Tropfen, amyloid. **VORKOMMEN** Frühjahr bis Sommer gesellig bis büschelig auf morschem Laubholz, an moderigen, vermoosten Nadelholzstümpfen und auf moosbedeckten Fichtenreisighaufen; verbreitet. **VERWENDUNG** Unbedeutend.

1a

1b

2

3

1 Korallenroter Helmling

Mycena adonis (Bull.: Fr.) Gray *Tricholomataceae*

HUT 1–1,5 cm breit, jung spitzkegelig-glockig, später glockenförmig-verflachend, mit Buckel; Oberfläche glatt, matt, kahl, schön hellrot bis korallenrot, alt ausblassend; Rand bis zur Hälfte durchscheinend gerieft. **LAMELLEN** am Stiel angewachsen und mit einem kurzen Zahn herablaufend, weiß, alt mit Rosaton, breit, entfernt stehend, mit Zwischenlamellen; Schneiden weiß. **STIEL** bis 3 cm lang, 1–2 mm breit, zylindrisch, ausgestopft-hohl, glatt, fein längsfaserig, kahl, glasig, weiß bis rosafarben. **FLEISCH** unbedeutend, orange-hellrosa; ohne besonderen Geruch und Geschmack. **SPOREN** 10–12 × 3,5–5,5 µm, elliptisch, farblos, glatt. **VORKOMMEN** Sommer bis Herbst in moosigen Laub- und Nadelwäldern, Mooren und nassen Wiesen einzeln oder in kleinen Gruppen zwischen Moosen und Kräutern; ziemlich selten. **VERWENDUNG** Unbedeutend.

2 Glasstiel-Helmling

Mycena floridula (Fr.) Karst., *Mycena mucronata* Vel.
Tricholomataceae

HUT 0,5–1,5 cm breit, jung halbkugelig, dann glockig, +/– gewölbt, oft mit papillenförmigem Buckel; Oberfläche jung schön hellrot bis korallenrot, alt orange-gelblich ausblassend, durchscheinend gerieft. **LAMELLEN** weiß bis blassrötlich. **STIEL** 3–6 cm lang, bis 2 mm breit, zylindrisch, weiß bis fast hyalin; Basis weißfilzig. **FLEISCH** dünn; ohne besonderen Geruch und Geschmack. **SPOREN** 6,5–9 × 3–4 µm, elliptisch. **VORKOMMEN** Sommer bis Herbst im Moos und zwischen Kräutern in feuchten Laub- und Nadelwäldern, auch in Mooren im Torfmoos; sehr selten. **VERWENDUNG** Unbedeutend.

3 Schwarzgezähnelter Rettich-Helmling

Mycena pelianthina (Fr.) Quél. *Tricholomataceae*

HUT 2–5 cm breit, anfangs gewölbt, bald ausgebreitet, bisweilen verbogen, teilweise mit stumpfem Buckel; Oberfläche hygrophan, feucht fleischfarben-lila, grauviolett, blasslila, trocken beigefarben bis weißlich ausblassend, mit violettlichem Ton; Rand feucht gerieft, scharf. **LAMELLEN** am Stiel ausgebuchtet angewachsen, mit Zahn herablaufend, untermischt, breit, am Grunde aderig verbunden, grauviolett; Schneiden schwarzpurpurn, unregelmäßig gezähnt **(3a)**. **STIEL** 4–7 cm lang, 5–8 mm breit, hohl, zylindrisch bis etwas flach gedrückt, blass grauviolett, zur Spitze faserig-feinschuppig; Basis striegelig, etwas wurzelnd. **FLEISCH** weißlich, dünn; Geruch und Geschmack rettichartig. **SPORENPULVER** weiß. **SPOREN** 5–7 × 2–3 µm, elliptisch, glatt, hyalin, mit Tropfen. **VORKOMMEN** Juni bis Oktober einzeln bis gesellig in Laubwäldern, gern im Buchenlaub, auch unter Eichen und Birken, seltener im Nadelwald. **VERWENDUNG** Giftig, verursacht Muscarin-Vergiftungen. In älteren Pilzbüchern wird der Schwarzgezähnelte Rettich-Helmling als essbar bezeichnet, das Ausmaß seiner Giftigkeit war lange Zeit umstritten. Inzwischen ist im Pilz Muscarin nachgewiesen worden und es besteht an seiner Giftigkeit kein Zweifel mehr. Sehr kritisch aus der Gruppe der Rettich-Helmlinge ist der ▸ **Rosa Rettich-Helmling (S. 214/2)**, er hat den höchsten Muscarin-Gehalt. **WISSENSWERTES** Viel häufiger und in Europa weit verbreitet ist der ▸ **Gemeine Rettich-Helmling (S. 214/1)**; er hat keine dunklen Lamellenschneiden, seine Hutfarbe ist sehr veränderlich, meist zeigen sich violette Töne, es können jedoch auch Pilze mit rosafarbenem oder weißlichem Hut gefunden werden. Ähnlich ist auch der seltene **Duftende Rettich-Helmling** *(Mycena diosma);* seine Lamellenschneiden sind hell.

1

2

3a

3b

1 Gemeiner Rettich-Helmling, Rettich-Helmling

Mycena pura (Pers.: Fr.) Kumm. *Tricholomataceae*

HUT 2–5 cm breit, anfangs glockig, bald ausgebreitet, mit stumpfem Buckel; Oberfläche glatt, hygrophan, mit heller Trockenzone in der Hutmitte und dunklerem, durchwässertem Rand, nicht schmierig; Farbe variabel, die typische Farbausprägung ist blasslila bis violettlich, man findet auch lila-fleischfarbene, rosafarbene, seltener gelb-weißliche Varianten; Rand durchscheinend gerieft, im Alter etwas aufgebogen. **LAMELLEN** am Stiel ausgebuchtet angewachsen, bauchig, breit, untermischt, am Grunde aderig verbunden, weiß-grauweiß mit Lilaton (heller als der Hut); Schneiden schwach gekerbt. **STIEL** 4–7 cm lang, 3–8 mm breit, zylindrisch, ausgestopft, später hohl, +/– hutfarben; Basis striegelig, mit Humus und Nadelstreu einen Substratballen bildend. **FLEISCH** sehr dünn, brüchig; Geruch und Geschmack rettichartig. **SPORENPULVER** weiß. **SPOREN** 5–8,5 × 2,5–4 µm, elliptisch, glatt, hyalin, amyloid. **VORKOMMEN** Mai bis November einzeln bis gesellig in Laub- und Nadelwäldern, ohne besondere Ansprüche an den Boden; in ganz Europa ziemlich häufig und weit verbreitet. **VERWENDUNG** In alten Pilzbüchern wird der Rettich-Helmling als essbar bezeichnet, er enthält jedoch geringe Mengen Muscarin und wird heute als giftig eingestuft. Die verschiedenen Farbvarianten sollen sich toxikologisch unterschiedlich verhalten. Alle verursachen ebenso wie der nahe verwandte ▸ **Rosa Rettich-Helmling (siehe 2)** und der ▸ **Schwarzgezähnelte Helmling (S. 212/3)** Muscarin-Vergiftungen.

2 Rosa Rettich-Helmling

Mycena rosea (Bull.) Gramberg *Tricholomataceae*

HUT 2–6 cm breit, jung kegelig, später gewölbt bis ausgebreitet und gebuckelt; Oberfläche glatt, bisweilen wellig, hygrophan, rosafarben-rosenrot, bisweilen mit cremefarbenem bis blassockerlichem Scheitel; Rand bisweilen heller, durchscheinend gerieft. **LAMELLEN** am Stiel ausgebuchtet angewachsen, breit, untermischt, queradrig verbunden, weißlich, bald mit rosa Ton; Schneiden glatt. **STIEL** 5–8 cm lang, 3–8 mm breit, zylindrisch, Spitze verjüngt, voll, alt hohl, weiß, bisweilen rosa getönt; Basis weißfilzig-striegelig. **FLEISCH** dünn, weich, weißlich; Geruch und Geschmack rettichartig. **SPORENPULVER** weiß. **SPOREN** 6,5–7,5 × 4–5 µm, breitelliptisch, glatt, hyalin, mit Tropfen, amyloid. **VORKOMMEN** Sommer bis Herbst meist gesellig in Laub- und Mischwäldern, gern auf Kalkböden; ziemlich verbreitet. **VERWENDUNG** Giftig. Der Rosa Rettich-Helmling weist unter den Rettich-Helmlingen den höchsten Gehalt an giftigem Muscarin auf. Ähnlich ist der seltene **Fleischfarbene Helmling** *(Mycena pearsoniana);* seine Sporen sind nicht amyloid.

3 Buchenblatt-Helmling, Blatt-Helmling

Mycena capillaris (Schum: Fr.) Kumm. *Tricholomataceae*

HUT 0,5–3 mm breit, jung halbkugelig, später gewölbt-ausgebreitet; Oberfläche bis zur Mitte gerieft, weiß, Mitte oft dunkler; Rand fein gezähnelt. **LAMELLEN** am Stiel fast frei, entfernt stehend, weißlich-blassgrau. **STIEL** 2–5 cm lang, fädig, hohl, weißlich, bisweilen bräunlich. **FLEISCH** häutig; Geruch und Geschmack unbedeutend. **SPOREN** 7–11 × 2,5–4 µm, zylindrisch-schmalelliptisch. **VORKOMMEN** Im Spätherbst meist gesellig auf modernden Blättern der Rotbuche *(Fagus sylvatica);* verbreitet, oft übersehen. **VERWENDUNG** Unbedeutend. **WISSENSWERTES** Auf Eichenblättern wächst ein Doppelgänger des Buchenblatt-Helmlings, der **Winzige Eichenblatt-Helmling** *(Mycena polyadelpha).* Er unterscheidet sich von *M. capillaris* durch am Stiel angewachsene bis herablaufende Lamellen.

1

2

3

1 Rosaschneidiger Helmling, Rosa Helmling

Mycena rosella (Fr.) Kumm. *Tricholomataceae*

HUT 0,5–1,5 cm breit, jung halbkugelig, dann flach gewölbt mit kleinem Buckel; Oberfläche glatt, matt, bis zur Mitte dunkler gerieft-gefurcht, frisch lebhaft rosa mit dunklerer Mitte; Rand scharf, gekerbt. **LAMELLEN** am Stiel angewachsen bis etwas herablaufend, ziemlich entfernt stehend, untermischt, hellrosa; Schneiden glatt, dunkelrosa gefärbt. **STIEL** 2–5 cm lang, 1–1,5 mm breit, zylindrisch, hohl, glatt, fast durchscheinend, brüchig, rosa; Basis durch weißlichen Myzelfilz schwach striegelig. **FLEISCH** häutig dünn, wässrig, weißlich; Geruch und Geschmack unbedeutend. **SPORENPULVER** weiß. **SPOREN** 7–12 × 3–4,5 µm, schmalelliptisch, glatt, hyalin, teilweise mit Tropfen, amyloid. **VORKOMMEN** September bis November, oft nach den ersten Frösten scharenweise und aspektbildend auf der Streu in Nadelwäldern. **VERWENDUNG** Unbedeutend. **WISSENSWERTES** Ein anderer Helmling aus dem Nadelwald mit wein- bis braunroten Schneiden ist der ▸ **Rotschneidige Helmling (S. 218/2).** Auch der rot milchende ▸ **Purpurschneidige Blut-Helmling (S. 208/2),** welcher ebenfalls oft im Nadelwald erscheint, weist – wie sein Name schon sagt – purpur- bis braunrote Lamellenschneiden auf; er riecht und schmeckt schwach nach Rettich. In der Nadelstreu unter Fichten *(Picea abies)* wächst auch der ▸ **Orangeschneidige Helmling (siehe 2)** mit orangefarbenen Lamellenschneiden.

2 Orangeschneidiger Helmling, Feuriger Helmling

Mycena aurantiomarginata (Fr.) Quél., *Mycena elegans* (Pers.: Fr.) Kumm. *Tricholomataceae*

HUT 0,5–2 cm breit, anfangs halbkugelig, dann glockig bis gewölbt, etwas gebuckelt; Oberfläche glatt, matt, ockerbraun, olivbraun; Rand gelborange, gerieft. **LAMELLEN** am Stiel ausgebuchtet, mit Zähnchen herablaufend, jung graubräunlich, später ockerbräunlich; Schneiden intensiv orangegelb. **STIEL** bis 5 cm lang, 1–2 mm breit, zylindrisch, hohl, glatt, kahl, matt glänzend, ockerbräunlich, braungelblich, Spitze heller, Basis mit gelb-weißem Myzelfilz. **FLEISCH** sehr dünn; geruchlos, Geschmack mild. **SPORENPULVER** weißlich-cremefarben. **SPOREN** 8–9 × 4–5 µm, elliptisch, hyalin. **VORKOMMEN** August bis Oktober gesellig, oft wie gesät in Nadelwäldern. **VERWENDUNG** Unbedeutend. **WISSENSWERTES** Der Orangeschneidige Helmling gehört zu einer Gruppe kleiner Helmlinge, deren Lamellenschneiden anders gefärbt sind als die Lamellenflächen. Dieses Merkmal ist für die Bestimmung wichtig, bei eingetrockneten Pilzen kann es allerdings sehr undeutlich ausgebildet sein.

3 Gelbschneidiger Helmling, Gelblicher Helmling

Mycena flavescens Vel., *Mycena luteoalba* var. *sulphureomarginata* Lge. *Tricholomataceae*

HUT 0,5–1,5 cm breit, jung kegelig, später glockig, bisweilen gebuckelt; Oberfläche weißlich-cremefarben, gelblich grau, gerieft. **LAMELLEN** am Stiel breit angewachsen, mit Zähnchen herablaufend, creme-weißlich, blassgelblich; Lamellenschneiden gelblich gefärbt, dieses Merkmal ist allerdings nicht immer deutlich ausgebildet. **STIEL** bis 7 cm lang, 1–2 mm breit, hell graubraun, mit Lilaton, Spitze heller. **FLEISCH** dünn, unbedeutend; Geruch rettichartig. **SPOREN** 8–10 × 4–5,5 µm. **VORKOMMEN** September bis Oktober in Laub- und Nadelwäldern auf verrottendem Laub und Nadeln. **VERWENDUNG** Unbedeutend. **WISSENSWERTES** Ähnlich sind der **Olivgelbe Helmling** *(Mycena arcangeliana)* an morschem Laubholz und der **Rübengeruchs-Helmling** *(M. rapiolens)* mit Rettichgeruch.

1

2

3

1 Gelbstieliger Nitrat-Helmling

Mycena renati Quél., *Mycena flavipes* Quél., *Mycena luteoalcalina* Sing. *Tricholomataceae*

HUT 1–3 cm breit, anfangs halbkugelig, später kegelig-glockig; Oberfläche glatt bis fein radialfaserig, matt, rosa-bräunlich oder ockerfarben, Mitte dunkler; Rand gerieft, etwas heller. **LAMELLEN** mit Zähnchen am Stiel herablaufend, breit, untermischt, anfangs weißlich, später nach rosa umschlagend; Schneiden glatt. **STIEL** 2–6 cm lang, 1–2 mm breit, hohl, brüchig, glatt, glänzend, gelbbraun, goldgelb bis orangegelb; Basis mit weißem Myzelfilz, zu dichten Büscheln verwachsen. **FLEISCH** sehr dünn, weißlich; Geruch nitrös, Geschmack mild, etwas rettichartig. **SPORENPULVER** weißlich. **SPOREN** 7–10 × 5–7 µm, elliptisch, glatt, hyalin, mit Tropfen, amyloid. **VORKOMMEN** Mai bis September büschelig an morschem Laubholz, vorwiegend an Rotbuche *(Fagus sylvatica)*, gern in feuchten Schluchtwäldern und montanen Buchen-Hangwäldern; vorzugsweise in Kalkgebieten. **VERWENDUNG** Kein Speisepilz.

2 Rotschneidiger Helmling

Mycena rubromarginata (Fr.: Fr.) Kumm. *Tricholomataceae*

HUT 1–3 cm breit, anfangs halbkugelig, später glockenförmig bis gewölbt; Oberfläche matt, gerieft bis schwach gefurcht, rosabräunlich, graubeige, graubraun, alt ausblassend; Rand schwach wellig, scharf. **LAMELLEN** am Stiel gerade angewachsen bis etwas herablaufend, mit Zwischenlamellen, weißlich, später blass beigegrau; Schneiden weinrot bis rotbraun. **STIEL** 2–5 cm lang, 1–2 mm breit, zylindrisch, hohl, zerbrechlich, oft verbogen, glatt, ohne roten Milchsaft, blassgrau bis lila-graubraun, Spitze heller; Basis mit weißem Myzelfilz. **FLEISCH** dünn, wässrig, graubräunlich; ohne besonderen Geruch und Geschmack. **SPORENPULVER** weiß. **SPOREN** 9–13 × 5,5–8 µm, elliptisch, glatt, hyalin. **VORKOMMEN** Vom Frühjahr bis zum Herbst einzeln bis gesellig auf morschem Nadelholz, gern auf am Boden liegenden moderigen Zweigen von Fichte *(Picea abies)* und Weißtanne *(Abies alba)*, selten auch an Laubholz; in Süddeutschland ziemlich verbreitet, in Nord- und Westdeutschland selten. **VERWENDUNG** Unbedeutend. **WISSENSWERTES** Ähnlichkeit hat der **Haarstielige Helmling** *(Mycena capillaripes)* mit punktierten Lamellenflächen; Geruch frisch nitrös, später rettichartig.

3 Buntstieliger Helmling

Mycena inclinata (Fr.) Quél., *Mycena galericulata* var. *calopus* Karst. *Tricholomataceae*

HUT 1,5–4 cm breit, jung halbkugelig, bald kegelig-glockig und +/– schwach gebuckelt; Oberfläche glatt, sich etwas fettig anfühlend, bis gegen die Mitte runzelig gerieft, graubraun, blassgrau, beigebraun, Mitte dunkler; Rand heller, oft wellig gekerbt. **LAMELLEN** breit, ziemlich entfernt stehend, ausgebuchtet angewachsen, mit Zähnchen herablaufend, mit Zwischenlamellen, jung weißlich, alt graulich, bisweilen mit Rosatönung; Schneiden glatt. **STIEL** 4–8 cm lang, 2–4 mm breit, zylindrisch, glatt, hohl, anfangs elastisch, später brüchig, glänzend; Spitze weißlich, blass, zur Mitte hin gelblich braun bis goldbraun, abwärts rostbraun-dunkelbraun; Basis filzig-striegelig. **FLEISCH** dünn, im Hut weißlich; Geruch tranig, ranzig bis gurkenartig, Geschmack etwas ranzig-gurkenartig. **SPORENPULVER** cremefarben. **SPOREN** 8–11 × 5,5–6 µm, elliptisch, glatt, hyalin, mit Tropfen. **VORKOMMEN** September bis November oft in dichten Büscheln an alten Laubholzstümpfen, vor allem an Eichen *(Quercus)*, selten auch an Rotbuchen *(Fagus sylvatica)* und anderen Laubbäumen; in Europa weit verbreitet. **VERWENDUNG** Kein Speisepilz.

1

2

3

1 Rosablättriger Helmling
Mycena galericulata (Scop.: Fr.) Gray *Tricholomataceae*

HUT 2–6(–8) cm breit, jung kegelig-glockig, später gewölbt, nie ganz aufgeschirmt, mit breitem Buckel; Oberfläche kahl, matt, mit radialen Riefen oder Furchen, hellbräunlich, blass graubräunlich, Rand heller, Buckel dunkler. **LAMELLEN** am Stiel schmal angewachsen, bauchig, nicht sehr dicht stehend, mit Zwischenlamellen, am Grunde aderig verbunden, anfangs weiß-grau, alt bei völliger Reife der Fruchtkörper rosa (wichtiges Merkmal); Schneiden glatt bis gezähnt. **STIEL** 4–8(–10) cm lang, bis 0,5 cm breit, hohl, glatt, steif, glänzend, graubräunlich, an der Spitze heller und nicht bereift; büschelig wachsend, bisweilen wurzelnd; Basis +/– striegelig-filzig. **FLEISCH** dünn, grauweiß; Geruch rettichartig bis mehlartig-ranzig, Geschmack mild, etwas mehlartig. **SPORENPULVER** hell cremefarben. **SPOREN** 9–11 × 7–9 µm, elliptisch, hyalin. **VORKOMMEN** Mai bis Dezember bisweilen einzeln, meist in kleinen Büscheln auf morschem Laub- und Nadelholz; in Europa weit verbreitet und einer der häufigsten an Holz wachsenden Pilze. **VERWENDUNG** Kein Speisepilz. **WISSENSWERTES** Der Pilz ist ziemlich variabel; verwechseln könnte man ihn mit dem ▸ **Buntstieligen Helmling (S. 218/3)**. Ebenfalls büschelig an Holz wächst der ▸ **Frühlings-Helmling (S. 222/2)**; er hat einen nitrösen Geruch.

2 Rostfleckiger Helmling
Mycena zephirus (Fr.: Fr.) Kumm. *Tricholomataceae*

HUT 2–4 cm breit, anfangs glockig, bald ausgebreitet, gebuckelt; Oberfläche gerieft bis radial gefurcht, schmutzig weißlich, blass bis graubraun, bald mit braunroten Flecken; Scheitel fuchsig-bräunlich. **LAMELLEN** am Stiel ausgebuchtet, mit Zahn etwas herablaufend, entfernt stehend, am Grund leicht aderig verbunden, jung weiß, bald rostfleckig. **STIEL** bis 8 cm lang, 2–3 mm breit, röhrig, feinschuppig, cremefarben bis graubräunlich, zumindest in der unteren Hälfte im Alter braunrot; Basis weißfilzig-striegelig. **FLEISCH** dünn, weißlich; Geruch und Geschmack rettichartig. **SPORENPULVER** weiß. **SPOREN** 9,5–12 × 4–5 µm, fast zylindrisch, schmal. **VORKOMMEN** September bis November meist truppweise, bisweilen aspektbildend und weit verbreitet in moosigen Nadelwäldern. **VERWENDUNG** Kein Speisepilz. **WISSENSWERTES** Der ähnliche, oft rot fleckende **Gefleckte Helmling** *(Mycena maculata)* wächst meist büschelig an totem Laub- und Nadelholz.

3 Rillstieliger Helmling
Mycena polygramma (Bull.: Fr.) Gray *Tricholomataceae*

HUT 2–5 cm breit, glockenförmig, mit deutlichem Buckel; Oberfläche graubraun bis blassgrau, trocken silbergrau seidenglänzend; Rand gerieft-radialrunzelig. **LAMELLEN** am Stiel schmal angeheftet, weißlich grau. **STIEL** bis 10 cm lang, 2–4 mm breit, steif, brüchig, hohl, silbergrau-graubraun, auffallend längs gefurcht; Basis oft wurzelnd, weißfilzig. **FLEISCH** sehr dünn, weißlich; Geruch mehlig bis gurkenartig, Geschmack mild. **SPORENPULVER** weiß. **SPOREN** 8–10 × 5,5–7 µm, breitelliptisch. **VORKOMMEN** August bis November selten einzeln, meist gesellig oder büschelig an oder neben Laub- und Nadelholzstümpfen oder auf vergrabenem Holz; weit verbreitet. **VERWENDUNG** Kein Speisepilz. **WISSENSWERTES** Obwohl man aufgrund seines Namens rillige Stiele erwartet, kann dieses Merkmal beim Rillstieligen Helmling auch undeutlich ausgeprägt sein. Ähnlich ist der ▸ **Rosablättrige Helmling (siehe 1)**, einer der häufigsten an morschem Holz wachsenden Pilze. Seine Lamellen färben sich bei der Reife rosa. Er riecht rettichartig bis mehlig-ranzig.

1

2

3

1 Graublättriger Ruß-Helmling

Mycena aetites (Fr.) Quél., *Mycena umbelliferae* (Schaeff.) Quél.
Tricholomataceae

HUT 0,5–2 cm breit, jung kegelig-glockig, später gewölbt, stumpf gebuckelt; Oberfläche braungrau, Mitte dunkler; Rand blass, deutlich gerieft. **LAMELLEN** etwas entfernt stehend, grau; Schneiden heller. **STIEL** 2–5 cm lang, 1–3 mm breit, graubräunlich, zur Spitze heller, brüchig, hohl; Basis schwach weißfilzig. **FLEISCH** dünn, grau; Geruch rettichartig oder schwach alkalisch, Geschmack rettichartig. **SPORENPULVER** weiß. **SPOREN** 9–10 × 5–5,5 µm, elliptisch. **VORKOMMEN** August bis November gesellig, aber nicht büschelig auf Wiesen, Weiden, Magerrasen, Rasenplätzen, auch in Wäldern. **VERWENDUNG** Unbedeutend. **WISSENSWERTES** Deutlich alkalischen Geruch hat auch der **Graue Nitrat-Helmling** *(Mycena leptocephala)* im Nadelwald, gern unter Kiefern *(Pinus sylvestris)*. Sein graubrauner, bis 1,5 cm breiter Hut ist bisweilen grünlich überhaucht, bei Trockenheit ist er kaum gerieft. Der Stiel ist wie der Hut gefärbt. Sein brüchiges Fleisch hat einen schwach rettichartigen Geschmack.

2 Frühlings-Helmling

Mycena niveipes (Murr.) Murr. *Tricholomataceae*

HUT 3–6 cm breit, jung kegelig, dann flach gewölbt, oft gebuckelt; Oberfläche blass beigegrau bis braungrau, trocken weißlich ausblassend, rinnig gerieft. **LAMELLEN** am Stiel gerade angewachsen bis etwas herablaufend, entfernt stehend, weiß bis blassgrau (nicht rosa werdend); Schneiden weißlich. **STIEL** 4–10 cm lang, 4–5 mm breit, zylindrisch, röhrig, steif, brüchig, blassgrau; Basis mit weißem Myzelfilz. **FLEISCH** dünn; Geruch meist deutlich nitrös. **SPORENPULVER** weiß. **SPOREN** 9,5–12 × 6–8 µm, breitelliptisch. **VORKOMMEN** Ab Mai oft büschelig an Laubholzstümpfen. **VERWENDUNG** Kein Speisepilz. **WISSENSWERTES** Zur gleichen Zeit erscheint der kleinere ▸ **Voreilende Helmling (S. 210/3)**; man findet ihn in Fichtenwäldern gesellig bis büschelig auf morschem Holz, bemoosten Nadelholzstümpfen und moosbedeckten Fichtenreisighaufen, aber auch in Laubwäldern an Laubholz; er riecht und schmeckt rettichartig.

GATTUNG **Dermoloma (Samtritterlinge)**
FAMILIE *Tricholomataceae*

Die Gattung *Dermoloma* umfasst etwa zehn Arten vom Habitus eines kleinen Ritterlings mit kleinem Hut, brüchigem Fleisch und deutlichem Mehlgeruch.

3 Schwarzgrauer Samtritterling

Dermoloma atrocinereum (Pers.: Pers.) Orton *Tricholomataceae*

HUT 2–6 cm breit, gewölbt, oft leicht gebuckelt; Oberfläche feinsamtig, oft aufgerissen, graubraun, rußbraun, trocken hellgrau ausblassend. **LAMELLEN** am Stiel ausgebuchtet angewachsen, entfernt stehend, blassgrau. **STIEL** 2–4(–6) cm lang, hohl, zerbrechlich, weißlich bis graulich. **FLEISCH** blassgrau; Geruch und Geschmack stark mehlartig. **SPOREN** 5–8 × 3–5 µm, breitelliptisch, glatt. **VORKOMMEN** Im Herbst in lichten, grasigen Wäldern, auf Magerwiesen und extensiv genutzten Weiden auf Kalkböden; selten, durch Zerstörung seiner Lebensräume stark gefährdet. **VERWENDUNG** Kein Speisepilz. **WISSENSWERTES** Der Schwarzgraue Samtritterling wird neuerdings als Varietät des **Runzeligen Samtritterlings** (*Dermoloma cuneifolium* [Fr.] Bon) eingestuft, da die Merkmale der beiden Arten fließend ineinander übergehen.

1

2

3

1 Buchenwald-Wasserfuß

Hydropus subalpinus (v. Höhn.) Sing., *Collybia pseudoradicata* Lge. & Moell. *Tricholomataceae*

HUT 1–4 cm breit, gewölbt, dann ausgebreitet, oft gebuckelt; Oberfläche seidig glänzend, gelbbraun, hellbraun; Rand nicht oder schwach gerieft. **LAMELLEN** am Stiel ausgebuchtet, gedrängt, weiß; Schneiden flockig. **STIEL** 3–6 cm lang, zylindrisch, oft wurzelnd, weiß, Spitze bereift; Basis mit weißem Myzelfilz. **FLEISCH** weißlich; ohne besonderen Geruch und Geschmack. **SPOREN** 6,5–9 × 2,5–4 µm, allantoid. **VORKOMMEN** Frühsommer bis Herbst auf am Boden liegenden Laubholzästchen, gern an Rotbuche *(Fagus sylvatica)*. **VERWENDUNG** Kein Speisepilz. **WISSENSWERTES** Die Gattung **Wasserfüße** *(Hydropus)* umfasst etwa zehn wenig bekannte Arten, die an Helmlinge oder Dachpilze erinnern. Ihre Lamellen laufen am Stiel herab oder sind breit angewachsen, die Stiele sind bereift bis feinflockig, zumindest an der Spitze.

2 Dunkler Kohlennabeling, Kohlen-Nabeling

Myxomphalia maura (Fr.) Hora, *Fayodia maura* (Fr.) Sing. *Tricholomataceae*

HUT 1–4(–6) cm breit, gewölbt, deutlich genabelt; Oberfläche hygrophan, glatt, speckig glänzend, dunkelgrau, dunkelbraun, schwarzbraun; Haut gelatinös, dehnbar, abziehbar; Rand fast bis zur Mitte durchscheinend gerieft, lange eingerollt. **LAMELLEN** am Stiel kurz herablaufend, anfangs weißlich, später schmutzig graubraun. **STIEL** 2–4 cm lang, 2–5 mm breit, hutfarben, Spitze heller; Basis mit weißem Myzelfilz. **FLEISCH** weißlich bis grauweiß; Geruch ranzig-spermatisch. **SPORENPULVER** weiß. **SPOREN** 5–6,5 × 3,5–4 µm, breitelliptisch, glatt, hyalin, amyloid. **VORKOMMEN** September bis November auf älteren Brandstellen. **VERWENDUNG** Kein Speisepilz. **WISSENSWERTES** Die Gattung **Kohlennabelinge** *(Myxomphalia)* umfasst etwa drei Arten mit Nabelings- oder Trichterlingshabitus; ihre Sporen sind amyloid.

3 Geselliger Glöckchennabeling

Xeromphalina campanella (Batsch: Fr.) Mre., *Omphalina campanella* Fr. *Tricholomataceae*

HUT 0,5–2 cm breit, dünnfleischig, gewölbt mit genabelter Mitte; Oberfläche glatt, glänzend, gelbbraun, rostgelb bis rostbraun, Nabel dunkler; Rand fast bis zur Hutmitte gerieft-gekerbt, scharf. **LAMELLEN** etwas herablaufend, ziemlich entfernt stehend, untermischt, teilweise gegabelt, am Grunde aderig verbunden, gelbbräunlich. **STIEL** 1,5–3 cm lang, etwa 1,5 mm breit, jung im oberen Teil gelbbraun, abwärts dunkler rostbraun bis schwarzbraun; Basis feinfilzig-striegelig, bisweilen schwach knollig. **FLEISCH** dünn, hellbräunlich; Geruch unbedeutend, Geschmack mild, etwas pilzartig. **SPORENPULVER** cremeweißlich. **SPOREN** 6–7 × 3–4 µm, ellipsoid, glatt, hyalin, amyloid. **VORKOMMEN** Ab Vorfrühling bis Herbst meist dicht gedrängt (oft zu Hunderten) auf stark vermorschten Nadelholzstümpfen, besonders im Bergland und Gebirge, im Flachland sehr selten bis fehlend. **VERWENDUNG** Kein Speisepilz. **WISSENSWERTES** Makroskopisch sehr ähnlich ist der **Bittere Glöckchennabeling** *(Xeromphalina fellea)*. Sein Hut ist 1–2 cm breit, schön gelb gefärbt mit dunklerer, genabelter Mitte. Der Stiel ist 1–5 cm lang, 1–2 mm breit, zylindrisch, rotbraun bis schwarzbraun, Spitze heller. Das Fleisch schmeckt bitter. Vorkommen in Nadelwäldern auf Nadelstreu und zwischen Gräsern, nicht direkt auf Holz. Die Gattung **Glöckchennabelinge** (*Xeromphalina)* umfasst etwa vier kleine Arten mit meist glockig-nabeligem Hut; sie erinnern an Nabelinge oder Schwindlinge.

1

2

3

1 Mäuseschwanz-Rübling, Mäuseschwanz

Baeospora myosurus (Fr.: Fr.) Sing., *Collybia conigena* (Pers.: Fr.) Kumm. *Tricholomataceae*

HUT 0,5–2 cm breit, jung fast halbkugelig, bald ausgebreitet; Oberfläche glatt, hellbräunlich, lederfarben, blass rotbräunlich, beim Trocknen ausblassend **(1a)**; Rand oft heller, scharf, glatt. **LAMELLEN** frei stehend, sehr gedrängt, schmal, weißlich bis hellbeige **(1b)**; Schneiden glatt. **STIEL** 1–4 cm lang, 1–2 mm breit, zylindrisch, jung voll, alt hohl, hellbräunlich, glatt, fein weiß bereift, erscheint damit schmutzig weißlich; Basis mit +/– wurzelartiger Verlängerung. **FLEISCH** dünn, hellbeige; Geruch unbedeutend, Geschmack mild. **SPORENPULVER** weiß. **SPOREN** 3–4 × 1,5–2 µm, ellipsoid, farblos, glatt, amyloid. **VORKOMMEN** September bis November einzeln bis gesellig auf am Boden liegenden oder vergrabenen Fichten- oder Kiefernzapfen; nicht häufig. **VERWENDUNG** Kein Speisepilz. **WISSENSWERTES** Die Gattung *Baeospora* besteht aus zwei Arten. Das hier beschriebene Mäuseschwänzchen wächst auf Nadelholzzapfen, der unten beschriebene ▸ **Tausendblatt-Rübling (siehe 2)** auf morschem Holz.

2 Tausendblatt-Rübling, Lilablättriges Tausendblatt

Baeospora myriadophylla (Peck) Sing., *Mycena myriadophylla* (Peck.) Sing., *Collybia lilacea* Quél. *Tricholomataceae*

HUT 1–3 cm breit, bald flach ausgebreitet, Mitte bisweilen niedergedrückt; Oberfläche matt, hygrophan, feucht graubräunlich bis grauocker, trocken ausblassend; Rand anfangs nach unten gebogen, +/– wellig, dünn, bisweilen durchscheinend gerieft. **LAMELLEN** ausgebuchtet, mit Zähnchen angeheftet bis fast frei, sehr gedrängt, jung lilafarben, später bräunlich, lila getönt. **STIEL** 1–4 cm lang, 1–3 mm breit, glatt, kahl, alt hohl, jung hellgrau bis graubraun, später dunkelbraun mit Lilaton. **FLEISCH** dünn, blass lilafarben; Geruch und Geschmack unbedeutend. **SPORENPULVER** weiß. **SPOREN** 3,5–4,5 × 2–3 µm, elliptisch, glatt, hyalin. **VORKOMMEN** Vom Spätherbst bis zum Frühjahr einzeln bis gesellig auf morschem Nadel- und Laubholz; selten, fehlt im Norden Deutschlands. **VERWENDUNG** Kein Speisepilz.

GATTUNG **Flammulina (Samtfußrüblinge)**
FAMILIE *Tricholomataceae*

Die Gattung *Flammulina* umfasst bei uns etwa drei Arten, die an Rüblinge erinnern. Ihre Hüte sind klebrig, die Huthaut gelatinös, die Stiele sind zäh, zur Basis hin dunkelbraun. Alle wachsen auf Holz. Sporenpulver weiß; Sporen glatt, inamyloid.

3 Blasser Samtfußrübling

Flammulina fennae Bas *Tricholomataceae*

HUT 2–7 cm breit, jung konvex, alt +/– flach ausgebreitet mit stumpfem Buckel; Oberfläche klebrig, glänzend, weißlich-ledergelblich, Mitte ockerlich. **LAMELLEN** am Stiel ausgebuchtet, mit Zahn angewachsen, gedrängt, weiß. **STIEL** 3–6 cm lang, 4–8 mm breit, zylindrisch, alt hohl, samtig, braunschwarz, zur Spitze hin gelblich; Basis wurzelnd. **FLEISCH** weiß; Geruch süßlich, Geschmack herb. **SPOREN** 6–8 × 4–5 µm, hyalin. **VORKOMMEN** Frühjahr bis Herbst büschelig auf im Boden vergrabenem Holz oder an Stümpfen in Auenwäldern, Gärten und Parkanlagen; sehr selten. **VERWENDUNG** Kein Speisepilz. **WISSENSWERTES** An Hauhechel *(Ononis spinosa)* wächst der sehr seltene kleinere **Hauhechel-Samtfußrübling** *(Flammulina ononidis)*.

1a

1b

2

3

1 Gemeiner Samtfußrübling, Winterrübling

Flammulina velutipes (Curt.: Fr.) Sing. *Tricholomataceae*

HUT 2–6(–12) cm breit, erst halbkugelig, dann flach ausgebreitet, dünnfleischig; Oberfläche glatt, feucht klebrig, glänzend, honiggelb, später rostbräunlich mit dunklerer Mitte; Rand heller, jung eingebogen, glatt oder schwach gerieft. **LAMELLEN** breit am Stiel angewachsen bis schwach ausgebuchtet, untermischt, anfangs gelblich weiß, später blass orangegelb. **STIEL** 2–7(–10) cm lang, 0,2–1,5 cm breit, erst voll, bald hohl, zäh, weißgelblich, samtig-filzig, bald von unten her kastanienbraun bis braunschwarz. **FLEISCH** dünn, zart, alt zäh, weiß oder blassgelb; Geruch angenehm, Geschmack mild. **SPORENPULVER** weiß. **SPOREN** 8–11 × 3–4,5 µm. **VORKOMMEN** September bis April in ganz Mitteleuropa meist büschelig an Laub-, selten an Nadelholz. **VERWENDUNG** Essbar. **WISSENSWERTES** Selten findet man Exemplare mit weißen bis cremefarbenen Hüten und Stielen (var. *lactea*). Dem Gemeinen Samtfußrübling ähnlich ist der **Hauhechel-Samtfußrübling** *(Flammulina ononidis)*, eine kleine, seltene Art an Hauhechel *(Ononis spinosa)*.
VERWECHSLUNG MIT GIFTPILZEN Bisweilen sind um diese Jahreszeit noch giftige ▸ **Grünblättrige Schwefelköpfchen (S. 318/2)** an Holz zu finden; sie schmecken sehr bitter.

Grünblättriger Schwefelkopf

GATTUNG	**Cystoderma** (Körnchenschirmlinge)
FAMILIE	*Tricholomataceae*

Gattung mit etwa 15 Arten. Klein, schirmlingsähnlich, mit Ring oder Ringzone. Hutoberfläche mit körnigem bis feinschuppigem Belag. Sporenpulver weiß.

2 Weinroter Körnchenschirmling

Cystoderma superbum Huijsm. *Tricholomataceae*

HUT 2–5(–7) cm breit, jung halbkugelig, später abgeflacht und niedergedrückt; Oberfläche matt, feinkörnig, weinrötlich, alt weinbraun-grauviolett; Rand scharf, jung mit weißlichen Velumresten. **LAMELLEN** am Stiel ausgebuchtet, mit Zahn angewachsen, gedrängt, untermischt, blass cremefarben bis hell fleischfarben. **STIEL** 2–5 cm lang, 3–7 mm breit, zylindrisch, hohl, weinbraun, mit vergänglicher Ringzone, darunter faserig-flockig. **FLEISCH** cremefarben-rosa; Geruch muffig, Geschmack mild, dann bitter. **SPOREN** 3–3,5 × 4–5 µm. **VORKOMMEN** August bis Oktober einzeln bis gesellig in Laub- und Nadelwäldern, auf Waldwiesen; selten. **VERWENDUNG** Kein Speisepilz.

3 Amiant-Körnchenschirmling

Cystoderma amiantinum (Scop.: Fr.) Fay. *Tricholomataceae*

HUT 2–4 cm breit, anfangs kegelig, dann gewölbt, schließlich abgeflacht, mit Buckel; Oberfläche flockig-körnig, alt oft radial runzelig-faltig, blassgelb bis ockergelb-gelborange; Rand scharf, jung mit Velumresten. **LAMELLEN** ausgerandet bis angewachsen, mit Zahn herablaufend, erst weiß, später cremefarben. **STIEL** 3–6 cm lang, 2–5 mm breit, schlank, hohl, ockergelb, mit aufsteigendem, oft undeutlichem Ring; von der Basis bis zum Ring orangebräunlich, grobschuppig-körnig, über dem Ring cremefarben, alt bräunlich. **FLEISCH** dünn, gelblich; Geruch und Geschmack unangenehm. **SPORENPULVER** cremefarben. **SPOREN** 4–6 × 3–4 µm. **VORKOMMEN** August bis November einzeln bis gesellig in Nadelwäldern, an Waldrändern und in Wiesen auf nährstoffarmen Böden; in Europa verbreitet. **VERWENDUNG** Kein Speisepilz.

1

2

3

1 Langsporiger Körnchenschirmling

Cystoderma jasonis (Cooke & Massee) Harmaja, *Cystoderma longisporum* (Kühn.) Heinem. & Thoen *Tricholomataceae*

HUT 1,5–3(–4) cm breit, jung halbkugelig, später gewölbt, mit stumpfem Buckel; Oberfläche ockerbraun bis rötlich ocker; Rand jung behangen. **LAMELLEN** am Stiel schmal angeheftet, hellbräunlich. **STIEL** 3–6 cm lang, 2–5 mm breit, rostbraun, Ringzone flockig, vergänglich, darunter sparrig-flockig. **FLEISCH** dünn, unter der Huthaut gelb; Geruch unbedeutend, Geschmack mild. **SPOREN** 6–8 × 3–4,5 µm, spindelig-elliptisch. **VORKOMMEN** Sommer bis Herbst in Nadelwäldern, gern auf nährstoffarmen Böden. **VERWENDUNG** Kein Speisepilz. **WISSENSWERTES** Der Langsporige Körnchenschirmling kann leicht mit dem ► **Amiant-Körnchenschirmling (S. 228/3)** verwechselt werden, unterscheidet sich von diesem aber durch dunklere Huthaut, dunkleren Stiel, beinahe fehlenden Geruch und größere Sporen. Beide Arten wachsen im Nadelwald auf nährstoffarmen Böden.

2 Starkriechender Körnchenschirmling

Cystoderma carcharias (Pers.) Fayod *Tricholomataceae*

HUT 2–6 cm breit, jung kegelig, bald gewölbt-ausgebreitet, meist mit stumpf gebuckelter Mitte; Oberfläche feinkörnig-mehlig, schmutzig weiß, graurosa, Mitte meist dunkler, mit gelbbräunlichem Ton; Rand lange mit weißen Hüllresten flockig behangen. **LAMELLEN** am Stiel angeheftet, mit Zahn herablaufend, fast gedrängt, weißlich, alt gilbend. **STIEL** 4–7 cm lang, 2–8 mm breit, alt hohl, mit aufsteigendem, trichterartigem, dauerhaftem Ring; Oberfläche über dem Ring glatt, weißlich, darunter graulich-graurosa, körnig-flockig. **FLEISCH** weißlich; Geruch sehr unangenehm, gasartig oder nach Scheunenstaub, Geschmack widerlich. **SPORENPULVER** weiß. **SPOREN** 4–5,5 × 3–3,5 µm, breitelliptisch, apfelkernartig, glatt, hyalin, amyloid. **VORKOMMEN** September bis November meist gesellig in Nadel- und Mischwäldern, an Waldrändern, auf kalkreichen Böden, aber auch zwischen Heidelbeeren in Mooren; in Mitteleuropa weit verbreitet und häufig. **VERWENDUNG** Kein Speisepilz. **WISSENSWERTES** Habitus und Geruch sind eindeutig, die Art ist unverkennbar.

3 Zinnoberbrauner Körnchenschirmling

Cystoderma terrei (Berk. & Br.) Harmaja, *Cystoderma cinnabarinum* (Alb. & Schw.) Fayod *Tricholomataceae*

HUT 2–6(–10) cm breit, jung halbkugelig, bald gewölbt bis ausgebreitet; Oberfläche dicht feinkörnig, ziegelrot, zinnoberrot bis orangebraun; Rand lange heruntergebogen, die Lamellen überragend, jung bisweilen flockig behangen. **LAMELLEN** am Stiel ausgebuchtet angeheftet, gedrängt stehend, blass cremefarben; mit pfeilspitzenförmigen Zystiden. **STIEL** 3–7 cm lang, 0,3–1 cm breit, zylindrisch, blassorange, unter dem Ring mit orangefarbenen Schüppchen; Ring flüchtig; Basis mit weißem Myzelfilz. **FLEISCH** cremefarben; Geruch und Geschmack unbedeutend. **SPORENPULVER** weiß. **SPOREN** 3,5–5 × 2–3 µm, breitelliptisch bis oval, glatt, hyalin, inamyloid. **VORKOMMEN** September bis Oktober in Laub- und Nadelwäldern, an kiesigen Wegrändern zwischen Moosen und Gräsern; selten. **VERWENDUNG** Kein Speisepilz. **WISSENSWERTES** Die zinnober- bis orangebraune Hutfarbe ist für diesen kleinen, aber kräftigen Pilz charakteristisch. Darüber hinaus unterscheidet er sich durch abweichende Mikromerkmale von ähnlichen Arten. Die Gattung *Cystoderma* umfasst etwa 15 Arten. Viele haben einen sehr unangenehmen Geruch. Alle kommen als Speisepilze nicht infrage.

1

2

3

GATTUNG **Rhodocybe (Tellerlinge)**
FAMILIE *Entolomataceae*

Die Gattung *Rhodocybe* bildet den Übergang von den *Tricholomataceae* zu den *Entolomataceae.* Sie umfasst etwa 15 kleine bis mittelgroße, selten auch große fleischige Arten mit herablaufenden Lamellen, die mit dem Fingernagel leicht vom Hutfleisch ablösbar sind. Ihr Sporenpulver ist rosa, selten graubraun gefärbt. Viele haben einen bitteren Geschmack, weshalb man sie auch Bitterlinge nennt.

1 Würziger Tellerling

Rhodocybe gemina (Fr.) Kuyper & Noord., *Rhodocybe truncata* (Quél.) Bon *Entolomataceae*

HUT 4–10 cm breit, flach gewölbt bis niedergedrückt oder auch mit stumpfem Buckel, oft unregelmäßig verbogen; Oberfläche matt, trocken, glatt, fleischbräunlich-rötlich; Haut nicht abziehbar; Rand lange eingebogen, jung etwas feinfilzig. **LAMELLEN** am Stiel +/– herablaufend bis schwach ausgebuchtet, gedrängt stehend, vom Hut ablösbar, jung hellbeige bis blass ockerrosa, dann schmutzig fleischbräunlich; Schneiden schwach gekerbt. **STIEL** 3–8 cm lang, 1–2 cm breit, jung voll, weiß bis fleischrötlich; Basis oft mit weißlichen Myzelsträngen. **FLEISCH** in der Hutmitte dick, weißlich bis cremefarben; Geruch angenehm aromatisch, Geschmack schwach bitterlich bis etwas ranzig. **SPORENPULVER** fleischrosa. **SPOREN** 5–7,5 × 3–5,5 µm, elliptisch bis leicht eckig. **VORKOMMEN** Juli bis Oktober einzeln oder in Reihen und Ringen im Nadelwald, seltener im Laubwald, an Wegrändern. **VERWENDUNG** Essbar.

VERWECHSLUNG MIT GIFTPILZEN ▸ Riesen-Rötling (S. 238/2).

Riesen-Rötling

2 Fleckender Tellerling, Rauchgrauer Tellerling

Rhodocybe mundula (Lasch: Fr.) Sing., *Rhodocybe popinalis* (Fr.) Sing. *Entolomataceae*

HUT 2–5 cm breit, abgeflacht mit stumpfem Buckel; Oberfläche trocken, matt, jung weißlich, später graulich-graubräunlich mit dunkleren Flecken bis gezont; Rand jung eingerollt, alt wellig. **LAMELLEN** am Stiel herablaufend, gegabelt, aschgrau, auf Druck dunkler fleckend. **STIEL** 3–5 cm lang, bis 1 cm breit, graubräunlich, alt hohl; Basis weißfilzig. **FLEISCH** dünn; Geruch ranzig-mehlartig, Geschmack bitter. **SPORENPULVER** rosa. **SPOREN** 5–6 × 4,5–5,5 µm, breitelliptisch-rundlich, angedeutet vieleckig, hyalin. **VORKOMMEN** Juli bis November in Laub- und Nadelwäldern, in Parkanlagen, an moosigen, grasigen Stellen. **VERWENDUNG** Kein Speisepilz.

3 Gelbfuchsiger Tellerling

Rhodocybe nittelina (Fr.) Sing. *Entolomataceae*

HUT 1–5 cm breit, gewölbt-ausgebreitet, flach genabelt; Oberfläche hygrophan, glatt, speckig, orange-gelbbraun, fuchsrötlich; Rand kaum gerieft, scharf, +/– heruntergebogen. **LAMELLEN** am Stiel breit angewachsen oder kurz herablaufend, jung weißlich, später gelblich-ocker. **STIEL** 2–7 cm lang, 3–8 mm breit, zylindrisch, hohl, knorpelig, hutfarben, Spitze heller; Basis weißfilzig. **FLEISCH** dünn, cremefarben-graubeige; Geruch und Geschmack stark mehlartig. **SPORENPULVER** rosaocker. **SPOREN** 7–9 × 4–5 µm, elliptisch-mandelförmig, warzig. **VORKOMMEN** Juli bis Oktober einzeln bis gesellig in Laub- und Nadelwäldern; selten. **VERWENDUNG** Kein Speisepilz.

1

2

3

1 Mehl-Räsling, Mehlpilz

Clitopilus prunulus (Scop.: Fr.) Kumm. *Entolomataceae*

HUT 3–10 cm breit, fleischig, anfangs halbkugelig, später gewölbt, alt bisweilen vertieft bis trichterförmig, mit Buckel; Oberfläche fein bereift, samtig, bei Regen schmierig, weiß, grauweiß bis cremeweiß; Rand lange eingerollt, alt wellig verbogen, flatterig. **LAMELLEN** am Stiel herablaufend, gedrängt, dünn, anfangs weiß-beige, langsam fleischrosa verfärbend. **STIEL** 2–6 cm lang, 0,5–1,5 cm breit, dick, voll, oft exzentrisch stehend, nach oben erweitert, weiß; Basis weißfilzig. **FLEISCH** fest, zart, weiß; Geruch und Geschmack stark mehlartig. **SPORENPULVER** rosa. **SPOREN** 8–14 × 5–6 µm, spindelförmig-elliptisch, längs gerippt. **VORKOMMEN** Juni bis Oktober verbreitet in Laub- und Nadelwäldern sowie an grasigen Plätzen (Wiesen, Parkanlagen, Wegränder). **VERWENDUNG** Essbar. **WISSENSWERTES** Die Gattung *Clitopilus* umfasst etwa 12 Arten mit rosa Sporenpulver; die Sporen sind längs gerippt.

VERWECHSLUNG MIT GIFTPILZEN Ähnlich sind einige weiße, sehr giftige Trichterlinge wie der ▸ **Feld-Trichterling (S. 136/1)** und der ▸ **Bleiweiße Firnistrichterling (S. 130/1).**

Bleiweißer Firnistrichterling

GATTUNG **Entoloma (Rötlinge)**
FAMILIE *Entolomataceae*

Einheitliches Merkmal der Rötlinge sind die eckigen Sporen und das +/– rosa gefärbte Sporenpulver. Ihre Lamellen haben in reifem Zustand einen fleischrosa Schimmer. Viele Rötlinge sind giftig oder giftverdächtig.

2 Stahlblauer Rötling

Entoloma nitidum Quél. *Entolomataceae*

HUT 2–5 cm breit, anfangs konisch-glockig, dann glockig-ausgebreitet mit stumpfem Buckel; Oberfläche eingewachsen radialfaserig, matt, glatt, jung schwarzblau, dann typisch dunkelblau-stahlblau, alt ausblassend; Rand heruntergebogen, ungerieft, bei Trockenheit oft tief eingerissen. **LAMELLEN** ausgebuchtet angewachsen, bauchig, etwas entfernt stehend, untermischt, erst weißlich, später vom Sporenpulver fleischfarben-rosalich gefärbt; Schneiden glatt. **STIEL** 3–8 cm lang, 4–10 mm breit, zylindrisch, zur Basis breiter werdend, zerbrechlich, hutfarben, hell längsfaserig gestreift; Basis striegelig, weiß, mit kurzer, wurzelartiger Verlängerung. **FLEISCH** dünn, weich, weiß; Geruch etwas unangenehm, Geschmack mild. **SPORENPULVER** rosabraun. **SPOREN** 7–10 × 6,5–7,5 µm. **VORKOMMEN** Juli bis Oktober verbreitet in feuchten Nadel- und Mischwäldern auf sauren Böden. **VERWENDUNG** Giftig.

3 Blauer Rötling

Entoloma bloxamii (Berk. & Br.) Sacc. *Entolomataceae*

HUT 3–6 cm breit, konisch-glockig, mit stumpfem Buckel; Oberfläche eingewachsen faserig, trocken, blauviolett, stahlgrau, Scheitel bisweilen ockerlich; Rand lange heruntergebogen. **LAMELLEN** ausgebuchtet angewachsen, gedrängt, erst weißlich-gelblich, dann blassrosa. **STIEL** 3–6 cm lang, 1–2 cm breit, zylindrisch, voll, alt hohl, hutfarben, längsfaserig; Basis weißlich. **FLEISCH** weißlich; Geruch mehlig, spermatisch. **SPORENPULVER** rotbraun. **SPOREN** 6–9 × 6–8 µm. **VORKOMMEN** Sommer bis Herbst einzeln bis gesellig auf extensiv bewirtschafteten Wiesen, auf Trockenrasen, in Wäldern; selten. **VERWENDUNG** Kein Speisepilz.

1

2

3

1 Porphyrbrauner Rötling

Entoloma porphyrophaeum (Fr.) Karst. *Entolomataceae*

HUT 3–9 cm breit, anfangs kegelig-glockig, später gewölbt, mit Buckel; Oberfläche radialfaserig, matt, dunkel graubraun, besonders zum Rand hin mit violettem Ton. **LAMELLEN** am Stiel ausgebuchtet, ziemlich weit stehend, anfangs weißlich, später rosa bis dunkel fleischfarben. **STIEL** 4–8 cm lang, 0,5–1,5 cm breit, bisweilen drehwüchsig, faserig, purpur- bis graubraun; Basis leicht verdickt, weißfilzig. **FLEISCH** im Scheitel dick, zum Rand hin dünn, weich, weißlich; Geruch schwach pilzartig. **SPORENPULVER** rosa. **SPOREN** 10–13 × 5–7 µm, eckig-länglich. **VORKOMMEN** Mai bis Oktober auf Wiesen und Weiden, an Waldrändern. **VERWENDUNG** Essbar.

VERWECHSLUNG MIT GIFTPILZEN Bereits im Frühjahr sind Verwechslungen mit verschiedenen ähnlichen, giftigen Rötlingen möglich. Da die genaue Bestimmung oft schwierig ist, sollen Rötlinge für Speisezwecke nur bei genauer Artenkenntnis gesammelt werden. Weiteres dazu beim ▸ **Blassbraunen Schlehen-Rötling (siehe 3).**

2 Frühlings-Glöckling, Frühlings-Giftrötling

Entoloma vernum Lund., *Rhodophyllus cucullatus* Fav.
Entolomataceae

HUT 2–6 cm breit, jung kegelig-glockig, bald ausgebreitet, gebuckelt; Oberfläche hygrophan, matt, feucht fettig glänzend, radialrinnig, hornbraun, schwarzbraun, trocken hell graubraun bis beigebraun; Rand überstehend, bisweilen schwach gerieft oder gekerbt. **LAMELLEN** frei, breit, lange blassgrau, später graurötlich. **STIEL** 4–7 cm lang, 3–7 mm breit, oft gedreht oder flach gedrückt, längsfaserig, alt hohl, zerbrechlich, hutfarben. **FLEISCH** dünn, schmutzig graubräunlich; Geruch schwach, weder mehlartig noch gurkenartig oder tranig, Geschmack mild, pilzartig. **SPORENPULVER** rotbraun. **SPOREN** 9–12 × 7–9 µm. **VORKOMMEN** März bis Juni meist gesellig an grasigen Stellen in Laub- und Nadelwäldern und auch außerhalb von Wäldern; nicht sehr häufig. **VERWENDUNG** Giftig; er verursacht wie der ▸ **Riesen-Rötling (S. 238/2)** schwere Magen-Darm-Intoxikationen. Sie verlaufen nach einer Latenzzeit von vier bis 24 Stunden anfangs ähnlich wie Knollenblätterpilz-Vergiftungen mit schwerem Erbrechen und choleraartigen Durchfällen, die kritische Situation ist jedoch meist nach einer Woche überstanden.

3 Blassbrauner Schlehen-Rötling

Entoloma saepium (Noullet & Dass.) Richon & Roze
Entolomataceae

HUT 5–10 cm breit, jung kegelig, später ausgebreitet, oft verbogen, mit Buckel; Oberfläche etwas eingewachsen radialfaserig, schmutzig weißlich, später cremeweißlich mit bräunlichen Tönen; Rand lange eingerollt. **LAMELLEN** am Stiel ausgebuchtet, schmal angewachsen, jung weißlich, später rosa. **STIEL** 3–6(–10) cm lang, zylindrisch, weiß, überfasert, alt etwas bräunend. **FLEISCH** dünn, weiß bis grauweiß; Geruch und Geschmack mehlartig. **SPOREN** 8–11 × 7–9,5 µm, mit 5–7 stumpfen Ecken. **VORKOMMEN** Mai bis Juni meist gesellig in Gärten und an Waldrändern unter Schlehengebüsch und anderen *Prunus*-Arten. **VERWENDUNG** Essbar.

VERWECHSLUNG MIT GIFTPILZEN Im Frühjahr erscheinen verschiedene Rötlings-Arten, deren Abgrenzung schwierig ist, darunter auch sehr giftige Spezies wie der ▸ **Riesen-Rötling (S. 238/2).**

Riesen-Rötling

1

2

3

1 Schild-Rötling

Entoloma clypeatum (L.: Fr.) Kumm. *Entolomataceae*

HUT 5–12 cm breit, jung glockig, später abgeflacht mit +/– stark ausgebildetem Buckel, alt unregelmäßig ausgebreitet, oft verbogen; Oberfläche fein radial faserstreifig, seidig glänzend, hygrophan, feucht rußigbraun, trocken graubraun-beigebraun; Rand kaum gerieft, lange heruntergebogen, später wellig verbogen. **LAMELLEN** am Stiel ausgebuchtet, mit Zähnchen angewachsen, untermischt, jung weißlich bis blassgrau, später graurosa; Schneiden wellig gekerbt. **STIEL** 5–10 cm lang, 1–2 cm breit, zylindrisch, oft verbogen, weiß bis graulich, längsfaserig, bisweilen büschelig. **FLEISCH** dünn, weiß bis grauweiß; Geruch und Geschmack mehlig-gurkenartig. **SPORENPULVER** rosa. **SPOREN** 9–11 × 7,5–9 µm. **VORKOMMEN** April bis Juli unter Rosengewächsen *(Rosaceae)* auf Obstwiesen, in Parks, Gärten, an Waldrändern. **VERWENDUNG** Kein Speisepilz, roh giftig. **WISSENSWERTES** Der sehr seltene **April-Rötling** *(Entoloma aprile)* unterscheidet sich durch dünneres, geruchloses Fleisch.

2 Riesen-Rötling

Entoloma sinuatum (Bull.: Fr.) Kumm., *Entoloma eulividum* Noord., *Entoloma lividum* (Bull. es St. Amans) Quél. *Entolomataceae*

HUT 5–20 cm breit, anfangs halbkugelig-gewölbt, dann ausgebreitet-abgeflacht, stumpf gebuckelt; Oberfläche glatt, seidig glänzend, feinfaserig, trocken, bei feuchter Witterung etwas klebrig, elfenbeinweiß, hellocker, beigegrau; Haut abziehbar; Rand anfangs eingebogen, im Alter wellig. **LAMELLEN** am Stiel ausgebuchtet angewachsen bis fast frei, breit, anfangs hellgelblich, später lachsgelb bis rosagelb; Schneiden wellig bis schwach gekerbt. **STIEL** 5–12 cm lang, 1–3 cm breit, kräftig, jung fest, voll, später schwammig, alt hohl, weißlich oder gelblich, fein gerillt, bisweilen feinschuppig; Basis oft etwas verdickt. **FLEISCH** fest, im Stiel längsfaserig, weißlich; Geruch mehl- bis gurkenartig, Geschmack mild, angenehm. **SPORENPULVER** rosa bis graurosa. **SPOREN** 8–10 × 7–8,5 µm, eckig. **VORKOMMEN** Juni bis Oktober einzeln, bisweilen büschelig im Laubwald, gern bei Eichen *(Quercus)* und Rotbuchen *(Fagus sylvatica)*, auf kalkhaltigen und lehmigen Böden. **VERWENDUNG** Giftig, verursacht sehr schwere, mehrtägige Brechdurchfälle. **WISSENSWERTES** Dem Riesen-Rötling sehr ähnlich ist der ▸ **Nebelgraue Trichterling (S. 138/2).**

3 Niedergedrückter Rötling

Entoloma rhodopolium (Fr.) Kumm. *Entolomataceae*

HUT 4–10 cm breit, anfangs gewölbt, bald ausgebreitet, eingedellt, alt niedergedrückt, stark flatterig verbogen; Oberfläche hygrophan, auch fein radial gefurcht, feucht graubraun, fettig anzufühlen, trocken hellgrau bis hellbeige; Rand nach unten gebogen und am Saum bis 2 mm überstehend. **LAMELLEN** am Stiel ausgebuchtet angewachsen, ziemlich dicht stehend, breit, häufig wellig verbogen, jung hell graubraun, später graurosa; Schneiden glatt bis gekerbt. **STIEL** 4–8(–12) cm lang, 0,5–1 cm dick, oft etwas verbogen bis gekniet, hohl, weiß bis hellgelblich, längsstreifig; Basis zugespitzt. **FLEISCH** dünn, weich, weißlich; Geruch fast fehlend oder beim Verreiben bisweilen schwach mehlig, Geschmack mild. **SPORENPULVER** braunrosa. **SPOREN** 8–11 × 6–8 µm, eckig. **VORKOMMEN** August bis Oktober gesellig in Laubwäldern, besonders bei Rotbuchen *(Fagus sylvatica)*. **VERWENDUNG** Giftig, verursacht schwere Magen-Darm-Vergiftungen. **WISSENSWERTES** Sehr ähnlich (und bisher als eigene Art geführt) ist der ebenfalls in feuchten Laubwäldern wachsende **Alkalische Rötling** *(Entoloma rhodopolium* f. *nidorosum)*. Er hat einen stark alkalischen Geruch.

1

2

3

1 Braungrüner Rötling, Braungrüner Zärtling

Entoloma incanum (Fr.: Fr.) Hesl., *Rhodophyllus incanus* (Fr.) Kühner & Romagn. *Entolomataceae*

HUT 1–3 cm breit, jung halbkugelig, später flach gewölbt, Mitte genabelt; Oberfläche glatt, in der Mitte oft feinflockig, gelb mit olivbrauner Mitte, bisweilen auch mit Grünton; Rand bis über zwei Drittel radial gerieft-gerillt. **LAMELLEN** am Stiel angewachsen, etwas entfernt stehend, anfangs gelbweißlich, später rosa. **STIEL** 3–6 cm lang, 1–3 mm breit, zylindrisch, hohl, zerbrechlich, grün bis gelbgrün, an der Basis und an Druckstellen dunkler blaugrün; Basis mit weißem Myzelfilz. **FLEISCH** dünn, gelbgrün; Geruch unangenehm, besonders im Alter charakteristisch nach verbranntem Horn, Geschmack fade, nicht mehlartig. **SPORENPULVER** rosa. **SPOREN** 11–14 × 8–9 µm, eckig. **VORKOMMEN** Juli bis September einzeln bis gesellig auf naturnahen Wiesen, in lichten Wäldern, auf Kalkböden; selten. **VERWENDUNG** Kein Speisepilz. **WISSENSWERTES** Der Braungrüne Rötling ist im Gegensatz zu vielen anderen Vertretern seiner Gattung anhand von Form, Farbe und Geruch leicht erkennbar. Ähnlichkeit hat der stark parfümistisch riechende ▸ **Zitronengelbe Rötling (S. 242/1).** Sein Doppelgänger, der **Gelbgrüne Rötling** *(Entoloma chlorophyllum)*, ist geruchlos. Sein Hut ist 1–2 cm breit mit gelb- bis olivgrün gefärbter Oberfläche. Der zylindrische Stiel ist 3–7 cm lang, relativ brüchig, mit schwach knolliger, weißfilziger Basis. Der ▸ **Papageigrüne Saftling (S. 116/1)** ist ähnlich gefärbt, er hat aber eine schmierig-klebrige Huthaut und weiße, glatte Sporen.

2 Tiger-Rötling, Dunkelschuppiger Rötling

Entoloma scabiosum (Fr.) Quél. *Entolomataceae*

HUT 2–5 cm breit, jung kegelig, später konvex bis ausgebreitet, flach gebuckelt; Oberfläche schwarzbraun faserig-schuppig, zwischen den Fasern ist das helle Hutfleisch sichtbar; zum Rand hin heller. **LAMELLEN** am Stiel fast frei, weißlich, später schmutzig rosa. **STIEL** 2–6 cm lang, bis 7 mm breit, alt hohl, bräunlich längsfaserig; Basis weißfilzig. **FLEISCH** dünn, weißlich; Geruch und Geschmack unbedeutend. **SPORENPULVER** rotbraun. **SPOREN** 7–9 × 6–7,5 µm, 5- bis 7-eckig bis rundlich. **VORKOMMEN** Sommer bis Herbst in Laub- und Nadelwäldern. **VERWENDUNG** Kein Speisepilz.

3 Violetter Rötling, Violetter Zärtling

Entoloma euchroum (Pers.: Fr.) Donk, *Rhodophyllus euchrous* (Pers.: Fr.) Quél. *Entolomataceae*

HUT 2–4 cm breit, anfangs halbkugelig, später gewölbt; Oberfläche fein radialfaserig mit filziger Mitte, jung intensiv blauviolett, Mitte besonders im Alter braunviolett. **LAMELLEN** am Stiel ausgebuchtet und mit Zahn herablaufend, jung kobaltblau, später blaugrau, alt schmutzig violettlich; Schneiden dunkler. **STIEL** 2–5 cm lang, bis 4 mm breit, zylindrisch, alt hohl, blauviolett mit feiner seidiger Längsfaserung. **FLEISCH** dünn, grauviolett; Geruch angenehm, Geschmack mild. **SPORENPULVER** rötlich. **SPOREN** 9–13 × 5–7,5 µm, 5- bis 7-eckig. **VORKOMMEN** Sommer bis Herbst einzeln bis gesellig in feuchten, schattigen Wäldern an moosigen, morschen, stark zersetzten Erlen- und anderen Laubholzstümpfen und -ästen; selten. **VERWENDUNG** Kein Speisepilz. **WISSENSWERTES** Die meisten Arten der Gattung *Entoloma* wachsen auf dem Erdboden in Wäldern und auf Wiesen, nur wenige findet man auf Holz. Es gehört schon etwas Finderglück dazu, den seltenen, prächtig gefärbten Violetten Rötling im schattigen, feuchten Laubwald auf morschen, am Boden liegenden oder im Waldhumus vergrabenen Hölzern anzutreffen.

1

2

3

1 Zitronengelber Rötling, Gelber Glöckling

Entoloma pleopodium (Bull.: Fr.) Noordel., *Entoloma icterinum* (Fr.) Kumm. *Entolomataceae*

HUT 1–3 cm breit, kegelig-glockig oder gebuckelt, Mitte oft eingedellt; Oberfläche zitronengelb, grüngelb, hygrophan, trocken ausblassend; Rand durchscheinend gerieft. **LAMELLEN** am Stiel ausgebuchtet angewachsen, entfernt stehend, blassgelblich, später rosaocker. **STIEL** 2–6 cm lang, bis 0,5 cm breit, gelb bis olivgrün, gelbbräunlich, dunkler als der Hut; Basis weißfilzig. **FLEISCH** dünn, Geruch nach Fruchtbonbons (Amylazetat), Geschmack unangenehm. **SPORENPULVER** rosa. **SPOREN** 8–13 × 6–8,5 µm, 5- bis 6-eckig. **VORKOMMEN** Sommer bis Herbst einzeln bis gesellig in feuchten Laub- und Nadelwäldern, in Auwäldern, Parkanlagen und Gärten, gern bei Brennnesseln *(Urtica)*; selten. **VERWENDUNG** Kein Speisepilz. **WISSENSWERTES** Sein Doppelgänger, der **Gelbgrüne Rötling,** auch **Grünstieliger Rötling** genannt *(Entoloma chlorophyllum)*, ist geruchlos. Der ▸ **Braungrüne Rötling (S. 240/1)** ist an seinen gelbgrünen Farben und an seinem unangenehmen Geruch nach verbranntem Horn in der Natur gut zu erkennen.

2 Traniger Glöckling, Gebrechlicher Glöckling

Entoloma hirtipes (Schum.: Fr.) Mos., *Rhodophyllus mammosus* (L.) Quél. ss. Kuehn. & Romagn., *Nolanea hirtipes* (Schum.: Fr.) Kumm. *Entolomataceae*

HUT 2–5(–8) cm breit, jung kegelig-glockig, später glockig-ausgebreitet, mit spitzem Buckel; Oberfläche glatt, mit seidigem Glanz, hygrophan, feucht fast bis zur Hälfte durchscheinend gerieft, radialstreifig, graubräunlich bis dunkelbraun, trocken beigebraun ausblassend; Huthaut abziehbar; Rand gerieft bis radial eingerissen, scharf. **LAMELLEN** ausgebuchtet angewachsen, untermischt, breit, jung blassgrau, alt graurosa. **STIEL** 8–12 cm lang, 3–8 mm breit, hohl, zerbrechlich, oft verdreht, bisweilen zusammengedrückt, faserig-längsstreifig, graubraun, im oberen Teil bereift; Basis meist mit auffälligem weißem Myzelfilz überzogen. **FLEISCH** dünn, im Stiel faserig, blassgrau; Geruch auffallend fischartig-tranig, nach Fensterkitt, Geschmack mild, ranzig. **SPORENPULVER** rosabraun. **SPOREN** 10–17 × 8–9 µm, eckig, mit körnigem Inhalt, inamyloid. **VORKOMMEN** April bis Juni (bis November) meist gesellig in Laub- und Nadelwäldern, gern an Waldwegen und an grasigen Stellen bei am Boden liegenden Holzstückchen. **VERWENDUNG** Giftig; verursacht schwache gastrointestinale Vergiftungen. **WISSENSWERTES** Ebenfalls im Frühjahr erscheint der wesentlich giftigere ▸ **Frühlings-Glöckling** oder **Frühlings-Giftrötling (S. 236/2).**

3 Dunkelblättriger Nabelrötling

Entoloma undatum (Fr. ex Gill.) Mos., *Entoloma sericeonitida* Ort. *Entolomataceae*

HUT 1–4 cm breit, bald tief genabelt; Oberfläche seidig-faserig, graulich, teilweise gezont; Rand jung heruntergebogen, alt wellig-flatterig. **LAMELLEN** herablaufend, jung hellgrau, später graurötlich. **STIEL** 1–3 cm lang, hutfarben; Basis weißfilzig. **FLEISCH** dünn, grauweißlich; Geruch schwach mehlartig, Geschmack mild, mehl- bis rettichartig. **SPORENPULVER** braunrot. **SPOREN** 8–11 × 5–7 µm, unregelmäßig eckig. **VORKOMMEN** Sommer bis Herbst einzeln bis gesellig innerhalb und außerhalb von Wäldern, an Wegrändern und Ruderalstellen, auf Wiesen. **VERWENDUNG** Kein Speisepilz. **WISSENSWERTES** Der Pilz ist sehr variabel, es gibt Sippen, die schwer zuzuordnen sind.

1

2

3

Gattung **Volvariella (Scheidlinge)**
Familie *Pluteaceae*
Gattung mit ca. 12 Arten. Stiel ohne Ring, aber mit Scheide (Volva). Junge Pilze sind vom Velum universale umschlossen. Lamellen frei, erst weiß, später rosa gefärbt.

1 Großer Scheidling, Acker-Scheidling

Volvariella gloiocephala (DC: Fr.) Boekh. & End., *Volvariella speciosa* (Fr.: Fr.) Sing. *Pluteaceae*

HUT 5–10(–15) cm breit, anfangs eiförmig-glockig, bald ausgebreitet, oft mit flachem Buckel, seltener schwach eingedellt; Oberfläche glatt, feucht schmierig-klebrig, glänzend, trocken matt, weißlich bis graubräunlich, Mitte dunkler; Rand lange eingebogen, nicht gerieft. **LAMELLEN** am Stiel frei, gedrängt, bauchig, weich, erst weiß, dann schmutzig rosa, alt ziegelbraun; Schneiden schwach gekerbt. **STIEL** 8–15 cm lang, 0,5–2 cm breit, zylindrisch, voll, weiß, ohne Ring; Basis verdickt, mit weißer, 2–3 cm hoher, oft tief im Boden steckender häutiger Scheide. **FLEISCH** weich, weiß; Geruch muffig-erdig bis rettichartig, Geschmack schwach rettichartig. **SPORENPULVER** rosabraun. **SPOREN** 11–18 × 7–10 µm, breitelliptisch. **VORKOMMEN** Mai bis November einzeln bis gesellig auf Pflanzenabfällen auf Feldern und Wiesen, in Gärten, auf Dünen, seltener in Wäldern. **VERWENDUNG** Essbar.

VERWECHSLUNG MIT GIFTPILZEN Wegen der Verwechslungsgefahr mit tödlich giftigen Knollenblätterpilzen wie dem ► **Kegelhütigen Knollenblätterpilz (S. 258/1)** ist der Große Scheidling nur von Kennern für Speisezwecke zu sammeln.

Kegelhütiger Knollenblätterpilz

2 Parasitischer Scheidling

Volvariella surrecta (Knapp) Sing. *Pluteaceae*

HUT 3–6 cm breit, anfangs kugelig, später gewölbt, alt abgeflacht, bisweilen mit stumpfem Buckel; Oberfläche feinseidig-radialfaserig, weiß, grauweiß, Mitte allmählich gilbend, später schmutzig hellgrau; Rand etwas überstehend. **LAMELLEN** frei, dicht stehend, jung weißlich, später rosa. **STIEL** 3–9 cm lang, 0,5–1 cm breit, zylindrisch, voll, alt hohl, weißlich, längsfaserig; Volva offen, 2- bis 4-lappig, flaumig, weiß bis schmutzig weiß. **FLEISCH** weich, zart, weiß; Geruch muffig, Geschmack mild. **SPORENPULVER** rosa. **SPOREN** 5–7 × 3,5–4 µm. **VORKOMMEN** Spätsommer bis Spätherbst meist zu mehreren auf alten Pilzfruchtkörpern, vor allem auf Hüten des ► **Nebelgrauen Trichterlings (S. 138/2)**; sehr selten. **VERWENDUNG** Kein Speisepilz.

3 Wolliger Scheidling

Volvariella bombycina (Schaeff.: Fr.) Sing. *Pluteaceae*

HUT 5–20 cm breit, jung eiförmig-glockig, alt flach; Oberfläche trocken, fein seidig-filzig, jung weißlich, alt blassgelb; Rand faserschuppig. **LAMELLEN** dicht stehend, breit, anfangs weiß, später rosafarben bis rosabraun; Schneiden schwach gekerbt. **STIEL** 7–15 cm lang, 0,5–2 cm breit, glatt, weiß; Basis verdickt, Scheide groß, dauerhaft. **FLEISCH** weiß, alt gelblich; Geruch und Geschmack rettichartig. **SPORENPULVER** rosa. **SPOREN** 8,5–10 × 5–6 µm. **VORKOMMEN** Juni bis September auf Holzabfällen, an lebenden oder toten Laubbäumen; sehr selten. **VERWENDUNG** Kein Speisepilz. **WISSENSWERTES** Auffälliger, leicht bestimmbarer Pilz; charakteristische Merkmale sind die große Scheide und das Vorkommen an Holz.

1

2

3

GATTUNG **Pluteus (Dachpilze)**
FAMILIE *Pluteaceae*

In Mitteleuropa gibt es etwa 50 Arten der Gattung *Pluteus*. Sie haben keinen Ring und keine Volva. Fast alle wachsen saprophytisch auf Holz oder Holzresten. Sporenpulver rosa.

1 Grünlichgrauer Dachpilz, Grauer Dachpilz

Pluteus salicinus (Pers.: Fr.) Kumm. *Pluteaceae*

HUT 2–7 cm breit, jung gewölbt, später flach-niedergedrückt mit schwachem Buckel; Oberfläche glatt bis fein radial gestreift, blassgrau, graugrünlich, Mitte dunkler. **LAMELLEN** weiß, später rosa. **STIEL** 3–7 cm lang, 2–8 mm breit, weiß, unten bisweilen graugrün überhaucht, fein weiß überfasert. **FLEISCH** dünn, weißlich; Geruch rettichartig, Geschmack mild. **SPORENPULVER** rosabraun. **SPOREN** 7–10 × 5–7 µm. **VORKOMMEN** Mai bis September in feuchten Wäldern auf totem Laubholz; selten. **VERWENDUNG** Giftig, enthält Psilocybin, verursacht Rauschzustände und Halluzinationen.

2 Schwarzschneidiger Dachpilz

Pluteus atromarginatus (Sing.) Kühn., *Pluteus nigrofloccosus* (R. Schulz) Fav. *Pluteaceae*

HUT 4–10 cm breit, gewölbt bis ausgebreitet, bisweilen schwach runzelig, mit stumpfem Buckel; Oberfläche fein faserig-schuppig, dunkel rotbraun bis schwarzbraun; Rand bisweilen schwach gerieft, die Lamellen überragend. **LAMELLEN** am Stiel frei, gedrängt stehend, jung weiß, später rosa, alt bräunlich rosa; Schneiden auffallend schwarzbraun gefärbt. **STIEL** 5–8 cm lang, 0,5–1,5 cm breit, zylindrisch, brüchig, weißlich, mit bräunlichen Längsfasern. **FLEISCH** weiß; Geruch und Geschmack unbedeutend. **SPORENPULVER** rosabräunlich. **SPOREN** 6–7,5 × 4–6 µm. **VORKOMMEN** Frühsommer bis Herbst auf morschem Nadelholz. **VERWENDUNG** Essbar. **WISSENSWERTES** Wichtiges Erkennungsmerkmal sind die schwarzbraun gefärbten Lamellenschneiden. Ebenfalls schwarze Schneiden hat der ▸ **Schwarzflockige Dachpilz (S. 248/3)**. Ähnlich ist auch der ▸ **Hirschbraune Dachpilz (siehe 3)**.

3 Hirschbrauner Dachpilz, Rehbrauner Dachpilz

Pluteus cervinus (Schaeff.) Kumm., *Pluteus atricapillus* (Batsch) Fay. *Pluteaceae*

HUT 4–15 cm breit, anfangs kegelig-glockig und oft runzelig, dann gewölbt bis ausgebreitet, meist flach gebuckelt; Oberfläche glatt, matt bis seidig glänzend, eingewachsen radialfaserig, hellbraun bis dunkel rotbraun, in der Mitte oft dunkler, fast schwarz, feucht etwas klebrig; Rand nicht gerieft. **LAMELLEN** abgerundet, schmal angeheftet bis frei, gedrängt, mit Zwischenlamellen, breit, bauchig, jung weißlich, später rosa-lachsrötlich. **STIEL** 5–12 cm lang, 0,7–2 cm breit, zerbrechlich, faserig, weißlich mit grauschwarzen Längsfasern oder mit Netzzeichnung; Basis verdickt. **FLEISCH** dünn, weich, weiß; Geruch rettichartig, Geschmack erst mild, dann bitterlich. **SPORENPULVER** fleischrosa. **SPOREN** 7–8 × 5–6 µm, glatt, breitelliptisch, ohne Keimporus. **VORKOMMEN** Mai bis November einzeln oder zu wenigen auf vermorschten Stümpfen und Wurzeln, auch auf Holzabfällen und Sägemehl. **VERWENDUNG** Essbar. **WISSENSWERTES** Sammelart.

VERWECHSLUNG MIT GIFTPILZEN Der ▸ **Grünlichgraue Dachpilz (siehe 1)** wächst ebenfalls an Holz.

1

2

3

1 Rosastieliger Dachpilz

Pluteus roseipes v. Hoehn. *Pluteaceae*

HUT 4–8 cm breit, jung glockig, alt ausgebreitet, stumpf gebuckelt; Oberfläche feinsamtig, trocken, graubräunlich, dunkelbraun, bereift, etwas radialrunzelig; Rand scharf. **LAMELLEN** am Stiel frei, untermischt, gedrängt stehend, erst blassrosa, dann lachsrosa bis schmutzig rosa; Schneiden glatt. **STIEL** 7–11 cm lang, bis 1,5 cm breit, zylindrisch, jung voll, alt hohl, jung weißlich bis zartrosa, später schmutzig rosa, deutlich längsfaserig, gegen die Basis etwas verdickt; Basis weißfilzig. **FLEISCH** ziemlich fest, weißlich, im Stiel schwach rosa; Geruch unbedeutend, Geschmack mild. **SPORENPULVER** rotbraun. **SPOREN** 6–8,5 × 5–6,5 µm. **VORKOMMEN** Juli bis Oktober an Nadelholzstümpfen, bei Holzabfällen. **VERWENDUNG** Kein Speisepilz.

2 Löwengelber Dachpilz

Pluteus leoninus (Schaef.: Fr.) Kumm. *Pluteaceae*

HUT 2–6 cm breit, anfangs kegelig-glockig, bald ausgebreitet bis abgeflacht, manchmal gebuckelt; Oberfläche schwach hygrophan, feinsamtig, leuchtend goldgelb, Mitte bisweilen mit etwas rußbräunlichem Ton, etwas radialstreifig; Rand feucht schwach gerieft. **LAMELLEN** frei, fast gedrängt, anfangs blass cremefarben, dann rosa. **STIEL** 4–10 cm lang, 5–7 mm breit, zerbrechlich, jung weiß, später gelblich überhaucht, faserstreifig; Basis verdickt, schwach weißfilzig. **FLEISCH** dünn, weich, weißlich; Geruch unauffällig bis schwach rettichartig, Geschmack unbedeutend. **SPORENPULVER** rosabräunlich. **SPOREN** 6–7 × 5–6 µm. **VORKOMMEN** Sommer bis Herbst meist einzeln auf morschem Laub- und Nadelholz. **VERWENDUNG** Kein Speisepilz.

3 Schwarzflockiger Dachpilz

Pluteus umbrosus (Pers.: Fr.) Kumm. *Pluteaceae*

HUT 4–10 cm breit, erst glockig, dann gewölbt; Oberfläche auf hell- bis mittelbraunem Grund dicht mit feinen schwarzbraunen Faserschuppen bedeckt, am Rand und Scheitel am dichtesten; Rand dünn, lange heruntergebogen. **LAMELLEN** am Stiel frei, jung schmutzig weißlich, später rosabraun, Schneiden dunkelbraun. **STIEL** 3–10 cm lang, bis 1 cm breit, zylindrisch, voll, alt hohl und fein braunschuppig; Basis verdickt. **FLEISCH** dünn, blass; Geruch etwas unangenehm, Geschmack schwach rettichartig. **SPORENPULVER** rosabraun. **SPOREN** 5–7 × 4–6 µm, fast rund. **VORKOMMEN** Juli bis Oktober auf morschen Laubholzstümpfen; selten. **VERWENDUNG** Kein Speisepilz. **WISSENSWERTES** Ebenfalls schwarzbraune Lamellenschneiden hat der ► **Schwarzschneidige Dachpilz (S. 246/2).**

4 Gelbstieliger Dachpilz

Pluteus romellii (Britz.) Sacc., *Pluteus lutescens* (Fr.) Bres.
Pluteaceae

HUT 1–5 cm breit, jung halbkugelig und gebuckelt, später flach ausgebreitet, mit vertiefter Mitte; Oberfläche dunkelbraun, alt hellbraun ausblassend, matt, Mitte etwas aderig gerunzelt; Rand schwach gerieft. **LAMELLEN** am Stiel frei, gedrängt, untermischt, jung intensiv gelb, dann rosa, alt schmutzig rosa. **STIEL** 2–7 cm lang, bis 4(–6) mm breit, zylindrisch, markig, alt hohl, zitronen- bis blass goldgelb, längsfaserig gestreift; Basis schwach verdickt. **FLEISCH** dünn, im Hut weiß, im Stiel zitronengelb; Geruch und Geschmack unbedeutend. **SPORENPULVER** rosa. **SPOREN** 6–8 × 5–7 µm, rundlich-breitelliptisch, glatt. **VORKOMMEN** August bis Oktober einzeln bis gesellig auf morschem Holz, auf modernden Stümpfen. **VERWENDUNG** Kein Speisepilz.

1

2

3

4

GATTUNG **Amanita (Wulstlinge, Scheidenstreiflinge)**
FAMILIE *Amanitaceae*
Die Gattung umfasst mehr als 30 Arten. Ihre Hutoberfläche ist oft mit Hüllresten bedeckt, die Lamellen sind weiß, meist frei. Stiel mit oder ohne Ring. Stielgrund mit ausgeprägter Volva oder Flockengürteln. Die zur Gattung gehörenden Scheidenstreiflinge (früher: *Amanitopsis*) haben keinen Ring; ihr Hutrand ist deutlich gerieft. Da in dieser Gattung unsere gefährlichsten Giftpilze vorkommen, sollten die essbaren Vertreter nur bei genauer Artenkenntnis für Speisezwecke gesammelt werden.

1 Riesen-Streifling
Amanita ceciliae (Berk. & Br.) Bas, *Amanita inaurata* (Secr.) Boud., *Amanita strangulata* (Fr.) Sacc. *Amanitaceae*

HUT 10–15(–25) cm breit, erst eiförmig, später gewölbt bis ausgebreitet; Oberfläche feucht etwas klebrig, gelbbraun, graubraun, rotbraun, dicht mit ablösbaren, graulich weißen, scholligen Hüllresten bedeckt; Rand stark gerieft. **LAMELLEN** am Stiel frei, breit, gedrängt, weiß; Schneiden flockig. **STIEL** 10–20 cm lang, 2–3 cm breit, alt hohl, jung weißlich, dann blassbräunlich genattert; Basis mit zwei bis drei gürtelartigen Ringzonen, ohne Volva. **FLEISCH** dünn, brüchig, zart, weißlich; ohne besonderen Geruch, Geschmack mild. **SPORENPULVER** weiß. **SPOREN** 11–14 µm, rundlich. **VORKOMMEN** Juni bis Oktober meist in Laub- und Nadelwäldern. **VERWENDUNG** Essbar, roh giftig.
VERWECHSLUNG MIT GIFTPILZEN Hinweise im Gattungs-Kasten (siehe oben) beachten!

2 Grauhäutiger Streifling
Amanita submembranacea (Bon) Gröger *Amanitaceae*

HUT 6–10 cm breit, jung eiförmig-glockig, dann ausgebreitet mit flachem Buckel; Oberfläche glatt, graubraun, olivbraun, mit großen grauen Velumresten; Rand heller, über ein Drittel rillig gerieft. **LAMELLEN** frei, +/– gedrängt, jung weiß. **FLEISCH** dünn; ohne besonderen Geruch, Geschmack mild. **STIEL** 7–14 cm lang, bis 1,5 cm breit, ohne Ring, weiß, mit feinen, grauen Schüppchen bedeckt, genattert; Basis knollig mit grauer, häutiger Volva. **SPORENPULVER** weiß. **SPOREN** 10–15 × 9–13 µm. **VORKOMMEN** Sommer bis Herbst in Nadel-, selten in Laubwäldern. **VERWENDUNG** Essbar, roh giftig.
VERWECHSLUNG MIT GIFTPILZEN Hinweise im Gattungs-Kasten (siehe oben) beachten!

3 Grauer Streifling, Grauer Scheidenstreifling
Amanita vaginata (Bull.: Fr.) Vitt. *Amanitaceae*

HUT 3–8(–12 cm) breit, jung kegelig-glockig, später gewölbt bis flach ausgebreitet, mit Buckel; Oberfläche feucht leicht schmierig, meist ohne Hüllreste, hellgrau, dunkelgrau, graubraun; Rand stark gerieft. **LAMELLEN** frei, breit, gedrängt, weiß. **STIEL** bis 15 cm lang, 0,5–1,5 cm breit, schlank, röhrig-hohl, brüchig, nach oben verjüngt, ohne Ring; Stieloberfläche weiß bis blassgrau, +/– genattert oder sehr fein flockig; Volva weißlich, häutig. **FLEISCH** weich, brüchig, weiß; geruchlos, Geschmack mild. **SPORENPULVER** weiß. **SPOREN** 9–12 µm, rundlich. **VORKOMMEN** Juli bis Oktober in Laub- und Nadelwäldern. **VERWENDUNG** Essbar; roh giftig.
VERWECHSLUNG MIT GIFTPILZEN Mit giftigen Knollenblätterpilzen. Hellhütige Arten wie die abgebildete *Amanita vaginata* var. *alba* **(3b)** sind dem ▸ **Kegelhütigen Knollenblätterpilz (S. 258/1)** sehr ähnlich.

Kegelhütiger Knollenblätterpilz

1

2

3a

3b

1 Orangegelber Streifling, Safran-Streifling

Amanita crocea (Quél.) Kuehn. & Romagn. *Amanitaceae*

HUT 6–12 cm breit, jung kegelig-glockig, später gewölbt bis flach ausgebreitet mit Buckel; Oberfläche feucht schmierig, trocken glatt, glänzend, orangegelb bis ockergelb, selten mit weißen Hüllresten; Rand gerieft. **LAMELLEN** frei, bauchig, gedrängt, cremeweiß. **STIEL** 10–15 cm lang, 1–2 cm breit, nach oben verjüngt, zerbrechlich, alt hohl, orangegelb, feinschuppig genattert, ohne Ring; Volva hoch, lappig, außen weißlich, innen gelblich. **FLEISCH** dünn, zart, brüchig, weiß; ohne besonderen Geruch und Geschmack. **SPORENPULVER** weiß. **SPOREN** 8–12 µm. **VORKOMMEN** Juni bis November in Laub- und Nadelwäldern, gern bei Birken *(Betula)*, auf zumindest oberflächlich versauerten Böden. **VERWENDUNG** Essbar, roh giftig. **WISSENSWERTES** Scheidenstreiflinge sind roh giftig und nur gut gekocht essbar. Kochwasser wegschütten.

VERWECHSLUNG MIT GIFTPILZEN Hinweise im Gattungs-Kasten (S. 250 oben) beachten!

2 Rotbrauner Streifling

Amanita fulva (Schaeff.) Sing. *Amanitaceae*

HUT 4–7(–10) cm breit, anfangs kegelig-glockig, später flach ausgebreitet, mit stumpfem Buckel; Oberfläche jung klebrig, glänzend, fettig anzufühlen, meist ohne Velumreste, orangebraun bis dunkel rotbraun, Mitte bisweilen kastanienbräunlich; Rand heller, kammartig gerieft. **LAMELLEN** am Stiel frei, gedrängt, bauchig, breit, weißlich. **STIEL** 7–12(–18) cm lang, 0,5–1,5 cm breit, zylindrisch, nach oben verjüngt, brüchig, hohl, weißlich bis hell rotbräunlich, nicht genattert, ohne Ring; Volva lappig, am Stiel heraufreichend, weißlich-rotbräunlich. **FLEISCH** dünn, zart, brüchig, weiß; ohne besonderen Geruch und Geschmack. **SPORENPULVER** weiß. **SPOREN** 9–12 µm, rundlich, glatt, hyalin, inamyloid. **VORKOMMEN** Juni bis Oktober in Laub- und Nadelwäldern, bevorzugt auf moorigen, sauren Böden; häufig, in Europa weit verbreitet. **VERWENDUNG** Essbar, roh giftig. **WISSENSWERTES** Sehr ähnlich ist der ▸ **Orangegelbe Scheidenstreifling (siehe 1)**; er wächst meist bei Birken *(Betula)*.

VERWECHSLUNG MIT GIFTPILZEN Hinweise im Gattungs-Kasten (S. 250 oben) beachten!

3 Zweifarbiger Streifling

Amanita battarae (Boud.) Bon, *Amanita umbrinolutea* Secr.
Amanitaceae

HUT 5–12 cm breit, zuerst eiförmig, bald kegelig-glockig, dann flach ausgebreitet, bisweilen niedergedrückt, mit Buckel, dünnfleischig; Oberfläche glatt, meist ohne Velumreste, graubraun, braunocker bis gelbbraun, mit einer deutlichen dunkleren, bräunlichen Zone am inneren Ende der gut ausgeprägten Hutrandriefen. **LAMELLEN** am Stiel frei, weißlich; Schneiden gegen den Hutrand graubräunlich. **STIEL** 8–10(–15) cm lang, 1–1,5 cm breit, zylindrisch oder nach oben verjüngt, alt hohl, schmutzig weißlich, hell graubräunlich, mit kleinen graubräunlichen Schüppchen bedeckt, zur Basis hin bisweilen genattert, Ring fehlt; Volva häutig, hoch, jung schmutzig weißlich bis schmutzig bräunlich. **FLEISCH** zart, brüchig, weißlich; ohne besonderen Geruch, Geschmack mild. **SPORENPULVER** weiß. **SPOREN** 9–14 µm, rund bis rundlich, glatt, hyalin, inamyloid. **VORKOMMEN** Juni bis Oktober einzeln oder in kleinen Gruppen vor allem in Berg-Nadelwäldern; im Norden selten. **VERWENDUNG** Essbar, roh giftig. **WISSENSWERTES** Der hier beschriebene Pilz ist leicht mit dem ▸ **Grauhäutigen Streifling (S. 250/2)** zu verwechseln.

1

2

3

1 Kaiserling

Amanita caesarea (Scop.: Fr.) Pers. *Amanitaceae*

HUT 8–15(–20) cm breit, jung kugelig-eiförmig und von weißem Velum umhüllt, später gewölbt, schließlich flach ausgebreitet; Oberfläche glänzend, glatt, selten mit weißen Velumflocken, leuchtend rot, orangerot bis orangegelb; Rand deutlich gerieft. **LAMELLEN** am Stiel frei, sehr breit, gedrängt, blassgelb bis goldgelb; Schneiden feinflockig. **STIEL** 8–16 cm lang, 2–3 cm breit, fleischig, ausgestopft bis markig-hohl, nach unten verdickt; Ring weit, schlaff herabhängend, oberseits fein gerieft; Stiel und Ring zitronengelb; Volva weiß, weit, dickhäutig, dauerhaft. **FLEISCH** dick, gelblich weiß; Geruch schwach, Geschmack angenehm nussartig. **SPORENPULVER** weiß. **SPOREN** 9–12 × 6–7 µm, elliptisch-eiförmig. **VORKOMMEN** Juli bis Oktober einzeln bis gesellig in Laubwäldern, wärmeliebend; in Mitteleuropa sehr selten, in Südeuropa als delikater Speisepilz geschätzt. In Deutschland geschützt. **VERWENDUNG** Essbar.

VERWECHSLUNG MIT GIFTPILZEN Mit dem ▶ **Fliegenpilz (siehe 2);** dieser hat meist weiße flockige Velumreste auf dem Hut sowie weiße Lamellen und einen weißen Stiel.

2 Fliegenpilz, Roter Fliegenpilz

Amanita muscaria (L.) Pers. *Amanitaceae*

HUT 5–15(–30) cm breit, anfangs kugelig mit weißer, flockiger Hülle, bald gewölbt, später flach ausgebreitet; Oberfläche lebhaft rot, orangerot bis orangegelb, alt blassgelb ausblassend, fettig glänzend, mit +/– konzentrisch angeordneten, kegeligen, abwischbaren weißen Velumflocken, die vom Regen ganz abgewaschen sein können; Rand anfangs glatt, später gerieft. **LAMELLEN** frei, sehr gedrängt, breit, bauchig, weich, weißlich bis schwach gelblich. **STIEL** 6–20 cm lang, 1–3 cm breit, erst voll, alt markig-hohl, weiß; Ring weiß, schlaff herabhängend, am Rand gelblich feinflockig, +/– gerieft; Basis knollig, weiß bis gelblich, mit mehrfachem warzigem Schuppengürtel. **FLEISCH** weiß, unter der Huthaut gelborange; Geruch angenehm, Geschmack unbedeutend. **SPORENPULVER** weiß. **SPOREN** 9–11 × 6–9 µm, ellipsoid, hyalin. **VORKOMMEN** Juli bis Oktober einzeln, gesellig oder truppweise oft unter Birken *(Betula)* oder Fichten *(Picea abies);* in montanen Lagen häufig, im Flachland seltener. **VERWENDUNG** Giftig; verursacht rauschähnliche Zustände, Bewusstlosigkeit; Gefahr von Atemlähmung und Kreislaufversagen. **WISSENSWERTES** Ganz junge, kugelige Fruchtkörper können mit Bovisten verwechselt werden, sind jedoch im Schnitt vom Scheitel zur Basis bereits an einer rotgelben Linie unter der Haut erkennbar. Der sehr seltene, wärmeliebende ▶ **Kaiserling (siehe 1)** hat gelbe Lamellen und einen gelben Stiel.

3 Brauner Fliegenpilz, Königs-Fliegenpilz

Amanita regalis (Fr.) Michael *Amanitaceae*

HUT 10–15 cm breit, jung kugelig, von gelblichem Velum eingehüllt, dann gewölbt bis ausgebreitet mit niedergedrückter Mitte; Oberfläche feucht etwas klebrig, glänzend, gelbbraun, lederbraun bis dunkelbraun, mit warzig-scholligen, weißlichen bis gelbweißen Velumresten; Rand gerieft. **LAMELLEN** frei, sehr gedrängt, breit, bauchig, weißlich bis gelblich; Schneiden flockig. **STIEL** bis 20 cm lang, bis 2,5 cm breit, zylindrisch, voll, alt hohl, weißlich bis gelblich weiß; Ring vergänglich, hängend; Knolle bis 3 cm breit, mit mehreren Schuppengürteln. **FLEISCH** weiß; Geruch und Geschmack unbedeutend. **SPORENPULVER** weiß. **SPOREN** 9–12 × 6–9 µm. **VORKOMMEN** Juli bis Oktober in Fichtenwäldern, kalkmeidend; nordisch-montane Art. **VERWENDUNG** Giftig wie der ▶ **Fliegenpilz (siehe 2).**

1

2

3

1 Grüner Knollenblätterpilz

Amanita phalloides (Fr.) Link *Amanitaceae*

HUT 4–12(–15) cm breit, anfangs eiförmig und von weißer Volva eingehüllt, bald aufbrechend und kegelig bis gewölbt, später flach ausgebreitet; Oberfläche bei feuchtem Wetter klebrig, mit eingewachsener Radialfaserung, gelbgrün, olivgrün bis dunkeloliv, selten blassgrünlich-weißlich, ohne oder selten mit weißen Hüllresten; Rand glatt, nicht gerieft. **LAMELLEN** am Stiel frei, gedrängt, weich, weiß, alt gelbgrünlich überhaucht. **STIEL** 6–12(–20) cm lang, 1–2 cm breit, zylindrisch, ausgestopft, alt hohl, weißlich, unterhalb des Rings mit seidigem, grünlich schimmerndem Bandmuster; Ring zart, häutig, hängend, weißlich, oberseits fein gerieft; Stielbasis knollig, verdickt, mit einer häutigen, weißlichen, offen abstehenden Volva. **FLEISCH** zart, weiß, unter der Huthaut gelbgrünlich; ganz jung ziemlich geruchlos, bald süßlich, alt widerlich, Geschmack mild (nicht probieren!). **SPORENPULVER** weiß. **SPOREN** 8–10 × 6,5–8,5 µm, rundlich bis breitelliptisch, glatt, farblos. **VORKOMMEN** Juli bis November in Laubwäldern, auch in Parks, hauptsächlich unter Eichen *(Quercus)* und Buchen *(Fagus sylvatica)*, selten im Nadelwald; in Europa weit verbreitet. **VERWENDUNG** Tödlich giftig; Symptome zeigen sich erst 6–24(–48) Stunden nach der Mahlzeit mit Übelkeit, kolikartigen Bauchschmerzen, Erbrechen und schweren Durchfällen. Nach 2–4 Tagen folgt die Hepatische Phase mit schwerster Leberschädigung. In schweren Fällen Tod im Leberkoma. Sofort Krankenhauseinlieferung veranlassen! **WISSENSWERTES** Vorsicht vor Verwechslungen mit grünhütigen Täublingen und Milchlingen, Ritterlingen, Grünlingen und anderen Speisepilzen!

2 Grüner Knollenblätterpilz (weißhütige Variante)

Amanita phalloides var. *alba* Gill. *Amanitaceae*

Der Grüne Knollenblätterpilz kann bisweilen auch eine weiße Hutfarbe haben. Die „var. *alba*" ist ebenfalls tödlich giftig. **WISSENSWERTES** Zum Phalloides-Formenkreis gehört auch der tödlich giftige **Weiße Knollenblätterpilz** oder **Frühlings-Knollenblätterpilz** *(Amanita verna)*. Er ist in Mitteleuropa sehr selten. Bei diesen weißfarbigen Formen kann es besonders leicht zu Verwechslungen mit Champignons und anderen weißhütigen Speisepilzen kommen!

3 Pantherpilz

Amanita pantherina (DC: Fr.) Krombh. *Amanitaceae*

HUT 5–12 cm breit, jung halbkugelig, dann gewölbt, schließlich flach ausgebreitet; Oberfläche glänzend, hellbraun, graubräunlich bis dunkelbraun mit zahlreichen kleinen, weißen, fast regelmäßig angeordneten, abwischbaren Flöckchen; Huthaut fast bis zur Mitte abziehbar; Rand lange heruntergebogen, zumindest bei älteren Fruchtkörpern gerieft. **LAMELLEN** am Stiel abgerundet, frei, dicht stehend, untermischt, weich, weißlich bis schwach cremefarben. **STIEL** 5–12 cm lang, bis 2 cm breit, ausgestopft, später hohl, weiß, feinfaserig-feinschuppig; Ring hängend, vergänglich, ungerieft; Knolle bis 4 cm breit, wulstig gerandet, darüber mit bis zu drei schuppigen Gürtelzonen. **FLEISCH** relativ dünn, weich, weiß; Geruch fehlend oder schwach rettichartig; Geschmack mild. **SPORENPULVER** weiß. **SPOREN** 10–12 × 7–8 µm, eiförmig, glatt. **VORKOMMEN** Juli bis Oktober in Laub- und Nadelwäldern, selten auch in Parks. Im Gebirge findet man die abgebildete robustere Form *Amanita pantherina* var. *abietinum*. **VERWENDUNG** Tödlich giftig, verursacht Schwindel, Krämpfe, Erbrechen, Bewusstlosigkeit, Atemlähmung, Kreislaufversagen. **WISSENSWERTES** Verwechslungen mit ▸ **Perlpilz (S. 262/1)** und ▸ **Grauem Wulstling (S. 260/3)** sind möglich.

1

2

3

1 Kegelhütiger Knollenblätterpilz

Amanita virosa (Fr.) Bertill. *Amanitaceae*

HUT 4–8 cm breit, jung eiförmig, dann kegelig-glockig, später gewölbt, mit stumpfem Buckel; Oberfläche trocken seidig-faserig, feucht etwas klebrig, weiß, mit KOH leuchtend gelb, Scheitel im Alter blass gelbbräunlich; Haut abziehbar; Rand lange eingebogen, glatt, ungerieft, bisweilen mit weißen Schleierresten behangen. **LAMELLEN** am Stiel frei, weich, weiß; Schneiden feinflockig. **STIEL** bis 15 cm lang, schlank, ausgestopft, alt hohl, weiß, seidig, unterhalb des Rings faserig-schuppig; Ring dünn, hängend, oft zerrissen, vergänglich; Stielknolle mit weißer, häutiger, meist anliegender Volva **(1b)**. **FLEISCH** weich, weiß; Geruch unangenehm dumpf, muffig, Geschmack mild (nicht probieren!). **SPORENPULVER** weiß. **SPOREN** 8–11 × 6,5–9,5 µm, rundlich bis breitelliptisch, glatt, hyalin. **VORKOMMEN** Juli bis Oktober einzeln oder zu mehreren in feuchten Nadelwäldern und Mooren, selten ist er auch in Laubwäldern anzutreffen. **VERWENDUNG** Tödlich giftig! Symptome wie beim ▸ **Grünen Knollenblätterpilz (S. 256/1)**. **WISSENSWERTES** Speisepilzsammler sollten sich beim Sammeln von Egerlingen und anderen weißhütigen Speisepilzen vor Verwechslungen hüten! Ebenso giftig ist der ähnliche **Weiße Knollenblätterpilz** *(Amanita verna)*. Er erscheint von Frühling bis Sommer in Südeuropa, sehr selten auch in wärmeren Gegenden Mitteleuropas in Laubwäldern.

2 Narzissengelber Wulstling

Amanita gemmata (Fr.) Bertill., *Amanita junquillea* Quél.
Amanitaceae

HUT 5–10 cm breit, jung halbkugelig, später gewölbt-ausgebreitet; Oberfläche feucht etwas klebrig, glänzend, trocken matt, zitronengelb-ockergelb, mit unregelmäßig angeordneten weißen Hüllresten; Rand gerieft. **LAMELLEN** frei stehend, gedrängt, breit, weiß. **STIEL** 6–10 cm lang, 0,5–1 cm breit, alt hohl, weiß; Ring herabhängend, flüchtig-vergänglich, bisweilen fehlend, weiß; Basisknolle +/– weiß gegürtelt. **FLEISCH** dünn, zart, weiß, unter der Huthaut schwach gelblich; Geruch unbedeutend, Geschmack mild. **SPORENPULVER** weiß. **SPOREN** 9–11 × 7–9 µm, rundlich-breitelliptisch, glatt, hyalin, inamyloid. **VORKOMMEN** Juni bis Oktober meist einzeln in Laub- und Nadelwäldern; selten. **VERWENDUNG** Giftig. Symptome wie beim ▸ **Fliegenpilz (S. 254/2)**. **WISSENSWERTES** Ähnlichkeit mit dem beschriebenen Pilz hat der ▸ **Gelbe Knollenblätterpilz (S. 260/1)**. Dieser hat jedoch einen deutlichen Kartoffelgeruch, während der Narzissengelbe Wulstling geruchlos ist.

3 Eier-Wulstling

Amanita ovoidea (Bull.: Fr.) Link *Amanitaceae*

HUT 5–25(–30) cm breit, jung halbkugelig, bald gewölbt bis ausgebreitet; Oberfläche glatt, weißlich, alt strohgelblich, meist ohne Flocken; Rand oft mit Velumresten behangen. **LAMELLEN** am Stiel frei, gedrängt, weiß. **STIEL** 10–15 cm lang, 1–3(–5) cm breit, weiß, mit Flocken; Ring vergänglich; mit auffallend weiter, kräftiger Volva. **FLEISCH** weiß; Geruch und Geschmack jung angenehm, alt faulig. **VORKOMMEN** Juli bis September in wärmebegünstigten Laub- und Nadelwäldern; im Mittelmeerraum verbreitet. **VERWENDUNG** Essbar, aber als Seltenheit zu schonen. **VERWECHSLUNG MIT GIFTPILZEN** Wegen der großen Verwechslungsgefahr mit tödlich giftigen Knollenblätterpilzen sollte man diesen Pilz nicht für Speisezwecke sammeln.

Weißhütiger Grüner Knollenblätterpilz

1a

1b

2

3

1 Gelber Knollenblätterpilz, Gelber Wulstling

Amanita citrina (Schaeff.) Pers., *Amanita mappa* (Batsch) Quél.
Amanitaceae

HUT 5–9 cm breit, jung halbkugelig, dann gewölbt bis ausgebreitet; Oberfläche glatt, matt bis glänzend, blassgelb, zitronengelblich, bisweilen gelbgrünlich, selten weiß (var. *alba*), mit unregelmäßigen, eckigen, weißgelben, anliegenden, scholligen Velumresten. **LAMELLEN** frei, gedrängt, weißlich bis blassgelblich. **STIEL** 4–12 cm lang, 0,8–1,5 cm breit, zylindrisch; Ring häutig, nicht oder undeutlich gerieft, hängend, blassgelb; Knolle rundlich, bis 3 cm breit, durch kantig gerandeten Wulst vom Stiel abgesetzt. **FLEISCH** dünn, weich, weißlich; Geruch nach rohen Kartoffeln, Geschmack widerlich. **SPORENPULVER** weiß. **SPOREN** 8–11 × 7–9 µm, rundlich, glatt, hyalin, amyloid. **VORKOMMEN** August bis November einzeln bis gesellig in Laub- und Nadelwäldern auf sauren Böden. **VERWENDUNG** Kein Speisepilz.

2 Porphyrbrauner Wulstling, Rotbrauner Wulstling

Amanita porphyria Alb. & Schw.: Fr. *Amanitaceae*

HUT 4–9 cm breit, jung stumpfkegelig, bald gewölbt bis flach ausgebreitet, alt bisweilen niedergedrückt; Oberfläche trocken glänzend, glatt, graubraun, porphyrbraun bis grauviolettlich mit grauen Velumresten, die auch ganz fehlen können; Rand glatt, scharf, nicht gerieft. **LAMELLEN** am Stiel frei, eng stehend, weich, weißlich, alt dunkler; Schneiden feinflockig. **STIEL** 6–10 cm lang, bis 1,5 cm breit, zylindrisch, gegen die Basis verdickt und knollig, ausgestopft, bald hohl, weißlich bis grauviolettlich und etwas genattert; Ring dünn, zart, hängend, unterseits grauviolett, oberseits heller, schwach gerieft; Knolle breit, gerandet, mit Volvaresten. **FLEISCH** weißlich, unter der Huthaut grauviolettlich; Geruch muffig nach rohen Kartoffeln, Geschmack rettichartig. **SPORENPULVER** weiß. **SPOREN** 7,5–11 µm, rund, glatt, hyalin, amyloid. **VORKOMMEN** Juli bis Oktober in Nadelwäldern auf sauren Böden, seltener in Laubwäldern. **VERWENDUNG** Giftig, enthält Bufotenin und Indolverbindungen; verursacht schwache gastrointestinale Pilzvergiftungen.

3 Grauer Wulstling

Amanita excelsa (Fr.) Bertil., *Amanita spissa* (Fr.) Kumm.
Amanitaceae

HUT 5–14 cm breit, jung halbkugelig, später gewölbt bis abgeflacht; Oberfläche auf grauem bis hellgrau-bräunlichem Grund mit grauweißlichen, leicht abwischbaren Flocken oder Schollen; Rand glatt, bisweilen etwas gerieft. **LAMELLEN** frei stehend, gedrängt, breit, weich, weiß; Schneiden glatt. **STIEL** 6–15 cm lang, 1–3 cm breit, zylindrisch, voll, fest, über dem Ring weiß-hellgrau, fein gerieft, unterhalb des Rings mit feinschuppigen graubräunlichen Gürtelzonen; Ring hängend, oberseits weiß, deutlich gerieft; Knolle ungerandet, nach oben mit undeutlichen Schuppengürteln in den Stiel übergehend, zur Basis zugespitzt. **FLEISCH** weiß, unter der Hutmitte graulich; Geruch und Geschmack rübenartig. **SPORENPULVER** weiß. **SPOREN** 9–10 × 7–8 µm, breitelliptisch, glatt, farblos, amyloid. **VORKOMMEN** Juni bis Oktober einzeln bis gesellig in Laub- und Nadelwäldern, gern auf zumindest oberflächlich versauerten Böden. **VERWENDUNG** Essbar.

VERWECHSLUNG MIT GIFTPILZEN Der Graue Wulstling ist sehr variabel, wegen der großen Verwechslungsgefahr mit dem ▸ **Pantherpilz (S. 256/3)** ist er als Speisepilz zu meiden.

Pantherpilz

1

2

3

1 Perlpilz, Rötender Wulstling

Amanita rubescens Pers.: Fr. *Amanitaceae*

HUT 5–15 cm breit, jung halbkugelig, dann ausgebreitet bis abgeflacht; Oberfläche matt bis seidig glänzend, schmutzig fleischrötlich, graurötlich, rotbräunlich mit grauweißen bis graurötlichen, abwischbaren Hüllresten; Huthaut etwa zu zwei Dritteln abziehbar; Rand glatt, ungerieft. **LAMELLEN** schmal angeheftet bis frei, dicht gedrängt, untermischt, ziemlich breit, weich, weiß, im Alter und an Fraßstellen weinrötlich gefleckt. **STIEL** 5–15 cm lang, 1–3 cm breit, kräftig, weißlich mit leicht rötlicher Tönung, später weinrötlich; Ring weißlich bis rosa, häutig, herabhängend, fein gerieft; Knolle meist mit einem Warzengürtel. **FLEISCH** zart, weiß, unter der Haut rotbräunlich; vor allem in Madengängen braunrötlich bis weinrötlich; Geruch unbedeutend, Geschmack anfangs mild, schnell herb und kratzend. **SPORENPULVER** weiß. **SPOREN** 8–9 × 5–7 µm, ellipsoid, glatt, hyalin, amyloid. **VORKOMMEN** Juni bis Oktober meist gesellig in Laub- und Nadelwäldern, auch in Parkanlagen; in Europa weit verbreitet. **VERWENDUNG** Essbar, roh giftig. Die Giftstoffe werden durch gründliches Erhitzen beim Kochen zerstört. **WISSENSWERTES** In den Küstengebieten des Mittelmeeres findet man den **Mittelmeer-Perlpilz** *(Amanita boudieri).* Er hat einen weißlichen, mit Schuppen bedeckten Hut. Lamellen und Stiel sind ebenfalls weißlich; seine Stielbasis ist rübenartig verdickt, mit Schuppenreihen, ohne Volva.

VERWECHSLUNG MIT GIFTPILZEN ▸ **Pantherpilz (S. 256/3)** und ▸ **Brauner Fliegenpilz (S. 254/3).**

Pantherpilz

2 Fransiger Wulstling, Einsiedler-Wulstling

Amanita strobiliformis (Paul. ex Vitt.) Bertil. *Amanitaceae*

HUT 5–20(–25) cm breit, jung halbkugelig mit graulich-mehlig-wattiger Hülle, die große Velumfetzen hinterlässt, bald gewölbt bis ausgebreitet; Oberfläche glänzend, weißlich, mit weißgrauen, wolligen Velumflocken bedeckt; Rand oft mit Velumresten behangen. **LAMELLEN** am Stiel frei, gedrängt, weiß bis cremefarben. **STIEL** 10–20 cm lang, 2–4 cm breit, voll, fest, tief im Boden eingesenkt, weiß, mit mehlig-flockigen, vergänglichen Hüllresten; Ring vergänglich, herabhängend, oberseits gerieft; Stielbasis rübenartig verdickt, meist mit gegürtelter-berandeter Knolle. **FLEISCH** zart, weich, weiß; Geruch und Geschmack unbedeutend. **VORKOMMEN** Juni bis September in Laubwäldern und Parkanlagen auf kalkreichen Böden; als Seltenheit zu schonen. **VERWENDUNG** Kein Speisepilz.

3 Igel-Wulstling, Stachelschuppiger Wulstling

Amanita solitaria (Bull.: Fr.) Mér., *Amanita echinocephala* (Vitt.) Quél. *Amanitaceae*

HUT 7–10(–15) cm breit, jung rundlich, später gewölbt bis ausgebreitet; Oberfläche feucht etwas schmierig, schmutzig weißlich bis silbergrau mit vielen weißlich-ockerlichen bis schmutzig bräunlich weißen, kegelig-pyramidenförmigen Hüllresten, die bei alten Pilzen und nach Regen bisweilen fehlen können; Rand die Lamellen überragend. **LAMELLEN** entfernt stehend, weißlich-cremefarben mit grünlichem Reflex. **STIEL** bis 15 cm lang, bis 2 cm breit, weißlich-cremefarben; Ring dünn, Oberseite gerieft; Basis +/– verdickt, mit Gürtelzonen. **FLEISCH** zart, weißlich; Geruch unangenehm, Geschmack mild. **SPORENPULVER** blassgrün. **SPOREN** 9,5–11 × 6,5–7,5 µm. **VORKOMMEN** Juni bis Oktober in Laubwäldern, auch in Parks; selten. **VERWENDUNG** Kein Speisepilz.

1

2

3

Gattung **Limacella (Schleimschirmlinge)**
Familie *Amanitaceae*
Die Gattung *Limacella* umfasst etwa acht Arten. Sie sind mit den Wulstlingen eng verwandt. Der Hut ist oft schmierig, die Lamellen stehen frei. Sporenpulver weiß.

1 Rotbrauner Schleimschirmling
Limacella glioderma (Fr.) Mre., *Limacella delicata* var. *glioderma* (Fr.) Gminder *Amanitaceae*

HUT 2–5 cm breit, jung halbkugelig-glockig, später ausgebreitet, mit Buckel; Oberfläche feucht mit starker Schleimschicht, darunter rot- bis orangebraun, Mitte dunkler; Rand mit Velumresten. **LAMELLEN** am Stiel frei, weißlich-cremefarben. **STIEL** 4–7 cm lang, bis 1 cm breit, blassrosa, mit flüchtigem Ring, darunter mit orangegelben Querbändern. **FLEISCH** weiß; Geruch und Geschmack mehl- bis gurkenartig. **SPOREN** 4–5 × 3,5–4,5 µm. **VORKOMMEN** Juli bis Oktober in Laub- und Nadelwäldern. **VERWENDUNG** Essbar.

VERWECHSLUNG MIT GIFTPILZEN Wie beim ▸ **Getropften Schleimschirmling (siehe 2).**

2 Getropfter Schleimschirmling
Limacella guttata (Fr.) Konr. & Maubl., *Lepiota lenticularis* (Lasch: Fr.) Gill. *Amanitaceae*

HUT 5–12(–15) cm breit, anfangs halbkugelig geschlossen, dann flach gewölbt bis ausgebreitet, stumpf gebuckelt; Oberfläche glatt, jung gerunzelt, feucht schmierig, glänzend, trocken matt, schwach klebrig, schmutzig weiß, cremefarben, hellocker- bis lederfarben, Hutmitte dunkler; Rand glatt. **LAMELLEN** am Stiel frei stehend, gedrängt, dünn, weißlich **(2a)**; Schneiden fein schartig. **STIEL** 7–12 cm lang, bis 2 cm breit, zylindrisch, weißlich, unterm Ring flockig-faserig; Basis leicht knollig; Ring abstehend, häutig, ungerieft; junge Pilze haben auf der Ring- und Stieloberfläche oft gelbliche Tröpfchen, die dunkle Flecken hinterlassen. **FLEISCH** weiß; Geruch mehlartig oder fehlend, Geschmack mild, mehlartig. **SPOREN** 5–6,5 × 3,5–5 µm. **VORKOMMEN** August bis Oktober in Laub- und Nadelwäldern. **VERWENDUNG** Essbar.

VERWECHSLUNG MIT GIFTPILZEN Der ▸ **Kegelhütige Knollenblätterpilz (S. 258/1)** kann im Alter und bei Trockenheit ähnliche Hutfarben haben, zumindest in der Hutmitte.

Kegelhütiger Knollenblätterpilz

Gattung **Agaricus (Egerlinge)**
Familie *Agaricaceae*
Die Gattung *Agaricus* umfasst mehr als 60 Arten mit im Alter +/– dunkelbraunen oder schwärzenden Lamellen. Stiel meist mit Ring. Viele Egerlinge sind essbar, verschiedene gilbende Arten sind aber stark mit giftigen Schwermetallen belastet.

3 Brauner Zucht-Champignon
Agaricus bisporus (Lge.) Imbach var. *bisporus* *Agaricaceae*

Neben weißen Sorten *(Agaricus bisporus* var. *albidus)* werden vom ▸ **Zucht-Champignon (S. 266/1)** auch Pilze mit hellbraunen Hüten angeboten. Mykologisch betrachtet handelt es sich dabei um zwei Farbvarianten derselben Spezies. Fälschlicherweise wird dieser Pilz auch gelegentlich als „Wald-Champignon" bezeichnet.

1

2a

2b

3

1 Zucht-Champignon, Zweisporiger Egerling

Agaricus bisporus (Lge.) Imbach var. *albidus* (Lge.) Sing., *Agaricus hortensis* (Cke.) Pil. *Agaricaceae*

HUT 5–10 cm breit, anfangs rundlich-halbkugelig gewölbt, später abgeflacht-ausgebreitet; Oberfläche jung weiß, matt, glatt bis angedrückt schuppig, bei Druck fleckend; Rand lange heruntergebogen, die Lamellen überragend, jung mit Velumresten. **LAMELLEN** frei bis angeheftet, dicht stehend, jung blassrosa, alt schokoladenbraun bis schwarz; Schneiden hell. **STIEL** 5–8 cm lang, zylindrisch, fest, voll, weiß, faserig, über dem Ring blass graurosa; Ring häutig. **FLEISCH** dick, weiß, im Schnitt leicht rosa färbend und wieder verblassend; Geruch aromatisch, Geschmack angenehm, mild, nussartig. **SPORENPULVER** purpurbraun. **SPOREN** 7–8,5 × 5–5,5 µm. **VORKOMMEN** Der Pilz wird als Zuchtpilz das ganze Jahr über angeboten, im Freien ist er selten in Gärten anzutreffen. **VERWENDUNG** Essbar, beliebter Speisepilz. **WISSENSWERTES** Die Anfänge der Champignonzucht gehen bis ins 17. Jahrhundert zurück. Heute wird der Zucht-Champignon weltweit kultiviert.

2 Stadt-Egerling, Stadt-Champignon

Agaricus bitorquis (Quél.) Sacc., *Agaricus edulis* (Vitt.) Moell. & J. Schff. *Agaricaceae*

HUT 4–10(–17) cm breit, abgeflacht, kompakt, dickfleischig, Mitte niedergedrückt; Oberfläche weißlich bis grauweiß, bisweilen rissig und gilbend, oft mit Erdresten bedeckt; Rand dick, lange eingerollt, die Lamellen überragend. **LAMELLEN** am Stiel frei, sehr dicht stehend, schmal, jung blass fleischfarben, später lilagrau, zuletzt schokoladenbraun; Schneiden blass. **STIEL** 3–6 cm lang, 1–3 cm breit, hart, weiß, nach unten verjüngt; mit abstehendem häutigem Ring, der oberseits gerieft ist, darunter mit ein bis zwei volvaähnlichen Gürteln; Basis nicht knollig. **FLEISCH** sehr fest, weiß, im Schnitt etwas rosa; Geruch angenehm pilzartig, Geschmack mild, nussartig. **SPORENPULVER** purpurbraun. **SPOREN** 5–6 × 4–5 µm. **VORKOMMEN** Mai bis Oktober meist gesellig in Gärten und Parkanlagen, an Straßen und Wegen, bisweilen unter Asphalt und Pflastersteinen hervorbrechend. **VERWENDUNG** Essbar. **WISSENSWERTES** Der Stadt-Egerling ist an seinem Standort oft stark mit Schadstoffen belastet.

VERWECHSLUNG MIT GIFTPILZEN An ähnlichen Stellen erscheint der giftige ▸ **Karbol-Egerling (S. 274/1).**

Karbol-Egerling

3 Kleinschuppiger Egerling

Agaricus squamulifer (Moeller) Pil. *Agaricaceae*

HUT 5–10(–18) cm breit, jung halbkugelig, später ausgebreitet-abgeflacht; Oberfläche weißlich, mit blassgrauen bis bräunlichen Schüppchen bedeckt; Oberhaut nur schwer abziehbar. **LAMELLEN** frei, dicht stehend, jung hell fleischfarben, alt schwarzbräunlich. **STIEL** 5–8 cm lang, 2–3 cm breit, sehr kräftig, weißlich, gegen die Basis unregelmäßig weißschuppig gezont; Ring dauerhaft, Rand des Rings mit weißlichen, später bräunlichen Zähnchen. **FLEISCH** dick, weiß, im Schnitt etwas rötend; Geruch säuerlich. **SPOREN** 5–8 × 3,5–4,5 µm. **VORKOMMEN** Juni bis Oktober gesellig, in Reihen und Ringen in Nadelwäldern und Parkanlagen. **VERWENDUNG** Essbar.

VERWECHSLUNG MIT GIFTPILZEN Wie für alle wild wachsenden essbaren Egerlinge gelten die Warnungen vor dem giftigen ▸ **Karbol-Egerling (vgl. bei 2)** und vor den sehr giftigen Knollenblätterpilzen!

1

2

3

1 Kleiner Wald-Egerling, Kleiner Blut-Champignon

Agaricus silvaticus Schaeff.: Fr. *Agaricaceae*

HUT 5–10 cm breit, jung halbkugelig-glockig, dann gewölbt, im Alter flach, mit stumpfem Buckel; Oberfläche hellbräunlich mit braunen bis dunkelbraunen angedrückten Faserschuppen. **LAMELLEN** frei, dicht stehend, jung blassrosa, allmählich graurötlich, im Alter purpurbraun; Schneiden weißflockig. **STIEL** bis 12 cm lang, schlank, anfangs voll, später hohl, weißlich oder graurosa, bei Berührung rötend; Ring dünn, hängend, anfangs weißlich, vom Sporenpulver bald dunkel gefärbt; Basis leicht knollig verdickt. **FLEISCH** zart, weißlich, bei Verletzung rasch rötend; Geruch angenehm, Geschmack mild. **SPORENPULVER** purpurbraun. **SPOREN** 4,5–6 × 3–3,5 µm, glatt, elliptisch. **VORKOMMEN** Juli bis Oktober oft in Gruppen in Nadelwäldern, seltener in Laubwäldern. **VERWENDUNG** Essbar. **WISSENSWERTES** Der Kleine Wald-Egerling ist eine sehr variable Sammelart. Hellhütige Pilze können mit dem giftigen **Perlhuhn-Egerling** *(Agaricus praeclaresquamosus)* verwechselt werden; sein Fleisch färbt sich besonders in der Stielknolle im Schnitt gelb und riecht karbolartig. Der ebenfalls essbare **Großsporige Blutegerling** *(Agaricus langei)* unterscheidet sich vom Kleinen Wald-Egerling durch kräftigeren Habitus und größere Sporen, ansonsten sind kaum Unterschiede zu erkennen.

2 Brauner Kompost-Egerling

Agaricus vaporarius (Pers.) Capelli *Agaricaceae*

HUT 7–15 cm breit, anfangs halbkugelig, bald gewölbt, später flach ausgebreitet; Oberfläche schmutzig braun bis tabakbraun, jung glatt, später in dunkelbraune, große, breitfaserige, angedrückte Schuppen aufreißend; Rand mit fransigen Hüllresten behangen. **LAMELLEN** am Stiel frei, gedrängt, schmal, anfangs fleischfarben, graurosa, alt dunkel purpurbraun; Schneiden heller. **STIEL** 6–12 cm lang, 2–4 cm breit, zur Basis bisweilen verjüngt, fest, voll, alt hohl, schmutzig weiß, unterhalb des Rings braunschuppig, mit braunen Gürtelzonen; Ring jung weißlich, doppelrandig, unterseits braunschuppig. **FLEISCH** weißlich, im Schnitt nur schwach rötend; Geruch und Geschmack angenehm. **SPORENPULVER** dunkelbraun. **SPOREN** 6–7 × 4,5–6 µm. **VORKOMMEN** August bis Oktober oft in Büscheln in Gärten, Parks, auf Komposthaufen, an Wegen und Straßen. Am Standort oft umweltbelastet. **VERWENDUNG** Essbar.
VERWECHSLUNG MIT GIFTPILZEN Wie beim ▸ **Wiesen-Egerling (siehe 3).**

3 Wiesen-Egerling, Wiesen-Champignon

Agaricus campestris L.: Fr. *Agaricaceae*

HUT 3–12 cm breit, jung halbkugelig, später flach gewölbt, seidig matt oder feinschuppig, weiß, alt auch etwas bräunlich, auf Druck nicht gilbend; Huthaut am Rand überstehend, abziehbar. **LAMELLEN** frei, dicht stehend, breit, jung hellrosa, im Alter schokoladenbraun. **STIEL** 5–7 cm lang, 1–2 cm breit, zylindrisch, voll, brüchig, weißlich, etwas faserig; Ring weiß, dünn, hängend, oft verkümmert. **FLEISCH** dick, weiß, im Schnitt +/– schwach rosa; Geruch angenehm, Geschmack angenehm, nussartig. **SPORENPULVER** purpurbraun. **SPOREN** 7–8 × 4–5 µm, eiförmig-elliptisch. **VORKOMMEN** Juni bis Oktober auf Wiesen, Weiden und Äckern; in Europa weit verbreitet. **VERWENDUNG** Essbar.
VERWECHSLUNG MIT GIFTPILZEN Den giftigen ▸ **Karbol-Egerling (S. 274/1)** erkennt man an der im Schnitt gelben Stielknolle und dem unangenehmen Karbolgeruch. Es gelten die Warnungen vor den sehr giftigen weißen Knollenblätterpilzen!

Karbol-Egerling

1

2

3

1 Braunschuppiger Riesen-Egerling

Agaricus augustus Fr., *Agaricus perrarus* Schulz. *Agaricaceae*

HUT 12–18(–30) cm breit, anfangs nahezu kugelig geschlossen, dann flach gewölbt bis ausgebreitet; Oberfläche strohgelb bis gelbbraun, mit oft fast konzentrisch angeordneten, angedrückten, braunen Faserschuppen bedeckt, die im Scheitel zusammenfließen; bei Druck gelb verfärbend; Rand jung eingerollt, später heruntergebogen, mit Velumresten. **LAMELLEN** frei, gedrängt, anfangs weißlich-blassgräulich bis graurosa, alt dunkler braun bis schwarzbraun; Schneiden blass. **STIEL** 10–20 cm lang, 2–3 cm breit, zylindrisch mit etwas verdickter Basis, ausgestopft bis hohl, unterhalb des Rings mit gelblich-weißen, im Alter bräunlichen Flocken bedeckt; Ring breit, herabhängend. **FLEISCH** weißlich; Geruch nach Anis oder Bittermandel, Geschmack mild, nussartig. **SPORENPULVER** purpurbraun. **SPOREN** 7–9 × 5–6 µm. **VORKOMMEN** Juli bis Oktober einzeln oder in kleinen Gruppen in Nadel-, seltener in Laubwäldern. **VERWENDUNG** Essbar. **WISSENSWERTES** Aufgrund von Größe und Geruch leicht erkennbar.

2 Dünnfleischiger Anis-Egerling

Agaricus silvicola (Vitt.) Sacc. *Agaricaceae*

HUT 5–10(–12) cm breit, jung halbkugelig-konisch, später flach ausgebreitet; Oberfläche matt, seidig-faserig, cremeweiß, Scheitel gelblich, beim Reiben chromgelb, später braungelb färbend; Haut teilweise abziehbar; Rand +/– behangen. **LAMELLEN** am Stiel frei, dicht stehend, jung grauweißlich, dann blass rosa-graurosa, alt violettbraun-schwarzviolett. **STIEL** 5–8(–10) cm lang, 1–1,5 cm breit, schlank, hohl, am Grunde meist knollig verdickt, Basis +/– flach; Spitze weiß-rosa, glatt; Ring häutig, groß, hängend, vergänglich, oft nur in Fetzen vorhanden; Stiel unterhalb des Rings feinflaumig-faserig, weiß, bei Druck gilbend. **FLEISCH** dünn, weiß, weder rötend noch gilbend; Geruch und Geschmack nach Anis. **SPORENPULVER** purpurbraun. **SPOREN** 5–6 × 3–4 µm, oval. **VORKOMMEN** Juli bis November meist gesellig in Laub- und Nadelwäldern, besonders häufig findet man ihn in der Nadelstreu unter Fichten *(Picea abies)*. **VERWENDUNG** Essbar.

Kegelhütiger Knollenblätterpilz

VERWECHSLUNG MIT GIFTPILZEN Vorsicht vor Verwechslungen mit dem ▸ **Karbol-Egerling (S. 274/1)** und sehr giftigen Knollenblätterpilzen wie dem ▸ **Kegelhütigen Knollenblätterpilz (S. 258/1).**

3 Flachknolliger Anis-Egerling

Agaricus essettei Bon, *Agaricus abruptibulbus* Peck ss. auct. *Agaricaceae*

HUT 6–12 cm breit, jung kugelig, dann glockig-gewölbt, alt ausgebreitet; Oberfläche anfangs weiß bis blassgelb, bei Berührung chromgelb verfärbend, fein seidig-schuppig, alt gelblich; Rand anfangs mit Velumresten behangen. **LAMELLEN** frei, dicht stehend, graurosa, dann dunkelbraun, alt fast schwarz. **STIEL** 7–12 cm lang, 1–2 cm breit, zylindrisch, oft gekniet, alt hohl, weiß, bei Berührung gilbend; Ring breit, dünnhäutig, hängend; Basis meist mit flacher, gerandeter, 2–3 cm dicker Knolle. **FLEISCH** weiß, im Schnitt nicht verfärbend; Geruch angenehm, anisartig, Geschmack mild. **SPORENPULVER** dunkelbraun. **SPOREN** 6–8 × 4–5 µm, breitelliptisch. **VORKOMMEN** Juli bis Oktober in Nadel- und Mischwäldern. **VERWENDUNG** Essbar.
VERWECHSLUNG MIT GIFTPILZEN Wie beim ▸ **Dünnfleischigen Anis-Egerling (siehe 2).**

1

2

3

1 Weißer Anis-Egerling, Schaf-Champignon

Agaricus arvensis Schaeff.: Fr. *Agaricaceae*

HUT 8–10(–15) cm breit, jung halbkugelig, später ausgebreitet; Oberfläche oft schuppig aufbrechend, weiß, bei Druck gilbend, Scheitel ockerlich; Rand meist mit Velumresten. **LAMELLEN** am Stiel frei, dicht stehend, lange blass, grauweißlich, dann graulich fleischrosa, alt schwarzbraun. **STIEL** 7–15 cm lang, 1–3 cm breit, am Grunde meist verdickt, hutfarben, bei Druck gilbend; Ring weiß, hängend, etwas gilbend, breit, doppelt, obere Schicht dick, häutig, untere oft sternförmig. **FLEISCH** fest, weiß, gilbend; Geruch nach Anis, Geschmack nussartig. **SPORENPULVER** purpurbraun. **SPOREN** 6,5–8 × 4–5 µm. **VORKOMMEN** Frühling bis Herbst in Wäldern, auf gedüngten Wiesen und Weiden, in Parkanlagen, an grasigen Plätzen. **VERWENDUNG** Essbar. **VERWECHSLUNG MIT GIFTPILZEN** ▸ **Karbol-Egerling (S. 274/1)** und Knollenblätterpilze wie der ▸ **Kegelhütige Knollenblätterpilz (S. 258/1).**

Kegelhütiger Knollenblätterpilz

2 Großsporiger Anis-Egerling

Agaricus macrosporus (Moell. & J. Schäff.) Pil., *Agaricus albertii* Bon *Agaricaceae*

HUT 10–30(–40) cm breit, jung halbkugelig, dann breit gewölbt, dickfleischig; Oberfläche weiß, mit feinen, dichten, weißen Radialfasern oder Schüppchen bedeckt, die alt gelblich-ockerfarben gefärbt sind **(2b)**, beim Reiben gilbend; Rand lange heruntergebogen. **LAMELLEN** am Stiel frei, jung blassgraulich, graurosa **(2a)**, bald dunkel schokoladenbraun, alt schwarzbraun. **STIEL** 5–10 cm lang, 2–3,5(–4) cm breit, weiß, oberhalb des Rings glatt, unterhalb weißflockig-schuppig, Basis angeschwollen; Ring sehr breit, am Rand gezackt oder flockig-schuppig. **FLEISCH** dick, fest, rein weiß, im Schnitt nicht gilbend, im Stiel langsam fleischfarben-orangerosa anlaufend; Geruch jung schwach anisartig, alt unangenehm, Geschmack mild. **SPORENPULVER** dunkelbraun. **SPOREN** 9–12 × 6–7 µm, elliptisch, glatt, dickwandig. **VORKOMMEN** Juni bis Oktober einzeln bis gesellig in lichten, grasigen Wäldern, auf naturnahen Wiesen, auch in Parkanlagen; selten. **VERWENDUNG** Essbar. **WISSENSWERTES** *Agaricus macrosporus* ist an seiner beachtlichen Größe, am kräftigen Ring, dem schwachen Anisgeruch, dem orangerosa anlaufenden Stielfleisch und mikroskopisch vor allem an den großen Sporen zu erkennen.

VERWECHSLUNG MIT GIFTPILZEN Wie beim ▸ **Weißen Anis-Egerling (siehe 1).**

3 Weinrötlicher Zwerg-Egerling

Agaricus semotus Fr. *Agaricaceae*

HUT 2–5 cm breit, anfangs halbkugelig, später gewölbt bis abgeflacht; Oberfläche auf weißlichem Grund rötlich braun bis schwach weinrot-violettlich faserschuppig, Mitte dunkler, alt gilbend; Rand lange eingebogen. **LAMELLEN** graurosa, alt purpurbraun; Schneiden blass. **STIEL** 3–6 cm lang, 4–8 mm breit, zylindrisch, jung voll, alt hohl, weißlich, über dem Ring blassrosa; Ring schmal, hängend, vergänglich; Basis etwas knollig verdickt, gelblich überlaufen. **FLEISCH** weißlich, in der Stielbasis gelblich; Geruch anisartig, Geschmack mild. **SPORENPULVER** purpurbraun. **SPOREN** 4–5 × 3–3,5 µm, oval, glatt, dickwandig. **VORKOMMEN** Juli bis Oktober meist gesellig in Laub- und Nadelwäldern. **VERWENDUNG** Kein Speisepilz. **WISSENSWERTES** Ähnlich ist der außerhalb der Wälder wachsende **Triften-Zwerg-Champignon** *(Agaricus comtulus)* mit weißem Hut und später ockergelblichem Scheitel.

1

2a

2b

3

1 Karbol-Egerling, Giftchampignon, Tinten-Egerling

Agaricus xanthoderma Genev. *Agaricaceae*

HUT 5–15 cm breit, anfangs halbkugelig bis abgestutzt kegelförmig, im Querschnitt trapezförmig, später ausgebreitet mit abgeflachter Mitte; Oberfläche glatt, kalkweiß, später in der Mitte blassbräunlich, auch schuppig, beim Reiben chromgelb; Rand lange heruntergebogen, bisweilen mit Velumresten behangen. **LAMELLEN** am Stiel frei, dicht stehend, jung rosafarben, bald graurosa, alt dunkelbraun bis fast schwarz. **STIEL** 8–12 cm lang, 1–2 cm breit, zylindrisch, Basis knollig; Ring häutig, dauerhaft, weiß. **FLEISCH** weißlich, im Schnitt gelb, in der Stielbasis chromgelb verfärbend; Geruch unangenehm, vor allem beim Kochen nach Tinte oder Karbol, Geschmack unangenehm. **SPORENPULVER** purpurbraun. **SPOREN** 5–7 × 3–4 µm, oval, glatt. **VORKOMMEN** Mai bis Oktober meist gesellig in lichten Wäldern, an Waldrändern, in Wiesen, Gärten und Parkanlagen. **VERWENDUNG** Giftig. **WISSENSWERTES** Es gibt mehrere ähnliche Varietäten des Karbol-Egerlings und schwer zu unterscheidende Arten wie etwa den **Perlhuhn-Egerling** *(Agaricus praeclaresquamosus)*. Alle verursachen Übelkeit, Erbrechen, Durchfälle und Bauchschmerzen, die kolik- oder krampfartig verstärkt sein können. Alle sind erkennbar an dem im Schnitt gelb anlaufenden Fleisch (besonders deutlich in der Stielknolle) und dem unangenehmen Karbolgeruch.

2 Blutblättriger Zwergschirmling

Melanophyllum haematospermum (Bull.: Fr.) Kreis., *Melanophyllum echinatum* (Roth: Fr.) Sing. *Agaricaceae*

HUT 1–3(–5) cm breit, anfangs kegelig gewölbt bis glockig, später flach ausgebreitet, oft flach gebuckelt; Oberfläche hellbraun-graubraun, fein kleiig-körnig, +/– verkahlend; Rand anfangs eingerollt, später mit flockigen Velumfetzen behangen. **LAMELLEN** am Stiel schmal angeheftet, fast gedrängt, jung karmin- bis weinrot, später braunrot. **STIEL** 2–4 cm lang, 3–6 mm breit, zylindrisch, hohl, zerbrechlich, Oberfläche auf weinrotem Grund graukörnig-mehlig; Ringzone vergänglich; Basis verdickt bis knollig. **FLEISCH** dünn, im Hut weißlich, im Schnitt sofort rötend; Geruch unangenehm, Geschmack mild. **SPORENPULVER** frisch olivgrün, trocken rotbraun. **SPOREN** 6–7 × 3–4 µm, elliptisch, fein rau, dickwandig. **VORKOMMEN** Juni bis Oktober meist truppweise in Laub- und Nadelwäldern, an Gräben, auf Holzlagerplätzen, an Waldwegen unter Kräutern und Gräsern auf nährstoffreichen Böden. **VERWENDUNG** Kein Speisepilz. **WISSENSWERTES** Zur Gattung **Zwergschirmlinge** (*Melanophyllum)* gehören zwei kleine Arten; ihre Hüte haben eine kleiig-körnige Oberfläche, ihr Sporenpulver ist zuerst grün, trocken rotbraun.

3 Fleckender Schmierschirmling

Chamaemyces fracidus (Fr.) Donk, *Lepiota irrorata* Quél. *Agaricaceae*

HUT 3–8 cm breit, jung halbkugelig, dann gewölbt, mit stumpfem Buckel; Oberfläche feucht schmierig, blassgelblich, später hellocker, jung mit Tröpfchen, die bräunliche Flecken hinterlassen; Rand lange eingebogen, jung mit Velumresten. **LAMELLEN** ausgebuchtet angeheftet, eng stehend, weiß bis blass strohfarben. **STIEL** 3–6 cm lang, bis 1 cm breit; Ring häutig, vergänglich; unterhalb des Rings braunschuppig und jung mit gelblich-orangefarbenen Tröpfchen, die Flecken hinterlassen. **FLEISCH** weißlich; Geruch und Geschmack unangenehm. **SPOREN** 4–6 × 2,5–3 µm. **VORKOMMEN** Juli bis Oktober einzeln oder gesellig auf grasigen Waldlichtungen und Weiden, in Laub- und Nadelwäldern; selten. **VERWENDUNG** Kein Speisepilz.

1

2

3

1 Violettlicher Mehlschirmling

Cystolepiota bucknallii (Berk. & Br.) Sing. & Clém. *Agaricaceae*

HUT 1–2,5 cm breit, jung glockig, später gewölbt, alt abgeflacht; Oberfläche matt, körnig-mehlig, heller oder dunkler violettlich, alt ausgeblasst; Rand jung von Velumresten behangen. **LAMELLEN** am Stiel frei, gedrängt, cremefarben-weißlich; Schneiden glatt. **STIEL** 2,5–6 cm lang, 2–4 mm breit, alt hohl, körnig-flockig, violettlich, besonders an Druckstellen, zur Basis hin dunkler violett; Ringzone flüchtig. **FLEISCH** weißlich; Geruch unangenehm nach Leuchtgas, Geschmack unangenehm. **SPORENPULVER** weiß. **SPOREN** 7,5–9 × 3–3,5 µm. **VORKOMMEN** August bis Oktober in Laubwäldern, an Wegrändern. **VERWENDUNG** Kein Speisepilz. **WISSENSWERTES** Die Gattung *Cystolepiota* umfasst etwa zehn kleine Arten.

2 Zierlicher Mehlschirmling

Cystolepiota sistrata (Fr.: Fr.) Sing. ex Bon & Bellu, *Cystolepiota seminuda* (Lasch) Bon *Agaricaceae*

HUT 0,5–1,5 cm breit, anfangs kegelig-glockig, dann gewölbt bis ausgebreitet, Mitte meist gebuckelt; Oberfläche matt, mehlig-körnig, rein weiß bis blassgelb, Mitte oft mit gelbbräunlichem oder graulila Ton; Rand jung flockig behangen. **LAMELLEN** am Stiel frei, etwas gedrängt, mit Zwischenlamellen, weißlich. **STIEL** 3–5 cm lang, 1–2 mm breit, oft gekrümmt; Oberfläche mehlig-körnig, weiß, später besonders bei Berührung vom Grund her lila-bräunlich. **FLEISCH** sehr dünn; Geruch und Geschmack unbedeutend. **SPORENPULVER** weiß. **SPOREN** 3–4 × 2–3 µm. **VORKOMMEN** Juli bis November meist gesellig in Laub- und Nadelwäldern. **VERWENDUNG** Unbedeutend.

3 Spitzschuppiger Stachelschirmling

Echinoderma asperum (Pers.: Fr.) Bon, *Lepiota acutesquamosa* (Weinm.: Fr.) Gill. *Agaricaceae*

HUT 4–15 cm breit, jung kegelig-glockig, alt flach ausgebreitet, dickfleischig; Oberfläche auf cremefarbenem Grund mit gelbbraunen bis dunkelbraunen, spitzkegeligen bis angedrückten, abreibbaren Schuppen; Rand jung mit dem Stiel verbunden, lange heruntergebogen. **LAMELLEN** am Stiel frei, sehr gedrängt stehend, häufig gegabelt, untermischt, jung weißlich, später cremefarben; Schneiden unregelmäßig gekerbt-gewellt. **STIEL** bis 12 cm lang, zylindrisch, anfangs voll, bald hohl, cremefarben, unter dem Ring haselnussbraun; Ring häutig, oberseits cremefarben, mit braunflockigem Rand; Basis meist knollig. **FLEISCH** weich, weiß; Geruch und Geschmack widerlich. **SPORENPULVER** cremefarben. **SPOREN** 7–8 × 3–4 µm. **VORKOMMEN** August bis Oktober in Laub- und Nadelwäldern, an Waldwegen. **VERWENDUNG** Giftig.

4 Kakaobrauner Stachelschirmling

Echinoderma calcicola (Knud.) Bon, *Lepiota calcicola* Knud. *Agaricaceae*

HUT 3–8 cm breit, jung halbkugelig, später gewölbt bis ausgebreitet, mit Buckel; Oberfläche graubraun-dunkelbraun, jung dicht mit bis 4 mm langen Stacheln besetzt; Rand faserflockig, lange eingebogen. **LAMELLEN** frei, gedrängt, weißlich, später cremefarben. **STIEL** bis 8 cm lang, unter der faserflockigen Ringzone braun bis dunkel rotbraun, sparrig schuppig, Spitze cremefarben-hellbräunlich. **FLEISCH** in der Hutmitte dick, zum Rand hin dünn, weiß; Geruch und Geschmack unangenehm. **SPORENPULVER** weiß. **SPOREN** 4–5 × 2,5–3 µm. **VORKOMMEN** August bis Oktober einzeln bis gesellig in Laubwäldern und Parks auf Kalk; selten. **VERWENDUNG** Kein Speisepilz.

1

2

3

4

Gattung **Lepiota (Schirmlinge)**
Familie *Agaricaceae*
Kleine bis mittelgroße Pilze. Hut meist schuppig; Lamellen frei. Stiel mit häutigem oder faserigem Ring oder ringartiger Zone. Sporenpulver meist weiß oder blass cremefarben. Etwa 40 Arten. Einige Schirmlinge sind sehr giftig.

1 Stink-Schirmling, Kamm-Schirmling

Lepiota cristata (Bolt.: Fr.) Kumm. *Agaricaceae*

HUT 1–4 cm breit, anfangs halbkugelig, bald kegelig-glockig, dann gewölbt mit stumpfem Buckel; Oberfläche weißlich, mit feinen, rotbraunen, +/– konzentrisch angeordneten Schüppchen besetzt, Scheitel glatt, rotbraun; Rand lange eingebogen, bisweilen fransig behangen. **LAMELLEN** am Stiel frei, gedrängt stehend, untermischt, bauchig, weiß, später gelblich, alt rostfleckig; Schneiden schartig. **STIEL** 4–6 cm lang, bis 4 mm breit, zylindrisch, hohl, faserig, weißlich bis blass fleischbräunlich getönt; Ring trichterförmig aufsteigend, sehr vergänglich, weiß; Basis verdickt. **FLEISCH** weiß; Geruch und Geschmack unangenehm-widerlich. **SPORENPULVER** gelbweiß. **SPOREN** 6–9 × 3–3,5 µm, projektilförmig, glatt. **VORKOMMEN** Juni bis Oktober meist gesellig in Laub- und Nadelwäldern, gern an Waldwegen unter Gras und Kräutern, auch in Gärten und Parkanlagen; verbreitet. **VERWENDUNG** Kein Speisepilz. **WISSENSWERTES** Ähnlich ist der **Breitsporige Schirmling** *(Lepiota kuehneriana)* mit oft schief stehendem Ring und breiteren Sporen.

2 Kastanienbrauner Schirmling

Lepiota castanea Quél. *Agaricaceae*

HUT 1,5–3 cm breit, breit kegelig, bald ausgebreitet mit stumpfem Buckel; Oberfläche ockergelb mit rotbraunen, kastanienbraunen bis schwarzbraunen, +/– konzentrisch angeordneten Schuppen, Scheitel fast glatt. **LAMELLEN** am Stiel frei, mäßig dicht, bauchig, cremegelb, alt etwas bräunend, rostfleckig. **STIEL** bis 5 cm lang, 2–4 mm breit, zylindrisch, cremeocker mit Orangeton, im unteren Teil stark kastanienbräunlich geschuppt; ohne Ring, jedoch mit unauffälliger Ringzone; Basis +/– verdickt. **FLEISCH** weiß, etwas rötend; Geruch unangenehm, streng. **SPORENPULVER** weiß. **SPOREN** 8,5–10,5 × 4–4,5 µm, abgestutzt bis projektilförmig. **VORKOMMEN** August bis Oktober in Laub- und Nadelwäldern, an Waldwegen. **VERWENDUNG** Giftig.

3 Grünspan-Schirmling, Grünschuppiger Schirmling

Lepiota grangei (Eyre) Kuehn., *Lepiota ochraceocyanea* Kuehn.
Agaricaceae

HUT 2–3,5 cm breit, jung kegelig bis breit glockig, später gewölbt bis flach ausgebreitet mit stumpfem Buckel; Oberfläche in der Mitte blaugrün, zum Rand hin hellockerlich, ganze Hutfläche mit braungrünen Schüppchen besetzt; Rand jung mit weißlichen Velumresten. **LAMELLEN** am Stiel frei, gedrängt, schwach bauchig, jung cremefarben, alt schmutzig ockerlich, bisweilen mit rostbräunlichen Flecken. **STIEL** bis 6 cm lang, 3–5 mm breit, hohl, brüchig, weißlich, nach unten beige mit blaugrünen Schüppchen; Basis etwas knollig. **FLEISCH** dünn; Geruch unangenehm, Geschmack mild, fade. **SPORENPULVER** hellgelb. **SPOREN** 9,5–13 × 3,5–4,5 µm, abgestutzt bis projektilförmig mit seitlichem Sporn, hyalin. **VORKOMMEN** Im Herbst gesellig in Laubwäldern, an Waldwegen zwischen Gräsern und Moosen; selten. **VERWENDUNG** Kein Speisepilz.

1

2

3

1 Braunberingter Schirmling
Lepiota ignivolvata Bouss. & Joss. ex Joss. *Agaricaceae*

HUT 4–11 cm breit, anfangs halbkugelig bis stumpfkegelig, später ausgebreitet mit stumpfem Buckel; Oberseite mit creme- bis ockerfarbenen Schüppchen bedeckt; Scheitel haselnussbraun bis rötlich braun; Rand mit Velumresten. **LAMELLEN** am Stiel frei, +/– gedrängt, dünn, weiß, später cremefarben, im Alter oft rostig gesprenkelt. **STIEL** 5–12 cm lang, 0,5–1,5 cm breit, alt hohl, weiß, unterhalb der Ringzone zerstreut schuppig; Ringzone schräg verlaufend, oft unvollständig ausgebildet, mit braunem bis orangebraunem Streifen an der Außenkante; Basis mit weißem Myzel umhüllt, das sich beim Reiben und im Alter +/– orangefarben verfärbt. **FLEISCH** weiß; Geruch unangenehm nach ► **Stink-Schirmling (S. 278/1),** Geschmack unangenehm, widerlich. **SPORENPULVER** hell cremefarben. **SPOREN** 9–13 × 5,5–7 µm. **VORKOMMEN** Juli bis Oktober in Laub- und Mischwäldern auf Kalk. **VERWENDUNG** Kein Speisepilz.

2 Wollstiel-Schirmling
Lepiota clypeolaria (Bull.: Fr.) Kumm. *Agaricaceae*

HUT 3–8 cm breit, jung halbkugelig bis glockig, später flach mit stumpfem Buckel; Oberfläche weißlich-cremefarben, mit kleinen, blass ockerfarbenen bis hellbräunlichen Schüppchen bedeckt, Scheitel blassbräunlich, glatt; Huthaut bis zur Mitte abziehbar; Rand jung mit weißen Velumresten. **LAMELLEN** am Stiel frei, weiß. **STIEL** 5–10 cm lang, 0,4–1 cm breit, hohl, brüchig, weißlich, alt gelblich, unterhalb des flockigen Ringansatzes ausgeprägt wollig-faserig; Basis verdickt, bräunend. **FLEISCH** dünn, weich, weiß; Geruch säuerlich, etwas stechend, Geschmack mild, pilzartig. **SPORENPULVER** cremegelb. **SPOREN** 12–16 × 4,5–6,5 µm. **VORKOMMEN** Sommer bis Herbst in Laubwäldern, seltener in Mischwäldern. **VERWENDUNG** Kein Speisepilz. **WISSENSWERTES** Ähnlich ist der ► **Gelbwollige Schirmling (siehe 3).**

3 Gelbwolliger Schirmling
Lepiota ventriosospora Reid. *Agaricaceae*

HUT 3–8 cm breit, ganz jung schlank-eiförmig, später gewölbt-ausgebreitet mit niederem Buckel; Oberfläche auf hell ockerfarbenem Grund mit ocker- bis rotbraunen Schüppchen bedeckt, Scheitel glatt, rotbraun; Rand flockig-faserig. **LAMELLEN** frei, weiß. **FLEISCH** weißlich; Geruch und Geschmack pilzartig. **STIEL** 4–10 cm lang, bis 1 cm breit, zylindrisch, dicht mit weißlich-ockerfarbenem, faserflockigem Velum bedeckt. **SPORENPULVER** hellgelb. **SPOREN** 13–20 × 4–5 µm. **VORKOMMEN** August bis Oktober einzeln bis gesellig in Laub- und Nadelwäldern. **VERWENDUNG** Kein Speisepilz.

4 Schwarzschuppiger Schirmling
Lepiota felina (Pers.: Fr.) Karst. *Agaricaceae*

HUT 2–4 cm breit, jung breit kegelig, gewölbt, später flach ausgebreitet, mit breitem, stumpfem Buckel; Oberfläche auf weißlichem Grund mit konzentrisch angeordneten, dicken, dunkel rotbraunen bis schwarzbraunen Schüppchen; Mitte fast glatt bis grobkörnig, dunkel rotbraun bis schwärzlich. **LAMELLEN** am Stiel frei, etwas untermischt, ziemlich breit, bauchig, weiß. **STIEL** bis 5,5 cm lang, zylindrisch, hohl, feinfaserig, weißlich, unterm Ring hellbräunlich, bisweilen mit schwarzbraunen Schüppchen; Ring vergänglich, weiß, mit schwarzbraunen Schüppchen; Basis etwas angeschwollen. **FLEISCH** weiß; Geruch an ► **Stinkschirmling (S. 278/1)** erinnernd, Geschmack mild. **SPORENPULVER** weiß. **SPOREN** 6–8 × 3,5–4,5 µm. **VORKOMMEN** Juli bis Oktober meist in Nadelwäldern, gern auf Waldwegen; selten. **VERWENDUNG** Kein Speisepilz.

1

2

3

4

GATTUNG **Macrolepiota (Riesenschirmpilze)**
FAMILIE *Agaricaceae*
Große Lamellenpilze. Hut geschuppt, Lamellen frei, Ring verschiebbar, Sporen glatt, elliptisch, mit Keimporus.

1 Parasolpilz, Riesenschirmpilz

Macrolepiota procera (Scop.: Fr.) Sing. *Agaricaceae*

HUT 10–25(–40) cm breit, jung kugelig-eiförmig (Paukenschlegelform), später ausgebreitet, mit Buckel; Oberfläche hellbraun mit sparrig abstehenden Schuppen, Mitte glatt, braun; Rand behangen. **LAMELLEN** frei, gedrängt, bauchig, weich, weiß. **STIEL** 15–30(–40) cm lang, bis 2 cm breit, schlank, zäh, hellbräunlich, bald mit dunklerer Natterung; Ring groß, zweischichtig, verschiebbar; Stielbasis weißfilzig, keulig (bis 5 cm). **FLEISCH** weich, zart, weiß; Geruch und Geschmack angenehm nussartig. **SPORENPULVER** weißlich. **SPOREN** 15–20 × 10–13 µm. **VORKOMMEN** Juli bis Oktober in Laub- und Nadelwäldern, auf Heiden; in Mitteleuropa verbreitet. **VERWENDUNG** Essbar; leicht erkennbar.
VERWECHSLUNG MIT GIFTPILZEN Kleiner ist der ▸ **Spitzschuppige Stachelschirmling (S. 276/3).** Der sehr seltene **Gift-Riesenschirmpilz** *(Macrolepiota venenata)* verursacht heftige Magen-Darm-Erkrankungen.

Spitzschuppiger Stachelschirmling

2 Safran-Riesenschirmpilz, Safranschirmling

Macrolepiota rachodes (Vitt.) Sing. *Agaricaceae*

HUT 7–15 cm breit, jung halbkugelig-eiförmig, später flach gewölbt, ohne Buckel; Oberfläche braun oder graubraun, wollig-schuppig, Schuppen aufgebogen, Hutmitte glatt, ockerbräunlich; Rand flockig. **LAMELLEN** frei, gedrängt, bauchig, weiß-cremeweiß, bei Berührung rötlich. **STIEL** 9–15(–20) cm lang, 1–2 cm breit, zylindrisch, alt hohl, weißlich-bräunlich, alt schmutzig bräunlich, bei Verletzung orangerot, glatt, ohne Natterung; Ring wattig; Basis weißlich, mit Knolle. **FLEISCH** zart, weiß, im Schnitt safranfarben-orange, dann rotbräunlich; Geruch und Geschmack angenehm. **SPORENPULVER** weißlich. **SPOREN** 9–12 × 6–7 µm, elliptisch. **VORKOMMEN** Juli bis November oft gesellig in Nadel-, seltener in Laubwäldern, an Waldwegen, auch in Gärten; verbreitet. **VERWENDUNG** Essbar; leicht erkennbar.
VERWECHSLUNG MIT GIFTPILZEN Wie beim ▸ **Parasolpilz (siehe 1).**

3 Jungfern-Riesenschirmpilz, Jungfernschirmling

Macrolepiota puellaris (Fr.) Mos. *Agaricaceae*

HUT 4–8 cm breit, jung halbkugelig, später aufgeschirmt und abgeflacht; Oberfläche auf weißem Grund mit +/– konzentrisch angeordneten, anfangs weißlichen, später zur Mitte hin hell graubraunen Schuppen, Mitte glatt, hell graubraun; Rand jung mit Velumresten behangen. **LAMELLEN** abgerundet, frei, mit Zwischenlamellen, breit, erst weiß, später blass gelbbräunlich mit Rosatönen, auf Druck bräunend. **STIEL** 7–12(–15) cm lang, bis 1 cm breit, hohl, starr, jung weiß, dann ledergelblich, mit Ring; Basis knollig. **FLEISCH** weich, weiß, nicht rötend; Geruch unbedeutend, Geschmack mild. **SPORENPULVER** weiß. **SPOREN** 9–12 × 6–7 µm. **VORKOMMEN** Sommer bis Herbst in Berg-Nadelwäldern. **VERWENDUNG** Kein Speisepilz. **WISSENSWERTES** Der ähnliche essbare **Acker-Riesenschirmpilz** *(Macrolepiota excoriata)* hat einen bräunlichen Hut; er wächst auf Feldern und Weiden.

1

2

3

1 Zitzenwarziger Riesenschirmpilz
Macrolepiota mastoidea (Fr.) Sing. *Agaricaceae*

HUT 5–12 cm breit, eiförmig-glockig, bald flach gewölbt, mit glattem, bräunlichem Buckel; Oberseite blassbräunlich, zunächst glatt, bald zum Rand hin feinschuppig. **LAMELLEN** frei, gedrängt, weich, weißlich. **STIEL** 7–15 cm lang, bis 1 cm breit, zylindrisch, jung voll, alt hohl, weißlich bis hellbräunlich, gezont oder genattert; Ring oben weißlich; Stielbasis knollig, weißfilzig. **FLEISCH** weich, weiß, nicht rötend; Geruch nussartig, Geschmack mild. **SPORENPULVER** weiß. **SPOREN** 12–16 × 8–9 µm. **VORKOMMEN** August bis November in Laubwäldern, auf Wiesen. **VERWENDUNG** Essbar. **WISSENSWERTES** Einige ähnliche *Macrolepiota*-Arten sind nur schwer vom Zitzenwarzigen Riesenschirmpilz zu unterscheiden.
VERWECHSLUNG MIT GIFTPILZEN Wie beim ▸ **Parasolpilz (S. 282/1).**

GATTUNG **Leucoagaricus (Egerlingsschirmpilze)**
FAMILIE *Agaricaceae*
Hüte trocken, Lamellen weiß bis rosa, Stiel mit Ring, Sporenpulver weiß.

2 Rosablättriger Egerlingsschirmpilz
Leucoagaricus leucothites (Vitt.) Wasser *Agaricaceae*

HUT 5–10 cm breit, jung glockig, dann gewölbt, später ausgebreitet, +/– stumpf gebuckelt; Oberfläche glatt, seidig, weißlich-cremefarben, Scheibe ockerlich. **LAMELLEN** frei, weißlich, alt blass fleischfarben bis rosa. **STIEL** 6–8 cm lang, 1–2 cm breit, zylindrisch, hohl, cremeweiß; Ring schmal, nach oben abziehbar; Basis knollig verdickt, bis 2,5 cm breit. **FLEISCH** in der Hutmitte dick, zum Rand hin dünn, weiß; Geruch und Geschmack unbedeutend. **SPOREN** 8–9 × 5–5,5 µm. **VORKOMMEN** August bis Oktober in Gärten, auf Wiesen und an Wegen; selten. **VERWENDUNG** Kein Speisepilz.

3 Reinseidiger Egerlingsschirmpilz
Leucoagaricus holosericeus (Fr.) Mos. *Agaricaceae*

HUT 4–10 cm breit, jung fast kugelig, alt flach gewölbt; Huthaut trocken, kahl bis feinschuppig, weiß, frisch bei Berührung gilbend, Mitte blass hellbräunlich; Huthaut am Rand überstehend. **LAMELLEN** am Stiel ausgebuchtet, gedrängt stehend, weiß. **STIEL** bis 6 cm lang, weiß, bei Berührung gilbend; Ring schmal; Basis knollig. **FLEISCH** dick, weiß, im Schnitt besonders im Stiel etwas gilbend; Geruch und Geschmack unbedeutend. **SPOREN** 7–9 × 5–6 µm. **VORKOMMEN** Juni bis November in Gärten unter Hecken, an grasigen und gemulchten Plätzen. **VERWENDUNG** Kein Speisepilz.

4 Anlaufender Egerlingsschirmpilz
Leucoagaricus badhamii (Berk. & Br.) Sing., *Leucocoprinus badhamii* (Berk. & Br.) Locq. *Agaricaceae*

HUT 4–9 cm breit, jung glockig, später ausgebreitet, mit schwachem Buckel; Oberfläche jung hellbeige, alt rotbräunlich bis dunkelbräunlich, zum Rand schuppig; Huthaut wie Lamellen und Stiel bei Berührung orangerot bis dunkel karottenrot verfärbend. **LAMELLEN** am Stiel frei, gedrängt, bauchig, cremeweißlich bis blassgelb. **STIEL** 5–9 cm lang, bis 2 cm breit, ausgestopft bis hohl, weiß; Ring vergänglich; Basis verdickt. **FLEISCH** weiß bis hell cremefarben, im Schnitt nur unter der Huthaut safranrötlich; Geruch unauffällig. **SPOREN** 6–7,5 × 4–5 µm. **VORKOMMEN** Spätsommer bis Herbst in Laub- und Nadelwäldern; selten. **VERWENDUNG** Kein Speisepilz.

1

2

3

4

1 Büscheliger Egerlingsschirmpilz

Leucoagaricus bresadolae (Schulz.) Bon, *Leucocoprinus bresadolae* (Schulz.) Mos. *Agaricaceae*

HUT 8–10(–18) cm breit, anfangs kegelig-glockig, später gewölbt bis ausgebreitet, mit stumpfem Buckel; Oberfläche auf hellem Grund mit rotbräunlichen, konzentrisch angeordneten Schuppen bedeckt, Scheitel braun; Rand alt schwach gekerbt. **LAMELLEN** am Stiel frei, gedrängt, mit Zwischenlamellen, weiß, später cremeweiß, bei Verletzung safranfarben fleckend. **STIEL** 8–15 cm lang, bis 3 cm breit, alt hohl, zylindrisch, zur Basis hin zugespitzt oder knollig, oberhalb des Ringes weiß, unterhalb rotbräunlich, längsfaserig; bei Berührung intensiv chromgelb verfärbend, bald purpurbraun, dann schwärzend; Ring dünn, hängend, vergänglich. **FLEISCH** weiß, im Schnitt zuerst gilbend, dann lebhaft rötend; Geruch angenehm, Geschmack mild. **SPORENPULVER** cremeweiß. **SPOREN** 8–12 × 6–8 µm. **VORKOMMEN** Sommer bis Herbst meist büschelig in Gärten und Parkanlagen. **VERWENDUNG** Giftig.

2 Goldfarbener Glimmerschüppling

Phaeolepiota aurea (Matt.: Fr.) Mre. ex Konr. & Maubl., *Pholiota aurea* (Matt.: Fr.) Kumm. *Agaricaceae*

HUT 6–20(–25) cm breit, jung halbkugelig-geschlossen, dann gewölbt, im Alter fast niedergedrückt; Oberfläche goldgelb, gelbbraun bis orangebraun, glatt bis radialrunzelig, fein glimmerig-kleiig, Körnchen abwischbar; Rand jung mit Velumresten behangen. **LAMELLEN** am Stiel ausgebuchtet, gedrängt stehend, schmal, jung cremefarben, bald hell rostbraun; Schneiden glatt. **STIEL** 10–20 cm lang, kräftig, voll, zylindrisch, Basis keulig; unterhalb des Ringes hellgelb oder gelbbraun, streifig, mit körnigem Belag; Ring breit, häutig, aufsteigend, jung lange mit dem Hutrand verbunden **(2a)**, unterseits mehlig-körnig, gelbbraun. **FLEISCH** weißlich-blassgelb; Geruch angenehm, aromatisch, Geschmack mild. **SPORENPULVER** rostbraun. **SPOREN** 9–15 × 4–6 µm, elliptisch-spindelig. **VORKOMMEN** September bis November einzeln bis büschelig, am Standort oft in großen Mengen, in Gärten und Parkanlagen, an Straßen und grasigen Wegrändern, in Wäldern, gern zwischen Brennnesseln *(Urtica dioica)*. **VERWENDUNG** Essbar, kann jedoch individuelle Unverträglichkeitsreaktionen hervorrufen. **WISSENSWERTES** Die Gattung *Phaeolepiota* besteht nur aus dieser einen Art.

3 Gelber Faltenschirmling

Leucocoprinus birnbaumii (Corda) Sing., *Leucocoprinus flos-sulphuris* Bon *Agaricaceae*

HUT 2–7 cm breit, jung konisch-glockig, später flach ausgebreitet; Oberfläche zitronengelb bis goldgelb, mit gleichfarbenen bis etwas dunkleren, im Alter hellbräunlichen Flöckchen, besonders in der Hutmitte; Rand faltig, bisweilen von Hutschüppchenresten behangen. **LAMELLEN** am Stiel frei, hellgelb; Schneiden bisweilen schwach bräunlich. **STIEL** 4–8 cm lang, bis 1 cm breit, zylindrisch, voll, alt hohl, zitronen- bis schwefelgelb, fein faserschuppig; Ring aufsteigend, vergänglich; Basis keulig verdickt. **FLEISCH** dünn, gelb; Geruch und Geschmack unbedeutend. **SPORENPULVER** weiß. **SPOREN** 8,5–14,5 × 6–9 µm, oval, glatt, hyalin. **VORKOMMEN** Das ganze Jahr über einzeln bis büschelig in Gewächshäusern und Blumentöpfen. Der Pilz schadet den Topfpflanzen nicht und ist auch nicht giftig. **VERWENDUNG** Kein Speisepilz. **WISSENSWERTES** Einige Arten der Gattung *Leucocoprinus* findet man bei uns meist eingeschleppt in Gewächshäusern. Dazu gehört der **Zwiebelfüßige Faltenschirmling** *(Leucocoprinus cepistipes)*; sein weißer Hut trägt bräunliche Schuppen.

1
2a
2b
3

GATTUNG **Coprinus (Tintlinge)**
FAMILIE *Coprinaceae*

Gattung mit etwa 100 Arten. Die sehr zarten bis großen, eiförmigen oder kegeligen Hüte zerfließen bei der Sporenreife oder zergehen schnell; das Sporenpulver ist schwarz. Nur wenige Vertreter der Gattung eignen sich als Speisepilze.

1 Schopf-Tintling , Spargelpilz, Porzellan-Tintling

Coprinus comatus (Muell.: Fr.) Pers., *Coprinus ovatus* (Scop.: Fr.) Fr. *Coprinaceae*

HUT 2–6 cm breit, 6–18 cm hoch, zylindrisch bis walzenförmig, im Alter glockig und vom Rand her schnell tintenartig zerfließend **(1b)**; Oberfläche jung weiß, später schmutzig weiß, mit groben, abstehenden, weißlichen, im Alter bräunlichen Schuppen; Scheitel meist bräunlich. **LAMELLEN** am Stiel frei, sehr dicht stehend, breit, anfangs weiß, bald rosafarben, zuletzt mit dem Hut tiefschwarz tintenartig zerfließend; Schneiden weißlich. **STIEL** bis 15 cm lang, bis 2 cm breit, hohl, weiß, glatt; mit schmalem, vergänglichem Ring; Basis verdickt. **FLEISCH** dünn, weich, jung weiß, schnell verfärbend, alt schwarz zerfließend; Geruch und Geschmack angenehm. **SPORENPULVER** schwarz. **SPOREN** 10–14 × 6–8 µm. **VORKOMMEN** Mai bis November meist truppweise in Gärten, Wiesen, Parkanlagen, an Wegen, in Wäldern der gemäßigten Zone Europas. **VERWENDUNG** Nur ganz jung essbar. Der Pilz altert schnell und muss bald zubereitet werden. **WISSENSWERTES** Leicht erkennbare Art; ähnlich ist der ▸ **Graue Faltentintling (siehe 3).**

2 Specht-Tintling, Elstern-Tintling

Coprinus picaceus (Bull.: Fr.) Gray *Coprinaceae*

HUT 4–8 cm breit, 4–6(–10) cm hoch, anfangs eiförmig-zylindrisch, walzenförmig, später kegelig-glockig; Oberfläche ganz jung weißlich, bald aufbrechend und auf dunkelbraunem bis schwarzbraunem Grund mit flachen, weißen, faserigen Flockenschuppen gesprenkelt; Rand zur Zeit der Reife aufgebogen und mit den Lamellen zu einer schwärzlichen Tinte zerfließend. **LAMELLEN** frei, dicht stehend, bauchig, erst grauweißlich, dann rosa, alt zerfließend. **STIEL** bis 15(–25) cm lang, bis 2 cm breit, hohl, zerbrechlich, weißlich, flaumig-schuppig; am Grunde leicht knollig verdickt und fein weißfilzig. **FLEISCH** dünn; Geruch und Geschmack unangenehm. **SPORENPULVER** schwärzlich. **SPOREN** 13–17 × 10–12 µm. **VORKOMMEN** Sommer bis Herbst einzeln bis gesellig in Laubwäldern. **VERWENDUNG** Kein Speisepilz.

3 Grauer Falten-Tintling, Falten-Tintling

Coprinus atramentarius (Bull.: Fr.) Fr. *Coprinaceae*

HUT 3–7(–10) cm hoch, 3–6 cm breit, erst eiförmig, dann kegelig-glockig; Oberfläche grauweißlich, aschgrau bis graubräunlich, Scheitel anfangs mit bräunlichen Schüppchen; Rand gerieft-faltig, alt zerrissen, aufgebogen und vom Rand her tintenartig zerfließend. **LAMELLEN** abgerundet bis schmal angeheftet, sehr gedrängt, bauchig, jung weißlich-blassgrau, alt schwarz zerfließend. **STIEL** 6–15 cm lang, bis 1,5 cm breit, zylindrisch, nach oben verjüngt, alt hohl, zerbrechlich, jung weißlich; zur Basis verdickt mit Wulst. **FLEISCH** dünn, weich, weiß, alt schwarz zerfließend; Geruch schwach, Geschmack mild, angenehm. **SPORENPULVER** schwarz. **SPOREN** 8–10 × 5–6 µm. **VORKOMMEN** April bis November in Parkanlagen, an Wegen und in Laubwäldern ganz Europas. **VERWENDUNG** Jung essbar; in Verbindung mit Alkohol giftig.

1a

1b

2

3

1 Hasenpfote

Coprinus lagopus (Fr.) Fr. *Coprinaceae*

HUT 2–4 cm breit, jung eichel- bis walzenförmig, später breit kegelig; Oberfläche grau, olivgrau, jung mit striegeligen, weißlichen Faserbüscheln besetzt, bis zur Mitte faltig gerieft; Rand im Alter stark aufgebogen, eingerissen, häutig. **LAMELLEN** am Stiel angeheftet, jung weißlich, bald schwarz. **STIEL** 5–10 cm lang, 3–8 mm breit, zylindrisch, nach oben verjüngt, hohl, zerbrechlich, weiß, faserig-flockig, ohne Ring. **FLEISCH** dünn, häutig; Geruch und Geschmack unbedeutend. **SPORENPULVER** schwarz. **SPOREN** 10–13 × 6–8 µm. **VORKOMMEN** Juli bis Oktober oft nur einzeln oder zu wenigen in schattigen, feuchten Wäldern, gern an Wegrändern, Holzlagerplätzen, seltener in Gärten und auf Ruderalgelände (nicht auf Dung). **VERWENDUNG** Kein Speisepilz. **WISSENSWERTES** Ähnlich ist der **Struppige Tintling** *(Coprinus cinereus)*. Er hat einen wollig-flockigen Stiel und wächst auf Dung und gut gedüngten Böden. Der **Rundsporige Hasenpfoten-Tintling** *(Coprinus lagopides)* wächst meistens auf Brandstellen. Es gibt weitere kleine Tintlinge, die mit der Hasenpfote verwechselt werden können.

2 Weiden-Tintling

Coprinus truncorum (Scop.) Fr. ss. Romagn. *Coprinaceae*

HUT bis 2,5 cm breit, glockig; Oberfläche hygrophan, haselnussbraun, Mitte dunkler, Rand heller, jung mit vergänglichen, weißlich-blassbräunlichen, glimmrigen Velumflöckchen bedeckt, alt fast kahl, bis zu zwei Dritteln radial gerieft-gefurcht. **LAMELLEN** fast frei, gedrängt, jung hell cremefarben, alt grauschwarz; Schneiden weißlich. **STIEL** bis 5 cm lang, bis 5 mm breit, röhrig, alt fast glatt, weißlich. **FLEISCH** Geruch unauffällig, pilzartig, Geschmack mild. **SPORENPULVER** schwarz. **SPOREN** 8,5–10 × 5–6 µm. **VORKOMMEN** Frühjahr bis Herbst büschelig an morschem Holz, auch auf Erde, dann wohl auf vergrabenem Holz. **VERWENDUNG** Kein Speisepilz. **WISSENSWERTES** Der Weiden-Tintling ist vom ► **Glimmer-Tintling (siehe 3)** fast nur mit Hilfe von mikroskopischen Merkmalen zu unterscheiden.

3 Glimmer-Tintling

Coprinus micaceus (Bull.: Fr.) Fr. *Coprinaceae*

HUT 2–3 cm breit, 1–2,5 cm hoch, jung kugelig-eichelförmig, bald glockig, alt ausgebreitet; Oberfläche anfangs ockergelb-gelbbraun, mit dunklerer Mitte, alt grauschwarz, jung mit zahlreichen vergänglichen, glimmerigen, glitzernden, weiß-bräunlichen Körnchen bedeckt; bis zum Scheitel faltig gefurcht-gerieft; Rand oft eingerissen. **LAMELLEN** am Stiel angeheftet, sehr gedrängt stehend, breit, ganz jung beige, bald graubraun-graulila, alt schwarz zerfließend; Schneiden weißflockig. **STIEL** 5–8(–10) cm lang, 3–6 mm breit, zylindrisch, hohl, zerbrechlich, weißlich, weiß bestäubt, später gelblich, kahl. **FLEISCH** dünn, weißlich, im Stiel ocker; Geruch und Geschmack unbedeutend. **SPORENPULVER** schwarz. **SPOREN** 6,5–9 × 4–5 × 4–6 µm. **VORKOMMEN** Mai bis November oft in dichten Büscheln an oder neben abgestorbenen Laubholzstümpfen und vergrabenem Holz in Wäldern, an Wegrändern, in Parkanlagen und Gärten; in Mitteleuropa häufig und weit verbreitet. **VERWENDUNG** Kein Speisepilz; in Verbindung mit Alkohol schwach giftig. **WISSENSWERTES** Ähnlich sind der oben beschriebene ► **Weiden-Tintling (siehe 2)** und der **Strahlfüßige Tintling** *(Coprinus radians)*. Dieser wächst auf am Boden liegenden morschen Ästen und Stämmen, auf denen er oft einen auffälligen rotbraunen Myzelfilz (Ozonium) ausbildet. Ein zuverlässiges Merkmal ist dies aber nicht, da ein Ozonium auch bei anderen verwandten *Coprinus*-Arten vorkommen kann.

1

2

3

1 Haus-Tintling

Coprinus domesticus (Bolt.: Fr.) Gray *Coprinaceae*

HUT 1–4(–6) cm breit, bis 4 cm hoch, anfangs eiförmig geschlossen, dann glockig aufschirmend, alt ausgebreitet; Oberfläche jung auf creme- bis blass lederfarbenem Grund und gelblich brauner bis ockerfarbener Mitte mit weißen, vergänglichen, leicht abwischbaren, körnigen Schüppchen bedeckt, vom Rand bis zum Scheitel gefurcht, alt grauschwarz, kahl, eingerissen. **LAMELLEN** schmal angewachsen, eng stehend, anfangs weißlich, im Alter dunkelbraun bis schwarz, nicht zerfließend, sondern welkend. **STIEL** 2–10 cm lang, bis 0,9 cm breit, zylindrisch, hohl, zerbrechlich, weiß; Basis oft mit einer angedeuteten volvaartigen Ringzone. **FLEISCH** dünn, weißlich; Geruch und Geschmack pilzartig. **SPORENPULVER** dunkelbraun. **SPOREN** 7–10 × 4–5 µm, zylindrisch bis bohnenförmig, glatt, hellbraun. **VORKOMMEN** Frühling bis Herbst einzeln oder büschelig in Wäldern, Gärten und Parkanlagen an morschem Laubholz, seltener an Nadelholz; in Mitteleuropa verbreitet. **VERWENDUNG** Kein Speisepilz. **WISSENSWERTES** Die Fruchtkörper wachsen wie bei einigen nahe verwandten Arten oft auf einem üppigen rotbraunen Myzelfilz, dem so genannten Ozonium. Sehr nahe verwandt ist der ▶ **Gelbschuppige Tintling (siehe 3),** der sich durch kleineren Hut und anders geformte Sporen unterscheidet. Er wächst an am Boden liegenden Laubholzästchen und auf moderndem Laub.

2 Schneeweißer Tintling

Coprinus niveus (Pers.: Fr.) Fr. *Coprinaceae*

HUT 1,5–4 cm breit, 2–3,5 cm hoch, zunächst eiförmig geschlossen, dann glockig, schließlich ausgebreitet; Oberfläche jung mit dichten, mehlig-kleiigen, kalkweißen, abwischbaren Flocken bedeckt; Rand fein behangen, alt aufgesplittert, fransig, oft aufgerollt. **LAMELLEN** dicht stehend, anfangs weiß, bald grau, alt schwarz; Schneiden fein weißflockig. **STIEL** 2–5(–12) cm lang, 2–6 mm breit, zylindrisch, röhrig, zerbrechlich, auf weißem Grund mehlig-feinflockig, alt verkahlend; Basis verdickt. **FLEISCH** dünn, grau; ohne besonderen Geruch und Geschmack. **SPORENPULVER** schwarz. **SPOREN** 15–19 × 8,5–11 × 11–14 µm, elliptisch bis mandelförmig, glatt, schwarzbraun mit zentralem Keimporus. **VORKOMMEN** Juli bis Oktober einzeln oder gesellig auf Dung, gern auf oder neben Kuhfladen; selten, im Küstenbereich verbreitet. **VERWENDUNG** Kein Speisepilz. **WISSENSWERTES** Jung kann der Pilz mit der ▶ **Hasenpfote (S. 290/1)** verwechselt werden, diese wächst jedoch nicht auf Dung.

3 Gelbschuppiger Tintling

Coprinus xanthothrix Romagn., *Coprinus domesticus* ss. Lge.
Coprinaceae

HUT 2–4 cm breit, jung eiförmig, später ausgebreitet; Oberfläche cremefarben, Mitte ockerfarben, mit gelblich-bräunlichen Velumkörnchen bedeckt, gerieft-gefurcht, alt grau zerfließend. **LAMELLEN** eng stehend, jung cremeweiß, alt schwarzbraun. **STIEL** 4–7 cm lang, hohl, brüchig, weiß. **FLEISCH** dünn; Geruch und Geschmack unbedeutend. **SPORENPULVER** schwarzbraun. **SPOREN** 7–9,5 × 4,5–5 µm, elliptisch-oval, glatt, mit Keimporus. **VORKOMMEN** Juni bis August einzeln oder zu wenigen an toten Laubholzästchen und moderndem Laub. **VERWENDUNG** Kein Speisepilz. **WISSENSWERTES** Der Gelbschuppige Tintling ist ein schwer zu unterscheidender Doppelgänger des oben beschriebenen **Haus-Tintlings (siehe 1);** auffällig ist sein Vorkommen an toten Laubholzästchen sowie auf Laubstreu, ein Ozonium (Myzelfilz) ist bei ihm gewöhnlich nicht zu beobachten.

1

2

3

1 Eintags-Tintling

Coprinus patouillardii Quél. apud Pat., *Coprinus cordisporus* Gibbs *Coprinaceae*

HUT ausgebreitet bis 2,5 cm breit, jung eiförmig, bald +/– glockenförmig, dann verflachend; Oberfläche körnig-mehlig, weißlich, später grauweiß, Mitte ocker; fast bis zur Mitte durchscheinend gerieft-gefurcht; Rand oft gekerbt, behangen. **LAMELLEN** frei, entfernt stehend, weißlich, dann graulich; Schneiden weißlich, alt schwarz werdend. **STIEL** bis 5 cm lang, bis 1,5 mm breit, hohl, zerbrechlich, weißlich bis blass zimtfarben; Basis oft fast knollig. **FLEISCH** dünn, wässrig; Geruch und Geschmack unbedeutend. **SPORENPULVER** schwarz. **SPOREN** 7–8,5 × 4,5–5,7 × 6–8 µm, breit, fast herzförmig, von der Seite linsenförmig-elliptisch. **VORKOMMEN** Frühjahr bis Herbst gesellig auf Dung, Strohmist, auch auf pflanzlichen Abfällen, auf Laubholzstückchen; verbreitet. **VERWENDUNG** Unbedeutend.

2 Gesäter Tintling

Coprinus disseminatus (Pers.: Fr.) Gray *Coprinaceae*

HUT 0,5–1,2 cm breit, jung eiförmig-stumpfglockig, dann glockig-ausgebreitet; Oberfläche bis zur Scheibe fallschirmartig radialfurchig gerieft, erst cremefarben-weißlich, mit ockerfarbener Scheibe, bald kahl und graulich; alte Hüte zerfließen bei der Reife im Gegensatz zu vielen anderen Tintlingen nicht. **LAMELLEN** breit am Stiel angewachsen, ziemlich entfernt stehend, mit Zwischenlamellen, etwas bauchig, jung blassgrau, rasch graubraun, später grauviolett-braunschwarz, nicht zerfließend; Schneiden weißlich, glatt. **STIEL** 2–5 cm lang, bis 1,5 mm breit, zylindrisch, meist verbogen, dünn und zerbrechlich, weißlich, glasig. **FLEISCH** Unbedeutend, sehr dünn, brüchig; geruchlos, Geschmack mild. **SPORENPULVER** schwarz. **SPOREN** 7,5–10 × 4–5 µm, ellipsoid, glatt, mit breitem, abgestutztem Keimporus. **VORKOMMEN** Mai bis Oktober in dichten Gruppen wie gesät in Wäldern, Parkanlagen und Gärten an alten Baumstümpfen oder über vergrabenem Holz; in ganz Mitteleuropa weit verbreitet. **VERWENDUNG** Kein Speisepilz. **WISSENSWERTES** Der Gesäte Tintling ist durch sein eindrucksvolles Massenauftreten leicht erkennbar; oft sind es mehrere tausend Exemplare, die sich bei günstiger Witterung „wie gesät" entwickeln und bei einsetzender Trockenheit ebenso schnell verschwinden. Der beschriebene Pilz hat jedoch einen Doppelgänger, den **Zwergfaserling** *(Psathyrella pygmaea)*, der ebenfalls rasig und gemeinsam mit dem Gesäten Tintling am gleichen Standort vorkommen kann; sein Hut schirmt im Alter vollständig auf.

3 Brauner Kohlen-Tintling, Kohlen-Tintling

Coprinus angulatus Peck., *Coprinus boudieri* Quél. *Coprinaceae*

HUT 2–3 cm breit, eiförmig-glockig bis ausgebreitet; Oberfläche kahl, ohne Velum, beige, ockerbraun bis dunkel rostbraun, Mitte meist dunkler, trocken hellocker; Rand radialfaltig bis gefurcht; Hut langsam zerfließend. **LAMELLEN** am Stiel angewachsen, creme-blassgraulich, bald schwarz zerfließend; Schneiden weiß-glimmerig. **STIEL** bis 5 cm lang, bis 3 mm breit, zylindrisch, hohl, zerbrechlich, blassweiß, blassgrau bis hellocker, feinfaserig. **FLEISCH** dünn; Geruch und Geschmack unbedeutend. **SPORENPULVER** schwarz. **SPOREN** 9,5–10,5 × 7–8 µm, kronenförmig bzw. dreilappig mitraförmig. **VORKOMMEN** Frühjahr bis Sommer meist gesellig auf Brandstellen; selten. **VERWENDUNG** Kein Speisepilz. **WISSENSWERTES** Die hier beschriebene Art ist charakterisiert durch ihr Vorkommen auf älteren Brandstellen, fehlendes Velum und die außergewöhnliche Sporenform.

1

2

3

1 Braunhaariger Tintling

Coprinus auricomus Pat. *Coprinaceae*

HUT 1,5–4 cm breit, jung eichelförmig-walzenförmig, später glockig, schließlich ausgebreitet bis fast flach, bisweilen mit kleinem, stumpfem Buckel, etwa zu drei Vierteln fein gerieft; Oberfläche jung feucht glänzend, rostbraun bis dattelbraun, Mitte dunkler, alt dunkelbraun bis schwarzbraun; im Alter nicht zerfließend, sondern welkend. **LAMELLEN** am Stiel schmal angeheftet bis frei, ohne Kollar, jung gedrängt, anfangs schmutzig weißlich, später bräunlich, alt grauschwarz; Schneiden jung weißlich. **STIEL** 3–10(–14) cm lang, bis 5 mm breit, zylindrisch, hohl, sehr zerbrechlich, jung weißlich, bald blassockerlich, fein längsfaserig; Basis bisweilen etwas weißfilzig und wurzelnd. **FLEISCH** dünn, unbedeutend. **SPORENPULVER** schwarz. **SPOREN** 10–15 × 6–8,5 µm, elliptisch, glatt. **VORKOMMEN** Bevorzugt im Frühjahr, jedoch auch bis Herbst gruppenweise bis fast büschelig in Wäldern, Gärten, Parkanlagen auf feuchter Erde, oft an morschem, vergrabenem Holz, auch auf alten Brandstellen. **VERWENDUNG** Kein Speisepilz.

2 Gemeiner Scheibchen-Tintling, Rad-Tintling

Coprinus plicatilis (Curt.: Fr.) Fr. *Coprinaceae*

HUT 1–2(–3) cm breit, anfangs walzenförmig, schnell flach ausgebreitet, zart; Oberfläche glatt, ohne Velum, matt, vom Rand bis fast zur Mitte radialfurchig, dünn und durchscheinend, jung graubraun mit rot- bis orangebrauner Mitte, alt grau; Rand schwärzlich, alt bisweilen aufgebogen; Hut nicht zerfließend. **LAMELLEN** mit kollarartigem Ring vor dem Stiel, entfernt stehend, untermischt, anfangs weiß bis blassgrau, alt schwarz, nicht zerfließend; Schneiden glatt. **STIEL** bis 7 cm lang, 1–2(–4) mm breit, zylindrisch, brüchig, hohl, weißlich-cremefarben, matt, kahl; Basis mit Knöllchen, weißflaumig. **FLEISCH** dünn, wässrig; Geruch und Geschmack unbedeutend. **SPORENPULVER** schwarz. **SPOREN** 10–13 × 6,5–7,5 × 8,5–10,5 µm, in Frontansicht mitraförmig, in Seitenansicht elliptisch-mandelförmig, glatt, dunkel rotbraun, mit exzentrischem Keimporus. **VORKOMMEN** Mai bis Oktober einzeln oder in Gruppen an grasigen Plätzen, auf Wiesen, Zierrasen, Weiden, Brachland, an Wegrändern; in Europa weit verbreitet. **VERWENDUNG** Kein Speisepilz. **WISSENSWERTES** Sehr ähnlich ist der **Kahlköpfige Scheibchen-Tintling** *(Coprinus leiocephalus)* mit eher braunen Hutfarben und kleineren Sporen. Weitere ähnliche Arten sind schwer abgrenzbar.

3 Graublättriger Tintling

Coprinus impatiens (Fr.) Quél., *Pseudocoprinus impatiens* (Fr.) Kühn. *Coprinaceae*

HUT 1,5–3 cm breit, jung eiförmig, dann glockig, zuletzt flach kegelig; Oberfläche hygrophan, ockerbräunlich, lederfarben, später graubeige, Scheitel matt, glatt, rotbräunlich, trocken in der Mitte beige bis graubeige; bis zum Scheitel tief gefaltet-gefurcht, Furchen grau; Rand scharf; Hut im Alter nicht zerfließend. **LAMELLEN** am Stiel angewachsen, erst beige, dann graubeige, alt purpurbraun, nicht zerfließend; Schneiden weißflockig. **STIEL** 7–10 cm lang, 2–4 mm breit, zylindrisch, hohl, zerbrechlich, weiß, bereift, fein längsfaserig. **FLEISCH** dünn, weiß; Geruch und Geschmack unbedeutend. **SPORENPULVER** schwarz. **SPOREN** 8,5–11,5 × 5,5–7 µm, elliptisch, glatt, grau bis ockerbraun, mit zentralem Keimporus. **VORKOMMEN** August bis November einzeln bis gesellig in Laubwäldern auf abgestorbenen Blättern, oft auf dem Laub der Rotbuche *(Fagus sylvatica)*. **VERWENDUNG** Kein Speisepilz. **WISSENSWERTES** Der Pilz ist im Buchenwald an seinem faltig-furchigen Hut relativ leicht zu erkennen.

1

2

3

1 Tränender Saumpilz, Tränender Faserling

Lacrymaria lacrymabunda (Bull.: Fr.) Pat., *Psathyrella velutina* (Pers.) Sing. *Coprinaceae*

HUT 3–10 cm breit, gewölbt bis ausgebreitet, stumpf gebuckelt; Oberfläche filzig-faserig, ockerbräunlich, schmutzig graubraun bis rostbraun; Rand mit vergänglichen faserigen Velumresten. **LAMELLEN** am Stiel ausgebuchtet angewachsen, gedrängt, marmoriert, dunkelbraun bis fast schwarz; Schneiden weiß, gekerbt, jung und bei feuchter Witterung mit kleinen wässrigen Tröpfchen, die beim Eintrocknen dunkle Flecken hinterlassen. **STIEL** 4–12 cm lang, 3–10 mm breit, zylindrisch, hohl, zerbrechlich, oben blass, unter der vergänglichen Ringzone schmutzig bräunlich, faserig-flockig. **FLEISCH** dünn, hellbräunlich; Geruch und Geschmack aromatisch-würzig. **SPORENPULVER** schwarz. **SPOREN** 8–11,5 × 5–6,5 µm, zitronenförmig, grobwarzig. **VORKOMMEN** Juni bis Oktober meist gesellig an Waldwegen, Ruderalstellen, in Wiesen und Parkanlagen. **VERWENDUNG** Kein Speisepilz. **WISSENSWERTES** Die Gattung *Lacrymaria* ist in Europa nur mit zwei Arten vertreten. Sie unterscheidet sich von der Gattung *Psathyrella* durch warzige Sporen und marmorierte Lamellen.

2 Feuerfarbener Saumpilz

Lacrymaria lacrymabunda var. *pyrotricha, Psathyrella pyrotricha* (Holmsk.) Mos. *Coprinaceae*

HUT 4–8 cm breit, gewölbt bis ausgebreitet, stumpf gebuckelt; Oberfläche leuchtend orangebraun, filzig-schuppig; Rand mit faserigen Velumresten. **LAMELLEN** am Stiel ausgebuchtet angewachsen, tränend, fleckig marmoriert; Schneiden jung weißlich, später schwarzfleckig. **STIEL** zylindrisch, hohl, zerbrechlich, schuppig, Ringzone +/– angedeutet. **FLEISCH** dünn; Geruch unbedeutend. **SPORENPULVER** schwarz. **SPOREN** 10–12 × 5,5–7 µm, warzig. **VORKOMMEN** Juli bis Oktober einzeln oder gesellig in Berg-Nadelwäldern, gern an Wegen; selten. **VERWENDUNG** Kein Speisepilz.

GATTUNG **Panaeolus (Düngerlinge)**
FAMILIE *Coprinaceae*
Meist kleine Pilze mit kegelig-glockigen Hüten; Lamellen meist scheckig; Sporenpulver schwarz. Viele Düngerlinge sind giftig, zum Teil halluzinogen. Dungbewohner.

3 Behangener Düngerling, Blasser Düngerling

Panaeolus papilionaceus (Bull.: Fr.) Quél., *Panaeolus sphinctrinus* (Fr.) Quél. *Coprinaceae*

HUT 1,5–4 cm breit, kegelig-glockig bis gewölbt, oft mit kleiner Papille; Oberfläche nicht hygrophan, matt, glatt, bisweilen runzelig, trocken seidig glänzend, grau bis graubraun, trocken etwas blasser; Rand jung mit weißen, zackigen oder fransigen Velumresten. **LAMELLEN** angeheftet, gedrängt, bauchig, grau, marmoriert, bald schwarz; Schneiden weißlich. **STIEL** 6–10(–14) cm lang, 1–3 mm breit, hohl, zerbrechlich, graulich oder rotbräunlich, weißlich bereift, bei feuchter Witterung bisweilen mit Tröpfchen an der Spitze; Basis weißfilzig. **FLEISCH** dünn, cremefarben; Geruch schwach würzig (Stielbasis), Geschmack mild. **SPORENPULVER** schwarz. **SPOREN** 14–18 × 8–12 µm, zitronenförmig, glatt. **VORKOMMEN** Mai bis Oktober meist gesellig auf Dung und neben alten Dunghaufen, auf gedüngten Wiesen; weit verbreitet. **VERWENDUNG** Schwach giftig. **WISSENSWERTES** Ähnlich ist der **Spitze Düngerling** *(Panaeolus acuminatus)* mit auffällig langem und geradem Stiel.

1

2

3

1 Heu-Düngerling

Panaeolus foenisecii (Pers.: Fr.) Schroet., *Panaeolina foenisecii* (Pers.: Fr.) Mre. *Coprinaceae*

HUT 1–2,5 cm breit, anfangs halbkugelig-kegelig, später glockig-gewölbt, nie flach; Oberfläche glatt, matt, hygrophan, feucht rotbraun mit lilabraunem Beiton, trocken von der Mitte aus heller braun mit dunkel bleibendem Rand; Rand feucht gerieft. **LAMELLEN** am Stiel angewachsen, mit Zwischenlamellen, erst blass graubraun, dann marmoriert, alt schwarzbraun mit purpurfarbenem Ton; Schneiden weiß. **STIEL** 4–8 cm lang, 2–3 mm breit, zylindrisch, gerade oder gebogen, hohl, glatt, blasser als der Hut, fein weiß überfasert. **FLEISCH** dünn, bräunlich; Geruch würzig, Geschmack mild, pilzartig. **SPORENPULVER** purpurbraun. **SPOREN** 12–17 × 7–9 µm. **VORKOMMEN** Mai bis Oktober meist gesellig auf grasigen Plätzen, gern im kurzen Zierrasen nach Regenfällen; verbreitet. **VERWENDUNG** Giftig; die Meinungen über eine halluzinogene Wirkung gehen beim Heu-Düngerling weit auseinander.

2 Ring-Düngerling

Panaeolus fimiputris (Bull.: Fr.) Quél., *Panaeolus semiovatus* (With.: Fr.) Wünsche *Coprinaceae*

HUT 2–4 cm breit, 2–6 cm hoch, jung eiförmig, dann halbkugelig-glockig; Oberfläche glatt bis runzelig, feucht schmierig-klebrig, bei Trockenheit glänzend und feldrig aufgerissen, weiß bis blassocker, alt oft mit ockerfarben-blassbräunlicher Mitte; Rand die Lamellen etwas überragend. **LAMELLEN** breit angewachsen; ganz jung, solang der Hut geschlossen ist, grauweiß, dann fleckig-marmoriert, zuletzt schwarz; Schneiden weißlich. **STIEL** 5–10(–15) cm lang, 2–8 mm breit, zylindrisch, gegen die Basis bisweilen verdickt, brüchig, hohl, weißlich; Ring häutig, schmal, oberseits gerieft. **FLEISCH** in der Hutmitte dick, weiß bis cremefarben; Geruch und Geschmack pilzartig. **SPORENPULVER** schwarz. **SPOREN** 15–22 × 9–13 µm, breitelliptisch. **VORKOMMEN** Juni bis November einzeln bis gesellig auf Tierdung. **VERWENDUNG** Giftig. **WISSENSWERTES** Die Arten der Gattung *Panaeolus* sind oft Mistbewohner; Sporenpulver schwarz. Einige haben Psilocybin-Vergiftungen verursacht.

GATTUNG **Psathyrella (Faserlinge/Mürblinge)**
FAMILIE *Coprinaceae*

Meist dünnfleischige, zerbrechliche Lamellenpilze. Hut oft mit Velumresten. Stiel beringt oder unberingt. Kleine Arten können mit Düngerlingen verwechselt werden.

3 Huthaar-Faserling, Mist-Faserling

Psathyrella conopilus (Fr.) Pears. & Dennis, *Psathyrella subatrata* (Batsch) Gill. *Coprinaceae*

HUT bis 3 cm breit, bis 4 cm hoch, kegelig-glockenförmig, bis zum Scheitel fein gerieft; Oberfläche hygrophan, glatt, feucht dunkelbraun-braunrötlich glänzend, trocken beige-bräunlich; Rand ohne Velumreste. **LAMELLEN** am Stiel schmal angewachsen, dicht stehend, jung cremefarben, später bräunlich; Schneiden weißlich bewimpert. **STIEL** bis 12 cm lang, 2–6 mm breit, zylindrisch, hohl, sehr zerbrechlich, weiß; Spitze fein bereift. **FLEISCH** dünn, wässrig, hellbräunlich, im Stiel faserig; Geruch und Geschmack unbedeutend. **SPORENPULVER** schwarz. **SPOREN** 12,5–18 × 6,5–8,5 µm. **VORKOMMEN** Sommer bis Herbst meist truppweise an Waldrändern, Holzlagerplätzen, Wegrändern, Ruderalplätzen. **VERWENDUNG** Kein Speisepilz.

1

2

3

1 Behangener Faserling, Candoll

Psathyrella candolleana (Fr.: Fr.) Mre. *Coprinaceae*

HUT 2–7 cm breit, jung stumpfkegelig-glockig, dann ausgebreitet, flach, meist mit stumpfem Buckel, dünnfleischig, sehr brüchig; Oberfläche jung mit kleinen Velumfasern, glatt, matt, hygrophan, feucht ocker- bis gelbbraun, trocken blass cremefarben bis fast weiß, Mitte dunkler, alt mit Lilatönen; Rand mit flockigen, vergänglichen, weißen Velumresten, +/– schwach gerieft, oft eingerissen. **LAMELLEN** am Stiel angeheftet, dicht stehend, untermischt, anfangs weißlich-creme, bald graulila bis braunlila, alt purpurbraun; Schneiden fein weiß gezähnelt. **STIEL** 4–8 cm lang, 3–6(–9) mm breit, zylindrisch, zur Spitze hin etwas verjüngt, alt hohl, brüchig, glatt, glänzend, weißlich; Basis verdickt, weißfilzig. **FLEISCH** dünn, sehr brüchig; Geruch unbedeutend, Geschmack mild. **SPORENPULVER** dunkel violettbraun. **SPOREN** 7–8,5 × 4–4,5 µm. **VORKOMMEN** Mai bis Oktober truppweise, bisweilen fast büschelig auf grasigen Waldwegen, an Waldrändern, in Gärten und Parks auf Holzresten und neben morschen Laubholzstümpfen; in Europa weit verbreitet. **VERWENDUNG** Kein Speisepilz. **WISSENSWERTES** Der beschriebene Pilz ist sehr variabel. Ähnlich ist der **Ring-Faserling** *(Psathyrella leucotephra);* er wächst in Laubwäldern büschelig an Holz, sein Stiel hat einen vergänglichen Ring.

2 Pinsel-Faserling, Dunkelfaseriger Mürbling

Psathyrella cotonea (Quél.) Konr. & Maubl. *Coprinaceae*

HUT 2–9 cm breit, jung stark gewölbt, alt flach ausgebreitet, mit stumpfem Buckel; Oberfläche schmutzig weißlich, Hutmitte ockerlich, besonders zum Rand hin mit locker verteilten dunkleren, anliegenden bis abstehenden, vergänglichen Faserschuppen bedeckt; Rand ungerieft, jung mit vergänglichen Schleierresten behangen und eingebogen. **LAMELLEN** am Stiel angeheftet bis fast frei, gedrängt stehend, anfangs blass, grauweißlich, reif violettbraun bis schokoladenbraun; Schneiden jung weißlich. **STIEL** 5–12 cm lang, 3–8 mm breit, hohl, brüchig, weißlich, unterhalb der cortinaartigen Ringzone feinflockig-faserig ; Basis etwas verdickt, mit gelb gefärbten Myzelfäden; büschelig wachsend. **FLEISCH** wässrig-weißlich; Geruch unbedeutend, Geschmack bitterlich bis schärflich. **SPORENPULVER** dunkelbraun. **SPOREN** 7–8 × 4–5 µm. **VORKOMMEN** September bis November meist büschelig an Laubholzstümpfen, besonders an Rotbuche *(Fagus sylvatica);* selten. **VERWENDUNG** Kein Speisepilz. **WISSENSWERTES** Ähnlich sind das ebenfalls büschelig wachsende ▸ **Medusenhaupt (siehe 3)**, der **Ring-Faserling** *(Psathyrella leucotephra)* und der **Fleckige Saumpilz** *(Psathyrella maculata)* mit auffällig dunkelbraun geflecktem Hut und kleineren Sporen.

3 Medusenhaupt

Psathyrella caputmedusae (Fr.) Konr. & Maubl. *Coprinaceae*

HUT 4–6 cm breit, anfangs eichelförmig, von sparrig-flockigem, weißem Velum eingehüllt, später breit glockig gewölbt, mit stumpfem Buckel; Oberfläche sparrig-schuppig, von der Mitte aus verkahlend, dabei kommt die haselnussbraune Huthaut zum Vorschein. **LAMELLEN** fast frei, eng stehend, jung hellbräunlich, alt hell schokoladenbraun, dunkler fleckig. **STIEL** bis 9 cm lang, bis 7 mm breit, oberhalb des Ringes weißlich seidig, darunter sparrig-schuppig, alt fast kahl; Ring dick, locker wattig, abfallend. **FLEISCH** brüchig, jung weißlich; Geruch süßlich-aromatisch, bisweilen auch geruchlos, Geschmack mild, schwach aromatisch. **SPORENPULVER** dunkelbraun. **SPOREN** 9–11,5 × 4,5–5,5 µm, fast spindelig. **VORKOMMEN** August bis Oktober büschelig an Nadelholzstümpfen; selten. **VERWENDUNG** Kein Speisepilz.

1

2

3

1 Büscheliger Faserling

Psathyrella multipedata (Peck) Smith, *Psathyrella stipatissima* J. Lge. *Coprinaceae*

HUT 1–3 cm breit, jung glockig, später stumpfkegelig; Oberfläche hygrophan, trocken blass gelbbräunlich, blassocker, schmutzig lehmfarben; Rand scharf, schwach gerieft. **LAMELLEN** am Stiel ausgebuchtet angewachsen, untermischt, gedrängt, graubräunlich, alt dunkel violettbraun; Schneiden weißlich. **STIEL** 4–8 cm lang, bis 3 mm breit, zylindrisch, hohl, zerbrechlich, weißlich, Spitze bepudert; Basis etwas weißfilzig; büschelig gebündelt, 30 bis 70 Pilze einer wurzelähnlichen Pseudorhiza entspringend. **FLEISCH** dünn; Geruch und Geschmack unbedeutend. **SPORENPULVER** dunkel lilabraun. **SPOREN** 6,5–9 × 4–4,5 µm, elliptisch. **VORKOMMEN** Sommer bis Herbst in dichten Büscheln auf Wiesen, Weiden, Rasenflächen, in humusreichen Wäldern und Parkanlagen in ganz Europa. **VERWENDUNG** Kein Speisepilz. **WISSENSWERTES** Typisch für diesen Pilz ist seine Wuchsform. Ein Büschel kann bis zu 80 Einzelfruchtkörper enthalten.

2 Wässriger Mürbling, Wässriger Saumpilz

Psathyrella piluliformis (Bull.: Fr.) Ort., *Psathyrella hydrophila* (Bull.) Mre. *Coprinaceae*

HUT 2–6 cm breit, jung halbkugelig-glockig, später gewölbt-ausgebreitet; Oberfläche matt, hygrophan, feucht dunkel rotbraun, trocken gelbbraun bis ockerbraun, oft gerunzelt; Rand mit häutigen, vergänglichen Velumresten. **LAMELLEN** am Stiel angewachsen, mäßig gedrängt, erst weißlich-blass, bald graubraun-dunkelbraun; Schneiden weißlich, feinflockig. **STIEL** 4–8(–10) cm lang, 3–7 mm breit, zylindrisch, hohl, zerbrechlich, weißlich, zur Basis bräunlich, etwas marmoriert, Spitze jung mit faserigen Velumresten, ohne Ring, büschelig wachsend. **FLEISCH** dünn; Geruch und Geschmack unbedeutend. **SPORENPULVER** dunkelbraun. **SPOREN** 4,5–6,5 × 3–4 µm, elliptisch, glatt. **VORKOMMEN** August bis November oft in großen Büscheln an Laubholz, gern an Buchenstümpfen. **VERWENDUNG** Kein Speisepilz. **WISSENSWERTES** Die Ähnlichkeit mit dem ▸ **Stockschwämmchen (S. 332/1)** hat zu dem Volksnamen **Weißstieliges Stockschwämmchen** geführt; das Stockschwämmchen unterscheidet sich vom beschriebenen Pilz aber deutlich durch einen braunschuppigen, beringten Stiel.

3 Schmalblättriger Faserling, Früher Mürbling

Psathyrella spadiceogrisea (Schaeff.) Mre. *Coprinaceae*

HUT 2–5(–8) cm breit, jung kegelig bis glockig, bald flach gewölbt, mit stumpfem Buckel; Oberfläche glatt, seifig anzufühlen, hygrophan, feucht gelbbraun bis graubraun, dattelbraun mit durchscheinend gerieftem Rand, trocken beige bis fast weiß; Rand ganz jung mit weißen Velumresten. **LAMELLEN** am Stiel gerade angewachsen und zum Teil mit Zähnchen kurz herablaufend, untermischt, blass cremefarben, bald blassgrau, alt sepia- bis schokoladenbraun mit schwachem Lilaton; Schneiden weiß bewimpert. **STIEL** 4–8 cm lang, 4–7 mm breit, zylindrisch, hohl, zerbrechlich, weißlich bis ockerlich; Basis schwach verdickt und weißfilzig. **FLEISCH** dünn, zerbrechlich, blass, beigebraun, im Stiel weißlich; Geruch schwach pilzartig, Geschmack mild. **SPORENPULVER** schwarzbraun. **SPOREN** 7–10 × 3,5–5 µm, elliptisch, glatt. **VORKOMMEN** März bis Mai (bis Juli) bisweilen einzeln, meist gesellig , auch fast büschelig bei morschem Holz und auf Pflanzenabfällen in Laub- und Mischwäldern ganz Europas. **VERWENDUNG** Kein Speisepilz. **WISSENSWERTES** Der Schmalblättrige Faserling wird in manchen Fachbüchern in fünf Formen unterteilt.

1

2

3

1 Süßriechender Faserling

Psathyrella sacchariolens Enderle, *Psathyrella suavissima* Ayer
Coprinaceae

HUT 1,5–3(–5) cm breit, jung halbkugelig, von weißem Velum eingehüllt, später glockig-gewölbt, alt flach ausgebreitet; Oberfläche jung ockerbraun, mit vergänglichen weißen Faserschüppchen, im Alter hell grauocker, graubräunlich; Rand stark mit vergänglichen Velumresten behangen. **LAMELLEN** etwas gedrängt, schmal, jung beigebräunlich, alt dunkelbraun mit Lilaton; Schneiden weißlich bewimpert. **STIEL** 3–7 cm lang, bis 3 mm breit, zylindrisch, nach unten etwas verdickt, jung dicht mit weißen, faserig-sparrigen Schüppchen besetzt, die im oberen Drittel ringartig angeordnet sind, alt verkahlend. **FLEISCH** dünn, weißlich; Geruch süßlich-aromatisch, Geschmack mild bis schwach würzig. **SPORENPULVER** grauschwarz. **SPOREN** 6,5–8,5 × 4–5 µm, länglich eiförmig, dickwandig. **VORKOMMEN** Mai bis Oktober meist gesellig bis fast büschelig auf Holzresten (Häcksel, Rindenreste). **VERWENDUNG** Kein Speisepilz.

GATTUNG **Conocybe (Samthäubchen/Glockenschüpplinge)**
FAMILIE *Bolbitiaceae*

Die Gattungen *Conocybe* und *Pholiotina* wurden vereint, damit umfasst die Gattung *Conocybe* in Mitteleuropa etwa 80 meist schwer bestimmbare Arten. Die Fruchtkörper sind klein und zerbrechlich, ihre Hüte trocken oder jung klebrig, bisweilen samtig; Stiele beringt oder unberingt. Sporenpulver zimt- bis rostbraun; Sporen elliptisch, glatt. Samthäubchen und Glockenschüpplinge wachsen oft auf Wiesen, Weiden und Rasenflächen, gern auf gedüngten Plätzen, aber auch in Wäldern.

2 Milchweißes Samthäubchen

Conocybe lactea (Lge.) Métr. *Bolbitiaceae*

HUT 1–2 cm breit, kegelig bis schmal glockig oder fingerhutförmig; Oberfläche etwas radialrunzelig, matt, trocken, cremeweiß bis blass lederfarben, Scheitel etwas dunkler, feucht auf zwei Drittel durchscheinend gerieft. **LAMELLEN** am Stiel angewachsen, blass zimtfarben, später leuchtend rostgelb; Schneiden glatt. **STIEL** 4–10 cm lang, 1–3 mm breit, hohl, zerbrechlich, weißlich, bereift; Basis knöllchenartig verdickt. **FLEISCH** dünn, zerbrechlich, weißlich; Geruch unbedeutend, Geschmack mild. **SPORENPULVER** rostbraun. **SPOREN** 12–14 × 7,5–10 µm, breitelliptisch, glatt, dickwandig. **VORKOMMEN** Juli bis November einzeln bis gesellig auf Wiesen, Weiden und Rasenflächen; verbreitet. **VERWENDUNG** Kein Speisepilz.

3 Dung-Samthäubchen

Conocybe rickenii (J. Schff.) Kuehn. *Bolbitiaceae*

HUT 1–2,5 cm breit, jung halbkugelig, später kegelig bis glockig; Oberfläche hygrophan, bei feuchter Witterung leicht klebrig, glänzend, blass honigbräunlich, ockerbräunlich, trocken matt, hellbeige ausblassend; Rand nicht gerieft. **LAMELLEN** am Stiel angeheftet, anfangs beige, später zunehmend ockerbräunlich; Schneiden glatt bis weißflockig. **STIEL** 4–7 cm lang, 1–2 mm breit, zylindrisch, hohl, elastisch, glänzend, weißlich, cremefarben bis blassbräunlich, alt dunkler, kleiig bereift. **FLEISCH** dünn, graubeige; Geruch und Geschmack etwas rettichartig. **SPORENPULVER** rostbraun. **SPOREN** 10–17 × 6–12 µm, elliptisch, glatt, dickwandig, mit Keimporus. **VORKOMMEN** Juni bis September einzeln bis gesellig auf Wiesen, in Zierrasen und Parkanlagen, auf Mist und Kompost; verbreitet. **VERWENDUNG** Kein Speisepilz.

1

2

3

1 Sienablättriges Samthäubchen

Conocybe sienophylla (Berk. & Br.) Sing., *Conocybe ochracea* Kuehn. *Bolbitiaceae*

HUT 1–3 cm breit, glockig-gewölbt; Oberfläche hygrophan, honigocker bis rötlich ocker, trocken blassocker, Mitte dunkler, jung und feucht bis zu zwei Dritteln durchscheinend gerieft. **LAMELLEN** am Stiel angeheftet, mit Zwischenlamellen, fast entfernt stehend, hellockerlich bis zimtbraun. **STIEL** bis 10 cm lang, bis 2,5 mm breit, zylindrisch, sehr zerbrechlich, alt hohl, bisweilen etwas längsstreifig, rehbraun, Spitze heller; Basis striegelig. **FLEISCH** dünn, blassbräunlich; Geruch und Geschmack unbedeutend. **SPORENPULVER** rostbraun. **SPOREN** 9–13 × 6–8 µm, elliptisch, glatt. **VORKOMMEN** Mai bis Oktober in Wäldern und auf grasigen Plätzen. **VERWENDUNG** Kein Speisepilz.

2 Behangener Glockenschüppling

Conocybe vestita (Fr. in Quél.) Sing., *Pholiotina vestita* (Fr. in Quél.) Sing. *Bolbitiaceae*

HUT 1–3 cm breit, jung halbkugelig, später glockig bis gewölbt; Oberfläche hygrophan, feucht rotbraun, etwas runzelig, schwach gerieft, trocken gelblich braun; Rand mit kräftigen, vergänglichen, weißen Velumflocken umsäumt. **LAMELLEN** am Stiel angewachsen, blass gelbbraun, alt dunkelbraun. **STIEL** 2–5 cm lang, 2–3 mm breit, zylindrisch, alt hohl, jung weißlich, alt bräunlich, weißlich geflockt, bisweilen mit vergänglicher weißer Velumzone. **FLEISCH** dünn; Geruch und Geschmack unbedeutend. **SPORENPULVER** rostbraun. **SPOREN** 6–8,5 × 4–5 µm. **VORKOMMEN** Sommer bis Herbst einzeln bis gesellig an Waldwegen; selten. **VERWENDUNG** Kein Speisepilz.

3 Frühlings-Glockenschüppling

Conocybe aporos v. Wav., *Pholiotina aporos* (v. Wav.) Clc. *Bolbitiaceae*

HUT 1–4(–5) cm breit, anfangs halbkugelig, bald gewölbt, +/– flach gebuckelt; Oberfläche hygrophan, dunkel rötlich braun, gegen den Rand heller, trocken blasser; Rand feucht gerieft. **LAMELLEN** am Stiel schmal angeheftet, hell zimtbräunlich, alt zimt- bis dunkelbraun; Schneiden weiß bewimpert, meist fein gekerbt. **STIEL** 3–5 cm lang, 2–5 mm breit, oft verbogen, hohl, im oberen Drittel mit kleinem, oberseits deutlich gekerbtem Ring, gegen den Grund bräunlich; Basis oft knöllchenartig verdickt. **FLEISCH** dünn, graubraun; Geruch beim Zerreiben nach Pelargonien, Geschmack mild. **SPORENPULVER** rostbraun. **SPOREN** 6,5–10 × 4–5 µm. **VORKOMMEN** April bis Juni einzeln oder in Gruppen in Laub- und Nadelwäldern, an Waldwegen, an grasigen Plätzen; verbreitet. **VERWENDUNG** Kein Speisepilz. **WISSENSWERTES** Der Ring kann bisweilen auch fehlen und als Fetzen am Hutrand hängen.

4 Faltigberingter Glockenschüppling

Conocybe blattaria Kuehn. ss. v. Wav., *Pholiotina blattaria* (Fr.) Kuehn, *Conocybe vexans* Ort. *Bolbitiaceae*

HUT 1–3,5 cm breit, jung halbkugelig, dann gewölbt; Oberfläche hygrophan, matt, feucht ocker bis +/– rostbräunlich, trocken ockergelb; Rand feucht schwach gerieft. **LAMELLEN** am Stiel schmal angewachsen, braun. **STIEL** 2–6 cm lang, 2–3 mm breit, hellbraun, mit häutigem, oberseits gerieftem, hängendem Ring. **FLEISCH** dünn, gelbbräunlich; Geruch etwas pelargonienartig, Geschmack pilzartig. **SPOREN** 10–12,5 × 5,5–6,5 µm. **VORKOMMEN** Frühjahr bis Herbst meist gesellig in Wäldern, bervorzugt an Wegen, auf Erde und modernden Pflanzenresten. **VERWENDUNG** Kein Speisepilz.

1

2

3

4

1 Gold-Mistpilz

Bolbitius vitellinus (Pers.: Fr.) Fr. *Bolbitiaceae*

HUT 2–6 cm breit, jung eiförmig **(1b)**, später glockig, zuletzt gewölbt bis ausgebreitet; Oberfläche jung glänzend, schmierig-klebrig, leuchtend goldgelb bis zitronengelb, alt hellgelb-gelbbräunlich, graubräunlich; Rand anfangs fein gerieft, alt fast bis zur Mitte furchig-gerieft. **LAMELLEN** am Stiel angeheftet, etwas gedrängt, untermischt, jung blass lehmfarben, alt ockerbräunlich-rostbräunlich; Schneiden weiß bewimpert. **STIEL** bis 10 cm lang, bis 0,5 cm breit, zylindrisch, hohl, sehr zerbrechlich, weißlich bis gelblich, feinflockig. **FLEISCH** sehr dünn, gelblich; Geruch und Geschmack unbedeutend. **SPORENPULVER** rostbraun. **SPOREN** 10–14 × 7–9 µm. **VORKOMMEN** Mai bis Oktober auf Mist und Stroh, Kompost, Holzabfällen. **VERWENDUNG** Kein Speisepilz. **WISSENSWERTES** An denselben Standorten wächst der **Breitsporige Mistpilz** *(Bolbitius coprophilus)* mit anfangs rosa, später grauem bis braunem Hut.

GATTUNG **Agrocybe (Ackerlinge)**
FAMILIE *Bolbitiaceae*

Hüte klein bis mittelgroß; Stiel beringt oder unberingt; Sporenpulver rostbraun, Sporen glatt, oft mit Keimporus. Etwa zehn Arten auf gedüngten Plätzen, Mist oder Holz.

2 Lederbrauner Ackerling

Agrocybe erebia (Fr.) Kuehn. in Sing. *Bolbitiaceae*

HUT 3–6(–8) cm breit, gewölbt bis ausgebreitet, oft stumpf gebuckelt, Rand alt aufgebogen; Oberfläche feucht klebrig-schmierig, dunkelbraun, Mitte dunkler, bei Trockenheit ausblassend; Rand fein gerieft. **LAMELLEN** am Stiel angewachsen bis herablaufend, anfangs beige, dann graubraun, alt tabakbraun; Schneiden weißlich. **STIEL** 3–6 cm lang, 0,3–0,6(–1) cm breit, zylindrisch, blassbräunlich, längsfaserig; Ring häutig, jung aufsteigend, später hängend, oberseits gerieft. **FLEISCH** dünn, weißlich-bräunlich; Geruch unbedeutend, Geschmack mild bis bitterlich. **SPOREN** 9,5–14 × 5,5–7 µm. **VORKOMMEN** Juni bis September einzeln bis büschelig in grasigen, lichten Wäldern, Wiesen und Parkanlagen; selten. **VERWENDUNG** Kein Speisepilz.

3 Südlicher Ackerling, Südlicher Schüppling

Agrocybe cylindracea (DC: Fr.) Mre., *Agrocybe aegerita* (Brig.) Sing. *Bolbitiaceae*

HUT 3–15 cm breit, jung halbkugelig, später gewölbt, Mitte niedergedrückt; Oberfläche matt, etwas runzelig, feucht etwas klebrig, trocken feldrig aufreißend, jung graubräunlich, alt ausblassend. **LAMELLEN** angewachsen oder mit Zähnchen herablaufend, gedrängt, dünn, weißlich, bald braunocker-tabakbraun. **STIEL** 5–12 cm lang, schlank, voll, fest, erst weißlich, dann blassbräunlich; Ring hängend, anfangs weiß, später tabakbraun. **FLEISCH** fest, im Hut zart, weiß; Geruch und Geschmack aromatisch, rettichartig. **SPOREN** 8–11 × 4,5–6 µm. **VORKOMMEN** In Deutschland sehr selten; in Südeuropa vom Frühjahr bis zum Herbst an Stümpfen und Schnittstellen von Pappeln *(Populus)*. **VERWENDUNG** Essbar. **WISSENSWERTES** Zuchtpilz. **KRITISCHE VERWECHSLUNG** Ebenfalls auf Pappeln wächst der sehr bitter schmeckende ▸ **Pappel-Schüppling (S. 322/3)**. Er kann bei empfindlichen Personen Übelkeit hervorrufen.

Pappel-Schüppling

1a

1b

2

3

1 Weißer Ackerling, Rissiger Ackerling

Agrocybe dura (Bolt.) Sing., *Agrocybe molesta* (Lasch) Sing.
Bolbitiaceae

HUT 3–10 cm breit, jung halbkugelig, später gewölbt, alt abgeflacht; Oberfläche gelbweißlich bis ockerblass, glatt, feucht leicht schmierig, bei Trockenheit feldrig aufgerissen, ausblassend; Rand lange heruntergebogen und von Velumresten fransig behangen. **LAMELLEN** am Stiel ausgebuchtet angewachsen, mit Zwischenlamellen, erst blassgrau, bald graubraun, alt dunkelbraun mit violettem Ton; Schneiden weißflockig. **STIEL** 4–8 cm lang, 0,5–1 cm breit, ausgestopft, alt hohl, lange weißlich, längsfaserig; Ringzone im oberen Drittel, vergänglich. **FLEISCH** fest, weiß; Geruch schwach, nicht mehlartig, Geschmack mild, bisweilen etwas bitter. **SPOREN** 9,5–12 × 6–8 µm. **VORKOMMEN** Mai bis September einzeln, gesellig bis büschelig in Gärten, Wiesen, Trockenrasen, Parkanlagen und auf Äckern. **VERWENDUNG** Essbar.
VERWECHSLUNG MIT GIFTPILZEN ► **Schuppiger Träuschling (siehe 3).**

2 Früher Ackerling, Voreilender Ackerling

Agrocybe praecox (Pers.: Fr.) Fay. *Bolbitiaceae*

HUT 3–6(–8) cm breit, anfangs halbkugelig, bald gewölbt bis flach, oft gebuckelt, dünnfleischig; Oberfläche hygrophan, schmutzig gelblich weiß bis hell milchkaffeebraun oder ockerbräunlich, glatt, Huthaut bei Trockenheit feldrig aufgerissen; Rand bisweilen mit wenigen Schleierresten. **LAMELLEN** am Stiel ausgebuchtet und mit einem Zahn herablaufend, dicht stehend, untermischt, zuerst weißlich, bisweilen mit Lilaton, alt schmutzig bräunlich; Schneiden wellig. **STIEL** 4–7 cm lang, bis 1,6 cm breit, markig ausgestopft, weißlich, alt schmutzig bräunlich; jung mit häutigem, vergänglichem, weißem, hängendem Ring; Stielbasis oft mit weißen Myzelsträngen. **FLEISCH** weich, weißlich; Geruch intensiv gurken- bis mehlartig, Geschmack mehlartig, teilweise bitterlich. **SPOREN** 9–10 × 5–6 µm. **VORKOMMEN** April bis Juni an Waldwegen, in lichten Wäldern und Gebüsch, auf Weiden und Ruderalstellen, in Gärten und Parkanlagen. **VERWENDUNG** Essbar.
VERWECHSLUNG MIT GIFTPILZEN Mit dem schwach giftigen ► **Schuppigen Träuschling (siehe 3).** Ebenfalls schwach giftig ist der **Krönchen-Träuschling** *(Stropharia coronilla)*, sein Geschmack ist mild.

GATTUNG **Stropharia (Träuschlinge)**
FAMILIE *Strophariaceae*
Fleischige, mittelgroße Lamellenpilze. Lamellen braun, oft mit Lilaton; Stiel mit Ring; Sporenpulver braun bis violettschwarz, Sporen glatt. Circa 20 Arten.

3 Schuppiger Träuschling

Stropharia squamosa (Pers.: Fr.) Quél. *Strophariaceae*

HUT 3–5 cm breit, jung halbkugelig, dann gewölbt bis ausgebreitet; Oberfläche feucht klebrig, ockergelblich-ockerbräunlich, jung mit konzentrisch angeordneten blassen Schüppchen; Rand jung mit Velumresten. **LAMELLEN** am Stiel breit angewachsen, untermischt, graubeige, graulich, alt dunkel purpurbraun; Schneiden weißflockig. **STIEL** 6–12 cm lang, 4–9 mm breit, zylindrisch, hohl, bräunlich, unter dem Ring mit weißen Schüppchen. **FLEISCH** dünn, cremefarben; Geruch unbedeutend. **SPORENPULVER** purpurbraun. **SPOREN** 10–14 × 6–8 µm. **VORKOMMEN** August bis November in Laub- und Nadelwäldern. **VERWENDUNG** Schwach giftig.

1

2

3

1 Orangeroter Träuschling

Stropharia aurantiaca (Cke.) Ort. *Strophariaceae*

HUT bis 6 cm breit, jung halbkugelig, später gewölbt-abgeflacht, mit Buckel; Oberfläche feucht klebrig, orangerot bis braunrot; Rand mit Velumresten. **LAMELLEN** ausgebuchtet angeheftet, jung weißlich gelb, später olivbräunlich. **STIEL** bis 10 cm lang, bis 1 cm breit, glatt oder mit Längsriefen, weißlich, später orangebräunlich, jung mit flüchtigem Velumgürtel. **FLEISCH** blassbräunlich; ohne besonderen Geruch und Geschmack. **SPORENPULVER** rötlich braun. **SPOREN** 11–13 × 6–7,5 µm. **VORKOMMEN** August bis November gern auf vergrabenen Holzresten. **VERWENDUNG** Kein Speisepilz.

2 Riesen-Träuschling, Braunkappe

Stropharia rugosoannulata Farlow in Murr., *Stropharia eximia* Benedix, *Stropharia ferrii* Bres. *Strophariaceae*

HUT 5–25 cm breit, jung halbkugelig, später gewölbt bis ausgebreitet, Oberfläche matt, trocken, glatt, rotbraun, blass graubraun mit lilarosa Tönen, alt zunehmend heller, selten auch gelb-ockerlich **(2b)**, jung mit weißlichen Velumresten bedeckt; Rand lange eingebogen, mit Velumresten behangen. **LAMELLEN** breit am Stiel angewachsen, eng stehend, jung hellgrau, dann grauviolettlich, alt schwarzviolett; Schneiden weißlich, schwach gekerbt. **STIEL** 7–20 cm lang, bis 3,5 cm breit, zylindrisch, voll, über dem Ring weißlich, darunter gelblich; Ring hängend, fest, oberseits gerieft, vom Sporenstaub bald dunkel gefärbt; Stielbasis mit dicken weißen Rhizomorphen. **FLEISCH** dick, fest, weiß, unter der Huthaut gelblich; Geruch schwach rettichartig, Geschmack mild, etwas erdartig-rettichartig. **SPORENPULVER** schwarzbraun-violett. **SPOREN** 9–12 × 6–9 µm, breitelliptisch. **VORKOMMEN** Wild wachsend Juni bis Oktober einzeln, gesellig bis fast büschelig auf mit Stroh, Häcksel und anderen pflanzlichen Abfällen durchsetzter Erde. Zuchtpilz. **VERWENDUNG** Essbar, hat jedoch in sehr seltenen Fällen Brechdurchfälle verursacht und sollte nicht roh verzehrt werden. **WISSENSWERTES** Der Pilz ist leicht erkennbar. Wild wachsende Riesen-Träuschlinge können aber mit dem seltenen giftigen **Üppigen Träuschling** *(Stropharia hornemannii)* verwechselt werden. Dieser hat einen gelblich-braunen Hut, sein Stiel ist unterhalb des Rings stark weißschuppig; er wächst im Nadelwald.

3 Grünspan-Träuschling

Stropharia aeruginosa (Curtis: Fr.) Quél. *Strophariaceae*

HUT 3–6(–10) cm breit, jung halbkugelig, dann gewölbt bis ausgebreitet mit stumpfem Buckel; Oberfläche schleimig-klebrig, glänzend, dunkelgrün-blaugrün, alt gelblich ausblassend, mit vergänglichen weißen Flöckchen bedeckt; Rand lange heruntergebogen, ebenfalls mit Velumresten behangen; Haut als gelatinöse, zähe Membran leicht abziehbar. **LAMELLEN** am Stiel angewachsen, grauweiß bis graubraun mit Lilaton, später braunviolett; Schneiden weiß. **STIEL** 5–10 cm lang, 4–8 mm breit, voll bis hohl, oberhalb des Ringes glatt, weißlich bis hell blaugrün, darunter auf blaugrünem Grund sparrig weißflockig; Ring dauerhaft, oben schwach gerieft und durch Sporenpulver bräunlich violett gefärbt; Basis oft mit weißen Myzelsträngen. **FLEISCH** weich, weißlich-grünlich; Geruch muffig, Geschmack mild. **SPORENPULVER** braunviolett. **SPOREN** 7–9 × 4–4,5 µm, glatt, elliptisch. **VORKOMMEN** August bis November meist gesellig in Laub- und Nadelwäldern an morschen Stümpfen und bei vergrabenem Holz, gelegentlich auch auf dem Erdboden. **VERWENDUNG** Kein Speisepilz. **WISSENSWERTES** Ähnlich ist der ▸ **Blaue Träuschling (S. 316/1).**

1

2a

2b

3

1 Blauer Träuschling, Braunsporiger Träuschling

Stropharia caerulea Kreisel, *Stropharia cyanea* (Bolt.) Tuom.
Strophariaceae

HUT 3–6 cm breit, jung halbkugelig, später ausgebreitet, mit stumpfem Buckel; Oberfläche schmierig, jung blaugrünlich, alt gelbbraun ausblassend; Rand lange heruntergebogen, jung mit vergänglichen Velumflöckchen. **LAMELLEN** jung rötlich braun, alt dunkelbraun; Schneiden nicht weiß. **STIEL** 3–7 cm lang, bis 1 cm breit, grün-blaugrün, mit weißlichen Faserflocken; Ring jung angedeutet; Basis weißfilzig. **FLEISCH** dünn, weiß; Geruch säuerlich-krautartig, Geschmack mild. **SPORENPULVER** dunkelbraun. **SPOREN** 7–10 × 4–5 µm, elliptisch. **VORKOMMEN** September bis November an Wegrändern, in Gärten und Parks auf nährstoffreichen Böden, gern unter Brennnesseln *(Urtica)*. **VERWENDUNG** Kein Speisepilz.

2 Halbkugeliger Träuschling

Stropharia semiglobata (Batsch: Fr.) Quél. *Strophariaceae*

HUT 1–4 cm breit, halbkugelig, später gewölbt mit stumpfem Buckel; Oberfläche glatt, feucht schmierig, hellgelb, später ockergelb; Rand feucht schwach gerieft. **LAMELLEN** breit am Stiel angewachsen, entfernt stehend, blass-grau mit violettlichem Ton, alt dunkelbraun; Schneiden fein weißflockig. **STIEL** 5–10 cm lang, schlank, zylindrisch, hohl, zerbrechlich, gelblich; Ring klein, häutig, sehr vergänglich und oft unvollständig. **FLEISCH** dünn, blass; ohne besonderen Geruch und Geschmack. **SPORENPULVER** violettschwarz. **SPOREN** 15–19 × 8–10 µm. **VORKOMMEN** Mai bis Oktober einzeln oder gesellig meist auf Viehdung. **VERWENDUNG** Schwach giftig.

GATTUNG **Hypholoma (Schwefelköpfe)**
FAMILIE *Strophariaceae*

Diese Gattung enthält etwa zehn kleinere bis mittelgroße Arten. Hut und Stiel oft mit Velumresten, aber ohne häutigen Ring. Sporenpulver dunkelbraun, oft mit lila Stich.

3 Rauchblättriger Schwefelkopf

Hypholoma capnoides (Fr.: Fr.) Kumm. *Strophariaceae*

HUT 2–8(–10) cm breit, erst gewölbt, dann abgeflacht, bisweilen leicht gebuckelt; Oberfläche glatt, blassgelb, bald gelbbraun, Mitte fuchsig-rötlich bis fuchsig-bräunlich; Rand mit dünnen, vergänglichen, erst weißen, dann dunkelbraunen Schleierresten, ungerieft. **LAMELLEN** am Stiel angeheftet-angewachsen, kaum gedrängt, untermischt, erst blass, bald aschgrau, alt grauviolett, ohne grüne Farbtöne. **STIEL** 5–8 cm lang, 3–7(–15) mm breit, hohl, schlank, oft gebogen; oben weißlich hellgelblich, abwärts gelbbräunlich bis rostbraun; Schleierreste können bei jungen Pilzen eine Ringzone andeuten; die Stiele sind am Grund oft büschelig verwachsen. **FLEISCH** dünn, weich, im Hut weißlich-blassgelb; Geruch angenehm, Geschmack mild, nicht bitter. **SPORENPULVER** braunviolett. **SPOREN** 8–9 × 4–5 µm, elliptisch, glatt, dickwandig, mit Keimporus. **VORKOMMEN** September bis Dezember (auch bis ins Frühjahr) an Nadelholz; in Europa weit verbreitet. **VERWENDUNG** Essbar.

VERWECHSLUNG MIT GIFTPILZEN Ein giftiger Doppelgänger ist der ▸ **Grünblättrige Schwefelkopf (S. 318/2);** er hat grüngelbliche Lamellen und schmeckt sehr bitter.

Grünblättriger Schwefelkopf

1

2

3

1 Ziegelroter Schwefelkopf

Hypholoma lateritium (Schaeff.: Fr.) Schroet., *Hypholoma sublateritium (*Fr.) Quél. *Strophariaceae*

HUT 4–10 cm breit, jung halbkugelig, dann gewölbt bis abgeflacht mit stumpfem Buckel; Oberfläche trocken, ziegelrötlich, zum Rand hin hellgelb, mit anliegenden Velumresten bedeckt; Rand jung eingerollt, später mit Velumresten behangen. **LAMELLEN** am Stiel ausgebuchtet angewachsen, hellgelb, blass olivgelb, alt grau- bis olivbraun; Schneiden weißlich. **STIEL** 5–12 cm lang, oft verbogen, alt hohl, gelblich, zur Basis hin bräunlich, längsfaserig, mit dunklerer Ringzone. **FLEISCH** dünn, im Hut blassgelb; Geruch schwach dumpf-muffig, Geschmack bitter. **SPORENPULVER** purpurbraun. **SPOREN** 6–8 × 3,5–4,5 µm. **VORKOMMEN** August bis Dezember, bisweilen auch schon ab Frühjahr büschelig auf totem Laubholz. **VERWENDUNG** Kein Speisepilz. **WISSENSWERTES** Der Pilz wird in manchen Pilzbüchern als zumindest in kleinen Mengen essbar bezeichnet. Ob man einen ungiftigen, aber bitter schmeckenden Pilz als essbar einstuft, ist eine Frage des Geschmacks. Es gibt viele bessere Speisepilze.

2 Grünblättriger Schwefelkopf

Hypholoma fasciculare (Huds.: Fr.) Kumm. *Strophariaceae*

HUT 2–7 cm breit, erst halbkugelig, dann ausgebreitet, oft stumpf gebuckelt; Oberfläche glatt, nicht klebrig, schwefelgelb, Scheitel ocker- bis rotbraun; Rand eingebogen, ungerieft, jung mit faserig-häutigen, vergänglichen Schleierresten. **LAMELLEN** ausgebuchtet, breit angewachsen, gedrängt, anfangs schwefelgelb, bald grüngelb bis olivgrün, alt durch Sporenstaub dunkler gefärbt. **STIEL** 5–10 cm lang, 3–7 mm breit, schlank, hohl, zylindrisch, oft verbogen, oben blass schwefelgelb, nach unten gelb- bis rostbräunlich; von Sporenpulver dunkel gefärbte Schleierreste können am Stiel eine ringförmige Zone andeuten; büschelig wachsend. **FLEISCH** dünn, schwefelgelb; Geruch etwas säuerlich, Geschmack sehr bitter. **SPORENPULVER** schwarzviolett. **SPOREN** 6–8 × 4–5 µm, oval, glatt. **VORKOMMEN** Frühjahr bis Herbst büschelig an morschem Laub- und Nadelholz; in Europa weit verbreitet. **VERWENDUNG** Giftig; verursacht Magenbeschwerden und schwere Brechdurchfälle, auch von tödlichen Vergiftungen wird berichtet. **WISSENSWERTES** Sehr ähnlich ist der essbare ▸ **Rauchblättrige Schwefelkopf (S. 316/3);** er schmeckt mild, seine Lamellen haben keinen grüngelben Farbton. Zur Hauptpilzzeit wachsen verschiedene ähnliche Pilze in Büscheln auf oder bei Stümpfen; beim hastigen Einsammeln von an Holz wachsenden Speisepilzen besteht Verwechslungsgefahr mit dem Grünblättrigen Schwefelkopf.

3 Natternstieliger Schwefelkopf

Hypholoma marginatum (Pers.: Fr.) Schroet., *Hypholoma dispersum* (Fr.) Quél. *Strophariaceae*

HUT 1–4 cm breit, jung halbkugelig bis glockig, später gewölbt, oft gebuckelt; Oberfläche glatt, feucht glänzend, Mitte ockergelblich bis rotbraun, zum Rand hin heller; Rand mit weißen Velumresten. **LAMELLEN** am Stiel breit angewachsen, dicht stehend, erst blass, bei der Reife olivgrau; Schneiden weißlich. **STIEL** 5–10 cm lang, 2–3 mm breit, zylindrisch, blass graubräunlich, Spitze hellgelb, Basis schwarzbraun; von weißem Velum überfasert und genattert. **FLEISCH** dünn; Geruch unbedeutend, Geschmack bitter. **SPORENPULVER** braun. **SPOREN** 7–9 × 4–5 µm, oval, glatt, mit Keimporus. **VORKOMMEN** September bis November einzeln bis gesellig auf oder in der Nähe von morschem Nadelholz, auch auf im Boden liegenden Holzresten. **VERWENDUNG** Kein Speisepilz.

1

2

3

1 Wurzelnder Schwefelkopf

Hypholoma radicosum Lge., *Hypholoma epixanthum* (Fr.) Quél.
Strophariaceae

HUT 2–6 cm breit, jung kugelig-gewölbt, später ausgebreitet, bisweilen flach gebuckelt; Oberfläche trocken, glatt, erst weißlich, mit seidig-weißen Velumschüppchen, alt gelbbräunlich mit dunklerer Mitte; Rand jung mit faserigen Velumresten. **LAMELLEN** am Stiel kurz ausgebuchtet, dicht stehend, anfangs schmutzig weißlich, später olivbraun bis graubraun **(1b)**; Schneiden weißlich. **STIEL** bis 8 cm lang, oben weißlich, mit undeutlicher Ringzone, darunter schuppig genattert, zur Basis hin rostbraun; bis 15 cm tief im Substrat wurzelnd und dadurch leicht erkennbar **(1a)**. **FLEISCH** blassgelb, in der Stielbasis rostockerlich; Geruch muffig, unangenehm, Geschmack sehr bitter. **SPORENPULVER** braunviolettlich. **SPOREN** 5,5–7 × 3,5–4,5 µm, ellipsoid. **VORKOMMEN** August bis November bevorzugt in montanen Regionen einzeln oder zu wenigen auf vermorschtem Nadelholz, besonders Fichte *(Picea abies)*; ziemlich selten. **VERWENDUNG** Giftig. **WISSENSWERTES** Ähnliche auf Holz wachsende *Hypholoma*-Arten sind der ► **Ziegelrote Schwefelkopf (S. 318/1)**, der ► **Grünblättrige Schwefelkopf (S. 318/2)** und der ► **Rauchblättrige Schwefelkopf (S. 316/3)**.

2 Moos-Schwefelkopf

Hypholoma polytrichi (Fr.: Fr.) Sing. *Strophariaceae*

HUT 0,5–1(–2) cm breit, anfangs gewölbt, später ausgebreitet; Oberfläche schwach glänzend, blass, später ockerbräunlich, Mitte oft rotbraun; Rand jung mit Velumresten, nicht gerieft. **LAMELLEN** am Stiel ausgebuchtet bis gerade angewachsen, jung blass schwefelgelb, später gelboliv bis graubraun. **STIEL** 4–7 cm lang, 1–2 mm breit, jung weißfaserig, im oberen Teil blassgelb, nach unten rotbraun. **FLEISCH** dünn; Geruch unbedeutend, Geschmack bitterlich. **SPORENPULVER** dunkelbraun. **SPOREN** 7–9,5 × 4–5,5 µm, elliptisch. **VORKOMMEN** Sommer bis Herbst einzeln oder gesellig in Nadelwäldern und Nadel-Mischwäldern vorwiegend auf sauren Böden, gern zwischen Schönem Widertonmoos *(Polytrichum formosum)*; in den Mittelgebirgen Süd- und Südwestdeutschlands verbreitet, sonst selten. **VERWENDUNG** Kein Speisepilz. **WISSENSWERTES** Der beschriebene Moos-Schwefelkopf ist relativ leicht zu erkennen. Verschiedene ähnliche kleine *Hypholoma*-Arten sind jedoch nur mikroskopisch sicher zu unterscheiden.

3 Torfmoos-Schwefelkopf

Hypholoma elongatum (Pers.: Fr.) Ricken, *Hypholoma elongatipes* (Peck) Sm., *Nematoloma polytrichi* (Fr.: Fr.) ss. Konr. & Maubl.
Strophariaceae

HUT 1–2 cm breit, jung halbkugelig, später gewölbt-abgeflacht; Oberfläche glatt, matt, gelbbraun, orangebraun; Rand heller, bisweilen fast weißlich, gerieft, jung mit Velumresten. **LAMELLEN** am Stiel ausgebuchtet angewachsen, etwas entfernt stehend, jung weißlich-blassbeige, später graubraun. **STIEL** 5–10 cm lang, 1–2(–3) mm breit, im oberen Teil hellgelb, nach unten orangegelb und etwas weißflockig. **FLEISCH** dünn; Geruch und Geschmack unbedeutend. **SPORENPULVER** dunkelbraun. **SPOREN** 7–12 × 6–7 µm, elliptisch. **VORKOMMEN** Juli bis Oktober einzeln oder gesellig in Mooren und feuchten Wäldern zwischen Torfmoosen *(Sphagnum)* und Gemeinem Widertonmoos *(Polytrichum commune)*. **VERWENDUNG** Kein Speisepilz. **WISSENSWERTES** Am Rand von Mooren wächst der **Torf-Schwefelkopf** *(Hypholoma udum)*. Typisch für diesen Pilz sind die außergewöhnlich großen, warzigen Sporen.

1a

1b

2

3

1 Spitzkegeliger Kahlkopf

Psilocybe semilanceata (Fr.) Kumm. *Strophariaceae*

HUT 0,5–1,5 cm breit, spitzkegelig-glockig, nie ausgebreitet, meist mit zugespitzter Papille; Oberfläche hygrophan, klebrig, feucht gelbbraun, olivbraun, trocken ockerfarben bis lehmgelb; Huthaut abziehbar; Rand fein gerieft, einwärts gebogen. **LAMELLEN** am Stiel ausgebuchtet angewachsen, untermischt, gedrängt, jung hellbraun, violettgrau, alt rostbraun; Schneiden fein weißflockig. **STIEL** 7–12 cm lang, 1–3 mm breit, zylindrisch, oft gebogen, hohl, blassocker-hellbraun, glänzend; Basis grünblau, besonders wenn der Stiel abgegriffen ist. **FLEISCH** dünn, blass; Geruch und Geschmack unbedeutend. **SPORENPULVER** dunkelbraun. **SPOREN** 12–16 × 6–8 µm. **VORKOMMEN** August bis Oktober gesellig auf Viehweiden, an Wegrändern. **VERWENDUNG** Giftig, wirkt halluzinogen. **WISSENSWERTES** Die Gattung *Psilocybe* ist mit ca. 150 bekannten Arten weltweit vertreten. Etwa die Hälfte davon dürfte eine psychotrope Substanz, das Psilocybin, enthalten. Dieser Stoff löst Symptome aus, wie sie von LSD bekannt sind. Er verursacht Halluzinationen, die nach einer Latenzzeit von einer Viertel- bis zwei Stunden auftreten und nach sechs bis zehn Stunden beendet sind.

GATTUNG **Pholiota (Schüpplinge)**
FAMILIE *Strophariaceae*

Hut +/– schuppig und/oder schmierig-schleimig, oft gelb oder fuchsig gefärbt; Sporenpulver und Lamellen im Alter rostfarben. Meist saprophytisch oder parasitisch auf Holz. Keine Speisepilze. Etwa 30 Arten.

2 Abweichender Schüppling

Pholiota heteroclita (Fr.: Fr.) Quél. *Strophariaceae*

HUT 5–7(–12) cm breit, jung halbkugelig, dann gewölbt bis ausgebreitet; Oberfläche hellocker mit angedrückten gelben bis braunen Faserschuppen; Rand lange eingebogen, mit dicken Velumresten. **LAMELLEN** am Stiel ausgebuchtet angewachsen, jung blass, alt ockerbräunlich. **STIEL** 4–10 cm lang, 1–2 cm breit, unter dem nur rudimentär vorhandenen Ring ockerbraun befasert, Spitze blass. **FLEISCH** dick, weißlich; Geruch aromatisch. **SPOREN** 7–8 × 4,5–5 µm. **VORKOMMEN** Im Herbst an lebenden und toten Stümpfen und Stämmen von Laubbäumen, gern an Erle *(Alnus)* und Birke *(Betula)*; sehr selten. **VERWENDUNG** Kein Speisepilz.

3 Pappel-Schüppling

Pholiota populnea (Pers.: Fr.) Kuyper & Tjall., *Pholiota destruens* (Brond.) Gill., *Hemipholiota populnea* (Pers.) Bon *Strophariaceae*

HUT 5–15 cm breit, anfangs halbrund, bald polsterförmig gewölbt, später breit ausladend, mit stumpfem Buckel, fleischig; Oberfläche gelblich braun bis rostbraun, breitschuppig bis flockig, vor allem im Randbereich, feucht klebrig; Rand fransig behangen, lange eingebogen. **LAMELLEN** am Stiel ausgebuchtet angewachsen, etwas entfernt stehend, jung weißlich, bald schmutzig tonfarben, alt tabakbraun; Schneiden heller, bisweilen fein gekerbt. **STIEL** 5–13 cm lang, bis 3 cm breit, zur Basis hin verdickt, im Substrat wurzelnd; weißlich-hellbraun mit unregelmäßigen faserigen Schuppen, Ring flüchtig. **FLEISCH** dick, fest, weißlich; Geruch unbedeutend, Geschmack bitter. **SPORENPULVER** dunkelbraun. **SPOREN** 7,5–9 × 5–5,5 µm. **VORKOMMEN** September bis November an Stümpfen und Stämmen von Pappeln *(Populus)*. **VERWENDUNG** Ungenießbar, kann bei empfindlichen Personen Übelkeit verursachen.

1

2

3

1 Sparriger Schüppling

Pholiota squarrosa (Müller: Fr.) Kumm. *Strophariaceae*

HUT 4–8(–15) cm breit, jung halbkugelig bis glockig, später gewölbt-abgeflacht; Oberfläche trocken, auf strohgelbem Grund dicht mit sparrig abstehenden, rostbraunen Schuppen bedeckt; Rand lange eingebogen, dicht fransig behangen. **LAMELLEN** am Stiel breit angewachsen, teilweise etwas herablaufend, gedrängt stehend, jung blass olivgelb, alt olivbraun. **STIEL** 7–15 cm lang, 0,5–1,5(–2,5) cm breit, voll, zäh, hutfarben und wie der Hut mit sparrigen bräunlichen Schuppen bedeckt **(1b)**, oberhalb der schuppigen Ringzone kahl; Basis verjüngt, dunkel rotbraun. **FLEISCH** dick, hart, blassgelb; Geruch würzig, Geschmack rettichartig. **SPORENPULVER** braun. **SPOREN** 6,5–8 × 4–4,5 µm, elliptisch, glatt. **VORKOMMEN** September bis November an Laubbäumen, oft in Streuobstwiesen mit altem Baumbestand, selten an Nadelbäumen, meist büschelig am Stammgrund oder im Wurzelbereich; in Europa in der gemäßigten Klimazone verbreitet. **VERWENDUNG** Kein Speisepilz. **WISSENSWERTES** Der Sparrige Schüppling verursacht roh genossen Verdauungsstörungen. Er kann mit dem ▶ **Gemeinen Hallimasch (S. 164/2)** verwechselt werden.

2 Feuer-Schüppling

Pholiota flammans (Batsch: Fr.) Kumm. *Strophariaceae*

HUT 2–6(–8) cm breit, anfangs halbkugelig-geschlossen, dann flach gewölbt, später ausgebreitet-abgeflacht; Oberfläche trocken, jung zitronengelb, später dottergelb bis orangegelb mit abstehenden, sparrigen Schuppen, die bei alten Exemplaren auch anliegen können, bei Regen schwach klebrig; Rand lange eingerollt, jung mit Velumfasern besetzt. **LAMELLEN** am Stiel angewachsen bis kurz herablaufend, untermischt, gedrängt stehend, anfangs gelb, alt durch Sporenstaub rostbraun; Schneiden glatt. **STIEL** 3–8 cm lang, 0,4–1 cm breit, zylindrisch, kräftig, erst voll, später hohl, schwefelgelb, unterhalb des Rings dicht mit abstehenden, sparrigen, dunkelgelben Schüppchen besetzt, darüber glatt; Ring schuppig, hoch sitzend, kurz unterhalb des Hutes. **FLEISCH** gelb, im Schnitt langsam +/– rotbräunlich anlaufend, alt gelblich-rostfarben; Geruch etwas würzig, Geschmack bitter und adstringierend. **SPORENPULVER** rostbräunlich. **SPOREN** 3–4,5 × 2–2,5 µm, elliptisch. **VORKOMMEN** Juli bis Oktober einzeln oder zu mehreren an morschen Stämmen und Stümpfen von Nadelhölzern. **VERWENDUNG** Kein Speisepilz.

3 Pinsel-Schüppling

Pholiota jahnii Tjall. & Bas, *Pholiota muelleri* (Fr.) Ort.
Strophariaceae

HUT 2–5(–9) cm breit, anfangs halbkugelig, dann gewölbt, später ausgebreitet; Oberfläche feucht klebrig-schleimig, glänzend, auf chrom- bis goldgelbem Grund dicht mit konzentrisch angeordneten, dunkel- bis schwarzbraunen, spitz auslaufenden, etwas aufgerichteten Schüppchen besetzt; Rand jung eingerollt, mit bräunlichen Velumresten behangen. **LAMELLEN** am Stiel ausgebuchtet und breit angewachsen, jung weißgelb, später ockerfarben bis rostbraun. **STIEL** 5–12 cm lang, 0,5–1 cm breit, zylindrisch, voll, alt hohl, kaum schleimig, oberhalb der Ringzone kahl, darunter mit rotbraunen Schuppen besetzt; Basis dunkelbraun. **FLEISCH** dick, hellgelb; Geruch unbedeutend, Geschmack mild. **SPORENPULVER** braun. **SPOREN** 5–7 × 3–4 µm, elliptisch, glatt, dickwandig. **VORKOMMEN** September bis November in großen Büscheln an morschen Stümpfen und Stämmen von Laubhölzern, bevorzugt an Rotbuche *(Fagus sylvatica)*; selten. **VERWENDUNG** Kein Speisepilz.

1a

1b

2

3

1 Goldfell-Schüppling, Hochthronender Schüppling

Pholiota aurivellus (Batsch: Fr.) Kumm., *Pholiota cerifera* Karst.
Strophariaceae

HUT 5–15 cm breit, jung halbkugelig-geschlossen, dann gewölbt bis ausgebreitet, bisweilen wellig verbogen; Oberfläche schmierig-schleimig, zitronen- bis rostgelb mit rotbraunen, angedrückten, vergänglichen Schuppen; Rand lange heruntergebogen, jung mit faserigen, hellgelben Velumresten. **LAMELLEN** am Stiel ausgebuchtet angewachsen, gedrängt stehend, jung gelb, später olivbraun, alt rostbraun; Schneiden glatt bis schwach gekerbt. **STIEL** 5–9 cm lang, 0,5–2,5 cm breit, zylindrisch, zäh, voll, nicht schleimig, gelb, unterhalb der schwach ausgebildeten Ringzone gürtelartig schuppig. **FLEISCH** faserig, fest, zäh, blassgelb, in der Stielbasis rostbräunlich; Geruch schwach würzig, Geschmack mild. **SPORENPULVER** rostbraun. **SPOREN** 7–10 × 4,5–6 µm, glatt, elliptisch, mit Keimporus. **VORKOMMEN** September bis November einzeln bis büschelig von der Basis bis hoch in den Kronen von lebenden und absterbenden Laubbäumen. Die Pilze erscheinen gern an Stammwunden und in Astlöchern. **VERWENDUNG** Kein Speisepilz. **WISSENSWERTES** Nahe verwandt und sehr ähnlich ist der ▸ **Pinsel-Schüppling (S. 324/3).** Er hat einen kleineren Hut.

2 Tonblasser Schüppling, Tonweißer Schüppling

Pholiota lenta (Pers.: Fr.) Sing. *Strophariaceae*

HUT 3–6(–10) cm breit, jung halbkugelig, dann gewölbt, später ausgebreitet; Oberfläche bei feuchter Witterung mit schleimiger Schicht, in der weißliche Velumschüppchen schwimmen, die später verschwinden; Hut weißlich bis blass tonfarben, Scheitel falbbräunlich; Rand lange heruntergebogen, jung mit weißlichen Velumresten behangen; Huthaut abziehbar. **LAMELLEN** am Stiel angewachsen bis kurz herablaufend, +/– gedrängt stehend, jung weißlich, später lehmbräunlich. **STIEL** 3–7(–10) cm lang, 0,5–1 cm breit, zylindrisch, voll, elastisch, bisweilen gekrümmt, weißlich, unter der flüchtigen, von Sporenstaub oft bräunlichen Ringzone faserschuppig, gelbbräunlich, im Alter verkahlend. **FLEISCH** zäh, weißlich, in der Stielbasis bräunlich; Geruch würzig, Geschmack etwas schärflich-rettichartig. **SPORENPULVER** braun. **SPOREN** 6–7 × 3–4 µm, glatt, elliptisch-bohnenförmig, dickwandig. **VORKOMMEN** September bis November einzeln oder gesellig bis büschelig an am Boden liegenden oder vergrabenen Ästen und Stämmen von Laub-, bisweilen auch Nadelhölzern sowie auf Reisighaufen und Holzabfällen, gern an feuchten Stellen. **VERWENDUNG** Kein Speisepilz. **WISSENSWERTES** Ähnlich ist der **Weißflockige Schüppling** *(Pholiota lubrica),* eine seltene, rotbraunhütige Art; er wächst ebenfalls auf Laub- und Nadelholz.

3 Strohblasser Schüppling

Pholiota gummosa (Lasch) Sing., *Pholiota ochrochlora* (Fr.) Orton
Strophariaceae

HUT 2–5 cm breit, jung halbkugelig, dann gewölbt bis ausgebreitet; Oberfläche feucht schmierig, schmutzig weißlich bis blass strohgelblich mit angedrückten ockerbräunlichen Schüppchen; Rand lange eingebogen, mit Velumresten. **LAMELLEN** am Stiel ausgebuchtet angewachsen, jung blass, alt gelbbräunlich. **STIEL** 3–8 cm lang, 0,6–0,8 cm breit, voll, später röhrig, Spitze blass, Ring vergänglich, darunter bräunlich faserschuppig. **FLEISCH** dick, blassgelblich; Geruch und Geschmack unbedeutend. **SPOREN** 6–8 × 3,5–4,5 µm, breitelliptisch, glatt, dickwandig. **VORKOMMEN** Sommer bis Herbst büschelig auf Wiesen, in Parkanlagen und an Waldrändern an morschem Holz. **VERWENDUNG** Kein Speisepilz.

1

2

3

1 Schwefelkopfähnlicher Schüppling

Pholiota subochracea (Smith) Smith & Hesler, *Pholiota nematolomoides* (Fav.) Mos. *Strophariaceae*

HUT 1–2,5 cm breit, jung halbkugelig, später ausgebreitet; Oberfläche glatt, feucht klebrig-schmierig, glänzend, gelb bis rötlich gelb, trocken matt; Rand lange heruntergebogen, jung mit Velumresten behangen; Haut abziehbar. **LAMELLEN** am Stiel angewachsen, jung hellgelb, alt ockerbraun; Schneiden heller. **STIEL** 3–5 cm lang, 2–4 mm breit, zylindrisch, alt hohl, hellgelb, feinfaserig-schuppig, später verkahlend und von der Basis her bräunend. **FLEISCH** dünn, hellgelb; Geruch muffig, Geschmack etwas bitterlich. **SPORENPULVER** rotbraun. **SPOREN** 5–6 × 3–3,5 µm, elliptisch, glatt, dickwandig, ohne Keimporus. **VORKOMMEN** Sommer bis Herbst meist büschelig an morschen Nadelholzstümpfen; montan bis subalpin. **VERWENDUNG** Kein Speisepilz. **WISSENSWERTES** Der beschriebene Pilz erinnert, wie sein Name sagt, stark an ein Schwefelköpfchen *(Hypholoma)* und wird wohl meist verkannt.

2 Safranroter Schüppling

Pholiota astragalina (Fr.) Sing. *Strophariaceae*

HUT 2–6 cm breit, jung halbkugelig, bald gewölbt bis flach, alt wellig verbogen; Oberfläche glatt, feucht schwach schmierig, orangerot bis orangegelb **(2a)**; Rand jung mit Velumresten. **LAMELLEN** am Stiel ausgebuchtet angewachsen **(2b)**, anfangs blassgelb, freudig safranfarben bis rötlich braun, alt schwarz fleckend. **STIEL** 5–10 cm lang, 0,5–1 cm breit, zylindrisch, oft gekrümmt, zäh, voll, alt hohl, hellgelb bis blassockerlich, unter der nur schwach angedeuteten Ringzone faserschuppig, an der Basis orangebraun, wurzelartig verlängert. **FLEISCH** im Schnitt schwarz fleckend; Geruch unbedeutend, Geschmack bitter. **SPORENPULVER** rostbraun. **SPOREN** 6–7,5 × 3–4 µm, elliptisch, glatt, dünnwandig. **VORKOMMEN** August bis November einzeln oder in kleinen Büscheln auf morschen, moosigen Nadelholzstümpfen. **VERWENDUNG** Kein Speisepilz. **WISSENSWERTES** Sehr ähnlich ist der an Laubholz wachsende ▸ **Ziegelrote Schwefelkopf (S. 318/1).** Verwechselt werden kann der beschriebene Pilz auch mit dem essbaren ▸ **Rauchblättrigen Schwefelkopf (S. 316/3)** und mit dem giftigen ▸ **Grünblättrigen Schwefelkopf (S. 318/2).**

3 Kohlen-Schüppling

Pholiota highlandensis (Peck) Smith & Hes., *Pholiota carbonaria* (Fr.: Fr.) Sing. *Strophariaceae*

HUT 1–4(–6) cm breit, jung halbkugelig, dann gewölbt bis flach ausgebreitet; Oberfläche glatt, feucht klebrig, glänzend, trocken seidig matt, gelbbraun bis rotbraun mit blasserem Rand; Rand lange heruntergebogen, jung mit hellerem Velum überfasert; Huthaut abziehbar. **LAMELLEN** am Stiel ausgebuchtet angewachsen, gedrängt, anfangs blassgelb, dann schmutzig gelblich, zuletzt bräunlich; Schneiden fein gezähnelt. **STIEL** 2–6 cm lang, 3–8 mm breit, zylindrisch, jung voll, alt hohl, gelblich, Spitze mit angedeuteter Ringzone, darunter faserig-schuppig. **FLEISCH** dünn, blassgelb; Geruch unbedeutend, Geschmack mild. **SPORENPULVER** braun. **SPOREN** 6–8 × 3,5–4,5 µm, elliptisch, glatt, dickwandig, mit Keimporus. **VORKOMMEN** April bis Oktober einzeln, gesellig bis büschelig auf Brandstellen, auch auf verkohlten Stümpfen; in der gemäßigten Klimazone Europas weit verbreitet. **VERWENDUNG** Kein Speisepilz. **WISSENSWERTES** Aufgrund von Form, Farbe und dem Vorkommen auf Brandstellen leicht erkennbare Art. Auf alten und jungen Brandstellen erscheint der Kohlen-Schüppling oft zusammen mit dem Brandstellen-Drehmoos *(Funaria hygrometrica).*

1

2a

2b

3

1 Zitronengelber Erlen-Schüppling

Pholiota alnicola (Fr.) Sing., *Pholiota amara* (Bull.) Sing.
Strophariaceae

HUT 4–8 cm breit, jung halbkugelig, später gewölbt bis ausgebreitet; Oberfläche feucht klebrig, glatt, glänzend, gelb, Scheitel später bisweilen gelbbraun **(1a)**; Rand oft mit faserigen Velumresten. **LAMELLEN** am Stiel angewachsen bis kurz herablaufend, blassgelb **(1b)**, alt rostfarben. **STIEL** 5–8 cm lang, 0,5–1 cm breit, oft unregelmäßig gekrümmt, an der Spitze gelb-blassgelb, nach unten zunehmend rostbraun, faserschuppig; Ring kaum ausgebildet oder fetzig-zerrissen, von Sporenpulver rostbraun gefärbt. **FLEISCH** blassgelb; Geruch angenehm, Geschmack mild bis leicht bitter. **SPORENPULVER** rostbraun. **SPOREN** 8–12 × 4–5 µm, glatt. **VORKOMMEN** September bis Dezember meist in kleinen Büscheln an Stümpfen oder auch an vergrabenem Holz von Erlen *(Alnus)*, gern an den Stockausschlägen der Bäume in feuchten Wäldern, an Bachläufen und in Erlenbrüchen, bisweilen auch an anderen Laubhölzern; verbreitet, aber nicht häufig. **VERWENDUNG** Kein Speisepilz. **WISSENSWERTES** Ähnlich ist der **Nadel-Schüppling** *(Pholiota spumosa)*; er wächst im Spätsommer und Herbst gesellig bis fast büschelig an abgestorbenen Nadelholzästen und auf Nadelstreu. Nahe verwandt ist der **Weiden-Schüppling** *(Pholiota conissans)*, der meist in großen Büscheln an Weiden *(Salix)* vorkommt; er hat kleinere Sporen.

2 Nameko-Pilz, Japanisches Stockschwämmchen

Pholiota nameko (T. Ito) S. Ito & Imai in Imai *Strophariaceae*

HUT 3–8 cm breit, jung halbkugelig, dann gewölbt; Oberfläche feucht schleimig, glänzend, orangebraun; Rand lange eingebogen, mit Velumresten. **LAMELLEN** am Stiel angewachsen, gelbbräunlich, ockerbraun; Schneiden fein gekerbt. **STIEL** an der Spitze gelblich-hellocker, unterhalb des Rings auf hellerem Grund bräunlich-schuppig; Ring bräunlich, häutig, schleimig, vergänglich. **FLEISCH** dick, weißlich; Geruch und Geschmack unbedeutend. **SPOREN** 6–8 × 3,5–4,5 µm, breitelliptisch, glatt, dickwandig. **VORKOMMEN** Der beschriebene Pilz kommt aus Japan und ist in Europa nur in Kultur auf Holz und Spezialsubstrat anzutreffen; Pilzbrut ist in spezialisierten Pilzzuchtbetrieben erhältlich. **VERWENDUNG** Essbar.

GATTUNG **Kuehneromyces (Stockschwämmchen)**
FAMILIE *Strophariaceae*
In Europa zwei Arten, die von manchen Autoren zu *Pholiota* gestellt werden.

3 Glattstieliges Frühlings-Stockschwämmchen

Kuehneromyces lignicola (Peck) Redhead, *Pholiota lignicola* (Peck) Jacobsson *Strophariaceae*

HUT 1–4 cm breit, gewölbt mit stumpfem Buckel; Oberfläche hygrophan, trocken von der Mitte her ausblassend, ockergelb-cremegelb, feucht klebrig, dunkel horn- bis dattelbraun; Rand lange abwärts gebogen, feucht fein gerieft, jung bisweilen mit Velumresten. **LAMELLEN** am Stiel gerade angewachsen, dicht stehend, alt tabakbraun. **STIEL** 3–7 cm lang, bis 0,5 cm breit, alt hohl, dunkelbraun, glatt, bisweilen mit vergänglichem Ring, büschelig verwachsen; Basis weißfilzig. **FLEISCH** dünn, blass gelbbraun; Geruch und Geschmack unbedeutend. **SPORENPULVER** dunkelbraun. **SPOREN** 6–7,5 × 3,5–4,5 µm. **VORKOMMEN** April bis November selten, aber dann oft massenhaft auf Holzabfällen, an morschem Nadelholz. **VERWENDUNG** Kein Speisepilz.

1a

1b

2

3

1 Stockschwämmchen

Kuehneromyces mutabilis (Schaeff.: Fr.) Sing. & Smith, *Pholiota mutabilis* (Schaeff.: Fr.) Kumm. *Strophariaceae*

HUT 3–8 cm breit, gewölbt, alt flach ausgebreitet, stumpf gebuckelt; Oberfläche kahl, glatt, glänzend, hygrophan, fühlt sich fettig an, feucht gelbbraun bis zimtbraun mit dunklerer Randzone, bei Trockenheit hellgelb-honiggelb; Rand schwach gerieft, jung mit angedrückten Velumresten. **LAMELLEN** am Stiel breit angewachsen, etwas herablaufend, gedrängt, dünn, erst hellbraun, alt rostbraun-dunkelbraun. **STIEL** 3–8 cm lang, bis 6 mm breit, zylindrisch, zäh, hohl, oben gelbbräunlich, unterhalb des kleinen, vergänglichen, braunen Ringes dunkler, mit feinen, sparrigen, dunkelbraunen Schüppchen; Basis dunkelbraun. **FLEISCH** dünn, weich, im Hut gelblich; Geruch angenehm würzig, Geschmack mild, pilzartig. **SPORENPULVER** rostbraun. **SPOREN** 5,5–7,5 × 3,5–4,5 µm, elliptisch, glatt. **VORKOMMEN** Mai bis Dezember in Büscheln häufig an Stümpfen von Laubholz, selten von Nadelholz; in der gemäßigten Klimazone Europas weit verbreitet. **VERWENDUNG** Essbar.

VERWECHSLUNG MIT GIFTPILZEN Ein sehr gefährlicher Doppelgänger ist der ▸ **Gift-Häubling (S. 358/1).** Er hat einen mehlartigen Geruch, sein Ring ist hängend, dünn, häutig, flüchtig, oberhalb des Rings ist der Stiel bereift, unterhalb weiß längs gefasert. Seine Sporen sind warzig, er wächst an Nadel- und Laubholz. Verwechslungen sind auch mit dem an Holz wachsenden giftigen ▸ **Grünblättrigen Schwefelköpfchen (S. 318/2)** und ungenießbaren Schüpplingen möglich.

Gift-Häubling

2 Igel-Schüppchenschnitzling

Phaeomarasmius erinaceus (Fr.) Kuehn. in Sing., *Naucoria erinacea* Fr. *Strophariaceae*

HUT 1–2 cm breit, gewölbt bis ausgebreitet; Oberfläche orangefuchsig-rostbraun, mit sparrigen, abstehenden Faserschüppchen bedeckt. **LAMELLEN** am Stiel ausgebuchtet angewachsen, blassgelb bis zimtbraun-orangefuchsig. **STIEL** 1–2 cm lang, bis 3 mm breit, hutfarben, schuppig wie der Hut. **FLEISCH** zäh. **SPORENPULVER** rostbraun. **SPOREN** 10–14 × 6–9 µm, +/– zitronenförmig. **VORKOMMEN** Man findet den hübschen kleinen Holzbewohner von Frühjahr bis Herbst auf abgestorbenen, am Boden liegenden Ästen von Weiden *(Salix)*, Rotbuche *(Fagus sylvatica)*, Esche *(Fraxinus excelsior)* und Weißdorn *(Crataegus)*. **VERWENDUNG** Unbedeutend.

3 Winter-Trompetenschnitzling

Tubaria hiemalis Romagn.: Bon *Strophariaceae*

HUT 1–5 cm breit, jung halbkugelig, alt verflachend, Mitte oft niedergedrückt; Oberfläche hygrophan, kahl, feucht zimtrostbraun bis hell honigocker, glänzend, durchscheinend gerieft, trocken ausblassend. **LAMELLEN** +/– gerade angewachsen, ziemlich entfernt stehend, jung hellocker, alt braunocker. **STIEL** bis 6 cm lang, 2–5 mm breit, etwas zäh, alt hohl, hutfarben oder etwas heller, anfangs mit weißlicher Faserung; Basis oft auffällig weißfilzig. **FLEISCH** dünn, blassbräunlich; fast geruchlos, Geschmack pilz- bis schwach rettichartig. **SPORENPULVER** rostbraun. **SPOREN** 7,5–10 × 4,5–5,5 µm. **VORKOMMEN** November bis Mai einzeln bis truppweise bei im Boden liegenden Holzresten. **VERWENDUNG** Kein Speisepilz. **WISSENSWERTES** Eine Trennung der beschriebenen Art vom **Gemeinen Trompetenschnitzling** *(Tubaria furfuracea)* ist kaum möglich, da auch intermediäre Formen vorkommen.

1

2

3

GATTUNG **Crepidotus (Stummelfüßchen)**
FAMILIE *Crepidotaceae*
Gattung mit etwa 20 muschel- oder nierenförmig an Holz, selten auf dem Erdboden wachsenden Arten. Stiel kurz, seitenständig oder verkümmert; Lamellen tonbraun; Sporenpulver ocker- bis rostbraun, Sporen glatt oder warzig; Huthaut meist trocken.

1 Gallertfleischiges Stummelfüßchen

Crepidotus mollis (Schaeff.: Fr.) Staude *Crepidotaceae*

HUT 2–6 cm breit, muschel- oder nierenförmig, stiellos seitlich am Holz ansitzend; Oberfläche kahl, schmutzig weißlich, cremefarben-graubraun; Huthaut dick, gallertig, gummiartig dehnbar und abziehbar (nur bei dieser Art der Gattung). **LAMELLEN** dicht stehend, in einem Punkt zusammenlaufend, jung weiß-graulich, später, bei der Sporenreife, zimtfarben bis bräunlich. **FLEISCH** gallertig, blass; ohne besonderen Geruch und Geschmack. **SPOREN** 7–9 × 5–7 µm. **VORKOMMEN** Frühjahr bis Herbst gesellig und dachziegelig an totem Laubholz, bevorzugt in Auen- und Schluchtwäldern. **VERWENDUNG** Kein Speisepilz.

2 Gemeines Stummelfüßchen

Crepidotus variabilis (Pers.: Fr.) Kumm. *Crepidotaceae*

HUT 0,5–3 cm breit, rundlich, muschel- oder nierenförmig, oft stiellos und mit dem Scheitel angeheftet; Oberfläche weiß, dann bräunend, feinfilzig, trocken nicht gallertig; Rand lange eingerollt. **LAMELLEN** entfernt stehend, untermischt, an der Anwachsstelle zusammenlaufend, jung weißlich, im Alter bei der Sporenreife schmutzig fleischfarben bis tonbräunlich. **FLEISCH** unbedeutend, dünn; ohne besonderen Geruch und Geschmack. **SPOREN** 5,5–7 × 3–3,5 µm, schmalelliptisch, feinwarzig. **VORKOMMEN** Juni bis Oktober bisweilen gedrängt an toten Laubholzzweigen; in Europa verbreitet und häufig. **VERWENDUNG** Unbedeutend.

3 Unansehnliches Stummelfüßchen

Crepidotus inhonestus Karst., *Crepidotus lundellii* Pil.
Crepidotaceae

HUT 0,5–2(–3) cm breit, muschelförmig; Oberfläche weiß, feinfilzig. **LAMELLEN** entfernt stehend, jung weißlich, später tonbräunlich. **FLEISCH** nicht gallertig; ohne besonderen Geruch und Geschmack. **SPOREN** 7–8 × 4,5–5,5 µm, breitelliptisch, glatt. **VORKOMMEN** Frühjahr bis Herbst bevorzugt an Laubholz. **VERWENDUNG** Unbedeutend. **WISSENSWERTES** Das ähnliche **Flaumige Stummelfüßchen** *(Crepidotus luteolus)* hat einen gelblich gefärbten Hut.

4 Kugelsporiges Stummelfüßchen

Crepidotus cesatii (Rabenh.) Sacc., *Crepidotus subsphaerosporus* Lge., *Crepidotus sphaerosporus* Pat. *Crepidotaceae*

HUT 0,5–2(–3) cm breit, muschelförmig; Oberfläche, weiß, feinfilzig behaart; Rand lange eingerollt. **LAMELLEN** entfernt stehend, jung weißlich, alt hell rostbräunlich. **FLEISCH** nicht gallertig, unbedeutend. **SPOREN** 7–10 × 6–8 µm, breitelliptisch, feinwarzig. **VORKOMMEN** Juli bis November an abgestorbenen Ästchen von Nadelhölzern, seltener an Laubholz. Die Fruchtkörperchen hängen eingetrocknet bisweilen bis zum Frühjahr am Substrat. **VERWENDUNG** Unbedeutend.

1
2
3
4

GATTUNG **Inocybe (Risspilze)**
FAMILIE *Cortinariaceae*

Zu dieser Gattung gehören mehr als 150 kleine bis mittelgroße Arten. Ihre Hutoberfläche ist eingewachsen faserig bis filzig oder schuppig, der Rand oft radialrissig (Name!). Sporenpulver meist braun. Viele Risspilze sind giftig.

1 Schuppenstieliger Risspilz, Erd-Risspilz

Inocybe terrigena (Fr.) Kuyper *Cortinariaceae*

HUT 3–7 cm breit, jung fast halbkugelig, bald gewölbt bis ausgebreitet; Oberfläche auf braunocker-gelbbraunem Grund grob flockig-faserschuppig; Rand jung eingebogen, mit dem Ring durch ein dickes, weißbraunes Velum verbunden. **LAMELLEN** am Stiel angewachsen, mit Zähnchen herablaufend, jung lehmfarben, später braun-olivbraun. **STIEL** 4–6 cm lang, 0,4–1,2 cm breit, walzenförmig, alt hohl, mit gelbbraunen Schüppchen, Basis weißlich. **FLEISCH** faserig, gelblich; Geruch staubartig. **SPORENPULVER** rostbraun. **SPOREN** 9–12 × 5–6 µm. **VORKOMMEN** Juli bis Oktober oft gesellig in Nadelwäldern, gern an Waldwegen; auf Kalk. **VERWENDUNG** Giftig.

2 Ziegelroter Risspilz, Mai-Risspilz

Inocybe erubescens Blytt., *Inocybe patouillardii* Bres.
Cortinariaceae

HUT 2–9 cm breit, jung stumpfkegelig, dann glockig ausgebreitet, meist stumpf gebuckelt; Oberfläche radialfaserig, bei Trockenheit auch faserschuppig, etwas glänzend, jung weißlich bis blass strohgelb-ockerlich, später und bei Druck ziegelrötlich, meist streifig, schließlich gänzlich rotbräunlich; Rand jung eingerollt, später radial einreißend. **LAMELLEN** ausgebuchtet angeheftet bis fast frei, gedrängt, untermischt, erst weißlich mit blassrosa Reflex, bald graubeige, zuletzt olivbraun, jung an Druckstellen langsam, oft erst nach Stunden, rötend. **STIEL** 4–8 cm lang, 0,6–1,5 cm breit, faserig, voll, anfangs weißlich, auf Druck und im Alter rötend. **FLEISCH** fest, faserig, weiß, an Bruch- und Schnittstellen langsam rötend; Geruch fruchtartig süßlich, alt unangenehm; Geschmack mild, alt widerlich (nicht probieren!). **SPORENPULVER** dunkelbraun-olivbraun. **SPOREN** 9–15 × 5–8 µm, elliptisch bis bohnenförmig. **VORKOMMEN** Mai bis August in Parkanlagen, Gärten, Laubwäldern und an Waldwegen, gern auf Kalk; in ganz Europa. **VERWENDUNG** Sehr giftig. **WISSENSWERTES** Der Ziegelrote Risspilz enthält Muscarin. Verwechslungen mit dem ▸ **Maipilz (S. 170/1)** und dem ▸ **Nelken-Schwindling (S. 204/2)** können fatale Folgen haben.

3 Weinroter Risspilz

Inocybe adaequata (Britz.) Sacc., *Inocybe jurana* Pat.
Cortinariaceae

HUT 3–8 cm breit, anfangs kegelig bis glockig, später gewölbt-ausgebreitet mit breitem Buckel; Oberfläche am Scheitel feinschuppig, zum Rand hin radialfaserig bis büschelig faserig, rötlich braun bis weinfarben; Rand jung mit weißlicher Cortina, alt oft tief eingerissen. **LAMELLEN** ausgebuchtet, mit kleinem Zahn angewachsen, hellbeige, später lehmbraun, braunrot, mit weinrötlichem Ton. **STIEL** 2–6 cm lang, 0,7–1,5 cm breit, zylindrisch oder zum Grund hin etwas verjüngt, blassbeige, bald weinrötlich überhaucht. **FLEISCH** weiß, im Stiel weinrötlich; Geruch säuerlich, alt etwas muffig. **SPORENPULVER** tabakbraun. **SPOREN** 10–15 × 5–7 µm. **VORKOMMEN** Juni bis September gesellig in Wäldern und Parkanlagen. **VERWENDUNG** Kein Speisepilz.

1

2

3

1 Gefleckter Risspilz

Inocybe maculata Boud. *Cortinariaceae*

HUT 3–6 cm breit, anfangs konisch gewölbt, später ausgebreitet mit Buckel; Oberfläche haselbraun-kastanienbraun, Scheitel mit +/– stark ausgeprägten silbrigen Velumresten überzogen, zum Rand hin grob radialfaserig; Rand jung eingebogen, mit weißlicher, rasch schwindender Cortina, alt abstehend, tief radial eingerissen. **LAMELLEN** am Stiel ausgebuchtet angewachsen, jung grauweißlich, später bräunlich, +/– olivstichig; Schneiden weiß. **STIEL** bis 6 cm lang, 0,5–1 cm breit, zylindrisch, längsfaserig, Spitze blass, graulich, abwärts ockerbräunlich bis dunkelbraun; Basis +/– knollig verdickt, weiß. **FLEISCH** weißlich cremefarben, faserig; Geschmack mild, Geruch etwas säuerlich-spermatisch. **SPORENPULVER** tabakbräunlich. **SPOREN** 8–12 × 4,5–6,5 µm, glatt. **VORKOMMEN** Juli bis Oktober in Laubwäldern und Parkanlagen auf Kalkböden. **VERWENDUNG** Giftig, enthält Muscarin.

2 Kegeliger Risspilz

Inocybe rimosa (Bull.: Fr.) Kumm., *Inocybe fastigiata* (Schaeff.: Fr.) Quél. *Cortinariaceae*

HUT 3–7 cm breit, anfangs kegelig, bald ausgebreitet mit typisch zugespitztem Buckel **(2b)**; Oberfläche graulich, gelbockerlich, gelb- bis umbrabräunlich, Mitte meist dunkler, mit radial verlaufenden Fasern; Rand jung eingebogen mit rasch schwindender Cortina, später nach unten abgebogen, im Alter auch aufwärts gebogen und +/– tief eingerissen. **LAMELLEN** ausgebuchtet angewachsen, etwas gedrängt, jung graubeige, alt schmutzig bräunlich; Schneiden weißlich bewimpert. **STIEL** bis 8 cm lang, bis 1,5 cm breit, zylindrisch, jung weißlich, später gelblich-hellockerlich; Oberfläche etwas faserig-flockig. **FLEISCH** gelblich weiß; Geruch spermatisch. **SPORENPULVER** tabakbraun. **SPOREN** 10–16 × 6–9 µm, glatt. **VORKOMMEN** Juni bis Oktober in Laub- und Nadelwäldern, an Waldwegen, in Parks; in Mitteleuropa verbreitet und in verschiedenen Varietäten erscheinend. **VERWENDUNG** Giftig. **WISSENSWERTES** Ähnlich ist der **Knollige Risspilz** *(Inocybe cookei)*; sein Stiel hat ein gerandetes Basalknöllchen. Der Kegelige Risspilz enthält wie viele Arten der Gattung *Inocybe* Muscarin. Vergiftungserscheinungen treten meist schon 15–30 Minuten nach der Pilzmahlzeit auf. Typische Symptome sind Schweißausbrüche verbunden mit Speichel- und Tränenfluss, Übelkeit, Pupillenverengung, Sehstörungen, Erbrechen, Bauchkoliken, langsamer Puls.

3 Hirschbrauner Risspilz

Inocybe cervicolor (Pers.) Quél., *Inocybe bongardii* var. *cervicolor* (Pers.) Henkel *Cortinariaceae*

HUT 3–5 cm breit, jung kegelig-glockig, alt flach gewölbt mit breitem Buckel; Oberfläche lehmbraun, lederbraun, ockerbraun, dunkler faserig-schuppig, zum Rand hin grobfaserig; Rand jung mit Cortinaresten, im Alter abgebogen und +/– kurz eingerissen. **LAMELLEN** am Stiel ausgebuchtet angewachsen, untermischt, jung fast weißlich, später beige-zimtfarben, alt schmutzig braun mit rostigem Ton; Schneiden weißlich bewimpert. **STIEL** 4–7 cm lang, 5–7 mm breit, zylindrisch, zur Basis hin manchmal verjüngt, beige-hellbraun, Spitze weißlich, feinstflockig, zur Basis hin hutfarben, befasert. **FLEISCH** im Hut weißlich-cremefarben, im Stiel faserig, besonders im Basisbereich rötend; Geruch muffig, widerlich, staubig. **SPORENPULVER** olivbraun. **SPOREN** 10–16 × 6,5–8 µm. **VORKOMMEN** Sommer bis Herbst meist gesellig bei Nadelbäumen, an Wegrändern; auf Kalkböden. **VERWENDUNG** Giftig. **WISSENSWERTES** Ähnlichkeit hat der **Blaufüßige Risspilz** *(Inocybe calamistra)*; seine Stielbasis verfärbt blaugrün.

1
2a
2b
3

1 Duftender Risspilz

Inocybe bongardii (Weinm.) Quél. *Cortinariaceae*

HUT 2–6 cm breit, jung fast halbkugelig, bald kegelig-gewölbt, alt flach gewölbt; Oberfläche tabakbraun, oft mit rötlichen Tönen, mit bräunlichen Faserschüppchen; Rand anfangs eingebogen, mit fädiger, weißlicher Cortina, alt abgebogen, bisweilen kurz eingerissen. **LAMELLEN** ausgerandet angewachsen, etwas entfernt stehend, stark untermischt, erst beige bis hellbräunlich, alt bräunend, etwas rostbraun, an Druckstellen rötend; Schneiden schwach wellig, weißlich bewimpert. **STIEL** bis 6 cm lang, 0,5–1 cm breit, zylindrisch, zur Basis kaum verdickt, hellbeige, alt bräunlich, deutlich gefasert, an Druckstellen rötend. **FLEISCH** im Hut weißlich, auf Druck oder im Anschnitt etwas rötend; Geruch aromatisch, angenehm, süßlich-obstartig, an Birnen erinnernd, Geschmack mild. **SPORENPULVER** tabakbraun. **SPOREN** 10–15 × 6,5–8,5 µm. **VORKOMMEN** Juli bis Oktober ziemlich häufig unter Laub- und Nadelbäumen, in Parkanlagen. **VERWENDUNG** Giftig. **WISSENSWERTES** Über die Giftigkeit dieses Pilzes bestehen unterschiedliche Meinungen, er sollte aber wie viele Arten dieser Gattung vorsichtshalber als giftig eingestuft werden; als Speisepilze kommen Risspilze ohnehin nicht infrage. Seinen Namen hat der Pilz von seinem aromatischen, an Birnen erinnernden Geruch, der jedoch von manchen Personen als widerlich empfunden wird. Ähnlich riechen der ▸ **Birnen-Risspilz (S. 344/1)** und der ▸ **Grünscheitelige Risspilz (S. 342/1).**

2 Weißrosa Risspilz

Inocybe whitei (Berk. & Br.) Sacc., *Inocybe pudica* Kuehn. *Cortinariaceae*

HUT 2–4(–6) cm breit, anfangs fast halbkugelig, später flach gewölbt, oft stumpf gebuckelt; Oberfläche feinfilzig-seidig, jung weißlich, fleckenweise zart lachsrosa verfärbend, im Alter bisweilen rötlich; Rand jung eingebogen, mit vergänglicher Cortina, alt eingerissen. **LAMELLEN** am Stiel abgerundet, mäßig gedrängt, untermischt, jung weißlich bis zart fleischgrau, bald ockerbräunlich. **STIEL** 3–6(–8) cm lang, bis 1 cm breit, zylindrisch, alt hohl, jung weiß, bald stellenweise rötend; Basis bisweilen knollig verdickt, Knöllchen jedoch nicht gerandet. **FLEISCH** sehr dünn, weißlich bis rötlich; Geruch spermatisch. **SPOREN** 8–11 × 5,5–6,5 µm, breitelliptisch. **VORKOMMEN** August bis Oktober gesellig in Nadelwäldern, bisweilen auch unter Laubbäumen. **VERWENDUNG** Giftig. **WISSENSWERTES** Im Habitus ähnlich ist der ▸ **Rötende Risspilz (siehe 3)**, er hat aber einen bereiften Stiel und an der Stielbasis ein gerandetes Knöllchen.

3 Rötender Risspilz

Inocybe godeyi Gill. *Cortinariaceae*

HUT 2–4(–5) cm breit, jung halbkugelig-kegelig, dann flach gewölbt, gebuckelt; Oberfläche seidig bis eingewachsen radialfaserig, jung weißlich-cremeocker, bald ziegelrötlich bis orangerötlich; Rand jung eingebogen, mit flüchtiger, weißer Cortina, alt +/– eingerissen. **LAMELLEN** am Stiel ausgebuchtet angewachsen, untermischt, jung grauweißlich, bald ockerlich bis orangerötlich; Schneiden stark bewimpert. **STIEL** 2–4 cm lang, bis 0,8 cm breit, zylindrisch, weißlich, bereift, +/– rötend; Basis gerandet knollig, Knolle außen weißlich, im Schnitt weiß bleibend. **FLEISCH** dünn, jung weißlich, alt rötlich; Geruch widerlich, spermatisch. **SPORENPULVER** tabakbraun. **SPOREN** 9–12 × 5–7,5 µm, mandelförmig, glatt. **VORKOMMEN** Juni bis September unter Laubbäumen, an Waldwegen, in Parkanlagen; auf Kalk. **VERWENDUNG** Giftig.

1

2

3

1 Grünscheiteliger Risspilz, Grünbuckeliger Risspilz

Inocybe corydalina Quél. *Cortinariaceae*

HUT 2–6 cm breit, jung glockig, später flach, stumpf gebuckelt; Oberfläche radial gefasert, im Scheitelbereich olivgrünlich bis blaugrünlich überhaucht, zum Rand hin graubeige bis ockerbräunlich; Rand rissig. **LAMELLEN** am Stiel ausgerandet angewachsen, untermischt, jung weißlich, bald blass lehmfarben bis schmutzig erdbräunlich; Schneiden weiß. **STIEL** 3–6 cm lang, 0,5–1 cm breit, zylindrisch, jung weißlich, dann bräunlich; Basis gleich dick oder schwach knollig, zuweilen etwas grünlich. **FLEISCH** faserig, weißlich; Geruch süßlich-aromatisch. **SPORENPULVER** tabakbraun. **SPOREN** 8–10 × 5–6,5 µm, +/– zitronenförmig bis elliptisch, glatt. **VORKOMMEN** Juli bis Oktober einzeln bis gesellig in Laubwäldern und Parkanlagen; auf Kalk. **VERWENDUNG** Giftig. **WISSENSWERTES** Einen ähnlichen Geruch haben der ▸ **Birnen-Risspilz (S. 344/1)** und der ▸ **Duftende Risspilz (S. 340/1).** Der angenehme Birnengeruch dieser drei Arten darf nicht darüber hinwegtäuschen, dass sie wie viele Risspilze giftig sind. Die Gattung *Inocybe* enthält keine Speisepilze. Seinen Namen hat der Grünscheitelige Risspilz von seinem schön grünlich, bisweilen smaragdgrün gefärbten Buckel.

2 Seidiger Risspilz, Erdblättriger Risspilz

Inocybe geophylla (Sow.: Fr.) Kumm. *Cortinariaceae*

HUT 1–4 cm breit, anfangs kegelig-glockig, dann gewölbt-ausgebreitet mit kleinem Buckel; Oberfläche fein seidig-faserig, glatt, weißlich, graulich, ockerlich oder cremefarben; Rand jung eingebogen und durch einen weißlichen Haarschleier mit dem Stiel verbunden, im Alter abstehend, bisweilen hochgeschlagen, eingerissen. **LAMELLEN** angeheftet bis fast frei, bauchig, erst weißlich, blassgrau, später schmutzig erdfarben (Name!), olivstichig; Schneiden weißlich, fein bewimpert. **STIEL** 3–6 cm lang, 2–6 mm breit, zylindrisch, hohl, zerbrechlich, oft gebogen; Basis +/– verdickt, meist leicht knollig, weißlich, fein seidig-faserig. **FLEISCH** dünn, weißlich; Geruch widerlich, spermatisch, Geschmack schärflich. **SPORENPULVER** schmutzig tonfarben. **SPOREN** 7,5–10,5 × 4,5–6 µm, elliptisch bis fast mandelförmig, glatt. **VORKOMMEN** Juni bis November meist gesellig und oft aspektbildend in feuchten Laub- und Nadelwäldern, an Wegrändern, auf Waldwegen, auch in Parkanlagen; in der gemäßigten Zone Europas weit verbreitet. **VERWENDUNG** Giftig, enthält Muscarin.

3 Lilaseidiger Risspilz

Inocybe geophylla var. *lilacina* (Peck) Gill *Cortinariaceae*

WISSENSWERTES Vom ▸ **Seidigen Risspilz (siehe 2)** unterscheidet man verschiedene Varietäten. Bisweilen findet man an denselben Standorten die auffällige, schön violett gefärbte Farbvariante *Inocybe geophylla* var. *lilacina* mit lila Stiel und Hut, die im Alter zunehmend ausblassen. Die rötende Art *Inocybe geophylla* var. *lateritia* wird heute *Inocybe whitei,* dem ▸ **Weißrosa Risspilz (S. 340/2),** zugeordnet. Wie zahlreiche Risspilze enthalten alle Formen von *Inocybe geophylla* Muscarin. Vergiftungssymptome zeigen sich bereits 15–30 Minuten nach dem Verzehr: starke Schweißausbrüche, Speichel- und Tränenfluss, Erbrechen, Durchfall, Pupillenverengung, langsamer Puls. Die häufigsten Erkrankungen dieses Vergiftungstyps verursacht allerdings der ▸ **Ziegelrote Risspilz (S. 336/2).** Verwechslungsgefahr mit dem giftigen Lilaseidigen Risspilz besteht beim leichtsinnigen Einsammeln von ▸ **Violetten Lacktrichterlingen (S. 126/3),** die am selben Standort wachsen können. Sie haben jedoch keinen Buckel, ihre dicken Lamellen stehen auffällig entfernt.

1

2

3

1 Birnen-Risspilz

Inocybe fraudans (Britz.) Sacc., *Inocybe pyriodora* (Pers.: Fr.) Quél.
Cortinariaceae

HUT 2–6(–8) cm breit, jung kegelig-gewölbt, dann abgerundet-ausgebreitet mit gebuckeltem Scheitel; Oberfläche anfangs cremeweißlich, strohgelb, hellbraun, später satt ockerfarben, ockerbraun, mit rötlich braunen Faserschuppen besetzt; Rand abgebogen, alt abstehend und bisweilen etwas über die Lamellen hinausragend, +/– eingerissen. **LAMELLEN** am Stiel ausgebuchtet angewachsen, untermischt, erst grau-weißlich, später ockerlich und etwas rötlich überhaucht; Schneiden weißlich bewimpert. **STIEL** 4–8 cm lang, bis 1 cm breit, zylindrisch, zur Basis etwas angeschwollen, im oberen Teil fast weißlich, zur Basis hin holzfarben bis bräunlich und fein befasert. **FLEISCH** weißlich, im Schnitt schwach rötend; Geruch schwer zu beschreiben auffallend süßlich, nach Birnen oder Obstschnaps, Geschmack unbedeutend. **SPORENPULVER** tabakbraun. **SPOREN** 8–11 × 5–7 µm, elliptisch bis mandelförmig, glatt. **VORKOMMEN** Juli bis Oktober meist gesellig in Laub- und Nadelwäldern, in Auwäldern und Parkanlagen; vorwiegend auf Kalk- und Tonböden. **VERWENDUNG** Kein Speisepilz. Über die Giftigkeit des Birnen-Risspilzes ist wenig bekannt. Trotzdem kommt er wie alle Risspilze als Speisepilz nicht infrage. **WISSENSWERTES** Einen ähnlichen Geruch haben der ▸ **Grünscheitelige Risspilz (S. 342/1)** und der ▸ **Duftende Risspilz (S. 340/1).**

2 Rotbrauner Risspilz

Inocybe splendens Heim, *Inocybe terrifera* Kuehn., *Inocybe phaeoleuca* Kühn. *Cortinariaceae*

HUT 3–5(–7) cm breit, bald gewölbt bis ausgebreitet, breitwarzig gebuckelt; Oberfläche faserig beschuppt, Hutfarbe mit großer Variabilität von lichtbraun, ockerlich bis dunkelbraun; Rand gelappt, trocken eingerissen. **LAMELLEN** am Stiel angewachsen, entfernt stehend, graubeige, alt zimtbraun. **STIEL** bis 6 cm lang, kräftig, weißlich, bereift; Basis knollig. **FLEISCH** weißlich, zart holzfarben; Geruch säuerlich, etwas nach frisch gebackenem Brot, alt unangenehm, zuweilen muffig. **SPOREN** 9–11 × 5–6 µm, +/– schiffchenförmig. **VORKOMMEN** Sommer bis Herbst in Laubwäldern, in Auwäldern und Parkanlagen auf nacktem Boden oder im kurz geschnittenen Gras, im Laubwald in der Krautschicht, selten bei Nadelbäumen; nur auf Kalkböden oder am Wegrand bei ausreichender Kalkzufuhr durch die Schotterung. **VERWENDUNG** Kein Speisepilz.

3 Wolligfädiger Risspilz

Inocybe sindonia (Fr.) Karst., *Inocybe kuehneri* Stgl. & Ves., *Inocybe eutheles* ss. Kühn. *Cortinariaceae*

HUT 2–6 cm breit, jung kegelig, bald gewölbt mit Buckel; Oberfläche blassbeige-blassockerlich, Scheitel feinfaserig bis etwas schuppig, zum Rand hin befasert **(3a)**; Rand jung eingebogen, mit dichtem, wolligem, weißem, vergänglichem Velum. **LAMELLEN** ausgerandet, mit Zähnchen angewachsen, jung graubeige, später bräunlich **(3b)**. **STIEL** bis 8 cm lang, bis 0,7 cm breit, zylindrisch, alt hohl, jung blass, später hell ockerbräunlich mit Rosaton, bereift; Basis angeschwollen. **FLEISCH** fest, weiß; Geruch etwas nach Waschmittel. **SPORENPULVER** ockerbräunlich. **SPOREN** 8–10 × 4,5–5,5 µm, glatt. **VORKOMMEN** September bis zu den ersten Frösten im November meistens gesellig, seltener einzeln bei Laub- und Nadelbäumen auf nacktem Boden oder an Waldwegen im Gras oder in der Krautschicht; auf Kalkböden; verbreitet. **VERWENDUNG** Giftig.

1

2

3a

3b

1 Früher Risspilz, Frühlings-Risspilz

Inocybe nitidiuscula (Britz.) Sacc., *Inocybe friesii* R. Heim, *Inocybe tarda* Kühn. *Cortinariaceae*

HUT 1–3(–4,5) cm breit, anfangs kegelig-glockig, dann ausgebreitet, meist mit warzig-zapfigem Buckel; Oberfläche radialfaserig, rot- bis kastanienbraun **(1b)**, selten ockerlich, zum Rand hin faserig; Rand jung eingebogen, mit weißer, vergänglicher Cortina, alt abstehend, +/– tief eingerissen. **LAMELLEN** am Stiel ausgebuchtet angewachsen, untermischt, jung grauweißlich, später bräunlich **(1a)**; Schneiden weiß bewimpert. **STIEL** 3–6 cm lang, 2–4 mm breit, zylindrisch, wachsfarben, im Oberteil rötlich behaucht, zur Basis hin etwas angeschwollen. **FLEISCH** im Hut weißlich; Geruch säuerlich, spermatisch, Geschmack widerlich. **SPORENPULVER** tabakbraun. **SPOREN** 9–12 × 5,5–7 µm, elliptisch-mandelförmig, glatt. **VORKOMMEN** Mai bis Oktober in Fichtenwäldern, seltener in Laubwäldern an Waldwegen; auf Kalkböden. **VERWENDUNG** Giftig. **WISSENSWERTES** Der Frühlings-Risspilz ist wie viele ähnliche kleine Risspilze wegen seines hohen Muscaringehaltes ziemlich giftig. Nur für sehr leichtsinnige Pilzsammler sind Risspilze aber mit Speisepilzen zu verwechseln. Zudem sollte ihr oft unangenehmer Geruch abstoßend wirken.

2 Braunstreifiger Risspilz

Inocybe fuscidula Vel., *Inocybe hypophaea* Furrer-Ziogas, *Inocybe virgatula* Kühn. *Cortinariaceae*

HUT 2–5 cm breit, jung kegelig gewölbt, bald flach ausgebreitet, schwach gebuckelt; Oberfläche gedrängt radial feinfaserig, ockerbraun, dunkelbraun, graubraun, haselbraun; Rand jung eingebogen. **LAMELLEN** am Stiel ausgebuchtet, etwas entfernt stehend, untermischt, jung graubeige, alt hellbräunlich; Schneiden bewimpert. **STIEL** 4–6 cm lang, 3–6(–8) mm breit, weißlich, im oberen Stieldrittel bereift, zum Grund hin fein befasert, kaum bis schwach knollig; Basis mit weißlichem Myzelfilz besetzt. **FLEISCH** weißlich mit etwas bräunlichen Randzonen; Geruch spermatisch. **SPOREN** 10–15 × 6–7,5 µm, glatt. **VORKOMMEN** Juli bis Oktober in Nadelwäldern, auch bei Laubbäumen, an Wegrändern, im Gebüsch, in den Alpen bis 1800 m. **VERWENDUNG** Kein Speisepilz.

3 Flockiger Risspilz

Inocybe flocculosa (Berkl. in Smith) Sacc., *Inocybe lucifuga* (Fr.) Kumm., *Inocybe fulvidula* Vel., *Inocybe gausapata* Kühn. *Cortinariaceae*

HUT bis 6 cm breit, jung kegelig, später flach ausgebreitet; Oberfläche haselbraun-ockerlich, mit konzentrisch anliegenden kleinen, bräunlichen, sparrigen Schüppchen bedeckt; Rand jung faserig behangen, nach unten gebogen. **LAMELLEN** am Stiel ausgebuchtet, grauweißlich bis blass graubeige, alt hellbraun; Schneiden weiß bewimpert. **STIEL** bis 6 cm lang, bis 6 mm breit, jung blass, weißlich, alt bräunlich. **FLEISCH** weißlich; Geruch unbedeutend bis schwach spermatisch. **SPORENPULVER** ockergelblich. **SPOREN** 7,5–11 × 5,5–6,5 µm. **VORKOMMEN** Juni bis November gesellig, oft in Scharen in Laub- und Nadelwäldern, in Fichtenparzellen, entlang von Forststraßen; verbreitet. **VERWENDUNG** Giftig. **WISSENSWERTES** Die beschriebene Art wird unterteilt in die drei Varietäten *Inocybe flocculosa* var. *flocculosa*, var. *crocifolia* mit lebhaft gelben Lamellen und ockerlichem bis orangeockerlichem Stiel sowie var. *ferruginea* mit orangerötlichen Lamellen, lebhaft rotbraunem Hut und orangerötlichem, etwas weinfarben behauchtem Stiel.

1a

1b

2

3

1 Grauvioletter Risspilz, Lilagrauer Risspilz

Inocybe griseolilacina Lge., *Inocybe personata* Kuehn.
Cortinariaceae

HUT bis 4 cm breit, jung halbkugelig, bald gewölbt, dann flach ausgebreitet und gebuckelt; Oberfläche faserig kleinschuppig, hell graubraun, mit violettem Ton, Scheitel ockerlich-haselbraun; Rand jung eingebogen mit grauvioletter Cortina. **LAMELLEN** am Stiel ausgebuchtet angewachsen, gedrängt, untermischt, graubeige, alt graubraun mit lila Beiton; Schneiden weiß, fein bewimpert. **STIEL** 3–7 cm lang, zylindrisch, grauviolett, alt haselbraun mit violettem Beiton, mit grauweißen Längsfasern. **FLEISCH** bis 2 mm dick, zunächst weißlich-lilafarben, später schmutzig weiß bis bräunlich, im Stiel wässrig lila; Geruch schwach spermatisch. **SPORENPULVER** tabakbraun. **SPOREN** 8,5–11 × 5–6 µm, elliptisch-mandelförmig, glatt. **VORKOMMEN** Juli bis Oktober meist gesellig bei Laubbäumen, in Parks, an Waldwegen auf nackter Erde oder im Fall-Laub. **VERWENDUNG** Giftig.

2 Braunvioletter Risspilz, Lilastieliger Risspilz

Inocybe phaecomis (Pers.) Kuyper, *Inocybe obscura* ss. auct., *Inocybe cincinnata* ss. auct. *Cortinariaceae*

HUT 1–2,5 cm breit, jung halbkugelig, bald gewölbt, +/– gebuckelt; Oberfläche mit feinen, sparrigen Schüppchen bedeckt, haselbraun, rotbraun, jung mit violettlichem Beiton; Rand jung eingebogen. **LAMELLEN** am Stiel ausgebuchtet angewachsen, etwas gedrängt, jung blass zimtbraun mit violettem Beiton, bald bräunlich **(2b)**; Schneiden wellig. **STIEL** 2–5 cm lang, bis 3 mm breit, zylindrisch, blassbräunlich, zur Spitze hin mit Lilaton, oft fein bräunlich geschuppt. **FLEISCH** im Hut weißlich, in der Stielspitze violettlich getönt; Geruch schwach säuerlich bis spermatisch. **SPOREN** 8–10 × 4–6 µm, mandelförmig, glatt. **VORKOMMEN** Juli bis Oktober in Laub- und Nadelwäldern, in Gärten und Parkanlagen, auch auf Brandstellen. **VERWENDUNG** Giftig. **WISSENSWERTES** Die Unterart *Inocybe phaecomis* var. *major* ist größer. Der Braunviolette Risspilz hat einen hohen Muscaringehalt.

3 Rundknolliger Risspilz, Weißknolliger Risspilz

Inocybe assimilata (Britz.) Sacc., *Inocybe umbrina* Bres.
Cortinariaceae

HUT 1,5–4 cm breit, flach gewölbt mit Buckel; Oberfläche eingewachsen-radialfaserig, umbrabraun, haselbraun; Rand etwas grobfaseriger, heller, jung eingebogen, mit rasch vergänglicher Cortina, kurz einreißend. **LAMELLEN** bogig angewachsen, jung hellbeige, alt lehmfarben, gedrängt; Schneiden fein bewimpert. **STIEL** 4–7 cm lang, 4–5 mm breit, zylindrisch, hellbraun, fein längsfaserig, mit auffälligem, bis 8 mm breitem, weißem Basalknöllchen. **FLEISCH** im Hut weißlich, im Stiel blass hellbräunlich, im Knöllchen weiß, besonders zur Basis hin faserig; Geruch muffig bis etwas säuerlich. **SPOREN** 7–9 × 5–6 µm, schwach höckerig. **VORKOMMEN** Juli bis November oft gesellig in Nadelwäldern auf nassen und sauren Böden, in süddeutschen Berg-Nadelwäldern verbreitet. **VERWENDUNG** Giftig. **WISSENSWERTES** Der Rundknollige Risspilz gehört zu den giftigen muscarinhaltigen Risspilzen. Die schwierige Gattung *Inocybe* mit ihren bei uns etwa 150 Arten ist durch ihre typische Hutform im Allgemeinen zwar leicht erkennbar, die exakte Bestimmung der verschiedenen Arten erfordert jedoch neben viel Erfahrung auch genaue mikroskopische Untersuchungen. Der **Rübenstielige Risspilz** *(Inocybe napipes)* hat wie der Rundknollige Risspilz ein Basalknöllchen, unterscheidet sich aber durch seinen warzenartig gebuckelten Hut.

1

2a

2b

3

1 Graugezonter Zwerg-Risspilz

Inocybe petiginosa (Fr.) Gill. *Cortinariaceae*

HUT 1–2 cm breit, jung gewölbt, bald flach mit kleinem Buckel; Scheitel alt kahl, rotbräunlich, zum Rand hin farblich abgesetzt grauocker und filzig bleibend. **LAMELLEN** am Stiel ausgebuchtet angewachsen, gedrängt, gelblich ocker, alt dunkler. **STIEL** 1,5–3 cm lang, 1–2 mm breit, zylindrisch, schlank, +/– verbogen, ockerfarben-fleischfarben, fein bereift. **FLEISCH** dünn, blassockerlich; Geruch schwach spermatisch. **SPOREN** 6,5–7 × 4,5–6 µm, höckerig. **VORKOMMEN** Juni bis November in Laubwäldern, gern gesellig unter Rotbuchen *(Fagus sylvatica)*, auch unter Eichen *(Quercus)* auf kalkreichen und auf sauren Böden. **VERWENDUNG** Kein Speisepilz. **WISSENSWERTES** Dieser Vertreter einer schwierigen Gattung ist in der Natur durch seine geringe Fruchtkörpergröße, seinen zum Rand hin hell gefärbten Hut und den fein bereiften Stiel sowie sein Vorkommen vor allem unter Rotbuchen *(Fagus sylvatica)* relativ gut zu erkennen.

2 Weißer Risspilz, Eingeknickter Risspilz

Inocybe fibrosa (Sow.) Gill. *Cortinariaceae*

HUT 4–10(–15) cm breit, dickfleischig, jung +/– halbkugelig, alt flach gewölbt, gebuckelt; Oberfläche kahl, glatt, weißlich, elfenbeinfarben **(2a)**, feucht leicht schmierig; Rand jung +/– eingebogen, selten eingerissen. **LAMELLEN** am Stiel ausgerandet angewachsen, jung weißlich, alt graubräunlich **(2b)**; Schneiden alt schwach schartig. **STIEL** 7–10 cm lang, 1–2 cm breit, jung weißlich, bereift, alt strohgelblich. **FLEISCH** dick, weißlich, auch gelblich; Geruch spermatisch. **SPORENPULVER** tabakbraun. **SPOREN** 8–12 × 6–8 µm, mit +/– eckigen Höckern. **VORKOMMEN** Juli bis Oktober in Nadelwäldern unter Fichten und Kiefern, auf Kalk, vorwiegend im Gebirge; selten. **VERWENDUNG** Giftig, enthält Muscarin. **WISSENSWERTES** Der hier beschriebene Weiße Risspilz ist die größte Art der Gattung. Er hat einen etwas kleineren, seltenen Doppelgänger, den **Fliederweißen Risspilz** *(Inocybe sambucina)*: Hut bis 8 cm breit, Oberfläche silbrig weiß bis blassocker und oft mit Sandresten bedeckt, Lamellen beigefarben; der Geruch des Fleisches ist ebenfalls spermatisch. Die Sporen sind glatt. Vorkommen von August bis Oktober in Laub- und Nadelwäldern, gern bei Kiefern *(Pinus)* auf sandigen Böden; meidet Kalkböden. Er enthält ebenfalls Muscarin und ist giftig. Verwechslungsgefahr besteht mit dem **Seidigen Ritterling** *(Tricholoma columbetta)*, einem guten Speisepilz, der den beiden Risspilzen äußerlich sehr ähnlich ist; er hat aber einen schwachen Mehlgeruch und -geschmack.

3 Wolliger Risspilz

Inocybe lanuginosa (Bull.: Fr.) Kummer, *Inocybe longicystis* Atk. *Cortinariaceae*

HUT 2–5 cm breit, anfangs konisch gewölbt, bald flach gewölbt, kaum oder wenig erhaben gebuckelt; Oberfläche jung wollig-grobfilzig, bald kleinschuppig, haselbraun bis dunkelbraun, Scheitel immer dunkler; Huthaut am Rand etwas überstehend, Rand fransig, jung mit Cortinaresten. **LAMELLEN** am Stiel ausgerandet angewachsen, mit Zähnchen herablaufend, erst hellbeige, später +/– ockerbräunlich. **STIEL** 3–8 cm lang, 0,5–1 cm breit, hutfarben, wollig befasert bis schuppig. **FLEISCH** im Hut schmutzig weißlich, im Stiel bräunlich; Geruch moderig bis fehlend. **SPOREN** 7–11 × 5–8 µm, etwas höckerig. **VORKOMMEN** August bis Oktober in Laub- und Nadelwäldern, gern unter Fichten und Kiefern, auf sauren, moorigen Böden. **VERWENDUNG** Giftig. **WISSENSWERTES** Vom Wolligen Risspilz sind zwei Varietäten bekannt: *Inocybe lanuginosa* var. *ovatocystis* mit ballonförmigen Pleurozystiden und var. *alpina* aus den Alpen.

1

2a

2b

3

GATTUNG **Hebeloma (Fälblinge)**
FAMILIE *Cortinariaceae*
Kleine bis große Lamellenpilze. Fruchtkörper weißlich bis braun; Lamellen hellbraun, bisweilen tränend; Stiel mit oder ohne Ringzone. Sporenpulver braun. Viele mit rettichartigem Geruch, Geschmack meist bitter. Keine Speisepilze.

1 Marzipan-Fälbling

Hebeloma radicosum (Bull.: Fr.) Rick. *Cortinariaceae*

HUT 6–12(–15) cm breit, jung halbkugelig, später flach gewölbt-ausgebreitet; Oberfläche feucht stark schmierig, graugelblich, lehmbraun, semmelbraun, angedrückt bis eingewachsen faserschuppig, Scheibe dunkler; Rand lange eingebogen, von fetzigen Velumresten behangen. **LAMELLEN** am Stiel ausgebuchtet angewachsen, gedrängt stehend, untermischt, nicht tränend, jung blass, dann dunkel tonbraun; Schneiden heller. **STIEL** 5–8 cm lang, 2–3 cm breit, zäh, Basis +/– zwiebelig-knollig, dann in eine spindelförmige Wurzel auslaufend, die bis 15 cm Länge erreichen kann **(1b)**; Ring dick, häutig, abstehend; Stiel darüber weißlich, mehlig, darunter sparrig schuppig genattert. **FLEISCH** weißlich; Geruch fein marzipanartig, Geschmack mild bis bitter. **SPOREN** 8,5–10,5 × 4,5–5,5 µm. **VORKOMMEN** August bis Oktober meist einzeln an Laubholz. **VERWENDUNG** Kein Speisepilz.

2 Dunkelscheibiger Fälbling

Hebeloma mesophaeum (Pers.) Quél. *Cortinariaceae*

HUT 2–5 cm breit, anfangs gewölbt, später flach ausgebreitet, gebuckelt; Oberfläche schmierig, beige- bis gelbbräunlich, Scheitel dunkler; Rand heller bis weißlich, jung mit Velumresten. **LAMELLEN** am Stiel ausgebuchtet angewachsen, jung milchkaffeebraun. **STIEL** 3–6 cm lang, 3–6 mm breit, röhrig, jung weißlich, später von der Basis aufwärts bräunend, faserig, oft mit angedeuteter Ringzone. **FLEISCH** hell graubraun; Geruch rettichartig, Geschmack bitter, rettichartig. **SPORENPULVER** rostbraun. **SPOREN** 8–10 × 5–6 µm, elliptisch, feinwarzig. **VORKOMMEN** September bis November oft aspektbildend in Laub- und Nadelwäldern, in Parkanlagen; in ganz Mitteleuropa verbreitet. **VERWENDUNG** Kein Speisepilz.

3 Tongrauer Tränen-Fälbling, Tonblasser Fälbling

Hebeloma crustuliniforme (Bull.) Quél. *Cortinariaceae*

HUT 4–8(–10) cm breit, fleischig, zunächst polsterförmig gewölbt, später ausgebreitet, oft mit flachem Buckel; Oberfläche feucht schleimig-schmierig, eingewachsen faserig, hell tonfarben, blass semmelfarben bis ockerfarben, Mitte etwas dunkler, gegen den Rand heller, weißlich; Rand lange eingerollt. **LAMELLEN** am Stiel ausgebuchtet bis angewachsen, untermischt, jung weißlich, später tonfarben; Schneiden weißflockig, jung bei feuchter Witterung mit wasserhellen Tröpfchen (tränend), die beim Trocknen durch aufgenommene Sporen braune Flecken hinterlassen. **STIEL** 3–8 cm lang, 4–10 mm breit, weißlich, besonders zur Spitze hin weißflockig, ohne Velumreste. **FLEISCH** dick, weißlich; mit schwach rettichartigem Geruch bis geruchlos, Geschmack bitter, nach Rettich. **SPORENPULVER** braun. **SPOREN** 10–12 × 6–7 µm, mandelförmig, feinwarzig. **VORKOMMEN** August bis Oktober gesellig, oft aspektbildend, in Reihen und Ringen unter Laub- und Nadelbäumen, auf Rasenflächen in Parkanlagen; in der gemäßigten Zone Europas verbreitet. **VERWENDUNG** Giftig; verursacht Verdauungsstörungen, Bauchschmerzen, Erbrechen und Durchfälle.

1a

1b

2

3

1 Süßriechender Fälbling

Hebeloma sacchariolens Quél. ss. Gröger & Zsch. *Cortinariaceae*

HUT 2–6 cm breit, gewölbt bis ausgebreitet, bisweilen mit schwachem Buckel; Oberfläche lederbraun-ockerbraun, Rand heller. **LAMELLEN** am Stiel ausgebuchtet angewachsen, ziemlich entfernt stehend, erst lederfarben, später rostbraun; Schneiden weißlich. **STIEL** 4–8 cm lang, bis 1 cm breit, hell ockerbräunlich, Spitze oft weiß bereift. **FLEISCH** beige, mit starkem, charakteristischem, aromatischem Geruch nach Orangenblüten oder Amylazetat. **SPOREN** 12–17 × 7–9 µm, mandelförmig, warzig. **VORKOMMEN** September bis November einzeln oder gesellig in Laubwäldern und Parkanlagen, gern an feuchten, lehmigen Waldwegen. **VERWENDUNG** Kein Speisepilz. **WISSENSWERTES** Ähnlich ist der ▸ **Dunkelscheibige Fälbling (S. 352/2)**, dessen beigefarbener Hut im Scheitel dunkler gefärbt ist und der ganz jung mit seidigem Velum überfasert ist. Sein Stiel hat oft eine schwache faserige Ringzone. Er wächst bevorzugt in Nadelwäldern.

2 Rettich-Fälbling, Großer Rettich-Fälbling

Hebeloma sinapizans (Paul.: Fr.) Gill. *Cortinariaceae*

HUT 5–12 cm breit, jung halbkugelig, später gewölbt-ausgebreitet, oft unregelmäßig verbogen, stumpf gebuckelt; Oberfläche feucht schmierig, lederbraun-ockerbraun; Rand oft heller, lange eingebogen. **LAMELLEN** am Stiel tief ausgebuchtet angewachsen, fast gedrängt, nicht tränend, erst graubräunlich, später zimtbraun. **STIEL** 5–10 cm lang, 1–2 cm breit, derb, fest, alt hohl, weißlich, feinschuppig; im Längsschnitt ragt ein zapfenförmiges Stück vom Hut in die Stielhöhlung hinein; Basis oft leicht verdickt. **FLEISCH** dick, fest, weißlich; mit starkem Rettichgeruch, Geschmack bitter. **SPORENPULVER** rostbraun. **SPOREN** 10–12 × 6–8 µm, mandelförmig, warzig. **VORKOMMEN** August bis Oktober oft büschelig und in Reihen und Ringen in Laub- und Nadelwäldern, oft unter Rotbuchen *(Fagus sylvatica)*, auf Kalk. **VERWENDUNG** Giftig, verursacht schwere Verdauungsstörungen. **WISSENSWERTES** Der Rettich-Fälbling ist nicht immer leicht vom ▸ **Tongrauen Tränen-Fälbling (S. 352/3)** zu unterscheiden; dessen Hut ist heller, er besitzt tränende Lamellen. Ähnlich ist auch der **Bräunende Fälbling** *(Hebeloma senescens)* mit Kakaogeruch. Verschiedene Arten der Gattung Fälblinge *(Hebeloma)* sind wichtige Mykorrhizabildner.

3 Honiggelber Erlenschnitzling

Alnicola melinoides (Bull.: Fr.) Kuehn., *Alnicola escaroides* (Fr.) Kumm., *Naucoria escharoides* (Fr.: Fr.) Kumm. *Cortinariaceae*

HUT 0,5–2 cm breit, gewölbt bis ausgebreitet; Oberfläche matt, feinfilzig-schorfig, gelbbraun, trocken hell lederbraun, Mitte etwas dunkler. **LAMELLEN** am Stiel ausgebuchtet angewachsen, untermischt, blass gelbocker, später ockerbraun; Schneiden heller. **STIEL** 1–5 cm lang, bis 4 mm breit, jung lederfarben, später ocker-bräunlich. **FLEISCH** unbedeutend, dünn, gelblich-bräunlich; Geruch +/– rettichartig, Geschmack bitterlich. **SPOREN** 9–12 × 5–6 µm, mandelförmig, rau. **VORKOMMEN** August bis November gesellig an feuchten Plätzen unter Erlen *(Alnus)*, in Mooren, an Bachrändern. **VERWENDUNG** Kein Speisepilz. **WISSENSWERTES** Am gleichen Standort findet man den ähnlichen **Kahlen Erlenschnitzling** *(Alnicola scolecina)*. Er hat einen dunkleren, am Rand grob gerieften Hut. Im nassen Torfmoos wächst der **Torfmoos-Erlenschnitzling** *(Alnicola sphagneti)* mit dunkelbraunem Hut. Die Gattung *Alnicola* (= *Naucoria*) umfasst in Mitteleuropa etwa 15 Arten. Es sind kleine, zierliche, braunsporige, erdbewohnende Lamellenpilze, die oft in Feuchtgebieten wachsen.

1

2

3

1 Geflecktblättriger Flämmling

Gymnopilus penetrans (Fr.) Murr., *Gymnopilus hybridus* (Fr.: Fr.) Sing. *Cortinariaceae*

HUT 2–5(–8) cm breit, gewölbt bis ausgebreitet, manchmal gebuckelt; Oberfläche fast glatt und kahl, nur schwach eingewachsen radialfaserig, feucht klebrig, goldgelb, fuchsig rötlich bis rotbraun, bisweilen dunkler gefleckt. **LAMELLEN** am Stiel ausgebuchtet angewachsen bis kurz herablaufend, untermischt, dicht stehend, blassgelb-gelblich, bald braunfleckig, alt rostbraun; Schneiden +/– schartig. **STIEL** 3–8 cm lang, 2–7 mm breit, blassgelblich, jung +/– weißlich überhaucht, später in der unteren Hälfte zunehmend rotbräunlich, stark längsfaserig, bisweilen mit undeutlicher Ringzone; Basis oft mit weißem Myzelfilz. **FLEISCH** gelblich, im Stiel bräunlich; Geruch schwach rettichartig, Geschmack sehr bitter. **SPORENPULVER** braun. **SPOREN** 7–8 × 4–5 µm. **VORKOMMEN** August bis November an morschem Nadelholz, selten an Laubholz; verbreitet. **VERWENDUNG** Kein Speisepilz. **WISSENSWERTES** Der **Tannen-Flämmling** *(Gymnopilus sapineus)* unterscheidet sich nur durch seine schuppige Hutoberfläche. Der **Beringte Flämmling** *(G. junonius)* ist an seiner kräftigen Form und dem Stielring zu erkennen.

2 Knolliger Schleierritterling

Leucocortinarius bulbiger (Alb. & Schwein.: Fr.) Sing. *Cortinariaceae*

HUT 5–10 cm breit, jung halbkugelig, später gewölbt-ausgebreitet; Oberfläche etwas schmierig, milchkaffeefarben bis orangebräunlich, jung mit blassen Velumresten; Rand jung eingerollt, mit weißen Velumresten behangen. **LAMELLEN** am Stiel ausgebuchtet, untermischt, weißlich. **STIEL** 4–10 cm lang, weiß, mit weißen Velumresten und faseriger weißer Ringzone; Basis knollig verdickt. **FLEISCH** weiß; Geruch unbedeutend, Geschmack mild. **SPORENPULVER** weiß. **SPOREN** 7–9 × 4–5 µm. **VORKOMMEN** Juli bis Oktober in Laub- und Nadelwäldern, gern unter Fichten; auf Kalk. **VERWENDUNG** Essbar.

VERWECHSLUNG MIT GIFTPILZEN Mit giftigen Haarschleierlingen, zum Beispiel mit dem ▸ **Leuchtendgelben Klumpfuß (S. 380/1).**

Leuchtendgelber Klumpfuß

3 Reifpilz, Zigeuner, Runzelschüppling

Rozites caperatus (Pers.: Fr.) Karst. *Cortinariaceae*

HUT 4–12 cm breit, anfangs halbkugelig-glockig, dann gewölbt, im Alter ausgebreitet, mit stumpfem Buckel, radial gerunzelt; Oberfläche blassgelblich, semmelfarben, silbrig bereift mit lila Reflex; Rand jung eingebogen, alt bei Trockenheit oft tief eingerissen. **LAMELLEN** am Stiel ausgebuchtet angewachsen, gedrängt, breit, jung blass, später tonfarben; Schneiden weißlich, fein gezähnt. **STIEL** 5–15 cm lang, bis 2 cm breit, voll, zylindrisch bis keulenförmig, schmutzig weißlich, seidig-faserig gestreift; Ring schmal, blassgelb, oberseits gerieft, mit doppeltem Rand. **FLEISCH** weich, weißlich, oft wässrig durchzogen; Geruch und Geschmack angenehm. **SPORENPULVER** braungelb. **SPOREN** 11–14 × 7–9 µm. **VORKOMMEN** Juli bis Oktober in Nadel-, seltener in Laubwäldern auf sauren Böden. **VERWENDUNG** Essbar.

VERWECHSLUNG MIT GIFTPILZEN Ähnlich sind junge Exemplare vom ▸ **Bocks-Dickfuß (S. 384/1)** und vom ▸ **Lila Dickfuß (S. 382/2).**

Bocks-Dickfuß

1

2

3

Gattung **Galerina (Häublinge)**
Familie *Cortinariaceae*

Die Gattung umfasst etwa 40 Arten mit glockigem oder konvexem Hut. Es sind kleine, dünnfleischige Lamellenpilze. Sporenpulver gelbbraun bis rostbräunlich; Sporen meist warzig, seltener glatt. Häublinge wachsen auf dem Erdboden oder auf morschem Holz. Viele sind giftig oder giftverdächtig.

1 Gift-Häubling, Nadelholz-Häubling

Galerina marginata (Batsch) Kuehn. *Cortinariaceae*

HUT 1,5–4 cm breit, anfangs halbkugelig-glockig, später gewölbt bis flach ausgebreitet, bisweilen mit kleinem Buckel; Oberfläche hygrophan, feucht honigbraun-ockerbraun mit fein gerieftem Rand, klebrig-schmierig, bei Trockenheit von der Mitte her hell gelbbraun ausblassend. **LAMELLEN** am Stiel angeheftet bis leicht herablaufend, schmal, gedrängt, hellbraun-zimtbraun, alt rostbraun. **STIEL** 2–7 cm lang, schlank, zylindrisch, hohl, ockerbraun, alt meist dunkler; Ring hängend, dünn, häutig, flüchtig; Stiel darunter weißlich überfasert, ohne Schüppchen. **FLEISCH** dünn, im Hut braungelblich, im Stiel dunkler; Geruch und Geschmack mehlartig (nicht probieren!). **SPORENPULVER** hellbraun. **SPOREN** 7,5–11 × 5–6,5 µm, mandelförmig, warzig. **VORKOMMEN** Juli bis November einzeln oder in Büscheln auf morschem Nadel-, seltener Laubholz. **VERWENDUNG** Tödlich giftig; enthält Amatoxine, die Giftstoffe der Knollenblätterpilze. **WISSENSWERTES** Der Gift-Häubling hat große Ähnlichkeit mit dem beliebten ▸ **Stockschwämmchen (S. 332/1)**; dieses wächst bevorzugt an Laubholz, hat keinen mehlartigen Geruch, sein Stiel trägt unterhalb des Rings kleine dunkelbraune Schüppchen.

2 Weißflockiger Sumpf-Häubling

Galerina paludosa (Fr.) Kuehn. *Cortinariaceae*

HUT 0,5–2 cm breit, jung halbkugelig, dann kegelig-glockig bis gewölbt, meist mit Buckel; Oberfläche hygrophan, feinkleiig, feucht gelb- bis rotbräunlich, trocken blass lederbraun; Rand durchscheinend gerieft, bisweilen mit faserigen Velumresten. **LAMELLEN** am Stiel gerade angewachsen, ziemlich entfernt stehend, untermischt, gelbbraun-hellockerlich; Schneiden heller. **STIEL** 5–8 cm lang, 1–3 mm breit, hellbräunlich-gelbbräunlich, zerbrechlich, hohl, meist mit angedeuteter zarter Ringzone, darunter fein weißflockig. **FLEISCH** dünn, hellbraun; Geruch und Geschmack gurken- bis mehlartig. **SPOREN** 9–11 × 5–7 µm. **VORKOMMEN** Juni bis September in Mooren und Feuchtgebieten im Torfmoos *(Sphagnum)*. **VERWENDUNG** Kein Speisepilz.

3 Bereifter Häubling

Galerina tibiicystis (Atk.) Kuehn. *Cortinariaceae*

HUT 1,5–3 cm breit, jung kegelig, glockig, dann ausgebreitet, mit Buckel; Oberfläche glatt, hygrophan, honig- bis ockerbraun, Mitte dunkler; Rand feucht durchscheinend gerieft. **LAMELLEN** am Stiel ausgebuchtet angewachsen, entfernt stehend, untermischt. **STIEL** 5–10 cm lang, 2–3 mm breit, hutfarben, ohne Velumreste. **FLEISCH** dünn, hellbraun; ohne Mehlgeschmack. **SPOREN** 8,5–12 × 5–6 µm, warzig. **VORKOMMEN** Frühsommer bis Herbst in Mooren und feuchten Wäldern im Torfmoos *(Sphagnum)*. **VERWENDUNG** Kein Speisepilz. **WISSENSWERTES** Ähnlich ist der ▸ **Sumpf-Häubling (siehe 2)**; er unterscheidet sich durch seinen fein geflockten Stiel sowie Mehlgeruch und -geschmack.

1

2

3

Gattung **Cortinarius (Haarschleierlinge)**
Familie *Cortinariaceae*
Die Gattung *Cortinarius* ist sehr artenreich. Es sind kleine bis sehr große Lamellenpilze, die Lamellen sind breit angewachsen. Meist ist ein spinnwebartiges, gut entwickeltes Velum vorhanden. Sporenpulver rostbraun; Sporen fein rau bis warzig. Mykorrhizapilze. Die etwa 500 Arten werden in sieben Untergattungen aufgeteilt: *Cortinarius* (Schleierlinge), *Dermocybe* (Hautköpfe), *Leprocybe* (Rauköpfe), *Myxacium* (Schleimfüße), *Phlegmacium* (Schleimköpfe, Klumpfüße), *Sericeocybe* (Dickfüße) und *Telamonia* (Gürtelfüße, Wasserköpfe).

Untergattung **Cortinarius (Schleierlinge)**
Große, gänzlich violette Fruchtkörper.

1 Dunkelvioletter Dickfuß
Cortinarius violaceus (L.: Fr.) Gray, *Cortinarius hercynicus* Pers.
Cortinariaceae

HUT 4–15 cm breit, gewölbt; Oberfläche trocken, feinfilzig-feinschuppig, dunkel blauviolett, alt schmutzig bräunlich bis schwarzbräunlich; Rand lange eingebogen. **LAMELLEN** ausgebuchtet angewachsen, entfernt stehend, dunkelviolett, später durch Sporenstaub rostbraun; Schneiden flockig. **STIEL** 6–12 cm lang, 1–2 cm breit, dunkelviolett, trocken, faserig, vom Velum oft genattert, Basis keulig verdickt (bis 4 cm). **FLEISCH** im Hut und Stiel violett; Geruch schwach nach Zedernholz. **SPORENPULVER** rostbraun. **SPOREN** 12–15 × 7–8,5 µm, elliptisch bis mandelförmig, warzig. **VORKOMMEN** August bis Oktober in moosreichen Laub- und Nadelwäldern, auch in Mooren; in Europa weit verbreitet, aber rückläufig und schützenswert. **VERWENDUNG** Essbar. **WISSENSWERTES** Einzige Art der Untergattung.
VERWECHSLUNG MIT GIFTPILZEN ▸ **Lila Dickfuß (S. 382/2)**, ▸ **Bocks-Dickfuß (S. 384/1).**

Lila Dickfuß

Untergattung **Dermocybe (Hautköpfe)**
Meist kleine Arten mit trockenem Hut und lebhaft gelben, grünen, orangefarbenen oder roten Lamellen; Stiele trocken. Etwa 15 Arten. Viele sind giftig.

2 Sumpf-Hautkopf
Cortinarius huronensis Ammirati & Smith *(Der.)*, *Cortinarius palustris* (Mos.) Mos., *Dermocybe palustris* (Mos.) Mos. *Cortinariaceae*

HUT 1–6 cm breit, konvex, gebuckelt, bisweilen etwas niedergedrückt; Oberfläche trocken, olivbräunlich, umbrabraun, dunkelbraun, feinfilzig, alt +/– verkahlend. **LAMELLEN** abgerundet-angeheftet, olivgrünlich, schmutzig oliv, dann olivbraun bis rostbraun; Schneiden ganzrandig bis gesägt; Lamellen mit KOH karmin-rotbraun. **STIEL** 5–12 cm lang, 3–6 mm breit, olivgrünlich, alt auch umbrabraun, von rostfarbenen Velumresten schwach gegürtelt, im Alter verkahlend. **FLEISCH** olivbraun, in der Stielbasis dunkler; Geruch erdig, Geschmack mild. **SPORENPULVER** rostbraun. **SPOREN** 7–9 × 4–5 µm. **VORKOMMEN** Sommer bis Herbst einzeln bis gesellig im Torfmoos *(Sphagnum)* der Moore unter Kiefern *(Pinus)*; selten. **VERWENDUNG** Kein Speisepilz.

1

2

1 Orangerandiger Hautkopf

Cortinarius malicorius Fr. *(Der.), Dermocybe malicoria* (Fr.) Ricken
Cortinariaceae

HUT 2–5 cm breit, jung kegelig-glockig, dann gewölbt bis ausgebreitet, oft nieder gebuckelt; Oberfläche matt, jung von orangerotem Velum überzogen, später vom Scheitel her rotbraun bis olivbraun, kahl; Rand mit orangefarbenen Velumresten. **LAMELLEN** am Stiel ausgebuchtet angewachsen, eng stehend, orange bis orangebraun; Schneiden gelblich. **STIEL** 3–6 cm lang, 3–7 mm breit, zylindrisch, hell ockergelb, mit orangefarbenen Cortinaresten gegürtelt. **FLEISCH** olivgrünlich; Geruch unbedeutend oder schwach aromatisch. **SPOREN** 5,5–6,5 × 3,5–4,5 µm, breitelliptisch, schwach warzig. **VORKOMMEN** Im Herbst einzeln bis gesellig in feuchten Nadelwäldern. **VERWENDUNG** Giftig.

2 Blutroter Hautkopf

Cortinarius sanguineus (Wulf.: Fr.) Gray *(Der.)* *Cortinariaceae*

HUT 1–4 cm breit, jung halbkugelig, später gewölbt mit meist abgeflachtem bis vertieftem Scheitel, der bisweilen einen stumpfen Buckel trägt; Oberfläche matt, feinfilzig-feinschuppig, dunkel blutrot bis braunrot; Rand jung mit braunroten Velumresten. **LAMELLEN** ausgebuchtet angewachsen bis schwach herablaufend, etwas entfernt stehend, untermischt, dunkel blutrot bis braunrot mit gleichfarbener, flüchtiger Cortina. **STIEL** 3–6 cm lang, schlank, +/– hin- und hergebogen, voll bis fast hohl, dunkel blutrot bis braunrot, Basis heller und teils leicht verdickt. **FLEISCH** dunkel blutrot bis braunrot, in der Stielbasis orangerot; Geruch schwach rettichartig, Geschmack mild bis bitterlich. **SPORENPULVER** rostbraun. **SPOREN** 6–9 × 4–5 µm, elliptisch, feinwarzig. **VORKOMMEN** August bis Oktober einzeln bis gesellig in Mooren und feuchten Nadelwäldern, gern unter Fichten (*Picea abies*). **VERWENDUNG** Giftig; verursacht Verdauungsstörungen. **WISSENSWERTES** Der Pilz enthält wie viele Arten der Gattung *Dermocybe* in Laugen oder Alkohol gut lösliche Farbpigmente (Anthrachinonfarbstoffe) und kann zur Wollfärbung verwendet werden. Das Procedere ist ein wenig aufwendig und kann hier nur zur Anregung stichwortartig wiedergegeben werden: Das Wollgarn wird gewaschen, getrocknet und danach zur besseren Aufnahme der Farbstoffe in einer Salzlösung mit Weinstein und Alaun eine Stunde lang bei 90° C gebeizt, danach wird es wieder getrocknet. Für den Färbevorgang werden die Pilze zerkleinert und eine halbe bis eine Stunde gekocht. In dem Sud wird das vorbehandelte Wollgarn etwa eine Stunde lang bei 90° C gefärbt. Danach abkühlen, spülen, Pilzreste entfernen und trocknen. **WISSENSWERTES** Ähnlichkeit haben der **Rotbraune Hautkopf** *(Cortinarius cruentus)* mit meist rosafarbener Stielbasis und größeren Sporen und der **Purpurrote Hautkopf** *(C. purpureus)* mit gelbem Stiel.

3 Blutblättriger Hautkopf

Cortinarius semisanguineus (Fr.) Gil. *(Der.)* *Cortinariaceae*

HUT 2–5 cm breit, gewölbt-ausgebreitet, oft stumpf gebuckelt, Huthaut kahl oder feinschuppig, gelb- bis olivbraun. **LAMELLEN** ausgebuchtet angewachsen, dicht stehend, zunächst blutrot, später braunrot; Schneiden heller. **STIEL** 4–8 cm lang, zylindrisch, weißlich bis messinggelb, oft mit schwach rötlicher Basis. **FLEISCH** gelblich; Geruch und Geschmack rettichartig. **SPOREN** 5,5–8 × 3,5–5 µm, elliptisch, feinwarzig. **VORKOMMEN** August bis Oktober einzeln bis gesellig in Nadelwäldern. **VERWENDUNG** Giftig. **WISSENSWERTES** Pilze der Untergattung *Dermocybe* zeichnen sich durch lebhafte Farben aus. Viele sind schwach giftig. Sie verursachen Magen-Darm-Erkrankungen.

1

2

3

UNTERGATTUNG **Leprocybe** (Rauköpfe)

Hut trocken, oft faserig-filzig bis feinschuppig, auch glatt, meist nicht hygrophan; Lamellen gelb, grünlich oder braun. Die Gattung enthält tödliche Giftpilze.

1 Grünfaseriger Raukopf, Grüner Hautkopf

Cortinarius venetus (Fr.) Fr. *(Lep.)* *Cortinariaceae*

HUT 2–6 cm breit, gewölbt-ausgebreitet, stumpf gebuckelt; Oberfläche jung feinschuppig, olivgrün, gelbgrün, feucht olivbraun, alt kahl; Rand nach unten gebogen. **LAMELLEN** am Stiel ausgebuchtet angewachsen, olivgrün, alt bräunlich. **STIEL** 4–8 cm lang, bis 1 cm breit, zylindrisch, unten +/– keulig erweitert, alt hohl, längsfaserig gestreift, gelbgrün-olivgrün; Velum oft olivgelbe gürtelförmige Zonen bildend. **FLEISCH** blassgrün, alt olivgelblich; Geruch etwas nach Rettich. **SPORENPULVER** rostbraun. **SPOREN** 5,5–8,5 × 4,5–6,5 µm. **VORKOMMEN** August bis Oktober in Laubwäldern (var. *venetus*) und Berg-Nadelwäldern (var. *montanus*). **VERWENDUNG** Kein Speisepilz. **WISSENSWERTES** Ähnlich ist der **Olivbraune Raukopf** *(Cortinarius cotoneus)* aus dem Nadelwald.

2 Rotschuppiger Raukopf

Cortinarius bolaris (Pers.:Fr.) Fr. *(Lep.)* *Cortinariaceae*

HUT 3–8 cm breit, anfangs halbkugelig, später gewölbt bis ausgebreitet, oft verbogen; Oberfläche trocken, auf blassgelb-tonfarbenem Grund dicht mit angedrückten, zinnober- bis karminroten Schüppchen bedeckt, besonders zum Scheitel hin. **LAMELLEN** oft breit angewachsen, wenig gedrängt, untermischt, jung graubraun, dann zimtbraun, alt rostbraun; Schneiden feinflockig. **STIEL** 3–7 cm lang, 0,5–1,5 cm breit, zylindrisch, oft verbogen, Spitze weiß, darunter auf hellem Grund wie der Hut rötlich schuppig bis faserig. **FLEISCH** im Hut weiß, im Schnitt schwach gilbend; Geruch schwach staubartig oder fehlend, Geschmack mild. **SPORENPULVER** blassbraun. **SPOREN** 6–8 × 4,5–5 µm. **VORKOMMEN** Juli bis Oktober im Laub-, seltener im Nadelwald. **VERWENDUNG** Giftig. **WISSENSWERTES** Der **Gilbende Raukopf** *(Cortinarius rubicundulus)* hat orangebraune Schüppchen und gelb anlaufendes Fleisch.

3 Orangefuchsiger Raukopf

Cortinarius orellanus (Fr.) Fr. *(Lep.)* *Cortinariaceae*

HUT 3–6(–8,5) cm breit, anfangs fast halbkugelig bis kegelig, dann gewölbt bis flach ausgebreitet, meist stumpf gebuckelt; Oberfläche trocken, matt, angedrückt feinfaserig-feinschuppig, alt oft kahl, rostbraun, orangefuchsig-orangebräunlich; Rand erst eingerollt, bisweilen wellig verbogen. **LAMELLEN** ausgebuchtet bis gerade angeheftet, etwas entfernt stehend, dicklich, zimtbraun-rostrot, rostbraun, jung mit kaum wahrnehmbarer hellgelber Cortina. **STIEL** 3–7(–9) cm lang, fast zylindrisch, längs gefasert, fest, voll, gegen die Basis verjüngt, jung gelblich, später rostfarben, ohne Spuren einer Ringzone und ohne Bänder. **FLEISCH** fest, gelblich, unter der Huthaut rostbraun; Geruch im Schnitt schwach rettichartig, Geschmack mild (nicht probieren!). **SPORENPULVER** rostbraun. **SPOREN** 8,5–12 × 5,5–7 µm, elliptisch-mandelförmig, warzig. **VORKOMMEN** August bis Oktober einzeln oder gesellig in Laubwäldern, bevorzugt in wärmebegünstigten Gebieten; in Europa zerstreut. **VERWENDUNG** Tödlich giftig. **WISSENSWERTES** Der Orangefuchsige Raukopf enthält Orellanin, ein typisches Nierengift. Die Latenzzeit ist extrem lang und hängt von der aufgenommenen Giftmenge ab. Im typischen Fall kommt es erst nach zwei bis 17 (!) Tagen zu Symptomen, die auf eine Nierenschädigung hindeuten.

1

2

3

1 Spitzgebuckelter Raukopf

Cortinarius rubellus Cke. *(Lep.), Cortinarius speciosissimus* Kuehn. & Romagn. *Cortinariaceae*

HUT 2–7 cm breit, kegelig, spitz gebuckelt, alt glockig bis gewölbt mit Buckel; Oberfläche trocken, feinschuppig, lebhaft orangebraun bis rostbräunlich; Rand lange eingerollt, jung mit gelb-bräunlichen Velumresten **(1b)**. **LAMELLEN** am Stiel abgerundetangewachsen, entfernt stehend, untermischt, dick, zimt- bis rostbräunlich. **STIEL** bis 10 cm lang, bis 1,5 cm breit, zylindrisch, schlank, oft verbogen, hutfarben, längsfaserig, mit mehreren gelblichen Velumgürteln genattert. **FLEISCH** fest, gelbbräunlich, in der Stielbasis braunorange; Geruch und Geschmack schwach nach Rettich (nicht probieren!). **SPORENPULVER** rostbraun. **SPOREN** 9–12 × 6–9 µm, elliptisch, feinwarzig. **VORKOMMEN** Juli bis Oktober einzeln bis gesellig in moorigen, sauren Fichtenwäldern, gern zwischen Torfmoosen *(Sphagnum)*; in Mittelgebirgslagen häufig und verbreitet. **VERWENDUNG** Tödlich giftig. **WISSENSWERTES** Der beschriebene Pilz gehört zur Untergattung *Leprocybe*. Die Hutoberfläche der Rauköpfe ist trocken, feinfilzig-faserig, oft mit orange-rostroten Farben; ihre Lamellen sind gelb, grünlich oder braun. Unter den knapp 30 Arten sind mehrere tödlich giftig, andere sind giftverdächtig. Pilzsammler müssen sich beim Sammeln von braunhütigen Speisepilzen vor Verwechslungen mit giftigen Rauköpfen hüten! Der Spitzgebuckelte Raukopf wurde selbst schon mit Pfifferlingen verwechselt.

2 Löwengelber Raukopf

Cortinarius limonius (Fr.: Fr.) Fr. *(Lep.)* *Cortinariaceae*

HUT 2–6(–8) cm breit, jung halbkugelig, später gewölbt mit flachem Scheitel; Oberfläche glatt oder schwach eingewachsen faserig, leicht hygrophan, feucht fuchsig-rot bis orangebraun, trocken gelborange-ockergelb ausblassend; Rand lange eingebogen und vom gelben Velum überzogen. **LAMELLEN** am Stiel ausgebuchtet angewachsen, ziemlich entfernt stehend, breit, gelb bis gelbbraun, alt rostbraun. **STIEL** bis 7 cm lang, bis 1,5 cm breit, zylindrisch, voll, fest, hutfarben, zur Basis hin orangebräunlich, vom wollig-schuppigen, gelben Velum überzogen, mit Zickzackzonen, jedoch ohne Velumgürtel. **FLEISCH** gelblich, in der Stielbasis orangegelb; mit leichtem Obstgeruch. **SPORENPULVER** rostbräunlich. **SPOREN** 7,5–8 × 5,5–6,5 µm. **VORKOMMEN** Sommer bis Herbst meist gesellig in Nadelwäldern auf feuchten, moosigen, nährstoffarmen Böden. **VERWENDUNG** Giftig. **WISSENSWERTES** Verwechselt werden kann der Pilz mit ähnlichen Arten der Gattung *Leprocybe*. Alle sind sehr giftig oder giftverdächtig.

3 Rhabarberfüßiger Raukopf

Cortinarius callisteus (Fr.: Fr.) Fr. *(Lep.)* *Cortinariaceae*

HUT 3–5(–8) cm breit, erst gewölbt, dann ausgebreitet, stumpf gebuckelt; Oberfläche trocken, nicht hygrophan, gelb, gelborange. **LAMELLEN** am Stiel ausgebuchtet angewachsen, entfernt stehend, hellgelb, alt rostbräunlich. **STIEL** 4–8 cm lang, 0,5–2 cm breit, gelblich-blassorange, mit orangegelblichen Velumzonen; Basis keulig verdickt. **FLEISCH** blassgelb, mit typischem „Lokomotivengeruch". **SPOREN** 7–9 × 6–7 µm, rundlich-eiförmig. **VORKOMMEN** September bis Oktober in Nadel- und Mischwäldern, bevorzugt unter Fichten, oft auf Kalk. **VERWENDUNG** Giftig oder giftverdächtig. **WISSENSWERTES** Bemerkenswert an diesem Pilz ist sein Geruch. Er wird umschrieben als „eigenartig herb", „wie rohe Kartoffeln", „wie erhitztes Blech", „wie warmes Maschinenöl", meist aber als „Lokomotivengeruch". Hilfreich ist dieser Vergleich nur für Menschen mit Erinnerungsvermögen an die Dampflokomotivenzeit.

1a

1b

2

3

UNTERGATTUNG Phlegmacium (Schleimköpfe, Klumpfüße)

Hut klebrig oder schleimig, nicht hygrophan, dickfleischig; Lamellen jung tongrau, gelb, grün oder blau bis violett; viele mit doppelter Cortina (an Knollenrand und Stielspitze); Stiel trocken, oft mit abgesetzter Basalknolle. Viele Arten auf Kalkböden; vielerorts im Rückgang begriffen.

1 Geschmückter Schleimkopf

Cortinarius saginus (Fr.: Fr.) Fr. *(Phl.), Cortinarius subvalidus* Henry *Cortinariaceae*

HUT 5–10(–12) cm breit, erst halbkugelig, dann flach gewölbt; Oberfläche schleimig, ockergelb, rostgelb, mit dunkleren Velumschuppen; Rand lange nach unten gebogen, mit Velumresten. **LAMELLEN** dicht stehend, jung blass cremefarben, alt rostbraun. **STIEL** 5–10 cm lang, 1–2 cm breit, voll, weißlich, nach unten hin von ockerbraunem Velum auffällig gegürtelt; Basis keulig. **FLEISCH** dick, fest, weißlich; Geruch unbedeutend. **SPOREN** 8,5–10,5 × 5–6 µm, warzig. **VORKOMMEN** September bis Oktober gesellig in Nadelwäldern unter Fichten auf kalkarmen Böden (aber nicht ausschließlich). **VERWENDUNG** Essbar. **VERWECHSLUNG MIT GIFTPILZEN** Wegen der Verwechslungsgefahr mit giftigen Haarschleierlingen wie dem ▸ **Leuchtendgelben Klumpfuß (S. 380/1)** sollte der Pilz nur von Kennern für Speisezwecke gesammelt werden.

Leuchtendgelbe- Klumpfuß

2 Seidiger Schleimkopf, Rasiger Schleimkopf

Cortinarius turmalis (Fr.) *(Phl.), Cortinarius sebaceus* Fr. *Cortinariaceae*

HUT 4–10 cm breit, anfangs halbkugelig, dann ausgebreitet; Oberfläche schleimig, fuchsig gelb bis rotbräunlich, zum Rand hin blasser, bisweilen weißlich bereift, trocken glänzend. **LAMELLEN** am Stiel ausgebuchtet angewachsen, dicht stehend, jung weißlich, alt lehmfarben. **STIEL** 4–8(–10) cm lang, 1–2 cm breit, voll, weißlich, mit Velumresten, die im Alter durch die Sporen braun gefärbt sind. **FLEISCH** fest, weißlich; Geruch und Geschmack unbedeutend. **SPOREN** 7–9 × 3,5–4,5 µm. **VORKOMMEN** Spätsommer bis Herbst gesellig in Nadelwäldern, seltener in Laubwäldern, auf Kalkböden (aber nicht ausschließlich); in Mittel- und Nordeuropa in der gemäßigten Klimazone, selten. **VERWENDUNG** Kein Speisepilz. **WISSENSWERTES** Dem Seidigen Schleimkopf ähnlich ist der **Weißgestiefelte Schleimkopf** *(Cortinarius claricolor)* mit lebhaft gelbem Hut.

3 Vielgestaltiger Schleimkopf

Cortinarius variegatus Bres. *(Phl.)* *Cortinariaceae*

HUT 4–10 cm breit, anfangs rundlich, dann gewölbt-ausgebreitet; Oberfläche klebrig, gelbfuchsig, kastanien- bis rotbräunlich, jung von Velumresten silbrig bereift. **LAMELLEN** am Stiel ausgebuchtet angewachsen, dicht stehend, blassgrau; Schneiden feinschartig. **STIEL** 4–9 cm lang, 1–1,5 cm breit, weißlich; Basis keulig oder knollig, auffallend rosa-lila getönt, Myzel violettlich. **FLEISCH** fest, weiß; Geruch und Geschmack unbedeutend. **SPOREN** 7–8,5 × 4–4,5 µm, glatt. **VORKOMMEN** Sommer bis Spätherbst in Nadelwäldern, bisweilen auch in Laubwäldern; selten. **VERWENDUNG** Kein Speisepilz. **WISSENSWERTES** Von diesem Pilz ist auch eine Varietät mit gerandetknolliger Stielbasis (var. *marginatus*) beschrieben.

1

2

3

1 Stämmiger Schleimkopf

Cortinarius herculeus Malencon *(Phl.)* *Cortinariaceae*

HUT 8–12(–25) cm breit, jung halbkugelig, alt gewölbt bis ausgebreitet; Oberfläche glatt, feucht klebrig, trocken matt glänzend, gelbockerlich, semmelbraun, porphyrbraun, bisweilen weiß-silbrig bereift oder mit Velumresten; Rand lange eingebogen. **LAMELLEN** am Stiel ausgebuchtet, mäßig gedrängt, cremefarben, später ockerlich; Schneiden gesägt. **STIEL** 5–10(–18) cm lang, 2–3(–5) cm breit, sehr kräftig, weißlich; Velumreste als unvollständige, vom Sporenstaub ockerbräunliche vergängliche Ringzonen oder Gürtel; Basis verdickt, abgerundet, etwas wurzelnd. **FLEISCH** dick, fest, weiß, in der Stielbasis ockerlich, mit Ammoniak schwefelgelb; Geruch stark erdig und penetrant. **SPORENPULVER** rostbraun. **SPOREN** 11–13,5 × 5,5–7 µm, mandelförmig. **VORKOMMEN** Oktober bis November einzeln bis gesellig unter Zedern *(Cedrus)*. Der Pilz ist in Mitteleuropa nicht heimisch. Man findet die auffälligen Fruchtkörper (Name!) in Südfrankreich und im Mittelmeerraum. **VERWENDUNG** Kein Speisepilz. **WISSENSWERTES** Die Aufnahme wurde im Luberon-Gebirge in der Provence gemacht. In dem von einem französischen Forstmann angelegten Zedernwald mit Bäumen aus dem Atlas-Gebirge in Marokko, wo der beschriebene Pilz ebenfalls vorkommt, findet man noch weitere interessante Zedern-Begleitpilze, wie den ► **Zedern-Sandborstling (S. 682/4)**.

2 Gelbgegürtelter Schleimkopf

Cortinarius cliduchus (Fr.) *(Phl.), Cortinarius olidus* Lge., *Phlegmacium olidum* (Lge.) Mos. *Cortinariaceae*

HUT 5–8(–12) cm breit, anfangs halbkugelig, später gewölbt-ausgebreitet, stumpf gebuckelt; Oberfläche glatt, feucht schleimig, ocker- bis braungelb, Rand meist heller; Haut abziehbar, jung mit Schüppchen im Hutschleim. **LAMELLEN** ausgebuchtet angewachsen, gedrängt, hell tonfarben bis lehmbräunlich, zuletzt zimtbräunlich. **STIEL** 5–8(–12) cm lang, 1,5–2,5 cm breit, oben weißlich mit ringförmiger, rotbräunlicher Cortina, darunter auf bei jungen Pilzen blassgelblichem Grund mehrere undeutliche Gürtelzonen; Basis keulenförmig. **FLEISCH** weiß; Geruch sehr unangenehm. **SPORENPULVER** rostbraun. **SPOREN** 10–12 × 6–7 µm, mandelförmig. **VORKOMMEN** Juli bis Oktober gesellig in Laubwäldern unter Rotbuchen *(Fagus sylvatica)*; auf kalkreichen Böden, fehlt in den Sand- und Silikatgebieten. **VERWENDUNG** Kein Speisepilz. **WISSENSWERTES** Ähnlich ist der **Körnigraue Schleimkopf** *(Cortinarius cephalixus)* mit schuppig-körniger Hutoberfläche.

3 Bunter Klumpfuß

Cortinarius dibaphus Fr. *(Phl.)* *Cortinariaceae*

HUT 4–8(–10) cm breit, anfangs halbkugelig, später gewölbt-ausgebreitet; Oberfläche schmierig, graulila-braunlila mit weißen Velumresten. **LAMELLEN** gedrängt, ockerfarben, jung mit lila Hauch, später dunkel tonfarben. **STIEL** 5–8 cm lang, 1–2 cm breit, lila, später ausblassend, alt von der Basis aufwärts ockerbräunlich; Basis +/– gerandet-knollig. **FLEISCH** weißlich, in der Knolle blass ockergelb bis safranfarben; mit KOH rosa bis rot; Geruch schwach, muffig, Geschmack bitter. **SPORENPULVER** rostbraun. **SPOREN** 9–11 × 5,5–6,5 µm, mandelförmig, grobwarzig. **VORKOMMEN** September bis Oktober in Nadelwäldern unter Weißtannen *(Abies alba)*, auf kalkreichen Böden; selten. **VERWENDUNG** Kein Speisepilz. **WISSENSWERTES** Von diesem prächtig gefärbten Mykorrhiza-Pilz der Weißtanne *(Abies alba)* wird *Cortinarius dibaphus* var. *nemorosus* abgetrennt. Er wächst in Laubwäldern unter Rotbuchen *(Fagus sylvatica)*.

1

2

3

1 Rundsporiger Klumpfuß

Cortinarius caesiocortinatus J. Schaeff. *(Phl.)* *Cortinariaceae*

HUT 3–8 cm breit, jung halbkugelig, später gewölbt-abgeflacht; Oberfläche gelblich bis fuchsig-ockerlich, zum Rand heller, feucht schmierig; Rand mit Velumresten. **LAMELLEN** ausgebuchtet angewachsen, untermischt, jung blass, später tonfarben. **STIEL** 4–6 cm lang, 1–2 cm breit, fest, jung weißlich; Velumreste als braune Ringzone am Stiel; Basis mit +/– gerandeter Knolle. **FLEISCH** blass, weißlich; Geruch schwach aromatisch, Geschmack mild. **SPORENPULVER** rostbraun. **SPOREN** 8–10 × 7–8,5 µm, rundlich, grobwarzig. **VORKOMMEN** Im Herbst in Laub- und Nadelwäldern auf Kalk. **VERWENDUNG** Kein Speisepilz.

2 Buchen-Klumpfuß

Cortinarius anserinus (Vel.) Henry *(Phl.), Cortinarius amoenolens* Hry. ex Orton *Cortinariaceae*

HUT 5–12 cm breit, anfangs halbkugelig, später gewölbt; Oberfläche klebrig, blass strohgelb, ledergelblich, olivocker, zum Rand hin eingewachsen radialfaserig; Rand lange eingerollt und mit weißlich-violetten Schleierresten bedeckt. **LAMELLEN** ausgebuchtet, gedrängt, jung violettlich, zuletzt graubraun. **STIEL** 4–10 cm lang, 1–2 cm breit, lange bläulich, von unten zur Spitze weißlich ausblassend; Stielknolle mit lederbraunen Hüllresten. **FLEISCH** in Hut und Stielknolle weißlich, im Stiel violettlich; Geruch fruchtig, Geschmack der Huthaut meist sehr bitter. **SPORENPULVER** rostbräunlich. **SPOREN** 9–12 × 5–7 µm, zitronenförmig, grobwarzig. **VORKOMMEN** September bis November in Buchenwäldern auf Kalkböden. **VERWENDUNG** Kein Speisepilz.

3 Schleiereule, Blaugestiefelter Schleimkopf

Cortinarius praestans (Cord.) Gill. *(Phl.)* *Cortinariaceae*

HUT 5–25 cm breit, erst halbkugelig, dann gewölbt, schließlich ausgebreitet; Oberfläche jung schmierig, glatt, braunviolett-rotbraun, besonders zum Rand hin mit weißen, flockigen Velumresten; Rand lange nach unten gebogen und im Alter meist runzelig-furchig. **LAMELLEN** am Stiel angewachsen, dicht stehend, jung von weißlicher Cortina bedeckt, alt ockerbraun; Schneiden gekerbt. **STIEL** 10–20 cm lang, 2–3 cm breit, voll, weißlich-blassviolett, faserig; der Schleier bleibt oft als durch Sporenstaub bräunlich gefärbte ringartige Zone am Stiel zurück; Basis bauchig-knollig, bis 5 cm breit. **FLEISCH** dick, fest, weißlich; Geruch unbedeutend, Geschmack mild, angenehm. **SPORENPULVER** rostbraun. **SPOREN** 12–18 × 8–9 µm, grobwarzig. **VORKOMMEN** August bis Oktober einzeln oder gesellig, bisweilen nesterweise in wärmebegünstigten Laubwäldern, seltener bei Nadelbäumen, auf Kalkböden; rückläufig, schützenswert; Hauptverbreitungsgebiet ist Mittel- und Südeuropa. **VERWENDUNG** Essbar. Diese leicht erkennbare Art war früher wegen ihrer Ergiebigkeit geschätzt. Da die Vorkommen vielerorts stark zurückgehen, sollte man den stattlichen Pilz schonen. **WISSENSWERTES** Verwandt und ähnlich ist der ungenießbare **Taubenblaue Schleimkopf** *(Cortinarius cumatilis).* Er ist kleiner, sein Hut ist 5–10 cm breit, der weiße Stiel an der Basis vom Velum violett gesäumt. Er wächst in Nadelwäldern unter Fichten *(Picea abies)* und Lärchen *(Larix)* und ist ebenfalls selten und schützenswert.

VERWECHSLUNG MIT GIFTPILZEN Junge Fruchtkörper der Schleiereule können mit dem ▸ **Lila Dickfuß (S. 382/2),** dem ▸ **Bocks-Dickfuß (S. 384/1)** und anderen Schleierlingen verwechselt werden.

Lila Dickfuß

1

2

3

1 Violettgrauer Klumpfuß, Grauer Klumpfuß

Cortinarius caesiocanescens (Mos.) Mos. *(Phl.)* *Cortinariaceae*

HUT 4–10 cm breit, jung halbkugelig, später flach gewölbt, fleischig; Oberfläche eingewachsen faserig, schleimig, jung mit zartfädigem Velum überzogen, blaugrau-silbergrau, bald blass graubraun, alt vom Scheitel her ockerbraun; Rand lange eingebogen. **LAMELLEN** ausgebuchtet angewachsen, untermischt, jung grauweiß-graublau, bald graubraun; Schneiden bisweilen gezähnelt. **STIEL** 4–7 cm lang, 1,5–2,5 cm breit, blassbläulich-grauweiß, mit zartem Lilahauch; Basis jung gerandet knollig. **FLEISCH** weißlich, im Stiel blassbläulich; Geruch unbedeutend, Geschmack mild. **SPOREN** 8–10,5 × 4,5–5,5 µm, mandel- bis zitronenförmig, warzig. **VORKOMMEN** September bis Oktober in Nadelwäldern auf Kalk. **VERWENDUNG** Kein Speisepilz.

2 Erdigriechender Schleimkopf

Cortinarius variecolor (Pers.: Fr.) Fr. *(Phl.)* *Cortinariaceae*

HUT 5–15 cm breit, jung halbkugelig, später gewölbt-ausgebreitet; Oberfläche anfangs zumindest am Rand schmierig-klebrig, dann trocken, schwach eingewachsen radialfaserig, jung lila, bald vom Scheitel her fuchsig-braun; Rand jung eingerollt. **LAMELLEN** am Stiel ausgebuchtet angewachsen, dicht stehend, graublau mit Lilaton, alt bräunlich. **STIEL** 5–9 cm lang, 1,5–2 cm breit, +/– keulig (bis 3,5 cm), jung blassbläulich, alt rotbräunlich. **FLEISCH** weißlich mit Lilaton, alt bräunlich; Geruch unangenehm erdig, muffig, Geschmack mild. **SPORENPULVER** rostbraun. **SPOREN** 10–12 × 5,5–7 µm, mandelförmig, warzig. **VORKOMMEN** Juli bis Oktober meist gesellig, oft in Reihen und Ringen in Nadelwäldern auf Kalkboden. **VERWENDUNG** Kein Speisepilz. **WISSENSWERTES** Der Erdigriechende Schleimkopf ist in montanen und subalpinen Lagen als Mykorrhizapilz der Fichte *(Picea abies)* weit verbreitet. An seinem aufdringlichen erdartigen Geruch (Name!) und der im Alter braunvioletten Färbung von Hut, Lamellen und Stiel ist er relativ leicht erkennbar.

3 Ziegelgelber Schleimkopf

Cortinarius varius (Schaeff.: Fr.) Fr. *(Phl.)* *Cortinariaceae*

HUT 4–12 cm breit, jung halbkugelig, später gewölbt-abgeflacht, alt ausgebreitet; Oberfläche glatt, feucht schmierig, semmelbraun, fuchsig-braungelb mit hellerem Rand; oft kleben Nadeln, Grasreste und Blätter am Hut; Rand scharf, dünn, jung eingerollt, faserig behangen. **LAMELLEN** am Stiel ausgebuchtet angewachsen, mäßig gedrängt, jung zart lilafarben, später wechselt die Farbe zu lila-blauviolett, im Alter zu ocker bis zimtbraun. **STIEL** 4–10 cm lang, 1–2 cm breit, voll, faserig, weißlich; Velumreste oft als Ringzone, die vom Sporenpulver braun gefärbt ist; zur Basis hin keulig verdickt. **FLEISCH** fest, weiß, im Stiel gelblich, mit KOH oder NaOH gelb verfärbend; ohne besonderen Geruch, Geschmack mild. **SPORENPULVER** rostbraun **SPOREN** 9,5–11,5 × 5,5–6,5 µm, mandelförmig, warzig. **VORKOMMEN** Juli bis Oktober in montanen Nadelwäldern der gemäßigten Zone auf Kalkböden; weit verbreitet. **VERWENDUNG** Essbar.

VERWECHSLUNG MIT GIFTPILZEN Der beschriebene Pilz ist ein relativ leicht erkennbarer Schleimkopf; trotzdem sollten Pilze dieser artenreichen Gattung wegen der Verwechslungsgefahr nur bei genauer Artenkenntnis für Speisezwecke gesammelt werden. Verwechslungen sind möglich mit ähnlich gefärbten giftigen Schleierlingen wie dem ▸ **Leuchtendgelben Klumpfuß (S. 380/1).**

Leuchtendgelber Klumpfuß

1

2

3

1 Bitterer Schleimkopf

Cortinarius infractus (Fr.: Fr.) Fr. *(Phl.)* *Cortinariaceae*

HUT 5–12 cm breit, gewölbt-ausgebreitet, mit abrupt abgeschrägtem Rand, fleischig; Oberfläche dunkel olivgrau bis olivbraun, bisweilen mit schwach violettem Schimmer, fein eingewachsen faserig, feucht schmierig, trocken fast glänzend. **LAMELLEN** am Stiel ausgebuchtet angewachsen, eher entfernt stehend, mit Zwischenlamellen, sehr breit, dunkelbraun, alt rostbraun-olivschwarz. **STIEL** 3–8 cm lang, bis 2 cm breit, zylindrisch, keulig, blassbraun, Spitze bisweilen mit violettem Schimmer; Basis häufig knollig verdickt. **FLEISCH** weißlich; Geruch unbedeutend, Geschmack sehr bitter. **SPORENPULVER** rotbräunlich. **SPOREN** 8–9 × 6–7 µm, rundlich, warzig. **VORKOMMEN** August bis Oktober in Laub- und Nadelwäldern, auch in Parkanlagen, auf kalkreichen Böden; in Mitteleuropa ziemlich häufig, vielerorts einer der häufigsten Schleimköpfe. **VERWENDUNG** Kein Speisepilz. **WISSENSWERTES** Der Bittere Schleimkopf ist einer der bittersten Pilze. Er ist ziemlich veränderlich, von ihm sind verschiedene Farbvarianten beschrieben. Er kann mit dem ► **Olivgelben Weihrauch-Schleimkopf (siehe 2)** verwechselt werden, der jedoch auf sauren, moorigen Böden gedeiht und einen angenehmen Weihrauchgeruch hat. Ähnlichkeit hat auch der **Olivbraune Raukopf** *(Cortinarius cotoneus)*; er hat einen filzigen Hut und schmeckt mild.

2 Olivgelber Weihrauch-Schleimkopf

Cortinarius subtortus (Pers.: Fr.) Fr. *(Phl.)* *Cortinariaceae*

HUT 2–7 cm breit, anfangs halbkugelig, später gewölbt mit flachem Scheitel; Oberfläche schwach eingewachsen faserig, trocken matt, sich fettig anfühlend, feucht schmierig, gelbbräunlich, ockerbräunlich, mit olivlichem Ton; Rand nach unten gebogen, jung mit Velumresten. **LAMELLEN** ausgebuchtet angewachsen bis kurz herablaufend, ziemlich entfernt stehend, untermischt, olivgrau, alt dunkel rostbraun; Schneiden weißlich. **STIEL** 4–8 cm lang, bis 1,5 cm breit, zylindrisch bis leicht keulenförmig, hell olivgrün bis blassocker, mit flüchtigem Velum. **FLEISCH** weißlich bis blassocker; Geruch nach Zedernholz oder Weihrauch, Geschmack bitter. **SPORENPULVER** braungelblich. **SPOREN** 7,5–8 × 6–6,5 µm, rundlich, warzig punktiert. **VORKOMMEN** Juli bis Oktober einzeln bis gesellig in feuchten, sauren Fichtenwäldern, auf moorigen Böden. **VERWENDUNG** Kein Speisepilz. **WISSENSWERTES** Der ähnliche **Ockergelbe Schleimkopf** *(Cortinarius amurceus)* hat keinen Weihrauchgeruch.

3 Olivblättriger Klumpfuß

Cortinarius scaurus (Fr.: Fr.) Fr. *(Phl.)* *Cortinariaceae*

HUT 3–6 cm breit, zuerst rundlich, dann flach gewölbt bis ausgebreitet, oft mit stumpfem Buckel; Oberfläche feucht klebrig-schmierig, trocken glänzend, olivbraun bis graubraun-dunkelbraun, zum Rand hin mit +/– radial angeordneten dunkelbraunen Flecken. **LAMELLEN** am Stiel ausgebuchtet angewachsen, gedrängt, untermischt, jung schmutzig olivgelb, später olivbraun; Schneiden fein gezähnt. **STIEL** 4–8 cm lang, bis 1 cm breit, keulig, schmutzig weißlich, im oberen Teil blass blaugrün, abwärts gelbgrün; Basis schmutzig weißlich, bis etwa 2 cm breit, knollig, mit blass gelbgrünem Velum. **FLEISCH** im Hut schmutzig weißlich, im Stiel oben blauviolettlich, abwärts gelbgrünlich; Geruch honigartig, Geschmack mild. **SPORENPULVER** dunkel rostbraun. **SPOREN** 9–12 × 5,5–7 µm, mandelförmig, warzig. **VORKOMMEN** September bis Oktober gesellig in feucht-sauren Fichtenwäldern, in Moorwäldern, gern bei Heidelbeeren *(Vaccinium myrtillus)*; in Nordeuropa eine der häufigsten *Phlegmacium*-Arten, in Mitteleuropa zerstreut. **VERWENDUNG** Kein Speisepilz.

1

2

3

1 Anis-Klumpfuß

Cortinarius odorifer Britz. *(Phl.)* *Cortinariaceae*

HUT 4–10(–12) cm breit, jung halbkugelig, dann gewölbt-ausgebreitet, auch niedergedrückt; Oberfläche glatt, kahl, feucht sehr schleimig, trocken glänzend, kupferfarben-rotbraun, seltener rosarot, zum Rand hin mehr gelblich getönt; Haut abziehbar; Rand anfangs eingerollt und besonders schleimig. **LAMELLEN** am Stiel ausgebuchtet angewachsen, jung gelb-gelbgrün, später olivbraun, alt rostbraun. **STIEL** 5–8 cm lang, 1–2 cm breit, voll, fleischig, jung blassgelblich bis gelbgrünlich, stark faserig; Velum vom Sporenstaub bald bräunlich gefärbt; Knolle bis 3,5 cm breit, deutlich kupferbräunlich gerandet. **FLEISCH** gelblich bis gelbgrün, in der Knolle fast rein gelb; Geruch stark nach Anis, Geschmack mild. **SPORENPULVER** rotbraun. **SPOREN** 10–13 × 5–7 µm, mandel- bis zitronenförmig, grobwarzig. **VORKOMMEN** September bis Oktober in Nadelwäldern, gern unter Fichten *(Picea abies)*, auf Kalk- und Silikatböden; häufig im Gebirge und im Alpenvorland, fehlt im Flachland. **VERWENDUNG** Essbar. **WISSENSWERTES** Der Anis-Klumpfuß zeichnet sich durch eine lebhaft dunkelrote Laugenreaktion im Fleisch aus. Er ist an seinem Geruch leicht erkennbar.

2 Zedern-Klumpfuß, Zedern-Schleimkopf

Cortinarius cedretorum Maire *(Phl.)* *Cortinariaceae*

HUT 6–12(–18) cm breit, anfangs halbkugelig, später flach gewölbt, fleischig; Oberfläche schleimig, gelb, oft fleckig, alt kupferrot, Rand jung eingerollt, heller. **LAMELLEN** ziemlich gedrängt, untermischt, schmutzig schwefelgelb bis lehmbräunlich, bisweilen mit Lilaton, zuletzt rostbräunlich. **STIEL** 5–12 cm lang, 1,5–2,5 cm breit, voll, fleischig seidig-faserig, weißlich, Spitze lila-bläulich, dann gelbgrünlich; Cortina gelbweißlich Knolle 2–4(–5) cm breit, gerandet. **FLEISCH** dick, fest, in Hut und Stiel violettlich Geruch unbedeutend, Geschmack mild. **SPORENPULVER** gelbbraun. **SPOREN** 11–14 × 7–8 µm, mandelförmig, warzig. **VORKOMMEN** Im Spätherbst gesellig in Zedernwäldern, aber auch in Laubwäldern unter immergrünen Steineichen *(Quercus ilex)* und unter Buchen *(Fagus sylvatica)*; thermophile Art auf kalkreichen Böden im Mittelmeergebiet. In Frankreich wurde der Zedern-Klumpfuß vereinzelt im Pariser Becken gefunden, in Mitteleuropa ist er sehr selten, in Deutschland sind nur wenige Fundorte bekannt. **VERWENDUNG** Kein Speisepilz.

3 Violettgrüner Klumpfuß

Cortinarius ionochlorus Maire *(Phl.)* *Cortinariaceae*

HUT 5–8 cm breit, anfangs gewölbt, fleischig, später abgeflacht mit breitem Buckel; Oberfläche kahl, schmierig, olivgrün, oft braunolivlich punktiert; Rand dünn, heller. **LAMELLEN** ziemlich gedrängt, untermischt, jung schön lila, später rostbräunlich. **STIEL** 3,5–7 cm lang, 0,8–1,5 cm breit, voll, fleischig, jung zitronengelb oder gelbgrünlich, feinfaserig, glänzend, an der Basis schwefelgelb; Cortina chromgelb und stark entwickelt. **FLEISCH** dick, fest, im Hut bis zur Stielbasis hellgelb-oliv, in der Basis grüngelb; Geruch süßlich, Geschmack mild. **SPORENPULVER** rostbraun. **SPOREN** 10–11 × 5,5–6 µm. **VORKOMMEN** Im Spätherbst gesellig in Laubwäldern unter Eichen *(Quercus)* auf Kalkböden im Mittelmeergebiet; in Mitteleuropa äußerst selten. **VERWENDUNG** Kein Speisepilz. **WISSENSWERTES** Nahe verwandt und sehr ähnlich ist der **Schwarzgrüne Klumpfuß** *(Cortinarius atrovirens)*, ein seltener Pilz der montanen Kalk-Tannenwälder Mitteleuropas. Er hat einen dunkel oliv- bis schwarzbraunen, seidig matten, eingewachsen faserigen Hut. Sein grüngelbes Fleisch ist in der Hutmitte dick, zum Rand hin dünn, es riecht pfefferartig und schmeckt mild.

1

2

3

1 Leuchtendgelber Klumpfuß

Cortinarius splendens Henry *(Phl.), Cortinarius vitellinus* Mos.
Cortinariaceae

HUT 3–9 cm breit, jung halbkugelig, später gewölbt-ausgebreitet; Oberfläche feucht schmierig, schwefelgelb-chromgelb mit rotbraun-dunkelbrauner Mitte; Cortina gelb. **LAMELLEN** am Stiel ausgebuchtet angeheftet, untermischt, leuchtend zitronengelb, alt rostgelblich; Schneiden grobschartig. **STIEL** 5–9 cm lang, 1–1,5 cm breit, nicht schmierig, chromgelb, mit vom Sporenstaub rostbraunen Velumfasern bedeckt; Basis mit gerandeter Knolle; Myzel schwefelgelb. **FLEISCH** dick, zitronengelb; Geruch streng. **SPORENPULVER** rostbraun. **SPOREN** 9–12 × 5,5–7 µm, mandelförmig, warzig. **VORKOMMEN** August bis Oktober in Laub- und Nadelwäldern. **VERWENDUNG** Giftig; kann schwere Vergiftungserscheinungen hervorrufen. **WISSENSWERTES** Gelbfarbene Klumpfüße sind schwer zu unterscheiden. *Cortinarius splendens* wird unterteilt in eine auf Kalkböden wachsende Nadelwaldart *(ssp. meinhardii)* mit etwas strengem, unangenehmem Geruch (Fleisch mit KOH dunkel rotbraun) und in eine Art der Kalk-Buchenwälder *(ssp. splendens)* mit schmächtigerem und mehr schwefelgelbem Fruchtkörper. Verwechslungsgefahr besteht beim Einsammeln von essbaren Haarschleierlingen wie dem ▸ **Geschmückten Schleimkopf (S. 368/1)** und dem ▸ **Ziegelgelben Schleimkopf (S. 374/3).** Ähnlichkeit haben bei oberflächlicher Betrachtung auch einige Ritterlingsarten wie der ▸ **Grünling (S. 154/1).**

2 Gelbflockiger Schleimkopf

Cortinarius nanceiensis Maire *(Phl.)* *Cortinariaceae*

HUT 4–8 cm breit, anfangs rundlich, später gewölbt-abgeflacht; Oberfläche schmierig, braungelb, Mitte mit körnig-flockigen Velumresten, im Alter vom Scheitel her braunrötlich, mit hellerem Rand. **LAMELLEN** angewachsen-herablaufend, dicht stehend, jung gelbgrünlich, alt rostfarben. **STIEL** 3–7 cm lang, 1–1,5 cm breit, zylindrisch, gelbgrünlich, Cortina gleichfarben, später nussbraun bis purpurn, unten am Stiel eine deutliche Zone bildend; Basis schwach gerandet, keulig. **FLEISCH** fest, grüngelblich; Geruch unbedeutend bis schwach fruchtig, Geschmack mild. **SPOREN** 10–12 × 6–8 µm, mandel- bis zitronenförmig, grobwarzig. **VORKOMMEN** Sommer bis Herbst gesellig oder in Ringen in Laub- und Nadelwäldern, oft unter Weißtanne *(Abies alba)*, auf Kalk; in West- und Mitteleuropa verbreitet. **VERWENDUNG** Kein Speisepilz.

3 Würziger Schleimkopf

Cortinarius percomis Fr. *(Phl.)* *Cortinariaceae*

HUT 4–7(–10) cm breit, jung halbkugelig, dann gewölbt-ausgebreitet; Oberfläche feucht schmierig, bei Trockenheit matt glänzend, gelbbraun-gelbocker; Rand lange eingebogen, mit Velumresten. **LAMELLEN** am Stiel ausgebuchtet bis kurz herablaufend, zuerst gelb-grüngelb, dann gelbbraun-olivlich, alt rostbräunlich. **STIEL** 4–7(–10) cm lang, bis 2 cm breit, keulig, grüngelb, Spitze weißlich; Velum vergänglich, blassgelb, von Sporenstaub bald bräunlich. **FLEISCH** grüngelb; Geruch aufdringlich-würzig, an Majorankraut oder Zitronenmelisse erinnernd, Geschmack mild. **SPORENPULVER** rostbräunlich. **SPOREN** 11–13 × 5,5–7 µm, mandelförmig, warzig. **VORKOMMEN** September bis Oktober in Nadelwäldern, hauptsächlich unter Fichten *(Picea alba)*; in den Kalkgebieten Mittel- und Nordeuropas verbreitet. **VERWENDUNG** Kein Speisepilz. **WISSENSWERTES** Ähnliche Arten sind der **Stinkende Schleimkopf** *(Cortinarius russeus)* mit unangenehmem Geruch und der ▸ **Gelbflockige Schleimkopf (siehe 2)** mit schwachem Obstgeruch.

1

2

3

Untergattung Sericeocybe (Dickfüße)

Mittelgroße bis große Arten, meist kompakt und mit trockenem, glattem Hut; Lamellen blass tongrau oder braun, manchmal auch bläulich; Stiele zylindrisch-keulig, nie mit gerandeter Knolle.

1 Rötender Dickfuß

Cortinarius cyanites Fr. *(Ser.)* *Cortinariaceae*

HUT 5–12 cm breit, gewölbt bis ausgebreitet; Oberfläche jung klebrig, schnell austrocknend, graubraun mit Lilaton; Rand eingebogen. **LAMELLEN** untermischt, blauviolett, dann grauviolett. **STIEL** 5–10 cm lang, 1–2(–4) cm breit, fest, keulig, mit dicker nicht gerandeter Knolle; graublau-violett, an Druckstellen rötend. **FLEISCH** blassblau blauviolett, im Schnitt nach 1–2 Minuten rosa bis dunkel weinrot anlaufend; Geruch unbedeutend. **SPOREN** 9–11 × 5,5–6,5 µm, elliptisch, warzig. **VORKOMMEN** Im Herbst in Laub- und Nadelwäldern, gern unter Fichten *(Picea abies)* und Birken *(Betula)* **VERWENDUNG** Kein Speisepilz.

2 Safranfleischiger Dickfuß, Lila Dickfuß

Cortinarius traganus (Fr.: Fr.) Fr. *(Ser.)* *Cortinariaceae*

HUT 5–12 cm breit, jung fast kugelig, später gewölbt bis ausgebreitet; Oberfläche seidig glänzend, trocken, blauviolett, später schmutzig gelbbraun, alt silbrig-weißlich ausblassend; Rand jung durch blass lilafarbene, stark entwickelte Cortina mit dem Stiel verbunden. **LAMELLEN** am Stiel ausgebuchtet angewachsen, ziemlich dicht stehend, untermischt, bereits jung ocker-gelbbraun, später zimtbraun-rostbraun, ohne violette Töne; Schneiden heller, gekerbt. **STIEL** 5–10 cm lang, bis 2 cm breit, fest, jung blassviolett, ockerlich verblassend, vom zottigen Velum fast gestiefelt, später an der Spitze mit faseriger, rostbrauner Ringzone; Basis keulenförmig verdickt bis 4 cm breit. **FLEISCH** braungelb-safrangelblich; Geruch süßlich widerlich, stechend, karbidähnlich, Geschmack bitter. **SPORENPULVER** rostbraun. **SPOREN** 7–10 × 4–6 µm, apfelkernförmig, feinwarzig. **VORKOMMEN** Juli bis Oktober einzeln oder gesellig in Laub- und Nadelwäldern, gern unter Fichten *(Picea abies)*, auf sauren Böden. **VERWENDUNG** Giftig; verursacht Übelkeit, Magenbeschwerden, heftige Durchfälle und Erbrechen.

3 Weißvioletter Dickfuß

Cortinarius alboviolaceus (Pers.: Fr..) Fr. *(Ser.)* *Cortinariaceae*

HUT 3–7 cm breit, jung glockig-rundlich, dann gewölbt, schließlich ausgebreitet, meist breit gebuckelt; Oberfläche schwach eingewachsen faserig, seidig glänzend, jung weißlila-graulila, alt gelbbräunlich bis ockergelb; Rand jung eingerollt, durch die seidig-weißfädige Cortina mit dem Stiel verbunden. **LAMELLEN** am Stiel ausgebuchtet angewachsen, mit Zwischenlamellen, jung graulila, bald hell graubraun, später ockerbräunlich bis zimtbraun; Schneiden weißlich, gekerbt. **STIEL** 5–12 cm lang, bis 1 cm breit, voll, später ausgestopft, weißviolett, von Velumresten gegürtelt, nach unten +/– gestiefelt, keulig erweitert, bis 2 cm breit. **FLEISCH** weißlich, nach oben hell violettlich bis graulila, in der Basis gelblich weiß, alt gelbbräunlich; geruchlos, Geschmack mild. **SPORENPULVER** zimtbraun. **SPOREN** 8–10 × 5–6 µm, elliptisch bis mandelförmig, warzig. **VORKOMMEN** August bis Oktober im Laubwald, vor allem auf sauren, nährstoffarmen Böden; weit verbreitet. **VERWENDUNG** Kein Speisepilz. **WISSENSWERTES** Ähnlich ist der **Weiße Dickfuß** *(Cortinarius subargentatus)*, ohne Gürtel am Stiel.

1

2

3

1 Bocks-Dickfuß

Cortinarius camphoratus (Fr.: Fr.) Fr. *(Ser.)* *Cortinariaceae*

HUT 3–9 cm breit, erst halbkugelig, bald gewölbt-ausgebreitet; Oberfläche feinfaserig, jung hellviolett, im Alter von der Mitte her gelbbraun verfärbend; Rand jung eingebogen, mit schwach ausgebildeten Velumresten. **LAMELLEN** am Stiel angewachsen bis kurz herablaufend, jung violett, später zimtbraun-rostbraun; Schneiden bisweilen weißlich bewimpert. **STIEL** 5–8(–10) cm lang, bis 2,5 cm breit, zylindrisch oder etwas keulig, hellfaserig, blaulila; Velum dünn, anfangs blauviolett, dann gilbend. **FLEISCH** dick, violett bis blasslila; Geruch widerlich, nach Bock oder verbranntem Horn, kann aber bisweilen auch sehr schwach ausgeprägt sein. **SPORENPULVER** gelbbräunlich. **SPOREN** 8,5–10,5 × 5–6 µm, mandelförmig-breitelliptisch, warzig punktiert. **VORKOMMEN** September bis November in feuchten, moosreichen Nadelwäldern, gern unter Fichten *(Picea abies)* und Weißtannen *(Abies alba)*, auf sauren Böden in dicken Moospolstern. **VERWENDUNG** Giftig. **WISSENSWERTES** Der widerliche Geruch ist ein wichtiges Merkmal dieser sehr variablen Art. Der ähnliche, ebenfalls giftige ▸ **Safranfleischige Dickfuß** oder **Lila Dickfuß** **(S. 382/2)** unterscheidet sich durch obstartigen Geruch und safranfarbenes bis braungelbes Fleisch, er hat keine Blautöne in Fleisch und Lamellen.

2 Braunschuppiger Dickfuß, Schuppiger Dickfuß

Cortinarius pholideus (Fr.: Fr.) Fr. *(Ser.)* *Cortinariaceae*

HUT 5–9 cm breit, gewölbt bis ausgebreitet, meist mit spitzem Buckel; Oberfläche trocken, rehbraun, rötlich braun, zum Rand hin heller, sparrig feinschuppig. **LAMELLEN** ausgebuchtet angewachsen, jung violettlich-blassbraun, später zimtbraun. **STIEL** 6–10 cm lang, 1–1,5 cm breit, zylindrisch, etwas keulig, trocken, vom vergänglichen, faserigen Ringansatz abwärts rotbraun genattert bis sparrig schuppig, Spitze glatt, violettlich. **FLEISCH** dünn, in der Stielspitze violett, sonst cremefarben-bräunlich; Geruch und Geschmack unbedeutend. **SPORENPULVER** rostbräunlich. **SPOREN** 6,5–8 × 5–6 µm, fast rund, warzig. **VORKOMMEN** September bis November in Mooren und an nassen Standorten gern unter Birken *(Betula)*; selten. **VERWENDUNG** Kein Speisepilz. **WISSENSWERTES** Der Braunschuppige Dickfuß ist leicht erkennbar, Pilze mit Schuppen an Hut und Stiel sind in der Gattung *Cortinarius* selten.

3 Graubräunlicher Dickfuß, Braunvioletter Dickfuß

Cortinarius anomalus (Fr.: Fr.) Fr. *(Ser.)* *Cortinariaceae*

HUT 3–8 cm breit, gewölbt bis ausgebreitet, alt +/– verbogen; Oberfläche matt, erst graubraun mit Lilaton, später dunkel graubraun; Rand oft mit braunen Velumresten besetzt. **LAMELLEN** am Stiel ausgebuchtet angewachsen, untermischt, erst violettlich, dann durch die Sporen violettbraun; Schneiden heller. **STIEL** 5–10 cm lang, bis 1,5 cm breit, zylindrisch oder leicht keulig, oft verbogen, alt hohl, im oberen Teil blassviolettlich, feinfaserig, abwärts blassocker, mehrfach schwach und vergänglich gegürtelt. **FLEISCH** weißlich mit violettem Ton; Geruch unbedeutend, Geschmack mild. **SPORENPULVER** rostbraun. **SPOREN** 7,5–8,5 × 6–7 µm, fast rund, feinwarzig. **VORKOMMEN** August bis Oktober einzeln bis etwas büschelig in Laub- und Nadelwäldern; ziemlich häufig. **VERWENDUNG** Kein Speisepilz. **WISSENSWERTES** Vom Graubräunlichen Dickfuß gibt es eine var. *lepidopus* mit intensiver gefärbter Ringzone; sie hat Ähnlichkeit mit dem **Kupferschuppigen Dickfuß** *(Cortinarius spilomeus)*, dessen Stiel aber auffällige rotbraune Schüppchen trägt. Weitere Varianten des beschriebenen Pilzes sind var. *azureus* mit violettem Hut und Stiel und var. *diabolicus* fast ohne Violetttöne.

1

2

3

1 Rostbrauner Dickfuß

Cortinarius caninus (Fr.) Fr. *(Ser.)* *Cortinariaceae*

HUT 3–10 cm breit, jung rundlich, dann gewölbt; Oberfläche jung mit violettem Ton bald rostfuchsig bis rötlich braun, matt glänzend; Rand mit feinen Velumresten, etwas überstehend und eingebogen. **LAMELLEN** am Stiel ausgebuchtet, anfangs beige-violettlich, alt zimtbraun-rostbraun; Schneiden heller. **STIEL** 8–12 cm lang, bis 1,2 cm breit, Basis keulig, angedrückt feinfaserig, tonblass, Spitze ganz jung schwach violettlich; oft mit dünnem, bräunlichem Velumgürtel, ohne Stielnatterung. **FLEISCH** im Scheitel dick, jung weiß, alt bräunlich; ohne besonderen Geruch und Geschmack. **SPORENPULVER** bräunlich. **SPOREN** 8–9 × 7–8 µm. **VORKOMMEN** September bis November einzeln bis leicht büschelig gern unter Fichten *(Picea abies)* auf Kalkböden. **VERWENDUNG** Essbar.

VERWECHSLUNG MIT GIFTPILZEN Mit giftigen Schleierlingen!

UNTERGATTUNG Myxacium (Schleimfüße)

Fruchtkörper schlank; Hut und Stiel meist schleimig; Lamellen weißlich bis blassbraun, teils violett. Einige Arten schmecken bitter und sind ungenießbar, Giftpilze gibt es nicht in dieser Untergattung.

2 Natternstieliger Schleimfuß

Cortinarius trivialis Lge. *(Myx.)* *Cortinariaceae*

HUT 4–9(–12) cm breit, jung halbkugelig, dann gewölbt bis ausgebreitet, oft gebuckelt; Oberfläche sehr schleimig, glänzend, gelbbraun-bräunlich, olivgelb-ockergelb, Mitte meist dunkler; bei Regenwetter ist die Schleimauflage dick aufgequollen und tropft vom Hutrand herab; Rand jung nach innen gebogen. **LAMELLEN** ausgebuchtet angewachsen, mit Zwischenlamellen, erst blass mit Lilaton, später zimtbraun bis rostbraun. **STIEL** 5–12 cm lang, bis 2 cm breit, fest, sehr schleimig, leicht spindelig, an der Spitze blass, weißlich; mit seidigen, hellen, später bräunlichen Schleierresten, arttypisch gelboliv-bräunlich genattert. **FLEISCH** fest, blassgelb, im Stiel bräunlich; ohne besonderen Geruch und Geschmack. **SPORENPULVER** rostbräunlich. **SPOREN** 10–15 × 7–8 µm, mandelförmig, warzig. **VORKOMMEN** August bis Oktober gesellig in Laubwäldern vor allem unter Zitterpappeln *(Populus tremula)* auf kalkhaltigen Böden; in Europa besonders im Gebirge weit verbreitet. **VERWENDUNG** Kein Speisepilz.

3 Heide-Schleimfuß, Brotpilz

Cortinarius mucosus (Bull.: Fr.) Kickx *(Myx.)* *Cortinariaceae*

HUT 4–10 cm breit, gewölbt bis ausgebreitet; Oberfläche sehr schleimig, glänzend, gelblich braun, orange- bis rotbraun mit dunklerer Mitte; Rand lange eingebogen. **LAMELLEN** am Stiel ausgebuchtet angewachsen, jung ockerfarben, später zimtbraun. **STIEL** zylindrisch bis zuspitzend, weiß, mit Schleimüberzug und brauner Gürtelzone. **FLEISCH** dick, weißlich, im Stiel bald bräunlich; ohne besonderen Geruch und Geschmack. **SPORENPULVER** rostbräunlich. **SPOREN** 12–15 × 6–7 µm, zitronenförmig, warzig. **VORKOMMEN** August bis Oktober gesellig in sandigen Kiefernwäldern, ortshäufig. **VERWENDUNG** Essbar. **WISSENSWERTES** Der Heide-Schleimfuß ist ein relativ leicht kenntlicher Schleierling. Auf schleimigen Hut und Stiel achten! Sein Doppelgänger ist der **Bitterste Schleimfuß** *(Cortinarius fibratilis)*; ein untergemischter Pilz dieser Art verdirbt das ganze Pilzgericht. Beim **Honig-Schleimfuß** *(C. stillatitus)* hat das Fleisch in der Stielbasis einen feinen Honigduft.

1

2

3

1 Blauer Schleimfuß, Blauer Schleimkopf

Cortinarius salor Fr. *(Myx.)* *Cortinariaceae*

HUT 4–9 cm breit, jung rundlich, gewölbt, bald flach ausgebreitet; Oberfläche stark schleimig, jung schön blaulila, später vom Scheitel her ockergelb bis ockerbräunlich ausblassend. **LAMELLEN** am Stiel ausgebuchtet, eng stehend, anfangs violettblau, alt graubraun bis schmutzig braun. **STIEL** 5–12 cm lang, bis 1 cm breit, klebrig-glänzend, weißlich bis blasslila, oft schwach gegürtelt, im oberen Teil mit faseriger, +/– gürtelförmiger, vom Sporenstaub gefärbter Velumzone; Basis keulig, bis 2,5 cm breit. **FLEISCH** weiß mit schwachem Blauton, in der Stielspitze anfangs bläulich; Geruch und Geschmack unauffällig. **SPORENPULVER** rostbräunlich. **SPOREN** 7–9 × 6–8 µm, fast rund, warzig. **VORKOMMEN** Spätsommer bis Herbst meist gesellig in Laub- und Nadelwäldern auf Kalk. **VERWENDUNG** Kein Speisepilz.

2 Violettblättriger Schleimfuß

Cortinarius delibutus Fr. *(Myx.)* *Cortinariaceae*

HUT 3–6(–8) cm breit, jung lange halbkugelig, später flach gewölbt, oft gebuckelt; Oberfläche kahl, glatt, feucht schleimig-schmierig, trocken seidig-faserig, gelblich-gelbbräunlich bis ockergelb; Rand dünn. **LAMELLEN** am Stiel +/– gerade angewachsen, gedrängt, untermischt, nur jung schön blauviolettlich, bald gelbbraun bis zimtbräunlich. **STIEL** 5–10 cm lang, bis 1,5 cm breit, zylindrisch bis keulig, ausgestopft, alt hohl, schleimig, glänzend, weißlich, an der Spitze trocken und violett-bläulich getönt, unterhalb der flüchtigen, durch Sporenstaub rostfarbenen Velumzone durch gelblichen Schleim +/– genattert. **FLEISCH** weißlich bis blassgelb; Geruch beim Reiben schwach rettichartig, Geschmack mild bis etwas bitter. **SPORENPULVER** rostbräunlich. **SPOREN** 7–9 × 6–8 µm. **VORKOMMEN** August bis Oktober in feuchten und moorigen Laub- und Nadelwäldern; ziemlich häufig. **VERWENDUNG** Kein Speisepilz.

UNTERGATTUNG Telamonia (Gürtelfüße, Wasserköpfe)

Kleine oder große Arten; Hut wenig farbenfreudig, trocken, meist hygrophan und braun; Lamellen grauweißlich, braun oder bläulich, seltener gelblich; Stielspitze oft blaulila. Wenig erforschte Untergattung.

3 Geschmückter Gürtelfuß

Cortinarius armillatus (Fr.: Fr.) Fr. *(Tel.)* *Cortinariaceae*

HUT 5–10(–12) cm breit, anfangs glockig, später breitglockig bis gewölbt, flach gebuckelt; Oberfläche trocken, feinschuppig-radialfaserig, fuchsig-rostbräunlich, ziegelrostbraun, Mitte meist dunkler; Rand lange eingerollt. **LAMELLEN** angewachsen, etwas eng stehend, untermischt, anfangs blass zimtbraun, später rostbraun; Schneiden heller. **STIEL** 6–14 cm lang, 1–3 cm breit, zylindrisch oder keulig, blass- bis rostbräunlich, faserig, mit einer oder mehreren ziegelrötlichen, schräg verlaufenden Gürtelzonen geschmückt **(3b)**; Basis verdickt, weißfilzig. **FLEISCH** weißlich bis blassbräunlich; Geruch und Geschmack rettichartig. **SPORENPULVER** zimtbraun. **SPOREN** 7–12 × 5–7 µm. **VORKOMMEN** Juli bis Oktober auf sauren, anmoorigen Böden, gern unter Birken *(Betula)*, besonders in Nordeuropa. **VERWENDUNG** Kein Speisepilz. **WISSENSWERTES** Der Geschmückte Gürtelfuß ist kaum zu verwechseln. Selten findet man die var. *luteoornatus* mit gelben bis gelbbraunen Gürtelzonen. Ähnlich ist der **Purpurrote Gürtelfuß** *(Cortinarius paragaudis)*. Er wächst im Nadelwald und hat kleinere Sporen.

1

2

3a
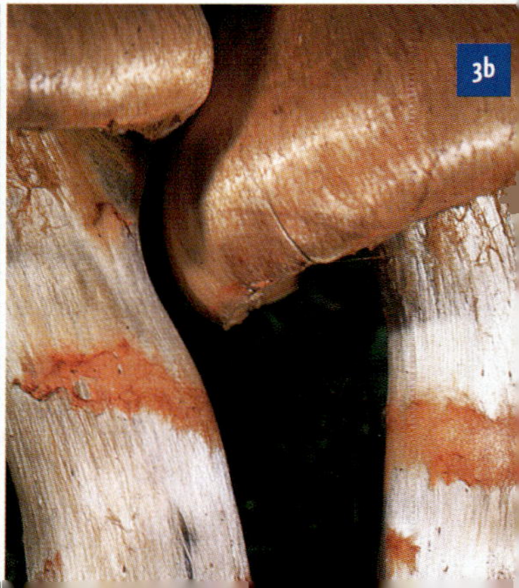
3b

1 Feuerfüßiger Gürtelfuß, Feuerfüßiger Wasserkopf

Cortinarius bulliardii (Pers.: Fr.) Fr. *(Tel.)* *Cortinariaceae*

HUT 5–8 cm breit, bald flach gewölbt, kaum gebuckelt; Oberfläche hygrophan, kahl, etwas glänzend, kastanienbraun, trocken heller, rotbraun-ockerbraun; Rand mit roten Velumresten. **LAMELLEN** am Stiel ausgebuchtet angeheftet, fast entfernt stehend, mit Zwischenlamellen, erst violettlich-graubraun, später braunrötlich; Schneiden weißlich. **STIEL** 3–8 cm lang, bis 1,5 cm breit, längsfaserig, an der Spitze weiß-violettlich, im unteren Teil von leuchtend zinnoberrotem Velum überzogen; Basis verdickt (bis 2 cm) und zugespitzt wurzelnd; Myzel ebenfalls zinnoberrot. **FLEISCH** weißbraun, in der Stielspitze bisweilen blasslila; Geruch unauffällig bis säuerlich, Geschmack unbedeutend. **SPORENPULVER** rostbraun. **SPOREN** 8,5–10 × 5–6 µm, elliptisch, feinwarzig. **VORKOMMEN** August bis Oktober einzeln oder gesellig, bisweilen verwachsen, in Laubwäldern, besonders unter Rotbuchen (*Fagus sylvatica*), auf Kalkböden in wärmeren Lagen. **VERWENDUNG** Kein Speisepilz.

2 Dunkelbrauner Gürtelfuß

Cortinarius brunneus (Pers.: Fr.) Fr. *(Tel.)* *Cortinariaceae*

HUT 5–8 cm breit, jung glockig, dann gewölbt mit dickem, fleischigem Buckel; Oberfläche hygrophan, dunkelbraun, kastanienbraun; Rand weiß. **LAMELLEN** ausgebuchtet angewachsen, dick, entfernt stehend, purpurbraun-rostbraun. **STIEL** bis 10 cm lang, bis 2 cm breit, jung voll, dann ausgestopft, dunkelbraun mit helleren Längsfasern, mit Gürtelzone. **FLEISCH** weißlich-braun; Geruch und Geschmack unbedeutend **SPORENPULVER** dunkel rostbraun. **SPOREN** 8–12 × 5–7 µm. **VORKOMMEN** Spätsommer bis Herbst in feuchten, moosigen Nadelwäldern. **VERWENDUNG** Kein Speisepilz.

3 Pelargonien-Gürtelfuß, Duftender Gürtelfuß

Cortinarius paleaceus (Fr. in Weinm.) Fr. *(Tel.)* *Cortinariaceae*

HUT 1–4 cm breit, jung kegelig-glockig, dann gewölbt, spitz gebuckelt; Oberfläche hygrophan, feucht rötlich graubraun, dunkelbräunlich, mit weißen Velumschüppchen; Rand mit Velumresten. **LAMELLEN** ausgebuchtet angewachsen, graubraun, alt rostbraun. **STIEL** bis 7 cm lang, 3–5 mm breit, bräunlich, zur Spitze hin violettlich, mit weißen, flockigen Velumresten und vergänglicher Ringzone. **FLEISCH** blassocker, Geruch nach Pelargonienblättern. **SPOREN** 6,5–9 × 4–6 µm. **VORKOMMEN** September bis November in feuchten, sauren, moosigen Nadelwäldern. **VERWENDUNG** Kein Speisepilz. **WISSENSWERTES** Sehr ähnlich und leicht zu verwechseln ist der **Weißflockige Gürtelfuß** *(Cortinarius hemitrichus);* er ist geruchlos.

4 Zinnoberroter Buchen-Gürtelfuß

Cortinarius cinnabarinus Fr. *(Tel.)* *Cortinariaceae*

HUT 2–7 cm breit, gewölbt-ausgebreitet, bisweilen flach gebuckelt; Oberfläche trocken, hygrophan, zinnoberrot, bei Trockenheit blasser. **LAMELLEN** ausgebuchtet angewachsen, entfernt stehend, untermischt. **STIEL** 3–6 cm lang, bis 1 cm breit, zinnoberrot. **FLEISCH** gelbrötlich; Geruch unangenehm, Geschmack rettichartig. **SPOREN** 7–10 × 4,5–5,5 µm, elliptisch. **VORKOMMEN** Sommer bis Herbst in Buchenwäldern. **VERWENDUNG** Giftig. **WISSENSWERTES** Der Zinnoberrote Buchen-Gürtelfuß erinnert zunächst an eine Art aus der Untergattung *Dermocybe.* Er wurde erst in neuerer Zeit zur Untergattung *Telamonia* gestellt. Ähnlichkeit hat der ▸ **Blutrote Hautkopf (S. 362/2)**, der jedoch keinen hygrophanen Hut aufweist und im Nadelwald zu finden ist.

1

2

3

4

Gattung **Russula (Täublinge)**
Familie *Russulaceae*
Fruchtkörper in Hut und Stiel gegliedert, spröde; Hut oft lebhaft bunt gefärbt; Lamellen meist splitternd, oft gegabelt; Stiel bricht waagerecht durch (nicht fasernd); Fleisch bei Verletzung nicht milchend. Mild schmeckende Arten sind essbar.

1 Gemeiner Weiß-Täubling
Russula delica Fr. *Russulaceae*

HUT 8–15(–20) cm breit, jung genabelt, alt trichterförmig vertieft, hart; Oberfläche schmutzig weißlich bis ockerbräunlich, glanzlos, runzelig oder grubig, oft mit Erde und Humus bedeckt (Volksname: Erdschieber); Rand glatt, lange eingebogen. **LAMELLEN** am Stiel herablaufend, entfernt stehend (Hutgrund sichtbar), ungleich lang, bei feuchter Witterung oft tränend, weißlich-elfenbeinfarben, auch mit blaugrünem Reflex. **STIEL** 2–6 cm lang, 1–4 cm breit, hart, voll, weißlich; Spitze bisweilen etwas blaugrün schimmernd. **FLEISCH** hart, spröde, weiß; Geruch jung herb, fruchtartig, alt unangenehm, nach Hering, Geschmack mild bis etwas schärflich. **SPORENPULVER** cremeweißlich. **SPOREN** 8–12 × 6,5–9 µm. **VORKOMMEN** Juli bis Oktober in Laub- und Nadelwäldern, vorwiegend auf kalkhaltigen Böden; in Europa weit verbreitet. **VERWENDUNG** Essbar; nicht schmackhaft. **WISSENSWERTES** Variable Art; ähnlich ist der ▸ **Schmalblättrige Weiß-Täubling (siehe 2)**, seine Lamellen stehen aber gedrängt, der Hut ist kleiner.

2 Schmalblättriger Weiß-Täubling
Russula chloroides (Krmbh.) Bres. *Russulaceae*

HUT 4–10(–13) cm breit, trichterförmig, schmutzig weiß, mit Humusresten bedeckt. **LAMELLEN** am Stiel herablaufend, eng stehend, untermischt, schmal, etwas biegsam, weiß, bisweilen mit grünlichem Reflex. **STIEL** 2–3(–7) cm lang, bis 2 cm breit, weiß, Spitze grünlich blau. **FLEISCH** hart, weiß; Geruch nicht angenehm, Geschmack bei längerem Kauen scharf werdend. **SPOREN** 7–11 × 6–9 µm, grobstachelig, unvollständig netzig. **VORKOMMEN** Juli bis Oktober in Laub- und Nadelwäldern auf kalkhaltigen und sauren Böden; verbreitet. **VERWENDUNG** Essbar; nicht schmackhaft. **WISSENSWERTES** Der Pilz ist oft kaum vom ▸ **Gemeinen Weiß-Täubling (siehe 1)** zu unterscheiden.

3 Dickblättriger Schwärz-Täubling
Russula nigricans (Bull.) Fr. *Russulaceae*

HUT 5–12(–20) cm breit, anfangs halbkugelig-gewölbt, Mitte bald niedergedrückt; Oberfläche trocken, glatt, erst schmutzig weiß, dann graubräunlich, bald grauschwarz bis fast schwärzlich; Huthaut teilweise abziehbar. **LAMELLEN** ausgebuchtet angewachsen, dick, breit, untermischt, sehr entfernt stehend, spröde, jung weißlich, dann holzfarben, verletzt rötend und langsam graurosa bis schwärzlich verfärbend. **STIEL** 3–8 cm lang, 1–3 cm breit, hart, fest, jung weiß, bei Berührung rötend, später kräftig braun, alt schwärzlich. **FLEISCH** jung kompakt, hart, weiß, im Schnitt und bei Verletzung leuchtend ziegelrot, dann langsam grauend, zuletzt schwarz werdend; fast geruchlos, Geschmack mild bis schärflich. **SPORENPULVER** weiß. **SPOREN** 6–8 × 6–7 µm, fast rund, Warzen klein, mit unvollständigem Netz verbunden. **VORKOMMEN** Juli bis November in Laub- und Nadelwäldern; in Europa weit verbreitet. **VERWENDUNG** Essbar; nicht schmackhaft. **WISSENSWERTES** Leicht erkennbare Art.

1

2

3

1 Lachsblättriger Schwärz-Täubling

Russula anthracina Romagn. *Russulaceae*

HUT 5–10 cm breit, Mitte bald vertieft; Oberfläche trocken, matt, jung weißlich, bald mit rauchbraunen Flecken, alt schwarzbraun; Rand lange eingebogen. **LAMELLEN** gedrängt stehend, cremeweißlich mit lachsrosa Reflex, bei Verletzung schwarzbraun verfärbend. **STIEL** 4–6 cm lang, 1,5–2,5 cm breit, weißlich, bei Berührung und im Alter schwarzbraun. **FLEISCH** fest, hart, weißlich, im Anschnitt schwärzend; Geruch etwas fruchtig, Geschmack mild, Lamellen meist schärflich. **SPORENPULVER** weiß. **SPOREN** 6,5–9 × 5,5–7 µm, elliptisch. **VORKOMMEN** Juli bis September in Laub- und Nadelwäldern. **VERWENDUNG** Kein Speisepilz. **WISSENSWERTES** Ähnlich ist der unten beschriebene ► **Menthol-Schwärz-Täubling (siehe 2).** Er hat aber in den Lamellen einen bitterlichen, mentholartigen, kühlenden Geschmack. *Russula anthracina* var. *insipida* hat mild schmeckende Lamellen.

2 Menthol-Schwärz-Täubling

Russula albonigra (Krombh.) Fr. *Russulaceae*

HUT 5–15 cm breit, ausgebreitet bis trichterförmig; Oberfläche oft etwas klebrig, weiß, bald grauend, alt schwarz. **LAMELLEN** am Stiel herablaufend, stark gabelig, jung weiß, allmählich schwärzend. **STIEL** 3–6 cm lang, 2–4 cm breit, kompakt, weiß, dann bräunlich-schwärzend. **FLEISCH** jung weiß, im Schnitt schwärzend; Geruch unbedeutend, Geschmack besonders der Lamellen bitterlich-schärflich und mentholartig kühlend. **SPORENPULVER** weiß. **SPOREN** 7–10 × 5–7 µm. **VORKOMMEN** Ende Juli bis Oktober in Laub- und Nadelwäldern vorwiegend (aber nicht ausschließlich) auf sauren Böden; in Europa weit verbreitet. **VERWENDUNG** Kein Speisepilz. **WISSENSWERTES** Man erkennt diesen Pilz an den schwärzenden Fruchtkörpern und seinem typischen Geschmack, den man am besten mit der Zungenspitze in den Lamellen wahrnehmen kann. Er ist zunächst bitterlich und danach mentholartig kühlend.

3 Dichtblättriger Schwärz-Täubling

Russula densifolia Gill. *Russulaceae*

HUT 3–8(–12) cm breit, anfangs gewölbt, später niedergedrückt, fast trichterförmig; Oberfläche bei feuchter Witterung etwas klebrig-schmierig, bei Trockenheit matt, glanzlos, Mitte schmutzig braun, blass rußgrau, bisweilen blass gelbbraun, Randzone heller; Rand anfangs eingerollt. **LAMELLEN** am Stiel angeheftet bis kurz herablaufend, dicht stehend, fast biegsam, weiß bis blass cremefarben, verletzt erst rötend, nach längerer Zeit schwärzend. **STIEL** 2–8 cm lang, 0,5–2,5 cm breit, hart, weißlich, alt hutfarben, bei jungen Fruchtkörpern bei Verletzung langsam rötend, dann bräunend, zuletzt braunschwärzlich. **FLEISCH** weiß, im Schnitt langsam rötend, zuletzt grauend; Geruch moderig, Geschmack mild, Lamellen schärflich. **SPORENPULVER** weiß. **SPOREN** 6,5–8 × 5–6,5 µm, breitelliptisch, feinwarzig, stellenweise mit angedeutetem Netzmuster. **VORKOMMEN** Juli bis Oktober in Laub- und Nadelwäldern auf sauren Böden, oft im Torfmoos der Moorwälder am Rand von Hochmooren, auf Kalkböden sehr selten; in Europa verbreitet. **VERWENDUNG** Kein Speisepilz. **WISSENSWERTES** Die Fruchtkörper des ► **Dickblättrigen Schwärz-Täublings (S. 392/3)** sind größer, das Fleisch junger Pilze rötet ebenfalls bei Verletzung, die Lamellen sind allerdings dicklich und stehen entfernt. Auf alten, faulenden, geschwärzten Fruchtkörpern verschiedener Täublingsarten können vom Sommer bis zum Herbst Pilze der Gattung *Nyctalis* (Zwitterlinge) erscheinen, die sich auf die toten Pilzfruchtkörper spezialisiert haben und von ihnen leben. Man findet diese Besonderheiten allerdings nicht häufig.

1

2

3

1 Rauchbrauner Schwärz-Täubling

Russula adusta (Pers.: Fr.) Fr. *Russulaceae*

HUT 7–20 cm breit, erst halbkugelig, dann gewölbt mit eingesenkter Mitte; Oberfläche kahl, etwas speckig glänzend, feucht etwas schmierig, jung weißlich bis cremefarben, später bräunlich, Mitte alt schwärzlich braun, Rand heller; Rand anfangs eingebogen, glatt, scharf. **LAMELLEN** ziemlich dicht stehend, untermischt, blass, schmutzig strohgelblich, im Alter schwärzend. **STIEL** 4–8 cm lang, 2–4 cm breit, zylindrisch fest, voll, anfangs weißlich, später rauchgrau, an Druckstellen schwach rötend, langsam rauchgrau nachdunkelnd. **FLEISCH** weißlich, jung nicht oder nur leicht rötend; Geruch unauffällig, alt nach Weinfass, Geschmack mild. **SPORENPULVER** weiß. **SPOREN** 7–9 × 6–8 µm, elliptisch bis rundlich. **VORKOMMEN** Juli bis Oktober meist gesellig in Nadelwäldern. **VERWENDUNG** Essbar; nicht schmackhaft. **WISSENSWERTES** Täublingsregel beachten: milde Arten sind essbar.

2 Scharfblättriger Schwärz-Täubling

Russula acrifolia Romagn. *Russulaceae*

HUT 5–15 cm breit, jung gewölbt, später flach trichterförmig; Oberfläche kahl, schmierig, speckig glänzend, jung weiß, bald graubraun bis sepiabraun; Rand anfangs eingebogen, kahl, scharf. **LAMELLEN** angeheftet bis kurz herablaufend, ziemlich gedrängt stehend, untermischt, weiß bis blassgelb, an Druckstellen erst rötend, allmählich schwärzend. **STIEL** 3–6 cm lang, 1–3 cm breit, glatt, trocken, weiß, an Druckstellen rötend, dann schwärzend. **FLEISCH** hart, weiß, im Anbruch erst rötend, langsam schwärzend; Geruch unauffällig, Geschmack besonders in den Lamellen brennend scharf. **SPORENPULVER** weiß. **SPOREN** 7–9 × 7–7,5 µm, breitelliptisch bis rundlich, warzig-netzig. **VORKOMMEN** Juli bis Oktober in Laub- und Nadelwäldern. **VERWENDUNG** Kein Speisepilz. **WISSENSWERTES** Ähnlich, jedoch meist kleiner und weniger robust ist der ▸ **Dichtblättrige Schwärz-Täubling (S. 394/3).** In Nadelwäldern findet man auf sauren und nährstoffarmen Böden den ▸ **Rauchbraunen Schwärz-Täubling (siehe 1).**

3 Gemeiner Stink-Täubling, Stink-Täubling

Russula foetens Pers.: Fr. *Russulaceae*

HUT 6–15(–17)cm breit, jung fast kugelig, dann gewölbt-ausgebreitet; Oberfläche feucht dick schleimig, gelbbraun-gelbocker; Haut teilweise abziehbar; Rand mit radialen Furchen. **LAMELLEN** am Stiel ausgebuchtet angewachsen, jung gedrängt, alt entfernt, blass cremefarben, jung mit Tröpfchen, alt mit rostigen Flecken an der Schneide. **STIEL** bis 12 cm lang, bis 3 cm breit, gekammert-hohl, weiß bis cremefarben, alt mit Flecken, bei Berührung bräunend. **FLEISCH** hart, weiß bis blassgelb; Geruch unangenehm-widerlich, Geschmack ekelhaft, brennend-scharf. **SPORENPULVER** cremefarben. **SPOREN** 7–9 × 7–10 µm, grobwarzig, ohne netzige Verbindungen. **VORKOMMEN** Juli bis Oktober in Laub- und Nadelwäldern; in Europa weit verbreitet. **VERWENDUNG** Kein Speisepilz. **WISSENSWERTES** Der Gemeine Stink-Täubling kann Erbrechen und Durchfall hervorrufen. Er hat Ähnlichkeit mit dem ▸ **Mandel-Täubling (S. 398/2)**, der einen angenehmen Bittermandelgeruch hat und scharf schmeckt. Der **Gilbende Stink-Täubling** *(Russula subfoetens)* riecht weniger stark und wächst im Laubwald. Der ▸ **Morse-Täubling (S. 398/1)** unterscheidet sich durch strichförmig gezeichnete Lamellenschneiden, sein Hutschleim ist violett getönt. Auch der **Mehlstiel-Täubling** *(R. farinipes)* gehört zu dieser Gruppe. Sein Hut ist elfenbeinfarben, er riecht obstartig, nicht nach Bittermandel.

1

2

3

1 Morse-Täubling

Russula illota Romagn. *Russulaceae*

HUT 6–15(–18) cm breit, jung kugelig, bald gewölbt-ausgebreitet; Oberfläche klebrig, schmutzig ockerbraun, strohocker, bei Regenwetter gelatinös aufgequollen, Schleim lila überhaucht; Rand höckerig gerippt. **LAMELLEN** gegabelt, weißlich bis gelblich, jung tränend; Schneiden violettbraun punktiert und gestrichelt. **STIEL** 4–10(–15) cm lang, 1–4 cm breit, fest, später kammerig-hohl, schmutzig bräunlich bis ockerlich. **FLEISCH** jung weißlich; Geruch bittermandelartig, beim Reiben der Lamellen widerlich, Geschmack sehr scharf, in Hut und Stiel fast mild. **SPORENPULVER** blass cremefarben. **SPOREN** 7–9 × 6,5–8 µm, rundlich. **VORKOMMEN** Im Sommer in Laub- und Nadelwäldern; in der gemäßigten Klimazone Europas weit verbreitet. **VERWENDUNG** Kein Speisepilz.

2 Mandel-Täubling

Russula grata Britz., *Russula laurocerasi* Melz. *Russulaceae*

HUT 6–10 cm breit, gewölbt, später flach, in der Mitte etwas niedergedrückt; Oberfläche bei feuchter Witterung schleimig, ockerlich, dunkel ockergelb; Haut nur am Rand abziehbar; Rand mit zunehmendem Alter grobrippig. **LAMELLEN** ziemlich gedrängt, blass cremefarben, oft mit schmutzig braunen Flecken; Schneiden nicht braun gerandet. **STIEL** bis 8 cm lang, bis 2 cm breit, +/– zylindrisch, fein gerunzelt, fest, bald hohl, weißlich-hellbräunlich. **FLEISCH** weißlich; Geruch intensiv bittermandelartig, beim Zerreiben der Lamellen wie beim Stink-Täubling widerlich; Geschmack mild oder scharf. **SPORENPULVER** cremefarben. **SPOREN** 7–9 × 7–7,5 µm, rundlich, derb gratig. **VORKOMMEN** Juli bis Oktober vorwiegend in Laubwäldern unter Buchen *(Fagus)*, seltener in Nadelwäldern; auf kalkhaltigen Böden. **VERWENDUNG** Kein Speisepilz. **WISSENSWERTES** Es gibt verschiedene ähnliche Arten. Der ▸ **Stink-Täubling (S. 396/3)** schmeckt immer scharf, hat einen unangenehmen Geruch und ist meist größer und kräftiger als der Mandel-Täubling. Der ebenfalls nach Bittermandeln riechende ▸ **Morse-Täubling (siehe 1)** ist an seinem violetten Ton im Hutschleim und den schwarz punktierten Lamellenschneiden relativ leicht erkennbar. Der ▸ **Kratzende Kamm-Täubling (siehe 3)** hat, wie der Name schon sagt, einen unangenehm kratzenden Geschmack. Alle genannten Arten haben einen gelben bis braungelben, besonders bei feuchter Witterung schleimigen Hut mit kammartig gerieftem oder gefurchtem Rand. Sie sind schwer zu unterscheiden. Alle sind ungenießbar oder als schwach giftig einzustufen; sie können Erbrechen und Durchfall verursachen.

3 Kratzender Kamm-Täubling, Widerlicher Täubling

Russula pectinatoides Peck, *Russula praetervisa* Sarnari
Russulaceae

HUT 4–8 cm breit, bald vertieft, fast trichterig; Oberfläche gelbbräunlich, umbrabraun bis dattelbraun, Mitte dunkler, schmierig; Rand breit gerippt. **LAMELLEN** etwas ausgebuchtet, oft gabelig, cremefarben, bald rostfleckig. **STIEL** 3–5 cm lang, 1–1,5 cm breit, weißlich, Basis rötlich gefleckt. **FLEISCH** weiß, brüchig; Geruch unangenehm, ranzig-tranig, Geschmack mild, im Hals kratzend. **SPOREN** 8–9 × 6–7 µm, warzig, unvollständig netzig. **VORKOMMEN** Juni bis Oktober einzeln bis gesellig in Laub- und Nadelwäldern, an Waldwegen und Waldrändern, auch in Parkanlagen. **VERWENDUNG** Kein Speisepilz. **WISSENSWERTES** Zu verwechseln ist der beschriebene Pilz mit den beiden oben genannten Arten und mit dem nach Camembert riechenden **Camembert-Täubling** *(Russula amoenolens)*, der vorzugsweise unter Eichen *(Quercus)* vorkommt.

1

2

3

1 Gallen-Täubling

Russula fellea (Fr.) Fr. *Russulaceae*

HUT 4–6(–9) cm breit, anfangs halbkugelig, bald gewölbt, dann ausgebreitet, bisweilen mit flachem Buckel; Oberfläche matt, bei feuchter Witterung leicht klebrig, glatt, strohgelb-ockergelb, zum Rand hin blasser; Huthaut nur am Rand abziehbar; Rand lange glatt, zuletzt bisweilen etwas furchig-gerieft. **LAMELLEN** am Stiel angewachsen, gedrängt stehend, schmal, jung blass cremefarben, später strohgelb. **STIEL** 2–6 cm lang, 1–2 cm breit, jung voll, fest, später ausgestopft, erst weißlich, später rahmfarben-blassocker. **FLEISCH** jung weißlich, später hellgelblich; Geruch süßlich-obstartig, Geschmack brennend scharf und nicht, wie der Pilzname sagt, gallenbitter. **SPORENPULVER** blass cremefarben. **SPOREN** 8–11 × 7–8 µm, fast kugelig bis breitelliptisch, warzig, ornamentiert. **VORKOMMEN** Juli bis September in Laubwäldern vorwiegend unter Rotbuchen *(Fagus sylvatica)*, selten in Nadelwäldern. **VERWENDUNG** Giftig, verursacht Verdauungsstörungen. **WISSENSWERTES** Oberflächlich betrachtet kann dieser Pilz mit dem ▸ **Ocker-Täubling (siehe 2)** verwechselt werden. Im Zweifelsfall verschafft eine Kostprobe schnell Klarheit.

2 Ockerweißer Täubling, Ocker-Täubling

Russula ochroleuca Pers. *Russulaceae*

HUT 4–9(–12) cm breit, anfangs gewölbt, bald ausgebreitet, in der Mitte niedergedrückt; Oberfläche feucht schmierig, trocken kahl, glatt, gelblich, ockergelb, bisweilen auch olivlich getönt; Haut etwa bis zur Mitte abziehbar; Rand ungerieft, im Alter kurz rippig. **LAMELLEN** am Stiel abgerundet angewachsen, ziemlich gedrängt, dünn, anfangs weißlich, später gelblich weiß, alt mit rostbraunen Flecken. **STIEL** bis 8 cm lang, bis 2,5 cm breit, kompakt, zylindrisch, zur Basis hin leicht verdickt, alt schwammig; jung weißlich, im Alter grauend und runzelig. **FLEISCH** jung fest, weißlich, alt weich; Geruch unbedeutend, Geschmack mild oder etwas scharf. **SPORENPULVER** cremeweiß. **SPOREN** 8–9 × 7–8 µm, ellipsoid bis fast kugelig, warzig-netzig. **VORKOMMEN** Juli bis November oft massenhaft in Laub- und Nadelwäldern nahezu in ganz Europa; meidet ausgesprochene Kalkböden. **VERWENDUNG** Essbar; nicht sehr schmackhaft. **WISSENSWERTES** Der ähnliche, brennend scharf schmeckende ▸ **Gallen-Täubling (siehe 1)** ist einheitlich ocker- bis semmelgelb gefärbt, er riecht süßlich-obstartig. Der **Mehlstiel-Täubling** *(Russula farinipes)* unterscheidet sich durch eine mehlig-pudrige Stielspitze; er schmeckt sehr scharf und riecht schwach nach Obst.

3 Gelber Graustiel-Täubling, Moor-Täubling

Russula claroflava Grove *Russulaceae*

HUT 3–8(–12) cm breit, anfangs halbkugelig gewölbt, bald ausgebreitet, alt etwas vertieft, zitronengelb bis leuchtend chromgelb; Oberfläche jung bei feuchter Witterung schmierig-klebrig, trocken matt, glanzlos; Haut nur am Rand abziehbar; Rand alt bisweilen etwas radial gefurcht. **LAMELLEN** angewachsen bis frei, ziemlich dicht stehend, spröde, jung weiß, dann gelblich, alt grauend und an den Schneiden schwärzend. **STIEL** 4–9 cm lang, 1–2 cm breit, voll, fest, alt schwammig; jung weiß, auf Druck und im Alter grauend bis schwärzend. **FLEISCH** weiß, im Schnitt grauend oder schwärzend; Geruch unbedeutend, Geschmack mild. **SPORENPULVER** ockergelb. **SPOREN** 7–10 × 6–8 µm. **VORKOMMEN** Juni bis Oktober meist gesellig unter Birken *(Betula)* auf moorigen Böden; in Mitteleuropa verbreitet, im Süden sehr selten. **VERWENDUNG** Essbar. **WISSENSWERTES** Habitus und Standort unter Birken machen den Pilz zu einer leicht erkennbaren Art innerhalb der Gattung.

1

2

3

1 Orangeroter Graustiel-Täubling
Russula decolorans Fr. *Russulaceae*

HUT 5–12 cm breit, erst halbkugelig, später gewölbt-ausgebreitet bis niedergedrückt; Oberfläche etwas schmierig, kahl, glatt, ziegelrot-orangerot, später gelblich ausblassend; Haut bis zur Hälfte abziehbar; Rand glatt, alt etwas kammartig gerieft. **LAMELLEN** angeheftet, fast gedrängt, dünn, brüchig, gelblich weiß, später buttergelb, alt grauend und Schneiden schwärzend. **STIEL** 5–12 cm lang, 1–2,5 cm breit, walzenförmig, zur Basis hin spindelförmig, voll, fest, alt schwammig, etwas längsrunzelig, jung weiß, alt aschgrau bis schwärzlich grau. **FLEISCH** weiß, an Bruch- und Schnittstellen grauend; Geruch unbedeutend, Geschmack mild. **SPORENPULVER** hellocker. **SPOREN** 9–14 × 7–12 µm. **VORKOMMEN** Juli bis Oktober in Nadelwäldern auf Sandböden und Silikatgestein, in moorigen Wäldern; verbreitet. **VERWENDUNG** Essbar. **WISSENSWERTES** Täublings-Regel beachten: Milde Täublinge sind essbar.

2 Grüngefelderter Täubling
Russula virescens (Schaeff.) Fr. *Russulaceae*

HUT 6–15 cm breit, jung halbkugelig, dann gewölbt bis ausgebreitet, Mitte oft niedergedrückt; Oberfläche trocken, matt, hell- bis blaugrünlich, frühzeitig felderig aufgerissen, in den Rissen weißgelblich, alt oft schmutzig gelb ausblassend; Huthaut zur Hälfte abziehbar. **LAMELLEN** eng stehend, spröde, erst weiß, dann cremefarben, oft bräunlich gefleckt. **STIEL** 3–8 cm lang, 1–4 cm breit, zylindrisch oder unregelmäßig verdickt, hart, voll, weißlich, Basis oft bräunlich gefleckt, Spitze mehlig, runzelig. **FLEISCH** hart, trocken, alt mürbe, weißlich, bisweilen bräunlich verfärbend; Geruch schwach, alt und beim Trocknen käseartig, Geschmack mild. **SPORENPULVER** weißlich. **SPOREN** 6–10 × 5–7 µm. **VORKOMMEN** Juli bis Oktober einzeln bis gesellig in Laubwäldern, seltener in Nadelwäldern auf kalkarmen oder zumindest oberflächlich versauerten Böden; ziemlich selten und deutlich zurückgehend. **VERWENDUNG** Essbar.

VERWECHSLUNG MIT GIFTPILZEN ▸ **Grüner Knollenblätterpilz (S. 256/1).**

Grüner Knollenblätterpilz

3 Violettgrüner Frauen-Täubling, Frauen-Täubling
Russula cyanoxantha (Schaeff.) Fr. *Russulaceae*

HUT 6–15 cm breit, jung halbkugelig, später gewölbt-ausgebreitet, Mitte oft niedergedrückt; Oberfläche bei feuchter Witterung schmierig, glänzend, Farbe variabel von violett bis grün und in allen Mischungen dieser Farben, auch mit grüngelben Tönen; Haut vom Rand her teilweise abziehbar; Rand jung eingebogen, scharf und glatt, erst im Alter bisweilen gerippt. **LAMELLEN** angewachsen bis kurz herablaufend, ziemlich gedrängt, oft gegabelt, weiß, weich, biegsam-speckig anzufühlen, splittern beim Darüberstreichen nicht. **STIEL** 5–10 cm lang, 1,5–2,5 cm breit, zylindrisch, Basis oft verjüngt; voll, fest, alt etwas schwammig; weiß, bisweilen blasslila oder rötlich überhaucht. **FLEISCH** im Hut fest, weiß, unter der Huthaut rosaviolett durchgefärbt; Geruch unbedeutend, Geschmack mild. **SPORENPULVER** weiß. **SPOREN** 7–10 × 7–8 µm. **VORKOMMEN** Juni bis Oktober verbreitet in Laub- und Nadelwäldern sowie in Parkanlagen; in Europa in der ganzen gemäßigten Zone. **VERWENDUNG** Essbar; an den biegsamen Lamellen leicht erkennbarer, geschätzter Speisepilz.

VERWECHSLUNG MIT GIFTPILZEN Grünhütige Exemplare des Frauen-Täublings wie beim ▸ **Grüngefelderten Täubling (siehe 2).**

1

2

3

1 Fleischroter Speise-Täubling, Speise-Täubling

Russula vesca Fr., *Russula heterophylla* var. *vesca* (Fr.) Melzer & Zvara *Russulaceae*

HUT 6–10 cm breit, jung halbkugelig, dann gewölbt bis niedergedrückt; Oberfläche feucht schmierig-glänzend, trocken matt, meist fleischfarben bis rosabräunlich, jedoch auch mit olivbraunen, lila, rotbraunen oder grünlichen Farbtönen; Huthaut am Rand auffallend um 1–2 mm zurückgezogen, sodass das Hutfleisch sichtbar ist; Rand im Alter schwach gerieft; Huthaut zur Häfte abziehbar. **LAMELLEN** angewachsen oder etwas herablaufend, am Stielansatz meist gabelig verzweigt, dicht stehend, kaum splitternd, weißlich; Schneiden bald rostfleckig. **STIEL** 3–8 cm lang, 1–2,5 cm breit, zylindrisch, meist zur Basis verjüngt, weißlich, alt oft rostfleckig. **FLEISCH** fest, kernig, weiß, mit Eisensulfat leuchtend rosa verfärbend; fast geruchlos, Geschmack mild, nussartig. **SPORENPULVER** weiß. **SPOREN** 6–8 × 5–6 µm, rundlich bis eiförmig, feinwarzig. **VORKOMMEN** Ab Mai, Hauptwachstumszeit Juni bis Oktober, in Laub- und Nadelwäldern ganz Mitteleuropas; meidet reine Kalkböden. **VERWENDUNG** Essbar. **VERWECHSLUNG MIT GIFTPILZEN** Ähnlich sind einige sehr scharf schmeckende rothütige *Russula*-Arten wie der ▸ **Buchen-Spei-Täubling (S. 414/3).**

Buchen-Spei-Täubling

2 Wiesel-Täubling

Russula mustelina Fr. *Russulaceae*

HUT 6–15 cm breit, anfangs halbkugelig, dann verflacht oder vertieft bis trichterig, fleischig, hart; Oberfläche bei feuchter Witterung schmierig, speckig, trocken matt, glatt, oft fein radialfaltig, gelbbraun-dunkelbraun bis rötlich braun; Rand erst eingerollt, meist ungerieft. **LAMELLEN** am Stiel ausgebuchtet angeheftet, sehr gedrängt, untermischt, spröde, anfangs weiß, bald gelblich-sahnefarben, alt oft braunfleckig. **STIEL** 5–12 cm lang, 2–3 cm dick, zylindrisch, oft gekrümmt, sehr hart, jung voll, alt schwammig, weiß, alt bräunend; Basis oft faltig. **FLEISCH** fest, hart, weiß oder etwas gelblich braun; jung ohne besonderen Geruch, alt unangenehm, Geschmack mild, angenehm nussartig. **SPORENPULVER** cremefarben. **SPOREN** 7–10 × 6–8 µm, elliptisch, feinwarzig, +/– gratig. **VORKOMMEN** Juli bis Oktober einzeln oder gesellig in Nadelwäldern der Mittelgebirge auf sauren Böden; im Flachland sehr selten; fehlt in Kalkgebieten. **VERWENDUNG** Essbar. **WISSENSWERTES** Dieser leicht erkennbare und gute Speisepilz ist selten von Maden befallen.

3 Grasgrüner Birken-Täubling

Russula aeruginea Lindbl. in Fr. *Russulaceae*

HUT 4–10 cm breit, jung gewölbt, später ausgebreitet mit niedergedrückter Mitte; Oberfläche glatt, schmierig, glänzend, grau-, oliv- bis grasgrün, gelbgrün, in der Mitte oft dunkler; Rand mehr oder weniger gefurcht. **LAMELLEN** dicht stehend, oft gegabelt, jung weiß, alt cremefarben, oft braun fleckend. **STIEL** 4–8 cm lang, 1–2,5 cm breit, weiß. **FLEISCH** jung fest, weiß; Geruch unbedeutend, Geschmack mild, in den Lamellen bisweilen etwas scharf. **SPORENPULVER** cremefarben. **SPOREN** 6–10 × 5–7 µm. **VORKOMMEN** Juni bis Oktober in Wäldern einzeln bis gesellig im Gras unter Birken *(Betula)*, sehr selten unter Fichten *(Picea abies)* auf sauren, kalkarmen Böden. **VERWENDUNG** Kein Speisepilz, roh giftig. **WISSENSWERTES** Ähnlich ist der essbare **Hellgrüne Herings-Täubling** *(Russula elaeodes)* mit hell ockerfarbenen Lamellen, Fleisch mit Heringsgeruch.

1

2

3

1 Samt-Täubling, Samtiger Brätlings-Täubling

Russula amoena Quél. *Russulaceae*

HUT 2–5 cm breit, jung halbkugelig, dann gewölbt, Mitte niedergedrückt; Oberfläche lebhaft karminrot bis violettlich, matt, samtig; Huthaut abziehbar. **LAMELLEN** mäßig gedrängt, vor dem Stiel teils gegabelt, ocker, bisweilen mit rosa Schneiden. **STIEL** bis 6 cm lang, schlank, zur Basis hin verjüngt, weißlich, karminrot bis lila, bereift. **FLEISCH** weißlich; Geruch alt unangenehm nach Hering, Geschmack mild. **SPORENPULVER** hell cremefarben. **SPOREN** 6–8 × 5,5–7 µm, ziemlich grobwarzig und netzig. **VORKOMMEN** Juni bis Oktober in Laub- und Nadelwäldern, gern an warmen, sonnigen Waldrändern und Wegen, auf trockenen, sandigen Böden. **VERWENDUNG** Essbar; als Seltenheit zu schonen. **WISSENSWERTES** Verwechslungen sind mit ähnlich gefärbten Täublingen möglich; scharf schmeckende Täublinge sind giftig oder ungenießbar, essbare Täublinge sind mild.

2 Violettstieliger Pfirsich-Täubling

Russula violeipes Quél. *Russulaceae*

HUT 4–8 cm breit, jung halbkugelig, dann gewölbt bis ausgebreitet, zuletzt mit niedergedrückter Mitte; Oberfläche feinsamtig, trocken, jung hell schwefelgelb, dann gelb, gelbgrün, lila getönt, später oft violettpurpurn überlaufen; Huthaut teilweise abziehbar; Rand nicht gerieft, alt +/– furchig. **LAMELLEN** am Stiel angewachsen bis leicht herablaufend, gedrängt, fühlen sich etwas speckig an, jung weiß, später cremefarben-schwefelgelb, alt strohgelb. **STIEL** 3–7 cm lang, 0,5–2 cm breit, zylindrisch, Basis etwas verjüngt, jung weiß, später violett überhaucht. **FLEISCH** hart, weiß; Geruch etwas an Hering oder Krabben erinnernd, Geschmack mild. **SPORENPULVER** blass cremefarben. **SPOREN** 6,5–9 × 6,5–8 µm, fast kugelig, warzig, unvollständig netzig. **VORKOMMEN** Juni bis September einzeln oder gesellig vor allem im Buchenwald auf kalkfreien, sauren Böden, seltener im Nadelwald. **VERWENDUNG** Essbar. Täublingsregel beachten! **WISSENSWERTES** Im Mittelmeergebiet beheimatet ist der sehr ähnliche **Brätlings-Täubling** *(Russula amoenicolor).*

3 Jodoform-Täubling

Russula turci Bres., *Russula amethystina* Quél. *Russulaceae*

HUT 4–8 cm breit, anfangs gewölbt, bald ausgebreitet, mit niedergedrückter Mitte; Oberfläche feucht schmierig, bei Trockenheit glanzlos und fein bereift, lila, dunkelpurpurn, trüb violett-weinrot, Mitte oft dunkler, fast schwarzviolett. **LAMELLEN** jung blassgelb, dann sahnegelb, alt ockerfarben. **STIEL** bis 7 cm lang, bis 1,5 cm breit, zylindrisch-keulenförmig, alt hohl, brüchig, weiß, bisweilen mit rosa Hauch, unten feinflockig. **FLEISCH** weiß, brüchig; Geruch nach Jodoform, besonders beim Reiben an der Stielbasis, Geschmack mild. **SPORENPULVER** ocker. **SPOREN** 8–9 × 6–7,5 µm, breitelliptisch, stark netzig ornamentiert. **VORKOMMEN** August bis November in Nadelwäldern, gern unter Kiefern *(Pinus);* in Europa weit verbreitet. **VERWENDUNG** Kein Speisepilz. **WISSENSWERTES** Der unter Fichten *(Picea abies)* oder Tannen *(Abies alba)* wachsende **Amethyst-Täubling** *(Russula amethystina)* hat keinen Jodoformgeruch, er wurde lange Zeit als eigene Art betrachtet. Der beschriebene Pilz kann mit dem **Wechselfarbigen Spei-Täubling** *(Russula fragilis)* verwechselt werden. Dieser wächst gern unter Eichen *(Quercus)* und anderen Laubbäumen, man findet ihn aber auch im Nadelwald auf nährstoffarmen Böden. Seine Hutfarbe ist sehr variabel, von violett bis rosenrot, die Hutmitte ist dunkler und kann gelblich ausblassen; er schmeckt sehr scharf.

1

2

3

1 Harter Zinnober-Täubling

Russula rosea Pers., *Russula lepida* Fr. *Russulaceae*

HUT bis 12 cm breit, jung halbkugelig, dann gewölbt bis ausgebreitet, oft mit niedergedrückter Mitte; Oberfläche trocken, glatt, feinsamtig, matt, zinnoberrot-rosarot, bisweilen weißlich bereift; Huthaut kaum abziehbar; Rand lange abgerundet. **LAMELLEN** abgerundet bis angewachsen, mäßig gedrängt, jung weißlich, dann cremefarben bis strohgelblich; Schneiden bisweilen blutrot. **STIEL** bis 8 cm lang, zylindrisch oder keulig, hart, matt, weiß, meist rosa überhaucht. **FLEISCH** hart, brüchig, weiß; Geruch unbedeutend, Geschmack nach Zedernholz. **SPORENPULVER** blass cremefarben. **SPOREN** 8–9 × 7–8 µm. **VORKOMMEN** Juli bis Oktober in Laub- und Nadelwäldern. **VERWENDUNG** Essbar.

2 Roter Herings-Täubling

Russula xerampelina (Schaeff.) Fr. *Russulaceae*

HUT 5–9(–12) cm breit, jung halbkugelig, dann gewölbt, später ausgebreitet, etwas niedergedrückt; feucht schmierig, blutrot bis dunkel purpurrot, Mitte schwarzpurpurn, Rand dünn, alt +/– gerieft. **LAMELLEN** ausgebuchtet angewachsen, jung gedrängt, später entfernt stehend, jung cremefarben, dann buttergelb, an Druckstellen bräunend. **STIEL** 4–8 cm lang, 1–2 cm breit, weißlich, rosapurpurn überhaucht, alt und bei Berührung bräunend, Oberfläche gerunzelt. **FLEISCH** weiß, an der Luft langsam blassbraun verfärbend, im Stiel schwammig; jung fast geruchlos, alt Geruch nach Hering, Geschmack mild. **SPORENPULVER** cremefarben. **SPOREN** 8–10 × 7–8,5 µm. **VORKOMMEN** Juli bis Oktober in Nadelwäldern. **VERWENDUNG** Essbar.

VERWECHSLUNG MIT GIFTPILZEN ▸ Stachelbeer-Täubling (S. 420/2).

Stachelbeer-Täubling

3 Milder Wachs-Täubling

Russula puellaris Fr. *Russulaceae*

HUT 2–6 cm breit, erst gewölbt, dann ausgebreitet, später niedergedrückt, wenig fleischig, zerbrechlich; Oberfläche schmierig, glänzend, jung blass weinrötlich, lachspurpurn, Mitte meist kräftiger gefärbt, bis schwarzrot, alt gelbbraun-rostfleckig ausblassend; Haut bis zur Hälfte abziehbar; Rand deutlich kammartig gerieft. **LAMELLEN** ausgebuchtet angewachsen, mäßig gedrängt, weich, brüchig, anfangs weißlich-cremefarben, bald hell safrangelb bis blassocker verfärbend. **STIEL** 3–7 cm lang, 0,5–1,5 cm breit, zylindrisch bis keulig, bald kammerartig hohl, sehr brüchig, anfangs weiß, bald zunehmend gelb-ocker. **FLEISCH** weich, brüchig, weißlich, später zunehmend gelb-ocker verfärbend, auch an Bruchstellen über Nacht gilbend; Geruch unbedeutend, Geschmack mild. **SPORENPULVER** creme-gelblich. **SPOREN** 6,5–9,5 × 5,5–7 µm. **VORKOMMEN** Juli bis Oktober in Laub- und Nadelwäldern. **VERWENDUNG** Essbar; Täublingsregel beachten!

4 Buckel-Täubling

Russula caerulea Fr. ss. Cke. *Russulaceae*

HUT 4–9(–12) cm breit, bald ausgebreitet-abgeflacht, später mit eingesenkter Mitte und meist mit Buckel; Oberfläche feucht klebrig, trocken glänzend, dunkel purpurviolett, braunviolett, Mitte schwarzviolett; Rand bisweilen breit gefurcht. **LAMELLEN** angewachsen bis schwach ausgebuchtet, cremegelb, später ocker. **STIEL** 4–8 cm lang, 0,5–2 cm breit, voll, fest, stets weiß, verlängert keulenförmig, Basis verjüngt. **FLEISCH** weiß; Geruch schwach obstartig, Geschmack mild. **SPORENPULVER** ockergelb. **SPOREN** 7–9 × 6–8 µm. **VORKOMMEN** Juli bis Oktober unter Kiefern. **VERWENDUNG** Kein Speisepilz.

1

2

3

4

1 Rotstieliger Leder-Täubling

Russula olivacea (Schaeff.) Fr. *Russulaceae*

HUT 4–18(–25) cm breit, jung halbkugelig, dann gewölbt bis ausgebreitet, später fast niedergedrückt; Oberfläche bei feuchter Witterung schwach klebrig, trocken samtig, matt, glatt, felderig rissig, Farbe variabel: anfangs mit olivgrünen oder olivgelblichen Tönen, später trübrot, weinrötlich; Huthaut meist nur am Rand abziehbar; Rand glatt. **LAMELLEN** ausgebuchtet angewachsen, sehr breit, im Stielbereich gabelig, erst blass, dann strohgelb-dottergelb; Schneiden zum Hutrand hin bisweilen weinrötlich. **STIEL** 5–12 cm lang, bis 4 cm breit, zylindrisch, hart und fest, alt wattig ausgestopft, weiß, zumindest oben rosa-karminrot überhaucht. **FLEISCH** sehr hart und fest, weiß, bald gelblich; Geruch unbedeutend bis schwach obstartig, Geschmack nussartig, mild. **SPORENPULVER** dottergelb. **SPOREN** 8–12 × 7–9 µm. **VORKOMMEN** Juli bis Oktober in Laub- und Nadelwäldern auf Kalkböden; in ganz Europa weit verbreitet. **VERWENDUNG** Essbar; individuelle Unverträglichkeitsreaktionen sind möglich.

VERWECHSLUNG MIT GIFTPILZEN Unerfahrene Sammler können junge Leder-Täublinge mit scharf schmeckenden rothütigen Arten wie dem ► **Buchen-Spei-Täubling (S. 414/3)** verwechseln.

Buchen-Spei-Täubling

2 Braunroter Leder-Täubling

Russula integra (L.) Fr. *Russulaceae*

HUT 6–12(–15) cm breit, jung halbkugelig, dann gewölbt, schließlich ausgebreitet, in der Mitte niedergedrückt; Oberfläche bei feuchter Witterung schmierig, glänzend, trocken matt glänzend, Farbe sehr variabel: trübrot, rotbraun, gelbbraun, weinrot, schokoladenbraun, Mitte oft gelb oder grünlich ausgeblichen oder dunkler; Haut weit abziehbar; Rand anfangs glatt, dann +/– höckerig gerieft. **LAMELLEN** am Stiel fast frei, breit, bauchig, fast gedrängt stehend, am Grunde queraderig verbunden, anfangs weißlich, später blassgelb, alt gelb-hellocker. **STIEL** 3–8 cm lang, bis 2 cm breit, zylindrisch, jung fest, voll, später schwammig, oft aderig-runzelig, weiß, im Alter an der Basis oft gelbfleckig. **FLEISCH** fest, hart, weiß, färbt sich mit Phenol langsam schokoladenbraun; Geruch unbedeutend, Geschmack mild, nussartig. **SPORENPULVER** gelb. **SPOREN** 8–11 × 7–10 µm. **VORKOMMEN** Juli bis Oktober in Berg-Nadelwäldern, an Waldrändern, besonders auf Kalk; in Europa weit verbreitet. **VERWENDUNG** Essbar.

VERWECHSLUNG MIT GIFTPILZEN Ähnlich sind der ► **Zitronenblättrige Täubling (S. 418/3)** und andere scharf schmeckende rothütige Arten.

Zitronenblättriger Täubling

3 Hainbuchen-Täubling

Russula carpini Heinemann u. Girard *Russulaceae*

HUT 4–10(–12) cm breit, jung halbkugelig, dann gewölbt-niedergedrückt, unregelmäßig verbogen, wechselfarbig, Farben oft scheckig verteilt: lila-purpurn, olivgrünlich, hellgelblich-kupferbraun, bräunlich rot, oft mit kirschroten, bräunlichen oder rötlichen Flecken; Haut schleimig glänzend, abziehbar; Rand höckerig gerieft. **LAMELLEN** angeheftet, am Stiel gegabelt, dottergelb. **STIEL** bis 6 cm lang, 1–2 cm breit, weißlich, stark gilbend. **FLEISCH** zerbrechlich, weiß; Geruch unbedeutend, Geschmack mild. **SPORENPULVER** dottergelb. **SPOREN** 7–11 × 6,5–10 µm. **VORKOMMEN** Juni bis September unter Hainbuchen *(Carpinus betulus)*. **VERWENDUNG** Essbar.

1

2

3

1 Apfel-Täubling

Russula paludosa Britz. *Russulaceae*

HUT 6–15 cm breit, jung halbkugelig, dann gewölbt-ausgebreitet, später niedergedrückt; Oberfläche glänzend, schmierig, kirschrot, scharlachrot oder braunrot, im Alter oft etwas ausblassend; Haut bis zwei Drittel abziehbar; Rand lange glatt, alt schwach gerieft-gekerbt. **LAMELLEN** am Stiel ausgebuchtet angewachsen, mit vielen Zwischenlamellen, dünn und etwas elastisch, weißlich bis blass cremefarben. **STIEL** 4–15 cm lang, bis 3 cm breit, zylindrisch-keulig, kräftig, fleischig, voll, fest, etwas aderig, weiß, rötlich angehaucht. **FLEISCH** dick, fest, weiß; Geruch angenehm, Geschmack mild. **SPORENPULVER** hellocker. **SPOREN** 8–11, 5 × 6,5–8 µm. **VORKOMMEN** Juni bis Oktober in feuchten Nadelwäldern und Mooren. **VERWENDUNG** Essbar.

VERWECHSLUNG MIT GIFTPILZEN Vorsicht vor Verwechslungen mit dem ▸ **Kirschroten Spei-Täubling (siehe 3)** und anderen am gleichen Standort wachsenden rothütigen Spei-Täublingen. Diese schmecken brennend scharf.

2 Gold-Täubling

Russula aurea Pers., *Russula aurata* With.: Fr. *Russulaceae*

HUT 5–10 cm breit, anfangs kugelig, später gewölbt-ausgebreitet, Mitte oft niedergedrückt; Oberfläche glatt, bei feuchter Witterung schmierig-glänzend, trocken matt, lebhaft rotorange, ziegelrot, oft gelbfleckig, selten ganz goldgelb; Haut bei feuchter Witterung zur Hälfte abziehbar; Rand anfangs glatt, alt etwas furchig gerieft. **LAMELLEN** am Stiel abgerundet, sehr brüchig, anfangs blassgelb, später buttergelb; Schneiden meist chromgelb. **STIEL** 3–10 cm lang, bis 2 cm breit, zylindrisch, nach unten ausspitzend, jung fest, alt weich und zellig hohl, weiß, +/– ausgeprägt chromgelb überhaucht. **FLEISCH** jung fest, weiß, unter der Huthaut chromgelb; Geruch unbedeutend, Geschmack mild. **SPORENPULVER** dottergelb. **SPOREN** 7,5–10 × 6–8 µm, rundlich bis breitelliptisch, Warzen gratig-netzig verbunden. **VORKOMMEN** Juli bis September einzeln oder zu wenigen in Laub- und Nadelwäldern auf kalkhaltigen Böden. Eine stattliche Anzahl von Laub- und Nadelbäumen sind als Mykorrhizapartner dieses schönen Täublings bekannt. Dazu gehören Rotbuche *(Fagus sylvatica)*, Hainbuche *(Carpinus betulus)*, Eichen *(Quercus)*, Tannen *(Abies alba)* und Fichten *(Picea abies)*. **VERWENDUNG** Essbar, aber als Seltenheit zu schonen.

3 Kirschroter Spei-Täubling

Russula emetica var. *emetica* Fr. *Russulaceae*

HUT 4–10 cm breit, jung halbkugelig, dann gewölbt-ausgebreitet, später etwas niedergedrückt; Oberfläche glänzend, schmierig, leuchtend blut- bis kirschrot, im Alter etwas ausblassend; Haut abziehbar; Rand glatt, im Alter kammartig gerieft. **LAMELLEN** am Stiel ausgebuchtet angewachsen oder frei, weiß. **STIEL** 5–8 cm lang, 1–2 cm breit, jung voll, fest, bald ausgestopft, zellig hohl, brüchig, weiß. **FLEISCH** weich brüchig, weiß, unter der Huthaut rosarot; Geruch obstartig, Geschmack brennend scharf (Kostprobe ausspucken!). **SPORENPULVER** weiß. **SPOREN** 8–11 × 7–8,5 µm, rundlich, grobwarzig, unvollständig netzig. **VORKOMMEN** Juli bis November einzeln bis gesellig meist in Moorwäldern und feuchten Nadelwäldern, oft im Torfmoos *(Sphagnum)*; in Europa weit verbreitet. **VERWENDUNG** Giftig, verursacht heftige Brechdurchfälle. **WISSENSWERTES** An denselben Plätzen findet man den ähnlichen ▸ **Apfel-Täubling (siehe 1)**. Er schmeckt mild und ist essbar. Einen hellrot gefärbten Hut und rosa Stiel hat der ungenießbare **Blutrote Täubling** *(Russula sanguinaria)*; er wächst bevorzugt unter Kiefern *(Pinus sylvestris)*.

1

2

3

1 Birken-Spei-Täubling

Russula emetica var. *betularum* (Hora) Romagn. *Russulaceae*

HUT 2–5 cm breit, anfangs gewölbt, bald ausgebreitet mit niedergedrückter Mitte, sehr zerbrechlich; Oberfläche schwach klebrig, glänzend, blassrosa, Mitte blass gelbbraun-ockerlich, alt fleckig ausblassend und cremefarben-weißlich; Haut leicht abziehbar; Rand meist schwach kammartig gerieft. **LAMELLEN** am Stiel ausgebuchtet, frei, entfernt stehend, spröde, weiß. **STIEL** 3–6 cm lang, 0,5–1 cm breit, zylindrisch oder schmal keulenförmig, gerunzelt, brüchig, weiß. **FLEISCH** brüchig, weiß, färbt sich mit Eisensulfat orangerot; Geruch kaum wahrnehmbar bis schwach obstartig, Geschmack brennend scharf (Kostprobe ausspucken!). **SPORENPULVER** weiß. **SPOREN** 8–11,5 × 7,5–8,5 µm, rundlich bis breitelliptisch, grobwarzig mit teilweise netzig verbundenen Graten. **VORKOMMEN** Juli bis Oktober einzeln bis gesellig in Moorwäldern, auf feuchten bis nassen Böden unter Birken, gern im Torfmoos. **VERWENDUNG** Giftig. **WISSENSWERTES** Innerhalb des Formenkreises um *Russula emetica* gibt es einige Sippen, die sich in ihrer Giftigkeit wohl kaum unterscheiden; die enthaltenen Sesquiterpene verursachen Bauchschmerzen, Erbrechen und lang anhaltende heftige Durchfälle; Latenzzeit eine halbe bis drei Stunden. Diese Täublinge sind an ihrem brennend scharfen Geschmack sofort als ungenießbar zu erkennen.

2 Kiefern-Spei-Täubling

Russula emetica var. *silvestris* Singer *Russulaceae*

HUT 2–8 cm breit, jung kugelig, dann ausgebreitet, Mitte niedergedrückt; Oberfläche glänzend, lebhaft rot, hellrot, später ausblassend. **LAMELLEN** am Stiel abgerundet-angewachsen, rein weiß, oft mit blaugrünem Reflex. **STIEL** 3–6 cm lang, bis 1,2 cm breit, zylindrisch, brüchig, rein weiß. **FLEISCH** ziemlich dick, weiß; Geruch obstartig, Geschmack scharf. **SPORENPULVER** weiß. **SPOREN** 8–9 × 6,5–7,5 µm, mit teilweise netzig verbundenen Warzen. **VORKOMMEN** Juli bis September einzeln bis gesellig in Laub- und Nadelwäldern, gern unter Kiefern auf trockeneren Böden. **VERWENDUNG** Giftig.

3 Buchen-Spei-Täubling

Russula mairei Sing., *Russula emetica* var. *mairei* Sing., *Russula mairei* var. *fageticola* Romagn. *Russulaceae*

HUT 3–6(–9) cm breit, jung kugelig-halbkugelig, bald gewölbt-ausgebreitet; Oberfläche bei feuchter Witterung schwach klebrig, sonst glanzlos und matt, kirschrot, lebhaft rosa bis zinnoberrot, oft stellenweise weißfleckig; Huthaut kaum abziehbar; Rand glatt. **LAMELLEN** am Stiel ausgebuchtet angewachsen, gedrängt, jung rein weiß, alt etwas gelblich. **STIEL** 2–6 cm lang, bis 2 cm breit, voll, fest, weiß, ohne rötliche Töne. **FLEISCH** fest, weiß, unter der Huthaut hellrot-rosa; Geruch schwach obstartig, beim Trocknen nach Honig, Geschmack brennend scharf (Kostprobe ausspucken!). **SPORENPULVER** weiß. **SPOREN** 7–8,5 × 6–6,5 µm, rundlich bis breitelliptisch, kleinwarzig-netzig ornamentiert. **VORKOMMEN** Juli bis November unter Rotbuchen *(Fagus sylvatica)* in Buchenwäldern und bisweilen auch in Parkanlagen, sehr selten im Nadelwald; bevorzugt kalkhaltige Böden; in Europa weit verbreitet. **VERWENDUNG** Giftig, verursacht Bauchschmerzen, Erbrechen und Durchfälle. **WISSENSWERTES** Ähnlich ist der ebenfalls sehr scharf schmeckende **Gelbfleckende Täubling** *(Russula luteotacta)* mit rosafarbenem Hut. Er wächst ebenfalls im Laubwald auf kalkhaltigen Böden und meidet kalkarme Standorte und Silikatböden. Seine gelben Farbtöne werden oft erst beim Trocknen deutlich.

1

2

3

1 Sonnen-Täubling

Russula solaris Ferd. & Winge *Russulaceae*

HUT 2,5–7 cm breit, jung halbkugelig, alt ausgebreitet, zerbrechlich; Oberfläche gold- bis chromgelb, etwas glänzend; Rand heller, später breit höckerig gerieft. **LAMELLEN** jung weiß, später strohgelblich. **STIEL** 2–6 cm lang, bis 2 cm breit, weiß, brüchig, Basis +/– aufgeblasen. **FLEISCH** weiß; Geruch nach Senfsoße, Geschmack scharf, besonders in den Lamellen. **SPOREN** 6,5–9 × 5–8 µm, isoliert stachelig. **VORKOMMEN** Juli bis Oktober in Laubwäldern; selten. **VERWENDUNG** Kein Speisepilz.

2 Wässriger Moor-Täubling, Wässriger Täubling

Russula aquosa Lecl. *Russulaceae*

HUT 3–9 cm breit, jung gewölbt, dann niedergedrückt; Oberfläche feucht klebrig, glänzend, rötlich-lila, purpurrot, in der Mitte oft etwas braunrot bis schwarzrot, stark ausblassend; Rand im Alter höckerig gerieft. **LAMELLEN** fast frei, ziemlich entfernt, schmutzig weiß, grauweiß. **STIEL** 3–9 cm lang, 1–2 cm breit, etwas keulig, sehr brüchig, weiß. **FLEISCH** jung fest, bald sehr brüchig; Geruch unbedeutend, Geschmack scharf bis etwas kratzend. **SPORENPULVER** weißlich. **SPOREN** 6,5–8,5 × 5,5–7 µm, feinwarzig, teilweise netzartig überzogen. **VORKOMMEN** Juli bis Oktober in feuchten, moorigen Nadelwäldern. **VERWENDUNG** Kein Speisepilz.

3 Erlen-Täubling

Russula alnetorum Romagn., *Russula pumila* Rouz. & Mass.
Russulaceae

HUT 2–4(–6) cm breit, gewölbt bis ausgebreitet, Mitte niedergedrückt; Oberfläche jung schwach klebrig, dunkel purpurrot, Mitte fast schwarz; Rand höckerig gerieft. **LAMELLEN** weißlich bis cremefarben. **STIEL** 3–5(–7) cm lang, bis 1 cm breit, jung weißlich, dann gilbend. **FLEISCH** dünn, brüchig, schwammig, jung weißlich, später gelblich, graubräunlich; Geschmack schärflich. **SPORENPULVER** weiß. **SPOREN** 7–11 × 7–10 µm, warzig-netzig ornamentiert. **VORKOMMEN** Sommer bis Herbst von den Meeresküsten bis in die Alpen unter Schwarz-Erle *(Alnus glutinosa)*, Grau-Erle *(Alnus incana)* und Grün-Erle *(Alnus viridis)* in Erlenbrüchen, Bachauen und Gebüsch; überall selten. **VERWENDUNG** Kein Speisepilz.

4 Scharfer Glanz-Täubling

Russula firmula J. Schff., *Russula transiens* (Sing.) Romagn.
Russulaceae

HUT 3–6 cm breit, anfangs halbkugelig, dann gewölbt-abgeflacht mit vertiefter Mitte; Oberfläche leicht schmierig, trocken oft noch glänzend, Farbe sehr variabel: weinrotviolett bis braunviolett, in der Mitte auch mit olivbraunen Tönen, bisweilen mit blassen, vertieften Flecken; Huthaut weit abziehbar; Rand glatt, später auch etwas höckerig gerieft. **LAMELLEN** am Stiel angeheftet, ziemlich gedrängt, anfangs weißlich-cremefarben, später ockerfarben bis fast dottergelb. **STIEL** 3–6 cm lang, 1–2 cm breit, fast hart, bald ausgestopft-hohl, weiß, leicht gilbend, +/– rostfleckig, leicht bis kräftig runzelig. **FLEISCH** fest, weiß, färbt sich mit Eisensulfat rasch fleischrosa; Geruch schwach obstartig, Geschmack im Stiel oft fast mild, in den Lamellen stark brennend. **SPORENPULVER** lebhaft gelb. **SPOREN** 7,5–10 × 6,5–9 µm, feinwarzig mit einzelnen strichförmigen Verbindungen. **VORKOMMEN** Juli bis November in Berg-Nadelwäldern, gern auf Kalk, jedoch auch auf sauren Böden; in Deutschland im Schwarzwald und in den Alpen häufig, fehlt im Norden. **VERWENDUNG** Kein Speisepilz.

1

2

3

4

1 Hohlstieliger Täubling, Hohlstiel-Täubling

Russula cavipes Britz. *Russulaceae*

HUT 2–8 cm breit, jung halbkugelig, gewölbt, bald flach, später niedergedrückt, manchmal gebuckelt, zerbrechlich; Oberfläche glatt, schmierig-glänzend, trocken glanzlos, Farbe variabel: graulila, trüb rosaviolettlich, purpurgrau-schieferviolettlich, Mitte dunkler; Huthaut abziehbar; Rand meist deutlich höckerig gerieft. **LAMELLEN** am Stiel abgerundet-angeheftet, weiß-cremefarben, gilbend, rostgelb fleckend; Schneiden oft etwas schartig. **STIEL** 2–8 cm lang, 0,5–2,5 cm breit, leicht keulig angeschwollen, bald gekammert, brüchig, weiß, von der Basis aufwärts etwas gilbend, beim Liegen über Nacht honig- bis chromgelblich verfärbend. **FLEISCH** dünn, weich, zerbrechlich, weiß, später gilbend; Geruch süßlich-fruchtig, Geschmack brennend scharf. **SPORENPULVER** blass cremefarben. **SPOREN** 7,5–11 × 7–9 µm, breitelliptisch, mit stacheligen, fein verbundenen Warzen. **VORKOMMEN** August bis November in Berg-Nadelwäldern bei Weißtannen *(Abies alba)*. **VERWENDUNG** Kein Speisepilz. **WISSENSWERTES** Fleisch, Lamellen und Stiel färben sich besonders bei jungen Exemplaren mit Ammoniak rosarot.

2 Flammenstiel-Täubling

Russula rhodopus Zvára *Russulaceae*

HUT 5–10 cm breit, jung halbkugelig, später abgeflacht; Oberfläche glatt, blutrot, dunkelrot, Mitte dunkler, fast schwärzlich, feucht klebrig, glänzend (wie lackiert); Huthaut abziehbar; Rand scharf, alt kurz gerieft. **LAMELLEN** am Stiel angeheftet bis ausgebuchtet, weiß, alt sahnegelblich. **STIEL** bis 7 cm lang, auf weißem Grund teilweise oder ganz rot geflammt, Basis gelblich-ockerlich. **FLEISCH** weiß; Geruch schwach obstartig, Geschmack etwas bitter und brennend scharf. **SPORENPULVER** hellocker. **SPOREN** 8–9 × 7–8 µm, warzig-netzig. **VORKOMMEN** Juli bis Oktober in feuchten Nadelwäldern auf sauren Böden; selten. **VERWENDUNG** Kein Speisepilz. **WISSENSWERTES** Ähnlichkeit hat der ► **Apfel-Täubling (S. 412/1)**. Er schmeckt mild.

3 Zitronenblättriger Täubling

Russula sardonia Fr., *Russula drimeia* Cke. *Russulaceae*

HUT 4–8(–12) cm breit, jung gewölbt, bald ausgebreitet, zuletzt etwas vertieft, manchmal flach gebuckelt; Oberfläche anfangs und bei feuchter Witterung klebrig, trocken fettig anzufühlen, meist in violetten, purpurnen bis blaulila Tönen, Mitte schwarz, alt ausblassend; gelegentlich auch mit grüngelbem Hut (var. *mellina*); Haut am Rand abziehbar; Rand lange glatt. **LAMELLEN** am Stiel gerade angewachsen bis kurz herablaufend, gedrängt stehend, meist gegabelt, hellgelb bis zitronengelb, alt blass goldgelb, bei feuchtem Wetter mit wasserklaren Guttationströpfchen (Tränen). **STIEL** 3–8 cm lang, 1–2 cm breit, zylindrisch, hart, schwammig-voll, +/– trüb purpurviolett bis violettrötlich, bereift. **FLEISCH** hart, fest, weißlich bis gelblich, unter der Huthaut rosa getönt; Geruch obstartig, Geschmack sehr scharf, lange anhaltend. **SPORENPULVER** cremegelb. **SPOREN** 7–9 × 6–7 µm, fast rund, warzig, mit unvollständigem Netzmuster. **VORKOMMEN** September bis Anfang November meist gesellig bis truppweise unter Kiefern *(Pinus)*, in Moorwäldern, auf Sand- und Silikatgestein; erscheint oft in Massen und ist in Europa weit verbreitet. **VERWENDUNG** Giftig. **WISSENSWERTES** Unter Kiefern findet man von Juli bis Oktober an sonnigen, trockenen Plätzen den ähnlichen, aber viel selteneren **Gedrungenen Täubling** *(Russula torulosa)*. Sein Hut und Stiel sind purpurrot gefärbt, der Geschmack ist weniger scharf als beim Zitronenblättrigen Täubling, er riecht nach geriebenen Äpfeln.

1

2

3

1 Verblassender Täubling

Russula pulchella Borsz., *Russula depallens* (Pers: Fr.) Fr., *Russula exalbicans* (Pers.) *Russulaceae*

HUT 3–10 cm breit, gewölbt bis ausgebreitet, oft niedergedrückt; Oberfläche leicht klebrig, matt, hellrot, weinrot, rasch graugelblich ausblassend. **LAMELLEN** jung weißlich, dann cremegelblich bis butterfarben. **STIEL** 3–6 cm lang, 1–3 cm breit, weiß, seltener rosa überhaucht, alt grauend. **FLEISCH** weich, weiß bis graulich; Geruch schwach obstartig, Geschmack mäßig scharf, beim Kauen vergeht die Schärfe. **SPORENPULVER** hellocker. **SPOREN** 8–10 × 6–7 µm, elliptisch, warzig, mit angedeuteter Netzzeichnung. **VORKOMMEN** Juni bis Oktober an grasigen Plätzen in Parkanlagen, Gärten und Wäldern unter Birken *(Betula)*. **VERWENDUNG** Essbar. **WISSENSWERTES** Zusammen mit dem Verblassenden Täubling findet man bisweilen einen weiteren Birkenbegleiter, den ▸ **Flaumigen Milchling (S. 426/3).**

Birken-Spei-Täubling

VERWECHSLUNG MIT GIFTPILZEN Ebenfalls unter Birken ist der giftige ▸ **Birken-Spei-Täubling (S. 414/1)** anzutreffen; er hat einen sehr scharfen Geschmack.

2 Stachelbeer-Täubling

Russula queletii Fr. in Quél. *Russulaceae*

HUT 5–8 cm breit, erst gewölbt, bald ausgebreitet, alt vertieft, kaum gebuckelt; Oberfläche etwas klebrig, lange feucht glänzend, purpurrosa, trüb weinrot bis braunpurpurn, in der Mitte fast schwarz, zum Rand hin bisweilen etwas karminrot, im Alter vom Rand her schmutzig oliv ausblassend; Haut jung etwa zur Hälfte abziehbar; Rand etwas gefurcht-gerieft. **LAMELLEN** am Stiel gerade angewachsen, gedrängt, jung weißlich, bald cremefarben. **STIEL** bis 7 cm lang, bis 2 cm breit, zylindrisch, meist voll, spröde, purpurrosa-karminrot. **FLEISCH** im Stiel schwammig, jung weißlich, unter der Huthaut purpurn; Geruch meist auffallend nach Stachelbeerkompott, Geschmack in Hutfleisch, Lamellen und Stiel sehr scharf. **SPORENPULVER** cremegelb. **SPOREN** 8–10 × 7–9 µm, isoliert spitzwarzig bis kurzstachelig. **VORKOMMEN** Juli bis Oktober (November) meist gesellig bei Fichten *(Picea abies)* im Bergland, auf kalkreichen Böden; in Europa weit verbreitet. **VERWENDUNG** Wie alle scharf schmeckenden Täublinge giftig. **WISSENSWERTES** Ähnlich ist der seltenere **Purpurschwarze Täubling** (*Russula atropurpurea)*. Er hat einen schwärzlich purpur bis violettschwarz gefärbten Hut, dieser soll weniger ausblassen; das Fleisch riecht schwach obstartig; die Lamellen sind jung weiß, später strohgelb gefärbt.

3 Weicher Dotter-Täubling, Lundells Täubling

Russula lundellii Sing., *Russula mesospora* Sing., *Russula pulcherimma* J. Schäffer *Russulaceae*

HUT 5–15 cm breit, jung fast halbkugelig, später ausgebreitet mit niedergedrückter Mitte; Oberfläche feucht klebrig-schmierig, trocken glänzend, wechselfarben: leuchtend orangerot, braunrot, gelblich. **LAMELLEN** am Stiel abgerundet-angewachsen, hellocker. **STIEL** bis 8(–12) cm lang, bis 2,5 cm breit, fest, weiß. **FLEISCH** fest, weißlich; Geruch unbedeutend bis schwach obstartig, Geschmack bitter und etwas scharf. **SPORENPULVER** dottergelb. **SPOREN** 7–8 × 6–7 µm, fast kugelig, isoliert warzig bis etwas gratig. **VORKOMMEN** Juli bis Oktober einzeln oder gesellig in Laub- und Nadelwäldern, in Birkenbrüchen und Moorwäldern, in Gärten und Parkanlagen, gern unter Birken *(Betula)*; in Deutschland selten. **VERWENDUNG** Kein Speisepilz.

1

2

3

GATTUNG **Lactarius (Milchlinge)**
FAMILIE *Russulaceae*
Fruchtkörper in Hut und Stiel gegliedert, brüchig, bei Verletzung milchend; Lamellen angewachsen; Sporenpulver weiß bis ocker; Stiele zylindrisch, alt hohl. Die Milchlinge sind mit etwa 100 Arten in Mitteleuropa vertreten. Alle sind Mykorrhizapilze. Die meisten sind ungenießbar oder giftig.

1 Wolliger Milchling, Erdschieber

Lactarius vellereus (Fr.) Fr. *Russulaceae*

HUT 10–20(–30) cm breit, dickfleischig, hart, fest, anfangs gewölbt-genabelt, dann niedergedrückt, später trichterförmig; Oberfläche trocken, flaumig bereift, wollig, kalkweiß, alt oft ockergelb-braunfleckig, meist mit Laub-, Nadel- und Humusresten bedeckt („Erdschieber"!); Rand ungerieft und lange eingerollt, auch im Alter nach unten gebogen. **LAMELLEN** gerade angewachsen bis kurz herablaufend, oft gegabelt, dicklich, weiß-blassgelb, alt ockergelblich, jung manchmal wasserklare Tropfen ausscheidend. **STIEL** bis 6 cm lang, 2–5 cm breit, meist zylindrisch, hart; Oberfläche feinfilzig, weißlich bis schwach gelblich, an Druckstellen hellockerlich. **FLEISCH** derb, hart, weiß; Geruch angenehm, Geschmack scharf. **MILCH** weiß; Geschmack mild. **SPORENPULVER** weißlich. **SPOREN** 7,5–9,5 × 6,5–8,5 µm. **VORKOMMEN** August bis November oft truppweise in Laub- und Nadelwäldern. **VERWENDUNG** Kein Speisepilz.

2 Langstieliger Pfeffer-Milchling

Lactarius piperatus (L.: Fr.) Gray *Russulaceae*

HUT 6–12(–15) cm breit, jung gewölbt, bald trichterförmig vertieft; Oberfläche kahl, matt, trocken, Rand +/– runzelig, creme-weißlich, alt gelbbräunlich gefleckt; Rand jung eingerollt, dünn. **LAMELLEN** am Stiel herablaufend, schmal, dicht gedrängt, ungleich lang, gegabelt, weißlich bis elfenbeinfarben, jung bisweilen mit Wasserflecken, an verletzten Stellen braunfleckig. **STIEL** 3–8(–12) cm lang, 1–3 cm breit, zylindrisch, zur Basis oft verschmälert, wie der Hut gefärbt. **FLEISCH** hart, fest, weiß, geruchlos. **MILCH** anfangs reichlich, weiß, beim Eintrocknen +/– gilbend, mit KOH keine Reaktion; Geschmack brennend scharf. **SPORENPULVER** weißlich. **SPOREN** 8–9,5 × 5,5–7 µm, breitelliptisch, mit niederen Warzen und dünnen Graten. **VORKOMMEN** Juni bis Oktober in Laubwäldern der ganzen gemäßigten Zone Europas. **VERWENDUNG** Kein Speisepilz. Er kann wegen seiner Schärfe kaum verzehrt werden; manche Pilzsammler verwenden ihn jedoch gegrillt oder scharf gebraten als Würzpilz.

3 Grünender Pfeffermilchling

Lactarius pargamenus (Sw.: Fr.) Fr., *Lactarius glaucescens* (Crossland) Pears. ss. auct. *Russulaceae*

HUT 5–12(–15) cm breit, alt trichterförmig; Oberfläche trocken, weiß, bald mit ockerfarbenen Flecken, verletzte Stellen graugrün; Rand lange eingebogen. **LAMELLEN** kurz herablaufend, sehr gedrängt, weiß, später ockergelblich. **STIEL** 3–7,5 cm lang, 1–4 cm breit, weiß, oft mit Rostflecken, gedrungen, Basis zuspitzend. **FLEISCH** dick, hart, fest, mit KOH leuchtend gelborange; Geruch schwach obstartig. **MILCH** weiß, sehr langsam deutlich graugrün bis blaugrün verfärbend; scharf. **SPORENPULVER** weißlich. **SPOREN** 7–8,5 × 6–7 µm, rundlich, fein warzig-gratig bis netzig. **VORKOMMEN** Juli bis September in Laub- und Nadelwäldern. **VERWENDUNG** Kein Speisepilz. **WISSENSWERTES** Wichtige Merkmale sind die KOH-Reaktion und die grünende Milch.

1

2

3

1 Grubiger Milchling, Strohgelber Milchling

Lactarius scrobiculatus (Scop.: Fr.) Fr. *Russulaceae*

HUT 10–20(–25) cm breit, jung halbkugelig, bald gewölbt mit genabelter Mitte, später trichterförmig; Oberfläche bei feuchter Witterung schmierig-klebrig, trocken glänzend, schwefelgelb-goldgelb, mit eingewachsenen, undeutlich konzentrisch angeordneten Faserschuppen; Rand jung lange eingerollt, zottig-filzig. **LAMELLEN** am Stiel gerade angewachsen oder etwas herablaufend, ziemlich dicht stehend, mit vielen Zwischenlamellen, cremefarben bis rahmgelblich, jung bisweilen mit Tröpfchen **(1b)**, verletzt langsam braunrötlich. **STIEL** 3–6 cm lang, 1,5–3,5 cm breit, zylindrisch, frühzeitig hohl, blassgelb, mit zahlreichen flachen, dunkelgelben bis gelbbraunen Gruben gefeldert, an Druckstellen schmutzig rötlich braun fleckend. **FLEISCH** fest, blassgelb; Geruch etwas obstartig. **MILCH** reichlich fließend, weiß, an der Luft nach wenigen Sekunden schwefelgelb verfärbend; Geschmack brennend scharf. **SPORENFARBE** hellocker. **SPOREN** 8–9 × 6,5–7,5 µm, breitelliptisch, warzig, netzig ornamentiert. **VORKOMMEN** Juli bis Oktober meist truppweise und verbreitet unter Fichten *(Picea abies)* in den Mittelgebirgen Europas und häufig auf Kalkböden in den Alpen, in Deutschland nach Norden hin sehr selten. **VERWENDUNG** Giftig; verursacht Bauchschmerzen, Erbrechen und heftige Durchfälle, Latenzzeit eine halbe bis drei Stunden. **WISSENSWERTES** Der Grubige Milchling ist aufgrund seiner Farbe, seines kräftigen Wuchses und der sehr schnell schwefelgelb verfärbenden Milch kaum zu verwechseln.

2 Zottiger Violett-Milchling

Lactarius repraesentaneus Britz. *Russulaceae*

HUT 6–15 cm breit, gewölbt-niedergedrückt bis flach trichterförmig, jung meist mit niedrigem, stumpfem Buckel; Oberfläche schmierig-klebrig, trocken matt, hellgelb bis goldgelb; Rand lange eingerollt, stark zottig-filzig; ganzer Pilz an Druckstellen etwas violettlich. **LAMELLEN** am Stiel angewachsen-herablaufend, eng stehend, blassgelb. **STIEL** 5–10 cm lang, bis 3 cm breit, anfangs ausgestopft, bald hohl, hellgelb mit dunkleren Gruben oder Flecken, bei feuchter Witterung schmierig-klebrig und bisweilen Wassertropfen absondernd. **FLEISCH** fest, blassgelb; Geruch würzig. **MILCH** reichlich fließend, weiß bis wässrig, an der Luft rasch schön violett verfärbend; Geschmack erst mild, dann unangenehm bitter. **SPORENPULVER** hellgelblich. **SPOREN** 9–11 × 7,5–9 µm, breitelliptisch, grobwarzig, mit teilweise netzig verbundenen Graten. **VORKOMMEN** August bis Oktober in feuchten Nadelwäldern der europäischen Mittelgebirge und der Alpen unter Fichten *(Picea abies)*, in Nordeuropa auch unter Birken *(Betula)*; sehr selten. **VERWENDUNG** Kein Speisepilz.

3 Grubiger Tannen-Milchling

Lactarius intermedius Krombh., *Lactarius citriolens* var. *intermedius* (Krombh.) Krglst. *Russulaceae*

HUT bis 15 cm breit, bald vertieft; Oberfläche fast glatt, feucht schmierig, hellgelb; Rand flach, ohne Zotten. **LAMELLEN** am Stiel angewachsen-herablaufend, gedrängt, gegabelt, untermischt, cremeweiß-gelblich. **STIEL** kurz, jung voll, später hohl, weißgelblich, mit flachen gelben Gruben. **FLEISCH** brüchig, weiß. **MILCH** weiß, an der Luft sofort hellgelb; Geschmack sehr scharf. **SPOREN** 7–9 × 6–7,5 µm. **VORKOMMEN** Sommer bis Herbst gesellig in Berg-Nadelwäldern Mitteleuropas unter Weißtannen *(Abies alba)*, auf Kalkböden; sehr selten. **VERWENDUNG** Kein Speisepilz. **WISSENSWERTES** Der Pilz steht dem sehr seltenen, in Laubwäldern wachsenden **Fransen-Milchling** *(Lactarius citriolens)* sehr nahe.

1a

1b

2

3

1 Olivbrauner Milchling, Tannen-Reizker

Lactarius turpis (Weinm.) Fr., *Lactarius necator* (Gmel.: Fr.) Pers.
Russulaceae

HUT 5–12(–20) cm breit, festfleischig, jung gewölbt, dann ausgebreitet, niedergedrückt, später flach trichterförmig; Oberfläche feucht klebrig-schmierig, trocken schwach filzig, alt kahl, dunkel olivgrün, braunoliv, Mitte olivschwärzlich; Rand lange eingerollt, jung gelbgrün und flaumig-fransig. **LAMELLEN** am Stiel angewachsen oder wenig herablaufend, gedrängt, untermischt, bisweilen gegabelt, dünn, jung weißlich, später schmutzig cremefarben, bald deutlich braunfleckig. **STIEL** 3–6(–8) cm lang, zylindrisch, etwas heller als der Hut, mit dunkleren Flecken, an der Spitze heller. **FLEISCH** fest, alt etwas brüchig, weißlich bis blassgelb; geruchlos, Geschmack wie die Milch brennend scharf. **MILCH** reichlich, weiß, beim Eintrocknen graugrünlich verfärbend. **SPORENPULVER** cremefarben. **SPOREN** 7,5–8,5 × 5,5–6,5 µm, breitelliptisch. **VORKOMMEN** Juli bis Oktober verbreitet in Nadel- und Laubwäldern auf kalk- und nährstoffarmen Böden; in Europa weit verbreitet. **VERWENDUNG** Kein Speisepilz. **WISSENSWERTES** Dieser Pilz ist leicht erkennbar und nicht zu verwechseln.

2 Birken-Milchling, Zottiger Birkenmilchling

Lactarius torminosus (Schaeff.: Fr.) Pers. *Russulaceae*

HUT 5–12(–15) cm breit, anfangs gewölbt, dann ausgebreitet und etwas vertieft, alt flach trichterig; Oberfläche mit dichtem Filz, feucht klebrig-schmierig, blass lachsfarben, blassrosa, fleischrot bis fleischbräunlich, dunkler konzentrisch gezont, später ausblassend; Rand lange eingerollt, mit dichten, langen, zottigen Haaren, alt oft verkahlend. **LAMELLEN** am Stiel gerade angewachsen oder etwas herablaufend, dünn, gedrängt, nahe am Stiel oft gegabelt, blass fleischfarben. **STIEL** 2–8 cm lang, 1–2 cm breit, zylindrisch, fest, ziemlich früh hohl, blassrosa, zart weiß bereift. **FLEISCH** hart, fest, spröde, weißlich-blassrosa; Geruch schwach obstartig, Geschmack wie der Milchsaft sehr scharf. **MILCH** anfangs reichlich, weiß, an der Luft nicht verfärbend. **SPORENPULVER** hellgelblich. **SPOREN** 8–10 × 6–7 µm, breitelliptisch, warzig, mit teilweise netzmaschig verbundenen Graten. **VORKOMMEN** August bis Oktober unter Birken *(Betula)* vor allem in Mittel-, Ost- und Nordeuropa. **VERWENDUNG** Giftig; verursacht Bauchschmerzen, Erbrechen und heftige Durchfälle. Latenzzeit eine halbe bis drei Stunden. Hervorgerufen werden die Vergiftungen durch scharf schmeckende terpenoide Substanzen, die in vielen Milchlingen enthalten sind.

3 Flaumiger Milchling, Blasser Zotten-Reizker

Lactarius pubescens Fr. *Russulaceae*

HUT 2–10 cm breit, gewölbt-niedergedrückt, alt breit trichterig; Oberfläche angedrückt haarig-filzig, flaumig-zottig, jung weißlich, später blassgelb, oft mit blassrosa Ton ungezont; Rand lange eingerollt, dicht fransig-zottig behaart. **LAMELLEN** am Stiel gerade angewachsen bis kurz herablaufend, eng stehend, am Stielansatz oft gegabelt, weiß-blassgelb, fleischfarben. **STIEL** 2–6 cm lang, 0,5–2 cm breit, zur Basis hin oft verjüngt, lange ausgestopft, weiß-fleischrötlich. **FLEISCH** ziemlich fest, weiß-blassgelb; Geruch schwach geranienartig. **MILCH** anfangs reichlich, weiß, an der Luft unveränderlich; Geschmack brennend scharf. **SPORENPULVER** creme- bis lachsfarben. **SPOREN** 6–8 × 5–6 µm, breitelliptisch, warzig-feinnetzig ornamentiert. **VORKOMMEN** August bis Oktober unter Birken *(Betula)* auf trockenen und feuchten Böden. **VERWENDUNG** Giftig; verursacht wie viele scharf schmeckende Lactarien Magenschmerzen, Durchfall und Erbrechen.

1

2

3

1 Mohrenkopf-Milchling, Schornsteinfeger

Lactarius lignyotus Fr. in Lindbl. *Russulaceae*

HUT 2–6(–10) cm breit, erst halbkugelig, bald flach bis niedergedrückt, mit spitzem Buckel; Oberfläche samtig-matt, zur Mitte hin runzelig gefurcht, dunkel schwarzbraun; Rand jung eingebogen. **LAMELLEN** am Stiel angewachsen-herablaufend, am Stielansatz wenige Millimeter in die charakteristische runzelige Stielspitze überlaufend **(1b)**, untermischt, teilweise gegabelt, fast gedrängt, anfangs weißlich, später sahnegelblich, verletzt lachsfarben bis roströtlich anlaufend. **STIEL** 5–9 cm lang, 0,4–1 cm breit, ausgestopft, alt schwammig-hohl, schwarzbraun-samtig; Basis weißlich; Spitze typisch runzelig gefurcht. **FLEISCH** weiß, verletzt langsam rosa bis lachsfarben; Geruch unbedeutend. **MILCH** weiß, etwas wässrig, langsam fleischrosa verfärbend; Geschmack mild, bisweilen bitterlich. **SPORENPULVER** ocker. **SPOREN** 8–10 µm, kugelig, warzig, netzig ornamentiert, amyloid. **VORKOMMEN** Juli bis Oktober einzeln oder in kleinen Gruppen in Berg-Nadelwäldern unter Fichte *(Picea abies)* auf sauren Böden, fehlt im Flachland; vielerorts rückläufig. **VERWENDUNG** Essbar, guter Speisepilz. **WISSENSWERTES** Dieser leicht erkennbare Milchling ist kaum zu verwechseln. Etwas Ähnlichkeit auch in den Standortansprüchen hat der scharf schmeckende ▸ **Pechscharze Milchling (siehe 2);** dieser hat keinen spitzen Buckel und keine Runzeln am oberen Stielteil, seine Lamellen sind bereits jung gelblich gefärbt.

2 Pechschwarzer Milchling

Lactarius picinus Fr. ss. Quél. *Russulaceae*

HUT 5–8(–12) cm breit, flach gewölbt, dann mit schwach vertiefter Mitte, ohne Papille; Oberfläche samtig, später verkahlend, trocken, matt, dunkel schwarzbraun bis schwarzgrau; Rand lange eingebogen. **LAMELLEN** am Stiel gerade angewachsen bis kurz herablaufend, ziemlich dicht stehend, mit zahlreichen Zwischenlamellen, jung hellgelb, später hellocker, auf Druck braunrötlich fleckend. **STIEL** 3–6 cm lang, voll, alt ausgestopft bis hohl, fest, sepia- bis ockerbraun; Spitze hell, ohne Längsrunzeln; Basis zugespitzt. **FLEISCH** weißlich, im Schnitt langsam lachsfarben-rosa; Geruch unbedeutend. **MILCH** reichlich fließend, weiß; Geschmack scharf. **SPORENPULVER** hellockerlich. **SPOREN** 8–10 × 7,5–8 µm, fast rund, warzig, netzig ornamentiert. **VORKOMMEN** Juli bis Oktober im Nadelwald, besonders in höheren Lagen, fehlt im Flachland. **VERWENDUNG** Kein Speisepilz. **WISSENSWERTES** Der **Rußfarbene Milchling** *(Lactarius fuliginosus)* wächst im Laubwald. Seine weißliche Milch rötet nur in Verbindung mit dem Fleisch. Sie schmeckt erst mild, später bitter, dann scharf.

3 Rosaanlaufender Milchling

Lactarius acris (Bolt.: Fr.) Gray *Russulaceae*

HUT 5–9 cm breit, flach gewölbt; Oberfläche feucht schmierig-schleimig, trocken matt, milchkaffeefarben, hellocker, hell- bis dunkelbraun. **LAMELLEN** jung weiß, dann blassgelb-ockergelb. **STIEL** bis 6 cm lang, jung weiß. **FLEISCH** weiß. **MILCH** reichlich, weiß, auch ohne Verbindung mit dem Fleisch sofort rosarot; Geschmack sehr scharf. **SPOREN** 7,5–9 × 7,5–8,5 µm, rundlich, mit hohen Graten. **VORKOMMEN** Juli bis November meist in Buchenwäldern auf Kalkböden. **VERWENDUNG** Kein Speisepilz. **WISSENSWERTES** Der beschriebene Pilz gehört zu den Milchlingen, die scharf schmeckende Substanzen enthalten. Ähnlichkeit besteht mit dem ▸ **Flügelsporigen Milchling (S. 430/1),** dessen scharfe Milch aber immer nur in Verbindung mit dem Fleisch rötet; seine Sporen haben auffällig hohe, flügelähnliche Grate; er wächst ebenfalls im Laubwald unter Rotbuchen *(Fagus sylvatica)*.

1a

1b

2

3

1 Flügelsporiger Milchling

Lactarius pterosporus Romagn. *Russulaceae*

HUT 4–8(–10) cm breit, flach gewölbt-niedergedrückt, bisweilen mit angedeuteter Papille, Mitte im Alter +/– höckerig-strahlig, runzelig; Oberfläche trocken, matt, samtig, milchkaffeebraun, ockergelb bis ockerbräunlich; Rand anfangs eingebogen, bald ausgebreitet, nicht gefurcht. **LAMELLEN** angewachsen-herablaufend, gedrängt, teilweise am Stiel gegabelt, creme-ocker; Schneiden oft mit weiß-rosa Milchtröpfchen. **STIEL** 4–8 cm lang, bis 2 cm breit, gegen die Basis zugespitzt, bisweilen zu mehreren verwachsen, mit undeutlichen Längsrillen, blassockerlich, heller als der Hut, an berührten Stellen dunkler. **FLEISCH** weißlich. **MILCH** weiß, bei Verletzung im Kontakt zum Fleisch langsam schön karminrosa; Geruch unbedeutend, Geschmack scharf. **SPORENPULVER** ocker. **SPOREN** 7–8,5 × 7–8 µm, fast rund, mit flügelartigen, 2–3 µm hohen Graten. **VORKOMMEN** Juli bis Oktober in Laubwäldern, gelegentlich auch in Parkanlagen, besonders unter Buchen *(Fagus sylvatica)*, aber auch unter Hainbuchen *(Carpinus betulus)*, auf Kalk- und Tonböden. **VERWENDUNG** Kein Speisepilz.

2 Rauchfarbener Milchling

Lactarius azonites (Bull.) Fr. *Russulaceae*

HUT 3–8 cm breit, gewölbt bis ausgebreitet; Oberfläche matt, samtig, rauchgrau, grau lederfarben, milchkaffeefarben, oft mit gelblichem Grund, trocken; Rand scharf, jung nach unten gebogen. **LAMELLEN** jung ziemlich dicht stehend und elfenbeinweiß, später ocker. **STIEL** 3–7 cm lang, bis 1,5 cm breit, jung weißlich, später schmutzig ockerlich, nach Verletzung rosa anlaufend. **FLEISCH** weiß, nach Verletzung langsam rosa, später karottenrot. **MILCH** weiß, nur in Verbindung mit dem Fleisch rötend; Geschmack mild, später scharf. **SPOREN** 7–8,5 × 6,5–8 µm. **VORKOMMEN** August bis Oktober in Laubwäldern, vor allem unter Eichen *(Quercus)*. **VERWENDUNG** Kein Speisepilz. **WISSENSWERTES** Der Pilz ist leicht mit dem **Flügelsporigen Milchling (siehe 1)** zu verwechseln.

3 Weinroter Kiefern-Reizker, Südlicher Blut-Reizker

Lactarius sanguifluus Fr. *Russulaceae*

HUT 6–15 cm breit, jung gewölbt, Mitte vertieft, später schwach trichterförmig, dickfleischig; Oberfläche schmutzig orange, mit grünlichen und purpurroten Tönen und undeutlichen dunkleren Zonen, alt blaugrün verfärbend und stark ausblassend; Rand lange eingebogen. **LAMELLEN** am Stiel breit angewachsen bis herablaufend, dünn, dicht stehend, viele kürzere untermischt, jung gelblich-grau mit weinrotem Ton, später fleischrötlich-weinrötlich mit Violettschimmer, weißlich bestäubt, auf Druck dunkel weinrötlich. **STIEL** 3–6 cm lang, zylindrisch, zur Basis hin oft verjüngt, fest, ausgestopft, alt hohl, hutfarben mit weiß-lila Hauch und dunkleren Gruben. **FLEISCH** hart, jung gelblich-weiß; Geruch schwach obstartig. **MILCH** spärlich fließend, von Anfang an trüb weinrot-dunkelrot; Geschmack schärflich. **SPORENPULVER** hellocker. **SPOREN** 7,5–9,5 × 6–7,5 µm, breitelliptisch-kugelig, Warzen unregelmäßig netzmaschig verbunden. **VORKOMMEN** Juli bis November an wärmebegünstigten Plätzen unter Kiefern *(Pinus)*, gern auf Kalkböden; in Mitteleuropa vor allem im Süden, überall selten und schützenswert; in Südeuropa in Pinienwäldern gebietsweise häufig und als geschätzter Speisepilz oft gesammelt. **VERWENDUNG** Essbar. **WISSENSWERTES** Der Weinrote Kiefern-Reizker gehört zur Gruppe der Rotmilchenden Lactarien mit orangefarbener oder weinroter Milch. Die einzelnen Arten dieser Gruppe sind oft schwer zu unterscheiden und können leicht verwechselt werden. Sie sind essbar, werden aber im Geschmack recht unterschiedlich beurteilt. Giftpilze sind nicht darunter.

1

2

3

1 Edel-Reizker, Echter Reizker

Lactarius deliciosus (L.) Gray *Russulaceae*

HUT 5–12(–15) cm breit, anfangs gewölbt, bald mit niedergedrückter Mitte alt flach trichterförmig; Oberfläche bei feuchter Witterung schmierig, orangefarben, mit rotgelben Zonen und/oder Flecken, alt +/– grünfleckig; Rand jung eingerollt, alt oft wellig verbogen. **LAMELLEN** am Stiel angewachsen bis leicht herablaufend, dicht stehend, untermischt, blassorange bis orangeocker, alt grün fleckend. **STIEL** 3–7 cm lang, 1–3 cm breit, bald hohl, brüchig, blassorange mit dunkel orangefarbenen Gruben, fein bereift. **FLEISCH** jung fest, später brüchig, mürbe; Geruch angenehm. **MILCH** karottenrot, langsam verblassend, später graugrün; Geschmack mild. **SPORENPULVER** blassocker. **SPOREN** 8–9 × 6–7 µm, rundlich-breitelliptisch. **VORKOMMEN** August bis Oktober unter Kiefern *(Pinus)* in der gesamten gemäßigten Klimazone Europas auf neutralen bis kalkhaltigen Böden. **VERWENDUNG** Essbar. **WISSENSWERTES** Alle auf dieser Seite beschriebenen Arten – Edel-Reizker, Lachs-Reizker und Spangrüner Kiefern-Reizker – gehören zur Gruppe der Rotmilchenden Lactarien mit orangefarbener Milch. Die einzelnen Arten dieser Gruppe sind schwer zu unterscheiden; sie sind alle essbar.

VERWECHSLUNG MIT GIFTPILZEN Der ▸ **Birken-Milchling (S. 426/2)** enthält scharf schmeckende terpenoide Substanzen, die in vielen Milchlingen vorkommen. Er hat einen wollig behaarten, gezonten Hut und scharfe weiße Milch und wächst unter Birken *(Betula)*.

Birken-Milchling

2 Lachs-Reizker

Lactarius salmonicolor Heim & Lécl. *Russulaceae*

HUT 4–12(–15) cm breit, anfangs gewölbt, bald vertieft, im Alter flach trichterig; Oberfläche bei feuchter Witterung schmierig-glänzend, orange-orangegelb, schwach und eng dunkler gezont, ohne Grüntöne; Rand lange eingerollt. **LAMELLEN** am Stiel gerade angewachsen bis herablaufend, mäßig gedrängt stehend, untermischt, blassorange-blassocker. **STIEL** 3–7 cm lang, 1–2,5 cm breit, zylindrisch, gegen die Basis verjüngt, markig ausgestopft, alt hohl, orangegelb, oft mit intensiver gefärbten länglich-runden Grübchen. **FLEISCH** hart, im Alter brüchig; Geruch süßlich-obstartig. **MILCH** karottenrot, nach 1–2 Stunden weinrot; Geschmack ein wenig bitter. **SPORENPULVER** blassocker. **SPOREN** 9–12 × 6,5–7,5 µm. **VORKOMMEN** August bis November in Nadelwäldern unter Weißtannen *(Abies alba)*, auf Kalkböden. **VERWENDUNG** Essbar.
VERWECHSLUNG MIT GIFTPILZEN Wie beim ▸ **Edel-Reizker (siehe 1)**.

3 Spangrüner Kiefern-Reizker, Kiefern-Reizker

Lactarius semisanguifluus Heim & Lecl. *Russulaceae*

HUT 3–8 cm breit, jung gewölbt, alt vertieft; Oberfläche feucht schmierig, fleisch- bis orangerötlich mit deutlichen grünen Zonierungen, schon jung stark flächig vergrünt; Rand lange eingebogen. **LAMELLEN** fleischrötlich, gelborange, bald vergrünt. **STIEL** 3–7 cm lang, bis 2 cm breit, alt hohl, hutfarben mit dunkleren Gruben. **FLEISCH** fest, im Schnitt rasch weinrot verfärbend. **MILCH** orange-karottenrot, nach wenigen Minuten weinrot verfärbend. **SPOREN** 8–10,5 × 6,5–9 µm. **VORKOMMEN** September bis Oktober unter Kiefern *(Pinus)* auf Kalkböden; selten. **VERWENDUNG** Essbar. **WISSENSWERTES** Der beschriebene Pilz macht unter den Rotmilchenden Lactarien bei der Bestimmung bisweilen Schwierigkeiten, er kommt oft zusammen mit dem ähnlichen ▸ **Weinroten Kiefern-Reizker (S. 430/3)** und dem ▸ **Edel-Reizker (siehe 1)** vor.

1

2

3

1 Fichten-Reizker

Lactarius deterrimus Gröger *Russulaceae*

HUT 3–10 cm breit, anfangs gewölbt, Mitte bald vertieft, zuletzt flach trichterförmig; Oberfläche kahl, feucht schmierig, orangerot, +/– grünend-verwaschen, zum Rand mit dunklerer Zonierung; Rand jung eingerollt. **LAMELLEN** am Stiel angewachsen bis herablaufend, dicht stehend, brüchig, untermischt und in Stielnähe teils gegabelt, blassocker, orangefarben, alt graugrün fleckend. **STIEL** 3–6 cm lang, glatt, nach unten etwas verdickt, bald hohl, orangefarben mit wenigen etwas intensiver gefärbten Gruben oder Flecken. **FLEISCH** brüchig, gelblich; Geruch obstartig. **MILCH** karottenrot, nach 10–30 Minuten weinrot verfärbend; Geschmack mild oder etwas zusammenziehend, mit harziger Komponente. **SPORENPULVER** blassocker. **SPOREN** 7,5–10 × 6–7,5 µm, rundlich bis breitelliptisch, warzig, Warzen teilweise netzartig verbunden. **VORKOMMEN** Juli bis November in ganz Europa unter Fichten *(Picea abies)*, auf allen Böden; weit verbreitet. **VERWENDUNG** Essbar. **WISSENSWERTES** Alles, was beim ▸ **Edel-Reizker (S. 432/1)** über die Essbarkeit der Lactarien mit orangefarbener oder weinroter Milch und Verwechslungen mit giftigen Arten gesagt wurde, gilt auch für den hier beschriebenen Fichten-Reizker. Den Geschmack betreffend ist der beschriebene Pilz eher am Ende der Wertungsskala anzusiedeln.

2 Klebriger Violett-Milchling

Lactarius uvidus (Fr.: Fr.) Fr. *Russulaceae*

HUT 3–10 cm breit, flach gewölbt-ausgebreitet, Mitte zuletzt vertieft; Oberfläche feucht schleimig, hellbraun, blass graubraun, fleischbraun, violettgrau, meist ungezont, druckempfindlich; Rand jung eingerollt, später scharf. **LAMELLEN** am Stiel herablaufend, weißlich bis cremefarben, an Druckstellen violett verfärbend und bei Verletzung rasch milchend. **STIEL** 4–10 cm lang, 0,5–1,5 cm breit, zylindrisch, schmutzig weißlich, ledergelblich fleckig, bisweilen mit lila Hauch, feucht klebrig. **FLEISCH** fest, weißlich-cremefarben, im Schnitt schnell lila. **MILCH** reichlich, weiß, violett verfärbend; Geschmack erst mild, bald bitterlich. **SPOREN** 9–10,5 × 7,5–8 µm, breitelliptisch, feinwarzig-netzig. **VORKOMMEN** August bis Oktober einzeln bis gesellig in Laub- und Nadelwäldern Mittel- und Nordeuropas. **VERWENDUNG** Kein Speisepilz.

3 Goldflüssiger Milchling

Lactarius chrysorrheus Fr. *Russulaceae*

HUT 4–6(–8) cm breit, flach gewölbt-ausgebreitet, bald niedergedrückt; Oberfläche glatt, bei feuchter Witterung schmierig, hell orangegelb, schmutzig ocker, orangefleischfarben, oft mit dunkleren Zonen oder mit unregelmäßigen wässrigen Flecken, besonders zum Rand hin; Rand anfangs eingebogen, alt unregelmäßig verbogen. **LAMELLEN** am Stiel angewachsen oder etwas herablaufend, gedrängt, untermischt, jung cremeweißlich. **STIEL** 3–7 cm lang, 0,5–1,5 cm breit, zylindrisch, voll, alt hohl, weißlich bis blass fleischfarben. **FLEISCH** brüchig, weißlich; Geruch unbedeutend. **MILCH** an verletzten Stellen sehr reichlich, zuerst weiß, nach 2–5 Sekunden schwefelgelb; Geschmack erst mild, bald bitter und brennend scharf. **SPORENPULVER** blassocker. **SPOREN** 7–8,5 × 6–6,5 µm, elliptisch, feinwarzig mit teilweise netzig verbundenen Graten. **VORKOMMEN** Juli bis Oktober in Laubwäldern unter Eichen *(Quercus)* und Edelkastanien *(Castanea sativa)*, vorwiegend auf sauren Böden. **VERWENDUNG** Kein Speisepilz. **WISSENSWERTES** Leicht zu erkennen ist dieser Milchling an seiner weißen, an der Luft rasch schwefelgelb umfärbenden Milch und an seinem Vorkommen in Mitteleuropa unter Eichen *(Quercus)*.

1

2

3

1 Lärchen-Milchling

Lactarius porninsis Roll. *Russulaceae*

HUT 3–7 cm breit, lange gewölbt, später verflacht-niedergedrückt; Oberfläche bei feuchter Witterung schleimig-schmierig, glänzend, orangegelb-orangerot, +/– deutlich gezont; Rand anfangs eingerollt. **LAMELLEN** am Stiel gerade angewachsen bis kurz herablaufend, gedrängt, bisweilen gegabelt, jung blassgelb, später ockergelb. **STIEL** 3–7 cm lang, bis 1,5 cm breit, zylindrisch, anfangs ausgestopft, dann hohl, alt etwas runzelig, blass gelborange, an der Spitze mit schmaler hellerer Zone. **FLEISCH** im Hut weißlich, im Stiel blassorange; Geruch obstartig. **MILCH** bald spärlich werdend, weiß, an der Luft unverändert; Geschmack erst mild, dann bitterlich. **SPORENPULVER** blassocker. **SPOREN** 8–9,5 × 6–7 µm, elliptisch, feinwarzig, Netz unvollständig. **VORKOMMEN** Juli bis Oktober in den Alpen gesellig unter Lärchen *(Larix);* fehlt ursprünglich im Flachland, wurde hier gelegentlich durch Lärchenanpflanzungen eingeführt. **VERWENDUNG** Kein Speisepilz.

2 Montaner Zonen-Milchling

Lactarius zonarioides Kühn. & Romagn., *Lactarius bresadolanus* Sing. *Russulaceae*

HUT 3–13 cm breit, Mitte vertieft; Oberfläche bei feuchter Witterung schmierig, ockerfarben bis blassorange, dunkelorange gezont; Rand lange eingerollt, jung fein behaart. **LAMELLEN** am Stiel angewachsen bis herablaufend, dicht stehend, jung weiß, später blass orangeocker. **STIEL** 3–10 cm lang, bis 2 cm breit, weißlich, später ockerlich, ohne Gruben. **FLEISCH** weiß, im Schnitt sehr langsam graugrün verfärbend. **MILCH** weiß, eingetrocknet grauoliv; Geschmack brennend scharf. **SPOREN** 8–10 × 7–8 µm, breitelliptisch, warzig mit unregelmäßigen, teilweise netzig verbundenen Graten. **VORKOMMEN** August bis Oktober in Berg-Nadelwäldern unter Fichte *(Picea abies)* und Weißtanne *(Abies alba),* in Mitteleuropa vor allem in den Alpengebieten, hier selten, rückläufig, in den skandinavischen Ländern ziemlich verbreitet. **VERWENDUNG** Kein Speisepilz. **WISSENSWERTES** Der ähnliche seltene **Queradrige Milchling** *(Lactarius acerrimus)* wächst im Laubwald; seine Lamellen haben queradrige Verbindungen.

3 Blasser Zonen-Milchling, Bleicher Milchling

Lactarius zonarius (Bull.) Fr. *Russulaceae*

HUT 3–10(–12) cm breit, Mitte niedergedrückt bis trichterförmig; Oberfläche ocker-blass-ockergelblich, mit undeutlichen dunkleren Zonen, leicht klebrig; Rand eingerollt. **LAMELLEN** am Stiel kurz herablaufend, gedrängt, nahe dem Stiel auch gabelig verzweigt, untermischt, jung weißlich, blass ockergelb, bald mit bräunlichen Flecken. **STIEL** 2–5 cm lang, 1–2 cm breit, alt hohl, weißlich, mit Flecken. **FLEISCH** fest, weißlich; Geruch nach Pelargonien. **MILCH** reichlich, weißlich; Geschmack sehr scharf. **SPORENPULVER** blassocker. **SPOREN** 7–9 × 6,5–8 µm, breitelliptisch, warzig, undeutlich netzig. **VORKOMMEN** August bis Oktober unter Laubbäumen wie Pappeln *(Populus)* und Eichen *(Quercus).* **VERWENDUNG** Kein Speisepilz. **WISSENSWERTES** Ähnlich ist der **Schöne Zonen-Milchling** *(Lactarius insulsus)* mit einheitlicheren Hutfarben, der ebenfalls scharf schmeckt. Er wächst unter Eichen *(Quercus).* Dieser Pilz wird nicht von allen Autoren als eigene Art anerkannt. Alle drei auf dieser Seite aufgeführten Milchlinge sind nicht zum Verzehr geeignet. Sie können relativ leicht mit essbaren Rotmilchenden Lactarien verwechselt werden; diese unterscheiden sich jedoch durch orange oder rot gefärbte Milch und milden Geschmack.

1

2

3

1 Graugrüner Milchling
Lactarius blennius (Fr.) Fr. *Russulaceae*

HUT 4–7(–10) cm breit, gewölbt-ausgebreitet, Mitte frühzeitig vertieft; Oberfläche bei feuchter Witterung schleimig-schmierig, glänzend, graugrün-olivgrün, graubraun, meist mit +/– konzentrisch angeordneten dunkleren Flecken, vor allem im Randbereich; Rand anfangs eingerollt, lange eingebogen. **LAMELLEN** am Stiel angewachsen, kaum herablaufend, dicht stehend, untermischt, anfangs fast weiß, alt blass rahmgelb, an Druckstellen grauend, bisweilen mit verhärteten graugrünen Milchtröpfchen. **STIEL** 3–6 cm lang, 1–3 cm breit, feucht etwas klebrig-schmierig, ausgestopft, später hohl, blass graugrünlich-graurosa, heller als der Hut. **FLEISCH** fest, weiß; Geruch unbedeutend. **MILCH** reichlich, weiß, beim Eintrocknen grauend; Geschmack zuerst mild, dann scharf. **SPORENPULVER** gelblich. **SPOREN** 5,5–8 × 4,5–6,5 µm, breitelliptisch, warzig, mit derben Graten. **VORKOMMEN** Juli bis November in Laubwäldern Europas im Areal der Rotbuche *(Fagus sylvatica)*. **VERWENDUNG** Kein Speisepilz. **WISSENSWERTES** Der ähnliche **Braunfleckende Milchling** *(Lactarius fluens)* ist makroskopisch nur schwer zu unterscheiden. Er wird heute von einigen Autoren nicht mehr als eigene Art, sondern lediglich als Varietät des sehr variablen Graugrünen Milchlings betrachtet.

2 Fleischblasser Milchling, Falber Milchling
Lactarius pallidus (Pers.) Fr. *Russulaceae*

HUT 4–12(–15) cm breit, lange gewölbt, dann leicht niedergedrückt; Oberfläche bei feuchter Witterung schleimig, trocken glänzend, falb, schmutzig weißlich mit +/– rosa Ton bis blass fleischfarben, alt wasserfleckig, ungezont; Rand anfangs eingerollt, Randsaum oft die Lamellen überragend. **LAMELLEN** am Stiel angewachsen bis kurz herablaufend, dicht stehend, untermischt, weißlich-blassocker, bei Druck fuchsig-ockerblass verfärbend. **STIEL** 3–8 cm lang, bis 2 cm breit, zylindrisch, ziemlich brüchig ausgestopft, bald hohl, etwas runzelig, hutfarben oder etwas heller, oft mit blassbräunlichen Flecken. **FLEISCH** weiß bis blassgelb; Geruch unbedeutend. **MILCH** bald versiegend, weiß, an der Luft unveränderlich; Geschmack erst mild, dann kratzend. **SPORENPULVER** blassocker. **SPOREN** 7,5–9 × 6–7 µm, elliptisch, feinwarzig, Warzen teilweise netzig verbunden. **VORKOMMEN** Juli bis Oktober meist im Buchenwald, bevorzugt auf Kalkböden. **VERWENDUNG** Kein Speisepilz. **WISSENSWERTES** Der ähnliche **Heide-Milchling** *(Lactarius musteus)* wächst im Kiefernwald.

3 Graublasser Milchling
Lactarius albocarneus Britz., *Lactarius glutinopallens* Moell. & Lge. *Russulaceae*

HUT 3–7 cm breit, anfangs flach gewölbt, Mitte bald vertieft, unregelmäßig verbogen; Oberfläche von einer dicken Schleimschicht überzogen, blass fleischfarben mit Lilaton, ockerfalb, graublass, grauviolett; Rand anfangs eingebogen. **LAMELLEN** am Stiel angewachsen bis kurz herablaufend, untermischt, cremefarben-hellocker, bei Verletzung milchend, rostgelblich fleckend. **STIEL** 3–6 cm lang, bis 1,2 cm breit, anfangs ausgestopft, alt hohl, weißlich, oft ockerfuchsig gefleckt, schleimig, trocken glänzend. **FLEISCH** biegsam, weißlich, bei Verletzung langsam gilbend; Geruch obstartig. **MILCH** dünn, weißlich; Geschmack brennend scharf. **SPORENPULVER** gelblich. **SPOREN** 9–10 × 7–8 µm, rundlich, Warzen zebrastreifig verbunden. **VORKOMMEN** Juli bis Oktober meist gesellig in Berg-Nadelwäldern Mitteleuropas, im Norden bis Dänemark, gern unter Weißtannen *(Abies alba)* auf Kalkböden. **VERWENDUNG** Kein Speisepilz.

1

2

3

1 Kuhroter Milchling

Lactarius hysginus (Fr.: Fr.) Fr. *Russulaceae*

HUT 4–10 cm breit, anfangs flach gewölbt, Mitte bald niedergedrückt; Oberfläche schmierig, glänzend, rötlich braun, fleischrosa-bräunlich, purpurn angehaucht, +/– undeutlich konzentrisch gezont, etwas radialrunzelig; Huthaut abziehbar; Rand anfangs eingebogen, dünn. **LAMELLEN** am Stiel angewachsen, kaum herablaufend, dicht stehend, untermischt, blassgelb, später lebhaft ockergelb. **STIEL** 3–5 cm lang, bis 2 cm breit, anfangs ausgestopft, alt hohl, blass rotbräunlich, bisweilen mit dunkleren, flachen Gruben, Spitze weißlich, jung mit wasserklaren Tröpfchen; Basis mit weißlichem Myzel. **FLEISCH** weißlich, unter der Huthaut bräunlich; Geruch aromatisch, obstartig. **MILCH** weiß, an der Luft unveränderlich; brennend scharf. **SPORENPULVER** ockerlich. **SPOREN** 6,5–7,5 × 5,5–6,5 µm, rundlich, mit stumpfen Warzen, netzig ornamentiert. **VORKOMMEN** Juli bis Oktober in Laub- und Nadelwäldern des Berglandes auf sauren Böden. **VERWENDUNG** Kein Speisepilz.

2 Nordischer Milchling

Lactarius trivialis (Fr.: Fr.) Fr. *Russulaceae*

HUT 6–15(–25) cm breit, erst flach gewölbt mit vertiefter Mitte, dann niedergedrückt bis flach trichterig; Oberfläche bei feuchter Witterung schleimig-schmierig, trocken glänzend, silbergrau bereift, violettgrau-violettbraun, gezont oder mit konzentrisch angeordneten Wasserflecken, alt fleischbräunlich bis blass lederfarben ausblassend und ungezont; Huthaut abziehbar; Rand lange eingerollt. **LAMELLEN** am Stiel gerade angewachsen bis leicht herablaufend, fast gedrängt, anfangs weißlich, bald ockerblass-lederfarben, an verletzten Stellen blaugrünlich fleckend. **STIEL** 4–10 cm lang 1–3 cm breit, +/– aufgeblasen, alt hohl, schmierig, schmutzig lederfalb. **FLEISCH** weißlich; Geruch schwach obstartig. **MILCH** weiß, eingetrocknet gelblich-graugrünlich Geschmack zuerst mild, dann brennend scharf, auch kratzend. **SPORENPULVER** blassgelb. **SPOREN** 8,5–10,5 × 7–8,5 µm, breitelliptisch, grobwarzig, mit feinen netzig verbundenen Graten. **VORKOMMEN** Juli bis Oktober meist gesellig in feuchten montaner Wäldern unter Fichten *(Picea abies)* und Birken *(Betula)* auf sauren, nährstoffarmen, moorigen Böden in Mittel- und Nordeuropa. **VERWENDUNG** Kein Speisepilz. **WISSENSWERTES** Scharf schmeckende Milchlinge gelten bei uns als ungenießbar. Vor allem aus Osteuropa kommen aber immer wieder Informationen, dass sie dort nach besonderer Vorbehandlung (wohl mit entsprechenden geschmacklichen Einschränkungen) verzehrt werden.

3 Graufleckender Milchling

Lactarius vietus (Fr.) Fr. *Russulaceae*

HUT 3–6(–10) cm breit, erst gewölbt, meist mit angedeuteter Papille, im Alter trichterig vertieft; Oberfläche feucht etwas klebrig, bald austrocknend, matt, blass violettgrau, violettbraun, später ausblassend, nicht oder nur undeutlich gezont; Rand oft wellig verbogen. **LAMELLEN** am Stiel kurz herablaufend, ziemlich gedrängt stehend, blass creme- bis fleischfarben, an Druckstellen graubraun fleckend. **STIEL** 3–8 cm lang, 0,5–1 cm breit, bald hohl, creme-fleischfarben, mit hellerer Zone an der Spitze. **FLEISCH** brüchig; Geruch unbedeutend. **MILCH** weiß, graugrün-graubraun eintrocknend; Geschmack erst mild, nach wenigen Sekunden sehr scharf. **SPORENPULVER** weißlich-cremefarben. **SPOREN** 7,5–9 × 6,5–7,5 µm, breitelliptisch, warzig. **VORKOMMEN** Juli bis Oktober in feuchten Wäldern und Mooren Mittel- und Nordeuropas unter Birken *(Betula)*. **VERWENDUNG** Kein Speisepilz.

1

2

3

1 Gebänderter Hainbuchen-Milchling

Lactarius pyrogalus (Bull.: Fr.) Fr., *Lactarius circellatus* Fr. ss. Lge., Mos., Bon non ss. Fries *Russulaceae*

HUT 5–9(–13,5) cm breit, anfangs flach gewölbt, später ausgebreitet, vertieft; Oberfläche jung bei feuchter Witterung etwas klebrig, bald trocken, glanzlos, ockergrau, violettgrau bis schmutzig graubräunlich, mehrfach deutlich gezont; Rand lange eingebogen, alt oft wellig verbogen. **LAMELLEN** angeheftet bis kurz herablaufend, dicht gedrängt, untermischt, jung weißlich-cremefarben, bald ockerlich. **STIEL** 3–6(–8) cm lang, 0,8–2 cm breit, bisweilen exzentrisch stehend, erst voll, dann ausgestopft bis hohl, weißlich mit blass fleischfarben-graulicher Tönung. **FLEISCH** fest, weißlich bis blass hutfarben; Geruch etwas obstartig. **MILCH** sehr reichlich, weiß bis schwach gelblich; erst mild, dann scharf. **SPORENPULVER** ocker. **SPOREN** 5,5–8 × 5–6,5 µm, breitelliptisch, mit stumpfen Warzen, schwach netzig verbunden. **VORKOMMEN** Juni bis Oktober gesellig an Waldrändern, oft in Parkanlagen, an Straßen und in Gärten, im Verbreitungsgebiet der Hainbuche *(Carpinus betulus)*. **VERWENDUNG** Kein Speisepilz. **WISSENSWERTES** Mykorrhizapilz der Hainbuche. Wegen seiner sehr scharfen Milch wird er auch **Beißender Milchling** genannt.

2 Scharfer Hasel-Milchling, Hasel-Milchling

Lactarius hortensis Vel., *Lactarius pyrogalus* ss. auct. *Russulaceae*

HUT 4–8(–11) cm breit, flach gewölbt, bald deutlich vertieft; Oberfläche ockergrau, trocken matt bereift, oft schwach dunkler gezont, feucht etwas klebrig; Rand eingebogen, schwach gekerbt. **LAMELLEN** am Stiel angewachsen bis kurz herablaufend, entfernt stehend, zum Stiel hin gegabelt, mit Anastomosen, hellocker. **STIEL** 3–7 cm lang, 0,5–1,5 cm breit, zylindrisch, etwas blasser als der Hut. **FLEISCH** weißlich; Geruch angenehm, apfelähnlich. **MILCH** reichlich, klebrig, weiß, mit KOH orangeocker-gelblich; Geschmack sehr scharf. **SPORENPULVER** gelblich. **SPOREN** 6–8 × 5–6 µm, stachelig-gratig. **VORKOMMEN** August bis Oktober gesellig in Laubwäldern, an Waldrändern in Parkanlagen und Hecken, im Verbreitungsgebiet der Hasel *(Corylus avellana)*. **VERWENDUNG** Kein Speisepilz.

3 Filziger Milchling, Bruch-Milchling, Maggipilz

Lactarius helvus (Fr.) Fr. *Russulaceae*

HUT 3–15 cm breit, erst flach gewölbt, dann ausgebreitet-niedergedrückt bis trichterförmig; Oberfläche filzig-feinschuppig, trocken, matt, ungezont, jung fleischockerlich, später ledergelb, gelblich braun; Rand nur anfangs eingerollt. **LAMELLEN** angewachsen, auch ausgerandet und mit Zahn etwas herablaufend, ziemlich gedrängt stehend, jung weißgelblich bis cremefarben, später ockergelblich bis orangeocker. **STIEL** 2–12 cm lang, 0,6–2 cm breit, +/– zylindrisch, voll, später hohl, hutfarben, bereift; Basis weißlich-hellocker, filzig. **FLEISCH** sehr brüchig, weißlich gelb; Geruch anfangs schwach, später, besonders beim Trocknen, deutlich nach Liebstöckel. **MILCH** sehr spärlich, fast wasserklar, mild, im Rachen etwas kratzend. **SPORENPULVER** rahmgelblich. **SPOREN** 6,5–9 × 5,5–6,5 µm, rundlich-elliptisch, feinwarzig, netzig ornamentiert. **VORKOMMEN** Juli bis Oktober in feuchten, moosigen Fichten-, Kiefern- und Birkenwäldern und Mooren Mittel-, Nord- und Osteuropas. **VERWENDUNG** Giftig; verursacht besonders roh genossen Übelkeit, Durchfall und Erbrechen. Gut getrocknet und fein zerrieben gilt der Filzige Milchling in kleiner Dosierung als guter Würzpilz. **WISSENSWERTES** Anhand von Form, Farbe und Geruch leicht erkennbare Art.

1

2

3

1 Lila Milchling

Lactarius lilacinus (Lasch: Fr.) Fr. *Russulaceae*

HUT 5–10 cm breit, jung gewölbt, dann genabelt-niedergedrückt, in der Mitte oft mit kleiner Papille, alt bisweilen trichterförmig; Oberfläche trocken, matt, seidig filzig, auch konzentrisch schuppig, dunkel rosalila mit graulila Ton, alt fleischfarben-ockerlich ausblassend; Rand lange eingebogen, erst flaumig, dann kahl. **LAMELLEN** am Stiel herablaufend, fast entfernt stehend, untermischt, fleischfarben-ockerlich. **STIEL** 2–6 cm lang, 0,3–1(–2,5) cm breit, anfangs voll, alt hohl, ähnlich wie der Hut gefärbt oder blasser, hell bereift. **FLEISCH** blass, im Stiel blass ockerfarben; Geruch nach Zichorien, besonders im getrockneten Zustand. **MILCH** spärlich, weiß, eingetrocknet graugrün; zuerst fast mild, dann schärflich-kratzend. **SPORENPULVER** weiß. **SPOREN** 6–9 × 5–7 µm, breitelliptisch, gratig-netzig. **VORKOMMEN** August bis November gesellig unter Erlen *(Alnus)* in Erlenbrüchen, Erlen-Auenwäldern und Bachauen; selten. **VERWENDUNG** Kein Speisepilz. **WISSENSWERTES** Die Pilze der Gattung *Lactarius* sind wertvolle Mykorrhiza-Pilze. Der Lila Milchling ist an die Erle *(Alnus)* gebunden; in Mitteleuropa findet man ihn meist unter der häufigeren Schwarz-Erle *(Alnus glutinosa)*, in Skandinavien unter der Grau-Erle *(Alnus incana)*.

2 Blasser Duft-Milchling

Lactarius glyciosmus (Fr.: Fr.) Fr. *Russulaceae*

HUT 2–6 cm breit, erst gewölbt, bald leicht vertieft, oft mit mammaförmigem Buckel; Oberfläche trocken, matt, hellgrau, graurosa, alt cremerosa ausblassend, meist ungezont, reifartig weißflaumig. **LAMELLEN** am Stiel angewachsen bis kurz herablaufend, ziemlich gedrängt stehend, untermischt, weißlich-rosa bis blassocker. **STIEL** 2–7 cm lang, schlank, bis 1 cm breit, zerbrechlich, ausgestopft-hohl, weißlich-graurosa. **FLEISCH** dünn, brüchig, weißlich; Geruch auffallend nach Kokosflocken. **MILCH** spärlich, wässrig-weiß, an der Luft nicht verfärbend; Geschmack erst mild, dann scharf. **SPORENPULVER** blassocker. **SPOREN** 7–8,5 × 5,5–7,5 µm, rundlich-elliptisch, warzig, unvollständig netzig. **VORKOMMEN** August bis Oktober gesellig unter Birken *(Betula)*, innerhalb und außerhalb der Wälder. **VERWENDUNG** Kein Speisepilz.

3 Dunkler Duft-Milchling

Lactarius mammosus Fr., *Lactarius fuscus* Roll. *Russulaceae*

HUT 4–9 cm breit, anfangs flach gewölbt, dann ausgebreitet bis etwas niedergedrückt, mit spitzem Buckel, der im Alter oft verschwindet; Oberfläche trocken, matt, fein faserig-schuppig, graurötlich bis dunkelbraun, Mitte oft dunkler, zum Rand hin undeutlich gezont; Rand anfangs eingerollt. **LAMELLEN** am Stiel angewachsen bis leicht herablaufend, untermischt, gedrängt, jung weißlich-blassgelb, dann ockerlich, später dunkelocker. **STIEL** 3–7 cm lang, jung voll, fest, später hohl, jung weißlich-hellocker, an Druckstellen schmutzig ocker, anfangs flaumig bereift, bald kahl. **FLEISCH** dünn, mürbe, weißlich bis hautfarben; Geruch jung schwach, alt deutlich nach Kokosflocken. **MILCH** anfangs reichlich, wässrig-weiß; Geschmack erst mild, bald bitterlich. **SPORENPULVER** ocker. **SPOREN** 7,5–9 × 5,5–6,5 µm, breitelliptisch, mit ziemlich dicht stehenden, niedrigen Warzen. **VORKOMMEN** August bis Oktober in Nadelwäldern, vor allem unter Fichten *(Picea abies)*, auf kalk- und nährstoffarmen, oft flechtenreichen Böden. **VERWENDUNG** Kein Speisepilz. **WISSENSWERTES** Der ▸ **Blasse Duft-Milchling (siehe 2)** und der Dunkle Duft-Milchling sind an ihrem angenehmen Kokosflockengeruch leicht zu erkennen. Wegen ihres Geschmacks kommen beide für die Küche nicht infrage.

1

2

3

1 Brätling, Birnen-Milchling

Lactarius volemus (Fr.) Fr. *Russulaceae*

HUT 6–15 cm breit, anfangs gewölbt, dann ausgebreitet mit niedergedrückter Mitte; Oberfläche trocken, matt-feinsamtig, gelbbraun, braunorange, rotbraun; Rand anfangs eingerollt. **LAMELLEN** am Stiel angewachsen oder etwas herablaufend, gedrängt, gegen den Rand oft gegabelt, dicklich, starr, jung gelblich weiß, an Druckstellen langsam bräunend. **STIEL** 4–12 cm lang, bis 3,5 cm breit, fest, voll, hutfarben oder etwas blasser, zart bereift. **FLEISCH** jung weißlich, gelblich weiß, sehr fest; Geruch nach Hering, beim Trocknen verstärkt, Geschmack mild mit bitterem Nachgeschmack. **MILCH** sehr reichlich fließend **(1b)**, weiß, klebrig; Geschmack mild bis bitterlich. **SPORENPULVER** weiß. **SPOREN** 7,5–10 µm. **VORKOMMEN** Juli bis November in Laub- und Nadelwäldern der gemäßigten Klimazone Europas; stark rückläufig und daher zu schonen. **VERWENDUNG** Essbar. **WISSENSWERTES** Ein wichtiges Merkmal des Brätlings ist sein Geruch. Er erinnert an Weißdorn- *(Crataegus)* oder Ebereschenblüten *(Sorbus aucuparia);* mit zunehmendem Alter und beim Trocknen kommt deutlich die Heringskomponente auf. Der Geruch vergeht beim Kochen.

VERWECHSLUNG MIT GIFTPILZEN Braunhütige Milchlinge sind nicht immer leicht bestimmbar. Unerfahrene Sammler können den Brätling auch mit dem ▸ **Birken-Milchling (S. 426/2)** verwechseln.

Birken-Milchling

2 Blassrandiger Laubwald-Milchling

Lactarius ichoratus (Batsch) Fr. ss. auct., *Lactarius fulvissimus* Romagn. *Russulaceae*

HUT 3–7 cm breit, gewölbt-ausgebreitet, oft niedergedrückt-vertieft; Oberfläche trocken, matt, orangerot, fuchsig rot, außen oft mit dunkleren Wasserflecken; Rand meist heller, kurz gerippt, eingebogen, alt wellig bis gelappt. **LAMELLEN** gerade angewachsen, fast gedrängt, hellorange-fuchsig. **STIEL** 3–7 cm lang, etwa 1 cm breit, voll, zylindrisch, zur Basis hin ausspitzend, rotbraun. **FLEISCH** weißlich, blass rotgelblich. **MILCH** weiß; Geschmack mild, dann bitterlich. **SPOREN** 7,5–8,5 × 6,5–7,5 µm, rundlich, warzig-netzig ornamentiert. **VORKOMMEN** Juli bis Oktober gesellig in Laub- und Nadelwäldern und Parkanlagen, auf Kalkböden. **VERWENDUNG** Kein Speisepilz.

3 Milder Orange-Milchling, Milder Milchling

Lactarius mitissimus (Fr.) Fr., *Lactarius aurantiacus* (Pers.: Fr.) Gray, *Lactarius aurantiofulvus* Blum ex Bon *Russulaceae*

HUT 3–6 cm breit, anfangs gewölbt, bald ausgebreitet, Mitte niedergedrückt, bisweilen mit kleiner Papille; Oberfläche bei feuchter Witterung etwas schmierig, glatt, ungezont, matt glänzend, lebhaft orangerot. **LAMELLEN** am Stiel gerade angewachsen bis leicht herablaufend, ziemlich eng stehend, orange- bis rotgelb. **STIEL** 3–6 cm lang, bis 0,8 cm breit, zerbrechlich, alt hohl, gelbbraun bis orange. **FLEISCH** brüchig, gelblich weiß bis blassorange, fast geruchlos. **MILCH** reichlich, weiß, an der Luft unveränderlich; Geschmack mild, nachträglich bisweilen etwas bitterlich. **SPORENPULVER** cremefarben. **SPOREN** 8–9,5 × 6,5–7,5 µm, breitelliptisch, warzig, Grate zu einem unvollständigen Netz verbunden. **VORKOMMEN** August bis November meist gesellig in Nadelwäldern, selten in Laubwäldern. **VERWENDUNG** Essbar.

VERWECHSLUNG MIT GIFTPILZEN Mit scharf schmeckenden Milchlingen wie beim ▸ **Brätling (siehe 1).**

1a

1b

2

3

1 Flatter-Milchling

Lactarius theiogalus (Bull.: Fr.) Gray *Russulaceae*

HUT 2–5 cm breit, erst gewölbt, dann oft ausgebreitet, Mitte leicht niedergedrückt, oft flach trichterförmig, meist mit Papille; Oberfläche glatt oder zum Rand hin leicht gerunzelt, ungezont, ocker-roströtlich, blass roströtlich, Mitte mehr rotbräunlich, alt stark ausblassend; Rand oft blasser, feucht schwach gerieft, trocken oft höckerig-runzelig. **LAMELLEN** am Stiel angewachsen bis kurz herablaufend, ocker- bis fleischfarben, alt etwas rostig fleckend. **STIEL** 3–7 cm lang, erst voll, dann hohl, blass zimtbraun, zur Basis hin mehr zimtrostrot. **FLEISCH** brüchig, blass. **MILCH** erst wässrig-weiß, an der Luft langsam gilbend (besonders gut sichtbar auf weißem Papier); Geschmack mild mit bitterem und deutlich scharfem Nachgeschmack. **SPORENPULVER** weiß. **SPOREN** 8–10 × 5–7,5 µm, breitelliptisch, warzig, mit wenigen dünnen Graten, selten netzmaschig verbunden. **VORKOMMEN** Juni bis Oktober in feuchten Laub- und Nadelwäldern, in Moorwäldern oft Massenpilz; in Europa weit verbreitet. **VERWENDUNG** Kein Speisepilz; der Flatter-Milchling wird gelegentlich als essbar bezeichnet, ist jedoch nicht zu empfehlen. Er gehört zu den scharf schmeckenden Milchlingen, die in Osteuropa nach besonderer Zubereitung (lange wässern, abkochen, Kochwasser wegschütten, anschließend einsalzen, einlegen in Essig oder in saure Milch) verzehrt werden. Vom Pilzaroma bleibt dabei allerdings nicht viel übrig.

2 Rotbrauner Milchling

Lactarius rufus (Scop.: Fr.) Fr., *Lactarius mollis* Reid *Russulaceae*

HUT 3–10(–14) cm breit, anfangs flach gewölbt, dann vertieft bis flach trichterförmig, meist mit kleinem, spitzem Buckel; Oberfläche matt, trocken, auch bei feuchtem Wetter nicht schmierig, ungezont, orangebraun, rotbraun-dunkelbraun mit graulila Ton, oft weißlich bereift; Rand lange eingerollt. **LAMELLEN** am Stiel angewachsen bis kurz herablaufend **(2b)**, mäßig gedrängt stehend, blass hutfarben, im Alter vom Sporenstaub weiß bestäubt. **STIEL** 4–8 cm lang, 0,5–2 cm breit, zylindrisch, brüchig, jung voll, alt hohl, hutfarben oder heller, jung bereift. **FLEISCH** fest, weißlich bis blass rotbräunlich; Geruch harzig. **MILCH** reichlich, weiß, an der Luft nicht verfärbend; Geschmack anfangs mild, dann brennend scharf. **SPORENPULVER** weiß. **SPOREN** 8–9 × 6–7 µm, breitelliptisch, warzig-netzig ornamentiert. **VORKOMMEN** Juli bis November meist gesellig in moos- und flechtenreichen Nadelwäldern, seltener in Laubwäldern, gern auf sauren, nährstoffarmen Böden; in Europa weit verbreitet. Früher oft massenweise erscheinende, in neuerer Zeit stark zurückgehende Art. **VERWENDUNG** Kein Speisepilz. **WISSENSWERTES** Auch dieser Milchling kann durch besondere Vorbehandlung essbar gemacht werden **(siehe ▸ Flatter-Milchling, 1).** Verwechslungen sind möglich mit dem **▸ Eichen-Milchling (S. 450/2).** Der **Braunrote Milchling** *(Lactarius badiosanguineus)* erinnert mit seinem tief rotbraunen Hut an einen dunklen *Lactarius rufus.* Man findet den seltenen Pilz vereinzelt in den Mittelgebirgen und in den Alpen.

3 Atlantischer Milchling

Lactarius atlanticus Bon *Russulaceae*

HUT bis 4 cm breit, mit kleinem Buckel; Oberfläche glatt, matt, fuchsig-braun, orangebraun. **LAMELLEN** am Stiel angewachsen bis kurz herablaufend, hellocker. **FLEISCH** brüchig, creme-beige; Geruch nach Blattwanzen. **STIEL** 5–8 cm lang, bis 0,5 cm breit, hutfarben. **MILCH** wässrig, mild. **SPOREN** 8 × 7 µm, kugelig, netzig-gratig. **VORKOMMEN** Mediterran-atlantische Art, fehlt in Mittel- und Nordeuropa; im Herbst unter Stein-Eichen *(Quercus ilex).* **VERWENDUNG** Kein Speisepilz.

1

2a

2b

3

1 Kampfer-Milchling

Lactarius camphoratus Fr. *Russulaceae*

HUT 2–5(–7) cm breit, anfangs flach gewölbt, bald mit vertiefter Mitte, oft mehr oder weniger spitz gebuckelt; Oberfläche trocken, matt, trüb rotbraun bis dunkel kastanienbraun, fleischrötlich ausblassend, radialrunzelig bis grubig; Rand heller, anfangs eingebogen, zuletzt wellig, deutlich gefurcht. **LAMELLEN** am Stiel angewachsen, bisweilen etwas herablaufend, gedrängt, dünn, blass rötlich braun, auf Druck –/– weinrötlich-bräunlich, alt vom Sporenpulver weißlich bestäubt. **STIEL** bis 6 cm lang, 0,5–1 cm breit, hohl, oft gebogen, striegelig-filzig, dunkel rotbraun mit graulila Beiton, an der Basis dunkler. **FLEISCH** dünn, blass rotbräunlich; Geruch alt und beim Trocknen deutlich nach Liebstöckel oder Maggiwürze. **MILCH** weißlich, fast mild, mit etwas bitterem Nachgeschmack. **SPORENPULVER** blass cremefarben. **SPOREN** 7,5–8,5 × 6,5–7,5 µm, rundlich, warzig, mit feinen, nur selten netzig verbundenen Graten. **VORKOMMEN** Juni bis Oktober gesellig in Laub- und Nadelwäldern, vor allem auf mageren Nadelwaldböden; in Europa weit verbreitet. **VERWENDUNG** Essbar, getrocknet als Würzpilz geeignet. **WISSENSWERTES** Der **Süßliche Milchling** *(Lactarius subdulcis)* unterscheidet sich durch hellere Färbung von Hut und Lamellen.

VERWECHSLUNG MIT GIFTPILZEN Wie beim ▸ **Brätling (S. 446/1)**.

2 Eichen-Milchling

Lactarius quietus (Fr.) Fr. *Russulaceae*

HUT 3–8 cm breit, fleischig, lange gewölbt, später ausgebreitet mit niedergedrückter Mitte, zuletzt flach trichterförmig, meist ohne Buckel; Oberfläche jung etwas schmierig-klebrig, trocken matt, stumpf glänzend, bisweilen schwach bereift, trüb rotbraun mit konzentrisch angeordneten dunkleren Flecken; Rand anfangs eingebogen, auch später noch herabgebogen. **LAMELLEN** am Stiel gerade angewachsen bis herablaufend, gedrängt bis schwach entfernt stehend, untermischt, anfangs graurötlich, alt blass rötlich braun; Schneiden stellenweise rostbraun fleckend. **STIEL** 3–7 cm lang, 1–2 cm breit, jung fest, voll, später hohl, oft längsfurchig oder etwas grubig, hutfarben. **FLEISCH** im Hut dick und fest, braunweißlich; Geruch unangenehm nach Blattwanzen. **MILCH** bei Verletzung anfangs reichlich fließend, an der Luft sofort cremegelblich verfärbend; mild, im Nachgeschmack etwas bitter. **SPORENPULVER** blassgelblich. **SPOREN** 6,5–9 × 6–8 µm, breitelliptisch, warzig-netzig ornamentiert. **VORKOMMEN** Juli bis Oktober meist gesellig unter Eichen *(Quercus)*; in Europa weit verbreitet. **VERWENDUNG** Kein Speisepilz.

3 Torfmoos-Milchling

Lactarius sphagneti (Fr.) Fr. *Russulaceae*

HUT 2–5(–7) cm breit, flach gewölbt, jung mit spitzem Buckel; Oberfläche matt, rotbraun, trocken ausblassend; Rand jung eingebogen. **LAMELLEN** am Stiel angewachsen bis kurz herablaufend, jung weißlich-fleischfarben, später ockerbräunlich. **STIEL** 4–7 cm lang, bis 0,8 cm breit, blass fleischrötlich bis hell braunrötlich. **FLEISCH** blass ockerbräunlich, geruchlos. **MILCH** weiß, wässrig; Geschmack mild. **SPOREN** 8–9,5 × 6,5–8 µm. **VORKOMMEN** Juli bis September in Mooren und feuchten Nadelwäldern, am Rand von Moorschlenken zwischen Torfmoosen *(Sphagnum)*; selten. **VERWENDUNG** Kein Speisepilz. **WISSENSWERTES** Kann leicht mit dem ▸ **Rotbraunen Milchling (S. 448/2)** verwechselt werden, der aber an trockeneren Standorten und allenfalls an Moorrändern erscheint. Durch Entwässerung seiner Standorte ist der Torfmoos-Milchling vielerorts erloschen oder stark gefährdet.

1

2

3

1 Spaltblättling, Gemeiner Spaltblättling

Schizophyllum commune Fr.: Fr. *Schizophyllaceae*

FRUCHTKÖRPER 1–4 cm breit, muschelförmig-fächerförmig, oft gelappt, lederartig, zäh, mit verschmälerter Basis am Substrat angewachsen; Oberfläche filzig-striegelig, trocken weißlich, feucht schmutzig graubräunlich, undeutlich gezont **(1a)**; Rand etwas eingebogen, gekerbt, alt oft gelappt und eingeschnitten. **Pseudolamellen** von der Anwachsstelle fächerförmig ausstrahlend, verschieden lang, mit längs gespaltener Schneide, die sich bei Trockenheit öffnet und über das Hymenium rollt und bei Feuchtigkeit wieder schließt, rosa-fleischfarben bis fleischbräunlich **(1b)**. **STIEL** fehlend oder nur schwach entwickelt. **FLEISCH** sehr dünn, zäh, ockerfarben. **SPOREN** 5–7 × 2 µm, zylindrisch, teilweise etwas gekrümmt, glatt, mit Tropfen. **VORKOMMEN** Ganzjährig, meist gesellig an totem Laub- und Nadelholz, häufig und weit verbreitet. Der Spaltblättling ist sonnigen Standorten besonders angepasst: bei Trockenheit schrumpft er knochenhart zusammen, bei Feuchtigkeit lebt er auch nach Monaten wieder auf. Weißfäuleerzeuger. **VERWENDUNG** Kein Speisepilz. **WISSENSWERTES** Die *Schizophyllaceae* bilden eine isolierte Familie mit einer einzigen Art in Europa. Der Spaltblättling ist kein Lamellenpilz, sondern steht den Rindenpilzen nahe. Seinen Namen hat er von den längs gespaltenen Pseudolamellen.

2 Anis-Zähling

Lentinellus cochleatus (Pers.: Fr.) Karst. *Auriscalpiaceae*

HUT 3–7 cm breit, tief trompeten- oder trichterförmig, oft auf einer Seite eingeschnitten; Oberfläche kahl, glatt, ledergelb bis braunrot, glatt oder radial gefurcht; Rand umgebogen-eingerollt, dünn, wellig. **LAMELLEN** weit am Stiel herablaufend, eng stehend, jung weißlich, alt blass rotbräunlich; Schneiden unregelmäßig gekerbt. **STIEL** 2–6 cm lang, 0,5–1 cm breit, zäh, elastisch, gefurcht, verdreht, abwärts verjüngt, zentral oder seitlich stehend, oft tief im morschen Holz wurzelnd, lederfarben, Basis dunkler. **FLEISCH** dünn, weich bis zäh, weißlich-blassbräunlich; Geruch nach Anis, bisweilen jedoch fast geruchlos (var. *inolens*), Geschmack mild. **SPORENPULVER** weißlich-cremefarben. **SPOREN** 4–5 µm, fast rund. **VORKOMMEN** Juli bis November meist büschelig und miteinander verwachsen an Laub-, seltener an Nadelholzstümpfen. **VERWENDUNG** Essbar, aber sehr zäh; wem der Anisgeschmack zusagt, der kann ihn als Würzpilz verwenden. **WISSENSWERTES** Der Anis-Zähling ist durch seinen typischen Habitus und Geruch leicht erkennbar und kaum zu verwechseln. Seine systematische Stellung ist noch unklar. Moser führt die Gattung *Lentinellus* im Anhang unter „Poriale Gattungen mit lamelligem Hymenophor". Anatomisch steht sie den *Aphyllophorales* nahe und ist mit dem ▸ **Ohrlöffelstacheling (S. 480/1)** verwandt. Die Gattung *Lentinellus* umfasst etwa zehn Arten.

3 Genabelter Zähling

Lentinellus omphalodes (Fr.) Karst., *Lentinellus bisus* Quél.
Auriscalpiaceae

HUT 1–4 cm breit, zäh, gewölbt, muschelförmig oder genabelt bis trichterig; Oberfläche lederfarben, graugelb bis rotbraun; Rand wellig, oft gelappt. **LAMELLEN** am Stiel angewachsen bis herablaufend, schmutzig weiß; Schneiden gekerbt. **STIEL** bis 4 cm lang, zentral oder seitenständig, bräunlich. **FLEISCH** dünn, bräunlich; Geruch schwach, nicht anisartig, Geschmack brennend scharf. **SPOREN** 5–6 × 3,5–4,5 µm. **VORKOMMEN** August bis November einzeln oder gesellig auf am Boden liegendem oder im Erdboden vergrabenem Laub- oder Nadelholz; selten. **VERWENDUNG** Kein Speisepilz.

1a

1b

2

3

Gattung **Cantharellus (Pfifferlinge)**
Familie *Cantharellaceae*
Fruchtkörper gewöhnlich trichterförmig mit lange eingebogenem Rand; Stiel zentral; Hymenium mit lamellenähnlichen oder aderigen Leisten oder fast glatt; Sporen elliptisch, inamyloid, Sporenpulver cremegelb. Alle Arten der Gattung *Cantharellus* sind essbar und viel gesuchte Speisepilze.

1 Echter Pfifferling, Eierschwamm

Cantharellus cibarius Fr. *Cantharellaceae*

HUT 3–5(–15) cm breit, anfangs halbkugelig bis gewölbt **(1a)**, später trichterförmig vertieft, dottergelb bis blassgelb; Oberfläche glatt, matt; Rand lange eingerollt, später wellig-flatterig ausgebreitet. **LEISTEN** weit am Stiel herablaufend **(1b)**, oft gegabelt, am Grunde aderig verbunden, dottergelb bis blassgelb. **STIEL** 3–6 cm lang, 1–2 cm breit, voll, fest, fleischig, zylindrisch oder nach unten etwas verjüngt, hutfarben oder heller. **FLEISCH** fest, im Stiel ziemlich faserig, weiß bis blassgelb; Geruch aromatisch, Geschmack schärflich. **SPORENPULVER** blassgelb. **SPOREN** 8–10 × 4,5–5,5 µm. **VORKOMMEN** Juni bis November einzeln oder gesellig in Laub- und Nadelwäldern; in Europa weit verbreitet, vielerorts stark zurückgegangen. **VERWENDUNG** Essbar. Beliebter Speisepilz, meist madenfrei und aufgrund seiner guten Haltbarkeit als Marktpilz sehr geschätzt. Sein hoher Bekanntheitsgrad hat sicher zum Rückgang beigetragen. **WISSENSWERTES** Der Echte Pfifferling ist leicht erkennbar und allgemein bekannt; von ihm sind verschiedene Varianten beschrieben, alle sind essbar.

VERWECHSLUNG MIT GIFTPILZEN In Mitteleuropa selten, in Südeuropa jedoch recht häufig wächst ein giftiger Doppelgänger, der ▸ **Leuchtende Ölbaumpilz (S. 92/3).** Man findet ihn an Stamm und Wurzeln alter Ölbäume *(Olea europaea)* und anderer Laubholzarten.

Leuchtender Ölbaumpilz

2 Blasser Pfifferling

Cantharellus pallens Pil. *Cantharellaceae*

HUT bis 12 cm breit, kräftig, fleischig; Oberfläche feinschuppig aufreißend, jung oft fast weiß, mit zunehmendem Alter blassgelb. **LEISTEN** dicklich, gabelig verzweigt, blassgelb. **STIEL** kräftig, Basis verjüngt. **FLEISCH** fest, weiß; Geruch aromatisch, Geschmack schärflich. **SPOREN** 8–10 × 4,5–5 µm. **VORKOMMEN** Frühsommer bis Herbst in Laubwäldern, bevorzugt unter Buchen *(Fagus)* und Eichen *(Quercus)*. **VERWENDUNG** Essbar.

VERWECHSLUNG MIT GIFTPILZEN Wie beim ▸ **Echten Pfifferling (siehe 1).**

3 Amethyst-Pfifferling, Lilaschuppiger Pfifferling

Cantharellus cibarius var. *amethysteus* Quél. *Cantharellaceae*

Farbvariante des ▸ **Echten Pfifferlings (siehe 1).** Der Hut zeigt eine feine violettliche Schuppung und violette Farbtöne am Rand. Die anderen Merkmale sind dieselben wie bei der Typus-Art, dem Echten Pfifferling. **VERWENDUNG** Essbar. **WISSENSWERTES** Alle hier beschriebenen drei Pfifferlings-Arten können mit dem ▸ **Falschen Pfifferling (S. 92/2)** verwechselt werden, der in größeren Mengen bei empfindlichen Personen Verdauungsstörungen hervorrufen kann.

VERWECHSLUNG MIT GIFTPILZEN Wie beim ▸ **Echten Pfifferling (siehe 1).**

1a

1b

2

3

1 Samtiger Pfifferling, Fries'scher Pfifferling

Cantharellus friesii Quél. *Cantharellaceae*

HUT 1–3 cm breit, erst gewölbt, dann abgeflacht, bald etwas vertieft-genabelt; Oberfläche samtig-glatt bis feinkleiig, jung hellorange, orange-rosa, später orangebräunlich; Rand dünn, bisweilen kraus, flatterig und heruntergebogen. **LEISTEN** am Stiel herablaufend und deutlich abgesetzt, dicklich, teilweise gegabelt, queradrig verbunden, gelblich, orangerosa, alt blass. **STIEL** bis 3 cm lang, fest, zylindrisch und langsam in den Hut übergehend, glatt bis feinfilzig, hutfarben oder gelblich. **FLEISCH** dünn, faserig, weißlich bis blassgelb; Geruch schwach fruchtig, Geschmack scharf. **SPORENPULVER** weiß. **SPOREN** 8,5–10,5 × 4–5 µm, oval, glatt, hyalin. **VORKOMMEN** Juli bis Oktober einzeln bis gesellig in Laubwäldern, gern an Böschungen, auf offenen Böden oder auf moosbedeckter Erde. **VERWENDUNG** Essbar, aber als Seltenheit zu schonen. **WISSENSWERTES** Der ▸ **Echte Pfifferling (S. 454/1)** ist größer und dickfleischiger. Ähnlich kleine Fruchtkörper wie der Samtige Pfifferling kann der ▸ **Falsche Pfifferling (S. 92/2)** ausbilden; er hat jedoch an der Hutunterseite keine Leisten, sondern gut ausgebildete Lamellen und gehört zu den Blätterpilzen.

2 Grauer Pfifferling, Grauer Leistling

Cantharellus cinereus Pers.: Fr., *Pseudocraterellus cinereus* (Fr.) Kalam., *Craterellus cinereus* Pers.: Fr. *Cantharellaceae*

HUT 2–4 cm breit, anfangs gewölbt, bald genabelt, zuletzt tief trichterförmig und in der Mitte bis zum hohlen Stiel durchbohrt; Oberseite in der Mitte etwas feinschuppig, graubraun, feucht und im Alter schwärzlich; Rand wellig, anfangs heruntergebogen, später aufgebogen. **LEISTEN** etwas herablaufend, entfernt stehend, gegabelt, weißlich grau. **STIEL** 2–5(–8) cm lang, hohl, zylindrisch, trocken hell graubraun, alt schwärzlich. **FLEISCH** dünn, elastisch, graulich, weiß bereift; Geruch angenehm fruchtartig, Geschmack mild. **SPORENPULVER** weiß. **SPOREN** 7,5–9,5 × 5–5,5 µm, oval. **VORKOMMEN** August bis November gern büschelig in Buchenwäldern. **VERWENDUNG** Essbar, aber als Seltenheit zu schonen. **WISSENSWERTES** Die Fruchtkörper wachsen oft in Gesellschaft der ähnlichen, aber größeren ▸ **Herbst-Trompete (S. 458/2).** Beide Pilzarten sind wegen ihrer Farbe und Form mit Giftpilzen kaum zu verwechseln.

3 Starkriechender Pfifferling

Cantharellus xanthopus (Pers.) Duby, *Cantharellus lutescens* (Pers.) Fr. *Cantharellaceae*

HUT 2–6 cm breit, anfangs mit genabelter Mitte, später ausgebreitet bis tief trichterförmig, bisweilen bis zum Stiel durchbohrt, dünnfleischig; Oberseite zart schuppig und radial gerunzelt, gelbbraun bis orangebraun; Rand nach außen umgebogen, wellig-flatterig. Unterseite aderig-runzelig, faltig, orangegelb bis dunkel orange-rosa; Leisten sind nicht zu erkennen. **STIEL** 2–7 cm lang, 0,5–1 cm breit, oft zusammengedrückt und längsfurchig bis längsgrubig, röhrig-hohl, hell bis dunkel orangegelb. **FLEISCH** dünn, faserig, graubraun; Geruch angenehm fruchtartig, Geschmack mild. **SPORENPULVER** cremegelblich. **SPOREN** 9–12 × 6–8 µm, breitelliptisch-oval, glatt, hyalin. **VORKOMMEN** August bis November gesellig oder büschelig bis rasig in feuchten Berg-Nadelwäldern, in Moorwäldern und Laubwäldern. **VERWENDUNG** Essbar; eignet sich gut zum Trocknen, guter Würzpilz. **WISSENSWERTES** Leicht erkennbare, mit Giftpilzen kaum zu verwechselnde Art. Ähnlich ist der essbare ▸ **Trompeten-Pfifferling (S. 458/1),** der jedoch einen graugelben Hut und deutlich ausgeprägte Leisten an der Hutunterseite hat.

1

2

3

1 Trompeten-Pfifferling, Durchbohrter Leistling

Cantharellus tubaeformis Fr., *Cantharellus infundibuliformis* Scop. *Cantharellaceae*

HUT 2–6 cm breit, trompetenförmig, Mitte tief durchbohrt; Oberseite braungelb bis graubraun, fein geschuppt bis glatt, radial wellig-runzelig; Rand nach außen umgebogen, wellig. **LEISTEN** am Stiel herablaufend, gegabelt, am Grunde oft queradrig verbunden, blass graugelb bis graubräunlich. **STIEL** 2–6 cm lang, bis 1 cm breit, hohl, schlank, oft breit gedrückt, etwas grubig, gelblich bis graugelblich oder olivgelblich; Basis oft zugespitzt. **FLEISCH** dünn, weich, im Stiel faserig; Geruch schwach, Geschmack mild. **SPORENPULVER** weiß. **SPOREN** 9–12 × 5–8 µm, elliptisch, glatt, hyalin. **VORKOMMEN** Juli bis November, gesellig bis rasig wachsend, in Laub- und Nadelwäldern. **VERWENDUNG** Essbar. **WISSENSWERTES** Eine gewisse Ähnlichkeit hat der ▸ **Starkriechende Pfifferling (S. 456/3)**; mit Giftpilzen ist der Trompeten-Pfifferling kaum zu verwechseln.

2 Herbst-Trompete, Toten-Trompete

Craterellus cornucopioides (L.) Pers. *Cantharellaceae*

HUT mit Stiel 5–12(–15) cm hoch, 2–5(–8) cm breit, von Anfang an trompetenförmig, bis zur Basis hohl; Innenseite filzig bis angedrückt feinschuppig, trocken rußiggrau, graubraun, feucht fast schwarz; Außenseite aschgrau, alt vom Sporenpulver weißlich bestäubt, runzelig-aderig; Rand umgeschlagen, wellig-lappig. **STIEL** hohl, nach unten zugespitzt; Hut und Stiel gehen ineinander über. **FLEISCH** dünn (1–2 mm), zäh-elastisch, grauschwärzlich; Geruch angenehm, aromatisch, Geschmack mild. **SPORENPULVER** weiß. **SPOREN** 12–17 × 9–11 µm, ellipsoid, glatt, hyalin. **VORKOMMEN** August bis November meist gesellig bis büschelig unter Rotbuchen *(Fagus sylvatica)* und Eichen *(Quercus)*, bevorzugt auf kalkreichen Böden; in Europa weit verbreitet; in früheren Jahren massenhaft aufgetreten, in neuerer Zeit rückläufig, oft ausbleibend. **VERWENDUNG** Essbar, als Speisepilz sehr geschätzt. Wird bisweilen als Ersatz für Morcheln und Trüffeln verwendet; eignet sich gut zum Trocknen, zerkleinert oder gemahlen entfaltet der Pilz sein ausgezeichnetes Aroma und kann als Würzpilz vielseitig verwendet werden. **WISSENSWERTES** Ähnlich ist der ▸ **Graue Pfifferling (S. 456/2)**. Er ist aber kleiner, seltener und hat ausgeprägte Leisten an der Hutunterseite; er wächst ebenfalls im Buchenwald, beide Pilzarten können gemeinsam erscheinen. Wegen ihrer Form und Farbe sind sie kaum mit Giftpilzen zu verwechseln. Die Gattung *Craterellus* umfasst weltweit nur zwei Arten.

3 Krauser Leistling, Krause Kraterelle

Pseudocraterellus undulatus (Pers.: Fr.) Rausch., *Pseudocraterellus sinuosus* (Fr.) Corner, *Craterellus crispus* Fr. *Cantharellaceae*

HUT 1–5 cm breit, dünn, trichterförmig, kaum oder nur schwach zum Stiel hin durchbohrt; Oberfläche in der Mitte oft filzig, lehmbraun, sepiabraun, graubraun; Rand gelblich, dünn, kraus, wellig, eingerissen; Unterseite glatt, später unregelmäßig aderig-runzelig, ohne Leisten, graubeige. **STIEL** 2–6 cm lang, längsgrubig, hohl, grau, braunbeige, graugelblich. **FLEISCH** dünn (1–2 mm), weich, blass; Geruch angenehm, Geschmack mild. **SPORENPULVER** weiß. **SPOREN** 10–13 × 7,5–9 µm, elliptisch, glatt, hyalin. **VORKOMMEN** August bis Oktober gedrängt bis büschelig in Laubwäldern, besonders unter Rotbuchen *(Fagus sylvatica)*; selten. **VERWENDUNG** Essbar, aber als Seltenheit zu schonen. **WISSENSWERTES** Die Gattung *Pseudocraterellus* umfasst weltweit nur zwei Arten.

1

2

3

1 Gelbstielige Keule, Heide-Keulchen

Clavaria argillacea Pers.: Fr., *Clavaria argillosa* Britz.
Clavariaceae

FRUCHTKÖRPER 2–6 cm lang, 2–8 mm breit, schmal keulenförmig, oben oft sehr verbreitert, zur Basis hin schmal, unverzweigt, zerbrechlich, weißlich bis blassgelb. **STIEL** deutlich ausgebildet, 1–2 cm lang, gelblich, glatt. **SPOREN** 9–12 × 4,5–6 µm. **VORKOMMEN** Juli bis Oktober einzeln, in Gruppen oder büschelig gedrängt auf Heiden, in Mooren, Trockenrasen, auf Sandstränden. **VERWENDUNG** Kein Speisepilz. **WISSENSWERTES** Zur Gattung *Clavaria* zählen in Europa etwa 20 am Erdboden wachsende Arten; sie sind meist unverzweigt, selten mit gegabelten Spitzen, zerbrechlich, weiß, gelblich oder rötlich; das Fleisch grünt nicht mit Eisensulfat. Ähnlichkeit mit der Gelbstieligen Keule hat das **Weiße Spitzkeulchen** *(Clavaria acuta, Clavaria falcata).* Seine Fruchtkörper sind 1–6 cm lang, 1–3 mm breit, schlank, aufrecht, gebogen, zugespitzt, seltener gabelig, weiß; Basis feinflockig, oft durchscheinend. Fleisch ohne besonderen Geruch und Geschmack. Sporen 7–10 × 5–7 µm, breitoval. Vorkommen September bis November einzeln oder in kleinen Gruppen an Wegrändern, in Laub- und Nadelwäldern. Das **Sternsporige Keulchen** *(Clavaria asterospora)* ist seltener; es hat rundliche Sporen mit Stacheln, wodurch diese Art mikroskopisch leicht erkennbar ist.

2 Wurmförmige Keule

Clavaria fragilis Holmskjold, *Clavaria vermicularis* Swartz: Fr.
Clavariaceae

FRUCHTKÖRPER 3–6(–12) cm lang, 2–5(–7) mm breit, zylindrisch bis schwach flach gedrückt oder etwas spindelig, unverzweigt, seltener an der Spitze gegabelt, brüchig weiß, Enden spitz bis stumpf, alt gilbend, Oberfläche glatt oder längs gerillt. **STIEL** undeutlich abgesetzt, weiß. **FLEISCH** dünn, brüchig; Geruch schwach erdartig. **SPOREN** 5–7 × 3–4 µm, oval, glatt, hyalin. **VORKOMMEN** Im Herbst meist in dichten Büscheln (mit bis zu 50 Exemplaren) auf moosigen und grasigen Böden in Parks, auf Weiden und in Wäldern, auf Heiden und naturbelassenen Wiesen; in Europa weit verbreitet. **VERWENDUNG** Kein Speisepilz.

GATTUNG **Clavariadelphus (Riesenkeulen)**
FAMILIE *Clavariaceae*
Fruchtkörper keulenförmig, fleischig, kompakt, unverzweigt, einzeln stehend und nicht büschelig; Sporen glatt, hyalin, inamyloid. Weltweit etwa 15 Arten.

3 Zungen-Riesenkeule, Zungenkeule

Clavariadelphus ligula (Schaeff.: Fr.) Donk *Clavariaceae*

FRUCHTKÖRPER 3–8(–10) cm hoch, 0,5–1,5 cm breit, schlank keulig bis spatelförmig, auch unregelmäßig breit gedrückt, kolbenartig verdickt oder zweigeteilt; Oberfläche anfangs glatt bis etwas höckerig-grubig, runzelig-gefurcht, ockergelb, braungelb, Scheitel stumpf. **FLEISCH** weich, zart, weiß, im Schnitt nicht verfärbend; Geruch unbedeutend, Geschmack unbedeutend bis etwas bitter. **SPOREN** 8–15 × 3–6 µm, schmalelliptisch, glatt, hyalin. **VORKOMMEN** Sommer bis Herbst einzeln oder gesellig bis rasig, oft zu Hunderten, in der Nadelstreu von Berg-Nadelwäldern auf nährstoffarmen Böden. **VERWENDUNG** Kein Speisepilz. **WISSENSWERTES** Im Habitus erinnert der beschriebene Pilz an eine kleine ► **Herkules-Riesenkeule (S. 462/2)**, die im Kalk-Buchenwald wächst und bis über 20 cm hoch wird.

1

2

3

1 Abgestutzte Riesenkeule

Clavariadelphus truncatus (Quél.) Donk *Clavariaceae*

FRUCHTKÖRPER 6–12(–15) cm hoch, 2–5 cm breit, voll, jung zylindrisch-keulenförmig, mit typisch abgeplattetem oder eingedelltem Kopfteil, oft mit wulstig-gerunzeltem Rand, nach unten verschmälert, anfangs glatt, später runzelig; Oberfläche mit dem Hymenium jung gelblich bis ockergelblich, gegen die Basis auch mit violettlichem Ton; die Oberfläche färbt sich mit KOH rot. **FLEISCH** weich, locker, weiß, im Schnitt braunrötlich verfärbend; Geruch angenehm, Geschmack mild, süßlich, bei längerem Kauen oft bitter. **SPORENPULVER** weißgelblich. **SPOREN** 9–13 × 5–7 µm, elliptisch, glatt, hyalin. **VORKOMMEN** August bis Oktober, selten bis November einzeln bis gesellig, bisweilen zu mehreren zusammengewachsen, in Berg-Nadelwäldern auf Kalk, mitunter auch im Mischwald. Dieser hübsche Pilz ist viel seltener als die nahe verwandte ▸ **Herkuleskeule (siehe 2)**. **VERWENDUNG** Essbar, aber als Seltenheit zu schonen. **WISSENSWERTES** Mit seinem typisch geformten Kopfteil ist der Pilz kaum zu verwechseln.

2 Herkules-Riesenkeule, Herkuleskeule

Clavariadelphus pistillaris (L.: Fr.) Donk. *Clavariaceae*

FRUCHTKÖRPER 6–20(–30) cm hoch, 2–4(–6) cm breit, schlank, meist keulenförmig, Spitze abgerundet; Oberfläche kahl, anfangs glatt, später im Laufe der Fruchtkörperreifung +/– längsrunzelig, wobei die Runzeln unregelmäßig von oben nach unten verlaufen; erst hellgelb, später ockerlich, auch zimtbraun mit violettem Beiton, alt gelbbräunlich, Basis dunkler, jung auf Druck bräunend. Der obere verdickte Teil der Keule trägt die Fruchtschicht, der untere, mehr zylindrische Teil ist steril; das Hymenium färbt sich mit Kalilauge safrangelb. **FLEISCH** jung fest, mit zunehmendem Alter schwammig, weiß, im Schnitt bräunend; Geruch unbedeutend, Geschmack oft bitter. **SPORENPULVER** weißgelblich. **SPOREN** 11–13 × 6–7 µm, elliptisch, glatt, hyalin. **VORKOMMEN** August bis November einzeln oder zu wenigen in kleinen Gruppen in Laubwäldern, bevorzugt bei Rotbuchen *(Fagus sylvatica)*, auch unter Eichen *(Quercus)* und in Mischwäldern, auf kalkhaltigen Böden; in Europa weit verbreitet, aber vielerorts im Rückgang begriffen. **VERWENDUNG** Kein Speisepilz, schmeckt oft bitter. **WISSENSWERTES** Die Herkuleskeule sieht der ▸ **Abgestutzten Riesenkeule (siehe 1)** recht ähnlich, diese hat aber einen deutlich abgestutzten Scheitel (Name!). Beide Arten sind kaum mit anderen Pilzen zu verwechseln.

GATTUNG **Clavulinopsis (Wiesenkorallen)**
FAMILIE *Clavariaceae*

Die Gattung umfasst in Europa etwa 20 Arten. Es sind unverzweigte oder verzweigte, weiße oder gelbe, am Erdboden wachsende Korallenpilze. Sporen meist glatt.

3 Goldgelbe Wiesenkoralle, Gelbes Mooskeulchen

Clavulinopsis helvola (Pers.: Fr.) Corner *Clavariaceae*

FRUCHTKÖRPER 2–6 cm hoch, 2–4 mm breit, unverzweigt, schlank keulig, +/– verdreht, Enden unverzweigt, selten einfach gegabelt; Außenseite dottergelb. **FLEISCH** blassgelblich; Geruch unbedeutend, Geschmack oft bitterlich. **SPOREN** 4–7 × 4–5,5 µm, breitelliptisch mit grobhöckerigen Warzen. **VORKOMMEN** Sommer bis Herbst meist gesellig auf Waldwiesen, an Waldrändern, auf Magerwiesen, in Trockenrasen zwischen Moosen und Kräutern; selten. **VERWENDUNG** Kein Speisepilz.

1

2

3

1 Geweihförmige Wiesenkoralle

Clavulinopsis corniculata (Schaeff.: Fr.) Corner *Clavariaceae*

FRUCHTKÖRPER 2–6 cm hoch, 2–4 cm breit, einfach oder mehrfach verzweigt, Enden meist geweihförmig gegabelt, mit gekrümmten, stumpfen Spitzen; Außenseite glatt, jung blassgelb, später dottergelb bis orangegelb. **FLEISCH** gelblich; Geruch nach Mehl, Geschmack bitter. **SPOREN** 4,5–7 µm, kugelig. **VORKOMMEN** Im Herbst meist gruppenweise und büschelig zwischen Moosen, Gräsern und Kräutern in Magerwiesen, auch in Wäldern; selten, durch Intensivnutzung der Standorte bedroht und vielerorts verschwunden. **VERWENDUNG** Kein Speisepilz.

2 Spindelförmige Wiesenkoralle

Clavulinopsis fusiformis (Sow.: Fr.) Corner *Clavariaceae*

FRUCHTKÖRPER bis 8–14 cm hoch, bis 6 mm breit, spindelförmig, längs gefurcht und etwas zusammengedrückt, hohl, oft verbogen und verdreht, zu 10–20 und mehr Exemplaren büschelig gedrängt wachsend, lebhaft gelb bis dottergelb, Spitzen unverzweigt, alt bräunlich. **FLEISCH** faserig, gelblich; Geruch schwach, Geschmack bitter. **SPOREN** 5–6,5 × 4,5–6 µm, breitelliptisch bis rundlich, glatt, mit großem Apikulus. **VORKOMMEN** August bis November zwischen Moosen und Gräsern in Magerwiesen und auf Heiden; selten. Auch diese hübsche Art ist sehr selten geworden und wie viele mykologische Kostbarkeiten durch Intensivnutzung und andere Veränderungen ihrer Lebensräume bedroht oder bereits erloschen. In Mitteleuropa findet man die hübsche Koralle am sichersten noch auf extensiv bewirtschafteten Alpwiesen und Magerwiesen in den Alpenländern. **VERWENDUNG** Kein Speisepilz. **WISSENSWERTES** Die nahe verwandte ► **Geweihförmige Wiesenkoralle (siehe 1)** hat verzweigte Fruchtkörper. Ähnlichkeit hat die Spindelförmige Wiesenkoralle auch mit dem weit verbreiteten, in Wäldern auf Nadelholz wachsenden ► **Klebrigen Hörnling (S. 592/2).** Seine Fruchtkörper sind ähnlich gefärbt, aber zäh, gummiartig biegsam und kaum zerreißbar, während die Fruchtkörper der Spindelförmigen Wiesenkoralle brüchig-faserig sind.

3 Linsen-Fadenkeulchen, Linsen-Sklerotienkeulchen

Typhula phacorrhiza (Reichard) Fr. *Clavariaceae*

FRUCHTKÖRPER 3–7(–10) cm hoch, 0,5–1 mm breit, fadenförmig, cremefarben, hellbräunlich, aus einem 2–4 mm breiten, flach gewölbten, braunen, linsenförmigen Sklerotium hervorwachsend; steriler unterer Teil (ein Drittel) meist etwas dunkler gefärbt, undeutlich vom fertilen oberen Teil abgesetzt; gegen die Basis schwach filzig. **FLEISCH** elastisch, zäh. **SPOREN** 11–16 × 4,5–5,5 µm, elliptisch. **VORKOMMEN** Im Herbst in feuchten Wäldern, in Schlucht- und Auenwäldern, auch an feuchten Plätzen in Parkanlagen und Gärten, meist gesellig, seltener rasig auf modernden Laubblättern, wobei bisweilen 2–3 Fruchtkörper aus einem Sklerotium hervorwachsen; nicht selten. **VERWENDUNG** Unbedeutend. **WISSENSWERTES** Die Fruchtkörper der Gattung *Typhula* sind sehr kleine, schmale, zylindrisch bis keulenförmig wachsende unscheinbare Pilzchen mit glattem oder behaartem Stiel, welcher meist deutlich abgesetzt ist. Die meisten Arten der Gattung wachsen auf modernden Pflanzenresten wie Blättern und Stängeln und entspringen einem Sklerotium. In Europa gibt es etwa 30 Arten, viele von ihnen wachsen unbeachtet und sind leicht zu übersehen; sie müssen an geeigneten feuchten Standorten gezielt gesucht werden. Auf faulendem Laub wächst auch die in Form und Farbe ähnliche ► **Binsen-Röhrenkeule (S. 466/1),** die im Herbst oft sehr zahlreich auftritt. Ihre Fruchtkörper bilden kein Sklerotium aus.

1

2

3

GATTUNG **Macrotyphula (Röhrenkeulen)**
FAMILIE *Clavariaceae*

Macrotyphula-Fruchtkörper sind fadenförmig bis schlank keulenförmig, bisweilen hohl, Oberfläche glatt; Sporen elliptisch, glatt, inamyloid. In Europa drei Arten.

1 Binsen-Röhrenkeule

Macrotyphula filiformis (Bull.: Fr.) Paechn., *Clavariadelphus junceus* (Fr.) Corn. *Clavariaceae*

FRUCHTKÖRPER 3–6(–10) cm hoch, 1–2 mm breit, fadenförmig, meist unverzweigt, bisweilen mit verkümmerten Seitenzweigen, +/– bogig aufsteigend, hohl, jung blassgelb, später ockergelb, orangebräunlich, glatt, Spitze abgerundet, Basis filzig-faserig, ohne Sklerotium. **FLEISCH** elastisch, zäh; Geruch und Geschmack unbedeutend. **SPOREN** 7–10 × 3,5–4 µm, elliptisch, glatt, hyalin. **VORKOMMEN** September bis November gesellig, oft wie gesät zu Tausenden, in Laub- und Auenwäldern meist auf nassen Laubblättern vor allem der Rotbuche *(Fagus sylvatica)*; in Europa weit verbreitet. **VERWENDUNG** Unbedeutend.

2 Hohe Röhrenkeule, Röhrige Keule

Macrotyphula fistulosa (Holmsk.: Fr.) Peters., *Clavariadelphus fistulosus* (Fr.) Corner *Clavariaceae*

FRUCHTKÖRPER 10–30 cm hoch, 2–8 mm breit, unverzweigt, sehr schmal keulenförmig, hohl, steif, Spitze abgerundet, selten gegabelt; oberer fertiler Teil von etwa zwei Dritteln der Fruchtkörperlänge langsam in den unfertilen Teil übergehend; Außenseite matt, glatt, anfangs gelbbraun, später zunehmend rotbräunlich. **FLEISCH** zäh, gelblich; ohne Geruch und Geschmack. **SPOREN** 12–17 × 4,5–7,5 µm, elliptisch, glatt, hyalin **VORKOMMEN** September bis Dezember, meist einzeln oder in kleinen Gruppen auf im Fall-Laub liegenden modernden Laubholzzweigen; ziemlich selten. **VERWENDUNG** Kein Speisepilz. **WISSENSWERTES** *Macrotyphula fistulosa* var. *contorta* hat nur wenige Zentimeter hohe, gedrungene, verkümmert erscheinende Fruchtkörper.

3 Weißliche Wiesenkoralle

Ramariopsis kunzei (Fr.) Corner *Clavariaceae*

FRUCHTKÖRPER 2–6(–12) cm hoch, elastisch, zäh, rein weiß bis cremefarben; Äste regelmäßig dichotom verzweigt, bisweilen etwas abgeplattet; Stamm 0,5–2,5 cm lang, basal 2–5 mm breit, weiß, flaumig-filzig. **SPOREN** 3,5–5,5 × 2,5–4,5 µm, breitelliptisch, feinstachelig. **VORKOMMEN** August bis Oktober einzeln oder in Gruppen auf Erde, bisweilen auch auf morschem Holz, in Laub- und Nadelwäldern; selten. **VERWENDUNG** Kein Speisepilz. **WISSENSWERTES** Die Gattung *Ramariopsis* umfasst etwa sieben bodenbewohnende Korallenpilze mit meist verzweigten, relativ zähen, weiß, gelb, orange, grün oder violett gefärbten Fruchtkörpern. Ihre Sporen sind elliptisch bis fast kugelig, feinstachelig oder warzig, hyalin.

4 Lilafarbene Wiesenkoralle

Ramariopsis pulchella (Boud.) Corner *Clavariaceae*

FRUCHTKÖRPER 1–2,5 cm hoch, 1–2 mm breit, violett oder lila; Stamm oft verbogen, spärlich dichotom verzweigt, Enden geweihförmig gegabelt; Basis weißlich, filzig. **SPOREN** 3–4,5 × 2,5–3,5 µm, feinwarzig, hyalin. **VORKOMMEN** Sommer bis Herbst einzeln oder gesellig auf nackter Erde; sehr selten. **VERWENDUNG** Unbedeutend.

1

2

3

4

Gattung **Clavulina (Korallenpilze)**
Familie *Clavulinaceae*

Die Gattung umfasst in Europa etwa fünf Arten. Die Fruchtkörper wachsen auf der Erde oder an morschem Holz; sie sind wachsartig, verzweigt oder unverzweigt.

1 Runzeliger Korallenpilz

Clavulina rugosa (Bull.: Fr.) Schroet. *Clavulinaceae*

FRUCHTKÖRPER 4–10(–12) cm hoch, einzeln stehend oder büschelig, nur im oberen Teil angedeutet geweihartig verzweigt, +/– keulenförmig, oft flach gedrückt, Enden stumpf, bisweilen mit angedeuteten Auswüchsen; Oberfläche uneben-längsrunzelig, weißlich, schmutzig weißlich, bisweilen hellockerlich. **FLEISCH** elastisch, zerbrechlich, weiß oder weiß-cremefarben; ohne besonderen Geruch und Geschmack. **SPOREN** 9–14 × 8–12 µm, breitelliptisch, glatt, mit großem Tropfen. **VORKOMMEN** August bis November einzeln bis gesellig, kaum büschelig in Wäldern, auf Waldwegen und in Gräben auf nackter Erde oder zwischen Moosen, Gräsern und Kräutern. **VERWENDUNG** Kein Speisepilz. **WISSENSWERTES** *Clavulina rugosa* ist sehr variabel, verschiedene Varietäten sind beschrieben. Verwechslungen sind möglich mit der ▸ **Kammförmigen Koralle (siehe 3);** ihre Fruchtkörper sind mehr verzweigt und verästelt, man findet sie meist im Fichtenwald.

2 Grauer Korallenpilz, Graue Koralle

Clavulina cinerea (Bull.: Fr.) Schroet. *Clavulinaceae*

FRUCHTKÖRPER 3–6(–11) cm hoch, Äste an der Basis bis 8 mm breit, in der Regel ziemlich längsrunzelig, aus der Basis korallenartig senkrecht aufsteigend, mehrmals dichotom verzweigt; Spitzen stumpf, meist nicht gegabelt; Oberfläche der Äste hellgrau, dunkelgrau, grau, besonders jung mit Lilaton, Spitzen etwas heller. Strunk kurz, kaum entwickelt, weißlich-grauockerlich. **FLEISCH** zäh; Geruch muffig, Geschmack mild. **SPOREN** 8–10 × 7–8 µm. **VORKOMMEN** August bis zu den ersten Frösten im Dezember einzeln oder in Gruppen, in Büscheln oder Reihen auf dem Erdboden in Laub- und Nadelwäldern. **VERWENDUNG** Kein Speisepilz. **WISSENSWERTES** Der sehr seltene **Amethyst-Korallenpilz** *(Clavulina amethystina)* ist der hier beschriebenen Grauen Koralle sehr ähnlich. Er unterscheidet sich durch auffallend violett gefärbte, am Grunde etwas blassere, 2–6 cm hohe, reich verzweigte Fruchtkörper, die in dichten Büscheln erscheinen. Sein Fleisch ist brüchig. Er wächst von September bis November auf Weiden im Gras und Moos und in Laubwäldern auf Erde oder in der Laubstreu. Sein Strunk ist kurz und kaum entwickelt.

3 Kammförmige Koralle

Clavulina coralloides (L.: Fr.) Schroet., *Clavulina cristata* (Holmsk.: Fr.) Schroet. *Clavulinaceae*

FRUCHTKÖRPER 2–6(–8) cm hoch, jung weiß-cremefarben, später graulich, korallenartig verzweigt, Enden mehrfach in kleine Spitzen und Zähnchen aufgelöst. **FLEISCH** weich, zerbrechlich, weißlich, auf Druck nicht verfärbend; Geruch unbedeutend, Geschmack mild oder etwas bitter. **SPORENPULVER** weiß. **SPOREN** 7–9 × 6–8 µm. **VORKOMMEN** August bis November einzeln, in Gruppen oder Reihen in Laub- und Nadelwäldern, gern im Moos und in der Nadelstreu von Fichtenwäldern; verbreitet. **VERWENDUNG** Kein Speisepilz. **WISSENSWERTES** Der Pilz ist in Form und Farbe sehr veränderlich, er wird in zahlreiche Unterarten aufgeteilt.

1

2

3

GATTUNG **Sparassis (Glucken)**
FAMILIE *Sparassidaceae*
Die Fruchtkörper erinnern an einen Badeschwamm mit welligen bis krausen Ästen, der einem wurzelnden Strunk entspringt; Braunfäuleerzeuger. Die Gattung ist in Europa mit zwei Arten vertreten.

1 Krause Glucke

Sparassis crispa (Wulf. in Jacq.) Fr. *Sparassidaceae*

FRUCHTKÖRPER 10–20(–40) cm breit, bis 20 cm hoch, halbkugelig, in der Form eines Naturschwammes mit einem meist tief im Boden auf Holz sitzenden fleischigen, innen weißen Strunk **(1b)**; mit zahlreichen gewundenen und verbogenen, abgeflachten Ästen, die nach außen in lappige, blattartige Enden münden; Oberfläche glatt, anfangs weißlich-blassgelb, später schmutzig hellbräunlich. **FLEISCH** elastisch, zäh; Geruch angenehm aromatisch, Geschmack mild. **SPORENPULVER** blassocker. **SPOREN** 5–7 × 4–5 µm, oval, glatt, hyalin. **VORKOMMEN** August bis Oktober meist einzeln am Fuß von Nadelbäumen, besonders von Kiefern *(Pinus);* in Europa weit verbreitet. Der Pilz erscheint mehrere Jahre am gleichen Baum, in dem er eine Braunfäule hervorruft. **VERWENDUNG** Essbar. Der Pilz ist sehr haltbar und in der Küche vielseitig zu verwenden. Seine Fruchtkörper enthalten oft Sandpartikel und Humusreste. Am besten zerpflückt man sie und spült sie gut in Wasser aus. Der Pilzgeschmack leidet darunter nicht. **WISSENSWERTES** Die Krause Glucke ist leicht erkennbar und mit Giftpilzen nicht zu verwechseln. Ähnlich ist die ▸ **Breitblättrige Glucke (siehe 2).**

2 Breitblättrige Glucke

Sparassis brevipes Krombh., *Sparassis laminosa* Fr., *Sparassis nemecii* Pil. & Ves. *Sparassidaceae*

FRUCHTKÖRPER 10–40 cm breit, bis 20 cm hoch, halbkugelig, kissenförmig mit einem meist tief im Boden auf Holz sitzenden kompakten, fleischigen Strunk; mit zahlreichen welligen, aufrecht stehenden, blattartigen Ästen, die sich nach außen fächerförmig verzweigen; Oberfläche glatt, meist etwas gebändert-gezont, erst weißlich, dann creme- bis strohfarben. **FLEISCH** elastisch, zäh; Geruch angenehm pilzartig, Geschmack mild. **SPOREN** 4,5–6 × 3,5–4,5 µm, elliptisch, glatt, hyalin. **VORKOMMEN** August bis Oktober einzeln am Fuß von Laubbäumen, sehr selten auch bei Nadelbäumen. **VERWENDUNG** Essbar, aber als Seltenheit zu schonen. **WISSENSWERTES** Mit Giftpilzen ist der beschriebene Pilz nicht zu verwechseln.

3 Weißliche Borstenkoralle

Pterula multifida (Chév.) Fr. *Pterulaceae*

FRUCHTKÖRPER 2–4(–6) cm hoch, strauchförmig, einem +/– gemeinsamen Strunk entspringend, schon von Grund an stark verzweigt, ohne eigentlichen Stiel; Ästchen fadenförmig, biegsam, steif, mit langen, oft gegabelten, spitzen Endästchen, weißlich, blassgrau bis hellbraun, alt ocker bis lilabräunlich; Geruch unangenehm, nach Desinfektionsmittel (Jodoform). **SPOREN** 5–7 × 3–4 µm, elliptisch, glatt, hyalin, mit Tropfen. **VORKOMMEN** Juli bis November in ausgedehnten Rasen und Reihen auf am Boden liegenden, teilweise noch benadelten Zweigen von Tannen *(Abies alba)* und Fichten *(Picea abies)* und auf Nadelstreu; weit verbreitet. **VERWENDUNG** Kein Speisepilz. **WISSENSWERTES** Die Fruchtkörper der Gattung *Pterula* sind reich verzweigt, aufrecht, zäh, mit dünnen Ästen.

1a

1b

2

3

1 Schweinsohr

Gomphus clavatus (Pers.: Fr.) Gray, *Neurophyllum clavatum* (Pers.: Fr.) *Gomphaceae*

FRUCHTKÖRPER 4–10 cm hoch, 2–6(–10) cm breit, jung abgeplattet-keulenförmig, dann kreiselförmig bis trichterig vertieft, dickfleischig; Oberfläche glatt und kahl, jung violett, später ockerbräunlich-fleischfarben, mit graulila Ton, alt schmutzig bräunlich; Rand hochgeschlagen, unregelmäßig, wellig-kantig; Außenseite (Hymenium) violettlich, mit +/– längsadrigen, dicken Leisten, die bis zur kurzen, stielähnlichen, filzigen Basis hinablaufen. **STIEL** kurz, kompakt, zur Basis hin verjüngt. **FLEISCH** dick, weich, weiß, marmoriert gezont; Geruch unauffällig, Geschmack mild, alt etwas bitterlich. **SPORENPULVER** ockerbräunlich. **SPOREN** 10–14 × 4–6 µm, elliptisch, warzig. **VORKOMMEN** Juli bis Oktober einzeln bis gesellig, auch in Reihen und Ringen in mitteleuropäischen Bergwäldern, fehlt im Mittelmeergebiet. Die Vorkommen dieses eigenartig geformten Pilzes sind stark bedroht, vielerorts sind sie ganz verschollen; die verbliebenen sind unbedingt zu schonen. **VERWENDUNG** Essbar. **WISSENSWERTES** Das Schweinsohr ist der einzige Vertreter der Gattung *Gomphus* in Europa.

GATTUNG **Ramaria (Korallen)**
FAMILIE *Ramariaceae*
Fruchtkörper aufrecht, korallenartig verzweigt, meist blassgelb bis gelbbraun; Fleisch brüchig oder elastisch; Sporen warzig oder stachelig, inamyloid. Viele Arten der Gattung sind schwer bestimmbar, einige davon sind giftig.

2 Brooms Koralle

Ramaria broomei (Cott. & Wakef.) Petersen, *Ramaria macrospora* (Brinkmann) Corner *Ramariaceae*

FRUCHTKÖRPER 4–6 cm hoch, 2–4 cm breit, Äste zahlreich, mehrmals geteilt, gedrungen, jung blass orange-ocker, auf Druck braun, dann schwärzend, Spitzen abgeplattet; Stiel kurz, zylindrisch, Basis weißlich. **FLEISCH** zäh, weiß, im Schnitt rosa, dann schwärzend; Geruch angenehm, Geschmack mild, dann bitterlich. **SPORENPULVER** gelb. **SPOREN** 12,5–20 × 5–8 µm, stachelig-warzig. **VORKOMMEN** Sommer bis Herbst einzeln oder in Gruppen auf Halbtrockenrasen, in Wäldern, auf Heiden; auf Kalkböden; sehr selten. **VERWENDUNG** Kein Speisepilz.

3 Grünfleckende Fichten-Koralle

Ramaria abietina (Pers.: Fr.) Quél., *Ramaria ochraceovirens* (Jungh.: Fr.) Donk *Ramariaceae*

FRUCHTKÖRPER 2–6 cm hoch, 2–5 cm breit, von der Basis ab stark ästig verzweigt; Äste dicht stehend, biegsam, gegen die Enden mehrfach verzweigt und dünner werdend, Enden mit 2–4 Spitzen, ocker-oliv, bei Berührung und im Alter ganzer Fruchtkörper olivgrün verfärbend; Äste mit KOH intensiv olivgrün. Strunk kurz, dünn, ästig; Basis mit weißen Myzelsträngen. **FLEISCH** längsfaserig, zäh, elastisch, weißlich bis hellgelblich; ohne besonderen Geruch, Geschmack bitterlich. **SPOREN** 6–10 × 3–5 µm. **VORKOMMEN** August bis November, bisweilen bis zum Wintereinbruch im Dezember meist gesellig oder in Reihen in moosigen Fichtenwäldern, seltener auch in Kiefernwäldern, auf Ästchen und Nadelstreu. **VERWENDUNG** Kein Speisepilz. **WISSENSWERTES** Ähnlich ist die **Flatterige Fichten-Koralle** *(Ramaria flaccida)*; sie verfärbt sich bei Berührung nicht.

1

2

3

1 Kiefern-Koralle, Ockergelbe Kiefernkoralle

Ramaria eumorpha (P. Karst.) Corner, *Ramaria invalii* (Cott. & Wakef.) Donk, *Ramaria corrugata* (Karsten) Schild *Ramariaceae*

FRUCHTKÖRPER 3–8 cm hoch, bis 5 cm breit, ockergelb, Spitzen heller, Äste dicht, gerade aufgerichtet und gedrängt stehend, ziemlich steif; Strunk 0,5–2 cm lang, Basis mit weißem Filz und Myzelsträngen. **FLEISCH** weißlich, mit KOH orangerosa verfärbend; Geschmack bitterlich. **SPOREN** 8–10 × 3,5–4,5 µm, mit bis zu 1,5 µm langen Stacheln. **VORKOMMEN** Sommer bis Herbst im Bergland in Nadelwäldern, seltener in Laubwäldern mit eingestreuten Nadelbäumen. **VERWENDUNG** Kein Speisepilz. **WISSENSWERTES** Die Kiefern-Koralle kann leicht mit der ▸ **Steifen Koralle (S. 478/1)** verwechselt werden. Makroskopisch sind die beiden Arten kaum zu unterscheiden. Ähnlich ist auch die ▸ **Grünfleckende Fichten-Koralle (S. 472/3)** aus dem Fichtenwald; ihre Fruchtkörper verfärben sich bei Berührung und im Alter grünlich.

2 Hahnenkamm, Hahnenkamm-Koralle, Bärentatze

Ramaria botrytis (Pers.: Fr.) Rick. *Ramariaceae*

FRUCHTKÖRPER 7–15(–20) cm hoch, 6–20 cm breit, rund, jung blumenkohlartig, dann korallenförmig; Strunk dick, fast knollig, runzelig, weiß, wiederholt verzweigt; untere Äste jung schmutzig weißlich, später blass ockerlich-lederbräunlich, Verzweigungen an den Spitzen bei jungen Pilzen weinrot, zuletzt ockerbräunlich. **FLEISCH** fest, schmutzig weiß, schwach marmoriert; Geruch angenehm, Geschmack mild, alt zumindest in den Astspitzen bitterlich. **SPORENPULVER** ockerfarben. **SPOREN** 14–17 × 4,5–8 µm, schmalelliptisch, fein längsstreifig. **VORKOMMEN** August bis November einzeln oder in kleinen Gruppen in Laubwäldern, vorzugsweise unter Rotbuchen *(Fagus sylvatica)*; in Europa weit verbreitet, aber überall selten. **VERWENDUNG** Essbar. **WISSENSWERTES** Der Pilz ist leicht kenntlich und bestimmbar, Verwechslungen mit anderen Korallenpilzen sind kaum möglich. Da der Hahnenkamm aber immer seltener angetroffen wird, muss der schöne Pilz unbedingt geschont werden.

3 Blasse Koralle, Bauchweh-Koralle

Ramaria pallida (Schaeff. ex Schulzer) Ricken, *Ramaria mairei* Donk *Ramariaceae*

FRUCHTKÖRPER 8–15(–20) cm hoch und breit; Strunk weißlich, kurz, dick, aus ihm entspringen mehrere Äste, die sich nach oben wiederholt verzweigen; Äste dicht stehend, längsrunzelig, jung graugelblich-milchkaffeefarben, Astspitzen mit kurzen Zähnchen, lila-fleischrötlich getönt. Im Alter und an Druckstellen sind die Fruchtkörper oft braunfleckig. **FLEISCH** fest, weiß; Geruch schwach säuerlich, beim Trocknen bisweilen etwas nach Liebstöckel oder Maggiwürze, aber auch nach Bockshornklee *(Phoenum graecum)*, Geschmack mild bis bitterlich. **SPORENPULVER** blassgelb. **SPOREN** 9–14 × 4,5–5,5 µm, elliptisch. **VORKOMMEN** August bis Oktober einzeln, in Gruppen oder Reihen in Laub- und Nadelwäldern, besonders auf Kalkböden. **VERWENDUNG** Giftig; schon der Volksname gibt einen Hinweis auf die Giftwirkung dieses Pilzes. Die Bauchweh-Koralle verursacht Bauchschmerzen, Erbrechen und Durchfall. Die Beschwerden treten eine halbe bis drei Stunden nach dem Verzehr der Pilzmahlzeit auf. Ebenfalls leicht giftig ist die **Dreifarbige Koralle** *(Ramaria formosa)*. Die Giftstoffe der Ramarien sind weitgehend unerforscht. Die einzelnen Arten dieser Gattung werden im Volksmund oft großzügig unter dem Begriff „Ziegenbärte“ zusammengefasst. Da die meisten von ihnen leicht zu verwechseln sind, sollte man sie immer nur bei sehr genauer Artenkenntnis für Speisezwecke sammeln.

1

2

3

1 Zierliche Koralle, Elegante Koralle

Ramaria gracilis (Pers.: Fr.) Quél. *Ramariaceae*

FRUCHTKÖRPER 3–6(–10) cm hoch, 2–5 cm breit, weiß bis schmutzig weiß, alt ockerfleischfarben; Äste dünn, zylindrisch, ästig verzweigt, weich, biegsam, aufrecht, auf Druck nicht verfärbend; Enden mehrfach verzweigt, dornenartig; Strunk undeutlich entwickelt, Basis mit weißen Myzelsträngen. **FLEISCH** weich, weißlich; Geruch deutlich nach Anis, Geschmack bitterlich. **SPOREN** 5–6,5 × 3–4 µm. **VORKOMMEN** Sommer bis Herbst einzeln oder gesellig, oft in Reihen und Ringen in moosigen Nadelwäldern am Boden, auf Nadelstreu und an morschem Holz, auf Kalkböden; in Mitteleuropa überall selten und allgemein durch Umwelteinflüsse stark gefährdet. **VERWENDUNG** Kein Speisepilz. **WISSENSWERTES** Wichtige Merkmale sind der deutliche Anisgeruch und das bevorzugte Wachstum an Ästen und morschem Holz auf Kalkböden.

2 Gelbliche Koralle

Ramaria flavescens (Schaeff.) Petersen *Ramariaceae*

FRUCHTKÖRPER 10–20 cm hoch und breit, korallenartig, kugelförmig; Äste lachs- bis aprikosenfarben, mehrfach verzweigt, Enden jung gelb, meist mit zwei kurzen Spitzen; Strunk sehr kräftig (bis 5 cm breit), knollenartig, weiß. **FLEISCH** weich, weißlich; Geruch angenehm, Geschmack mild. **SPOREN** 9–13 × 4–5,5 µm. **VORKOMMEN** August bis Oktober bisweilen einzeln, meist in Gruppen und Ringen im Laubwald, seltener auch im Mischwald, vor allem bei Buchen *(Fagus sylvatica)*; selten und stark gefährdet. **VERWENDUNG** Die Gelbliche Koralle gehört zum Formenkreis der giftigen **Dreifarbigen Koralle** *(Ramaria formosa)* und ist als leicht giftig einzustufen. **WISSENSWERTES** Ähnlich und ebenfalls leicht giftig ist die **Blutrotfleckende Koralle** (*R. sanguinea*, siehe Abb. S. 20 rechts), deren Strunk bei Berührung blutrote Flecken bekommt.

3 Goldgelbe Koralle, Ziegenbart

Ramaria aurea (Schaeff.: Fr.) Quél. *Ramariaceae*

FRUCHTKÖRPER bis 12 cm hoch, 5–12(–20) cm breit mit kurzem, elastischem, relativ massivem, bis 4 cm breitem Strunk; von diesem zweigen mehrere kurze, dicke, korallenförmige, goldgelbe Äste ab, die sich nach oben mehrfach verzweigen; Spitzen goldgelb, meist mit zwei Zähnchen. **FLEISCH** weißlich, oft von wässrigen Schlieren durchzogen und marmoriert; Geruch säuerlich, Geschmack mild, alt bitter. **SPORENPULVER** gelbockerlich. **SPOREN** 8–15 × 3–6 µm, elliptisch, feinwarzig. **VORKOMMEN** August bis Oktober im Laubwald unter Rotbuchen *(Fagus sylvatica)*, oft in Gruppen und Ringen; selten. **VERWENDUNG** Essbar.

VERWECHSLUNG MIT GIFTPILZEN Mit ähnlichen, giftigen Korallenpilzen wie der ▸ **Bauchweh-Koralle (S. 474/3)**. Schon deren Volksname gibt einen Hinweis auf die Giftwirkung. Sie führt zu Vergiftungen, die zum so genannten „Gastrointestinalen Pilzsyndrom" gehören und eine Reizung der Magen- und Darmschleimhäute verursachen. Die Beschwerden treten eine halbe bis drei Stunden nach dem Verzehr der Pilzmahlzeit auf. Nach ein bis zwei Tagen klingen die Symptome in der Regel ohne Nachwirkungen ab. Bei kleinen Kindern und alten, schwachen Personen kann es zu schwerwiegenderen Folgen kommen. Ebenfalls leicht giftig sind die **Dreifarbige Koralle** *(Ramaria formosa)* und die ▸ **Gelbliche Koralle (siehe 2)**. Wegen der Verwechslungsgefahr sollten *Ramaria*-Arten mit Vorsicht und nur bei genauer Artenkenntnis für Speisezwecke gesammelt werden.

Bauchweh-Koralle

1

2

3

1 Steife Koralle

Ramaria stricta (Pers.: Fr.) Quél. *Ramariaceae*

FRUCHTKÖRPER 4–10 cm hoch, 3–6 cm breit, gelbocker bis zimtbräunlich, Spitzen anfangs gelblich, dann blass cremefarben; Äste auffallend steif, aufrecht, Enden in verzweigte, kurze, dornenartige Spitzen auslaufend; Strunk heller als die Äste, dünn, wenig ausgebildet, Basis mit dichten weißen Rhizomorphen. **FLEISCH** zäh-elastisch, schmutzig gelblich; Geruch säuerlich, Geschmack bitter. **SPOREN** 7–10 × 4–5 µm, fast glatt. **VORKOMMEN** August bis November meist büschelig an morschen, am Boden liegenden Ästen und an Stümpfen von Rotbuche *(Fagus sylvatica)*, Eiche *(Quercus)* und anderen Laubhölzern. Der Pilz kann aber auch gelegentlich an Nadelhölzern wie Tanne *(Abies alba)*, Fichte *(Picea abies)* und Kiefer *(Pinus)* erscheinen. Sein europäisches Verbreitungsgebiet erstreckt sich von Süd- über Mittel- bis Nordeuropa. **VERWENDUNG** Kein Speisepilz.

GATTUNG **Hydnum (Stoppelpilze)**
FAMILIE *Hydnaceae*

Hutunterseite mit typischen Stacheln; Stiel zentral bis seitlich; Sporen breitelliptisch bis fast kugelig, glatt. Weltweit umfasst die Gattung *Hydnum* etwa 12, in Europa drei Arten.

2 Weißer Stoppelpilz

Hydnum albidum Peck *Hydnaceae*

HUT bis 10 cm breit, jung rein weiß, alt etwas gilbend. **Stacheln** dünn, weiß, alt gilbend. **STIEL** bis 7 cm lang, weiß, auf Druck gilbend. **FLEISCH** weiß. **SPOREN** 4,5–5 × 3–4 µm. **VORKOMMEN** August bis Oktober in Laub- und Mischwäldern; selten. **VERWENDUNG** Essbar, aber als Seltenheit zu schonen. **WISSENSWERTES** Der Weiße Stoppelpilz gleicht in Form und Abmessungen dem ► **Semmel-Stoppelpilz (siehe 3)** und kann mit Albinoformen desselben verwechselt werden; diese unterscheiden sich jedoch durch größere Sporen.

3 Semmel-Stoppelpilz

Hydnum repandum L.: Fr. *Hydnaceae*

HUT 4–10(–15) cm breit, anfangs gewölbt, später flach ausgebreitet, oft unregelmäßig verformt und mit anderen Hüten verwachsen, Mitte bisweilen niedergedrückt; Oberfläche trocken, matt, cremefarben, semmelgelb, selten auch fast weiß; Rand lange eingerollt, alt unregelmäßig verbogen. **Stacheln** 2–6 mm lang, sehr gedrängt, meist am Stiel herablaufend, brüchig, vom Hut ablösbar, gelbweiß bis cremefarben. **STIEL** 3–7 cm lang, +/– zylindrisch, zentral oder etwas seitlich sitzend, fest, voll, heller als der Hut. **FLEISCH** hart, brüchig, gelblich weiß, läuft im Schnitt langsam blass gelbrosa an; Geruch schwach, angenehm, Geschmack mild, alt schärflich-bitterlich. **SPORENPULVER** weiß. **SPOREN** 6,5–9 × 5,5–7 µm. **VORKOMMEN** Juli bis November einzeln oder gesellig, meist in Gruppen und Ringen, oft büschelig verwachsen, in Laub- und Nadelwäldern; in Europa weit verbreitet. **VERWENDUNG** Essbar. **WISSENSWERTES** Leicht erkennbarer, kaum verwechselbarer Speisepilz. Der **Rotgelbe Semmel-Stoppelpilz** (*Hydnum repandum* var. *rufescens)* gilt als Varietät des sehr variablen Semmel-Stoppelpilzes. Er ist meist kleiner und hat mehr orangerote bis orangebraune Hutfarben. Zwischen den beiden Arten sind fließende Übergänge zu beobachten. Eine eindeutige Trennung ist oft nicht möglich.

1

2

3

1 Ohrlöffelstacheling
Auriscalpium vulgare Gray *Auriscalpiaceae*

HUT 0,5–2 cm breit, meist nierenförmig, auch rundlich, lederig-zäh; Oberfläche etwas gewölbt, jung bräunlich, dann dunkelbraun bis kastanienbraun, striegelig-filzig, trocken **(1a)**, Unterseite mit blassen bis schmutzig braunen, 2–3 mm langen, pfriemlichen, dicht stehenden Stacheln **(1b)**, die kaum am Stiel herablaufen; die Stachelspitzen sind dunkler; Rand am Stielansatz eingebuchtet. **STIEL** 2–6(–10) cm lang, 1–2 mm breit, zäh-elastisch, seitlich dem Hut ansitzend, voll, dunkelbraun bis kastanienbraun, striegelig-filzig; selten sind zwei bis drei Stiele basal verwachsen. **FLEISCH** etwa 0,5 mm dick, zäh, holzfarben-bräunlich, im Stiel schwarz. Im Schnitt ist unter der filzigen Hutoberfläche eine dunkle Linie sichtbar (Cutis); Geruch unbedeutend, Geschmack sehr scharf. **SPORENPULVER** weiß. **SPOREN** 4–5,5 × 3,5–4,5 µm, eirund-kugelig, feinstachelig, hyalin, amyloid. **VORKOMMEN** ganzjährig einzeln oder zu wenigen auf +/– im Boden liegenden Kiefernzapfen, sehr selten auf Fichtenzapfen; verbreitet, aber leicht zu übersehen. **VERWENDUNG** Kein Speisepilz. **WISSENSWERTES** Der Ohrlöffelstacheling ist die einzige europäische Art der Gattung; weitere Arten sind aus Südamerika, Asien und Neuseeland bekannt.

2 Dorniger Stachelseitling, Dorniger Stachelbart
Creolophus cirratus (Pers.: Fr.) Karst., *Hericium cirratus* (Pers.: Fr.) Karst. *Hericiaceae*

FRUCHTKÖRPER 5–15 cm breit, bestehend aus halbkreisförmigen, muschelförmigen, auch wulstigen, oft dachziegelig und nebeneinander verwachsenen Einzelhüten **(2a)**; Oberfläche höckerig bis kegelförmig warzig, besonders zum Rand hin mit liegenden bis angedrückten sterilen Stacheln besetzt, cremefarben, später gelbbräunlich; Rand bisweilen heruntergebogen; Unterseite mit dem Hymenium dicht mit 0,5–1 cm langen cremefarbenen Stacheln bedeckt **(2b)**. **FLEISCH** brüchig, weich, alt zäh, weißlich bis cremefarben; Geruch angenehm, Geschmack mild. **SPOREN** 3–3,5 × 3,5–4 µm, fast kugelig. **VORKOMMEN** Juni bis November in Wäldern, Parkanlagen und Alleen auf Stümpfen und abgestorbenen dicken, noch festen Ästen von Laubhölzern, bevorzugt Rotbuche *(Fagus sylvatica)*; verursacht Weißfäule. **VERWENDUNG** Jung essbar; mit Giftpilzen kaum zu verwechseln. **WISSENSWERTES** Die Gattung *Creolophus* besteht weltweit nur aus dieser einen Art.

3 Tannen-Stachelbart
Hericium flagellum (Scop.) Pers., *Hericium alpestre* Pers. *Hericiaceae*

FRUCHTKÖRPER 10–20(–30) cm breit, bestehend aus einem Basisstrunk, aus dem mehrfach verzweigte Äste mit hängenden, dicht angeordneten, 1–1,5 cm langen, feinen, weißlich-gelblichen Stacheln hervorgehen. **FLEISCH** weich, alt zäh. **SPORENPULVER** weiß. **SPOREN** 6–7 × 4,5–5,5 µm, breitelliptisch bis fast kugelig, hyalin. **VORKOMMEN** August bis Oktober an absterbenden oder bereits abgestorbenen, stehenden oder liegenden Weißtannenstämmen oder -stümpfen bevorzugt in Bannwäldern und Naturschutzgebieten, wo die sterbenden Baumriesen erhalten bleiben. **VERWENDUNG** Essbar. **WISSENSWERTES** Die Gattung *Hericium* ist bei uns mit drei auf Holz wachsenden essbaren Arten vertreten; alle haben ein stachelförmiges Hymenophor. Ähnlich ist der **Ästige Stachelbart** *(Hericium coralloides)*; er wächst auf Laubholz und hat kleinere Sporen. Sehr selten ist der **Igel-Stachelbart** *(Hericium erinaceum)* mit 2–5 cm langen Stacheln an der Unterseite des Hutes.

1a

1b

2a

2b

3

Gattung **Aleurodiscus (Mehlscheiben)**
Familie *Corticiaceae s. lat.*
Fruchtkörper resupinat bis flach schüsselförmig, Hymenium glatt; Sporen hyalin, feinwarzig, dickwandig, amyloid. In Europa acht bis zehn Arten.

1 Orangefarbene Mehlscheibe

Aleurodiscus amorphus (Pers.: Fr.) Schroet. *Corticiaceae s. lat.*

FRUCHTKÖRPER 3–10 mm breit, rundlich bis oval, scheiben- oder becherförmig, trocken zäh; mitunter einzeln, meist in kleinen Gruppen oder rasig wachsend und bisweilen zusammenfließend; Oberseite mit dem Hymenium glatt, mehlig, matt, orange bis orangeocker; Unterseite weißlich, feinfilzig; Rand vorstehend oder etwas aufgebogen, fein fransig-faserig, etwas heller bis weißlich. **SPOREN** 20–30 × 16–23 µm, elliptisch-kugelig, dickwandig, dicht mit feinen Stacheln bedeckt, amyloid. **VORKOMMEN** Das ganze Jahr über in niederschlagsreichen Zeiten mit hoher Luftfeuchtigkeit leicht erkennbar auf toten, noch berindeten, stehenden oder liegenden Ästen und Stämmen von Weißtanne *(Abies alba)*, seltener Fichte *(Picea abies)*, oft rasig die Rinde überziehend. **VERWENDUNG** Unbedeutend. **WISSENSWERTES** Auf der Scheibe findet man bisweilen den parasitischen ▸ **Schmalsporigen Mehlscheiben-Zitterling (S. 590/1)**, der auf *Aleurodiscus amorphus* spezialisiert ist. Oft ist die Orangefarbene Mehlscheibe mit dem kleinen, leuchtend gelben **Weißtannen-Haarbecherchen** *(Lachnellula subtilissima)* vergesellschaftet.

2 Schüsselförmige Mehlscheibe

Aleurodiscus disciformis (DC: Fr.) Pat. *Corticiaceae s. lat.*

FRUCHTKÖRPER 0,5–2 cm breit, flach schüsselförmig oder flach krustenförmig dem Substrat anliegend, mit schmaler, von der Unterlage deutlich abgehobener Randzone; frisch lederig-zäh, trocken korkartig hart; Hymenium weißlich, blassgrau bis cremefarben, unter der Lupe wie mehlig, bei Trockenheit rissig; Oberfläche der abgebogenen Kanten glatt, bräunlich, schwach gezont; Rand scharf. **SPOREN** 15–20 × 10–16 µm, breitelliptisch, feinwarzig, hyalin, amyloid. **VORKOMMEN** Das ganze Jahr über einzeln bis truppweise auf der Rinde lebender und abgestorbenen Eichen *(Quercus)*, an den oft bemoosten Stämmen in 1–5 m Höhe wachsend. **VERWENDUNG** Unbedeutend. **WISSENSWERTES** Der Pilz kann mit seinem abgebogenen Fruchtkörperrand leicht für eine kleine *Stereum*-Art gehalten werden.

3 Blutroter Becherrindenschwamm

Cytidia salicina (Fr.) Burt *Corticiaceae s. lat.*

FRUCHTKÖRPER bis 1 cm breit, 1–2 mm dick, erst resupinat-flach, dann scheiben- bis tellerförmig, oft in Reihen zusammengewachsen, mit freiem Rand; Oberfläche bei feuchter Witterung glatt, schwach höckerig, gallertig, wachsartig, jung lebhaft orangerot, dann dunkelrot-violett, trocken lederig bis hornartig hart, bei Anfeuchtung wieder biegsam. **SPOREN** 12–18 × 4–5 µm, zylindrisch bis allantoid, hyalin, mit Tröpfchen. **VORKOMMEN** Das ganze Jahr über an berindeten, stehenden, toten oder absterbenden Zweigen und Ästen verschiedener Weidenarten *(Salix)*, bevorzugt in Auwäldern, Bachauen und an Waldrändern mit hoher Luftfeuchtigkeit. **VERWENDUNG** Unbedeutend. **WISSENSWERTES** Die auffallend rote Farbe befindet sich hauptsächlich in den bäumchenartig verzweigten Dendrohyphidien, die eine dichte Schicht über dem Hymenium bilden. Gattung *Cytidia* in Europa mit einer Art.

1

2

3

1 Rosafarbener Rindenpilz

Corticium roseum Pers., *Laeticorticium roseum* (Fr.) Donk
Corticiaceae s. lat.

FRUCHTKÖRPER im Anfangsstadium in kleinen, +/– runden Flecken erscheinend, dann zu größeren Belägen bis zu mehreren Dezimetern Länge zusammenfließend, vollkommen resupinat, häutig, etwa 0,5 mm dick, ohne Rhizomorphe, fest mit dem Substrat verwachsen, schwer ablösbar; Oberfläche fein höckerig-runzelig, matt, frisch zart rosa, unter Druck bzw. beim Reiben deutlich rötend, trocken blass. **SPOREN** 9–16 × 6–10 µm, elliptisch, glatt, hyalin. **VORKOMMEN** Das ganze Jahr über bevorzugt in offenen, aber feuchten Gebüschen, auf Waldlichtungen, an Wegrändern auf lebenden oder abgestorbenen, meist noch stehenden und berindeten Ästen von Weiden *(Salix)*, selten Pappeln *(Populus)*; in Europa weit verbreitet. **VERWENDUNG** Unbedeutend. **WISSENSWERTES** An Weidenästen oft vergesellschaftet mit dem ▸ **Kreisel-Drüsling (S. 588/2).**

2 Blauer Rindenpilz

Pulcherricum caeruleum (Fr.) Parm., *Terana caerulea* (Lamarck: Fr.) Kuntze *Corticiaceae s. lat.*

FRUCHTKÖRPER anfangs einzelne runde, eng anliegende Flecken, die zusammenwachsen und krustenförmig bis zu mehreren Dezimetern Länge das Substrat überziehen; Oberfläche samtig, wachsartig, glatt bis schwach höckerig, frisch auffallend kräftig blau bis violett; Rand erst weißlich, später blau. **SPOREN** 6,5–9 × 4,5–5,5 µm. **VORKOMMEN** Ganzjährig in Wäldern an toten liegenden oder noch stehenden Laubholzästen. In Mitteleuropa findet man diesen wunderschönen Holzbewohner sehr selten und nur in klimatisch begünstigten Gegenden wie dem Oberrheintal; im Mittelmeergebiet ist er auf den Inseln und in den Küstenregionen anzutreffen. Bezüglich des Substrats ist der Pilz nicht wählerisch. Im Norden werden u. a. Esche *(Fraxinus)*, Hasel *(Corylus)* und Efeu *(Hedera)* besiedelt. Im Mittelmeergebiet sind es insbesondere Buchsbaum *(Buxus)*, Weinreben *(Vitis vinifera)* und mediterrane Eichen-Arten *(Quercus)*. **VERWENDUNG** Unbedeutend. **WISSENSWERTES** Von der Gattung *Pulcherricum (Terana)* gibt es weltweit nur diese eine Art.

3 Gemeiner Rindensprenger

Vuilleminia comedens (Nees: Fr.) Mre. *Corticiaceae s. lat.*

FRUCHTKÖRPER entwickelt sich unter der Rinde von Ästen und löst die Rinde durch Aufquellen bei feuchtem Wetter ab. Der „Rindensprenger" liegt dann voll resupinat frei; die Rinde ist dabei seitlich aufgerollt. Fruchtkörper 10–50(–100) cm lang, bei feuchter Witterung gelatinös-wachsartig, glatt, etwas fettig glänzend, schmierig-glatt anzufühlen, graulich, grauocker, frisch oft mit violettem Ton, trocken eingeschrumpft und unscheinbar. **SPOREN** 14–21 × 5–7,5 µm, zylindrisch-gebogen bis allantoid, glatt, hyalin, inamyloid. **VORKOMMEN** Ganzjährig an unterdrückten, toten, noch ansitzenden oder abgefallenen Ästen. Dieser Pilz fällt vor allem im Herbst und Winter bei hoher Luftfeuchtigkeit auf. Er ist einer der häufigsten Rindenpilze auf Eiche *(Quercus)*, aber auch auf anderen Laubhölzern wie Erle *(Alnus)*, Rotbuche *(Fagus sylvatica)* und Birke *(Betula)*. In ganz Europa ist er weit verbreitet und bei genauerer Suche wohl in jedem Laubwald zu finden. In den angegriffenen Ästen verursacht er Weißfäule. **VERWENDUNG** Unbedeutend. **WISSENSWERTES** Von der Gattung *Vuilleminia* gibt es in Mitteleuropa nur wenige Arten. Die weniger bekannte *Vuilleminia coryli* wächst das ganze Jahr über an Hasel *(Corylus)*. Ihre Fruchtkörper sind ebenfalls resupinat, glatt und gallertig.

1

2

3

1 Kreiselförmiger Schütterzahn

Sistotrema confluens Pers.: Fr. *Corticiaceae s. lat.*

FRUCHTKÖRPER 1–2(–3) cm breit, weich, fleischig; Oberfläche jung weißlich, dann gelblich, leicht zottig. Die Hüte sind oft zu mehreren miteinander verwachsen, wobei sich spatelhütige, kreiselförmige bis resupinate Formen bilden und häufig Moose und Humusteile eingeschlossen werden. Hymenium variabel, mit großen flach gedrückten Zähnchen oder labyrinthisch-porig, weit am Stielchen herablaufend. **STIEL** 5–15 mm lang, zentral oder seitlich stehend, bei miteinander verwachsenen Exemplaren oft fehlend. **FLEISCH** dünn, weich, weißlich; Geruch vanilleartig. **SPOREN** 3,5–5 × 2–3 µm. **VORKOMMEN** August bis November in Nadel- und Laubwäldern, gesellig bis gedrängt, bisweilen in Reihen und Ringen, auf Waldhumus oder im Gras und Moos auf nährstoffarmen Böden; sehr selten. **VERWENDUNG** Kein Speisepilz. **WISSENSWERTES** Die Gattung *Sistotrema* umfasst in Europa etwa 20 meist resupinat wachsende, selten hutbildende Arten.

2 Schwefelgelber Stachelsporrindenpilz

Trechispora vaga (Fr.) Liberta, *Phlebiella vaga* (Fr.) Karst., *Cristella sulphurea* (Pers.: Fr.) Donk *Corticiaceae s. lat.*

FRUCHTKÖRPER resupinat, membranös, eng der Unterseite von Ästen und Stämmen anliegend; Überzüge mehrere Zentimeter bis Dezimeter lang, 0,2–0,5 mm dick, intensiv schwefelgelb, faserig, Mitte später körnig-matt und bräunlich gelb bis lehmfarben; Rand faserig, wattig, mit weißlichen Rhizomorphen. Fruchtkörper mit KOH weinrot. **SPOREN** 4–5,5 × 3–4 µm, hyalin bis hellgelblich, kurzstachelig. **VORKOMMEN** Ganzjährig an der Unterseite von toten, am Boden liegenden Ästen und Stämmen von Laubhölzern; *Trechispora vaga* ist ein typischer Buchenwaldbegleiter, gelegentlich wird er auch an Nadelhölzern angetroffen. In Europa weit verbreitet. **VERWENDUNG** Unbedeutend.

3 Violetter Knorpel-Schichtpilz

Chondrostereum purpureum (Pers.: Fr.) Pouz. *Corticiaceae s. lat.*

FRUCHTKÖRPER weich, zäh, resupinat dem Substrat anliegend und Beläge bis zu mehreren Dezimetern Ausdehnung bildend; an senkrechten Flächen semipileat. Hütchen 2–4 cm vom Substrat abstehend, oft in gedrängten Gruppen; Hutoberfläche stark gewellt, zottig-filzig behaart, trocken brüchig-spröde, weißlich, hell graubraun bis ockerbräunlich mit lila Tönen, oft etwas gezont, alt bräunlich, trocken ausblassend. Unterseite mit dem Hymenium glatt bis wellig-höckerig, frisch wachsartig, purpurn bis violettbraun. **FLEISCH** bis 2,5 mm dick, zäh; ohne besonderen Geruch, Geschmack mild; im Querschnitt durch die Hütchen ist eine schwarze Linie erkennbar, die das Tomentum (Haarfilz) von der Trama trennt. **SPOREN** 5–8 × 3–4 µm, zylindrisch, glatt, hyalin, inamyloid. **VORKOMMEN** Das ganze Jahr hindurch, ein- bis mehrjährig, besonders vom Herbst bis Frühjahr sehr häufig, parasitisch oder saprophytisch oft massenhaft auf zahlreichen Laubholzarten, selten an Nadelholz. Besonders deutlich tritt der Pilz auf der Schnittstelle von gelagertem Buchen- und Pappel-Stammholz auf Holzlagerplätzen in Erscheinung. Er ist ein Weißfäuleerzeuger. An frisch geschlagenem Holz zählt er zu den Erstbesiedlern und ist oft mit dem ▸ **Ablösenden Rindenpilz** **(S. 488/1)**, dem ▸ **Striegeligen Schichtpilz** **(S. 500/1)**, dem ▸ **Fleischroten Gallertbecher** **(S. 654/1)**, der ▸ **Schmetterlings-Tramete** **(S. 568/3)**, der ▸ **Rötlichen Kohlenbeere** **(S. 632/4)** und dem **Blassen Buchenbecherchen** *(Bisporella pallescens)* vergesellschaftet. **VERWENDUNG** Unbedeutend. **WISSENSWERTES** Der Violette Knorpel-Schichtpilz ist weltweit der einzige Vertreter der Gattung *Chondrostereum.*

1

2

3

1 Ablösender Rindenpilz

Cylindrobasidium laeve (Pers.: Fr.) Chamuris, *Corticium evolvens* (Fr.) Fr., *Cylindrobasidium evolvens* (Fr.: Fr.) Juel. *Corticiaceae s. lat.*

FRUCHTKÖRPER im Anfangsstadium in Gestalt kleiner, weißer, rundlicher Flecken mit feinfaserigen Rändern, die später zu bis über 10 cm breiten Belägen zusammenfließen, meist resupinat dem Substrat aufliegend, an senkrechten Flächen mit schmalen, 5–10 mm abstehenden, feinfaserigen, lappig-weichen Hutkanten; Oberfläche der Hutkanten feinfilzig, weißlich, durch Algen oft grünlich; Hymenium erst cremeweißlich, dann hellocker oder rötlich ocker, alt fleischbräunlich, mit unregelmäßigen Höckerchen, trocken feldrig rissig; Rand weiß, faserig. **SPOREN** 8–10 × 4–5 µm, oval bis tropfenförmig. **VORKOMMEN** Das ganze Jahr über, besonders vom Herbst bis zum Frühjahr, auf Rinde und Holz von Laubhölzern, selten an Nadelholz; in Europa weit verbreitet; Weißfäuleerzeuger. **VERWENDUNG** Unbedeutend. **WISSENSWERTES** Häufig findet man den Ablösenden Rindenpilz zusammen mit dem ▸ **Violetten Knorpel-Schichtpilz (S. 486/3)** an den Schnittflächen von gelagerten Laubhölzern.

2 Gallertfleischiger Fältling

Merulius tremellosus Schrad.: Fr. *Corticiaceae s. lat.*

FRUCHTKÖRPER biegsam, weich-knorpelig, an senkrechtem Substrat dünne Hüte bildend, die oft dachziegelig bis reihenweise verwachsen sind und 2–5 cm vom Substrat abstehen, seltener resupinat auf der Unterseite des Substrats; Oberseite grobfilzig-behaart, weiß bis grauweiß mit Rosaton; Rand wellig verbogen und feinfilzig; Unterseite mit dem Hymenium radialfaltig, netzartig gerunzelt oder netzig-porig, schmutzig gelb bis orangefarben. **FLEISCH** 1,5–3(–5) mm dick, blass, weich, biegsam, trocken hart, hornartig; Geruch und Geschmack unbedeutend. **SPORENPULVER** weiß-cremefarben. **SPOREN** 4–4,5 × 1–1,5 µm, zylindrisch bis gebogen, glatt, hyalin, teilweise mit Tropfen. **VORKOMMEN** Oktober bis zum Frühjahr häufig an Stümpfen oder abgestorbenen, vermorschenden Stämmen von Laub-, seltener Nadelbäumen, auch außerhalb der Wälder in Parkanlagen; in Europa weit verbreitet. Weißfäuleerzeuger. **VERWENDUNG** Kein Speisepilz. **WISSENSWERTES** Der Gallertfleischige Fältling ist der einzige Vertreter der Gattung *Merulius*.

3 Orangeroter Kammpilz, Orangefarbener Kammpilz

Phlebia merismoides (Fr.) Fr., *Phlebia aurantiaca* (Sow.) Karst., *Phlebia radiata* Fr. *Corticiaceae s. lat.*

FRUCHTKÖRPER zunächst kleinere, rundliche oder längliche, 2–3 mm dicke Initialfruchtkörper, die später oft zu mehrere Dezimeter großen Flächen zusammenfließen und fest mit dem Substrat verwachsen sind; dabei werden bisweilen Moose und Zweige überzogen. Oberfläche grobrunzelig, zum Rand hin strahlig bis kammartig-faltig gefurcht, mit knotenförmigen Höckern, fleischfarben bis leuchtend orange mit violettlichen Tönen, im Alter fleischgrau bis grau verblassend. **FLEISCH** gelatinös, wachsartig, trocken hornartig; Geruch und Geschmack unbedeutend. **SPOREN** 4,5–5 × 1,5–2 µm, fast allantoid, glatt, hyalin, inamyloid. **VORKOMMEN** Ganzjährig mit Haupterscheinungszeit bei feuchter Witterung vom Herbst bis zum Winter auf abgestorbenen, am Boden liegenden oder absterbenden Stämmen und Ästen verschiedener Laubhölzer, gelegentlich auch an Nadelholz; in Europa weit verbreitet; verursacht im Holz eine intensive Weißfäule. **VERWENDUNG** Unbedeutend. **WISSENSWERTES** Die Gattung *Phlebia* umfasst weltweit etwa 35 meist resupinate, gelatinöse, holzbewohnende Arten.

1

2

3

1 Gelber Apfelbaum-Stachelschwamm

Sarcodontia crocea (Sow.: Fr.) Kotl., *Sarcodontia setosa* (Pers.) Donk *Corticiaceae s. lat.*

FRUCHTKÖRPER ausgedehnte, resupinate, schwefelgelbe Krusten, auf deren Oberfläche sich das Hymenium entwickelt. Es wird gebildet aus pfriemenförmigen, 3–6(–15) mm langen, dicht stehenden, blassen, gelben bis orangegelben, abwärts gerichteten Stacheln. Der ganze Fruchtkörper hat einen angenehmen, süßlich-fruchtigen Geruch. **SPOREN** 4,5–5,5 × 3,5–4 µm. **VORKOMMEN** Von Sommer bis Herbst an alten, geschädigten, ungepflegten und vernachlässigten Apfelbäumen *(Malus)* in Stammhöhlungen und an verletzten Stellen, wo alte Äste durch Sturm und Schneebruch abgebrochen sind; in modernen Obstkulturen sucht man ihn vergebens. Selten auf anderen Laubbäumen. Weißfäuleerzeuger. **VERWENDUNG** Kein Speisepilz. **WISSENSWERTES** *Sarcodontia crocea* ist weltweit der einzige Vertreter der Gattung.

2 Krauser Aderzähling, Buchen-Aderzähling

Plicatura crispa (Pers.: Fr.) Rea, *Plicatura faginea* (Schrad.) Karst., *Plicaturopsis crispa* (Pers.: Fr.) Reid *Corticiaceae s. lat.*

HUT 0,5–2,5(–3) cm breit und ebenso weit vom Substrat abstehend, halbkreis- bis fächer-, oft muschelförmig, an der Anwachsstelle stielartig zusammengezogen **(2a)**, weich und zäh-biegsam, meist reihenweise in dachziegeligen Rasen, oft zu Dutzenden oder Hunderten an einem Ast wachsend; Oberfläche auf gelblichem Grund gelbbraun bis rötlich braun, konzentrisch wellig gezont, feinsamtig-filzig; Rand weißlich, gewellt, +/– tief gekerbt, oft nach unten gebogen bis leicht eingerollt; lamellenartige Falten an der Hutunterseite radial, eng stehend, weich, elastisch, trocken spröde und hart, weißlich-grauweißlich, bisweilen mit bläulich-grünem Reflex, oft gegabelt, stark wellig und am Grund aderig verbunden **(2b)**. **FLEISCH** dünn, weißlich, geruchlos, Geschmack mild. **SPOREN** 3–4,5 × 0,8–1,3 µm, zylindrisch-gekrümmt, glatt, hyalin, mit zwei Tropfen. **VORKOMMEN** Das ganze Jahr über, mit Haupterscheinungszeit bei feuchter Witterung vom Spätherbst bis zum Winter, an toten, stehenden oder liegenden Ästen und Stämmen von Rotbuche *(Fagus sylvatica)* und Hasel *(Corylus avellana),* oft auch an anderen Laubhölzern; sein Wirtsspektrum ist beachtlich, er wurde gelegentlich auch schon an Nadelhölzern gefunden. Verursacht im befallenen Holz Weißfäule. **VERWENDUNG** Kein Speisepilz. **WISSENSWERTES** Leicht erkennbare und nicht zu verwechselnde Art.

3 Weißer Holunderrindenpilz

Rogersella sambuci (Pers.) Liberta & Navas, *Hyphodontia sambuci* (Pers.) Eriksson, *Lyomyces sambuci* (Pers.: Fr.) Karst. *Corticiaceae s. lat.*

FRUCHTKÖRPER in Form resupinater, einige Zentimeter bis mehrere Dezimeter großer, dünner, kalkweißer Beläge, membranös, höckerig, bisweilen etwas warzig, trocken rissig, dem Substrat fest anliegend; alte Exemplare bisweilen gelblich verfärbt. **SPOREN** 4,5–7 × 3–4 µm, ellipsoid, hyalin, mit 1–3 Tropfen. **VORKOMMEN** Das ganze Jahr über, mehrjährig, besonders vom Herbst bis zum Frühjahr verbreitet in Wäldern, Gebüsch, Gärten und Parkanlagen an berindeten und unberindeten Ästen und Stämmen von zahlreichen Laubholzarten, selten an Nadelholz, häufig an der Basis alter Stämme vom Schwarzen Holunder *(Sambucus nigra);* in Europa weit verbreitet. **VERWENDUNG** Unbedeutend. **WISSENSWERTES** Der Pilz wirkt auf den alten, oft bemoosten Ästen und Stämmen wie ein Kalkanstrich und ist kaum zu verwechseln.

1

2a

2b

3

1 Reibeisen-Rindenpilz

Hyphoderma radula (Fr.: Fr.) Donk, *Basidioradulum radula* (Fr.: Fr.) Nobles, *Radulum radula* (Fr.: Fr.) Nannf. *Corticiaceae s. lat.*

FRUCHTKÖRPER anfangs wenige Zentimeter breite, rundliche Flecken bildend, später allmählich zusammenfließend, voll resupinat; Oberfläche jung +/– höckerig, später mit stumpfen, bis 5 mm langen und 1 mm breiten, +/– gedrängt stehenden Zähnchen besetzt, erst weißlich bis cremefarben, alt gelb bis ockergelb; Rand deutlich abgegrenzt, weißlich, faserig. Konsistenz fest, alt knorpelig-hornartig; Geruch und Geschmack unbedeutend. **SPOREN** 7–11 × 3–3,5 µm, zylindrisch, etwas gebogen, glatt, hyalin. **VORKOMMEN** Ganzjährig in Wäldern, Gebüschen, Gärten und Parkanlagen auf der Rinde absterbender oder abgestorbener Äste von verschiedenen Laub- und Nadelbäumen, bevorzugt an Süßkirsche *(Prunus avium)*; weit verbreitet. **VERWENDUNG** Unbedeutend. **WISSENSWERTES** Die Gattung *Hyphoderma* umfasst weltweit etwa 30 Arten.

2 Ockerrötlicher Resupinatstacheling

Steccherinum ochraceum (Pers.: Fr.) Gray *Corticiaceae s. lat.*

FRUCHTKÖRPER auf der Unterseite liegender Äste und Stämme als resupinater Belag, an stehendem Substrat werden 1–3 cm abstehende, lederig-zähe Hütchen ausgebildet, die oft dachziegelig angeordnet sind oder an den Hutkanten zusammenwachsen. Oberseite der Hütchen filzig, kurz behaart, oft fein gezont, blass ockerfarben oder graulich, oft durch Algen grünlich verfärbt; Wachstumszonen weißlich und etwas fransig. Fruchtschicht feinstachelig, Stacheln dicht, 0,5–2,5 mm lang, creme-ocker, ockerlich fleischfarben bis lachsorange, trocken ausblassend. **SPOREN** 3–4 × 1,5–2,5 µm, schmal, ellipsoid. **VORKOMMEN** Ganzjährig in Wäldern, Gebüschen, Gärten, Alleen und Parkanlagen auf berindeten oder unberindeten, meist am Boden liegenden Ästen und Stämmen von toten Laubbäumen, auch an Stümpfen von Weide *(Salix)*, Buche *(Fagus)*, Esche *(Fraxinus)*, Hasel *(Corylus)* und an vielen anderen Laubhölzern; sein Wirtsspektrum ist beachtlich, man hat den Ockerrötlichen Resupinatstacheling auch schon an Nadelhölzern (Weißtanne und Wacholder) gefunden. Der Pilz wächst gern in feuchten Flusstälern, Moor- und Auenwäldern; in Mitteleuropa weit verbreitet. **VERWENDUNG** Unbedeutend.

3 Gefranster Resupinatstacheling

Steccherinum fimbriatum (Pers.: Fr.) Erikss. *Corticiaceae s. lat.*

FRUCHTKÖRPER zunächst kleine Flecken, später zu größeren Belägen von einigen Dezimetern Länge zusammenwachsend, vollkommen resupinat, häutig, zäh, ganz angewachsen, leicht vom Substrat abnehmbar, durch eingewachsene Myzelstränge oft aderig; Oberfläche graulila, graurosa, fleischbräunlich, feinwarzig-kegelig höckerig-runzelig, Wärzchen bis 0,5 mm, Spitzen durch Zystidenbüschel bewimpert; Rand weißlich, meist schön strahlig-fransig, von ihm gehen oft weißliche oder graurötliche Myzelstränge aus. **SPOREN** 4–5 × 2,5–3 µm, ellipsoid, glatt, hyalin, teilweise mit Tropfen. **VORKOMMEN** Das ganze Jahr über in bodenfeuchten Laubwäldern und Hecken, meist auf der Unterseite von am Boden liegenden Laubholzästen, vorzugsweise an Buche *(Fagus sylvatica)*, seltener an Nadelholz; weit verbreitet. **VERWENDUNG** Unbedeutend. **WISSENSWERTES** Am fransig-faserigen Rand, der warzig-höckerigen Oberfläche und der lila Färbung leicht zu erkennen. Die Gattung *Steccherinum* umfasst in Europa etwa zehn auf Laub- und Nadelholz wachsende Arten. Alle erzeugen Weißfäule.

1

2

3

1 Rußbrauner Schichtpilz

Lopharia spadicea (Pers.: Fr.) Boid., *Stereum spadiceum* (Pers.: Fr.) Bres. *Corticiaceae s. lat.*

FRUCHTKÖRPER anfangs kleine, dünne Flecken mit weißlichem, feinfaserigem Rand, dann zu Belägen von einigen Dezimetern Ausdehnung zusammenfließend; hutartig abgehobene Kanten 0,5 bis 2 cm breit, leicht zoniert, filzig, graubraun, können an liegenden Ästen eine erhebliche Länge erreichen; Hymenium wellig-runzelig, grau, mausgrau bis hell graubraun oder dunkel tabakbraun, trocken stark rissig; Randzone weißlich-ockerlich. **FLEISCH** bis 2 mm dick, zäh, lederig, bei Verletzung nicht rötend. **SPOREN** 5,5–7 × 3,5–4,5 µm, oval, glatt, hyalin. **VORKOMMEN** Das ganze Jahr über auf am Boden liegenden Laubholzästen und -stämmen; Weißfäuleerzeuger. **VERWENDUNG** Unbedeutend.

GATTUNG **Peniophora (Zystidenrindenpilze)**
FAMILIE *Corticiaceae s. lat.*

Fruchtkörper meist resupinat, membranös, bisweilen wachsartig; Sporen glatt, hyalin, inamyloid. Weißfäuleerzeuger. In Europa etwa 30 Arten.

2 Hainbuchen-Zystidenrindenpilz

Peniophora laeta (Fr.) Donk *Corticiaceae s. lat.*

FRUCHTKÖRPER entwickeln sich als krustenförmige langgestreckte Beläge (10–30 cm) an abgestorbenen Ästen unter der Rinde und sprengen diese schließlich ab. Hymenium frisch fleischfarben-orangerot, besetzt mit Höckern und Zapfen, die dem Pilz das Absprengen der Rinde wohl erleichtern (einzige Art der Gattung mit „Stemmleisten"). Bei Trockenheit werden die Fruchtkörper blass cremefarben und rissig. **SPOREN** 9–12 × 3,5–4,5 µm. **VORKOMMEN** Ganzjährig an toten Ästen von Hainbuchen *(Carpinus betulus);* Weißfäuleerzeuger. **VERWENDUNG** Unbedeutend.

3 Aschgrauer Zystidenrindenpilz

Peniophora cinerea (Pers.: Fr.) Cke. *Corticiaceae s. lat.*

FRUCHTKÖRPER resupinat, sehr dünn (bis 0,1 mm), meist größere Überzüge bildend, die sich nicht abheben lassen, sonderen fest mit dem Substrat verwachsen sind, glatt bis feinwarzig, matt, grau mit violettem Schimmer, bei feuchter Witterung wachsartig, alt feldrig-rissig. **SPOREN** 7–10 × 2–3,5 µm, zylindrisch, etwas gebogen, hyalin. **VORKOMMEN** Ganzjährig verbreitet in Laubwäldern, Gebüschen und Hecken an toten, berindeten oder entrindeten, liegenden oder noch hängenden Ästchen von Rotbuche *(Fagus sylvatica)*, Hasel *(Corylus avellana)* und vielen anderen Laubhölzern. **VERWENDUNG** Unbedeutend.

4 Fleischroter Zystidenrindenpilz

Peniophora incarnata (Pers.: Fr.) Karst. *Corticiaceae s. lat.*

FRUCHTKÖRPER vollkommen resupinate, unregelmäßige, dünne, flächige Überzüge bildend, die eng mit dem Substrat verwachsen sind; feucht wachsartig aufgequollen, bis 1 mm dick, blass gelborange bis kräftig orangerot, Oberfläche glatt bis schwach höckerig, trocken membranartig, rissig; Rand jung etwas fransig. **SPOREN** 8–10 × 3,5–4,5 µm, schmalellipsoid, glatt, hyalin. **VORKOMMEN** Das ganze Jahr über an zahlreichen abgestorbenen Laub-, selten auch Nadelhölzern; in ganz Europa weit verbreitet. **VERWENDUNG** Unbedeutend.

1

2

3

4

1 Eichen-Zystidenrindenpilz

Peniophora quercina (Pers.: Fr.) Cke. *Corticiaceae s. lat.*

FRUCHTKÖRPER anfangs angewachsen-resupinate Überzüge bildend, die unter den Ästen entlangwachsen, bald vom Rand her abhebend und etwas aufgerollt; Hymenium blassrötlich, rosa-lila bis graurötlich, feucht violettgrau, bis etwa 2 mm aufquellend, leicht glasig-wachsig, glatt bis etwas höckerig **(1a)**; bei Trockenheit rissig, krustig, spröde und nur 0,2–0,5 mm dick **(1b)**. **SPOREN** 9–12 × 3–4 µm, zylindrisch-gebogen, glatt, hyalin. **VORKOMMEN** Ganzjährig, oft an toten, am Baum hängenden oder am Boden liegenden Ästen von Eichen *(Quercus)*, bisweilen auch anderen Laubbäumen; weit verbreitet, der Eichen-Zystidenrindenpilz ist wohl in jedem Eichenwald, auch in Parkanlagen, Eichenpflanzungen und selbst in Gärten anzutreffen. **VERWENDUNG** Unbedeutend. **WISSENSWERTES** Nahe verwandt ist der ▸ **Linden-Zystidenrindenpilz (siehe 2).**

2 Linden-Zystidenrindenpilz

Peniophora rufomarginata (Pers.) Litsch. *Corticiaceae s. lat.*

FRUCHTKÖRPER bis etwa 5 mm dicke, resupinate, eng anliegende Überzüge bildend, die an den Ästen entlangwachsen; Hymenium blassrötlich, rosa-grau, feucht graurosa, violettgrau, glasig-wachsartig; bei Trockenheit hart, stark querrissig und feldrig, Rand dabei umgebogen, wobei die braunschwarze Unterseite sichtbar wird. **SPOREN** 7–8 × 3–3,5 µm, zylindrisch, schwach allantoid, glatt. **VORKOMMEN** Ganzjährig in Wäldern, Parkanlagen, Alleen und an solitär stehenden Linden *(Tilia)* an noch am Baum hängenden abgestorbenen und an abgefallenen Ästen. **VERWENDUNG** Unbedeutend. **WISSENSWERTES** Auf Eschenästen *(Fraxinus excelsior)* findet man den **Eschen-Zystidenrindenpilz** *(Peniophora limitata)*.

3 Kiefern-Zystidenrindenpilz

Peniophora pini (Fr.) Boid. *Corticiaceae s. lat.*

FRUCHTKÖRPER dem Substrat anliegend als rötlich-violettgraue, runzelige, rundliche, kaum zusammenfließende Überzüge, bis 0,5 mm dick, jung weich, Rand weiß bis zartrosa, anliegend oder etwas frei und hochgebogen, alt grau-braun. **SPOREN** 7–9 × 2,5–3 µm, zylindrisch-gebogen, glatt, hyalin. **VORKOMMEN** Ganzjährig an der Unterseite von abgestorbenen, noch am Baum hängenden und berindeten Ästen frei stehender, windexponierter Wald-Kiefern *(Pinus sylvestris)*, selten an anderen *Pinus*-Arten. **VERWENDUNG** Unbedeutend. **WISSENSWERTES** Der beschriebene Pilz ist in den Kronen der Bäume leicht zu übersehen.

4 Grünerlen-Zystidenrindenpilz

Peniophora aurantiaca (Bres.) v. Höhn. & Litschauer
Corticiaceae s. lat.

FRUCHTKÖRPER vollkommen resupinate, dünne, krustenartige, mehrere Zentimeter lange Überzüge bildend, die eng mit dem Substrat verwachsen sind, feucht wachsartig aufgequollen, bis 1 mm dick, bei Trockenheit dünn; Oberfläche glatt bis schwach höckerig, rissig, blassorange, orangerötlich; Rand faserig. **SPOREN** 14–18 × 7–10 µm. **VORKOMMEN** Sommer bis Herbst an abgestorbenen, hängenden oder am Boden liegenden, noch berindeten Ästen der Grün-Erle *(Alnus viridis)*, im natürlichen Verbreitungsgebiet der Grün-Erle in den Alpen und in den wenigen kleinen Arealen im Voralpenland und im Schwarzwald. **VERWENDUNG** Unbedeutend. **WISSENSWERTES** Im Aussehen ähnlich ist der ▸ **Fleischrote Zystidenrindenpilz (S. 494/4).**

1a

1b

2

3

4

Gattung **Stereum (Schichtpilze)**
Familie *Corticiaceae s. lat.*

Fruchtkörper meist flächig am Substrat angewachsen, mit kleinen Hutkanten, lederig-zäh; Hymenium glatt; Sporen dünnwandig, glatt, amyloid; Weißfäuleerzeuger.

1 Blutender Nadelholz-Schichtpilz

Stereum sanguinolentum (A. & S.: Fr.) Fr. *Corticiaceae s. lat.*

FRUCHTKÖRPER an der Unterseite des Substrats krustig-lederige Überzüge bildend; am vertikalen Substrat wachsend entwickeln sich bis 1,5 cm abstehende, wellige Hüte. Hutoberseite feinfilzig, +/– gezont, elastisch, lederig, zäh, trocken hart, blassbräunlich, graubräunlich, bisweilen durch Algen grünlich; Rand jung weißlich, wellig, gekerbt; im Querschnitt ist unter dem Tomentum eine gelbrötliche Cortex sichtbar. Hymenophor glatt oder etwas höckerig-runzelig, blass graulich-violettlich, grau-ockerlich mit violetten Tönen, in feuchtem Zustand beim Reiben lebhaft rötend. **SPOREN** 8–11 × 2,5–3,5 µm. **VORKOMMEN** Ganzjährig an Nadelholz; weit verbreitet. **VERWENDUNG** Unbedeutend. **WISSENSWERTES** Auf dem Pilz parasitiert bisweilen der **Weißkernige Zitterling** *(Tremella encephala).*

2 Runzeliger Schichtpilz

Stereum rugosum Pers.: Fr., *Thelephora rugosa* Pers.
Corticiaceae s. lat.

FRUCHTKÖRPER meist krustenförmig, breit angewachsen, anfangs rundliche, dann zusammenfließende große Flächen einnehmend, frisch lederig-zäh, alt trocken, spröde; Hutkanten fehlend oder meist undeutlich ausgebildet, schmal, umgebogen, höckerig-verbogen, alt dunkelbraun-schwärzlich. Hymenophor glatt oder runzelig-uneben, gelblich, blassocker bis orangebraun, alt grauend; frische, feuchte Fruchtkörper beim Reiben rötend; mehrjährige Exemplare zeigen im Querschnitt eine deutliche Schichtung (10–20 Schichten). **SPOREN** 6,5–9 × 3,5–4,5 µm. **VORKOMMEN** Ganzjährig an Laubholz; weit verbreitet. **VERWENDUNG** Unbedeutend.

3 Zottiger Eichen-Schichtpilz

Stereum gausapatum (Fr.) Fr. *Corticiaceae s. lat.*

FRUCHTKÖRPER dünn, lederig-zäh, trocken hart, häufig resupinat oder in dachziegeligen Reihen mit 1–2 cm breiten, abstehenden, meist auffallend wellig-gekerbten Hütchen; Oberfläche der Hütchen behaart-filzig, grau-ockerbraun; Rand oft bewimpert. Hymenophor glatt bis uneben, rotbraun-graubraun, frisch mit weißlicher Randzone, in frischem Zustand beim Reiben und Anschneiden deutlich rötend. **SPOREN** 7–8 × 3–3,5 µm. **VORKOMMEN** Ganzjährig auf Ästen und Stümpfen von Eichen *(Quercus)*, selten anderen Laubhölzern. **VERWENDUNG** Unbedeutend.

4 Ästchen-Schichtpilz

Stereum rameale (Pers.) Fr. *Corticiaceae s. lat.*

FRUCHTKÖRPER zierlich, dünnfleischig, frisch weich-lederig, auch trocken noch biegsam, etwa 1 cm breit, oft kleiner, meist zu mehreren zusammengewachsen, Hutkanten bis 0,5 cm vom Substrat abstehend; Hutoberseite mit striegelig-schuppigem Haarfilz, undeutlich gezont, weißlich-grau bis gelb-graulich; Hymenophor glatt, wellig, trocken blass graugelb, grau-ockerlich. **SPOREN** 6–9 × 2–3 µm. **VORKOMMEN** Ganzjährig an Eiche *(Quercus)* und anderen Laubhölzern. **VERWENDUNG** Unbedeutend.

1

2

3

4

1 Striegeliger Schichtpilz, Zottiger Schichtpilz

Stereum hirsutum (Willd.) Pers. *Corticiaceae s. lat.*

FRUCHTKÖRPER lederig, elastisch-zäh, halbrund bis fächerförmig, bis 3 cm vom Substrat abstehend, am Substrat herablaufend oder auf der Unterseite des Substrats resupinat anliegend; oft dachziegelig in Reihen übereinander und seitlich miteinander wellig verwachsen, dabei ganze Äste und Stämme überziehend. Oberseite zottig-striegelig, konzentrisch gezont, gelborange, gelbbraun, alt kahl, grau; Unterseite mit dem Hymenium frisch lebhaft ockerfarben bis gelb-orange, glatt, alt ockergrau; Hutrand zur Wachstumszeit schön gelblich-orange. **FLEISCH** dünn, zäh, hellbräunlich; ohne besonderen Geruch und Geschmack; im Querschnitt durch den Fruchtkörper zeigt sich zwischen Haarfilz und Trama eine dünne rötlich braune Linie. **SPOREN** 5–8 × 2–3,5 µm, elliptisch-zylindrisch, glatt, hyalin, amyloid. **VORKOMMEN** Ganzjährig, überwinternd, an totem, berindetem oder unberindetem Holz, auf liegenden oder noch stehenden Ästen und Stämmen von Eiche *(Quercus)*, Rotbuche *(Fagus sylvatica)* und anderen Laubhölzern; in ganz Europa weit verbreitet, fehlt in keinem Laubwald. Weißfäuleerzeuger. **VERWENDUNG** Kein Speisepilz. **WISSENSWERTES** Verwechselt werden kann der Pilz mit dem ▸ **Samtigen Schichtpilz (siehe 2)**, hellhütigen ▸ **Schmetterlings-Trameten (S. 568/3)** und dem ▸ **Ästchen-Schichtpilz (S. 498/4)**.

2 Samtiger Schichtpilz

Stereum subtomentosum Pouz. *Corticiaceae s. lat.*

FRUCHTKÖRPER 3–7 cm breit, bis 5 cm vom Substrat abstehend, Hüte meist fächer- bis halbkreisförmig, schmal stielartig oder mit kleinem Stielchen am Substrat angewachsen. Hutoberfläche feinsamtig, ockergelblich, ockerbräunlich bis rostbräunlich, eng konzentrisch gezont, alt fast kahl, graulich und zur Anwachsstelle hin von Grünalgen besiedelt; Unterseite glatt bis schwach wellig-höckerig, frisch gelblich, hellocker, grau-gelblich, an geriebenen Stellen +/– gelb fleckend, trocken grau-ocker. **FLEISCH** dünn, lederig, elastisch; Geruch und Geschmack unbedeutend. **SPOREN** 5,5–7 × 2–3 µm, elliptisch-zylindrisch. **VORKOMMEN** Das ganze Jahr über gesellig und in Reihen wachsend auf Laubhölzern, gern in schattigen Laubwäldern, in Auenwäldern und Erlenbrüchen. **VERWENDUNG** Unbedeutend. **WISSENSWERTES** Der ähnliche **Prächtige Schichtpilz** *(Stereum insignitum)* wächst vor allem in Südeuropa an Eiche *(Quercus)*.

3 Mosaik-Schichtpilz

Xylobolus frustulatus (Pers.: Fr.) Boid. *Corticiaceae s. lat.*

FRUCHTKÖRPER resupinat, flach ausgebreitet, bei Trockenheit tief rissig in kleine 0,5–2 cm breite, vieleckige, mosaikartige Einzelfruchtkörper geteilt, die bei Regenwetter aufquellen und sich dabei schließen, aber nicht zusammenwachsen; Hymenium glatt, grauweiß-grauocker, Unterseite braunschwarz. Die Mosaikfelder stellen Einzelfruchtkörper **(3b)** dar, die alljährlich eine neue Fruchtschicht bilden; es wurden schon Fruchtkörper mit 20 und mehr Schichten gefunden. **SPOREN** 3,5–5 × 2,5–3,5 µm, elliptisch, glatt, hyalin. **VORKOMMEN** Mehrjährig an Schnittstellen und auf entrindetem Kernholz, auch in hohlen Stämmen von Eichen *(Quercus)*. Man findet diesen seltenen Pilz meist nur in Naturschutzgebieten und Reservaten, wo die gestürzten Baumruinen viele Jahre liegen bleiben; er verursacht im befallenen Holz eine typische Lochfäule („Rebhuhn"-Weißfäule), wodurch dieses ein wabenartiges Aussehen erhält. **VERWENDUNG** Unbedeutend. **WISSENSWERTES** Zur Gattung *Xylobolus* gehört neben der beschriebenen Art der **Hutbildende Schichtpilz** *(Xylobolus subpileatus)*; er wächst in Südeuropa an Eichen *(Quercus)* und anderen Laubbäumen.

1

2

3a

3b

1 Häutiger Lederfältling, Lederartiger Fältling

Meruliopsis corium (Pers.: Fr.) Ginns, *Merulius papyrinus* (Bull.) Quél., *Byssomerulius corium* (Pers.: Fr.) Parm. *Corticiaceae s. lat.*

FRUCHTKÖRPER resupinat bis semipileat, häutig, weich, dünn. Am horizontal liegenden Substrat wachsen die Beläge zunächst an der Unterseite, dann beiderseits am Holz herauf und entwickeln 0,3–1(–2) cm abstehende bandartige Hutkanten; am stehenden Substrat entstehen oft dachziegelig übereinander wachsende Hütchen. Oberfläche der Hutkanten feinfilzig, schwach gezont, weißlich, alt gelblich-ockerlich; Unterseite (Hymenium) jung fast glatt, dann faltig, netzartig gerunzelt, jung weißlich, später schmutzig gelblich, alt ockergelb bis orange, bei trockenem Wetter wird das Hymenium rissig; der Rand läuft an den Wachstumszonen fransig aus. **SPOREN** 5–6 × 2,5–3,5 µm. **VORKOMMEN** Das ganze Jahr hindurch, bevorzugt vom Herbst bis zum Frühjahr an toten Ästen und Zweigen verschiedener Laubholzarten, sehr selten an Nadelholz. Der Pilz wächst gern an Ästen, die auf Reisighaufen liegen; im befallenen Holz erzeugt er Weißfäule. **VERWENDUNG** Unbedeutend.

2 Weinroter Lederfältling, Weinroter Porenschwamm

Meruliopsis taxicola (Pers.: Fr.) Bond., *Poria taxicola* (Pers.) Bond. & Sing., *Gloeoporus taxicola* (Pers.: Fr.) Gilb. & Ryv. *Corticiaceae s. lat.*

FRUCHTKÖRPER bis über 10 cm breite, orangeockerliche Beläge mit auffallend hellem Randsaum bildend, membranartig, 1–3 mm dick, feucht wachsartig, alt rissig, trocken hornartig. **POREN** 2–4 pro mm, unregelmäßig rundlich, erst fleischrosa-orange, orange-ocker, im Alter dunkel rotbraun, oft in +/– konzentrischen Zonen angeordnet. **SPOREN** 3–6 × 1–1,5 µm, allantoid bis zylindrisch, glatt, hyalin. **VORKOMMEN** Das ganze Jahr über an toten Ästen und Stämmen verschiedener Nadelhölzer, vor allem an Wald-Kiefer *(Pinus sylvestris)*. **VERWENDUNG** Unbedeutend. **WISSENSWERTES** Der Pilz nimmt eine Mittelstellung zwischen den Porlingen und den meruliolden Rindenpilzen ein; sein Hymenium überzieht im Unterschied zu den Porlingen auch die Porenmündungen, sie sind rundum fertil.

3 Wacholder-Schichtpilz

Amylostereum laevigatum (Fr.) Boid. *Corticiaceae s. lat.*

FRUCHTKÖRPER krustenförmig, ohne Hutkanten, fest mit dem Substrat verwachsen, bis 1 mm dick, bis 20 cm lang; Oberfläche glatt, matt, grau, grauocker, trocken hart, rissig. **SPOREN** 7–10 × 3–4 µm. **VORKOMMEN** Ganzjährig an toten, berindeten Wacholderstämmen *(Juniperus communis)* sowie an Eibe *(Taxus baccata)* und Abendländischem Lebensbaum *(Thuja occidentalis)*. **VERWENDUNG** Unbedeutend.

4 Braunfilziger Fichten-Schichtpilz

Amylostereum areolatum (Chaill. in Fr.) Boid. *Corticiaceae s. lat.*

FRUCHTKÖRPER 2–10 cm breit, 1–2 mm dick, 0,5–3 cm vom Substrat abstehend; Hüte bisweilen verwachsen, lederig, trocken hart. Oberfläche deutlich filzig, gelbbraun-dunkelbraun; Unterseite glatt bis wellig, ockerbraun, jung mit violetten Tönen; zweischichtig, Hutfilzschicht und Trama durch eine dunkle Linie getrennt. **SPOREN** 5–6 × 2,5–3 µm, elliptisch, glatt, hyalin. **VORKOMMEN** Mehrjährig an Stümpfen und Stämmen der Fichte *(Picea abies)* in Nadelwäldern. **VERWENDUNG** Unbedeutend. **WISSENSWERTES** An Weißtanne wächst der **Tannen-Schichtpilz** *(Amylostereum chailletii)*. Die Gattung *Amylostereum* umfasst weltweit nur die drei hier genannten Arten. Alle wachsen an Nadelholz.

1

2

3

4

1 Dickhäutiger Braunsporrindenpilz, Kellerschwamm

Coniophora puteana (Schum.: Fr.) Karst., *Coniophora cerebella* Pers.: Pers. *Coniophoraceae*

FRUCHTKÖRPER resupinate Flächen von wenigen Zentimetern bis mehreren Dezimetern Länge bildend, 0,5–1 mm dick, wachsartig; Oberfläche runzelig-warzig, höckerig, leicht vom Substrat abtrennbar, jung gelblich weiß, gelbbraun, alt olivbraun, mit weißem, wollig-faserigem Rand. **SPOREN** 10–15 × 5–7 µm, breitelliptisch, dickwandig, glatt. **VORKOMMEN** Ganzjährig, vor allem im Spätherbst in Wäldern auf dicken Ästen und Stämmen von totem Laub- und Nadelholz; als Schadpilz auch in Gebäuden. **VERWENDUNG** Unbedeutend. **WISSENSWERTES** Der Dickhäutige Braunsporrindenpilz ist ein gefährlicher Holzzerstörer. Er greift wie der **Echte Hausschwamm** *(Serpula lacrimans)* auch frisch verbautes, noch feuchtes Holz an, besonders in feuchten Neubauten und schlecht belüfteten Räumen wie Keller, Küche und Badezimmer. Die Gattung *Coniophora* umfasst in Europa etwa sieben Arten. Der ähnliche **Dünnhäutige Braunsporrindenpilz** *(Coniophora arida)* unterscheidet sich durch dünnere Fruchtkörper.

2 Weichliche Fältlingshaut

Leucogyrophana mollusca (Fr.) Pouzar, *Merulius pseudomolluscus* Parm., *Leucogyrophana pseudomollusca* (Parm.) Parm. ss. auct. *Coniophoraceae*

FRUCHTKÖRPER voll resupinate, häutige, in frischem Zustand weiche Überzüge bildend, 1–2 mm dick und mehrere Zentimeter bis Dezimeter ausgebreitet; Oberfläche jung runzelig, faltig, leuchtend orange-aprikosenfarben, mit weißem, wattigem Rand, trocken schrumpfend. **SPOREN** 5,5–7,5 × 4–5 µm. **VORKOMMEN** Sommer bis Herbst an totem Nadelholz. **VERWENDUNG** Unbedeutend.

3 Schneeweißer Stachelsporrindenpilz

Cristella candidissima (Schw.) Donk, *Trechispora mollusca* (Pers.: Fr.) Liberta *Corticiaceae* s. lat.

FRUCHTKÖRPER resupinat, locker mit dem Substrat verwachsen, faserig, weich, bis 2 mm dick, mehrere (bis 20) Zentimeter lang; jung rein weiß, später ockerlich; Rand mit langen Fasern und Auswüchsen. **POREN** 1–4 pro mm, eckig. **SPOREN** 2,5–4 × 2,5–3 µm, kurzstachelig, hyalin. **VORKOMMEN** Ganzjährig meist an der Unterseite von morschen, am Boden liegenden Ästen und Stämmen von Laub- und Nadelhölzern. **VERWENDUNG** Unbedeutend. **WISSENSWERTES** Der beschriebene Pilz ist leicht mit ähnlichen, resupinat wachsenden Arten zu verwechseln. Wichtige Merkmale sind seine wattigen, leicht zerdrückbaren weißen Fruchtkörper mit den rhizomorphenartigen Fasern am Rand und seine stacheligen Sporen.

4 Rasiges Hängebecherchen

Merismodes anomalus (Pers.: Fr.) Sing., *Cyphellopsis confusa* (Bres.) Reid, *Cyphellopsis anomala* (Pers.: Fr.) Donk., *Merismodes fasciculatus* (Schw.) Earle, *Solenia stipitata* Fuck. *Cyphellaceae*

FRUCHTKÖRPER bis 0,5 mm breit, becherförmig, stiellos; Innenseite (Hymenium) glatt, cremefarben-ockerlich, Außenseite filzig; Rand fransig behaart. **SPOREN** 8–10 × 4–4,5 µm, elliptisch, glatt, hyalin, inamyloid. **VORKOMMEN** Ganzjährig in dichten Gruppen oder rasig an abgestorbenen, berindeten und unberindeten Laubholzästen, selten auch an Fichte *(Picea abies)*. **VERWENDUNG** Unbedeutend. **WISSENSWERTES** Singer stellt die Gattung *Merismodes* zu den *Agaricales* in die Familie *Crepidotaceae*.

1

2

3

4

1 Weißtannen-Fingerhut

Cyphella digitalis (Alb. & Schw.) Fr., *Aleurodiscus digitalis* (Alb. & Schw.: Fr.) Donk *Cyphellaceae*

FRUCHTKÖRPER bis 1 cm breit, fingerhutförmig bis glockenförmig, auch teller- bis schüsselförmig, +/– deutlich gestielt, hängend; Außenseite bräunlich, trocken, sehr fein haarig-zottig, Innenseite (Hymenium) glatt, weißlich-gelblich-graulich; Rand weißlich, bisweilen eingerissen. **SPOREN** 14–20 × 14–17 µm, rundlich, hyalin. **VORKOMMEN** Im Winter meist gesellig auf der Rinde liegender oder stehender Weißtannenäste und -stämme *(Abies alba)*, gern in feuchten Schluchtwäldern; selten. **VERWENDUNG** Unbedeutend. **WISSENSWERTES** Albertini und Schweinitz haben die Art 1805 zunächst zu den Ascomyceten gestellt. Fries nahm sie in die neue Gattung *Cyphella*, die durch das Fehlen der Asci von *Peziza* (Becherlinge) unterschieden wurde. Donk stellt die Art zu *Aleurodiscus*.

GATTUNG **Thelephora (Erdwarzenpilze)**
FAMILIE *Thelephoraceae*

Fruchtkörper zäh, lederig, resupinat, trichter-, muschel- oder korallenförmig gestaltet; Sporenpulver braun. In Europa zehn schwer unterscheidbare Arten.

2 Fächerförmiger Erdwarzenpilz, Erdwarzenpilz

Thelephora terrestris Pers: Fr., *Thelephora laciniata* Pers.: Fr. *Thelephoraceae*

FRUCHTKÖRPER bis 6 cm breit, dünn, lederartig, rosetten- bis fächerförmig, rundlich, muschelförmig oder flach trichterförmig, in einzelne abstehende, sich dachziegelartig deckende Lappen geteilt. Oberseite radialstriegelig, dunkelbraun oder rostbraun, später schwärzlich; Rand bewimpert, Zuwachszone heller; Unterseite mit dem Hymenium braun, faltig-runzelig, mit kleinen Warzen **(2b)**. **FLEISCH** 2–3 mm dick, lederartig, graubraun; Geruch zerrieben säuerlich, Geschmack mild. **SPORENPULVER** braunviolett. **SPOREN** 8–10 × 7–8 µm, elliptisch-eckig. **VORKOMMEN** Ganzjährig mit Haupterscheinungszeit von Juli bis November in Gruppen in Nadelwäldern, selten in Laubwäldern, auf nährstoffarmen Böden, oft auf sandigen Waldwegen. Der Pilz umwächst Moose, Ästchen, Holzstückchen und Jungpflanzen **(2a)** und bildet bisweilen große Kolonien, bei großflächiger Entwicklung wird er zum Schadpilz in Forstkulturen. In Europa weit verbreitet. **VERWENDUNG** Kein Speisepilz.

3 Stinkender Warzenpilz, Stinkende Lederkoralle

Thelephora palmata Scop.: Fr. *Thelephoraceae*

FRUCHTKÖRPER 3–8 cm hoch und breit, korallenartig verzweigt; Äste senkrecht stehend, ein- bis zweimal geteilt, meist abgeflacht, einige Millimeter breit, jung weißlich, alt violettbraun-dunkelbraun, Spitzen heller bis weißlich **(3a)**. **STIEL** 1–2 cm lang, strunkartig, verzweigt, dunkelbraun **(3b)**. **FLEISCH** lederartig, zäh, schwarzbräunlich, mit KOH blauend; Geruch widerlich-ekelig, nach faulendem Kohl, Geschmack unangenehm. **SPORENPULVER** braun. **SPOREN** 8–12 × 7–9 µm. **VORKOMMEN** August bis November meist einzeln, seltener truppweise in Nadelwäldern; in Europa weit verbreitet. **VERWENDUNG** Kein Speisepilz. **WISSENSWERTES** Der Stinkende Warzenpilz kann dem selteneren **Blumen-Warzenpilz** *(Thelephora anthocephala)* ähneln; dessen Fruchtkörper haben zumindest jung keinen unangenehmen Geruch, seine Sporen sind bis 10 µm lang.

1

2a

2b

3a

3b

1 Trichter-Warzenpilz, Nelkenförmiger Warzenpilz

Thelephora caryophyllea (Schaeff.): Fr., *Thelephora radiata* Holmsk.: Fr. *Thelephoraceae*

FRUCHTKÖRPER 2–5 cm breit, 1–4 cm hoch, rosetten- bis trichterförmig, dünn, oft tief geteilt, Hüte häufig verwachsen und übereinander stehend; Oberfläche purpurbraun, kastanienbraun, radialfaserig, +/– gezont, Rand heller, fransig; Hymenium auf der Hutunterseite glatt, braun bis purpurbraun, am Rand heller. **STIEL** meist deutlich ausgebildet, zentral, 5–20 mm lang, etwas dunkler als der Hut, bisweilen fehlend. **SPOREN** 6–8 × 5–7 µm, eckig-elliptisch, braun, warzig bis stachelig, Stacheln 1–1,5 µm lang. **VORKOMMEN** August bis Oktober in sandigen Fichtenwäldern auf offener Erde oder zwischen Moosen, an Wegen, auf nährstoffarmen Böden; relativ selten, wird wohl oft übersehen. **VERWENDUNG** Kein Speisepilz. **WISSENSWERTES** Der ähnliche ▸ **Erdwarzenpilz (S. 506/2)** hat fächerförmige, ungestielte Fruchtkörper, die Moose, Ästchen, Holzstückchen und Jungpflanzen umwachsen und bisweilen zu ganzen Kolonien zusammenwachsen.

2 Stacheliger Warzenpilz, Weißer Warzenpilz

Thelephora penicillata (Pers.) Fr. *Thelephoraceae*

FRUCHTKÖRPER 2–10(–15) cm breit, alt polsterartig ausgebreitet, dem Erdboden aufliegend, aus zahlreichen faserigen, spitzen, lederig-zähen Ästen bestehend, am Grund purpurbraun, an den Spitzen hell-weißlich. **FLEISCH** dünn; Geruch unbedeutend. **SPOREN** 7–10 × 5–8 µm, eckig, mit bis 1 µm langen Stacheln. **VORKOMMEN** August bis November krustenförmig auf Erde, Moosen und kleinen Zweigen, auch auf morschem Holz in Laub- und Nadelwäldern; selten. **VERWENDUNG** Kein Speisepilz. **WISSENSWERTES** Der Stachelige Warzenpilz ist unter den Pilzen der Gattung *Thelephora* an seinen zierlichen, an der Spitze lange Zeit weißlichen Ästchen gut zu erkennen; ihr Geruch ist im Gegensatz zum ▸ **Stinkenden Warzenpilz (S. 506/3)** unbedeutend.

GATTUNG **Hydnellum** **(Korkstachelinge)**
FAMILIE *Thelephoraceae*

Am Erdboden wachsende, zähe, korkartige, mittelgroße, in Hut und Stiel gegliederte Stachelpilze. Sporen warzig-höckerig oder stachelig ornamentiert. In Europa etwa 15, in Deutschland etwa zehn Arten.

3 Rostbrauner Korkstacheling

Hydnellum ferrugineum (Fr.: Fr.) Karst. *Thelephoraceae*

HUT 3–10 cm breit, gewölbt oder kreiselförmig; Oberfläche jung samtig, weiß, mit blutroten Tropfen, später rau, rotbraun, alt dunkelbraun. **STACHELN** bis 5 mm lang, am Stiel herablaufend, jung weißlich, später rotbraun. **STIEL** 0,5–6 cm lang, 0,7–3 cm breit, zylindrisch, oft mit Substratteilen und benachbarten Stielen verwachsen, zäh, rotbraun. **FLEISCH** korkig, rotbraun, konzentrisch gezont; Geruch schwach mehlartig, Geschmack mild. **SPOREN** 5–6 × 3,5–5 µm. **VORKOMMEN** Juli bis Oktober einzeln bis gesellig, oft in Reihen und Ringen in Laub- und Nadelwäldern auf nährstoffarmen Böden; selten, schützenswert, vielerorts ist der im Wachstumsstadium sehr hübsche Pilz zurückgegangen oder erloschen. **VERWENDUNG** Kein Speisepilz. **WISSENSWERTES** Ähnlich ist der ▸ **Scharfe Korkstacheling (S. 510/3)**, der in der Wachstumsphase ebenfalls blutrote Guttationstropfen ausscheidet. Sein Fleisch schmeckt jedoch sehr scharf.

1

2

3

1 Orangegelber Korkstacheling

Hydnellum aurantiacum (Batsch: Fr.) Karst., *Hydnellum auratile* (Britz.) Maas Geestranus *Thelephoraceae*

HUT 3–10 cm breit, 3–8 mm dick, Fruchtkörper oft zusammengewachsen; Oberfläche filzig, grubig, mit Höckern, auch mit hervorwachsenden Einzelhütchen, schwach konzentrisch gezont, orangegelb, Mitte orangebräunlich, zum Rand hin weißlich. **STACHELN** bis 5 mm lang, am Stiel herablaufend, jung weißlich, alt purpurbraun. **STIEL** 2–5 cm lang, filzig, dunkel- bis orangebräunlich. **FLEISCH** korkartig-zäh, schwach zoniert, im Hut weißlich-orange, im Stiel orangebraun; Geruch +/– mehlartig. **SPORENPULVER** bräunlich. **SPOREN** 4,5–6,5 × 4–5,5 µm, rundlich, hellbraun, mit stumpfen Höckern. **VORKOMMEN** August bis Oktober einzeln bis gesellig, bisweilen miteinander verwachsen, am Erdboden in Berg-Nadelwäldern Mitteleuropas unter Fichten *(Picea abies)* und Weißtannen *(Abies alba)*, auch in Mischwäldern, auf Kalkböden; überall selten und durch Umwelteinflüsse im Rückgang begriffen. **VERWENDUNG** Kein Speisepilz. **WISSENSWERTES** Ebenfalls konzentrisch gezonte Fruchtkörper haben der **Gezonte Korkstacheling** *(Hydnellum concrescens)* und der **Grubige Korkstacheling** *(Hydnellum scrobiculatum)*, zwei seltene, ebenfalls zurückgehende Arten, die makroskopisch nicht zu unterscheiden sind.

2 Wohlriechender Korkstacheling

Hydnellum suaveolens (Scop.: Fr.) Karst. *Thelephoraceae*

HUT 5–10 cm breit, jung gewölbt, unregelmäßig rundlich, fleischig-korkig, alt flach vertieft, oft klumpig verwachsen; Oberfläche höckerig-runzelig, jung samtig, weißlich, dann ocker bis dunkelbraun, alt schwarzbräunlich; Rand lange weiß **(2a)**. **STACHELN** bis 4 mm lang, herablaufend, jung hellbläulich, alt purpurbraun. **STIEL** 1–6 cm lang, zylindrisch-konisch, filzig, grau-bläulich, alt schwärzlich. **FLEISCH** korkig, weißlich, im Schnitt deutlich bläulich konzentrisch gezont **(2b)**; Geruch intensiv anisartig, Geschmack mild bis bitterlich. **SPOREN** 4–5 × 3–3,5 µm. **VORKOMMEN** Sommer bis Herbst in Ringen und Reihen in moosigen Berg-Nadelwäldern, bevorzugt auf Kalkböden. Der Wohlriechende Korkstacheling gilt als stark gefährdet; wie bei vielen Korkstachelingen zeigen seine Vorkommen durch Umwelteinflüsse überall eine stark rückläufige Tendenz oder sind ganz erloschen. **VERWENDUNG** Kein Speisepilz. **WISSENSWERTES** Der Pilz ist an seinem Habitus und dem auffälligen Anisgeruch leicht zu erkennen; der angenehme Geruch bleibt auch in getrocknetem Zustand lange erhalten.

3 Scharfer Korkstacheling

Hydnellum peckii Banker in Peck, *Hydnellum diaboli* Banker *Thelephoraceae*

HUT 3–10 cm breit, unregelmäßig rund, oft kreiselförmig, flach gewölbt, niedergedrückt, auch verwachsen; Oberfläche höckrig, furchig, filzig, jung weiß, oft blutrote Tropfen ausscheidend, alt braunrot, Mitte dunkler; Rand weißlich, eingekerbt. **STACHELN** bis 5 mm lang, herablaufend, jung weißlich, dann purpurbraun. **STIEL** 1–5 cm lang, zur Basis hin verschmälert, voll, rotbraun. **FLEISCH** korkartig, blassbraun; Geruch angenehm, Geschmack brennend scharf. **SPOREN** 4,5–6 × 3,5–4,5 µm, rundlich-elliptisch, mit Höckern. **VORKOMMEN** August bis Oktober einzeln oder gesellig auf dem Erdboden, oft in der Nadelstreu, in Berg-Nadelwäldern vorwiegend unter Fichten *(Picea abies)*. Dieser im Jugendstadium prächtig gefärbte Korkstacheling ist überall selten, stark gefährdet und vielerorts verschollen. **VERWENDUNG** Kein Speisepilz.

1

2a

2b

3

1 Grüngelber Korkstacheling

Hydnellum geogenium (Fr.) Banker, *Hydnellum sulphureum* Kalchbr. *Thelephoraceae*

HUT 0,5–3 cm breit, jung +/– keulen- bis zungenförmig, später kreisel- bis rosettenförmig, zu mehreren verwachsen; Oberseite wellig, höckerig, jung schwefelgelb, alt olivbraun, filzig, ungezont; Rand heller bis weißlich. **STACHELN** bis 2 mm lang, herablaufend, jung schwefelgelb. **STIEL** oft seitlich stehend und verzweigt, braungelb; Basismyzel und Rhizomorphe schwefelgelb. **FLEISCH** korkartig-zäh, gelb, alt olivgrünlich. **SPOREN** 4–5 × 3–3,5 µm, kugelig, höckerig. **VORKOMMEN** August bis Oktober in Berg-Nadelwäldern; sehr selten, in Deutschland sind von diesem jung auffallend gefärbten Korkstacheling nur wenige Standorte bekannt. **VERWENDUNG** Kein Speisepilz.

2 Habichtspilz, Rehpilz

Sarcodon imbricatus (L.: Fr.) Karst. *Thelephoraceae*

HUT 6–30 cm breit, anfangs gewölbt, später flach ausgebreitet mit vertiefter Mitte, alt trichterförmig; Oberfläche graubraun mit groben, +/– kreisförmig angeordneten, an der Spitze dunkelbraun gefärbten, aufgerichteten Schuppen, die zum Rand hin kleiner werden; Rand lange eingerollt, heruntergebogen. **STACHELN** bis 1 cm lang, herablaufend, am Stiel kürzer; brüchig, anfangs weißgrau, später graubraun bis purpurbraun. **STIEL** 5–8 cm lang, 2–5 cm breit, zylindrisch bis keulig-bauchig, voll, fest, oft seitlich wachsend, graubräunlich; Basis oft verdickt. **FLEISCH** fest, zäh, weißlich; Geruch würzig, Geschmack mild bis bitter. **SPORENPULVER** braun. **SPOREN** 7–8 × 5–5,5 µm, rundlich-grobhöckerig. **VORKOMMEN** August bis November in Nadelwäldern, oft in Reihen oder büschelig; rückläufig. **VERWENDUNG** Jung essbar, aber als Seltenheit zu schonen. **WISSENSWERTES** Pilze der Gattung *Sarcodon* (Braunsporstachelinge) haben auf der Hutunterseite Stacheln, die jung weiß, im Alter purpurbraun gefärbt sind. Am bekanntesten ist der hier beschriebene Habichtspilz. Dieser hat einen seltenen Doppelgänger, den stark bitter schmeckenden **Gallen-Stacheling** *(Sarcodon scabrosus)*. Der **Grünfüßige Braunsporstacheling** *(Sarcodon glaucopus)* schmeckt nicht so bitter und hat kleinere Sporen.

3 Violettlicher Weißsporstacheling

Bankera violascens (Alb. & Schw.: Fr.) Pouz. *Thelephoraceae*

HUT 3–10(–15) cm breit, jung flach gewölbt, später ausgebreitet mit leicht vertiefter Mitte, oft mit anderen Hüten verwachsen; Oberfläche jung feinfilzig, matt, grauweiß, graulila, fleischbräunlich, schmutzig violettblau; Rand oft heller, heruntergebogen. **STACHELN** bis 6 mm lang, dünn, am Stiel wenig herablaufend, jung weißlich, später blassgrau. **STIEL** bis 10 cm lang, 0,5–2 cm breit, bisweilen geteilt oder verbändert, jung weißlich, alt dunkelbraun-purpurbraun. **FLEISCH** weich, schmutzig weißlich mit lila Ton; Geruch angenehm und besonders nach dem Trocknen intensiv nach Liebstöckel. **SPORENPULVER** weiß. **SPOREN** 4,5–5,5 × 4–4,5 µm, rundlich, feinstachelig. **VORKOMMEN** Juni bis Oktober einzeln oder in Gruppen in moosreichen, feuchten Berg-Nadelwäldern unter Fichten *(Picea abies)*; sehr selten. **VERWENDUNG** Kein Speisepilz. **WISSENSWERTES** Die Gattung *Bankera* umfasst in Europa zwei Arten. Ihre Fruchtkörper sind in Hut und Stiel gegliedert, das Fleisch ist nicht gezont und riecht nach Liebstöckel. Ihre Sporen sind farblos, während die der nahe verwandten Gattung *Sarcodon* braun sind. Der sehr seltene **Rötende Weißsporstacheling** *(Bankera fuligineoalba)* wächst unter Kiefern *(Pinus sylvestris)*.

1

2

3

GATTUNG **Phellodon (Duftstachelinge)**
FAMILIE *Thelephoraceae*

Die Gattung umfasst weltweit etwa zehn, in Europa vier Arten. Ihre bei der Reife grau gefärbten Stacheln sind oft zu wenigen verwachsen. Fruchtkörper mit typischem Geruch nach Liebstöckel. Sporen kugelig bis elliptisch, hyalin, stachelig, inamyloid. Durch Eintragung von Luft- und Bodenschadstoffen in die naturnahen Wälder sind viele Duftstachelinge stark gefährdet.

1 Schwarzweißer Duftstacheling

Phellodon connatus (Schultz: Fr.) Karst., *Phellodon melaleucus* (Sow. in Fr.: Fr.) Karst. *Thelephoraceae*

HUT 1–4(–8) cm breit, sehr dünn, mit niedergedrückter Mitte, oft zu mehreren verwachsen; Oberfläche in der Mitte feinfilzig, radialrunzelig, später fast kahl, kaum gezont, aschgrau, graubraun; Rand weißlich. **STACHELN** 1–2(–3) mm lang, am Stiel herablaufend, weiß bis grauweiß. **STIEL** 2–5 cm lang, 3–5(–10) mm breit, dunkelbraun bis schwarzbraun, oft büschelig verwachsen. **FLEISCH** dünn, gezont, graubraun, rotbraun, mit KOH grün; Geruch beim Trocknen nach Liebstöckel, Geschmack bitterlich. **SPOREN** 3,5–4,5 × 3–4 µm (ohne Stacheln), rundlich, stachelig. **VORKOMMEN** August bis Oktober oft in Reihen und Ringen in moosigen Berg-Nadelwäldern auf nährstoffarmen Kalk- und Silikatböden; sehr selten. **VERWENDUNG** Kein Speisepilz. **WISSENSWERTES** Ähnlich dunkel gefärbte Fruchtkörper hat der ▸ **Schwarze Duftstacheling (siehe 2);** sein Fleisch ist grau bis schwarz, es färbt sich wie beim Schwarzweißen Duftstacheling mit KOH grün.

2 Schwarzer Duftstacheling

Phellodon niger (Fr.: Fr.) Karst. *Thelephoraceae*

HUT 3–7 cm breit, flach, Mitte niedergedrückt, oft zu mehreren verwachsen; Oberfläche filzig, Mitte schuppig, blauschwarz-purpurschwarz, meist konzentrisch gebändert, grubig; Rand weißlich. **STACHELN** bis 3 mm lang, wenig am Stiel herablaufend, jung weiß-grau. **STIEL** bis 5 cm lang, meist verzweigt-verwachsen, filzig, schwarz; Basis +/– angeschwollen. **FLEISCH** korkig, mit festem Kern und weicher Umhüllung, schwarz; Geruch getrocknet nach Liebstöckel, Geschmack würzig. **SPOREN** 3,5–4,5 × 2,5–3,5 µm. **VORKOMMEN** Juli bis November in Nadelwäldern, auch in Laubwäldern; sehr selten und stark gefährdet, zahlreiche Standorte des Schwarzen Duftstachelings sind seit Jahren erloschen. **VERWENDUNG** Kein Speisepilz.

3 Becherförmiger Duftstacheling

Phellodon tomentosus (L.: Fr.) Banker, *Hydnum cyathiformis* (Schaeffer non ss. Fr.) Karst. *Thelephoraceae*

HUT 2–5 cm breit, niedergedrückt-trichterig, oft zu mehreren verwachsen; Oberfläche jung samtig-filzig, dann runzelig-furchig, jung weißlich, dann haselbraun-graubraun mit dunkleren Bändern; Rand weißlich. **STACHELN** bis 2 mm lang, am Stiel etwas herablaufend, jung weiß, später grauweiß. **STIEL** bis 3 cm lang, oft verwachsen, hell- bis dunkelbraun. **FLEISCH** hellbraun, im Stiel dunkler; Geruch beim Trocknen nach Liebstöckel. **SPOREN** 3,5–4,5 × 3–4 µm. **VORKOMMEN** Juli bis Oktober oft in dichten Rasen, Reihen und Ringen in Nadel- und Mischwäldern; sehr selten, in Europa an vielen Plätzen durch schädliche Umwelteinflüsse und forstwirtschaftliche Maßnahmen verschollen oder stark gefährdet. **VERWENDUNG** Kein Speisepilz.

1

2

3

1 Schwarzweißer Rußporling, Rußgrauer Porling

Boletopsis leucomelaena (Pers.) Fayod, *Boletopsis leucomelas* Pers. *Thelephoraceae*

HUT 5–15 cm breit, jung gewölbt, später ausgebreitet, unregelmäßig geformt; Oberfläche matt, glatt, eingewachsen faserig, grau, graubräunlich-schwärzlich, auch mit olivvioletttlichem Ton; Rand anfangs heruntergebogen, alt wellig verbogen, gelappt bis ausgebuchtet. **RÖHREN** 2–6 mm lang, etwas am Stiel herablaufend. **POREN** 1–3 pro mm, eckig, anfangs weißlich, später grau. **STIEL** 3–8 cm lang, 1–3 cm breit, voll, walzenförmig, zur Basis verjüngt, zentral, oft exzentrisch, glatt bis feinschuppig, grau bis olivbräunlich, alt schwärzlich. **FLEISCH** zart, weiß, im Schnitt schwach rosa, dann grau; Geruch unbedeutend, Geschmack mild bis leicht bitter. **SPORENPULVER** blassgrau. **SPOREN** 4,5–7 × 4–5 µm, fast kugelig, mit Höckern. **VORKOMMEN** August bis Oktober in montanen Fichtenwäldern, bisweilen auch in Laubwäldern; als Seltenheit zu schonen. **VERWENDUNG** Kein Speisepilz. **WISSENSWERTES** Der Schwarzweiße Rußporling ähnelt etwas dem dunkel gefärbten ► **Porphyrröhrling (S. 54/1).**

GATTUNG **Hymenochaete (Borstenscheiblinge)**
FAMILIE *Hymenochaetaceae*
In Deutschland etwa acht Arten. Fruchtkörper resupinat bis effuso-reflex, krustenförmig; Hymenium mit braunen Setae; Trama mit KOH schwarz; Sporenpulver bräunlich.

2 Blutroter Borstenscheibling

Hymenochaete cruenta (Pers.: Fr.) Donk, *Hymenochaete mougeotii* (Fr.) Cke. *Hymenochaetaceae*

FRUCHTKÖRPER zunächst kleinere, resupinate Krusten, die oft zu großen zusammenhängenden Flächen verwachsen; an senkrechtem Substrat auch mit 1–4 mm breiten, abstehenden, auf der Oberseite dunkelbraun-rostbraunen Hutkanten; Hymenium in jungem Zustand blutrot, später dunkelpurpurn, uneben-höckerig, mit dicht stehenden, dunkelbraunen Borsten besetzt (Lupe!). **FLEISCH** dünn, lederig. **SPOREN** 6–8 × 2–3 µm, zylindrisch, glatt, hyalin, inamyloid. **VORKOMMEN** Das ganze Jahr über in luftiger Höhe auf der Rinde sterbender oder abgestorbener Äste und Stämme von Weißtannen *(Abies alba);* auf abgeschlagenen, am Boden liegenden Ästen oder gefällten Stämmen verschwindet er. Das Verbreitungsgebiet dieses „Aerobionten" ist auf das natürliche Areal der Weißtanne beschränkt. **VERWENDUNG** Unbedeutend.

3 Gefelderter Borstenscheibling

Hymenochaete corrugata (Fr.: Fr.) Lév. *Hymenochaetaceae*

FRUCHTKÖRPER kleine, später zusammenfließende, eng dem Substrat anliegende Beläge, bis mehrere Dezimeter lang, ohne Hütchenbildung; Fruchtschicht bis 2 mm dick, unregelmäßig kleinfeldrig rissig, graubraun, graulila, ockerbraun; Rand feinfaserig auslaufend, alt deutlich abgegrenzt. **SPOREN** 3,5–4,5 × 1–2 µm. **VORKOMMEN** Ganzjährig an abgestorbenen Ästen und Stämmen verschiedener Laubhölzer, oft an Hasel *(Corylus avellana),* bevorzugt an klimatisch milden Standorten; selten. **VERWENDUNG** Unbedeutend. **WISSENSWERTES** Ähnlich ist der **Bergahorn-Borstenscheibling** *(Hymenochaete carpatica).* Er wächst auf der Unterseite der Rinde alter Berg-Ahorne. Bei oberflächlicher Betrachtung kann der Gefelderte Borstenscheibling auch mit dem ► **Aschgrauen Zystidenrindenpilz (S. 494/3)** verwechselt werden.

1

2

3

1 Rotbrauner Borstenscheibling

Hymenochaete rubiginosa (Dicks.: Fr.) Lév. *Hymenochaetaceae*

FRUCHTKÖRPER semipileat, Einzelhüte 1–4 cm breit, 1–2(–3) cm etwas schräg nach unten vom Substrat abstehend, zur Anwachsstelle hin oft fast stielartig zusammengezogen; Hüte meist reihig und dachziegelartig verwachsen; Oberseite jung feinfilzig, später kahl, konzentrisch gezont, dunkel rotbraun, schwarzbraun, alt schwarz; Rand etwas heller, gelb- bis rotbraun, wellig, scharf; Unterseite rotbraun, alt dunkelbraun, uneben bis glatt, matt, dicht besetzt mit steifen braunen Setae (Lupe!). **FLEISCH** dünn, zäh, braun, mit KOH schwarz; Geruch und Geschmack unbedeutend. **SPOREN** 4–6,5 × 2,5–3,5 µm, länglich elliptisch, glatt, hyalin. **VORKOMMEN** Das ganze Jahr über an totem, entrindetem Holz von Eiche *(Quercus)* und Edelkastanie *(Castanea sativa)*, oft an alten Stümpfen. Der Pilz ist wohl in jedem alten Eichenforst in ganz Europa anzutreffen; er ist mehrjährig, im befallenen Holz erzeugt er Weißfäule. **VERWENDUNG** Unbedeutend.

2 Tabakbrauner Borstenscheibling

Hymenochaete tabacina (Sow.: Fr.) Lév. *Hymenochaetaceae*

FRUCHTKÖRPER zunächst isolierte Initialfruchtkörper, die später zusammenwachsen; auf der Unterseite der Äste wachsen so oft meterlange Überzüge heran, die beiderseits von bis zu 1 cm abstehenden Hutkanten gesäumt sind. Oberseite der Hütchen und Kanten tabakbraun, rostbraun, oft konzentrisch gezont, filzig, alt kahl, jung mit goldgelbem welligem Rand; Unterseite matt, rostbraun-graubraun, jung auch heller, dicht braunborstig behaart (Lupe!), trocken feinrissig, gefeldert. **FLEISCH** dünn, lederig, braun oder gelbbraun. **SPOREN** 4,5–7 × 1,5–2,5 µm, zylindrisch, glatt, hyalin, inamyloid. **VORKOMMEN** Ganzjährig an absterbenden und toten Ästen von Weide *(Salix)*, Hasel *(Corylus avellana)* und anderen Laubhölzern; weit verbreitet, erscheint oft massenhaft in Feuchtgebieten, Moorwäldern, an Bächen und Seeufern, tritt aber auch an trockenen Standorten in Wäldern und Hecken auf. Der normalerweise einjährige Pilz kann im zweiten Jahr am Hutrand weiterwachsen oder auf den alten, überwinterten Fruchtkörpern neue bilden. **VERWENDUNG** Unbedeutend. **WISSENSWERTES** An den abgestorbenen, noch berindeten Ästen findet man auch oft die kleinen Fruchtkörper des ▸ **Blasigen Eckenscheibchens (S. 628/3)** in dichten Rasen.

3 Gebänderter Dauerporling

Coltricia perennis (L.: Fr.) Murr. *Hymenochaetaceae*

HUT 3–5(–8) cm breit, trichterförmig oder niedergedrückt, sehr dünn, zäh, ungebuckelt, bisweilen mehrere Hüte miteinander verwachsen; Oberfläche feinsamtig, alt kahl, gelbbraun, graubraun, rostbraun, konzentrisch gezont; Rand wellig. **RÖHREN** 0,5–3 mm lang. **POREN** 2–4 pro mm, rundlich bis eckig, am Stiel herablaufend, gelbbraun-rostbraun. **STIEL** 1–4 cm lang, dünn, zur Basis hin verdickt, zäh, samtartig-filzig, dunkelbraun-rostbraun. **FLEISCH** bis 1 mm dick, lederig, zäh, rostbräunlich; Geruch unbedeutend, Geschmack mild. **SPORENPULVER** goldbraun. **SPOREN** 6–9 × 3,5–4,5 µm, elliptisch, glatt, teilweise mit Tropfen. **VORKOMMEN** Juni bis November meist gesellig auf dem Erdboden in Nadel-, seltener Laubwäldern, gern auf sandigen Waldwegen, auch an Brandstellen; alte, von Algen besiedelte Fruchtkörper findet man bisweilen noch im nächsten Frühjahr. Der Pilz fehlt in Kalkgebieten oder ist dort sehr selten. Er ist vielerorts stark im Rückgang begriffen. **VERWENDUNG** Kein Speisepilz. **WISSENSWERTES** Von der Gattung *Coltricia* sind in Europa vier Arten bekannt, alle wachsen auf der Erde.

1

2

3

GATTUNG **Inonotus (Schillerporlinge)**
FAMILIE *Hymenochaetaceae*
Fruchtkörper einjährig, konsolenförmig, ohne harte Kruste, Oberfläche meist behaart; Fleisch frisch weich, rostbraun; Röhren nicht geschichtet, Poren frisch oft silbrig schimmernd; Sporen elliptisch bis fast kugelig. Oft parasitisch, Weißfäuleerzeuger. In Europa etwa 15 Arten.

1 Schiefer Schillerporling

Inonotus obliquus (Bolt.: Fr.) Pil. *Hymenochaetaceae*

FRUCHTKÖRPER in zwei Erscheinungsformen: Imperfekte, sterile, klumpenförmige Fruchtkörper, 10–20(–30) cm hoch und breit, bis 10 cm vom Substrat abstehend; Oberseite schwarz, tief rissig, bröckelig; im Schnitt fest, kompakt, dunkel rostbraun bis schwarzbraun mit weißen Flecken. Unter der Rinde bildet der Pilz resupinate, 0,5–1 cm dicke, Sporen bildende Fruchtkörper mit anfangs silbrig schimmernden, eckig-länglichen Poren; er entwickelt Stemmleisten, welche die Rinde vom Kernholz abdrücken. **SPOREN** 7,5–10 × 5–7,5 µm, elliptisch. **VORKOMMEN** Imperfekte Fruchtkörper mehrjährig an Birken *(Betula)*, gern an Straßen und Alleen, wo der seltene Pilz leicht erkennbar ist. Weißfäuleerzeuger. **VERWENDUNG** Kein Speisepilz.

2 Tamarisken-Schillerporling

Inonotus tamaricis (Pat.) Maire *Hymenochaetaceae*

FRUCHTKÖRPER halbkreis- oder fächerförmig, 5–25 cm breit, 3–15 cm vom Substrat abstehend, an der Anwachsstelle 2–5 cm dick; Oberfläche zottig behaart, jung gelbbraun, später dunkel rostbraun; Rand hellbräunlich. **RÖHREN** bis 2,5 cm lang, jung mit Guttationstropfen. **POREN** 1–3 pro mm, jung gelblich, silbrig schimmernd, alt rostbraun. **TRAMA** mit großem Myzelialkern. **SPOREN** 7–9,5 × 5–7 µm. **VORKOMMEN** Sommer bis Winter an lebenden Tamarisken *(Tamarix)*, an den Stränden des Mittelmeeres weit verbreitet; die alten, schwärzlichen Fruchtkörper findet man oft noch im nächsten Jahr an den Bäumen. **VERWENDUNG** Kein Speisepilz.

3 Fuchsroter Schillerporling

Inonotus rheades (Pers.) Karst., *Polyporus vulpinus* Fr.
Hymenochaetaceae

FRUCHTKÖRPER jung knollenförmig aus dem Substrat hervorbrechend, später konsolenförmig, 4–12 cm breit, 3–8 cm vom Substrat abstehend, an der Anwachsstelle 2–3 cm dick, einzeln oder dachziegelig; Oberfläche zottig-filzig behaart, kaum gezont, gelbrötlich, gelborange bis braunrot, zuletzt kahl. **RÖHREN** 0,5–1,5 cm lang. **POREN** 2–3 pro mm, anfangs rundlich, später unregelmäßig eckig bis labyrinthisch, jung hellgelb, silbrig schimmernd, später dunkelbraun. **TRAMA** 0,3–2 cm dick, frisch fleischig, trocken hart, rostrot bis dunkelrot. **SPOREN** 5–7 × 3,5–5 µm, elliptisch, glatt. **VORKOMMEN** Juli bis Oktober in Auenwäldern, Moorwäldern und feuchten Laubwäldern an Pappeln *(Populus)*, alte Fruchtkörper findet man noch im nächsten Jahr an den Stämmen; selten. **VERWENDUNG** Kein Speisepilz. **WISSENSWERTES** Ähnliche Fruchtkörper bilden der ebenfalls seltene **Flache Schillerporling** *(Inonotus cuticularis)*, der meist an Rotbuche *(Fagus sylvatica)* und Ahorn *(Acer)* wächst, sowie der an Eichen *(Quercus)* vorkommende ▸ **Eichen-Schillerporling (S. 522/1)**. **WISSENSWERTES** Ähnliche, aber kleinere Fruchtkörper entwickelt der ▸ **Erlen-Schillerporling (S. 524/1)**, der an verschiedenen Erlenarten wächst.

1

2

3

1 Eichen-Schillerporling

Inonotus dryophilus (Berk.) Murr. *Hymenochaetaceae*

FRUCHTKÖRPER jung knollig, später konsolenförmig, 5–20(–30) cm breit, bis 25 cm vom Substrat abstehend, an der Anwachsstelle 2–15 cm dick; Oberfläche tabakbraun-rostbraun, stark zottig behaart, alt verkahlend. **RÖHREN** 1–4(–6) cm lang, dunkelbraun. **POREN** 2–3 pro mm, jung hellbraun, mit Guttationstropfen, später dunkelbraun. **TRAMA** mit Myzelialkern, frisch korkig. **SPORENPULVER** bräunlich. **SPOREN** 7–9 × 5–6,5 µm. **VORKOMMEN** Der Eichen-Schillerporling ist bezüglich seiner Wirtswahl sehr anspruchsvoll. Er erscheint nur an lebenden alten Eichen *(Quercus)* in etwa 1–5 m Stammhöhe von Juli bis September; alte morsche Fruchtkörper findet man noch im nächsten Jahr an den Stämmen. **VERWENDUNG** Kein Speisepilz. **WISSENSWERTES** In seinem Bestand bedroht wird dieser sehr seltene Pilz hauptsächlich durch Entfernen der alten, kranken Bäume aus Wäldern und Parkanlagen.

2 Zottiger Schillerporling, Pelz-Porling

Inonotus hispidus (Bull.: Fr.) Karst. *Hymenochaetaceae*

FRUCHTKÖRPER halbkreis- bis konsolenförmig, 10–30 cm breit, an der Anwachsstelle 1–10 cm dick, bis 20 cm vom Substrat abstehend; Oberseite filzig-zottig, schön gelb- bis rotbraun, alt schwarzbraun; Rand jung wulstig, schwefelgelb-gelbbraun. **RÖHREN** 1–4 cm lang, goldgelb-orangegelb, bisweilen mit Guttationskanälen, aus denen bei jungen Exemplaren bernsteinfarbene Flüssigkeit austritt. Die alten, vertrockneten, schwarzbraunen Fruchtkörper sind noch bis zum nächsten Jahr anzutreffen. **POREN** 2–3 pro mm, rundlich-eckig, jung schwefelgelb, silbrig schimmernd, an Druckstellen schwärzend, alt rostbraun. **TRAMA** bis 8 cm dick, jung gelblich, im Schnitt bräunend, später rotbraun, strahlig-faserig, jung saftreich, schwammig-weich, alt zähfaserig; Geruch säuerlich, Geschmack mild. **SPORENPULVER** gelbbräunlich. **SPOREN** 8–10 × 6–9 µm, oval, glatt, mit Tropfen. **VORKOMMEN** Von Juni bis Oktober fällt der Pilz in weniger gepflegten alten Obstgärten oder an Straßenbäumen auf, wenn seine attraktiven Fruchtkörper am Stamm oder an dicken Ästen von Apfelbäumen *(Malus domestica)* oder Walnuss *(Juglans regia)* hervorbrechen; er wächst aber auch in Wäldern an Esche *(Fraxinus excelsior)* und anderen Laubbäumen. In Europa ist er von den Mittelmeerländern bis nach England und Osteuropa weit verbreitet. Weißfäuleerzeuger. **VERWENDUNG** Kein Speisepilz. **WISSENSWERTES** Ähnlich ist der seltene **Flache Schillerporling** *(Inonotus cuticularis)*; seine Fruchtkörper sind meist dünner, sie erscheinen hauptsächlich an Rotbuche *(Fagus sylvatica)*.

3 Tropfender Schillerporling

Inonotus dryadeus (Pers.: Fr.) Murr. *Hymenochaetaceae*

FRUCHTKÖRPER anfangs knollig-rundlich, später dick konsolenförmig, 10–30 cm breit, 5–15 cm vom Substrat abstehend, an der Anwachsstelle 3–10 cm dick, einzeln oder dachziegelig; Oberseite höckerig, anfangs filzig, cremefarben, während der Wachstumsphase mit gold- bis rötlich gelben Guttationstropfen, die später braunfleckig eintrocknen; Rand stumpf-wulstig. **RÖHREN** 0,5–2 cm lang. **POREN** 3–5 pro mm, rundlich, weißgelb bis blass rostgelb, jung silbrig schimmernd. **TRAMA** jung saftig, weich, braunrot, undeutlich gezont, dick, faserig, später fest; Geruch unangenehm, Geschmack etwas säuerlich. **SPORENPULVER** weißlich. **SPOREN** 6–9 × 6–8 µm, kugelig, glatt, hyalin. **VORKOMMEN** Juli bis Oktober an alten Eichen *(Quercus)*, sehr selten an anderen Baumarten, einjährig; in Mitteleuropa zerstreut, aber überall selten. **VERWENDUNG** Kein Speisepilz.

1

2

3

1 Erlen-Schillerporling

Inonotus radiatus (Sow.: Fr.) Karst. *Hymenochaetaceae*

FRUCHTKÖRPER halbkreisförmig, im Querschnitt keilförmig, 2–8 cm breit, bis 2 cm dick, bis 5 cm vom Substrat abstehend, oft dachziegelig; Oberseite anfangs leuchtend löwengelb, jung bisweilen mit bernsteinfarbenen Guttationströpfchen, filzig, später strahlig runzelig, braungelb, alt dunkel rostbraun, verkahlend. **RÖHREN** bis 1 cm lang, oft am Substrat herablaufend, rostbräunlich. **POREN** 2–4 pro mm, rundlich-eckig, grausilbrig schimmernd. **TRAMA** dünn, längsfaserig, rostbraun, jung weich, alt zäh. **SPOREN** 5–6,5 × 4–4,5 µm. **VORKOMMEN** August bis November auf sterbenden und toten Ästen und Stämmen von Erlen *(Alnus)*, selten an anderen Laubbäumen; in Mitteleuropa weit verbreitet. **VERWENDUNG** Kein Speisepilz. **WISSENSWERTES** Der Erlen-Schillerporling ist in Europa weit verbreitet und fehlt in keinem Erlen-Auenwald. Wo der Lebensraum der Erlen etwa durch Flussbegradigungen zerstört wird, verschwindet mit seinen Wirtsbäumen auch der schöne Baumpilz.

2 Knotiger Schillerporling, Buchen-Schillerporling

Inonotus nodulosus (Fr.) Karst. *Hymenochaetaceae*

FRUCHTKÖRPER treppenartig oft größere bis ausgedehnte, meist scharf abgegrenzte Beläge bildend, mit kleinen, 0,5–3 cm breiten knotenförmigen Hütchen an den oberen Rändern und an den senkrechten Flächen. Hutoberseite wellig-runzelig, feinfilzig, bald verkahlend, anfangs gelbbraun, orangebraun, später fuchsig rotbraun, alt schwarzbraun; Rand scharf. **RÖHREN** 5–6 mm lang, am Substrat herabwachsend und zum Teil seitlich aufgeschlitzt, zimtbraun, bei Seitenlicht silbrig schimmernd. **POREN** 3–4 pro mm, eckig. **TRAMA** bis 0,5 cm dick, gelbbraun bis rotbraun, frisch weich, bald korkartig zäh. **SPOREN** 4,5–5,5 × 3,5–4 µm. **VORKOMMEN** Sommer bis Herbst (alt ganzjährig) an abgestorbenen oder geschädigten Buchenstämmen und -ästen *(Fagus sylvatica)*, selten an anderen Laubbäumen. **VERWENDUNG** Kein Speisepilz.

3 Vielgestaltiger Schillerporling

Inonotus hastifer Pouz., *Inonotus polymorphus* Rostk. ss. auct. *Hymenochaetaceae*

FRUCHTKÖRPER resupinat, bis 10 cm lang, bis 5 mm dick; Oberfläche porig, teils mit knotigen Verdickungen, stets ohne Hütchen, zimt- bis rostbräunlich; Rand deutlich abgesetzt. **RÖHREN** 1–3 mm lang, schief stehend. **POREN** 3–4 pro mm, zimt- bis rostbraun, mit silbrigem Schimmer. **TRAMA** 1–2 mm dick, braun. **SPOREN** 4–5,5 × 3–4 µm, elliptisch. **VORKOMMEN** Sommer bis Herbst auf abgestorbenen, stehenden Buchenstämmen *(Fagus sylvatica)*; selten. **VERWENDUNG** Kein Speisepilz.

4 Gestielter Filzporling, Gestielter Schillerporling

Inonotus tomentosus (Fr.) Teng, *Onnia tomentosa* (Fr.) Karst., *Pelloporus tomentosus* (Fr.) Quél. *Hymenochaetaceae*

HUT 5–12 cm breit, kreisförmig bis oval-nierenförmig, flach, vertieft bis trichterförmig, häufig mit Nachbarhüten verwachsen und Holzreste einschließend; Oberfläche wellig, undeutlich gezont, zimtbraun bis hellocker; Rand heller, scharf, wellig. **RÖHREN** bis 5 mm lang, am Stiel herablaufend und dann scharf abgesetzt. **POREN** 2–4 pro mm, rundlich-eckig, jung weißlich, alt rostbraun. **STIEL** 1–5 cm lang, 1–2 cm breit, bräunlich, filzig. **TRAMA** zweischichtig, oben weich-schwammig, unten härter, lederig, dunkel goldgelb. **SPOREN** 4,5–6,5 × 2,5–4 µm. **VORKOMMEN** Juli bis Oktober in Nadelwäldern an Wurzeln und Stümpfen; selten. **VERWENDUNG** Kein Speisepilz.

1

2

3

4

GATTUNG **Phellinus (Feuerschwämme)**
FAMILIE *Hymenochaetaceae*
Fruchtkörper mehrjährig, korkartig, hart, resupinat oder konsolenförmig; Trama hart, rotbraun, mit KOH schwarz; Sporen zylindrisch, elliptisch oder fast kugelig. Weißfäuleerzeuger. Etwa 30 europäische Arten an Bäumen und Sträuchern.

1 Tannen-Feuerschwamm

Phellinus hartigii (All. & Schn.) Bond. *Hymenochaetaceae*

FRUCHTKÖRPER anfangs wulstig-knollenförmig, dann hufförmig, bis 30 cm breit angewachsen, bis 15 cm vom Substrat abstehend und 8–20 cm hoch, selten resupinat; Oberfläche krustig, breit gezont, alt bisweilen schmal rissig, dunkelbraun bis graubraun, bisweilen von Algen grün gefärbt; Rand kantig oder abgerundet, ocker-graubraun. **RÖHREN** undeutlich geschichtet, pro Schicht 2–5 mm lang. **POREN** 4–6 pro mm, rundlich, graubräunlich-bräunlich. **TRAMA** 5–8 cm dick, holzig, zäh, hart, gezont. **SPOREN** 6–8 × 6,5–7,5 µm. **VORKOMMEN** Parasit an Weißtanne *(Abies alba)*, selten an anderen Nadelhölzern; mehrjährig. **VERWENDUNG** Kein Speisepilz. **WISSENSWERTES** Mit dem Verlust der Weißtannen infolge des Tannensterbens verliert der Pilz seine Lebensgrundlage.

2 Kiefern-Feuerschwamm, Kiefern-Porling

Phellinus pini (Brot.: Fr.) Ames *Hymenochaetaceae*

FRUCHTKÖRPER 5–20 cm lang und breit, bis 10 cm vom Substrat abstehend, im Schnitt fast dreieckig; Oberseite jung kurzhaarig-filzig, dunkel rostbraun, alt kahl, grauschwarz und durch Algenbewuchs grün gefärbt, konzentrisch gefurcht, rissig; Rand zimtbraun, +/– scharf. **RÖHREN** bis 1 cm lang, undeutlich geschichtet, rostbraun bis zimtbraun. **POREN** weit, 1–2 pro mm, eckig bis länglich, jung gelbbraun, alt rostbraungraubraun. **TRAMA** bis 1,5 cm dick, hart, rostbraun. **SPOREN** 4,5–6 × 4–5 µm, rundlich, hyalin. **VORKOMMEN** Ganzjährig meist an Kiefern *(Pinus)*, an lebenden Stämmen bis 20 m über dem Boden, auch an Stümpfen; mehrjährig. In Nordeuropa und im Mittelmeergebiet verbreitet. Gefährlicher Holzzerstörer, erzeugt eine intensive Stammfäule. **VERWENDUNG** Kein Speisepilz.

3 Stachelbeer-Feuerschwamm, Strauchporling

Phellinus ribis (Schum.: Fr.) Karst., *Phylloporia ribis* (Fr.) Ryv. *Hymenochaetaceae*

FRUCHTKÖRPER konsolen- bis halbkreisförmig, auch effuso-reflex, das Substrat +/– umwachsend, meist zu mehreren übereinander verwachsen; Einzelfruchtkörper 3–15 cm breit, am Substrat 0,5–2 cm dick, frisch weich, trocken lederig-hart; Oberfläche fein behaart, höckerig, meist konzentrisch gezont, jung rostbraun, alt dunkelbraunschwarzbraun, kahl, oft durch Algenbewuchs grün verfärbt; Rand jung mit gelber Zuwachskante, wellig, scharf, dünn. **RÖHREN** 1–3 mm lang, bei alten Pilzen geschichtet. **POREN** sehr klein, 6–7 pro mm, rundlich, frisch gelbbraun-zimtbraun, alt grau- bis dunkelbraun. **TRAMA** bräunlich, zweischichtig, die weichere obere Schicht ist von der darunter liegenden härteren Schicht durch eine deutliche schwarze Linie getrennt. **SPOREN** 3–4 × 2,5–3 µm. **VORKOMMEN** Das ganze Jahr über am Grunde älterer, lebender Johannisbeer- und Stachelbeersträucher *(Ribes)* und Pfaffenhütchen *(Euonymus)*, selten auch auf anderen Gehölzen. Weißfäuleerzeuger. **VERWENDUNG** Kein Speisepilz.

1

2

3

1 Punktförmiger Feuerschwamm

Phellinus punctatus (Fr.: Karst.) Pil. *Hymenochaetaceae*

FRUCHTKÖRPER breit, kissenförmig oder langwulstig, eng am Substrat anliegend ohne jede Neigung zur Hut- und Kantenbildung, 10–40 cm lang, 4–8 cm breit, 0,5–2,5 cm dick; die Pilze wachsen meist in der Längsrichtung der befallenen Äste und Stämme; Oberfläche graubraun, hasel- bis rostbraun; Rand dünn auslaufend, ohne Poren grau, oft durch Algen grün gefärbt. **RÖHREN** 1–3 mm lang; bis zu zehn Röhrenschichten können sich überlagern **(1b)**, wobei die Fläche der vorhergehenden Schicht nicht ganz bedeckt wird. **POREN** etwa 6 pro mm, rundlich bis längs gestreckt. **SPOREN** 7–8 × 6–7,5 µm, breitelliptisch-rundlich, glatt, hyalin. **VORKOMMEN** Ganzjährig an absterbenden oder toten, noch stehenden Ästen und Stämmen von Weiden *(Salix)*, Hasel *(Corylus)* und anderen Laubhölzern, mehrjährig; an zusammengebrochenen, am Boden liegenden Ästen und Stämmen sterben die Fruchtkörper rasch ab. Weißfäuleerzeuger. Der Punktförmige Feuerschwamm bevorzugt Standorte mit hoher Luftfeuchtigkeit. Man findet ihn in ganz Europa in Flussauen, an Seeufern, in Moor- und Bruchwäldern. **VERWENDUNG** Kein Speisepilz.

2 Sanddorn-Feuerschwamm

Phellinus hippophaecola Jahn *Hymenochaetaceae*

FRUCHTKÖRPER konsolenförmig, breit angewachsen, 3–6 cm breit, 2–5 cm vom Substrat abstehend, an der Anwachsstelle bis 4 cm dick, bisweilen auch die Äste umfassend oder unter Seitenästen hängend; Oberfläche anfangs fein braunfilzig, später kahl, dunkelbraun bis graubraun, oft von Algen grün gefärbt; Rand stumpf abgerundet, rostbraun. **RÖHREN** deutlich geschichtet, pro Schicht 2–3 mm lang. **POREN** 5–7 pro mm, rundlich, zimt-, rost- bis dunkelbraun. **TRAMA** korkig, zimtfarben-rostbraun. **SPOREN** 6–7,5 × 5,5–6,5 µm, fast kugelig, glatt, hyalin, mit Tropfen. **VORKOMMEN** Das ganze Jahr über ausschließlich an abgestorbenen, stehenden Stämmen oder Ästen von alten Sanddorn-Sträuchern oder -Bäumen *(Hippophae rhamnoides)*. **VERWENDUNG** Kein Speisepilz. **WISSENSWERTES** Die Regulierung der Flussläufe hat vielerorts zum Rückgang oder Verlust der Sanddorn-Wildbestände und damit auch des Pilzes geführt.

3 Eichen-Feuerschwamm

Phellinus robustus (Karst.) Bourd. & Galz. *Hymenochaetaceae*

FRUCHTKÖRPER jung kissenförmig bis rundlich-knollig, dann bauchig, halbkreisförmig bis hufförmig, 10–30(–50) cm breit, 5–10 cm vom Substrat abstehend, an der Anwachsstelle bis 20 cm dick, sehr hart, schwer; Oberfläche mit breiten, konzentrischen Zonen, anfangs zimtfarben bis hell rostbraun, bald graubraun, oft mit Algenbewuchs; Rand abgerundet. **RÖHREN** 2–5(–7) mm lang; Schichten scharf getrennt, durch dünne braune Bänder begrenzt. **POREN** klein, 4–6 pro mm, rundlich, anfangs gelbbraun, später rostbraun. **TRAMA** holzig, zäh, hell zimtbraun, gelbbraun, an Bruchstellen schimmernd. **SPOREN** 6–9 × 5,5–8 µm, rund, glatt, hyalin, mit Tropfen. **VORKOMMEN** Das ganze Jahr hindurch einzeln bis gesellig parasitisch an Stämmen und großen Ästen von lebenden alten Eichen *(Quercus)*; Weißfäuleerzeuger; in Europa im natürlichen Eichen-Areal weit verbreitet. **VERWENDUNG** Kein Speisepilz. **WISSENSWERTES** Die Fruchtkörper entwickeln sich ziemlich langsam, sie können 20 bis 30 Jahre am Baum heranwachsen. Gefährdet ist der Pilz durch die Umwandlung von weniger wirtschaftlichen Eichenwäldern in schnell wachsende Fichtenforste und durch das Entfernen alter und befallener Eichen aus Wäldern und Parkanlagen.

1a

1b

2

3

1 Großporiger Feuerschwamm

Phellinus contiguus (Pers.: Fr.) Pat. *Hymenochaetaceae*

FRUCHTKÖRPER resupinat, bis 30 cm lang und breit, kann an horizontal liegendem Substrat bis 1 m lange Beläge bilden, bis 1,5 cm dick, bei senkrechtem Wachstum oft mit treppenförmigen Vorsprüngen; trocken hart, hellbraun bis rötlich braun; Rand in der Wachstumsphase mit schmalem filzigem Saum, Poren zum Rand hin meist zähnchenartig aufgelöst. **RÖHREN** 5–10 mm lang, nicht deutlich geschichtet. **POREN** relativ groß, 2–3 pro mm, unregelmäßig eckig, rötlich braun bis graubraun. **TRAMA** bis 1 mm dick, bräunlich-rostbraun. **SPOREN** 5–7 × 3–3,5 µm, elliptisch, hyalin. **VORKOMMEN** Ganzjährig bevorzugt in klimatisch milden Gegenden in Auenwäldern an liegendem, morschem Laubholz, seltener in Nadelwäldern an Nadelholz; mehrjährig; selten. **VERWENDUNG** Kein Speisepilz. **WISSENSWERTES** Der Volksname Großporiger Feuerschwamm ist treffend. Der Pilz wächst wie viele der in diesem Buch beschriebenen Holzbewohner an am Boden liegenden morschen Ästen. Die Suche ist zwar mühevoll, bringt aber oft interessante Funde.

2 Rostbrauner Feuerschwamm

Phellinus ferruginosus (Schrader: Fr.) Pat. *Hymenochaetaceae*

FRUCHTKÖRPER völlig resupinat, mit unbestimmtem Umriss, ohne Hutkanten das Substrat flächig in einer Breite von bis zu 15 cm bisweilen über mehrere Meter Länge überziehend, 2–5(–15) mm dick; Oberfläche porig, oft höckerig-knotig, an senkrechtem Substrat treppenförmig mit knotenförmigen Verdickungen (nodulos); Moose, Kräuter, Blätter und Ästchen werden beim Wachstum häufig eingeschlossen; Randzone jung feinfilzig, mit einer Lupe erkennt man bis 0,5 mm lange, herausragende, braune, dickwandige Setae. **RÖHREN** 0,5–8 mm lang, rostbraun. **POREN** 4–5 pro mm, rundlich, bisweilen aufgeschlitzt, rost- bis dunkelbraun. **TRAMA** 2–5 mm dick, korkig, zäh, rostfarben. **SPOREN** 4,5–5 × 3–3,5 µm, elliptisch, glatt. **VORKOMMEN** Mehrjährig an stehenden oder am Boden liegenden Ästen und Stämmen verschiedener Laubbäume wie Hasel *(Corylus)*, Hainbuche *(Carpinus)*, Eiche *(Quercus)*, Rotbuche *(Fagus)*, Erle *(Alnus)*, Weide *(Salix)* und vielen anderen, sehr selten an Nadelholz. Der Pilz ist in Europa weit verbreitet und gilt als die häufigste resupinat wachsende *Phellinus*-Art. Er erzeugt eine intensive Weißfäule, das befallene Holz zerfällt rasch und lässt sich relativ leicht verreiben. **VERWENDUNG** Kein Speisepilz.

3 Schmalsporiger Feuerschwamm

Phellinus ferreus (Pers.) Bourd. & Galz. *Hymenochaetaceae*

FRUCHTKÖRPER resupinat, kissenförmig, anfangs 1–2 cm große Initialfruchtkörper, die später zu bis 50 cm langen und bis 1,5 cm dicken Belägen zusammenfließen, zimtbraun; Randsaum filzig, 2–5 mm breit, gelbbraun. **RÖHREN** 2–5 mm lang, in 3–5 Schichten, rostbraun. **POREN** 3–5 pro mm, rundlich bis eckig, frisch rostgelb, dann rostbraun. **TRAMA** dünn, 0,5–1 mm dick, zimtfarben-gelbbraun. **SPOREN** 6–7,5 × 2–2,5 µm, relativ lang und schmal, zylindrisch. **VORKOMMEN** Ganzjährig an abgestorbenen, meist noch berindeten Zweigen, Ästen und Stämmen verschiedener Laubhölzer, meistens an Eiche *(Quercus)*; mehrjährig; erzeugt eine rasch fortschreitende Weißfäule. **VERWENDUNG** Kein Speisepilz. **WISSENSWERTES** Die drei auf dieser Seite genannten *Phellinus*-Arten (*Phellinus contiguus, P. ferruginosus und P. ferreus*) sind leicht zu verwechseln. Man findet sie das ganze Jahr über hutlos (resupinates Wachstum) oder mit knotenförmigen Verdickungen (nodulos) an liegenden und stehenden abgestorbenen Laubhölzern.

1

2

3

1 Steineichen-Feuerschwamm

Phellinus erectus David, Dequastre & Fiasson
Hymenochaetaceae

FRUCHTKÖRPER rundlich bis keulenförmig, zur Anwachsstelle hin +/– stielförmig verschmälert, 5–6 cm hoch und breit; Oberfläche samtig, goldbraun; untere Seite des Pseudostiels oft mit dunkelbrauner Kruste. **RÖHREN** kurz, selten bis 1 cm lang, rotbraun. **POREN** 5–6 pro mm, eckig, hell- bis rotbraun. **TRAMA** sehr hart, bronzefarben, seidig glänzend, faserig. **SPOREN** 6,5–7,5 × 5,5–6,5 µm, kugelig. **VORKOMMEN** Ganzjährig an wintergrünen Stein-Eichen *(Quercus ilex)* im Mittelmeergebiet; in Mitteleuropa ist dieser relativ kleine Feuerschwamm nicht anzutreffen. Die Fruchtkörper wachsen in der Regel dicht am Boden auf freiliegenden Wurzeln der Bäume und an Stümpfen; Weißfäuleerzeuger. **VERWENDUNG** Kein Speisepilz. **WISSENSWERTES** Auffallend an dieser *Phellinus*-Art ist das bodennahe Wachstum in den oft schwer zugänglichen mediterranen immergrünen Wäldern.

2 Muschelförmiger Feuerschwamm

Phellinus conchatus (Pers.: Fr.) Quél. *Hymenochaetaceae*

FRUCHTKÖRPER an senkrechtem Substrat mit muschelförmigen Hüten 1–5 cm vom Holz abstehend, oft dachziegelig oder seitlich verwachsen und mit Moosen überwachsen; an schrägen Unterlagen meist krustenförmig herablaufend, an liegenden Stämmen breitflächig resupinat mit nur schmalen Hutkanten; Oberfläche dicht konzentrisch gezont, oft uneben, verkrustet, rostbraun, graubraun, alt dunkelbraun; Hutkanten schmal, scharf, bisweilen abgerundet. **RÖHREN** undeutlich geschichtet. **POREN** 3–6 pro mm, rund, frisch graulich bereift, zimtbraun, graubraun, schmale Randzone glatt und steril. **TRAMA** korkartig, rostbraun; im Schnitt erkennt man zwischen der Trama und dem Hutfilz eine dünne schwarze, glänzende Linie (Lupe!). **SPOREN** 4–6,5 × 4–6 µm, fast rund, glatt. **VORKOMMEN** Das ganze Jahr über an lebenden oder toten stehenden, seltener liegenden Weidenstämmen und -ästen *(Salix)*, selten an anderen Laubhölzern; mehrjährig; in Europa weit verbreitet. **VERWENDUNG** Kein Speisepilz. **WISSENSWERTES** Ähnlich ist der **Fichten-Feuerschwamm** *(Phellinus chrysoloma)*, ein sehr seltener Feuerschwamm an Stümpfen und Stämmen von Fichten *(Picea abies)*, seltener an Kiefern *(Pinus)*.

3 Pflaumen-Feuerschwamm

Phellinus tuberculosus (Baumg.) Niem., *Phellinus pomaceus* (Pers.) Maire *Hymenochaetaceae*

FRUCHTKÖRPER 3–8 cm breit, 1–4 cm vom Substrat abstehend, an senkrechten Stämmen halbkreisförmig sitzend, an schrägen Stämmen oder Ästen herablaufend und knollige Hutwulste bildend, auf der Unterseite der Äste oft fast resupinat wachsend („Asthänger und Astkriecher"); Oberfläche etwas gewölbt, wulstig-uneben, zimtbraun bis graulich, oft durch Algen grünlich verfärbt; Rand wulstig abgerundet. **RÖHREN** 2–3 mm lang, bei alten Pilzen mehrfach geschichtet. **POREN** 4–6 pro mm, rundlich, eng stehend, dunkelbraun, alt graulich getönt. **TRAMA** korkig-faserig, zäh, lebhaft rostbraun. **SPOREN** 5,5–6,5 × 4,5–5 µm, rundlich, glatt, hyalin. **VORKOMMEN** Das ganze Jahr über häufig in alten, ungepflegten Obstgärten, Parkanlagen und in Wildhecken überwiegend an *Prunus*-Arten, selten an anderen Laubhölzern; mehrjährig; in ganz Europa vom Mittelmeergebiet bis Skandinavien verbreitet. Der Pilz verursacht im befallenen Baum eine Weißfäule, seine Schadwirkung an Obstbäumen ist allerdings gering, sofern befallene Äste entfernt werden. **VERWENDUNG** Kein Speisepilz.

1

2

3

1 Rotporiger Feuerschwamm

Phellinus torulosus (Pers.) Bourdot & Galzin
Hymenochaetaceae

FRUCHTKÖRPER rundlich, muschelförmig, 8–40 cm breit, bis 15 cm vom Substrat abstehend, 1–3(–10) cm dick; Oberfläche samtig, fuchsig braun, alt dunkelbraunschwärzlich, durch Algenbewuchs oft grün verfärbt; Rand gelb bis rostgelb, kissenartig-wulstig, filzig-zottig. **RÖHREN** bis etwa 1 cm lang, geschichtet, rotbraun. **POREN** 5–7 pro mm, rundlich, fuchsig, zimtbraun. **TRAMA** 1–4 cm dick, korkig, leicht, gelb- bis rostbraun. **SPOREN** 4–6 × 3–5 µm. **VORKOMMEN** Ganzjährig am Fuß oder an Stämmen und Stümpfen von Eichen *(Quercus)*, Edelkastanien *(Castanea sativa)* und Johannisbrotbäumen *(Ceratonia siliqua)*; wärmeliebende Art, im Mittelmeergebiet verbreitet, in Mitteleuropa sehr selten, fehlt in Fennoskandinavien. **VERWENDUNG** Kein Speisepilz.

2 Faulbaum-Feuerschwamm

Phellinus rhamni (Bond.) Jahn *Hymenochaetaceae*

FRUCHTKÖRPER flach, kissenförmig, 5–15 cm lang, 2–8 cm breit, bis 1 cm dick, trocken stark rissig. **RÖHREN** bis 1 cm lang, geschichtet, pro Schicht 1–2 mm lang. **POREN** 6–8 pro mm, rund bis länglich, graubraun bis dunkelbraun. **TRAMA** sehr dünn. **SPOREN** rundlich bis breitelliptisch, hyalin. **VORKOMMEN** Das ganze Jahr hindurch vor allem an stehenden toten Ästen von Faulbaum *(Frangula alnus)* und Kreuzdorn *(Rhamnus catharticus)*, selten an anderen Laubgehölzen; mehrjährig; wärmeliebende Art. In Deutschland hat man bisher nur wenige Exemplare in Baden-Württemberg und Bayern gefunden; in Südosteuropa erscheint er häufiger. **VERWENDUNG** Kein Speisepilz. **WISSENSWERTES** Dieser in ganz Mitteleuropa sehr seltene Pilz erinnert stark an den ► **Punktförmigen Feuerschwamm (S. 528/1)**, der jedoch dicker wird und dessen Fruchtkörper nicht so charakteristisch aufreißen.

3 Espen-Feuerschwamm

Phellinus tremulae (Bond.) Bond. & Boris. *Hymenochaetaceae*

FRUCHTKÖRPER konsolenförmig, hufförmig, 4–10 cm breit, 5–10 cm vom Substrat abstehend, an der Anwachsstelle 3–7 cm dick, im Querschnitt dreieckig, selten resupinat; Oberseite kahl, gezont, grau-grauschwarz, mit harter Kruste, alt vertikal tief rissig bis zur hellgrauen bis weißgrauen Hutkante. **RÖHREN** meist deutlich geschichtet, gesamt bis 2,5 cm lang, dunkelbraun. **POREN** 5–6 pro mm, rundlich-eckig, grau- bis dunkelbraun. **TRAMA** dünn, 1–5 mm dick, korkig, dunkelbraun, frisch mit angenehmem Geruch nach der Rebhuhnbeere (*Gaultheria procumbens)*, einem winterharten Heidekrautgewächs aus Nordamerika mit aromatisch riechenden, essbaren roten Scheinbeeren; Myzelialkern meist nur klein, auf 1–3 cm angeschwollen. **SPOREN** 4,5–6 × 3,5–4,5 µm, rundlich, glatt, hyalin. **VORKOMMEN** Das ganze Jahr über einzeln bis gesellig an lebenden oder absterbenden Zitterpappeln (*Populus tremula)*, sehr selten an anderen *Populus*-Arten; die Fruchtkörper sitzen oft als so genannte „Astkriecher“ oder „Asthänger“ unter toten Ästen und an Astlöchern; mehrjährig. In Europa im Verbreitungsgebiet der Zitterpappel; selten. **VERWENDUNG** Kein Speisepilz. **WISSENSWERTES** Der Pilz tritt in Europa in Gebieten mit großen Zitterpappelbeständen als gefährlicher Schadpilz auf. Er zerstört das Kernholz der Bäume von der Wurzel bis in die Kronen. Das Splintholz wird nicht angegriffen, sodass die befallenen Bäume zunächst einen gesunden Eindruck machen. Im Habitus erinnert dieser Porling an den ► **Grauen Feuerschwamm (S. 536/2)**.

1

2

3

1 Lundell's Feuerschwamm

Phellinus lundellii Niem. *Hymenochaetaceae*

FRUCHTKÖRPER resupinat bis hufförmig, 10–30 cm breit, bis 50 cm hoch, 2–5 cm vom Substrat abstehend, einzeln oder meist dachziegelig angeordnet; Oberfläche der Hutkanten krustig, alt rissig, hart, dunkelbraun bis schwarzbraun; Randzone scharf oder abgerundet, zimtgrau. **RÖHREN** bis 2 cm lang, geschichtet, herablaufend, zimtbraun. **POREN** klein, 4–5 pro mm, rund, zimtbraun bis rostbraun, alt graubraun. **TRAMA** dünn, hart, holzig, rostbraun. **SPOREN** 4,5–6 × 4–5 µm, breitelliptisch, glatt. **VORKOMMEN** Ganzjährig an absterbenden und toten Birken *(Betula)* und anderen Laubbäumen; mehrjährig; in Mitteleuropa sehr selten, in Skandinavien verbreitet. **VERWENDUNG** Kein Speisepilz. **WISSENSWERTES** Ebenfalls an Birken wächst voll resupinat der **Birken-Feuerschwamm** (*Phellinus laevigatus)* mit noch kleineren Poren.

2 Grauer Feuerschwamm

Phellinus igniarius (L.: Fr.) Quél. *Hymenochaetaceae*

FRUCHTKÖRPER jung knollig-wulstig, dann halbkreisförmig bis hufförmig, 3–30 cm breit, bis 20 cm vom Substrat abstehend, an der Anwachsstelle 2–10 cm dick; Oberfläche kahl, breit wulstig gezont, mit deutlicher, bis 1 mm dicker Kruste, grau, später rissig und in den älteren Partien schwarzgrau; Rand frisch zimtbraun, bald hellgrau, abgerundet, dickwulstig. Die Pilze sind sehr fest am Substrat angewachsen und lassen sich kaum abbrechen. **RÖHREN** 1–5 mm lang, undeutlich geschichtet, nicht herablaufend, rotbraun. **POREN** klein, 4–6 pro mm, rund, braun oder grau. **TRAMA** bis 2 cm dick, holzartig, hart, zimtbraun-rostbraun, seidig schimmernd. **SPOREN** 5,5–7 × 4,5–6 µm, hyalin. **VORKOMMEN** Das ganze Jahr über in Auenwäldern, Moorwäldern, Laubwäldern, an Straßen und in vernachlässigten, ungepflegten Streuobstbeständen an Stämmen und Ästen von Laubbäumen wie Apfel *(Malus)*, Birke *(Betula)*, Pappel *(Populus)*, Erle *(Alnus)*, Hasel *(Corylus)*, Walnussbaum *(Juglans regia)*, Rotbuche *(Fagus sylvatica)* und anderen; der Pilz ist mehrjährig und kann viele Jahre am befallenen Baum beobachtet werden; in ganz Europa verbreitet. **VERWENDUNG** Kein Speisepilz. **WISSENSWERTES** *Phellinus igniarius* ist eine sehr variable Art, deren Bestimmung nicht nur dem Anfänger Schwierigkeiten bereitet. Durch Spezialisierung auf verschiedene Wirte haben sich Sippen herausgebildet, die eine große Variationsbreite zeigen. Der Pilz erzeugt im befallenen Holz Weißfäule; unterhalb der Fruchtkörper findet man bisweilen im vom Pilz angegriffenen weichen Holz eine Spechthöhle.

3 Weiden-Feuerschwamm

Phellinus trivialis (Bres.) Kreis. *Hymenochaetaceae*

FRUCHTKÖRPER 10–20(–40) cm breit, bis 15 cm vom Substrat abstehend, im Schnitt dreieckig; Oberfläche mit konzentrischen Furchen, meist grauschwarz-schwarz, mit harter Kruste. **RÖHREN** Einzelschicht 3–4 mm dick; Röhren oft schief bis herablaufend. **POREN** sehr klein, 5–6 pro mm, alt fuchsig-zimtbraun. **TRAMA** bis 1 cm dick, korkig, zäh, dunkelbraun-rostbraun. **SPOREN** 5,5–7 × 4,5–6 µm, rundlich, hyalin. **VORKOMMEN** Ganzjährig an stehenden Weiden *(Salix)* bevorzugt in Moor- und Auenwäldern; mehrjährig. **VERWENDUNG** Kein Speisepilz. **WISSENSWERTES** Der Weiden-Feuerschwamm wird von verschiedenen Autoren nur als Unterart des ► **Grauen Feuerschwamms (siehe 2)** betrachtet. Als weitere Variante ist der **Moorbirken-Feuerschwamm** (*Phellinus igniarius* var. *cinereus*) zu nennen, der an Birken *(Betula)* wächst. Alle drei Pilze ähneln sich sehr und sind auch mikroskopisch kaum zu unterscheiden.

1

2

3

1 Eichen-Leberreischling, Ochsenzunge

Fistulina hepatica (Schaeff.: Fr.) With. *Fistulinaceae*

FRUCHTKÖRPER zungen-, nieren- oder halbkreisförmig, 7–20 cm lang und breit, 2–5 cm dick; Oberfläche mit einer elastischen, abziehbaren, radial gestreiften, mit feinen Papillen bedeckten Huthaut, purpur-fleischrot, später braunrot, anfangs klebrige rötliche Tropfen ausscheidend; Unterseite porig, jung blassgelb, später rötlich bis rotbraun. **RÖHREN** etwa 1 cm lang, nicht verwachsen, frei stehend und einzeln voneinander ablösbar. **FLEISCH** faserig, weich, saftig, jung weiß-gelblich, später rot geädert; Geruch angenehm, Geschmack etwas säuerlich. **SPOREN** 5–6 × 3,5–4,5 µm. **VORKOMMEN** Sommer bis Herbst einzeln oder zu mehreren an Stämmen und Stümpfen von alten Eichen *(Quercus)* und Edelkastanien *(Castanea sativa)*; einjährig. **VERWENDUNG** Jung essbar, aber wenig schmackhaft und als Seltenheit zu schonen.

2 Gemeiner Bergporling

Bondarzewia mesenterica (Schaeff.) Kreis., *Bondarzewia montana* (Quél.) Sing. *Bondarzewiaceae*

FRUCHTKÖRPER einzeln bis 15 cm breit, mehrere aus einem derben gemeinsamen Strunk hervorwachsend, fächerförmig miteinander verwachsen und bis 50 cm breite Fruchtkörper bildend; Oberfläche feinflaumig, oft wellig und schwach konzentrisch gezont, ockerbräunlich-gelbbraun; Rand scharf. **RÖHREN** bis 10 mm lang, weiß. **POREN** 1–2 pro mm, oft am Stiel herablaufend. **STIEL** bis 10 cm lang, verbogen, zentral bis seitlich stehend. **FLEISCH** weich, weiß-ocker; Geruch unbedeutend, Geschmack jung scharf. **SPORENPULVER** weiß. **SPOREN** 5–7 µm, rundlich, warzig-gratig, hyalin, amyloid. **VORKOMMEN** August bis Oktober auf Wurzeln oder Stümpfen der Weißtanne *(Abies alba)*, seltener an anderen Nadelbäumen; selten. **VERWENDUNG** Kein Speisepilz. **WISSENSWERTES** Die Gattung *Bondarzewia* besteht nur aus dieser einen Art.

GATTUNG **Ganoderma (Lackporlinge)**
FAMILIE *Ganodermataceae*

Die Gattung umfasst in Europa sieben auf Holz wachsende Arten. Hut mit dünner Lackkruste; Sporen warzig, mit Doppelwand; Weißfäuleerzeuger.

3 Flacher Lackporling

Ganoderma lipsiense (Batsch: Pers.) Atk., *Ganoderma applanatum* (Pers.: Wallr.) Pat. *Ganodermataceae*

FRUCHTKÖRPER rundlich bis nierenförmig, bis 30 cm breit, 4–15 cm vom Holz abstehend und an der Anwachsstelle 2–5 cm dick, bisweilen auch größer, einzeln, oft dachziegelig über- und nebeneinander; Oberseite meist konzentrisch gefurcht oder unregelmäßig höckerig, matt, jung hellbraun, zur Sporenreife oft mit rostbraunem Sporenstaub bedeckt, alt graubraun; Kruste hart, bei frischen Exemplaren mit dem Fingernagel eindrückbar; Rand im Wachstumsstadium weiß, bei ausgewachsenen Pilzen scharf. **RÖHREN** 0,5–2 cm lang, bei älteren Exemplaren geschichtet, mit weißen Streifen. **POREN** 4–6 pro mm, rund, weiß-cremefarben, jung bei Berührung bräunlich verfärbend; oft mit zapfenförmigen Insektengallen bedeckt, die von einer Pilzfliege verursacht werden. **TRAMA** faserig, dunkelbraun-rotbraun, wie die Röhrentrama mit weißen Streifen. **SPORENPULVER** rostbraun. **SPOREN** 6,5–9 × 5–7 µm. **VORKOMMEN** Ganzjährig an Laubholz, seltener an Nadelholz; mehrjährig; in ganz Europa weit verbreitet. **VERWENDUNG** Kein Speisepilz.

1

2

3

1 Glänzender Lackporling

Ganoderma lucidum (Curt.: Fr.) Karst. *Ganodermataceae*

FRUCHTKÖRPER nieren- bis halbkreisförmig, 5–20 cm breit, 1–3 cm dick; Oberseite konzentrisch gefurcht, mit einer glänzenden, dünnen, gelborangen bis rotbraunen, alt schwarzbraunen Lackkruste **(1b)**; Rand zur Wachstumszeit weiß, matt. **RÖHREN** 1–2 cm lang, blassbräunlich. **POREN** 4–5 pro mm, weißlich bis cremefarben, alt ockerfarben **(1a)**. **STIEL** wie ein lackierter Finger mit weißlicher Spitze emporwachsend, später abbiegend und sich verbreiternd die Hutfläche bildend; bis 25 cm lang, meist seitlich stehend, glänzend, dunkler als der Hut. **TRAMA** zäh, jung weißlich, dann bräunlich. **SPORENPULVER** braun. **SPOREN** 7–12 × 6,5–7,5 µm. **VORKOMMEN** Juli bis Oktober an Eichen *(Quercus)*, selten an anderen Laub- und Nadelhölzern; einjährig; selten. **VERWENDUNG** Kein Speisepilz. **WISSENSWERTES** *Ganoderma lucidum* wird in der ostasiatischen Volksheilkunde als Tonikum, Diuretikum sowie bei Bronchitis und Asthma verwendet. Pilzbrut wird von europäischen Pilzzuchtbetrieben angeboten.

2 Dunkler Tannen-Lackporling, Dunkler Lackporling

Ganoderma carnosum Pat., *Ganoderma atkinsonii* Jahn, Kotl. & Pouz. *Ganodermataceae*

FRUCHTKÖRPER rundlich oder nierenförmig, 5–20(–30) cm breit; Oberfläche konzentrisch gefurcht, wellig, jung rotbraun, alt schwarzrot, lackartig glänzend; Rand zur Wachstumszeit weißlich-gelblich **(2a)**. **RÖHREN** 5–20 mm lang, nicht herablaufend. **POREN** 3–4 pro mm, jung weißlich **(2b)**. **STIEL** 5–10(–25) cm lang, 1–4 cm breit, braunrot bis schwarzbraun, glänzend, höckerig-wellig. **TRAMA** korkig, hellbraun. **SPORENPULVER** braun. **SPOREN** 11–13,5 × 7,5–8,5 µm. **VORKOMMEN** Sommer bis Herbst meist an Stümpfen von Weißtannen *(Abies alba)*, selten an anderen Nadelhölzern; einjährig; selten. **VERWENDUNG** Kein Speisepilz. **WISSENSWERTES** *Ganoderma carnosum* ist vielleicht nur eine spezielle Substratform vom ▸ **Glänzenden Lackporling (siehe 1).**

GATTUNG **Scutiger** **(Porlinge)**
FAMILIE *Polyporaceae s. lat.*
Gattung *Scutiger (Albatrellus)* mit etwa sechs einjährigen, bodenbewohnenden Arten.

3 Gelbgrüner Kamm-Porling, Kamm-Porling

Scutiger cristatus (Schaeff.: Fr.) Bond. & Sing., *Albatrellus cristatus* (Pers.: Fr.) Kotl. & Pouz. *Polyporaceae s. lat.*

HUT 5–15 cm breit, bis 1 cm dick, jung gewölbt, später ausgebreitet, oft unregelmäßig geformt, gelappt und mit benachbarten Hüten verwachsen; Oberfläche jung feinsamtig, später schuppig aufgerissen, schmutzig gelbgrün bis olivgrün; Rand wellig, oft tief eingerissen. **RÖHREN** 1–3 mm lang, weit am Stiel herablaufend. **POREN** 1–3 pro mm, unregelmäßig eckig, jung weiß, später gelblich. **STIEL** 1–3 cm lang, zentral oder exzentrisch, voll, strunkartig, breit in den Hut übergehend, weißlich bis gelbgrün, bisweilen zu mehreren verwachsen. **FLEISCH** zäh, trocken, jung weiß, später gelblich, mit Schwefelsäure rotviolett; Geruch und Geschmack unangenehm. **SPOREN** 5–7 × 4,5–5 µm. **VORKOMMEN** August bis Oktober in Laub-, seltener Nadelwäldern, gern bei Rotbuchen *(Fagus sylvatica)* und Eichen *(Quercus)*, vorwiegend in montanen Lagen; in Mitteleuropa verbreitet, fehlt im atlantischen, mediterranen und kontinentalen Bereich; einjährig; stark rückläufig. **VERWENDUNG** Kein Speisepilz.

1a

1b

2a

2b

3

1 Ziegenfuß-Porling

Scutiger pes-caprae (Pers.: Fr.) Bond. & Sing., *Albatrellus pescaprae* (Pers.: Fr.) Pouz. *Polyporaceae s. lat.*

HUT 4–12 cm breit, anfangs konvex mit eingerolltem Rand, später unregelmäßig gewölbt, fleischig, etwas elastisch; Oberfläche trocken, graubraun mit anliegenden, rot- bis schwarzbraunen, filzigen Schuppen; Rand scharf, oft lappig geschweift. **RÖHREN** bis 4 mm lang, weißlich, alt gelblich. **POREN** weit, 6–10 pro cm, eckig, unregelmäßig, weiß bis gelblich, etwas herablaufend. **STIEL** 2–5 cm lang, 1,5–2,5 cm breit, meist exzentrisch stehend, voll, bisweilen +/– aufgeblasen-knollig, oft eingedrückt-grubig, gelblich, orangegelb bis orangebräunlich. **FLEISCH** fest, weißlich bis schwach zitronengelb; Geruch angenehm, Geschmack mild, nussartig. **SPORENPULVER** weißlich. **SPOREN** 7–10 × 5–5,5 µm. **VORKOMMEN** August bis Oktober einzeln oder gesellig in montanen bis subalpinen Nadel- oder Mischwäldern, im Flachland sehr selten, überall rückläufig. **VERWENDUNG** Jung essbar, aber als Seltenheit zu schonen. **WISSENSWERTES** Der Ziegenfuß-Porling ist einer der seltensten bodenbewohnenden Porlinge. Aufgrund von Form und Farbe leicht erkennbare, kaum verwechselbare Art.

2 Gemeiner Schafeuter-Porling

Scutiger ovinus (Schaeff.: Fr.) Murr., *Albatrellus ovinus* (Schaeff.: Fr.) Kotl. & Pouz. *Polyporaceae s. lat.*

HUT 5–12 cm breit, jung gewölbt, später ausgebreitet, unregelmäßig rundlich, buchtig-lappig, oft zu mehreren verwachsen **(2b)**; Oberfläche weißlich, im Alter oft rissig-schuppig mit gelben bis gelbgrünen Flecken. **RÖHREN** 1–2 mm lang, am Stiel herablaufend. **POREN** 2–4 pro mm, fast rund, weiß, im Alter gelblich **(2a)**, nach Berührung gilbend. **STIEL** 2–5 cm lang, glatt, voll, oft seitlich stehend, weißlich, auf Druck gelb fleckend, häufig mit benachbarten Stielen verwachsen. **FLEISCH** derb, brüchig, weiß, Bruchstellen laufen gelb an; Geruch und Geschmack angenehm. **SPORENPULVER** weiß. **SPOREN** 3,5–4,5 × 3–3,5 µm, fast kugelig, nicht amyloid. **VORKOMMEN** Juli bis Oktober oft büschelig, in Gruppen und Reihen in Berg-Nadelwäldern und Mischwäldern, gern unter Fichten *(Picea abies)*, außerhalb des natürlichen Areals der Fichte sehr selten; in Deutschland geschützt. **VERWENDUNG** Essbar. **WISSENSWERTES** Makroskopisch kaum vom Gemeinen Schafeuter-Porling zu unterscheiden ist der ebenfalls essbare **Rötende Schaf-Porling** *(Scutiger subrubescens)*; dieser hat aber amyloide Sporen, seine Poren sollen sich auf Druck orange verfärben.

3 Semmel-Porling

Scutiger confluens (Alb. & Schw.: Fr.) Bond. & Sing., *Albatrellus confluens* (Alb. & Schw.: Fr.) Kotl. & Pouz. *Polyporaceae s. lat.*

HUT 4–15 cm breit, rundlich, unregelmäßig gelappt, meist mit benachbarten Hüten verwachsen; Oberfläche glatt, matt, semmelfarben, creme-ocker, hell orangebraun bis rötlich gelb, alt feldrig-rissig; Rand scharf, eingebogen. **RÖHREN** sehr kurz, 2–3 mm lang, weit herablaufend. **POREN** klein, 2–4 pro mm, rundlich, jung weiß, später cremefarben. **STIEL** strunkartig, weißlich, mehrere Stiele oft büschelig verwachsen. **FLEISCH** 1–2 cm dick, hart, derb, brüchig, weiß-cremefarben; Geruch schwach, Geschmack etwas bitterlich. **SPORENPULVER** weiß. **SPOREN** 4–5 × 3–4 µm, breitelliptisch, dünnwandig, glatt, hyalin, mit Tropfen, amyloid. **VORKOMMEN** Sommer bis Herbst in moosreichen Berg-Nadelwäldern unter Fichten *(Picea abies)* und auf Alpweiden, im Flachland selten bis fehlend. **VERWENDUNG** Essbar. **WISSENSWERTES** Leicht erkennbare Art, kaum zu verwechseln.

1

2a

2b
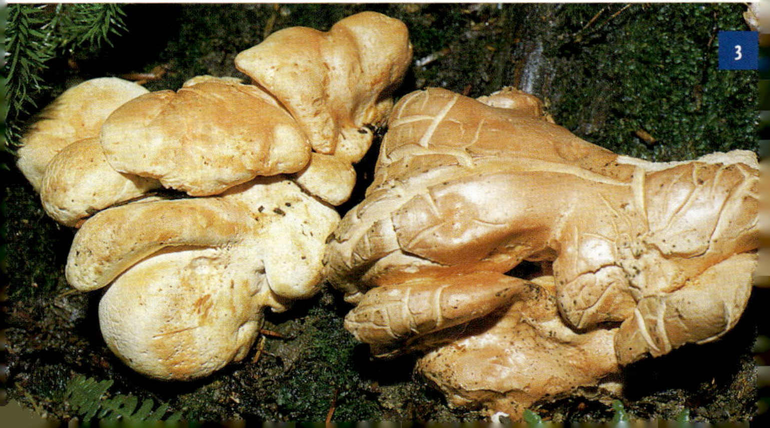
3

1 Eichhase, Ästiger Porling

Dendropolyporus umbellatus (Pers.: Fr.) Jülich, *Polyporus umbellatus* (Pers.) Fr., *Grifola umbellata* (Pers.: Fr.) Pil. *Polyporaceae s. lat.*

FRUCHTKÖRPER 10–50 cm breit, 10–30 cm hoch, halbkugelig, aus einem unterirdischen, schwarz berindeten, knolligen Sklerotium, das an den Wurzeln befallener Bäume sitzt, reich verzweigt hervorwachsend und viele Einzelhüte bildend. Einzelhüte 1–4 cm breit, dünn, rundlich, Mitte genabelt bis leicht niedergedrückt; Oberfläche hell gelbbräunlich bis graubräunlich, mit radialfaseriger Strichelung; Rand dünn, wellig, oft geschlitzt. **RÖHREN** 1–2 mm lang, an den Stielen herablaufend, im Alter leicht abtrennbar. **POREN** 1–3 pro mm, weißlich-cremefarben. **STIEL** zentral oder exzentrisch, weißlich bis cremefarben. **FLEISCH** dünn, weich, brüchig, weißlich, saftig, alt zäh; Geruch angenehm, Geschmack nussartig, alt bitter. **SPORENPULVER** weiß. **SPOREN** 7–10 × 3–4 µm, zylindrisch, inamyloid. **VORKOMMEN** Juli bis Oktober am Fuß alter Eichen *(Quercus)* und Rotbuchen *(Fagus sylvatica),* bisweilen auch an anderen Laubbäumen; selten. Schwächeparasit und Saprophyt, Weißfäuleerzeuger. **VERWENDUNG** Jung essbar. **WISSENSWERTES** Leicht erkennbare Art. Eine gewisse Ähnlichkeit hat der ► **Klapperschwamm (S. 548/1).**

2 Südeuropäischer Wabenschwamm

Apoxona nitida (Dur. & Mont.) Donk, *Hexagona nitida* Mont., *Scenidium nitidum* (Dur. & Mont.) Kuntze *Polyporaceae s. lat.*

FRUCHTKÖRPER 5–10 cm breit, bis 7 cm vom Substrat abstehend, 1,5–4 cm dick; Oberfläche holzig, hart, matt glänzend, dunkelbraun bis schwarzbraun, gezont, mit mehreren flachwulstigen Zonen; Rand scharf, überstehend. **RÖHREN** 1–2 cm lang. **POREN** auffallend groß, 2–3 mm weit, eckig bis radiär gestreckt. **TRAMA** 2–5 mm dick, braun, mit KOH schwarz. **SPOREN** 9–14 × 3,5–5 µm, zylindrisch-schmalelliptisch, hyalin. **VORKOMMEN** Wärmeliebende Art; in Südfrankreich ganzjährig auf abgestorbenen, liegenden oder noch stehenden Stämmen und Ästen von Stein-Eichen *(Quercus ilex).* **VERWENDUNG** Kein Speisepilz. **WISSENSWERTES** Der Pilz ist an seinem glänzenden, dunkelbraun gezonten Hut und den großen Poren leicht zu erkennen.

3 Birken-Porling

Piptoporus betulinus (Bull.: Fr.) Karst. *Polyporaceae s. lat.*

FRUCHTKÖRPER jung knollig aus dem befallenen Substrat hervorbrechend, später halbkreis- oder nierenförmig, kissenförmig gewölbt, 8–20(–30) cm breit, 2–5 cm dick, bis 15 cm vom Substrat abstehend, an der Anwachsstelle oft buckelig und stielartig verschmälert; Oberfläche lederig-zäh, kahl, glatt, ungezont, alt rissig, ganz jung weißlich, später braun-graubraun; Haut abziehbar; Rand abgerundet-wulstig, bei großen Exemplaren bisweilen +/– wellig. **RÖHREN** kurz, 4–8 mm lang, bei frischen Exemplaren ablösbar. **POREN** 3–4 pro mm, rundlich-eckig, anfangs weißlich bis cremefarben, später gelblich-grau. **FLEISCH** dick, frisch saftig-fleischig, weich, weiß, alt trocken, fest; Geruch säuerlich, Geschmack säuerlich, leicht bitter. **SPOREN** 5–6 × 1,5–2 µm, leicht zylindrisch bis gekrümmt, glatt, hyalin. **VORKOMMEN** Einzeln bis gesellig das ganze Jahr über an geschwächten oder abgestorbenen, noch stehenden oder liegenden Birkenstämmen *(Betula);* in Europa kommt der Pilz im gesamten Areal der Birke vor. An anderen Baumarten sucht man ihn vergebens. Im Kernholz der befallenen Birken erzeugt der Parasit eine aktive Braunfäule, das Splintholz bleibt lange erhalten. **VERWENDUNG** Kein Speisepilz. **WISSENSWERTES** Ähnlich ist der sehr seltene an Eiche *(Quercus)* wachsende **Eichen-Zungenporling** *(Piptoporus quercinus).*

1

2

3

1 Schwefelporling

Laetiporus sulphureus (Bull.: Fr.) Murr. *Polyporaceae s. lat.*

FRUCHTKÖRPER fächer- bis halbkreisförmig, 10–30(–50) cm breit, 1–4 cm dick, meist dachziegelartig wachsend; Oberfläche leuchtend schwefelgelb bis orangegelb, samtig unregelmäßig wellig, alt blassgelb bis grauweiß. **RÖHREN** 2–4 mm lang, nicht ablösbar **POREN** winzig, 3–5 pro mm, jung schwefelgelb, bisweilen mit gelblichen Guttationstropfen. **FLEISCH** anfangs gelb, weich, saftig, elastisch; alt weißlich, hart, trocken, zuletzt brüchig; Geruch aromatisch, Geschmack sauer. **SPORENPULVER** gelblich. **SPOREN** 5–7,5 × 3,5–5 µm, breitelliptisch, glatt, hyalin, meist mit Tropfen, inamyloid. **VORKOMMEN** Mai bis September parasitisch an Laub-, seltener an Nadelbäumen; einjährig; in Europa weit verbreitet. Im befallenen Holz verursacht der Pilz eine intensive Braunfäule; Splintholz und Rinde werden zunächst kaum angegriffen, sodass der befallene Baum trotz riesiger Fruchtkörper ganz gesund aussieht und erst nach Jahren zusammenbricht; am umgestürzten Baum fruktifiziert der Pilz noch in den folgenden Jahren. **VERWENDUNG** Jung gut gekocht essbar, aber nicht schmackhaft; nicht roh verzehren. **WISSENSWERTES** Ähnlich große Fruchtkörper entwickelt der ▸ **Riesenporling (S. 548/2).** Er wächst bevorzugt an Stümpfen oder Stämmen von Laubbäumen.

VERWECHSLUNG MIT GIFTPILZEN Junge Schwefelporlinge wurden schon mit ▸ **Zimtfarbenen Weichporlingen (S. 550/3)** verwechselt.

Zimtfarbener Weichporling

2 Orangebrauner Wachsporling

Ceriporiopsis aneirina (Sommerf.: Fr.) Domanski, *Tyromyces aneirinus* (Sommerf.) Bond. & Sing. *Polyporaceae s. lat.*

FRUCHTKÖRPER voll resupinat, dünn (bis 4 mm dick), frisch weich, trocken brüchig; Rand schmal (bis 2 mm breit), fein gefranst. **RÖHREN** 1–3 mm lang. **POREN** 1–3 pro mm, eckig, oft unregelmäßig, jung cremefarben, später creme-ocker oder etwas rötlich, beim Trocknen braun fleckend. **SPOREN** 5,5–7 × 3,5–5 µm, schmalelliptisch, hyalin. **VORKOMMEN** Ganzjährig an abgestorbenen Ästen und Stämmen von Espen *(Populus tremula)*, auch an Walnuss *(Juglans regia)*, Apfel *(Malus)* und Weide *(Salix)*; selten. **VERWENDUNG** Unbedeutend. **WISSENSWERTES** Die Gattung *Ceriporiopsis* umfasst in Europa zehn Arten. Makroskopisch sehr ähnlich und kaum unterscheidbar sind die Fruchtkörper der Gattung *Ceriporia*.

3 Treppenförmiger Steifporling

Oxyporus populinus (Schum.: Fr.) Donk, *Polyporus connatus* Fr. *Polyporaceae s. lat.*

FRUCHTKÖRPER resupinat mehrere Dezimeter große Beläge bildend oder fächer- bis muschelförmig dachziegelig wachsend; Einzelfruchtkörper 3–7(–10) cm breit, 1–4 cm dick, 1–4 cm vom Substrat abstehend; Oberseite feinfilzig, weiß bis cremefarben, grauweißlich, oft mit Moosen bewachsen und durch Algen grün gefärbt; Randzone in der Wachstumsphase weiß, Rand scharf. **RÖHREN** 2–3 mm lang, weißlich-ockerlich, deutlich übereinander geschichtet; bei alten Fruchtkörpern wurden bis zu 20 Schichten gezählt. **POREN** winzig, 5–7 pro mm, rundlich-eckig, cremefarben-ockerlich. **TRAMA** cremefarben, weich, trocken hart und brüchig; Geruch und Geschmack unbedeutend. **SPOREN** 4–5 µm, rundlich, glatt, hyalin. **VORKOMMEN** Ganzjährig an lebenden und abgestorbenen Laubbäumen, mehrjährig; zerstreut. Weißfäuleerzeuger. **VERWENDUNG** Kein Speisepilz.

1

2

3

1 Gemeiner Klapperschwamm

Grifola frondosa (Dicks.: Fr.) Gray *Polyporaceae s. lat.*

FRUCHTKÖRPER 15–50 cm breit und hoch, aus zahlreichen rundlichen, fächer- oder muschelförmig aus einem verzweigten Strunk hervorwachsenden, 3–12 cm langen und breiten, seitlich gestielten Einzelhüten bestehend; Oberfläche der Einzelhüte runzelig, gefasert, ungezont, gelb- bis graubraun; Rand dünn, wellig bis gekräuselt, oft radial gefurcht. **RÖHREN** 2–4 mm lang, weißlich. **POREN** 1–3 pro mm, vieleckig, am Stiel weit herablaufend, weißlich-cremefarben, nicht schwärzend. **STIEL** kurz, 1–4 cm breit, deutlich entwickelt, immer seitlich stehend. **FLEISCH** weich, weiß, nicht schwärzend; Geruch pilzartig, alt unangenehm, Geschmack mild. **SPORENPULVER** weißlich. **SPOREN** 5–7 × 3,5–5 µm, breitelliptisch-eiförmig, glatt, inamyloid. **VORKOMMEN** Sommer bis Herbst meist an der Stammbasis alter Eichen *(Quercus)*, bisweilen auch an anderen Laubbäumen; selten. Seine Verbreitung in Europa entspricht etwa dem natürlichen Areal der Eiche. Weißfäuleerzeuger. **VERWENDUNG** Kein Speisepilz. **WISSENSWERTES** Die Gattung *Grifola* besteht weltweit nur aus dieser einen Art.

2 Riesenporling

Meripilus giganteus (Pers.: Fr.) Karst. *Polyporaceae s. lat.*

FRUCHTKÖRPER Einzelhüte flach, spatelförmig, breit fächerig oder halbkreisförmig, 10–30 cm breit, 1–3 cm dick, sich dachziegelig überlappend, mit stielartiger Anwachsstelle; Oberfläche gelbbraun bis rotbraun, gezont, runzelig; Rand dünn, wellig, oft eingeschnitten, jung weißlich; Sammelfruchtkörper können bis zu einen Meter groß und bis 70 kg schwer werden. **RÖHREN** bis 10 mm lang, weißlich bis creme-gelblich. **POREN** 3–4 pro mm, rundlich, zuerst blassgelb, dann bräunlich. Hutoberfläche und Poren an Druckstellen und im Alter schwärzend. **STIEL** kurz und dick, oft nur angedeutet, immer seitlich stehend. **FLEISCH** faserig, weißlich, an der Luft schwach rötend und langsam schwärzlich anlaufend; Geruch pilzartig, Geschmack mild. **SPORENPULVER** weiß. **SPOREN** 5,5–6,5 × 4,5–5,5 µm, rundlich, glatt, hyalin, oft mit Tropfen. **VORKOMMEN** Juli bis Oktober an Stümpfen oder älteren Stämmen lebender Rotbuchen *(Fagus sylvatica)*, selten an anderen Laubhölzern; in Europa weit verbreitet. Weißfäuleerzeuger. **VERWENDUNG** Jung essbar, aber nicht schmackhaft. **WISSENSWERTES** Ähnlich ist der ▸ **Gemeine Bergporling (S. 538/2)**; er schwärzt auf Druck nicht.

3 Rötender Saftwirrling, Rötender Wirrling

Abortiporus biennis (Bull.: Fr.) Sing., *Heteroporus biennis* (Bull.: Fr.) Láz. *Polyporaceae s. lat.*

FRUCHTKÖRPER vielgestaltig, kreisel-, trichter-, fächerförmig, alt lappig, 3–15 cm breit, dünn, nach unten stielartig verschmälert; Hutoberfläche samtig-filzig, erst weißlich-hellgelblich, dann ockerfarben, alt bräunend; in der Wachstumsphase bisweilen mit rötlichen Tropfen; Rand dünn, wellig-lappig und eingekerbt. **RÖHREN** 2–5 mm lang. **POREN** 1–3 pro mm, eckig-unregelmäßig bis labyrinthisch, frisch weiß, auf Druck rotbraun. **STIEL** 3–7 cm lang, im Boden eingesenkt, zentral bis seitlich, oft fehlend. **FLEISCH** bis 5 mm dick, weiß, im Schnitt zweischichtig: untere Schicht weiß, längsfaserig, zäh, obere Schicht dunkler, weich-schwammig. **SPOREN** 4–7 × 3,5–4,5 µm, breitelliptisch, hyalin. **VORKOMMEN** Sommer bis Herbst einzeln oder zu mehreren miteinander verwachsen am Grund von Laubbäumen, scheinbar bodenbewohnend, aber immer in Verbindung mit vergrabenem Holz, an grasigen Plätzen in Gärten, Wiesen, Auenwäldern und Parkanlagen. **VERWENDUNG** Kein Speisepilz. **WISSENSWERTES** In Europa gehören zur Gattung *Abortiporus* zwei Arten.

1

2

3

1 Starkriechender Saftporling

Loweomyces wynnei (Berk. & Br.) Jülich, *Tyromyces wynnei* (Berk. & Br.) Donk, *Fibuloporia wynnei* (Berk. & Br.) Bond. & Sing.
Polyporaceae s. lat.

FRUCHTKÖRPER resupinat oder kleine Hütchen bildend; Hütchen fächer- bis spatelförmig, 2–4 cm breit und 1–2 cm vom Substrat abstehend, oft reihig und übereinander verwachsen; Oberseite filzig, undeutlich gezont, orange-gelb, gelbbraun, jung mit weißem Rand; Rand scharf, wellig, gekerbt. **RÖHREN** 1–6 mm lang. **POREN** 3–4 pro mm, rundlich-eckig, weiß. **TRAMA** elastisch, weich, weißlich; Geruch jung stark süßlich (ähnlich dem ▸ **Grünen Knollenblätterpilz, S. 256/1**). **SPOREN** 3–4 × 2,5–3 µm, breitelliptisch bis fast rundlich. **VORKOMMEN** Sommer bis Herbst ausgebreitet auf morschen Ästchen und Stümpfen von Laub- und Nadelbäumen, auf Pflanzenabfällen, auch mit rhizomorphischen Strängen auf umgebende Erde übergreifend; sehr selten. Weißfäuleerzeuger. **VERWENDUNG** Kein Speisepilz.

2 Kiefern-Braunporling, Nadelholz-Braunporling

Phaeolus spadiceus (Pers.: Fr.) Rauschert, *Phaeolus schweinizii* (Fr.) Pat. *Polyporaceae s. lat.*

FRUCHTKÖRPER unregelmäßig kreisel- bis tellerförmig, flach, bis 30 cm breit, auch zu mehreren verwachsen und sich dachziegelig überdeckend; Oberfläche wellig-höckerig, filzig, jung oft +/– konzentrisch gezont, Randzone jung schön schwefelgelb **(2a)**, orangegelb-grüngelb, später Mitte dunkelbraun **(2b)**, alt gänzlich rotbraun bis schwarzbraun. **RÖHREN** 3–10 mm lang. **POREN** labyrinthisch, frisch gelblich bis grüngelblich, später rostbraun, jung wie die Oberfläche der Hüte bei Berührung sofort dunkelbraun fleckend. **STIEL** kurz, dick, oft knollig, dunkelbraun. **FLEISCH** 1–3 cm dick, braun, jung weich, saftig, alt korkartig-zäh; Geruch unbedeutend. **SPORENPULVER** gelblich. **SPOREN** 5–8 × 3,5–4,5 µm, elliptisch, glatt, hyalin. **VORKOMMEN** Juni bis Oktober parasitisch oder saprophytisch verbreitet an Wurzeln, Stümpfen oder am Grund der Stämme von Nadelhölzern, meist an Kiefer *(Pinus)* und Lärche *(Larix)*; einjährig; alte Fruchtkörper findet man noch im nächsten Jahr an den befallenen Bäumen. Braunfäuleerzeuger. **VERWENDUNG** Kein Speisepilz. **WISSENSWERTES** Die Gattung *Phaeolus* besteht nur aus dieser einen Art.

3 Zimtfarbener Weichporling

Hapalopilus rutilans (Pers.: Fr.) Murr., *Hapalopilus nidulans* (Fr.: Fr.) Karst. *Polyporaceae s. lat.*

FRUCHTKÖRPER 3–8(–12) cm breit, 2–8 cm vom Substrat abstehend, bis 4 cm dick, halbkreis- bis nierenförmig, selten auch resupinat, einzeln oder reihig, selten auch dachziegelig wachsend; Oberfläche leicht gewölbt, ungezont, matt, grubig, einheitlich zimtbraun, trocken ledergelb; Rand ziemlich scharf, leicht heruntergebogen. **RÖHREN** 4–10 mm lang. **POREN** 2–4 pro mm, rundlich-eckig, zimtbraun. **TRAMA** relativ dickfleischig, weich, faserig, zimtbraun; Geschmack mild, Geruch pilzartig. **SPOREN** 4–5 × 2–3 µm, elliptisch. **VORKOMMEN** Das ganze Jahr über an toten Ästen und Stämmen von zahlreichen Laubhölzern, selten auch an Nadelhölzern; in ganz Europa weit verbreitet. **VERWENDUNG** Giftig; verursacht Störungen im Zentralnervensystem und Nierenschädigungen. Für die Vergiftungen wird die im Pilz reichlich vorhandene Polyporsäure verantwortlich gemacht. **WISSENSWERTES** Der Pilz zeigt eine interessante Farbreaktion: beim Betupfen mit Laugen färbt er sich lebhaft violett (Polyporsäurereaktion).

1

2a

2b

3

1 Zweifarbiger Knorpelporling

Gloeoporus dichrous (Fr.: Fr.) Bres. *Polyporaceae s. lat.*

FRUCHTKÖRPER resupinat bis pileat, Überzüge bis zu mehrere Dezimeter lang; Hütchen halbkreisförmig, 1–3(–6) cm breit, 0,5–2(–3) cm vom Substrat abstehend, an der Anwachsstelle 3–6 mm dick, oft zu vielen reihig oder dachziegelig verwachsen; Oberseite angedrückt filzig, kaum gezont, weißlich, grauockerlich; Rand jung weiß. **RÖHREN** 0,5–1 mm lang, gelatinös, Röhrenschicht bei jungen Fruchtkörpern von der weißen Oberschicht abziehbar. **POREN** 4–6 pro mm, rundlich-eckig, grauviolett, zuletzt dunkel purpurbraun; Randzone heller, steril. **FLEISCH** 2–4 mm dick, faserig, weiß, von der Röhrenschicht durch eine knorpelig-glänzende Schicht getrennt. **SPOREN** 3,5–5,5 × 1–1,5 µm. **VORKOMMEN** Ganzjährig meist in Moor- und Auenwäldern an stehenden, morschen Ästen und Stämmen verschiedener Laubhölzer, vorwiegend an Weiden *(Salix);* selten. Weißfäuleerzeuger. **VERWENDUNG** Kein Speisepilz.

GATTUNG **Spongiporus (Saftporlinge)**
FAMILIE *Polyporaceae s. lat.*

Hüte konsolenförmig, polsterförmig oder resupinat, weich saftreich, Poren klein. Einjährig; Braunfäuleerzeuger. Etwa zehn Arten an Laub- und Nadelholz.

2 Blauer Saftporling

Spongiporus caesius (Schrad.: Fr.) David, *Postia caesia* (Schrad.: Fr.) Karst., *Oligoporus caesius* (Schrader: Fr.) Gilbert. & Ryv. *Polyporaceae s. lat.*

FRUCHTKÖRPER halbrund, 2–6 cm breit, 0,5–1 cm dick, einzeln oder dachziegelig, ungestielt, weich; Oberseite zottig, jung weißlich, später bläulich, auch ockerlich; Rand scharf. **RÖHREN** bis 5 mm lang, weiß, alt grau. **POREN** 3–4 pro mm, eckig, weiß bis graublau. **FLEISCH** weich, weißbläulich; Geschmack nicht bitter. **SPORENPULVER** graublau. **SPOREN** 4–5 × 1,5–2 µm, allantoid-zylindrisch, amyloid. **VORKOMMEN** Ganzjährig verbreitet an Stümpfen und toten Stämmen von Nadel-, selten Laubholz, meist an Fichte *(Picea abies);* in Europa weit verbreitet. **VERWENDUNG** Kein Speisepilz. **WISSENSWERTES** Ähnlich ist der einzeln bis gesellig vorzugsweise an toten Ästen der Rotbuche *(Fagus sylvatica)* wachsende **Fastblaue Saftporling** *(Spongiporus subcaesius).* Seine Fruchtkörper sind ähnlich geformt, ihre Oberfläche ist weichzottig bis feinstriegelig, weißlich bis hell ockerfarben, oft mit bläulichem Schimmer.

3 Gloeozystiden-Saftporling, Kiefern-Saftporling

Spongiporus leucomallelus (Murill) David, *Tyromyces leucomallelus* Murr., *Tyromyces gloeocystidiatus* Kotl. & Pouz., *Postia leucomallela* (Murill) Jülich *Polyporaceae s. lat.*

FRUCHTKÖRPER 2–5 cm breit, resupinat oder oft mit 1–2(–3) cm abstehenden Hutkanten, oft verwachsen oder dachziegelig, sehr weich; Oberfläche jung filzig-faserig, weißlich, später rostgelb gefleckt, schwach zoniert. **RÖHREN** 2–10 mm lang, wenn senkrecht wachsend oft aufgeschlitzt, weißlich. **POREN** 3–4 pro mm, weißlich, auf Druck kaum verfärbend. **FLEISCH** dünn (1–3 mm), trocken brüchig; Geschmack beim Kauen langsam bitter. **SPOREN** 4,5–6 × 1–1,5 µm, zylindrisch bis allantoid. **VORKOMMEN** Sommer bis Winter an totem, morschem Nadelholz, meist an Wald-Kiefer *(Pinus sylvestris),* selten an anderen Nadelhölzern; in Europa weit verbreitet. **VERWENDUNG** Kein Speisepilz.

1

2

3

1 Bitterer Saftporling, Herber Porling

Spongiporus stipticus (Pers.: Fr.) David, *Tyromyces stipticus* (Pers.: Fr.) Kotl. & Pouz. *Polyporaceae s. lat.*

FRUCHTKÖRPER konsolenförmig, 2–10 cm breit angewachsen, bis 6 cm vom Substrat abstehend, bis 4 cm dick, oft übereinander wachsend; Oberfläche uneben-runzelig, matt, anfangs rein weiß, später gilbend, auf Druck nicht verfärbend; Rand +/– scharfkantig. **RÖHREN** 4–10 mm lang, weiß. **POREN** 3–4 pro mm, rundlich bis labyrinthisch, frisch weiß, bisweilen mit milchigen Tröpfchen, später und bei Trockenheit cremegelblich. **FLEISCH** weich, weiß, jung saftig, alt zäh, hart; Geruch frisch intensiv pilzigwürzig, Geschmack bitter und zusammenziehend. **SPORENPULVER** weiß. **SPOREN** 3,5–5 × 2–2,3 µm, schmalelliptisch. **VORKOMMEN** Juni bis Dezember an Nadelholzstümpfen und toten, liegenden Stämmen, oft auch an verletzten Stellen stehender Bäume, seltener an Laubholz; erzeugt im befallenen Holz eine Braunfäule. **VERWENDUNG** Kein Speisepilz. **WISSENSWERTES** Der Bittere Saftporling ist im Wald nur mit einiger Erfahrung zu erkennen. Sicherheit verschafft eine Geschmacksprobe. Das Fleisch schmeckt bitter-zusammenziehend.

2 Apfelbaum-Weißporling, Apfelbaum-Saftporling

Tyromyces fissilis (Berk. & Curt.) Ryvarden, *Aurantioporus fissilis* (Berk. & Curt.) Jahn, *Spongipellis fissilis* (Berk. & Curt.) Murr. *Polyporaceae s. lat.*

FRUCHTKÖRPER kissen- bis konsolenförmig, 5–15 cm breit am Substrat angewachsen, 10–15 cm abstehend, 4–8 cm dick, einzeln oder dachziegelig übereinander wachsend; Oberfläche anfangs filzig, jung weiß, später cremefarben, auch mit rosa Ton; Kanten scharf oder abgerundet. **RÖHREN** bis 25 mm lang. **POREN** 2–3 pro mm, rundlich bis eckig, anfangs weißlich, später cremefarben. **FLEISCH** cremefarben, jung weich, saftreich, später schwach konzentrisch gezont, alt zäh und beim Trocknen rosa verfärbend; Geruch unangenehm, säuerlich. **SPOREN** 4–6 × 3–4 µm. **VORKOMMEN** Sommer bis Herbst an Laubbäumen, bevorzugt an Apfelbäumen *(Malus)*, gern an Wundstellen oder in Stammhöhlungen noch lebender, ungepflegter, alter Bäume; einjährig. In Europa weit verbreitet. Weißfäuleerzeuger. **VERWENDUNG** Kein Speisepilz. **WISSENSWERTES** Die Fruchtkörper hinterlassen auf Papier charakteristische fettige Flecken. Das Fleisch färbt sich mit Laugen violett. Ähnlich und makroskopisch kaum zu unterscheiden ist der besonders an Weichhölzern (Ulme, Pappel) wachsende, seltene **Laubholz-Schwammporling** *(Spongipellis spumeus)*. Man findet ihn an Alleebäumen und in Parkanlagen.

3 Kurzröhriger Weißporling

Tyromyces chioneus (Fr.: Fr.) Karst. *Polyporaceae s. lat.*

FRUCHTKÖRPER halbkreis- bis nierenförmig oder fächerartig, 2–8(–20) cm breit angewachsen, 4–10 cm vom Substrat abstehend, 1–3,5 cm dick; Oberfläche jung fein behaart, weiß, bald kahl, cremefarben; Rand scharf, glatt, dünn. **RÖHREN** auffallend kurz, bis 8 mm lang, cremefarben. **POREN** 3–4 pro mm, eckig bis rund, weiß bis cremefarben. **FLEISCH** 1,5–2 cm dick, weiß, anfangs saftig, weichfleischig, trocken im Anbruch unter der Lupe körnig. **SPOREN** 3–4 × 1,5–2 µm. **VORKOMMEN** Sommer bis Herbst meist an totem Holz, oft an liegenden Ästen und Stämmen oder an Stümpfen verschiedener Laubbäume, vorzugsweise Rotbuche *(Fagus sylvatica)*, nur sehr selten auch auf Nadelholz; einjährig. Verursacht im Holz eine Weißfäule. **VERWENDUNG** Kein Speisepilz.

1

2

3

1 Rötender Saftporling

Leptoporus mollis (Pers.: Fr.) Quél., *Tyromyces mollis* (Pers.: Fr.) Karst., *Tyromyces erubescens* (Pers.: Fr.) Karst. *Polyporaceae s. lat.*

FRUCHTKÖRPER konsolenförmig, im Schnitt dreieckig, 2–6(–12) cm breit angewachsen, 2–4(–7) cm vom Substrat abstehend, 1–4 cm dick; Oberfläche weich-filzig, später kahl, weißlich, alt rosafarben-purpurbraun, ungezont; Rand dünn, trocken eingebogen. **RÖHREN** bis 8 mm lang, etwas dunkler als das Fleisch. **POREN** 3–4 pro mm, rundlich-oval bis eckig, frisch weißlich, bei frischen Exemplaren auf Druck rötend. **FLEISCH** bis 2 cm dick, weich, schwammig, an Schnittstellen rosafarben, trocken hart und brüchig. **SPOREN** 5–7,5 × 1,5–2 µm, zylindrisch-gekrümmt. **VORKOMMEN** Sommer bis Herbst an Stümpfen und an stehenden und liegenden Stämmen von Fichten *(Picea abies)*, selten an anderen Nadelhölzern; sehr selten. Braunfäuleerzeuger. **VERWENDUNG** Kein Speisepilz. **WISSENSWERTES** Der Pilz ist nicht leicht zu erkennen. Wichtige Merkmale sind sein an Schnittstellen rosa anlaufendes Fleisch und sein Vorkommen an Nadelhölzern in Bergwäldern. Ähnlich ist der ▸ **Schwarzgebänderte Harzporling (S. 580/1).** Dieser lebt ebenfalls auf Holz, hat eine hellbraune Trama und erzeugt Weißfäule. Seine Fruchtkörper sind kastanienbraun, rotbraun bis dunkelbraun, radialrunzelig, später mit schwarzer, harziger Kruste, mit konzentrischen Zonen. Die Gattung *Leptoporus* besteht weltweit aus nur einer Art.

2 Weißer Polsterpilz

Ptychogaster fuliginoides (Pers.) Donk – Nebenfruchtform zu *Oligoporus ptychogaster* (Ludw.) Falk *Polyporaceae s. lat.*

FRUCHTKÖRPER im imperfekten Stadium (Nebenfruchtform) kissenförmig, halbkugelig, 3–10 cm breit, 2–5 cm hoch; Außenseite filzig-zottig, weiß, später und auf Druck hellbräunlich, jung weich, feucht; im Schnitt zeigen sich hellbräunliche konzentrische Zonen, die bei der Reife zu einem bräunlichen Pulver zerfallen. **CHLAMYDOSPOREN** 5–10 × 3,5–7 µm, elliptisch, bräunlich. **VORKOMMEN** August bis Oktober einzeln oder in kleinen Gruppen in Kiefern- und Fichtenwäldern auf am Boden liegenden morschen Stämmen und auf Stümpfen von Fichte *(Picea abies)* und Wald-Kiefer *(Pinus sylvestris)*; selten. **VERWENDUNG** Kein Speisepilz. **WISSENSWERTES** Die perfekte Form ist ein kleiner, weißer, halbkreisförmiger oder länglicher Porling **(▸ Bauchpilz-Mehlstaubporling, siehe 3)**. Er entwickelt sich sehr selten unter oder neben der imperfekten Form.

3 Bauchpilz-Mehlstaubporling

Oligoporus ptychogaster (Ludw.) Falk, *Tyromyces ptychogaster* (Ludw.) Donk – Hauptfruchtform zu *Ptychogaster fuliginoides* (Pers.) Donk *Polyporaceae s. lat.*

FRUCHTKÖRPER resupinat bis pileat, 1–4 cm breit, bis 1,5 cm dick, weiß, halbkreisförmig oder länglich, bisweilen auch nur in Form einer hutlosen Röhrenschicht entwickelt; weich, trocken brüchig und leicht; Oberfläche fein behaart. **RÖHREN** 2–10 mm lang. **POREN** 2–4 pro mm, eckig, frisch weiß, trocken cremefarben-ocker. **SPOREN** 4,5–5 × 2–3 µm, breitellipsoid. **VORKOMMEN** Im Herbst entwickelt sich der Bauchpilz-Mehlstaubporling als Hauptfruchtform auf oder neben den Fruchtkörpern von *Ptychogaster fuliginoides* **(▸ Weißer Polsterpilz, siehe 2)** an Nadelholzstümpfen oder freiliegenden Wurzeln, besonders von Fichte *(Picea abies)*; sehr selten und wohl oft übersehen. Das imperfekte Stadium ist viel häufiger als das perfekte Stadium anzutreffen. **VERWENDUNG** Kein Speisepilz.

1

2

3

1 Angebrannter Rauchporling, Rauchgrauer Porling

Bjerkandera adusta (Willd.: Fr.) Karst. *Polyporaceae s. lat.*

FRUCHTKÖRPER halbkreisförmig bis rosettig, 3–7 cm breit, bis etwa 4 cm vom Substrat abstehend, dünn (2–6 mm dick), frisch lederig, weich, zäh, biegsam, trocken sehr hart, oft in seitlich verwachsenen Reihen oder dachziegelig geschichtet größere Flächen überwachsend; an der Unterseite der Stämme auch voll resupinat und meterlange Rasen bildend; Oberfläche hellgrau, gelbbraun, behaart-filzig, +/– dunkler gezont, alt kahl; Rand wellig, während der Wachstumszeit weißlich, alt und bei Trockenheit schwärzlich (wie angebrannt). **RÖHREN** 0,5–2 mm lang, dunkel, grau-schwärzlich. **POREN** 4–6 pro mm, rundlich bis eckig, frisch hellgrau, beim frischen Pilz auf Druck sofort schwärzend, alt dunkelgrau-schwärzlich. **TRAMA** im Hut weiß oder cremefarben, von der grauschwarzen Röhrentrama durch eine dunkle Linie getrennt; Geruch pilzartig, Geschmack säuerlich. **SPOREN** 4–5,5 × 2,5–3 µm, elliptisch, glatt, hyalin inamyloid. **VORKOMMEN** Ganzjährig an vielen Laubholzarten, gern an Rotbuche *(Fagus sylvatica)*, selten an Nadelholz; in ganz Europa weit verbreitet. Weißfäuleerzeuger. **VERWENDUNG** Kein Speisepilz. **WISSENSWERTES** Beim ähnlichen ► **Graugelben Rauchporling (siehe 2)** ist die Röhrentrama wie die Huttrama hellbraun und von dieser durch eine dunkelbraune Linie getrennt.

2 Graugelber Rauchporling

Bjerkandera fumosa (Pers.: Fr.) Karst. *Polyporaceae s. lat.*

FRUCHTKÖRPER konsolenförmig, 5–15 cm breit, an der Anwachsstelle 0,5–3 cm dick und bis 8 cm abstehend, oft in Gruppen dachziegelig wachsend und resupinat verbunden; Oberseite matt, eben bis wellig, lederfarben bis graugelb, kaum gezont; Rand wellig, scharf. **RÖHREN** bis 4 mm lang, anfangs hellbeige, später hell holzfarben, graugelb. **POREN** 2–4 pro mm, rundlich bis eckig, anfangs cremefarben bis hellgelb, später graugelb, frisch auf Druck bräunend. **TRAMA** elastisch-zäh, blass holzfarben; Geruch und Geschmack unbedeutend; im Querschnitt erkennt man zwischen der etwa gleichfarbenen Hut- und Röhrentrama eine dünne dunkelbraune Trennlinie. **SPOREN** 4–6,5 × 2,5–3,5 µm, elliptisch, glatt, hyalin, inamyloid. **VORKOMMEN** Das ganze Jahr über an geschädigten Laubbäumen oder totem Laubholz; Weißfäuleerzeuger. **VERWENDUNG** Kein Speisepilz.

3 Nördlicher Schwammporling, Nordischer Porling

Climacocystis borealis Kotl. & Pouz., *Spongipellis borealis* (Fr.) Pat. *Polyporaceae s. lat.*

FRUCHTKÖRPER 3–15(–20) cm breit, flach, 1–3 cm dick, bis 10 cm abstehend, Basis meist stielartig, jung weich, saftreich, trocken knorpelig, weiß bis ocker; Oberseite grob filzig-zottig, uneben; Rand im Alter scharf, wellig, gelbbräunlich. **RÖHREN** 2–5 mm lang. **POREN** 1–2 pro mm, eckig-unregelmäßig, weiß, alt gelblich. **FLEISCH** weißlich, radialfaserig, frisch saftreich, zäh, zweischichtig, oben schwammig, untere Schicht fest; Geruch angenehm, Geschmack zusammenziehend. **SPOREN** 4–6,5 × 3–5 µm breit, elliptisch, glatt, hyalin. **VORKOMMEN** Sommer bis Herbst meist gesellig, oft zu Dutzenden und Hunderten, etagenweise übereinander und bisweilen zusammengewachsen an Nadelholz, selten an Laubholz; einjährig. Weißfäuleerzeuger. **VERWENDUNG** Kein Speisepilz. **WISSENSWERTES** Typisch sind die oft sehr zahlreichen, etagenförmig angeordneten (und dann weniger groß werdenden) Fruchtkörper, die oft von Schnecken und Insekten angefressen sind. Die Gattung *Climacocystis* umfasst nur diese eine Art.

1

2

3

1 Schönfarbiger Porenschwamm

Junghuhnia nitida (Pers.: Fr.) Ryv., *Poria eupora* (Karst.) Cke., *Chaetoporus nitidus* (Pers.: Fr.) Donk *Polyporaceae s. lat.*

FRUCHTKÖRPER resupinat, eng dem Substrat anliegend, 1–10 cm breit, frisch weich, trocken hart, weiß bis orange-ocker, oft mit rosa Schimmer; Rand weißlich, deutlich abgegrenzt, ohne Rhizomorphe. **RÖHREN** 1–2 mm lang. **POREN** winzig, 5–7 pro mm, eckig-rundlich, weiß bis ocker, oft mit rosa Schimmer. **SPOREN** 3,5–4,5 × 2–3 µm, ellipsoid, glatt, hyalin. **VORKOMMEN** Sommer bis Herbst auf abgestorbenen Stämmen und Ästen verschiedener Laubbäume, bevorzugt Rotbuche *(Fagus sylvatica);* meist in Auenwäldern, entlang von Flussläufen und an Seeufern; Weißfäuleerzeuger. **VERWENDUNG** Unbedeutend. **WISSENSWERTES** Die Gattung *Junghuhnia* umfasst weltweit etwa zehn Arten.

2 Veränderlicher Spaltporling, Schiefer Eggenpilz

Schizopora paradoxa (Schrad.: Fr.) Donk *Polyporaceae s. lat.*

FRUCHTKÖRPER anfangs kleine, fleckige Krusten, die bald zusammenfließen, später oft mehrere Dezimeter lange, nicht ablösbare Beläge bildend; am senkrechten Substrat mit knotigen Vorsprüngen, aber nie mit richtigen Hutkanten, in der Regel mit schräg angeordneten, plattigen Zähnen; am liegenden Substrat bilden sich meist eckige oder labyrinthisch-zerschlitzte Poren oder Zähnchen. **RÖHREN** bis 4 mm lang, gegen den Rand kürzer. **POREN** 1–3 pro mm, porig oder mehr zerschlitzt, plattig aufgelöst, zum Rand fein weißfaserig, frisch weißlich bis cremegelblich, alt ockergelb, durch Algen oft grün gefärbt. **SPOREN** 4,5–6 × 3–4 µm, breitelliptisch, glatt, hyalin. **VORKOMMEN** Ganzjährig an toten, stehenden oder gefallenen, berindeten oder unberindeten Laubholzästen und -stämmen, seltener an Nadelholz; weit verbreitet. Weißfäuleerzeuger. **VERWENDUNG** Unbedeutend. **WISSENSWERTES** Verwechselt werden kann der Veränderliche Spaltporling mit dem **Milchweißen Eggenpilz** *(Irpex lacteus);* dessen Fruchtkörper bilden kleine Hütchen, aber keine knotigen Vorsprünge aus. Weltweit umfasst die Gattung *Schizopora* vier Arten.

3 Reihige Tramete

Antrodia serialis (Fr.) Donk, *Trametes serialis* Fr., *Coriolellus serialis* (Fr.) Murr. *Polyporaceae s. lat.*

FRUCHTKÖRPER oft an der Unterseite liegender Stämme in Gestalt von meterlangen, 1–6 mm dicken, leicht ablösbaren Belägen ausgebildet, am senkrechten Substrat meist mit vielen knotig vorspringenden, 0,5–1,5 cm abstehenden Hütchen, die reihig verbunden sind oder dachziegelig wachsen; Hutoberfläche feinfilzig, jung weißlich, dann ockergelblich, alt dunkelbraun, kaum gezont; Zuwachskanten weißlich bis gelblich, wellig, bisweilen umgebogen. **RÖHREN** kurz, 1–5 mm lang, oft weit herablaufend, weißlich, alt hellockerlich. **POREN** eng, 2–4 pro mm, rundlich, teilweise aufgeschlitzt, weiß, später cremefarben, oft durch Pilzbefall rötlich gefleckt. **TRAMA** weiß, lederartig, nach dem Trocknen korkig, hart. **SPORENPULVER** weiß. **SPOREN** 6–10 × 2–4 µm, elliptisch, glatt, hyalin. **VORKOMMEN** Ganzjährig saprophytisch gern an der Stirnseite liegender Stämme und an Stümpfen verschiedener Nadelhölzer (Fichte, Weißtanne, Kiefer, Lärche), in ganz Europa in Nadelwaldgebieten weit verbreitet und häufig; auch an ungeschütztem, der Witterung ausgesetztem verbautem Holz; erzeugt Braunfäule. **VERWENDUNG** Kein Speisepilz. **WISSENSWERTES** Resupinat wachsende Fruchtkörper vom ► **Wurzelschwamm (S. 582/3)** können leicht mit der Reihigen Tramete verwechselt werden; der Wurzelschwamm hat jedoch kleinere, rundliche, feinwarzige Sporen.

1

2

3

1 Gelbe Tramete, Gelbliche Resupinattramete

Antrodia xantha (Fr.: Fr.) Ryv., *Amyloporiella flava* (Karst., illeg.) David & Tortic *Polyporaceae s. lat.*

FRUCHTKÖRPER resupinat, frisch weiche Überzüge von mehreren Zentimetern bis mehreren Metern bildend; an senkrechtem Substrat bisweilen mit kleinen, hufförmigen, teilweise miteinander verwachsenen Hütchen, die bis 8 mm abstehen können (forma *pachymeres*); Oberfläche weißlich-hellgelblich; Rand dünn, steril. **RÖHREN** bis 5 mm lang. **POREN** klein, 4–6 pro mm, rundlich-eckig, frisch weiß bis hellgelb, trocken creme-ocker. **SUBICULUM** bis 1 mm dick; Geschmack bitter. **SPOREN** 4–5,5 × 1–1,5 µm, zylindrisch, gekrümmt. **VORKOMMEN** Sommer bis Herbst an am Boden liegenden Stämmen und Ästen verschiedener Nadelbäume wie Fichte *(Picea abies)* und Wald-Kiefer *(Pinus sylvestris)*. **VERWENDUNG** Kein Speisepilz. **WISSENSWERTES** Die Gattung *Antrodia* umfasst weltweit etwa 20 krustenförmig, selten auch fast pileat wachsende Arten; Braunfäuleerzeuger.

2 Aschgrauer Wirrling, Einfarbige Tramete

Cerrena unicolor (Bull.: Fr.) Murr., *Daedalea cinerea* Fr., *Trametes unicolor* (Bull.: Fr.) Cooke *Polyporaceae s. lat.*

FRUCHTKÖRPER am senkrechten Substrat hutbildend, einzeln stehend 3–10 cm breit, bis 6 cm abstehend, oft seitlich verwachsen oder in großen, dachziegeligen, oft dezimeterlangen Belägen am Substrat herablaufend; Oberfläche der Hütchen konzentrisch gezont, striegelig, wellig, Zuwachszone jung blassgelb, zur Anwachsstelle hin grau und oft durch Algen grün gefärbt; Rand dünn. Fruchtkörper im Schnitt unterhalb des Hutfilzes mit dunkler Linie, darunter liegt die dünne, holzfarbene Trama. **RÖHREN** 2–5 mm lang, einschichtig. **POREN** jung 2–3 pro mm, labyrinthisch, alt bisweilen plattig aufgelöst, jung blassgelb, später grau bis graubraun; bei Druck nicht färbend. **SPOREN** 4,5–7 × 2,5–3,5 µm, elliptisch, glatt, hyalin. **VORKOMMEN** Ganzjährig in Laubwäldern, an Alleebäumen und in Parkanlagen parasitisch oder saprophytisch auf zahlreichen Laubhölzern. Das Wirtsspektrum ist beachtlich, er bevorzugt Rotbuche *(Fagus sylvatica)*, seltener findet man ihn an Birke *(Betula)*, Hasel *(Corylus avellana)*, Pappel *(Populus)*, Ahorn *(Acer)*, Weide *(Salix)*, Rosskastanie *(Aesculus)* und Eiche *(Quercus)*; fehlt an Nadelholz; weit verbreitet. Weißfäuleerzeuger. **VERWENDUNG** Kein Speisepilz. **WISSENSWERTES** Typisch sind die gezonten Fruchtkörper und die unterhalb des Hutfilzes im Schnitt sichtbar werdende dunkle Linie. Ein auffallendes Merkmal sind auch die länglich-labyrinthischen, auch plattig aufgelösten Poren (Name!). Die Gattung *Cerrena* umfasst weltweit zwei Arten, eine davon in Europa.

3 Grauweißer Resupinatporling

Cinereomyces lindbladii (Berk.) Jül., *Diplomitoporus lindbladii* (Berk.) Gilbert. & Ryv., *Poria cinerascens* Sacc. & Syd., *Antrodia lindbladii* (Berk.) Ryv. *Polyporaceae s. lat.*

FRUCHTKÖRPER resupinat, bis 30 cm ausgedehnt, 1–8 mm dick, zäh-weichlederig, ziemlich leicht ablösbar, weißlich, trocken weichkorkig und schwach gilbend; Rand schmal (bis 1 mm breit), weiß. **RÖHREN** bis 4 mm lang. **POREN** 2–4 pro mm, rundlich bis eckig, anfangs weißlich bis cremefarben, im Alter graulich. **SUBICULUM** 0,5–5 mm dick, weich, weiß; Geruch unangenehm, scharf. **SPOREN** 4–6,5 × 1,5–2,5 µm, zylindrisch bis etwas allantoid, glatt. **VORKOMMEN** Ganzjährig, besonders vom Herbst bis zum Frühjahr an abgestorbenem, entrindetem Nadel- und Laubholz; verbreitet. Weißfäuleerzeuger. **VERWENDUNG** Unbedeutend.

1

2

3

1 Gilbende Nadelholztramete, Gelbliche Tramete

Diplomitoporus flavescens (Bres.) Domanski, *Trametes flavescens* (Bres.), *Coriellus flavescens* (Bres.) Bond. & Sing.
Polyporaceae s. lat.

FRUCHTKÖRPER 2–5(–8) cm breit am Substrat angewachsen und 1–2(–3) cm abstehend, oft herablaufend, selten resupinat; Oberfläche samtig-filzig, nicht gezont, weiß cremefarben, alt strohgelblich, oft von Algen grün gefärbt **(1a)**; Rand jung wulstig. **RÖHREN** 3–6 mm lang, cremefarben. **POREN** 1–3 pro mm, rundlich-eckig, blassocker, cremefarben, trocken hellocker **(1b)**. **TRAMA** 2–8 mm dick, weich, weiß. **SPOREN** 7–8,5 × 2,5–3,5 µm, zylindrisch-eingebuchtet bis allantoid. **VORKOMMEN** Mai bis November in Kiefernforsten und Moorwäldern an abgestorbenem Nadelholz, besonders an Wald-Kiefer *(Pinus sylvestris)*, Fichte *(Picea abies)*, Lärche *(Larix)*, Weißtanne *(Abies alba)*, Berg-Kiefer *(Pinus mugo)*, Schwarz-Kiefer *(Pinus nigra)*, in Mitteleuropa selten, in Südfrankreich verbreitet, einjährig; Weißfäuleerzeuger. **VERWENDUNG** Kein Speisepilz. **WISSENSWERTES** Die Gattung *Diplomitoporus* umfasst weltweit drei Arten.

2 Schwärzender Astporling, Schwärzende Tramete

Dichomitus campestris (Quél.) Dom. & Orl., *Coriolellus campestris* (Quél.: Bon), *Polyporus campestris* (Quél.) Krglst.
Polyporaceae s. lat.

FRUCHTKÖRPER resupinat, kissenförmig, 2–10(–20) cm lang, 5–15 mm dick, jung gelblich, später gelbbräunlich, Rand alt dunkelbraun bis schwarz und wie angebrannt wirkend; Fruchtkörper fast ganz mit Poren bedeckt, auch auf der nach oben ausgerichteten Seite sind kurze, allerdings sterile Röhren ausgebildet. **RÖHREN** in 2–6 Schichten, je 1–3 mm lang. **POREN** groß, 1–2 pro mm, rundlich-eckig, oft gespalten. **TRAMA** korkig, blassbraun. **SPOREN** 9–12,5 × 3,5–5 µm, glatt, hyalin. **VORKOMMEN** Ganzjährig in Gebüschen und lichten Laubwäldern auf Laubhölzern, gern auf abgestorbenen, noch stehenden Ästen und Stämmen von Hasel *(Corylus avellana)* und Eichen *(Quercus)*; wärmeliebende, seltene, ein- bis zweijährige Art; in Südfrankreich findet man den Pilz an abgestorbenen Ästen von Stein-Eichen *(Quercus ilex)*. Weißfäuleerzeuger. **VERWENDUNG** Kein Speisepilz.

3 Großporige Datronie, Weicher Resupinatporling

Datronia mollis (Sommerf.:- Fr.) Donk, *Antrodia mollis* (Sommerf.: Fr.) *Polyporaceae s. lat.*

FRUCHTKÖRPER resupinat bis effuso-reflex, bis 1 m lang, bis 15 cm breit, leicht vom Holz ablösbar; Hutkanten schmal, bis 1,5 cm abstehend, lederig; Oberfläche der Hutkanten dunkelbraun bis fast schwarz, feinfilzig, eng zoniert, alt verkahlend. **RÖHREN** 0,5–5 mm lang. **POREN** 0,5–1,5 mm breit, unregelmäßig, eckig-langgezogen, labyrinthisch, jung hellocker, auf Druck bräunend. **TRAMA** dünn, korkig-zäh, bräunlich; im Querschnitt unterhalb des Hutfilzes mit schwarzer Linie. **SPOREN** 7,5–10 × 2,5–4 µm, zylindrisch, glatt, hyalin. **VORKOMMEN** Ganzjährig in Laub-, Auen- und Nadelwäldern, seltener in Parkanlagen, an liegenden Ästen und Stümpfen verschiedener berindeter oder entrindeter Laubhölzer, sehr selten an Nadelholz; einjährig; in Europa weit verbreitet. Weißfäuleerzeuger. **VERWENDUNG** Kein Speisepilz. **WISSENSWERTES** Die Großporige Datronie ist ein leicht erkennbarer Holzbewohner mit sehr großem Wirtsspektrum. Die zweite Art der Gattung, die in Mitteleuropa sehr seltene **Kleinporige Datronie** *(Datronia stereoides)*, hat kleinere, rundliche Poren und etwas größere Sporen; Trama ohne schwarze Linie unterhalb des Hutfilzes.

1a

1b

2

3

1 Braune Borstentramete

Coriolopsis gallica (Fr.) Ryv., *Funalia gallica* (Fr.) Bond. & Sing. *Polyporaceae s. lat.*

FRUCHTKÖRPER hutförmig, 5–10(–15) cm breit, an der Anwachsstelle 0,5–2 cm dick, 2–6 cm vom Holz abstehend, einzeln, dachziegelig, oder halbresupinat 10–40 cm lange Beläge mit 1–3 cm breiten Kanten bildend; Oberfläche struppig borstig, graubraun, rostbraun, +/– gezont, Zuwachskante heller; Rand scharf. **RÖHREN** 5–10 mm lang, braun. **POREN** 2–3 pro mm, rundlich-eckig, auch länglich, bräunlich bis graubraun. **TRAMA** bis 1 cm dick, holzig-korkig, braun, mit KOH sofort schwarz und bald wieder ausblassend; Geruch und Geschmack unbedeutend. **SPOREN** 10–15 × 4,5–5,5 µm, zylindrisch, glatt, hyalin. **VORKOMMEN** Ganzjährig an Laubhölzern, bevorzugt an Esche *(Fraxinus excelsior)*, fehlt auf Nadelholz; wärmeliebende Art. Weißfäuleerzeuger. **VERWENDUNG** Kein Speisepilz. **WISSENSWERTES** In Europa kommen nur die beiden hier beschriebenen wärmeliebenden Arten der Gattung *Coriolopsis* vor.

2 Blasse Borstentramete

Coriolopsis trogii (Berk. in Trog) Dom., *Funalia trogii* (Berk.) Bond. & Sing., *Trametes trogii* (Berkh.) Dom. *Polyporaceae s. lat.*

FRUCHTKÖRPER hutförmig, meist dachziegelig neben- und übereinander wachsend, oder resupinat mit abgebogenen Hüten; Einzelhüte bis 8 cm breit, bis 4 cm vom Substrat abstehend; Oberfläche schmutzig bräunlich bis graulich-ocker, steif behaart, undeutlich gezont, alt +/– verkahlend. **RÖHREN** bis 8 mm lang. **POREN** 1–2 pro mm, eckig, zähnchenförmig ausgefranst, cremefarben-ocker, alt graubraun, bisweilen schön rosa angehaucht (besonders beim Trocknen). **TRAMA** bis 2 cm dick, korkig, gelblich weiß bis holzfarben, mit KOH nicht schwärzend. **SPOREN** 7–11 × 3–4 µm. **VORKOMMEN** Das ganze Jahr hindurch meist in Auenwäldern, bevorzugt an toten Stämmen und Ästen von Pappeln *(Populus)*, selten an anderen Laubhölzern; wärmeliebende, mediterran-subatlantische Art; Weißfäuleerzeuger. **VERWENDUNG** Kein Speisepilz.

3 Birken-Blättling

Lenzites betulinus (L.: Fr.) Fr. *Polyporaceae s. lat.*

FRUCHTKÖRPER halbkreis-, teller- bis nierenförmig, zum Teil etwas resupinat, oft dachziegelig überlappt, 2–8 cm breit, 2–5 cm vom Substrat abstehend, 1–2 cm dick, lederig; Oberfläche hell graubraun, gelbbraun, oft durch Algen grün, konzentrisch gezont, zottig-filzig behaart **(3a)**. Unterseite lamellig **(3b)**. Lamellen bis 1 cm breit, radiär angeordnet, untermischt und oft gabelig verzweigt, korkig-elastisch, strohgelb, ocker bis graubraun. **TRAMA** dick, zäh, weiß. **SPOREN** 4,5–6 × 2–3 µm, elliptisch, glatt, hyalin. **VORKOMMEN** Das ganze Jahr hindurch in lichten Wäldern, an Waldrändern und auf Kahlschlägen auf liegenden Stämmen und Stümpfen von Laubbäumen; einjährig. **VERWENDUNG** Kein Speisepilz. **WISSENSWERTES** Die Gattung *Lenzites* ist in Europa mit zwei Arten vertreten, beide sind Weißfäuleerzeuger. Der Birken-Blättling kann von oben leicht mit der ▸ **Striegeligen Tramete (S. 570/2)** oder mit der ▸ **Schmetterlings-Tramete (S. 568/3)** verwechselt werden; mit letzterer erscheint er oft gemeinsam am gleichen Stumpf. Ein Blick auf die Unterseite der Fruchtkörper verschafft jedoch schnell Klarheit: Die beiden Trameten haben ein poriges Hymenophor. In dieser Licht und Sonne liebenden Gesellschaft findet sich auch gern die mit ihren leuchtend rot gefärbten Fruchtkörpern auffallende ▸ **Zinnober-Tramete (S. 572/1)** ein. Dazu gehören auch noch die vielen kleinen Fruchtkörper des als „Allerweltspilz" und Erstbesiedler auftretenden ▸ **Spaltblättlings (S. 452/1)**.

1

2

3a

3b

GATTUNG **Trametes (Trameten)**
FAMILIE *Polyporaceae s. lat.*
Fruchtkörper ein- oder mehrjährig; flach konsolen- bis rosettenförmig, zäh, einzeln oder dachziegelig wachsend; Poren und Fleisch meist weißlich; Sporen zylindrisch, oft +/– gekrümmt, glatt, inamyloid; Weißfäuleerzeuger.

1 Buckel-Tramete

Trametes gibbosa (Pers.: Fr.) Fr. *Polyporaceae s. lat.*

HUT halbkreis- bis tellerförmig, 5–30 cm breit, flach, an der Ansatzstelle breit angewachsen und mit bis 4 cm dickem typischem Buckel; Oberfläche samtig bis zottig behaart, alt verkahlend, konzentrisch gezont, wellig, jung weißlich bis blassocker, alt oft von Grünalgen besiedelt; Rand scharfkantig **(1b)**. **RÖHREN** 0,5–1,5 cm lang. **POREN** 1–2 pro mm, lang gestreckt, radial verlängert **(1a)**, selten lamellig, weißlich bis cremefarben, alt grauocker. **TRAMA** zäh, elastisch-korkig, weiß bis cremefarben; Geruch säuerlich, Geschmack bitterlich. **SPOREN** 4–5,5 × 2–2,5 µm. **VORKOMMEN** Ganzjährig einzeln oder dachziegelig an totem Holz von Laubbäumen, am häufigsten an Buchenstümpfen; ein- bis zweijährig. **VERWENDUNG** Kein Speisepilz.

2 Anis-Tramete

Trametes suaveolens Fr. *Polyporaceae s. lat.*

HUT halbkreis- bis konsolenförmig, 5–15 cm breit, 2–5 cm dick, bis 10 cm vom Substrat abstehend, einzeln, dachziegelig oder resupinat; Oberfläche feinfilzig, weißlich bis cremefarben, ungezont; Rand scharf. **RÖHREN** 0,5–1,5 cm lang, weiß. **POREN** 1–3 pro mm, rundlich-eckig, zum Teil länglich, weiß, alt gelblich braun. **TRAMA** frisch fleischig-zäh, alt korkig-lederig, trocken hart; Geruch nach Anis, Geschmack unbedeutend. **SPOREN** 7–9 × 3–4 µm. **VORKOMMEN** Ganzjährig in Auenwäldern an alten Weiden *(Salix)*, selten an anderen Laubbäumen; einjährig. **VERWENDUNG** Kein Speisepilz. **WISSENSWERTES** Ein Geruch nach Anis (oder Fenchel) ist bei Pilzen nicht selten. Unter den holzbewohnenden Arten ist der ▸ **Fenchel-Porling (S. 580/2)** mit seinem Anisgeruch allgemein bekannt.

3 Schmetterlings-Tramete, Bunte Tramete

Trametes versicolor (L.) Pil. *Polyporaceae s. lat.*

HUT halbkreis-, nieren-, fächerförmig oder rosettenartig, 3–8 cm breit, 2–5 cm vom Substrat abstehend, 1–5 mm dick, zur Anwachsstelle hin oft verschmälert, meist reihig oder dachziegelig, seltener einzeln; lederig, zäh, biegsam; Oberseite wellig, radialrunzelig, feinsamtig, mit verschiedenfarbigen (ockergelb, rötlich, bräunlich, blauschwarz), seidig glänzenden konzentrischen Zonen; Rand dünn, oft wellig, +/– scharfkantig, weißlich-cremefarben. **RÖHREN** bis 4 mm lang. **POREN** 2–4 pro mm, rundlich-eckig, bisweilen zerrissen-zerschlitzt, weißlich, später gelblich. **TRAMA** dünn (bis 2 mm dick), zäh, weiß; mit Pilzgeruch und -geschmack. Zwischen Hutfilz und Trama liegt eine dunklere Schicht (Cortex). **SPOREN** 5–7 × 1,5–2,5 µm. **VORKOMMEN** Das ganze Jahr über saprophytisch auf Laubholz, selten auf Nadelholz; einjährig; oft von Insektenlarven zerfressen. In ganz Europa weit verbreitet. **VERWENDUNG** Kein Speisepilz; gelegentlich als Schmuckpilz in Blumengestecken zu finden. **WISSENSWERTES** Der Pilz kann auch als Wundparasit auftreten; im befallenen Holz erzeugt er eine Weißfäule. Die Schmetterlings-Tramete ist sehr variabel, bisweilen ist eine sichere Zuordnung schwierig.

1a

1b

2

3

1 Zonen-Tramete

Trametes multicolor (Schaeff.) Jül., *Trametes zonata* (Nees: Fr.) Pil.
Polyporaceae s. lat.

HUT konsolen-, halbkreis- bis muschelförmig, selten rosettenförmig, an der Ansatzstelle 2–6 cm breit, bis 1,5 cm dick, bis 4 cm vom Substrat abstehend, oft dachziegelig zu großen Gruppen verwachsen; Oberfläche höckerig-uneben, kurz behaart mit kahlen Zonen, gelb-ocker bis dunkel rotbraun gebändert, ohne schwarze Zonen, an den Kahlzonen ist die Cortex sichtbar; Rand dünn, scharf, filzig, alt kahl. **RÖHREN** bis 4 mm lang. **POREN** 3–4 pro mm, eckig, weiß bis hellocker, alt oft grau werdend. **TRAMA** zäh, korkig, weißlich; Geruch säuerlich. **SPOREN** 5,5–7 × 2,5–4 µm. **VORKOMMEN** Das ganze Jahr über in Birkenbruchwäldern, an Bachufern und in Auenwäldern an Stümpfen und toten stehenden Stämmen und Ästen von Laubbäumen, bevorzugt Birke *(Betula)* und Pappel *(Populus)*, sehr selten an Nadelholz; einjährig. **VERWENDUNG** Kein Speisepilz.

2 Striegelige Tramete

Trametes hirsuta (Wulf.: Fr.) Pil. *Polyporaceae s. lat.*

HUT 3–10 cm breit, kaum über 1 cm dick, 2–6 cm vom Substrat abstehend, meist halbkreis- bis nierenförmig angewachsen, oben sitzende Fruchtkörper bisweilen rosettenförmig; Hüte gelegentlich einzeln, meist gesellig und dachziegelig, bisweilen in üppigen Rasen verwachsen; Oberfläche konzentrisch wellig gezont, zonenweise grob striegelig, grauweiß, gelblich, alt schmutzig graubraun, oft durch Algen grün; Rand wellig, alt kahl, oft braun gefärbt. **RÖHREN** bis 3 mm lang. **POREN** 2–4 pro mm, rundlich-eckig, weißlich, gelblich, alt grauend. **TRAMA** 2–6 mm dick, lederig-zäh, weiß. **SPOREN** 5–8 × 1,5–2,5 µm, zylindrisch. **VORKOMMEN** Das ganze Jahr hindurch an sonnen- und lichtexponierten Plätzen, oft an Forstwegen, auf Holzlagerplätzen und am Rand von Laubwäldern, an Stümpfen und toten Ästen und Stämmen von Rotbuchen *(Fagus sylvatica)* und zahlreichen anderen Laubhölzern, selten an Nadelholz; in Europa weit verbreitet; Weißfäuleerzeuger. **VERWENDUNG** Kein Speisepilz. Diese attraktive Tramete ist wie andere Holzpilze gelegentlich als Schmuckpilz in Blumengestecken und Kränzen zu sehen. **WISSENSWERTES** Die Striegelige Tramete gehört zu den „lichthungrigen" Holzbewohnern. In ihrer Gesellschaft findet man oft ▸ **Spaltblättlinge (S. 452/1)** und ▸ **Schmetterlings-Trameten (S. 568/3)**.

3 Samtige Tramete

Trametes pubescens (Schuhm.: Fr.) Pil. *Polyporaceae s. lat.*

HUT fächer- bis halbkreisförmig, 3–10 cm breit, bis 1,5 cm dick, 2–7 cm abstehend, meist dachziegelig, am Substrat breit angeheftet, bisweilen stielartig verschmälert, frisch weich, alt brüchig; Oberfläche jung weiß, samtig, mit undeutlicher Zonierung, wellig-runzelig, alt ocker-gelb, oft von Grünalgen überzogen, verkahlend; Rand scharf, wellig. **RÖHREN** 1–5 mm lang. **POREN** 3–4 pro mm, rundlich-eckig, jung weißlich, dann cremefarben bis hellocker. **TRAMA** bis 5 mm dick, jung weißlich, saftig. **SPOREN** 5–7 × 1,5–2,5 µm, zylindrisch bis allantoid, glatt, hyalin. **VORKOMMEN** Sommer bis Herbst mit einer Vorliebe für feuchte Standorte in Laubwäldern, in Flussauen und an Bächen auf toten, liegenden oder noch stehenden Stämmen verschiedener Laubhölzer, oft an Erle *(Alnus)*; relativ kurzlebig, bald von Maden zerfressen und im folgenden Frühjahr kaum noch erkennbar. In Mitteleuropa selten, im Voralpengebiet und in den Alpentälern sowie in Nordeuropa häufiger. Weißfäuleerzeuger. **VERWENDUNG** Kein Speisepilz.

1

2

3

1 Zinnober-Tramete, Nördlicher Zinnoberschwamm

Pycnoporus cinnabarinus (Jacq.: Fr.) Karst. *Polyporaceae s. lat.*

FRUCHTKÖRPER konsolenförmig, halbrund bis fächerförmig, 2–10 cm breit am Holz angewachsen, 0,5–2 cm dick, 2–6 cm vom Substrat abstehend; Oberfläche runzelig-uneben, höckerig, bisweilen undeutlich konzentrisch gezont, frisch lebhaft orange-zinnoberrot, alt ausblassend, kahl. **RÖHREN** bis 8 mm lang, zinnoberrot. **POREN** klein, 2–3 pro mm, eckig-rundlich, auch längs gestreckt bis labyrinthisch, tief orange. **TRAMA** korkig-zäh, orangerot; ohne besonderen Geruch und Geschmack. **SPOREN** 5–6 × 2–2,5 µm, elliptisch, glatt. **VORKOMMEN** In sonnigen Laubwäldern, auch in Gärten und Parkanlagen ganzjährig an Stümpfen und auf toten Ästen und Stämmen vieler Laubholzarten, sehr selten an Nadelholz. Der auffällige, leicht erkennbare Pilz hat ähnliche Standortansprüche wie die ► **Striegelige Tramete (S. 570/2)**, ist allerdings wesentlich seltener als diese anzutreffen und rückläufig. Die Zinnober-Tramete ist einjährig, überwinternde Exemplare können jedoch im nächsten Frühjahr weiterwachsen. Weißfäuleerzeuger. **VERWENDUNG** Kein Speisepilz. **WISSENSWERTES** Die Gattung *Pycnoporus* ist in Europa nur mit dieser einen Art vertreten. Die rote Farbe des Pilzes ist auf den Farbstoff Cinnabarin zurückzuführen; auch das befallene Holz wird rot gefärbt. Eine ähnliche Art, *Pycnoporus sanguineus,* findet man in den Tropen.

2 Orangeporiger Knorpelporling

Skeletocutis amorpha (Fr.) Kotl. & Pouz., *Gloeoporus amorphus* (Fr.) Killermann *Polyporaceae s. lat.*

FRUCHTKÖRPER resupinate Überzüge bildend, leicht ablösbar, an senkrechtem Substrat mit bis 1,5 cm abstehenden, oft wellig verbundenen, dünnen Hütchen; Oberfläche weißlich bis grau-weißlich gezont, von Algen bisweilen grünlich, seidig-filzig; Hutkante scharf; trocken hornartig hart. **RÖHREN** bis 1 mm lang. **POREN** 3–4 pro mm, rundlich-eckig, weißlich, lachsrosa bis orange. **TRAMA** im Schnitt durch den Fruchtkörper mit der Lupe deutlich als Duplex-Trama zu erkennen; Geruch unbedeutend, Geschmack bitterlich. **SPOREN** 4–5 × 1–1,5 µm. **VORKOMMEN** Ganzjährig an berindeten und entrindeten Ästen und Stämmen und an Stümpfen von Kiefern *(Pinus),* seltener an anderen Nadelhölzern. **VERWENDUNG** Unbedeutend. **WISSENSWERTES** Die Poren färben sich mit Salmiakgeist schön orangerot. Die Gattung *Skeletocutis* umfasst in Europa etwa 15 Arten; alle wachsen auf Holz, in dem sie Weißfäule erzeugen.

3 Kleinsporiger Knorpelporling

Skeletocutis nivea (Jungh.) Keller, *Incrustoporia nivea* (Jungh.) Ryv., *Tyromyces semipileatus* (Peck) Murill *Polyporaceae s. lat.*

FRUCHTKÖRPER 2–10 cm breit, halbkreis-, muschelförmig oder reihig wachsend, nur an der Unterseite der Äste völlig resupinat, sonst mit deutlich abgesetzter Hutkante (0,5–3 cm), dünn, lederig, zäh; Oberfläche feinfilzig bis kahl, weißlich bis dunkelbraun; Kante weiß, nach unten gebogen. **RÖHREN** bei zweijährigen Fruchtkörpern geschichtet. **POREN** winzig, ohne Lupe kaum sichtbar, 5–8 pro mm, weißlich, alt und auf Druck bläulich bis oliv. **TRAMA** zäh, weißlich bis holzfarben; Geruch nach ► **Wurzelschwamm (S. 582/3)**, Geschmack bitter. **SPOREN** winzig, 3–4 × 0,5–1 µm, allantoid. **VORKOMMEN** Sommer bis Herbst in Laubwäldern, meist auf der Unterseite von abgestorbenen und am Boden liegenden berindeten und entrindeten Stämmen und Ästen verschiedener Laubbäume, ein- bis zweijährig; Weißfäuleerzeuger. **VERWENDUNG** Kein Speisepilz.

1

2

3

1 Violetter Lederporling, Gemeiner Violettporling

Trichaptum abietinum (Pers.: Fr.) Ryv., *Hirschioporus abietinus* (Dicks.: Fr.) Donk *Polyporaceae s. lat.*

FRUCHTKÖRPER auf der Unterseite der Stämme flach dem Substrat anliegend und oft meterlange Beläge bildend **(1a)**, an senkrechten Flächen und an Ästchen mit schmalen, bis 3 cm abstehenden Hütchen **(1b)**; diese sind dünn, lederig-zäh, meist dachziegelig oder seitlich verwachsen, konzentrisch gefurcht-gezont, filzig behaart, weißlichgrau, alt kahl und durch Algen grün; Rand scharfkantig, oft mit violettem Ton; Unterseite netzig-porig. **RÖHREN** bis 2 mm lang, dunkelbraun. **POREN** 3–5 pro mm, rund bis eckig, alt zum Teil etwas gezähnt oder aufgespalten, jung violett, alt violettbraun bis gelbbraun. **SPOREN** 7–8 × 2,5–3,5 µm, zylindrisch-allantoid, glatt, hyalin. **VORKOMMEN** Ganzjährig an totem Nadelholz; einjährig; weit verbreitet. Der Violette Lederporling ist Erstbesiedler gefallener Stämme besonders von Fichte *(Picea abies)*, Kiefer *(Pinus)* und Weißtanne *(Abies alba)*, an Laubholz findet man ihn sehr selten. Weißfäuleerzeuger. **VERWENDUNG** Unbedeutend.

2 Zahnförmiger Lederporling

Trichaptum hollii (Schmidt: Fr.) Kreis., *Trichaptum fuscoviolaceum* (Ehrenb.: Fr.) Ryv. *Polyporaceae s. lat.*

FRUCHTKÖRPER resupinat oder mit 1–3 cm abgebogenen Hütchen, seitlich reihig verwachsen, dünn, lederig; Hutoberfläche striegelig behaart, grauweiß bis bräunlich, konzentrisch gezont; Rand scharf. Unterseite schon von Anfang an dicht mit abgeplatteten, 1–5 mm langen Zähnchen besetzt, die am Rand des Fruchtkörpers kürzer und +/– reihig angeordnet sind; Zähnchen jung violett, alt hellbraun-graubraun. **SPOREN** 7–8 × 2,5–3,5 µm, zylindrisch-allantoid, glatt, hyalin. **VORKOMMEN** Ganzjährig an totem Kiefernholz *(Pinus)*, selten auch an Fichte *(Picea abies)* und Laubhölzern; einjährig; Weißfäuleerzeuger. **VERWENDUNG** Unbedeutend. **WISSENSWERTES** Von der Gattung **Lederporlinge** *(Trichaptum)* gibt es in Europa vier, in Deutschland nur die beiden hier beschriebenen Arten. Der Zahnförmige Lederporling ist wesentlich seltener als der ▸ **Violette Lederporling (siehe 1)**, den man in jedem Nadelwald antrifft.

3 Eichen-Wirrling

Daedalea quercina (L.) Pers. *Polyporaceae s. lat.*

FRUCHTKÖRPER konsolenförmig, halbrund bis kreiselförmig, 5–30 cm breit, an der Anwachsstelle bis 20 cm abstehend, meist etwas gebuckelt, 2–7 cm dick; Oberseite uneben-rau, +/– konzentrisch gezont, bräunlich oder rußgrau, trocken hell ausblassend; Rand scharf. **LAMELLEN** auffallend labyrinthisch, 1–3 cm breit, am Rand fast porig, beige- bis korkfarben, bisweilen mit Rosaton. **FLEISCH** korkig-zäh, kaum durchreißbar, hellbraun-kaffeebraun; Geruch angenehm pilzartig. **SPORENPULVER** weiß. **SPOREN** 5–7 × 2,5–3,5 µm, elliptisch, glatt, hyalin, inamyloid. **VORKOMMEN** Dieser mehrjährige Pilz fehlt in keinem Eichenwald. An den auffälligen labyrinthischen Lamellen ist er leicht zu erkennen. Der Eichen-Wirrling wächst einzeln oder zu mehreren häufig an den Schnittstellen der Stämme und an Stümpfen, auch an verbautem Holz (Eichenpfähle, Sitzbänke) ist er anzutreffen; in Mitteleuropa geht er selten an andere Laubhölzer. Auf der Alpensüdseite findet man ihn an Edelkastanien *(Castanea sativa)*. Er erzeugt im befallenen Holz eine langsam fortschreitende Braunfäule; die Fruchtkörper können über viele Jahre hinweg am befallenen Holz beobachtet werden. **VERWENDUNG** Kein Speisepilz. **WISSENSWERTES** Die Gattung *Daedalea* ist in Europa nur mit dieser einen Art vertreten.

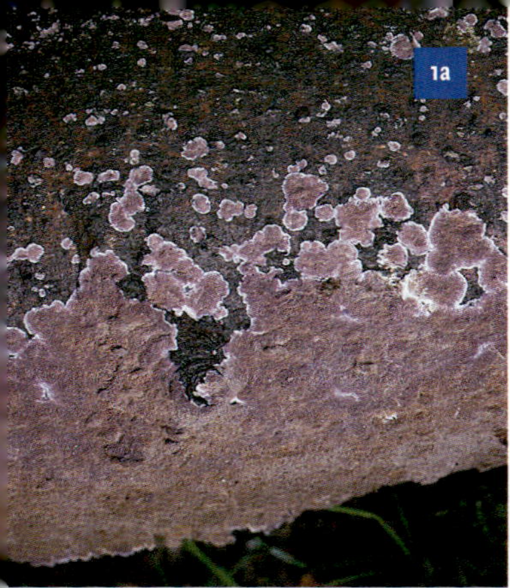
1a

1b

2

3

1 Rötende Tramete, Rötender Blätterwirrling

Daedaleopsis confragosa (Bolt.: Fr.) Schroet. *Polyporaceae s. lat.*

HUT halbkreis- bis fächerförmig, 5–15 cm breit, bis 10 cm vom Substrat abstehend, an der Ansatzstelle 1–3 cm dick, oft etwas gebuckelt; Oberfläche kahl, meist konzentrisch gezont und gefurcht, +/– uneben, hellbraun bis rotbräunlich; Rand bei frisch wachsenden Pilzen weißlich, bei ausgewachsenen Pilzen flach, scharfkantig. **RÖHREN** bis 10 mm lang, an der Ansatzstelle etwas herablaufend. **POREN** 1–2 pro mm, eckig, labyrinthisch oder auch radial verlängert, hellgrau, alt dunkel graubraun, bei frischen Pilzen auf Druck mit rosabräunlicher Verfärbung. **TRAMA** etwas dünner als die Röhrenschicht, zäh, korkig, frisch ockerfarben, später graubräunlich; Geruch frisch säuerlich, später geruchlos, Geschmack mild bis bitterlich. **SPOREN** 6,5–8 × 2–2,5 µm, zylindrisch, leicht gekrümmt, glatt, hyalin. **VORKOMMEN** Das ganze Jahr hindurch an toten, stehenden oder liegenden Ästen und Stämmen verschiedener Laubhölzer, in denen er eine Weißfäule erzeugt; weit verbreitet. Die Rötende Tramete ist ein Charakterpilz der Auen- und Moorwälder, Bachufer und Erlenbrüche. **VERWENDUNG** Kein Speisepilz.

2 Braunroter Blätterwirrling, Dreifarbene Tramete

Daedaleopsis tricolor (Bull.: Pers.) Bond. & Sing., *Daedaleopsis confragosa* var. *tricolor* (Pers.) Bond. *Polyporaceae s. lat.*

HUT konsolenförmig, +/– halbkreisförmig, 8–15 cm breit, flach; Oberfläche stumpf braunrot, weinrot, Zonen purpurbraun bis schwarzrot. **HYMENIUM** vollkommen lamellenförmig, Lamellen dünn, gegabelt, untermischt, grau fleischrötlich, graubraun. **VORKOMMEN** Das ganze Jahr über meist gesellig oder dachziegelig an toten Ästen und Stämmen von Wildkirsche *(Prunus avium)*, Hasel *(Corylus avellana)*, Rotbuche *(Fagus sylvatica)* und anderen Laubbäumen. **VERWENDUNG** Kein Speisepilz. **WISSENSWERTES** Dieser Pilz wird von verschiedenen Autoren nur als Varietät der ▸ **Rötenden Tramete (siehe 1)** betrachtet, von der er sich durch das lamellige Hymenophor und die Hutfarbe unterscheidet. Klimatisch bevorzugt der Pilz wärmere Standorte. In Skandinavien wird eine weitere Art, der **Nördliche Blätterwirrling** *(Daedaleopsis septentrionalis)*, unterschieden.

3 Echter Zunderschwamm

Fomes fomentarius (L.: Fr.) Fr. *Polyporaceae s. lat.*

FRUCHTKÖRPER breit hufförmig, 10–25(–50) cm breit, 7–15 cm hoch, 5–20 cm vom Substrat abstehend; Oberseite hart, mit 1–2 mm dicker Kruste, tief konzentrisch gefurcht, jung lehmbraun-rotbraun, bräunlich, alt graulich, zuletzt fast schwarz; Rand stumpf, mit hellbräunlicher Zuwachszone. Die Ringfurchen und die Röhrenschichten entsprechen Wachstumsperioden, die mehrmals pro Jahr auftreten können. **RÖHREN** 2–8 mm lang, geschichtet, rostbraun. **POREN** 2–4 pro mm, jung weißgrau bis beige, später bräunlich. **TRAMA** korkig, lederartig, hellbraun, mit KOH schwarz, an der Anwachsstelle mit weichem, weißlich marmoriertem Myzelialkern. **SPOREN** 15–20 × 4,5–7 µm, elliptisch-zylindrisch, glatt, hyalin. **VORKOMMEN** Ganzjährig in naturnahen Laubwäldern, Bannwäldern und Mooren als Saprophyt oder Schwächeparasit an stehenden oder liegenden Rotbuchen *(Fagus sylvatica)*, Birken *(Betula)* und anderen Laubbäumen, mehrjährig; in Europa weit verbreitet. Weißfäuleerzeuger. **VERWENDUNG** Kein Speisepilz. Aus der Trama hat man früher Zunder für die Feuerbereitung sowie Trinkgefäße **(3b)** und Bekleidungsstücke wie Hosen, Westen und Hüte hergestellt. **WISSENSWERTES** Die Gattung *Fomes* besteht weltweit nur aus dieser einen Art.

1

2

3a

3b

GATTUNG **Fomitopsis (Baumschwämme)**
FAMILIE *Polyporaceae s. lat.*
Fruchtkörper mehrjährig, hart, holzig, mit Kruste; Poren klein; Sporen glatt, hyalin, inamyloid; Braunfäuleerzeuger.

1 Rotrandiger Baumschwamm

Fomitopsis pinicola (Swartz: Fr.) Karst., *Fomes marginatus* (Pers.: Fr.) Gill. *Polyporaceae s. lat.*

FRUCHTKÖRPER anfangs knollenförmig hervorbrechend, dann halbkreis- bis hufförmig, breit am Substrat angewachsen, 8–40 cm breit, 4–10 cm dick, 8–20 cm vom Substrat abstehend; Oberfläche buckelig-höckerig, mit konzentrisch angeordneten Zonen, Kruste glänzend, harzig, schmilzt in einer kleinen Flamme; Rand zur Wachstumszeit weißlich, zur Mitte hin hellgelb-orangegelb, orangerot, fuchsrot, die älteren Teile sind grau-schwärzlich. **RÖHREN** nach Zuwachsperioden geschichtet, blassgelblich. **POREN** 3–4 pro mm, rundlich, gelbweißlich, später blassbräunlich. Poren und Hutrand während der Hauptwachstumszeit oft mit wässrigen Guttationstropfen **(1a)**. **TRAMA** zäh-holzig, jung weißlich gelb, alt gelb bis hellbräunlich; Geruch frisch stark säuerlich, Geschmack bitter. **SPORENPULVER** weiß. **SPOREN** 6–8 × 3,5–4 µm. **VORKOMMEN** Ganzjährig an stehenden oder liegenden Stämmen und Stümpfen verschiedenster Laub- und Nadelbäume, mehrjährig; verbreitet. **VERWENDUNG** Kein Speisepilz.

2 Rosenroter Baumschwamm

Fomitopsis rosea (Alb. & Schw.: Fr.) Karst. *Polyporaceae s. lat.*

FRUCHTKÖRPER 2–4(–10) cm breit, bis 3 cm dick, 1–4 cm vom Substrat abstehend; Oberfläche hartkrustig, wellig-höckerig, schwach konzentrisch gezont, jung graurosa, später dunkelbraun bis schwärzlich; Unterseite porig, rosafarben; Zuwachsrand rosafarben. **RÖHREN** am Substrat +/– herablaufend, bei älteren Exemplaren undeutlich geschichtet. **POREN** 3–5 pro mm, rundlich bis längs gestreckt, graurosa bis rosa. **TRAMA** holzig-zäh, rosafarben-graurosa; Geruch schwach pilzartig, Geschmack harzig-bitter. **SPOREN** 6–7 × 2,5–3 µm. **VORKOMMEN** Meist an Fichte *(Picea abies)*; sehr selten; Braunfäuleerzeuger. **VERWENDUNG** Kein Speisepilz.

3 Lärchen-Baumschwamm, Apothekerschwamm

Fomitopsis officinalis (Vill.: Fr.) Bond. & Sing., *Laricifomes officinalis* (Vill.: Fr.) Kotl. & Pouz. *Polyporaceae s. lat.*

FRUCHTKÖRPER konsolen- bis hufförmig, 10–15 cm breit, bis 30 cm hoch, bis 10 cm vom Substrat abstehend, Oberfläche jung cremeweiß bis gelborange, ohne Kruste, alt grau, graubräunlich bis schwarzgrau, rissig, gezont, mit sehr dünner Kruste; Rand stumpf, wulstig, cremeweißlich bis bräunlich. **RÖHREN** 5–10 mm lang, undeutlich geschichtet; an alten Exemplaren wurden bis zu 70 Schichten gezählt. **POREN** 2–4 pro mm, rundlich-eckig, gelblich bis orangebraun. **TRAMA** brüchig, weich, weiß; Geruch mehlartig, Geschmack sehr bitter. **SPOREN** 4,5–5,5 × 3–3,5 µm. **VORKOMMEN** In den Alpen an Lärchen *(Larix)*; mehrjährig; als Seltenheit zu schonen. Der Pilz verursacht eine wenig aktive Braunfäule, sodass der Wirtsbaum jahrzehntelang am Leben bleibt. **VERWENDUNG** Kein Speisepilz. **WISSENSWERTES** Früher war der Apothekerschwamm als Heilmittel gesucht und hoch geschätzt. Sein wirksamer Bestandteil ist Agaricinsäure; sie wirkt stark abführend und ist auch für den außerordentlich bitteren Geschmack des Pilzes verantwortlich.

1a

1b

2

3

1 Schwarzgebänderter Harzporling

Ischnoderma benzoinum (Wahlenb.: Fr.) Karst., *Lasiochlaena benzoina* (Wahlenb.: Fr.) Pouz. *Polyporaceae s. lat.*

FRUCHTKÖRPER flach sitzend bis nahezu haubenförmig gebogen, 5–14(–20) cm breit, 1–2 cm dick, einzeln oder dachziegelig übereinander wachsend; Oberseite jung fein behaart, kastanienbraun, rotbraun bis dunkelbraun, radialrunzelig, später mit schwarzer, harziger Kruste, gezont; Rand scharf, zur Wachstumszeit weißlich. **RÖHREN** bis 1 cm lang, dunkelbraun. **POREN** 4–6 pro mm, eckig bis rund, jung weißlich, bei Berührung braun fleckend, später zimtbraun. **TRAMA** jung weich, faserig, später hart, ockerfarben bis bräunlich. **SPORENPULVER** weiß. **SPOREN** 5–6 × 2–2,5 µm. **VORKOMMEN** Sommer bis Herbst meist auf Fichte *(Picea abies)*, seltener an Lärche *(Larix)* und Kiefer *(Pinus)*, an morschen Stämmen und Stümpfen; einjährig; selten. Weißfäuleerzeuger. **VERWENDUNG** Kein Speisepilz.

GATTUNG **Gloeophyllum (Blättlinge)**
FAMILIE *Polyporaceae s. lat.*

Fruchtkörper ein- bis mehrjährig, fächer- bis konsolenförmig, selten resupinat, meist dünn, zäh, korkartig; Fleisch rost- bis zimtbraun; Sporen zylindrisch, glatt, inamyloid. Braunfäuleerzeuger, meist auf Nadelholz. In Europa fünf Arten.

2 Fenchel-Porling, Fenchel-Tramete

Gloeophyllum odoratum (Wulf.: Fr.) Imaz., *Osmoporus odoratus* (Wulf.: Fr.) Sing. *Polyporaceae s. lat.*

FRUCHTKÖRPER auf waagerechter Unterlage knollig-wulstig, kissenförmig verwachsen, an senkrechtem Substrat konsolenförmig-halbrund, 5–15(–20) cm breit, 2–6 cm dick, 2–6(–10) cm vom Substrat abstehend, einzeln oder zu mehreren; Oberfläche runzelig, wellig, uneben, matt-filzig, orangebraun-rotbraun, alte Teile schwärzlich; Rand wulstig, stumpf, Zuwachszone gelborange. **RÖHREN** 0,5–1,5 cm lang, +/– geschichtet, rostbräunlich. **POREN** 1–2 pro mm, rundlich-länglich bis schwach eckig, frisch gelblich-zimtfarben. **TRAMA** bis 3 cm dick, korkig, fest, rostbraun, mit KOH schwarz; Geruch deutlich nach Fenchel, Geschmack bitter-säuerlich, etwas nach Fenchel. **SPOREN** 6–8 × 3–4,5 µm, zylindrisch, glatt, hyalin. **VORKOMMEN** Ganzjährig auf älteren Fichtenstümpfen, bisweilen auch an liegenden Stämmen, selten an anderen Nadelhölzern; mehrjährig; weit verbreitet. Braunfäuleerzeuger. **VERWENDUNG** Kein Speisepilz.

3 Zaun-Blättling

Gloeophyllum sepiarium (Wulf.: Fr.) Karst. *Polyporaceae s. lat.*

FRUCHTKÖRPER konsolen- bis rosettenförmig, oft dachziegelig oder leistenförmig-schmalhütig entwickelt, auf der Unterseite des Substrats bisweilen voll resupinat wachsend; Einzelhüte 2–3(–7) cm breit, zäh, lederig; Oberseite rau, höckerig, striegelig-filzig, rostbraun bis dunkelbraun, meist konzentrisch gezont und wellig gefurcht; Randzone jung gelblich bis orangegelb. **LAMELLEN** dicht stehend, ca. 1–2 pro mm, jung gelb, bald braunorange bis rostbraun, heller als die Oberseite; Schneiden gekerbt. **TRAMA** dünn, korkig, zäh, gezont, rostbraun bis dunkel rotbraun. **SPOREN** 9–13 × 3–5 µm. **VORKOMMEN** Ganzjährig besonders auf Fichte *(Picea abies)*, sehr robust, bevorzugt an sonnenexponierten, trockenen Standorten; auch an verbautem Holz. **VERWENDUNG** Kein Speisepilz.

1

2

3

1 Tannen-Blättling

Gloeophyllum abietinum (Bull.: Fr.) Karst. *Polyporaceae s. lat.*

FRUCHTKÖRPER konsolenförmig, auch kreisel- oder muschelförmig, 2–5(–8) cm breit, bis 1 cm dick, 3–5 cm vom Substrat abstehend, oft verwachsen, an der Unterseite des Substrats voll resupinat, oft in bandförmigen, lang gestreckten, bis 30 cm langen Streifen ausgebildet; Oberfläche striegelig-filzig, alt kahl, konzentrisch gezont, rotbraun, graubraun-dunkelbraun, alt schwarzbraun, jung mit heller Randzone. **LAMELLEN** ocker- bis graubraun, entfernt stehend, am Hutrand 8–12 Lamellen pro cm; Schneiden gekerbt. **TRAMA** dünn (1–5 mm dick), zäh, braun, mit KOH schwarz; Geruch unbedeutend. **SPOREN** 8–13 × 3–4,5 µm, zylindrisch, hyalin. **VORKOMMEN** Ganzjährig an totem Nadelholz, überwiegend Fichte *(Picea abies)*, oft an verbautem Holz, an Zäunen und Balken; bevorzugt wie der ähnliche ► **Zaun-Blättling (S. 580/3)** trockene Standorte; mehrjährig. Sehr selten findet man den Pilz auch an Laubholz. **VERWENDUNG** Kein Speisepilz. **WISSENSWERTES** An unbehandeltem, ungeschütztem Bauholz verursacht der Pilz wie alle hier beschriebenen Blättlinge durch Braunfäule schwere Schäden.

2 Balken-Blättling

Gloeophyllum trabeum (Pers.: Fr.) Murr., *Lenzites trabea* (Pers.: Fr.) Fr. *Polyporaceae s. lat.*

FRUCHTKÖRPER konsolen-, fächer- oder halbkreisförmig, 3–8 cm breit, 1–4 cm vom Substrat abstehend, an der Anwachsstelle bis 1 cm dick, oft seitlich bänderartig verwachsen; Oberseite höckerig-wellig, kaum gezont, jung feinsamtig, bald kahl, haselnussbraun, zimt- bis graubraun; Rand heller. **RÖHREN** bis 4 mm lang. **POREN** rundlich-eckig bis radiär verlängert oder labyrinthisch, kaum lamellig, blass holzbräunlich. **TRAMA** 1–5 mm dick, relativ weich, elastisch, nuss- bis tabakbraun; Geruch und Geschmack unbedeutend. **SPOREN** 7–11 × 3–4,5 µm, hyalin. **VORKOMMEN** Ganzjährig an Nadelholz, selten auch an Laubholz; ein- bis mehrjährig; selten. **VERWENDUNG** Kein Speisepilz. **WISSENSWERTES** Der Balken-Blättling ist dem ► **Tannen-Blättling (siehe 1)** sehr ähnlich, er unterscheidet sich von diesem vor allem durch die labyrinthischen oder radial gestreckten, kaum lamelligen Poren.

3 Wurzelschwamm

Heterobasidion annosum (Fr.) Bref. *Polyporaceae s. lat.*

FRUCHTKÖRPER Einzelhüte 5–10(–20) cm breit, 5–10 cm vom Substrat abstehend, 0,5–2 cm dick, oft unregelmäßig geformt, auch resupinat, leicht ablösbar; Oberfläche runzelig-höckerig, unregelmäßig konzentrisch gezont, hell- bis rotbraun, alt dunkelbraun bis schwärzlich; Rand in der Wachstumsphase weiß. **RÖHREN** bei mehrjährigen Fruchtkörpern mehrfach geschichtet, pro Schicht 2–5 mm lang. **POREN** 2–4 pro mm, rundlich-eckig, weißlich bis cremefarben-ockerlich. **TRAMA** frisch elastisch, zäh, trocken hart, holzig, weißlich bis cremefarben; Geruch charakteristisch säuerlich, Geschmack unbedeutend. **SPORENPULVER** weiß. **SPOREN** 4,5–6 × 4–4,5 µm, rundlich, feinwarzig, hyalin, mit Tropfen, inamyloid. **VORKOMMEN** Das ganze Jahr über an der Basis von lebenden und abgestorbenen Nadelbäumen, seltener an Laubholz; mehrjährig; in ganz Europa weit verbreitet. **WISSENSWERTES** Gefürchteter Parasit, der vor allem in Fichtenforsten riesige Schäden verursacht. Der Pilz infiziert die Stämme meist über die Wurzeln und erzeugt eine intensive Kernfäule, bei der sich das Holz rötlich braun färbt und die irrtümlich als „Rotfäule“ bezeichnet wird, obwohl es sich um eine Weißfäule handelt. **VERWENDUNG** Kein Speisepilz.

1

2

3

GATTUNG **Auricularia (Judasohr)**
FAMILIE *Auriculariaceae*
Fruchtkörper gallertig, schüssel- bis muschelförmig; Sporen glatt, hyalin; auf Holz.

1 Judasohr, Ohrlappenpilz, Holunderschwamm

Auricularia auricula-judae (L.: Fr.) Schroet., *Hirneola auricula-judae* (Bull.: Fr.) Berk. *Auriculariaceae*

FRUCHTKÖRPER muschelförmig, ohrförmig bis unregelmäßig schüsselförmig; 3–12 cm breit, bis 7 cm vom Substrat abstehend, stiellos oder mit sehr kurzem Stiel angewachsen, zäh; Oberseite eben bis schwach runzelig, olivbraun, rotbräunlich, purpurbraun, samtig-filzig; Innenseite (Hymenium) glatt, glänzend, wie die Oberfläche gefärbt, von erhabenen Leisten und Falten durchzogen; Rand glatt und scharf. **FLEISCH** dünn, gallertig-knorpelig, trocken hornartig hart, feucht aufquellend; ohne besonderen Geruch, Geschmack wässrig. **SPORENPULVER** weiß. **SPOREN** 17–19 × 6–8 µm, zylindrisch, glatt, hyalin. **VORKOMMEN** Ganzjährig an älteren, geschwächten bis absterbenden, oft teilweise entrindeten Stämmen und Ästen vom Schwarzen Holunder *(Sambucus nigra)*, selten an anderen Laubhölzern; in Europa weit verbreitet. **VERWENDUNG** Essbar; wird in Japan und China intensiv gezüchtet. **WISSENSWERTES** Mit Giftpilzen ist das Judasohr nicht zu verwechseln.

2 Gezonter Ohrlappenpilz

Auricularia mesenterica (Dicks.: Fr.) Pers. *Auriculariaceae*

FRUCHTKÖRPER halbkreisförmig, semipileat oder resupinat, Hütchen 5–10 cm breit, bis 5 cm vom Substrat abstehend, 2–4 mm dick, oft dachziegelig, ausgedehnte Beläge bildend; Hutoberseite striegelig-filzig, hellgrau-graubräunlich gezont, besonders zur Anwachsstelle hin oft von Algen grün gefärbt; Unterseite mit dem Hymenium dunkel purpurbraun, unregelmäßig aderig-faltig; Rand wellig gelappt. Feucht sind die Pilze gallertig-aufgequollen, bei Trockenheit hornartig, spröde, das Hymenium ist dann blauschwarz. **SPOREN** 15–18 × 5–6 µm. **VORKOMMEN** Das ganze Jahr über als Schwächeparasit oder Saprophyt an verschiedenen Laubbäumen in Flussniederungen, Parkanlagen, Schlucht- und Auenwäldern. **VERWENDUNG** Kein Speisepilz.

GATTUNG **Exidia (Drüslinge)**
FAMILIE *Tremellaceae*
Fruchtkörper gekröseartig, kreiselförmig, runzelig, gelatinös, mit kleinen Wärzchen (Lupe!); Sporen allantoid, glatt, hyalin, inamyloid. Saprophytisch auf Holz; Weißfäuleerzeuger. In Europa etwa 15 Arten.

3 Kandisbrauner Drüsling

Exidia saccharina (Alb. & Schwein.): Fr. *Tremellaceae*

FRUCHTKÖRPER jung knopfartig, später verschmolzen und lange Beläge bildend, flach aufliegend, 0,5–2 cm dick, hirnartig gewunden oder faltig-gelappt, frisch glänzend, kandisfarben, karamelfarben bis dunkelbraun; Unterseite steril, körnig-rau; eingetrocknet kaum 1 mm dick, hornartig hart, dunkel rotbraun bis schwarz. **FLEISCH** gelatinös-gallertig, wässrig; ohne besonderen Geruch und Geschmack. **SPOREN** 9–15 × 3,5–5 µm. **VORKOMMEN** Ganzjährig an toten, teilweise noch berindeten Stämmen und Ästen von Nadelhölzern. **VERWENDUNG** Kein Speisepilz.

1

2

3

1 Teerflecken-Drüsling, Nadelholz-Drüsling

Exidia pithya (Alb. & Schw.): Fr. *Tremellaceae*

FRUCHTKÖRPER flach, 1–2 mm dick, oft wellig, gallertig, junge Fruchtkörper oft zu unregelmäßigen, bis 30 cm großen Flächen zusammenfließend, fest am Substrat anliegend; Oberfläche mit dem Hymenium schwarz, fast ohne Drüsenwärzchen, manchmal etwas grau bereift; trockene Fruchtkörper papierdünn, schwarz, wie Teerflecken glänzend. **SPOREN** 12–15 × 4–4,5 µm, zylindrisch gebogen, glatt, hyalin. **VORKOMMEN** Das ganze Jahr über an am Boden liegenden, berindeten Ästen und Stämmen der Fichte (*Picea abies*), auch an Weißtanne (*Abies alba*); besiedelt ausschließlich Nadelhölzer. In montanen Gegenden Europas weit verbreitet, in Nordwestdeutschland ausgesprochen selten. **VERWENDUNG** Unbedeutend. **WISSENSWERTES** Der Teerflecken-Drüsling wird von manchen Autoren als Varietät des ▸ **Warzigen Drüslings (S. 588/1)** betrachtet.

2 Weißlicher Drüsling

Exidia thuretiana (Lév.) Fr., *Exidia albida* (Huds.: Fr.) Bref.
Tremellaceae

FRUCHTKÖRPER gelatinös, anfangs linsen- bis scheibenförmig, bis 3 cm breit, flach, dem Substrat fest anliegend, bald zusammenfließend und bis 15 cm lange Beläge bildend; Hymenium wellig bis höckerig, mit Furchen, weißlich bis hell grau-bläulich, auch rosa-ockerlich, ohne Drüsenwärzchen; Rand deutlich abgesetzt; bei Trockenheit zu einer dünnen, durchsichtigen Schicht eintrocknend. **FLEISCH** gelatinös, zäh; Geschmack unbedeutend, Geruch nach Zedernholz. **SPOREN** 13–18 × 5,5–7 µm, walzenförmig-allantoid, glatt, hyalin. **VORKOMMEN** Das ganze Jahr über, besonders vom Spätherbst bis zum Frühjahr, bei nasser Witterung auf feucht am Boden liegenden morschen Laubholzästen und -stämmen, bevorzugt der Rotbuche (*Fagus sylvatica*). **VERWENDUNG** Kein Speisepilz. **WISSENSWERTES** Ebenfalls an Laubholz wächst der seltenere **Knorpelige Drüsling** (*Exidia cartilaginea*); er hat zweifarbige, in der Mitte braune, zum Rand hin weißliche Fruchtkörper. Man findet ihn bevorzugt auf abgefallenen Lindenästen (*Tilia*).

3 Becherförmiger Drüsling, Stoppeliger Drüsling

Exidia glandulosa (Bull.) Fr., *Exidia truncata* Fr. *Tremellaceae*

FRUCHTKÖRPER flach kreiselförmig, knopf- oder muschelförmig, 1–5 cm breit und hoch, oft gestielt, meist einzeln, seltener in Gruppen, dabei nicht zusammenfließend; frisch gallertig-fest, alt schlaff, bisweilen in Klumpen hängend, bildet trocken knorpelige, hornartige Krusten; Oberseite kahl, anfangs glatt, dunkel braunschwarz bis schwarz, matt bis glänzend, später fein runzelig, mit Drüsenwärzchen punktiert; Unterseite matt, rau, schwarz. **FLEISCH** elastisch, zäh, gallertig; ohne besonderen Geruch und Geschmack. **SPOREN** 14–19 × 4,5–5,5 µm, walzenförmig, allantoid, glatt, hyalin. **VORKOMMEN** In allen Laubwäldern ganzjährig auf noch ansitzenden oder am Boden liegenden und noch berindeten Ästen und Stämmen von Eichen (*Quercus*), Rotbuchen (*Fagus sylvatica*) und anderen Laubhölzern; in Europa weit verbreitet. Man findet diesen leicht erkennbaren Pilz nach Regenperioden, besonders aber in der kühlen, feuchten Jahreszeit, wenn die befallenen Äste von Herbst- und Winterstürmen frisch heruntergerissen sind. **VERWENDUNG** Kein Speisepilz. **WISSENSWERTES** Ähnlich ist der weit verbreitete und leicht erkennbare ▸ **Warzige Drüsling (S. 588/1)**. Seine Fruchtkörper sind hirnartig gefaltet, sie fließen oft zu großen Belägen zusammen. Bei Trockenheit schrumpfen sie wie alle Drüslinge zu dünnhäutigen Krusten.

1

2

3

1 Warziger Drüsling, Hexenbutter

Exidia plana (Wigg.) Donk, *Exidia glandulosa* (Bull.): Fr.
Tremellaceae

FRUCHTKÖRPER zunächst +/– kugelig, bald bis 30 cm lang ausgebreitet und verschmolzen, Beläge 0,5–2 cm hoch, dem Substrat anliegend; Oberfläche wulstig gelappt, hirnartig gefaltet, schwarz, bisweilen graubräunlich-dunkelbraun, seltener olivbraun, frisch (feucht) glänzend, mit sehr kleinen Drüsenwärzchen (Lupe!). Getrocknet schrumpfen die Beläge zu 0,5–2 mm dicken, hornartigen, schwarzen, glanzlosen Krusten. **FLEISCH** gallertig, weich, im Schnitt glänzend, graulich; ohne besonderen Geruch und Geschmack. **SPORENPULVER** weiß. **SPOREN** 10–16 × 3,5–5,5 µm, +/– allantoid, glatt, hyalin. **VORKOMMEN** Das ganze Jahr hindurch, besonders aber im Spätherbst und in feuchten, milden Wintern, auf abgefallenen Ästen oder an noch stehenden Stämmen, oft auch auf Schnittflächen von Stümpfen; erscheint auf zahlreichen Laubhölzern, selten an Nadelholz; in Europa weit verbreitet. Weißfäuleerzeuger. **VERWENDUNG** Kein Speisepilz.

2 Kreisel-Drüsling

Exidia recisa (Ditm.) Fr. *Tremellaceae*

FRUCHTKÖRPER jung flach kreiselförmig, knopf- oder muschelförmig-lappig, sitzend oder mit kurzem Stiel am Substrat angewachsen, 1–3 cm hoch und breit, einzeln wachsend, nicht verschmelzend, gelatinös, anfangs prall, später +/– schlaff hängend. Oberfläche mit der Fruchtschicht fast glatt oder grob wellig bis wabig-runzelig, schwach glänzend, ohne oder mit sehr wenig Drüsenwärzchen; sterile Unterseite körnig-warzig und matt; ganzer Fruchtkörper bernsteinfarben, gelbbraun bis rostbraun. Bei Trockenheit schrumpft der Pilz zu einer unscheinbaren glänzenden Kruste. **FLEISCH** gallertig, wässrig; ohne besonderen Geruch und Geschmack. **SPOREN** 12–16 × 3–4,5 µm, zylindrisch-gebogen, glatt, hyalin. **VORKOMMEN** Ganzjährig, besonders von November bis März, gesellig auf abgestorbenen, meist noch hängenden Ästen verschiedener Weidenarten *(Salix);* selten auch an anderen Laubbäumen. **VERWENDUNG** Kein Speisepilz. **WISSENSWERTES** An den abgestorbenen, berindeten, noch stehenden Ästen findet man auch oft die rasig wachsenden Fruchtkörper des ▸ **Blasigen Eckenscheibchens (S. 628/3).**

3 Gallertiger Zitterzahn, Eiszitterpilz

Pseudohydnum gelatinosum (Scop.: Fr.) Karst., *Hydnum gelatinosum* (Fr.) *Tremellaceae*

FRUCHTKÖRPER erst zungenförmig, dann halbkreis- bis muschelförmig, 2–6(–8) cm breit, 0,5–1 cm dick, gallertartig, Basis stielartig verschmälert; Oberfläche fein körnigrau, weiß, grauweiß, seltener graubraun; Unterseite dicht mit weißlichen, zapfenförmigen, bis 3 mm langen Stacheln besetzt, welche die Sporen bildende Schicht tragen. **FLEISCH** gallertig, wässrig, gelatinös, weißlich, trocken stark schrumpfend und knorpelig; Geruch unbedeutend, Geschmack fade. **SPORENPULVER** weiß. **SPOREN** 5–8 × 5,5–6,5 µm. **VORKOMMEN** Juli bis November, in milden Wintern auch bis April einzeln oder dachziegelartig an morschen Nadelholzstümpfen und auf verrotteten, am Boden liegenden Ästen und Stämmen; sehr selten auf Laubhölzern. **VERWENDUNG** Essbar, abgebrüht als Salatpilz zu verwenden. **WISSENSWERTES** Die Gattung *Pseudohydnum* besteht weltweit nur aus dieser einen Art, die an ihren gallertigen Fruchtkörpern mit Stacheln auf der Unterseite leicht erkennbar und kaum zu verwechseln ist. Weiße und graubraune Fruchtkörper können zur gleichen Zeit am gleichen Holz erscheinen.

1

2

3

GATTUNG **Tremella (Zitterlinge)**
FAMILIE *Tremellaceae*

Fruchtkörper polsterförmig oder gekröseartig, +/–gelatinös, selten im Inneren mit härterem, nicht gelatinösem Kern, ganze Oberfläche mit Fruchtschicht; Sporen fast kugelig, glatt, inamyloid.

1 Schmalsporiger Mehlscheiben-Zitterling

Tremella mycophaga Martin *Tremellaceae*

FRUCHTKÖRPER 0,5–1,5 mm breit, kugelig bis linsenförmig, weißlich, hellrosa bis gelblich braun; Konsistenz gallertig, später oft zusammenfließend und den Wirt völlig einschließend, alt schleimig zerfließend. **SPOREN** 6–8 × 4–6 µm, rundlich, glatt, hyalin. **VORKOMMEN** Parasitisch auf dem Hymenium der ▸ **Orangefarbenen Mehlscheibe (S. 482/1)** an hängenden oder am Boden liegenden Zweigen und Ästen von Weißtannen *(Abies alba)*, selten auch Fichten *(Picea abies)*. **VERWENDUNG** Unbedeutend. **WISSENSWERTES** Ebenfalls parasitisch auf Koniferen wächst der **Alabaster-Kernling** *(Tremella encephala)*. Diesen kleinen, unauffälligen Pilz muss man gezielt auf den Fruchtkörpern des ▸ **Blutenden Nadelholz-Schichtpilzes (S. 498/1)** suchen.

2 Goldgelber Zitterling

Tremella mesenterica Retz. in Hook.: Fr., *Tremella lutescens* (Pers.) Fr. *Tremellaceae*

FRUCHTKÖRPER 2–5(–10) cm breit, 2–4 cm hoch, jung hirnartig gewunden, dann unregelmäßig faltig-lappig, gallertig, mit schmaler Ansatzstelle, leuchtend goldgelb, alt ausblassend, blassgelblich, schlaff herunterhängend; Oberfläche glatt, etwas glänzend; bei Trockenheit knorpelig zusammenschrumpfend und orangefarben, bei feuchter Witterung wieder aufquellend. **FLEISCH** gelatinös, gallertig-zäh; Geruch und Geschmack unbedeutend. **SPOREN** 10–16 × 7–8 µm, eiförmig, glatt, hyalin; vor der Reife der Basidiensporen entwickelt der junge Pilz oft wesentlich kleinere Konidiensporen. **VORKOMMEN** Das ganze Jahr über, besonders in Regenperioden auffallend, auf abgestorbenen Ästen und Stämmen zahlreicher Laubholzarten, vorzugsweise Rotbuche *(Fagus sylvatica)* und Weide *(Salix)*, sehr selten an Nadelholz; der schöne Pilz ist in ganz Europa weit verbreitet; Weißfäuleerzeuger. **VERWENDUNG** Kein Speisepilz.

3 Rotbrauner Zitterling, Blattartiger Zitterling

Tremella foliacea (Pers. ex Gray) Pers., *Tremella succinea* Pers. *Tremellaceae*

FRUCHTKÖRPER 3–10(–15) cm breit und lang, feucht zäh-gallertig, anfangs wellig hervorbrechend, später kugelig-büschelig; Fruchtkörper aus gedrängten, breiten, dünnen, blattartigen Lappen bestehend, einzelne Lappen wellig gekräuselt, ringsum glatt, matt, kandisbraun-rotbraun; trocken knorpelig-hornartig und fast schwarz. **FLEISCH** gallertig-gummiartig, bräunlich; ohne besonderen Geruch und Geschmack. **SPOREN** 8–10 × 6–9 µm, breitelliptisch bis eiförmig-kugelig, hyalin. **VORKOMMEN** Das ganze Jahr über meist auf toten oder absterbenden Ästen und Stämmen, auch auf Stümpfen von Laubbäumen, selten auf Nadelholz. **VERWENDUNG** Kein Speisepilz. **WISSENSWERTES** Ähnlichkeit hat der auf Ästen und Stämmen der Süßkirsche *(Prunus avium)* wachsende **Kirschbaum-Gallertpilz** *(Craterocolla cerasi)*. Seine grau-ockerlich gefärbten Fruchtkörper werden nur 1–4 cm groß.

1

2

3

1 Fleischroter Gallerttrichter

Tremiscus helvelloides (DC: Fr.) Donk *Tremellaceae*

FRUCHTKÖRPER 3–10 cm hoch, 2–5 cm breit, jung zungenförmig, dann trichterförmig, einseitig eingeschnitten, Rand umgeschlagen; Innenseite glatt, matt, jung wie die Außenseite leuchtend orangerosa-lachsfarben, bisweilen etwas bereift; Außenseite mit dem Hymenium später durch Sporenstaub weißlich, alt runzelig-aderig; Basis stielartig, weißlich. **FLEISCH** gallertig, biegsam, rötlich; Geruch und Geschmack unbedeutend. **SPORENPULVER** weiß. **SPOREN** 9,5–11 × 5,5–6 µm. **VORKOMMEN** Juli bis Oktober einzeln oder in Gruppen und Büscheln meist auf Erde, aber in Verbindung mit im Boden liegendem Holz, gern entlang von feuchten Waldwegen, auf Kalkböden; verbreitet. **VERWENDUNG** Essbar, eignet sich als Salatpilz und zum Garnieren von Speisen. **WISSENSWERTES** Der Pilz ist mit Giftpilzen kaum verwechselbar.

GATTUNG **Calocera (Hörnlinge)**
FAMILIE *Dacryomycetaceae*

Die Gattung besteht in Mitteleuropa aus fünf Holz bewohnenden Arten. Fruchtkörper zylindrisch, spatelförmig oder gabelig verzweigt, durch Carotinoide gelborange gefärbt. Sporen glatt, hyalin, meist mit ein bis drei Septen.

2 Klebriger Hörnling, Klebriges Schönhorn

Calocera viscosa (Pers.: Fr.) Fr. *Dacryomycetaceae*

FRUCHTKÖRPER mit gabelig verzweigten Ästen, die in einzelne oder zwei- bis dreifach verzweigte Spitzen auslaufen, 3–7 cm hoch, dottergelb bis lebhaft orangegelb, feucht klebrig-schmierig, mit einem bis 15 cm langen, blassen, zähen Strang im Holz wurzelnd; bei Trockenheit hornartig hart und dunkelorange, bei feuchter Witterung wieder aufquellend. **FLEISCH** zäh, gummiartig biegsam; Geruch und Geschmack unbedeutend. **SPORENPULVER** hell ockergelb. **SPOREN** 9–10 × 3,5–4 µm, glatt, bei der Reife durch eine Querwand geteilt. **VORKOMMEN** Juni bis November sehr häufig auf alten, teilweise vermoderten Stümpfen und Wurzeln und auf im Boden liegendem Holz von Nadelbäumen; in Europa weit verbreitet. **VERWENDUNG** Kein Speisepilz. Man kann die zähen Klebrigen Hörnlinge allenfalls zum Garnieren verwenden. Giftig sind sie nicht.

3 Laubholz-Hörnling, Pfriemlicher Hörnling

Calocera cornea (Batsch: Fr.) Fr. *Dacryomycetaceae*

FRUCHTKÖRPER 0,5–1,5 cm hoch, bis 1 mm breit, spindelförmig-pfriemenförmig, aufrecht oder gebogen, in eine Spitze auslaufend, gelegentlich gegabelt, glatt oder in Längsrichtung gerunzelt, gelb bis orangegelb. **FLEISCH** zäh, gelatinös. **SPOREN** 8–10 × 3,5–4,5 µm, zylindrisch, glatt, hyalin, mit einem Septum. **VORKOMMEN** Juli bis November einzeln, gesellig bis büschelig auf ganz oder teilweise entrindetem, am Boden liegendem Laubholz. **VERWENDUNG** Unbedeutend.

4 Gegabelter Hörnling

Calocera furcata (Fr.) Fr. *Dacryomycetaceae*

FRUCHTKÖRPER bis 2 cm hoch, zylindrisch, Spitze meist gegabelt, hellgelb bis gelborange; Stiel mit Verdickung unter der Rinde des Substrats. **FLEISCH** gelatinös. **SPOREN** 8–13 × 3–4 µm, schmalelliptisch bis allantoid, dünnwandig, reif mit 1–3 verdickten Septen. **VORKOMMEN** Im Herbst gesellig in Gruppen oder kleinen Büscheln auf Nadelholz; selten. **VERWENDUNG** Unbedeutend.

1

2

3

4

1 Zerfließende Gallertträne

Dacryomyces stillatus Nees: Fr., *Dacryomyces deliquescens* (Bull.) Duby *Dacryomycetaceae*

FRUCHTKÖRPER 2–3 mm breit, pustelförmig, scheibenförmig bis linsenförmig, in der Mitte stielartig mit dem Substrat verwachsen; Oberfläche glatt bis wellig-runzelig. Es kommen zwei Arten von Fruchtkörpern oft gleichzeitig nebeneinander vor: Die imperfekten Fruchtkörper (Nebenfruchtform) sind rot bis orange gefärbt, unter dem Mikroskop erkennt man massenhaft kettenförmig aneinander gereihte hyaline Arthrosporen; die Basidiosporen bildende Hauptfruchtform ist mehr gelblich gefärbt. **FLEISCH** gelatinös, weich, etwas durchscheinend, alt zerfließend; Geruch und Geschmack unbedeutend. **SPOREN** Basidiosporen der Hauptfruchtform 14–17 × 5–6 µm, elliptisch, glatt, hyalin, bei der Reife mit drei Querwänden (Septen). **VORKOMMEN** Ganzjährig meist in größeren Gruppen beisammen wachsend und miteinander verschmelzend an abgestorbenem, berindetem oder unberindetem Nadel- und Laubholz, wo der Pilz nur bei feuchter Witterung auffällt; in ganz Europa weit verbreitet. **VERWENDUNG** Unbedeutend. **WISSENSWERTES** Die Gattung *Dacryomyces* enthält in Europa etwa 15 sehr schwer zu unterscheidende Arten; alle sind weich und gelatinös und +/– gelborange gefärbt; alle kommen auf meist entrindetem Holz vor.

2 Riesen-Gallertträne

Dacryomyces chrysospermus Berkl. & Curt., *Dacryomyces palmatus* (Schw.) Bres. ap. v. Höhn. *Dacryomycetaceae*

FRUCHTKÖRPER zusammengewachsen 1–4 cm breit, wellig-lappig, gehirnartig gewunden, leuchtend gelb-orange, mit der Basis stielartig am Holz angewachsen. **FLEISCH** gelatinös, trocken hornartig hart; Geruch und Geschmack unbedeutend. **SPOREN** 18–28 × 7–10 µm, langelliptisch, etwas gebogen, glatt, bei der Reife septiert. **VORKOMMEN** Sommer bis Winter auf totem Nadelholz; in Mitteleuropa sehr selten, vor allem im Alpengebiet auf Weißtanne *(Abies alba)*, sehr selten auch auf Laubholz. **VERWENDUNG** Kein Speisepilz. **WISSENSWERTES** Die Riesen-Gallertträne kann leicht mit dem ▸ **Goldgelben Zitterling (S. 590/2)** verwechselt werden, der jedoch auf Laubhölzern vorkommt. Seine Fruchtkörper werden größer, sie sind jung leuchtend goldgelb gefärbt, blassen im Alter stark aus und hängen dann schlaff herunter; seine Sporen sind eiförmig. In Skandinavien kann die Riesen-Gallertträne mit dem ähnlichen **Frühlings-Schüsselpilz** *(Heterotextus alpinus)* verwechselt werden, der dort ebenfalls an Nadelhölzern vorkommt; in Mitteleuropa ist dieser Pilz allerdings kaum zu erwarten.

3 Gelbweißer Gallertbecher

Ditiola peziziformis (Lév.) Reid, *Femsjonia peziziformis* (Lév.) Karst., *Femsjonia luteoalba* Fr. *Dacryomycetaceae*

FRUCHTKÖRPER knopfförmig-scheibenförmig aus dem Substrat hervorbrechend, 0,3–1,5 cm breit und hoch; Hymenium glatt bis schwach runzelig, gelb bis gelborange, trocken schmutzig rotbraun; stielartige Basis und sterile Außenseite weißlich, fein flaumig-filzig. **FLEISCH** gallertig, gelatinös, weich. **SPOREN** 18–30 × 7,5–11 µm, elliptisch gebogen, hyalin, dünnwandig, reif mehrfach septiert, bilden Sekundärsporen. **VORKOMMEN** Sommer bis Herbst, bisweilen bis zum Wintereinbruch, meist gesellig bis büschelig auf abgestorbenen, am Boden liegenden, noch berindeten Ästen der Weißtanne *(Abies alba)*, bisweilen auch an Laubhölzern (Eiche). **VERWENDUNG** Unbedeutend.

1

2

3

GATTUNG **Exobasidium (Nacktbasidien)**
FAMILIE *Exobasidiaceae*

Verschiedene Arten der Gattung wachsen wirtsspezifisch auf Heidekrautgewächsen. Auffällig ist das schwammig-wuchernde Blattgewebe der infizierten Pflanzen; eigentliche Pilzfruchtkörper werden nicht ausgebildet.

1 Alpenrosen-Nacktbasidie

Exobasidium rhododendri (Fuckel) Cram. *Exobasidiaceae*

ERSCHEINUNGSBILD Der Pilz wächst parasitisch auf Alpenrosen, deren Blätter nach der Infektion 1–3 cm breite, kugelige bis unregelmäßig höckerige, hellgrün-gelbliche oder rote Knollen bilden; das Hymenium überzieht als weißer Reif die ganze Oberfläche der gallartigen Gebilde. **SPOREN** Basidiensporen 12–14 × 3–4 µm; Konidiensporen 5–9 × 1,5–2 µm. **VORKOMMEN** Im Sommer in den Alpen auf der Rostblättrigen und auf der Behaarten Alpenrose *(Rhododendron ferrugineum* und *R. hirsutum).* **VERWENDUNG** Unbedeutend. **WISSENSWERTES** Wegen seiner Form und dem Vorkommen auf Alpenrosen nennt man diesen „Pilz" auch **Alpenrosen-Apfel.**

2 Moosbeeren-Nacktbasidie

Exobasidium rostruppii Nannf. *Exobasidiaceae*

ERSCHEINUNGSBILD Die Blätter der Moosbeere sind wintergrün. Auf von der Nacktbasidie infizierten Blättern entwickeln sich im Sommer rote, 2–3 mm große Blattflecken, oft ist auch die ganze Blattoberseite rot gefärbt. Die Blätter sind dabei nicht verdickt; ihre Unterseite trägt ein dünnes, weißliches, mehliges Hymenium. **SPOREN** 10–13 × 2,5–3,5 µm, schmal zylindrisch, hyalin, reif bisweilen mit einem Septum. **VORKOMMEN** Im Sommer parasitisch auf Blättern der Moosbeere *(Vaccinium oxycoccus),* einem unauffälligen, niederliegenden Halbsträuchlein mit weit kriechenden, verholzten Stängeln auf sauren Moorböden. **VERWENDUNG** Unbedeutend.

3 Preiselbeer-Nacktbasidie

Exobasidium vaccinii (Fuckel) Woronin *Exobasidiaceae*

ERSCHEINUNGSBILD Die Blätter der Preiselbeere sind wintergrün. Auf von der Nacktbasidie infizierten Blättern entwickeln sich im Sommer auffällige hellrote Blattflecken mit gelblichem Rand. Die infizierten Blätter sind stark verdickt, dasselbe gilt für die befallenen Sprossspitzen und Blütenknospen, die ein abnormales Wachstum zeigen; die Blattunterseite trägt an den befallenen Stellen ein dünnes, weißliches, mehliges Hymenium. **SPOREN** 11–16 × 2,5–4 µm, zylindrisch, hyalin, reif mit 1–7 Septen. **VORKOMMEN** Im Sommer parasitisch auf Blättern und Sprossenden der Preiselbeere *(Vaccinium vitis-idaea),* einem 10–30 cm hohen Halbsträuchlein auf nährstoffarmen, sauren Böden; verbreitet. **VERWENDUNG** Unbedeutend.

4 Rosmarinheide-Nacktbasidie

Exobasidium karstenii Sacc. & Trott *Exobasidiaceae*

ERSCHEINUNGSBILD Die Blätter der Rosmarinheide sind wintergrün. Die infizierten Pflanzen haben stark verbreiterte, purpurn gefärbte Blätter, auch die Sprosse zeigen ein abnormales Längenwachstum. Mit seinem Hymenium überzieht der Pilz die Blattunterseiten und den Stiel. **SPOREN** 11–18 × 2,5–3,5 µm, zylindrisch, hyalin, reif mit Septen. **VORKOMMEN** Im Sommer parasitisch auf Blättern und Sprossenden der Rosmarinheide *(Andromeda polyfolia).* **VERWENDUNG** Unbedeutend.

1
2
3
4

GATTUNG **Clathrus (Gitterlinge)**
FAMILIE *Clathraceae*

Die Fruchtkörper entwickeln sich aus so genannten Hexeneiern, die reif tintenfischartig oder als Gitterkugel ausgebildet sind; Sporenmasse (Gleba) mit aasartigem Geruch. In der Mehrzahl bewohnen die sonderbaren Arten dieser Gattung, die auch als „Pilzblumen" bezeichnet werden, tropische Regenwälder.

1 Tintenfischpilz

Clathrus archeri (Berk.) Dring, *Anthurus archeri* (Berk.) Fischer
Clathraceae

FRUCHTKÖRPER jung als 2–4 cm großes, kugeliges bis ovales, weißliches Hexenei unterirdisch heranwachsend; Basis mit Myzelsträngen. Bei der Reife öffnet sich das Ei am Scheitel und ein kurzer Stiel mit 3–6 zerbrechlichen Armen streckt sich tintenfischartig aus der Hülle; Arme 5–8 cm lang, leuchtend rot mit unregelmäßig fleckig verteilter olivgrüner Fruchtschicht, Oberfläche netzig-grubig. Die Gleba mit den eingebetteten Sporen verbreitet einen aasartigen Geruch, der Fliegen anlockt, welche die Sporen verbreiten. **STIEL** 2–5 cm lang, röhrenförmig, weißlich, porös, schwammig. **SPOREN** 5–6,5 × 2–2,5 µm, zylindrisch-elliptisch. **VORKOMMEN** Juli bis November einzeln oder gesellig auf Wiesen, Weiden, Alpweiden, in Laub-, seltener in Nadelwäldern. **VERWENDUNG** Kein Speisepilz. **WISSENSWERTES** Der Tintenfischpilz wurde 1914 vermutlich aus Australien oder Neuseeland eingeschleppt.

2 Roter Gitterling

Clathrus ruber Battara: Pers. *Clathraceae*

FRUCHTKÖRPER als kugel- bis eiförmiges, 2–3 cm großes Hexenei mit ziemlich dicker, ledriger Hülle im Erdboden heranwachsend; Basis mit strangartigen Myzelfäden. Der zur Reifezeit am Boden offen liegende Scheitel reißt auf und innerhalb weniger Stunden entwickelt sich eine 5–10 cm hohe, hohle, zerbrechliche, rosarote bis scharlachrote Gitterkugel (Receptaculum), die mit der Basis in der lappig aufgerissenen Eihülle sitzt. Ihre Gitterleisten tragen an der Innenseite die olivbraune, breiartige, stinkende Sporenmasse, die allmählich zerfließt. Der entwickelte Fruchtkörper hat einen aasartigen Geruch. **SPOREN** 4–5 × 1,5–2 µm, zylindrisch. **VORKOMMEN** Frühjahr bis Herbst in Wäldern, Gärten, Parkanlagen und auf Friedhöfen; in Mitteleuropa selten und zu schonen. Der Rote Gitterling hat seine Heimat im Mittelmeerraum. Die Aufnahme stammt von Mallorca. **VERWENDUNG** Kein Speisepilz.

3 Gemeine Hundsrute

Mutinus caninus (Huds.: Pers.) Fr. *Phallaceae*

FRUCHTKÖRPER als kleines, 2–3,5 cm großes, längliches, weißes Hexenei **(3a)** unterirdisch heranwachsend. Zur Reifezeit erscheint der Scheitel an der Oberfläche, zuletzt streckt sich der Stiel bis 10 cm in die Höhe; Basis mit weißen, wurzelartigen Myzelsträngen. Der Stiel ist weiß bis blass ockergelb, hohl, porös, oft schon zum Zeitpunkt der Vollreife umliegend; eichelförmige Spitze von schleimiger, olivgrüner Sporenmasse (Gleba) bedeckt, ohne Absatz in den Stiel übergehend; Scheitel mit kleinem orangerotem Ring. Geruch unangenehm; die angelockten Insekten tragen die Gleba ab und zurück bleiben orangerot-braunrot gefärbte Kammern. **SPOREN** 4–5 × 1,5–2 µm, glatt. **VORKOMMEN** Juli bis Oktober in Laub- und Nadelwäldern. **VERWENDUNG** Kein Speisepilz. **WISSENSWERTES** Die Gattung *Mutinus* umfasst in Europa drei Arten.

1

2

3a

3b

1 Stinkmorchel, Gichtmorchel

Phallus impudicus L.: Pers. *Phallaceae*

FRUCHTKÖRPER jung als kugelig-eiförmiges, 3–6 cm breites, weißliches bis schmutzig cremefarbenes Hexenei **(1a)** unterirdisch heranwachsend; Basis mit zähen weißen, wurzelähnlichen Myzelsträngen. Zur Reifezeit erkennt man den Scheitel des Eis am Waldboden, die Peridie reißt bald auf und der Stiel mit dem Kopfteil schiebt sich heraus. Kopfteil an der Spitze des Stiels glockig, jung mit olivbrauner, schleimiger, dunkelgrüner bis olivbrauner Gleba bedeckt, die sich bald verflüssigt und vom Hut herabtropft; sie lockt mit ihrem Aasgeruch Fliegen an, die oft in großer Zahl die Hüte bedecken, Schleim und Sporen aufnehmen und so für deren Verbreitung sorgen. Die netzige Grundstruktur des Hutes wird dabei freigelegt. **STIEL** bis 20 cm lang, hohl, brüchig; Oberfläche grubig-netzig, weißlich; die Basis steckt locker in den Resten der volvaartigen Eihülle. **SPOREN** 4–5 × 1,5–2 µm, elliptisch, glatt. **VORKOMMEN** Juni bis Oktober oft gesellig in Laub- und Nadelwäldern; in ganz Europa verbreitet. **VERWENDUNG** Kein Speisepilz; die jungen Hexeneier werden aber gelegentlich verzehrt. Stinkmorchelextrakte wurden früher in der Volksheilkunde gegen Gicht und Rheumatismus angewandt. Die Stinkmorchel galt auch als Aphrodisiakum. **WISSENSWERTES** Die nah verwandte **Dünen-Stinkmorchel** *(Phallus hadriani)* ist an der rosa-violett gefärbten Außenschicht des Hexeneis gut erkennbar. Sie wächst auf Dünen der Küste und des Binnenlandes.

2 Tiegel-Teuerling

Crucibulum laeve (Huds.) Kambly, *Crucibulum vulgare* Tul.
Nidulariaceae

FRUCHTKÖRPER jung fast kugelig, dann tiegelförmig, 0,5–1 cm hoch, 0,3–0,8 cm breit, mit ockergelbem, kleiigem Deckel (Epiphragma); Außenseite jung weißlich, später gelbbraun, alt schwarzbraun, feinfilzig. Bei der Reife reißt die Deckelhaut auf und gibt die creme-ockerliche Innenseite mit 8–15 linsenförmigen, 1–1,5 mm großen, cremefarbenen Sporenbehältern (Peridiolen) frei, die zunächst durch eine Nabelschnur (Funikulus) im Becher befestigt sind. Sie werden vom Regen herausgeschwemmt und die Sporen werden freigegeben. Die zähen leeren Becherwände bleiben noch lange stehen. **SPOREN** 7–10 × 3,5–5 µm, elliptisch, glatt, hyalin. **VORKOMMEN** Ganzjährig in Wäldern, Gärten und Wiesen meist in kleinen oder größeren Kolonien an auf oder im Boden liegendem totem Holz, Zweigen und Holzresten. **VERWENDUNG** Unbedeutend.

3 Gestreifter Teuerling, Striegeliger Teuerling

Cyathus striatus (Huds.) Batsch: Pers. *Nidulariaceae*

FRUCHTKÖRPER jung von der Exoperidie umschlossen; kreiselförmig, urnenförmig bis verkehrt kegelförmig, 0,5–1,5 cm hoch, 0,5–1 cm breit und zunächst mit einem dünnen weißen Deckel (Epiphragma) verschlossen; Außenseite rost- bis dunkelbraun, striegelig-zottig. Bei der Reife zerreißt die Deckelhaut und gibt bis zu 16 graue, linsenförmige Sporenbehälter (Peridiolen) frei, die zunächst durch eine Nabelschnur (Funikulus) am Becher befestigt sind; Innenseite senkrecht gefurcht-gekerbt, graubraun. **SPOREN** 16–20 × 7–10 µm, glatt, hyalin. **VORKOMMEN** Sommer bis Herbst oft in großen Scharen auf morschem Laub- und Nadelholz, auf Holzabfällen in Gärten, Parkanlagen, Wäldern; in Europa weit verbreitet. **VERWENDUNG** Unbedeutend. **WISSENSWERTES** Die Gattung *Cyathus* umfasst weltweit etwa 40 Arten. Alle wachsen saprophytisch auf Holz- oder anderen Pflanzenresten.

1a

1b

2

3

1 Topf-Teuerling, Bleigrauer Teuerling

Cyathus olla Batsch: Pers. *Nidulariaceae*

FRUCHTKÖRPER jung walzenförmig, von der Exoperidie umschlossen; 0,8–1,5 cm hoch und breit und zunächst mit einem dünnen weißen Häutchen (Epiphragma) verschlossen; Außenseite ocker- bis graubräunlich, striegelig-filzig. Bei der Reife zerreißt die Deckelhaut und gibt bis zu zehn linsenförmige, 2–3 mm breite Sporenbehälter (Peridiolen) frei, die zunächst durch eine Nabelschnur (Funikulus) am Becher befestigt sind; Innenseite der Fruchtkörper glatt, silbergrau, gegen den Rand etwas wellig; Rand bei der Reife weit trichterförmig nach außen umgebogen. **SPOREN** 8–14 × 5–8 µm, elliptisch, glatt, hyalin. **VORKOMMEN** Juni bis November in Gärten und Feldern, an Wegrändern gesellig auf Holzstückchen oder Resten von Kräutern und Gräsern, auf Rindenmulch, auf nackter Erde wohl auf vergrabenen Pflanzenresten; selten; in Europa verbreitet. **VERWENDUNG** Unbedeutend. **WISSENSWERTES** Der Topf-Teuerling ist leicht zu übersehen. Wichtiges Merkmal ist der nach außen gebogene Rand.

2 Kugelschneller, Pilzkanone, Kugelwerfer

Sphaerobolus stellatus (Tode) Pers. *Sphaerobolaceae*

FRUCHTKÖRPER 1–2 mm breit, kugelförmig, weißlich bis ockergelblich. Bei der Reife reißt der Fruchtkörper am Scheitel sternförmig auf und eine blasse, später bräunliche Kugel wird freigelegt; durch osmotischen Druck kann diese Peridiole (Glebamasse) mit den Sporen mehrere Meter weit weggeschleudert werden. **SPOREN** 6–10 × 5–6 µm, elliptisch, hyalin, dickwandig. **VORKOMMEN** Juli bis November meist gesellig auf morschem Holz und Pflanzenresten, in Wäldern und Gärten; leicht zu übersehen, die winzigen Pilzchen werden meist wohl nur zufällig entdeckt; in Europa weit verbreitet. **VERWENDUNG** Unbedeutend. **WISSENSWERTES** Einzige Spezies der Gattung *Sphaerobolus* in Europa mit einzigartiger Methode der Sporenverbreitung.

GATTUNG **Geastrum (Erdsterne)**
FAMILIE *Geastraceae*

Fruchtkörper meist unterirdisch kugelig oder zwiebelförmig angelegt; bei der Reife Außenschicht (Exoperidie) sternförmig aufreißend, in der freigelegten Sporenkugel (Endoperidie) entwickelt sich die Sporenmasse (Gleba), die reif meist pulverig zerfällt; Sporen rund, +/– warzig. Die Gattung *Geastrum* ist in Mitteleuropa mit etwa 25 Arten vertreten. Die Erdsterne gehören mit ihren außergewöhnlichen Formen zu den interessantesten Gestalten unserer Pilzflora; viele von ihnen sind selten und schützenswert.

3 Riesen-Erdstern, Schwarzköpfiger Erdstern

Geastrum melanocephalum (Czern.) Stanek, *Trichaster melanocephalus* Czern. *Geastraceae*

FRUCHTKÖRPER anfangs zwiebelförmig geschlossen, ausgewachsen in 5–9 schwarzbraune Lappen aufgespalten, die sich nach unten krümmen, ausgebreitet 7–15 cm breit; beim Aufreißen bleibt die Exoperidie an der Endoperidie haften, sodass die Gleba entblößt wird; Sporenkugel 2–3 cm breit, nackt. **SPORENPULVER** schwarzbraun. **SPOREN** 4–5,5 µm, rundlich, feinwarzig, dunkelbraun. **VORKOMMEN** August bis Oktober in Laubwäldern, Parkanlagen und Gärten; der Riesen-Erdstern ist eine sehr seltene, wärmeliebende Art, der abgebildete Pilz wurde in Südfrankreich aufgenommen. **VERWENDUNG** Kein Speisepilz.

1

2

3

1 Kamm-Erdstern

Geastrum pectinatum Pers. *Geastraceae*

FRUCHTKÖRPER voll entwickelt 3–6(–10) cm breit; Außenhülle zur Vollreife in 6–8(–10) spitzen, beige-bräunlichen, später rissigen Lappen nach unten gebogen. Sporenkugel rundlich, bis 2,5 cm breit, grau-bräunlich bereift, auf einem 4–10 mm langen Stielchen, jung mit kammartiger Riefung an der Stielbasis; Mündung kegelig, spitz, schwach gefurcht. **SPORENPULVER** dunkelbraun. **SPOREN** 4–6 µm, rund, mit kurzgratigen Warzen. **VORKOMMEN** August bis November gesellig in der tiefen Nadelstreu von Fichten- und Kiefernwäldern, bisweilen auch in Laubwäldern; alte Fruchtkörper findet man oft noch im folgenden Jahr; in Europa weit verbreitet, jedoch überall ziemlich selten. **VERWENDUNG** Kein Speisepilz. **WISSENSWERTES** Ähnlich ist der sehr seltene **Dunkle Erdstern** *(Geastrum coronatum)*, der nur in klimatisch milden Gegenden unter Laub- und Nadelbäumen in Wäldern und Parkanlagen zu finden ist. Ein „Nest“ wie beim ▸ **Kleinen Nest-Erdstern (siehe 2)** ist bei beiden Arten nie vorhanden. Wie bei vielen Bauchpilzen können die zähen Fruchtkörper der Erdsterne den Winter überdauern und sind im darauf folgenden Frühjahr als Pilzmumien anzutreffen. Mit etwas Erfahrung sind sie dann auch noch bestimmbar.

2 Kleiner Nest-Erdstern

Geastrum quadrifium Pers.: Pers. *Geastraceae*

FRUCHTKÖRPER 1–3 cm breit, bis 3,5 cm hoch; Außenhülle (Exoperidie) in vier, bisweilen fünf weißlich-cremefarbenen, zur Vollreife stelzenartig stehenden Lappen nach unten gebogen; im Boden verbleibt dabei ein becherartiger Rest der Exoperidie („Nest“). Sporenkugel rundlich, grau, kurz gestielt, an der Stielbasis mit wulstigem Kragen; zur Reifezeit mit kleiner, fein gefranster, kegelartiger Öffnung, durch welche die Sporen entweichen können; um die Öffnung befindet sich ein scheibenförmiger, hellbräunlicher Hof. **SPORENPULVER** violettbraun. **SPOREN** 4,5–6 µm, rund, warzig. **VORKOMMEN** Juni bis Oktober einzeln bis gesellig in der Nadelstreu von Fichtenwäldern, sehr selten auch in Laub- und Mischwäldern; ohne besonderen Anspruch an den Boden; in Europa weit verbreitet. Der Pilz wurde auch in Asien (Kaukasus, Sibirien), Australien, Neuseeland und Südafrika nachgewiesen. **VERWENDUNG** Kein Speisepilz. **WISSENSWERTES** Der kleine Pilz mit der vierlappig aufreißenden Exoperidie und der stelzenartigen Wuchsweise ist kaum zu verwechseln; die alten, trockenen Fruchtkörper können lange überdauern, man findet sie oft noch im folgenden Jahr im Nadelwald.

3 Rötender Erdstern, Rotbrauner Erdstern

Geastrum rufescens Pers.: Pers., *Geastrum vulgatum* Vitt.
Geastraceae

FRUCHTKÖRPER 6–10 cm breit; die Außenhülle (Exoperidie) spaltet sich in 5–8 dickfleischige Lappen, jung fleischrosa-rotbraun, später schollenartig aufbrechend, meist mit der ganzen Unterseite am Boden liegend. Sporenkugel bis 3 cm breit, glatt, undeutlich bis sehr kurz gestielt; Mündung fransig gewimpert, kegelförmig, ohne Hof. **SPORENPULVER** hellbraun. **SPOREN** 4,5–6 µm, rund, warzig. **VORKOMMEN** September bis November einzeln oder gesellig in Laub- und Nadelwäldern; die alten Fruchtkörper sind noch nach dem Winter anzutreffen; selten, in Europa weit verbreitet. **VERWENDUNG** Kein Speisepilz. **WISSENSWERTES** Dieser auffällige, leicht erkennbare, in jungem Zustand fleischrosa gefärbte Pilz ist mit anderen Erdsternen kaum zu verwechseln.

1

2

3

1 Gewimperter Erdstern

Geastrum fimbriatum Fr., *Geastrum sessile* (Sow.) Pouz.
Geastraceae

FRUCHTKÖRPER 2–6 cm breit; Außenhülle (Exoperidie) bei der Reife in 5–8(–10) sternförmig angeordnete, blass graubraune bis cremefarbene Lappen aufreißend. Sporenkugel (Endoperidie) stiellos aufsitzend, kugelig, blassbraun; Spitze reif mit kleiner, fransig gewimperter Öffnung, durch welche die Sporen entweichen können. **SPORENPULVER** hellbraun. **SPOREN** 3–4 µm, rund, feinwarzig. **VORKOMMEN** September bis Oktober einzeln oder gesellig in Laub- und Nadelwäldern, gern bei Fichten *(Picea abies)*; in den Kalkgebieten verbreitet. **VERWENDUNG** Kein Speisepilz. **WISSENSWERTES** Der Gewimperte Erdstern ist wohl die häufigste Art der Gattung *Geastrum* in Europa. Ähnlich ist der ► **Rotbraune Erdstern (S. 604/3)**; er unterscheidet sich durch größere Fruchtkörper und im reifen Zustand durch rötlich gefärbte Lappen.

2 Halskrausen-Erdstern

Geastrum triplex Jungh. *Geastraceae*

FRUCHTKÖRPER 5–10(–13) cm breit, im Humus zwiebelförmig heranwachsend **(2a)**. Beim Aufreißen der Außenhülle (Exoperidie) entstehen 5–7 dickfleischige, jung cremefarbene, später rotbräunliche Lappen; beim Umbiegen derselben reißt die Außenschicht rundum, sodass sich ein schüsselförmiger Kragen bildet, der die Sporenkugel umgibt **(2b)**. Diese ist rundlich, 2–4 cm breit, blassbraun, ungestielt und enthält die Gleba mit den Sporen; die Mündung ist gefranst und meist von einem scharf begrenzten Hof umgeben. **SPORENPULVER** dunkelbraun. **SPOREN** 4–5 µm, rund, grobwarzig. **VORKOMMEN** August bis Oktober auf humus- und nährstoffreichen Böden in Nadel- und Mischwäldern, selten, aber meist gesellig wachsend; in Europa weit verbreitet. **VERWENDUNG** Kein Speisepilz. **WISSENSWERTES** Der Halskrausen-Erdstern ist an seinem schüsselförmigen Kragen und der stiellosen Sporenkugel leicht zu erkennen. Er ist neben dem ► **Riesen-Erdstern (S. 602/3)** einer der größten Erdsterne Europas. Ein Fund dieser außergewöhnlichen Gestalten unserer Pilzflora ist immer ein besonderes Erlebnis. Alle Erdsterne sind wegen ihrer Schönheit und Seltenheit zu schonen.

3 Siebstern, Vielstieliger Sieberdstern

Myriostoma coliforme (With.: Pers.) Corda *Geastraceae*

FRUCHTKÖRPER anfangs kugelig, 5–8(–11) cm breit, mit dunkelbraunen Schuppen; Außenhülle bei der Reife in 5–12 ockergraue bis ockerbraune, spitze Lappen sternförmig aufbrechend, Fruchtkörper dann bis 25 cm breit. Sporenkugel kugelig bis abgeflacht, 1,5–5 cm breit, auf zahlreichen basalen Stielchen stehend, etwas angehoben, silbrig-graubraun; mit vielen (bis zu 30) kleinen, fransigen Öffnungen, durch welche die Sporen entweichen können. **SPORENPULVER** braun. **SPOREN** 4–5 µm, rund, mit 2 µm hohen Graten. **VORKOMMEN** September bis November in sonnigen Laubwäldern, in Obstgärten, unter Sträuchern, meist auf sandigen Böden; wärmeliebende Art, in Mitteleuropa sehr selten und schützenswert. In Deutschland wurde der Pilz bislang nur selten gefunden, in Südeuropa ist er häufiger. Die Aufnahme zeigt Siebsterne aus Ungarn, wo der Pilz öfter zu finden ist. **VERWENDUNG** Kein Speisepilz. **WISSENSWERTES** Die Gattung *Myriostoma* besteht nur aus einer Art. Typisches Merkmal ist die auf mehreren „Stielchen" stehende Sporenkugel mit ihren zahlreichen Öffnungen, die an einen kleinen Salzstreuer erinnern und durch die das braune Sporenpulver entlassen wird. Ein „Nest" wie beim ► **Kleinen Nest-Erdstern (S. 604/2)** ist beim Siebenstern nicht vorhanden.

1

2a

2b

3

GATTUNG **Bovista (Boviste)**
FAMILIE *Lycoperdaceae*

Fruchtkörper kugelig oder birnenförmig; fast die ganze weiße Innenmasse reift zur Sporenmasse heran, steriler Stielteil (Subgleba) reduziert oder gänzlich fehlend; Sporen kugelig bis elliptisch, glatt oder warzig, oft mit stielförmigem Sterigmenrest. Boviste sind jung, solange das Fleisch noch weiß ist, essbar.

1 Moor-Bovist, Sumpf-Bovist

Bovista paludosa Lév. *Lycoperdaceae*

FRUCHTKÖRPER 1–3 cm breit, 1,5–5,5 cm hoch, kugelig, birnenförmig oder kopfiggestielt, mit deutlich ausgeprägter steriler Subgleba; Myzelstränge weiß, unauffällig; Außenseite weißlich, fein samtig-filzig bis nahezu glatt, alt kupferbraun bis schwarzbraun. **FRUCHTMASSE (GLEBA)** jung weiß, dann olivbraun. **SPORENPULVER** olivbraun. **SPOREN** 3,5–5,5 µm, rund, lang gestielt. **VORKOMMEN** Juni bis Oktober einzeln bis gesellig zwischen Moosen auf nassen Moorwiesen, in Kalkflachmooren im Alpenvorland; selten. **VERWENDUNG** Kein Speisepilz.

2 Bleigrauer Bovist, Bleigrauer Zwerg-Bovist

Bovista plumbea Pers.: Pers. *Lycoperdaceae*

FRUCHTKÖRPER 1–4 cm breit, kugelig; Außenseite mit weißlicher, glatter Exoperidie, die reif eierschalenartig in großen Stücken abblättert und die Endoperidie freigibt; Endoperidie glatt, bald bleiweiß-grauweiß, pergamentartig; Fruchtkörper bei der Reife am Scheitel mit 5–10 mm breiter Öffnung. **FRUCHTMASSE (GLEBA)** jung weiß, dann olivlich bis rötlich braun; Subgleba fehlt. **SPORENPULVER** oliv- bis graubraun. **SPOREN** 4–6 µm, rundlich-oval, lang gestielt. **VORKOMMEN** Juni bis Oktober auf Wiesen, Weiden und grasigen Plätzen und in Halbtrockenrasen. **VERWENDUNG** Jung essbar. **WISSENSWERTES** Ein wichtiges Merkmal des beschriebenen Pilzes ist seine anfangs weiße Exoperidie (Außenhülle), die bei der Reife in großen Stücken abblättert und die grauweiße Endoperidie (Innenhülle) freigibt.

VERWECHSLUNG MIT GIFTPILZEN Wie beim ▸ **Schwärzenden Bovist (siehe 3).**

3 Schwärzender Bovist

Bovista nigrescens Pers.: Pers. *Lycoperdaceae*

FRUCHTKÖRPER 3–6 cm breit, kugelig, ohne Stiel und ohne sterile Basis; am Boden mit dünnen Myzelsträngen befestigt, die leicht brechen. Außenseite (Exoperidie) jung glatt bis feinkleiig-felderig, weißlich, zum Schluss aufbrechend und verschwindend; nach dem Zerfall der Exoperidie zeigt sich die dünne, pergamentartige, zähe, glänzende, bronzebraune, oft von der Basis her schwärzlich überlaufene Endoperidie, die am Scheitel aufreißt und eine Öffnung von 1,5–4 cm zur Sporenfreisetzung bildet. **FRUCHTMASSE (GLEBA)** bei jungen Fruchtkörpern weiß, zum Schluss dunkel purpurbraun und staubig. **SPORENPULVER** dunkel lilabraun. **SPOREN** 4,5–6 µm, kugelig, lang gestielt. **VORKOMMEN** Juli bis Oktober verbreitet an grasigen Stellen, auf Weiden, Almen, Rasenflächen und Dünen, seltener in grasigen Laubwäldern. **VERWENDUNG** Jung essbar.

VERWECHSLUNG MIT GIFTPILZEN Boviste und Stäublinge können mit ganz jungen, kugeligen Fruchtkörpern des ▸ **Fliegenpilzes (S. 254/2)** und anderer giftiger Wulstlinge verwechselt werden.

Ganz junge Fliegenpilze

1

2

3

1 Getäfelter Großstäubling, Hasen-Stäubling

Calvatia utriformis (Bull.: Fr.) Jaap, *Calvatia caelata* (Bull.) Morg., *Handkea utriformis* (Bull.: Pers.) Kreisel *Lycoperdaceae*

FRUCHTKÖRPER 5–15(–20) cm breit, rundlich, mit flach gewölbtem Scheitel, jung weißlich, dann graubräunlich; Oberfläche jung grob höckerig, mit pyramidenartigen Stacheln, später feldrig getäfelt bis schuppig; Basis faltig zusammengezogen, mit dicken Myzelsträngen. Im reifen Zustand verschwindet die Exoperidie, die Endoperidie zerfällt vom Scheitel her und die Sporen können entweichen. **FRUCHTMASSE (GLEBA)** jung weiß, später gelbgrün, alt dunkel braunoliv; Geruch schwach karbolartig; die Subgleba ist stark entwickelt und bleibt bis zum nächsten Frühjahr als brauner Becher erhalten. **SPORENPULVER** dunkelbraun. **SPOREN** 4–6 µm, rund, glatt, mit Tropfen. **VORKOMMEN** Mai bis November auf trockenen Wiesen, Magerwiesen, Almweiden, an Waldrändern, auf Graudünen und Deichen; durch Intensivnutzung der Wiesen vielerorts verschwunden. **VERWENDUNG** Jung essbar, solange die Fruchtmasse weiß gefärbt ist. **WISSENSWERTES** Der ähnliche ▸ **Beutel-Großstäubling (siehe 2)** ist meist deutlich in Kopf- und Stielteil gegliedert; er ist meist etwas kleiner.

2 Beutel-Großstäubling, Sackbovist

Calvatia excipuliformis (Scop.: Pers.) Perdeck, *Calvatia saccata* (Vahl.) Morg., *Handkea excipuliformis* (Scop.: Pers.) Kreisel *Lycoperdaceae*

FRUCHTKÖRPER 7–12(–15) cm hoch, meist pistillförmig, deutlich in einen rundlichen Kopfteil und einen kräftigen Stiel gegliedert; Oberfläche feinkörnig oder feinstachelig, anfangs grauweißlich, bald cremefarben, später hellbräunlich; Stielbasis faltig-runzelig. Bei der Reife zerfällt der Kopfteil vom Scheitel her in unregelmäßige Stücke, die Sporen werden entlassen, während der sterile Basisteil bis zum nächsten Frühjahr als braune Mumie am Standort erhalten bleibt. **FRUCHTMASSE (GLEBA)** erst weiß, fest, später oliv-grünlich, alt purpurbraun; im Stielteil braun, zellig. **SPORENPULVER** olivbräunlich. **SPOREN** 4–6 µm, kugelig, warzig, braun. **VORKOMMEN** Juli bis Oktober einzeln oder truppweise in Laub- und Nadelwäldern, auf Weiden und Wiesen; in ganz Europa weit verbreitet. **VERWENDUNG** Jung, solange das Fleisch weiß ist, essbar. **WISSENSWERTES** Mit Giftpilzen kaum verwechselbar.

3 Riesenbovist, Gemeiner Riesenbovist

Langermannia gigantea (Batsch: Pers.) Rostkov., *Calvatia gigantea* (Batsch: Pers.) Lloyd *Lycoperdaceae*

FRUCHTKÖRPER 10–35(–50) cm breit, rundlich bis abgeflacht, am Grunde furchig, ohne Stiel; Haut glatt, fein lederartig, weißlich, später gelbbraun, im Alter braun, papierartig aufbrechend und sich ablösend; Basis mit dicken Myzelsträngen. **FRUCHTMASSE (GLEBA)** erst weiß, fest, langsam grüngelb, alt olivbraun, locker, watteartig-pulverig; Geruch unangenehm, bei der Reife harnartig, Geschmack mild; Subgleba nur schwach entwickelt. **SPORENPULVER** olivbraun. **SPOREN** 4–5 µm, kugelig, feinwarzig bis fast glatt. **VORKOMMEN** Juni bis September auf Wiesen, Weiden, Feldern, in Gärten und Waldlichtungen, einzeln oder in Gruppen, auf nährstoffreichen Böden; alte Exemplare können gelegentlich noch im nächsten Frühjahr angetroffen werden. **VERWENDUNG** Jung essbar. Am besten schmeckt der junge Riesenbovist in Scheiben geschnitten, gut gewürzt, in Ei und Semmelbröseln paniert und wie ein Wiener Schnitzel gebraten. **WISSENSWERTES** Die Fruchtkörper entwickeln enorme Ausmaße; sie können in Ausnahmefällen bis 25 kg schwer werden.

1

2

3

GATTUNG **Lycoperdon (Stäublinge)**
FAMILIE *Lycoperdaceae*
Fruchtkörper birnenförmig; reife Sporenmasse entweicht durch eine Scheitelöffnung; steriler Stielteil (Subgleba) meist deutlich entwickelt, gekammert; Sporen kugelig.

1 Birnen-Stäubling

Lycoperdon pyriforme Schaeff.: Pers. *Lycoperdaceae*

FRUCHTKÖRPER bis 5 cm hoch, bis 3,5 cm breit, birnenförmig, Kopfteil kugelig, abrupt in einen konischen Stiel übergehend; die Oberfläche wird durch die feinwarzig-kleiige Außenhülle (Exoperidie) gebildet, sie ist jung weißlich, alt bräunlich; die Innenhaut (Endoperidie) ist papierartig, fest, bei alten Exemplaren bloß liegend, jung weißlich, alt bräunlich; Basis mit weißen Myzelsträngen. **FRUCHTMASSE (GLEBA)** erst weiß und fest, dann gelbgrün-olivbraun, reif wattig-staubig, olivbraun; Subgleba bis ins Alter weiß bleibend; Geruch unangenehm, gasähnlich, Geschmack mild. **SPORENPULVER** olivbraun. **SPOREN** 3–4,5 µm. **VORKOMMEN** August bis November meist büschelig, oft zu Hunderten auf morschem, am Boden liegendem Holz und auf Holzabfällen; in ganz Europa verbreitet. **VERWENDUNG** Jung essbar.

VERWECHSLUNG MIT GIFTPILZEN Ganz junge, kugelige Fruchtkörper des ▸ **Fliegenpilzes (S. 254/2)** und anderer giftiger Wulstlinge können mit Stäublingen verwechselt werden.

Ganz junge Fliegenpilze

2 Igel-Stäubling

Lycoperdon echinatum Pers.: Pers. *Lycoperdaceae*

FRUCHTKÖRPER 4–6 cm hoch, 2–4 cm breit, kugelig bis birnenförmig, bisweilen niedergedrückt, hell- bis dunkelbraun; Exoperidie dicht besetzt mit nicht abwischbaren, zähen, 3–5 mm langen, sich zusammenneigenden, braunen, an der Spitze blassen Stacheln, die beim überreifen Pilz abfallen und eine netzartige Zeichnung auf der Endoperidie zurücklassen. **FRUCHTMASSE (GLEBA)** jung weiß und fest, später olivgelb bis braun, schwammig, bei der Reife purpurbraun, stäubend; Subgleba nicht deutlich abgesetzt. **SPORENPULVER** dunkelbraun. **SPOREN** 4–5 µm, rund, warzig-stachelig, braun. **VORKOMMEN** Juli bis Oktober einzeln bis gesellig bevorzugt im Buchenwald, selten auch im Nadelwald, auf kalkhaltigen Böden; weit verbreitet, jedoch nicht überall häufig, schonenswert. **VERWENDUNG** Kein Speisepilz. **WISSENSWERTES** Der Igel-Stäubling ist leicht erkennbar. Mit seinen langen Stacheln erinnert er, wenn man ihn am Waldboden entdeckt, an einen kleinen Igel.

3 Flocken-Stäubling

Lycoperdon mammiforme Pers. *Lycoperdaceae*

FRUCHTKÖRPER 3–5 cm breit und hoch, breit birnenförmig, bisweilen etwas gestielt; Exoperidie jung wollig-flockig, bald schollig aufbrechend; die velumartigen, vergänglichen Flocken sind anfangs auf dem rosa-milchkaffeefarbenen Oberteil des Fruchtkörpers verteilt; zwischen den bald ohne Netzzeichnung verschwindenden Flocken ist die Haut kleiig-feinstachelig. **FRUCHTMASSE (GLEBA)** jung weiß, reif gelbbraun; Subgleba zellig. **SPOREN** 4–5 µm, kugelig, warzig-stachelig. **VORKOMMEN** Sommer bis Herbst einzeln bis gesellig in warmen Laubwäldern auf kalkhaltigen Böden; als Seltenheit zu schonen. **VERWENDUNG** Kein Speisepilz.

1

2

3

1 Bräunlicher Stäubling

Lycoperdon umbrinum Pers.: Pers. *Lycoperdaceae*

FRUCHTKÖRPER bis 4 cm hoch, kugelig bis birnenförmig, mit hellerer, faltiger Stielbasis; Oberfläche (Exoperidie) dicht mit feinen bräunlichen bis dunkelbraunen Stacheln bedeckt, wenn diese abfallen, wird die glänzende, ockerbraune, glatte Endoperidie (ohne Netzmuster) sichtbar. **FRUCHTMASSE (GLEBA)** jung weiß, später olivlich, im Alter schwarzbräunlich; Geruch und Geschmack jung würzig; Subgleba gut entwickelt. **SPORENPULVER** olivbräunlich. **SPOREN** 4,5–5,5 µm, rund, feinwarzig. **VORKOMMEN** Juli bis Oktober in Nadelwäldern, gern unter Fichten *(Picea abies)*. **VERWENDUNG** Kein Speisepilz.

2 Flaschen-Stäubling

Lycoperdon perlatum Pers.: Pers., *Lycoperdon gemmatum* Batsch. *Lycoperdaceae*

FRUCHTKÖRPER 2–8 cm hoch, 2–5 cm breit, birnenförmig, keulig, mit +/– zugespitztem Kopfteil, zur Basis hin stielartig verschmälert; Oberfläche jung weiß, später bräunend, mit 2–3 mm langen weißen bis blassgrauen Stacheln besetzt, die von kleinen Wärzchen umgeben sind. Zum Stielteil hin werden die Stacheln kleiner und spärlicher; sie sind leicht abwischbar; im Alter fallen sie ab und lassen eine vieleckige Netzzeichnung zurück. Basis oft mit Myzel-Rhizomorphen. **FRUCHTMASSE (GLEBA)** erst weiß, dann gilbend, alt olivbraun und stäubend; Geruch jung angenehm, Geschmack mild; Subgleba gut entwickelt. **SPORENPULVER** olivbraun. **SPOREN** 3,5–4,5 µm, rundlich, feinwarzig. **VORKOMMEN** Juni bis November einzeln bis gesellig in Laub- und Nadelwäldern, auch außerhalb des Waldes, auf dem Erdboden oder auf morschem Holz; in ganz Europa weit verbreitet. **VERWENDUNG** Jung essbar.

VERWECHSLUNG MIT GIFTPILZEN Ganz junge, kugelige Fruchtkörper des ▸ **Fliegenpilzes (S. 254/2)** und anderer giftiger Wulstlinge können mit kleinen Bauchpilzen verwechselt werden; Fliegenpilze sind im Schnitt vom Scheitel zur Basis an einer rotgelben Linie unter der Haut erkennbar.

Ganz junge Fliegenpilze

3 Wiesen-Staubbecher, Abgeflachter Stäubling

Vascellum pratense (Pers.: Pers.) Kreisel, *Vascellum depressum* (Bon) Smarda *Lycoperdaceae*

FRUCHTKÖRPER 2–4 cm breit, rundlich bis birnenförmig, Scheitel besonders zur Reife abgeflacht **(3b)**, am Grund mit kurzem, gedrungenem, +/– runzeligem Stielabschnitt; Oberfläche (Exoperidie) körnig, mit kleinen Warzen oder feinen Stacheln besetzt oder abgewaschen, cremefarben-gelblich; Öffnung am Scheitel bald aufgerissen, ausgeweitet, zum Schluss bleibt die becherförmige Basis übrig. **FRUCHTMASSE (GLEBA)** jung markig, weißlich, zuletzt olivbraun, staubig; steriler Abschnitt (Subgleba) durch eine dünne Zwischenschicht (Diaphragma) abgeteilt, die im Schnitt deutlich erkennbar ist **(3a)**. **SPORENPULVER** olivbräunlich. **SPOREN** 3–4,5 µm, kugelig, fast glatt bis feinwarzig. **VORKOMMEN** Juli bis Oktober einzeln oder gesellig auf Rasenflächen, Wiesen und Weiden; in ganz Europa weit verbreitet. **VERWENDUNG** Jung essbar. **WISSENSWERTES** Typisches Merkmal der Gattung *Vascellum* ist das im Schnitt sichtbare Diaphragma (Zwischenschicht), das Gleba und Subgleba trennt. Die Gattung ist in Europa mit zwei Arten vertreten.

VERWECHSLUNG MIT GIFTPILZEN Wie beim ▸ **Flaschen-Stäubling (siehe 2).**

1

2

3a

3b

1 Wetterstern, Gemeiner Wetterstern

Astraeus hygrometricus (Pers.) Morgan *Astraeaceae*

FRUCHTKÖRPER 3–10 cm breit, jung unterirdisch kugelig heranwachsend. Bei der Reife reißt die Exoperidie auf, 4–15 dunkelbraune, lederige Lappen breiten sich bei feuchtem Wetter sternförmig aus; sie sind hygroskopisch und biegen sich bei trockenem Wetter wieder zurück. Die Endoperidie ist 1–3 cm breit, dunkelbraun, dünn, papierartig. **FRUCHTMASSE (GLEBA)** reif braun, staubig. **SPORENPULVER** dunkelbraun. **SPOREN** 8–11 µm, rundlich, warzig. **VORKOMMEN** Sommer bis Herbst in lichten, warmen, trockenen Laub- und Nadelwäldern auf Sandböden; im Mittelmeergebiet verbreitet. **VERWENDUNG** Kein Speisepilz.

2 Gemeiner Erbsenstreuling, Böhmische Trüffel

Pisolithus arhizos (Scop.: Pers.) Rauschert *Pisolithaceae*

FRUCHTKÖRPER 5–15(–25) cm hoch, 5–7 cm breit, rundlich, birnenförmig-knollig; Außenhaut ocker- bis olivbraun, schwarzbraun, dünn, reif am Scheitel unregelmäßig aufreißend; Basis stielartig. **FRUCHTMASSE (GLEBA)** aus erbsenförmigen Pseudoperidiolen zusammengesetzt, die bei der Reife pulverig zerfallen. **SPORENPULVER** dunkel rostbraun. **SPOREN** 6–8 µm, rundlich, feinstachelig. **VORKOMMEN** Juli bis September auf sauren Sandböden in Kiefernwäldern, auf Schlackenhalden, in Steinbrüchen und Kiesgruben; selten. **VERWENDUNG** Kein Speisepilz.

GATTUNG **Scleroderma (Hartboviste)**
FAMILIE *Sclerodermataceae*

Fruchtkörper rundlich, relativ schwer; Oberfläche glatt oder schuppig; fertiler Innenteil (Gleba) erst weiß, bald schwarz, schließlich pulverig zerfallend; Scheitelöffnung groß und unregelmäßig; Sporen rund, stachelig, Stacheln bisweilen netzartig verbunden.

3 Dünnschaliger Kartoffelbovist

Scleroderma verrucosum (Bull.) Pers. *Sclerodermataceae*

FRUCHTKÖRPER 3–7 cm breit, rundlich, kugelig, knollenförmig, Scheitel bisweilen abgeflacht, Peridie (Außenhaut) bis 1(–1,5) mm dick, im Schnitt leicht rötend, ziemlich hart, lederig, lederbraun, gelbbraun bis rotbraun, feldrig-warzig, kaum oder nur schwach schuppig, bei der Reife mit unregelmäßiger Öffnung am Scheitel. Die schwache Rötung der durchgeschnittenen Peridie kann bei Trockenheit nur undeutlich ausgeprägt sein. **SCHEINSTIEL (PSEUDORHIZA)** breit, deutlich entwickelt, wurzelartig, 3–6 cm lang, etwas aus dem Boden herausragend, längsfurchig geteilt, weißlich, gelblich. **FRUCHTMASSE (GLEBA)** ganz jung weißlich, bald braunschwarz, mit weißem Hyphengeflecht aderig durchzogen, im Alter bei der Reife schwarz und pulverig zerfallend; Geruch etwas widerlich, reif stechend metallisch. **SPORENPULVER** schwarzbraun. **SPOREN** 9–11,5 µm, rundlich, isoliert stachelig, mit bis 2 µm langen Stacheln. **VORKOMMEN** Juli bis Oktober einzeln oder gesellig in Laub- und Mischwäldern, Parkanlagen, Gebüschen, an Waldwegen auf nährstoffreichen Böden; in Europa weit verbreitet. **VERWENDUNG** Giftig; verursacht Verdauungsstörungen. **WISSENSWERTES** Der beschriebene Pilz wurde früher vom ▸ **Leopardenfell-Hartbovist (S. 618/1)** nicht unterschieden. Ähnlich ist der **Gelbflockige Kartoffelbovist** *(Scleroderma bovista)* mit bis 2 cm langem Scheinstiel, Peridie dünn, glatt, blassgelb, gelborange, Sporen mit vollständigem, gratigem Netz.

1

2

3

1 Leopardenfell-Hartbovist

Scleroderma areolatum Ehrenb., *Scleroderma lycoperdoides* Schw. *Sclerodermataceae*

FRUCHTKÖRPER 1–2(–3,5) cm breit, kugelig-knollenförmig bis birnenförmig, am Grund mit Myzelsträngen und eingeschlossenen Humusresten; Peridie dünn (bis 1 mm dick), mit kleinen, glatten, angedrückten, dunkelbräunlichen Schuppen auf hellerem, rötlich gelbem Grund; im Schnitt deutlich weinrot anlaufend; Scheitel zur Reifezeit unregelmäßig aufgerissen. **SCHEINSTIEL (PSEUDORHIZA)** kurz, bis 2,5 cm lang, stielartig, wenig längsfurchig, in den Boden eingesenkt. **FRUCHTMASSE (GLEBA)** bald dunkel purpurbraun, mit feiner weißlicher Aderung; Geruch und Geschmack unangenehm metallisch. **SPORENPULVER** dunkelbraun. **SPOREN** 10–14 µm, kugelig, isoliert spitzstachelig, Stacheln bis 2,5 µm lang. **VORKOMMEN** Juli bis Oktober einzeln bis gesellig in Laub- und Mischwäldern, an feuchten, schattigen Plätzen, an Waldrändern, in Parkanlagen, im Gras oder Moos, auf nährstoffreichen Böden; in Europa weit verbreitet. **VERWENDUNG** Giftig, verursacht Verdauungsstörungen.

2 Dickschaliger Kartoffel-Hartbovist

Scleroderma citrinum Pers., *Scleroderma aurantium* Vaill. ex Pers., *Scleroderma vulgare* Fl. Dan. *Sclerodermataceae*

FRUCHTKÖRPER 3–8(–15) cm breit, rundlich-abgeflacht, mit zusammengezogener Basis, oft breiter als hoch; Peridie einfach, 2–5 mm dick, ziemlich hart, lederig, gelblich, gelbbraun bis ockerfarben, grobschuppig gefeldert, Schuppen bräunlich. Bei der Reife reißt am Scheitel eine unregelmäßige Öffnung ein, durch welche die Sporen entweichen. Basis mit gelb-weißlichen Myzelsträngen, Stiel gar nicht oder nur kurz entwickelt und sehr gedrungen. **FRUCHTMASSE (GLEBA)** jung gelblich weiß, bald lilagrau, später violettschwarz und weißlich geadert, fest, im Alter olivbraun, pulverig zerfallend; Geruch widerlich, leuchtgasartig. **SPORENPULVER** schwärzlich. **SPOREN** 8–12,5 µm, rundlich, mit unvollständigem, gratigem Netz, Grate bis 1,5 µm. **VORKOMMEN** Juli bis November einzeln oder gesellig in Laub- und Nadelwäldern auf trockenen und nassen, sauren, nährstoffarmen, sandigen oder torfigen Böden, fehlt auf reinen Kalkböden; in ganz Europa weit verbreitet. **VERWENDUNG** Giftig; verursacht Verdauungsstörungen. Latenzzeit eine halbe bis drei Stunden. **WISSENSWERTES** Auf dem Pilz parasitiert gelegentlich der ► **Schmarotzer-Röhrling (S. 66/2),** der die befallenen Boviste stark schädigt.

3 Zitzen-Stielbovist

Tulostoma brumale Pers.: Pers. *Tulostomataceae*

FRUCHTKÖRPER unterirdisch heranwachsend; Kopfteil etwa 1 cm breit, kugelig oder leicht abgeflacht, blass lederockerlich, grau, alt schmutzig weiß; Scheitel mit leicht vorstehender Mündung, die von einer dunkelbraunen Zone umgeben ist. Exoperidie sehr vergänglich und bei reifen Fruchtkörpern kaum mehr sichtbar; Endoperidie pergamentartig, glatt. **STIEL** 2–4 cm lang, zäh, fest, in den Kopfteil eingesenkt, glatt oder feinschuppig, weißlich-ockerlich. **SPORENPULVER** rostbraun. **SPOREN** 3,5–5 µm, rund, feinwarzig. **VORKOMMEN** Im Herbst meist gesellig in Trockenrasen, lückigen Halbtrockenrasen, Sandrasen, auf Dünen, Felsen, Mauern; alte Fruchtkörper findet man noch im nächsten Frühjahr; selten. **VERWENDUNG** Unbedeutend. **WISSENSWERTES** Pilze der Gattung *Tulostoma* (Stielboviste) entwickeln ihre Fruchtkörper zunächst unterirdisch. Bei der Reife wird die Sporenkugel an einem Stielchen emporgehoben. In Europa gehören zu der Gattung etwa 20 Arten, deren Zuordnung sehr schwierig ist.

1

2

3

1 Rötliche Wurzeltrüffel, Hasenbrot

Rhizopogon roseolus (Corda) Th. Fr., *Rhizopogon rubescens* Tul.
Rhizopogonaceae

FRUCHTKÖRPER 1–4 cm breit, knollig, entwickelt sich unterirdisch, wächst bei der Reife zur Hälfte aus dem Erdboden; Oberfläche jung weißlich, später braunrötlich, bei Berührung rosarot verfärbend; Peridie dünn, matt, oft rissig; Basis mit kräftigen, weißen bis rosafarbenen Myzelsträngen, einzelne als feine Fasern der Peridie anliegend. **FRUCHTSCHICHT (GLEBA)** fein gekammert, jung weißgelblich, reif olivfarben, alt bräunlich und breiig zerfließend; Geruch im Alter nach Knoblauch, Geschmack unbedeutend. **SPOREN** 8–12 × 3–5 µm, elliptisch, glatt, hyalin. **VORKOMMEN** Juni bis Oktober in lichten, trockenen Nadelwäldern, auf Heiden, auch in Parkanlagen bei Kiefern *(Pinus)*, bevorzugt auf Kalkböden; selten, rückläufig. **VERWENDUNG** Kein Speisepilz. **WISSENSWERTES** Die Gattung *Rhizopogon* umfasst etwa zehn unterirdisch heranwachsende, zur Reife bisweilen mit dem Scheitel aus dem Boden ragende, schwer abgrenzbare und wenig bekannte Arten. Ebenfalls unter Kiefern auf nährstoffarmen Böden wächst die **Gelbliche Wurzeltrüffel** *(Rhizopogon obtextus)*. Ihre unregelmäßig knolligen bis rundlichen, gelblichen Fruchtkörper sind 2–8 cm breit; sie dunkeln auf Druck, röten aber nicht.

2 Bunte Schleimtrüffel

Melanogaster variegatus (Vittad.) Tul. & Tul., *Melanogaster broomeianus* Berk. & Tul. *Melanogastraceae*

FRUCHTKÖRPER 1–4(–6) cm breit, entwickelt sich unterirdisch, zur Reifezeit manchmal auch auf dem Erdboden liegend, rundlich, eiförmig, knollenförmig höckerig; Oberfläche anfangs ocker bis blassbräunlich, dann rostfarben, später dunkel rotbraun bis schwarz. **FRUCHTSCHICHT (GLEBA)** fleischig, reich gekammert, bei der Reife rotbraun bis rotschwarz, Kammerwände gelblich; Geruch jung angenehm, aromatisch; nach der Reife verwandelt sich die Gleba in eine schmierige Masse mit unangenehmem Geruch. **SPOREN** 7–10 × 4–5 µm, zylindrisch-elliptisch, glatt, hyalin. **VORKOMMEN** Mai bis November in Laub- und Nadelwäldern, Parkanlagen und Gärten, gern unter Eichen *(Quercus)* und Buchen *(Fagus)*; in Europa verbreitet, überall selten. **VERWENDUNG** Kein Speisepilz; wird bisweilen als Trüffelersatz verwendet. **WISSENSWERTES** **Schleimtrüffeln, Wurzeltrüffeln** und die ▸ **Möhrentrüffel (siehe 3)** sind trotz ihres unterirdischen Wachstums nicht mit den Echten Trüffeln verwandt. Diese gehören zu den Schlauchpilzen.

3 Gemeine Möhrentrüffel, Karottentrüffel

Stephanospora caroticolor (Berk.) Pat. *Stephanosporaceae*

FRUCHTKÖRPER unterirdisch heranwachsend, bei der Reife nur mit dem Scheitel aus der Erde hervorbrechend, bis 5 cm breit, kugelig-knollig; Oberfläche höckerig, jung hellorange, dann schön karottenfarben bis rotbraun, Peridie dünn; Basis ohne Myzelstränge. **FRUCHTSCHICHT (GLEBA)** marmoriert, mit kleinen, unregelmäßigen Kammern, orangegelb; Geruch obstartig. **SPOREN** 9–16 × 7–12 µm, elliptisch, mit großen, langen, arttypischen Dornen. **VORKOMMEN** Sommer bis Herbst einzeln bis gesellig in feuchten Laub- und Nadelwäldern, gern in Auenwäldern, meist auf kalkhaltigen Böden; selten. Wenn der Pilz mit seiner auffälligen Färbung bei der Reife mit dem Scheitel aus der Erde hervorbricht, ist er relativ leicht zu erkennen. **VERWENDUNG** Kein Speisepilz. **WISSENSWERTES** Die Gattung *Stephanospora* ist in Europa nur mit dieser einen Art vertreten.

1

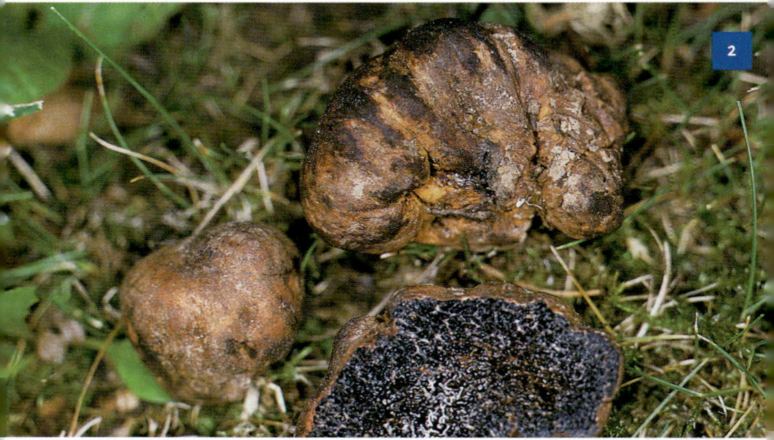
2

3

GATTUNG **Taphrina (Narrentaschen)**
FAMILIE *Taphrinaceae*
Parasiten auf Pflanzen, in denen sie Wucherungen hervorrufen; eigentliche Fruchtkörper fehlen.

1 Erlen-Narrentasche, Erlen-Wucherling

Taphrina alni De Bary, *Taphrina amentorum* (Sadeb.) Rostr., *Taphrina alni-incani* (Kuhn.) Sadeb. *Taphrinaceae*

ERSCHEINUNGSBILD Der Pilz entwickelt sich in den grünen Deckschuppen der weiblichen Zäpfchen verschiedener Erlenarten; im Bild an Grau-Erle *(Alnus incana)*. Er verursacht auffällige zungenförmige, lappig geformte, bis 3 cm lange Vergrößerungen und Verkrümmungen einzelner Schuppen (Narrentaschen), innen hohl, zunächst gelbgrünlich, später schön rot gefärbt, alt braun. Nur selten und ausnahmsweise werden durch den Pilz auch vegetative Sprosse befallen. **SPOREN** 6–8 × 3,5–6 µm. **VORKOMMEN** Juli bis September; in den Alpenländern und in Norddeutschland scheint der Pilz am häufigsten aufzutreten. Seine Entwicklung wird wohl durch höhere Luftfeuchtigkeit begünstigt. **VERWENDUNG** Unbedeutend.

2 Narrentasche

Taphrina pruni Tulasne *Taphrinaceae*

ERSCHEINUNGSBILD Parasit auf den Früchten von Zwetschge *(Prunus domestica)* und Schlehe *(Prunus spinosa)*. Der Pilz überzieht die Früchte mit einer weißlichen Fruchtschicht (Hymenium) und verursacht unnatürliche Wucherungen. Die grünen Früchte werden außergewöhnlich runzelig, abgeflacht, hohl, sie vergrößern sich bis 6 cm; ihr Fleisch bleibt grünlich, hart und ungenießbar, die Früchte reifen nicht, sie werden gelb, dann braun und fallen frühzeitig ab. Die missgebildeten Früchte werden auch Hungerzwetschgen genannt. **SPOREN** 6–8 × 4–6 µm, rundlich, glatt, hyalin. **VORKOMMEN** Frühjahr bis Sommer; befallen sind einzelne Früchte oder ganze Bäume; kühles Wetter und Regen scheinen die Erkrankung zu fördern. **VERWENDUNG** Unbedeutend. **WISSENSWERTES** Weitere Vertreter der Gattung *Taphrina* parasitieren auf Pappeln (befallen sind die Kätzchen), Birken (Ausbildung von Hexenbesen), Traubenkirschen (missgebildete Früchte) und Pfirsichbäumchen (Kräuselkrankheit der Blätter).

3 Mutterkornpilz

Claviceps purpurea (Fr.) Tulasne *Clavicipitaceae*

FRUCHTKÖRPER in Kopf und Stiel gegliedert **(3b)**; Kopfteil fertil, rundlich, ocker- bis orangegelb, fein dunkel punktiert (Perithezienmündungen); Stiel bis 1,5 cm lang, einem Sklerotium aufsitzend. **SPOREN** 100 × 1 µm, fädig, reif septiert. **VORKOMMEN** Im Frühjahr zur Zeit der Gräserblüte entwickeln sich aus den abgefallenen Sklerotien die winzigen Fruchtkörper (Stromata). Deren Sporen infizieren das Fruchtknotengewebe von Gräser- und Getreideblüten; die befallenen Fruchtknoten wachsen zu 1–2 cm langen, spindelförmigen, schwarzvioletten, giftigen Sklerotien, dem Mutterkorn, heran **(3a)**. **VERWENDUNG** Mutterkorn-Sklerotien enthalten das krampflösende Ergotamin, ein viel gebrauchter Wirkstoff in der Heilkunde. Roggenfelder werden heute noch zur Gewinnung dieser Pilzdroge beimpft. Die Wirkstoffe verursachten früher durch den Verzehr von verunreinigtem Getreide schwerste Vergiftungen. Die Symptome – unerträgliches Kribbeln in Händen und Füßen, schwerste Krämpfe, Magengeschwüre, schmerzhafteste Ablösung der Haut – wurden im Mittelalter als „Antoniusfeuer" bezeichnet.

1

2

3a

3b

Gattung **Cordyceps (Kernkeulen)**
Familie *Clavicipitaceae*

Cordyceps-Arten wachsen parasitisch auf Hirschtrüffeln oder auf toten Insekten. In Mitteleuropa gibt es etwa zehn Arten.

1 Kanadische Kernkeule

Cordyceps canadensis Ellis & Everhart, *Cordyceps capitata* ss. auct. *Clavicipitaceae*

FRUCHTKÖRPER 5–10 cm hoch; fertiles Köpfchen 0,5–1 cm lang, oval bis kugelig, gelbbraun, durch hervortretende Perithezienmündungen dunkel punktiert. Stiel deutlich abgesetzt, bis 1 cm breit, zäh, blassgelb, einzeln oder büschelig wachsend. **SPOREN** 16–25 × 2–3 µm, bei der Reife in stäbchenförmige Teilsporen zerfallend. **VORKOMMEN** Spätsommer bis Herbst in moosigen Nadelwäldern parasitisch auf unterirdisch wachsenden Hirschtrüffeln (*Elaphomyces*-Arten). Die Stromata sitzen unmittelbar der Wirtspflanze auf. **VERWENDUNG** Kein Speisepilz. **WISSENSWERTES** Auf toten Schmetterlingsraupen wächst die **Raupen-Kernkeule** *(Cordyceps gracilis)*.

2 Puppen-Kernkeule, Orangegelbe Puppenkernkeule

Cordyceps militaris (L.) Link *Clavicipitaceae*

FRUCHTKÖRPER 2–5 cm hoch, bis 1 cm breit; fertiles Köpfchen schmal zungenförmig bis keulig angeschwollen, hell orangerot bis ziegelrot; Oberfläche durch die vorstehenden Perithezienmündungen leicht punktiert. **STIEL** nicht deutlich vom Kopfteil abgesetzt, schlank, oft gekrümmt, steril, blasser als der fertile Teil. **TEILSPOREN** 3,5–6 × 1–1,5 µm. **VORKOMMEN** Sommer bis Herbst einzeln oder zu wenigen auf toten, in der Erde liegenden Insektenlarven und -puppen; in Wäldern, auf Wiesen, in Gärten und Parkanlagen; verbreitet. **VERWENDUNG** Kein Speisepilz.

3 Zungen-Kernkeule

Cordyceps ophioglossoides (Ehrh.: Fr.) Link *Clavicipitaceae*

FRUCHTKÖRPER 3–10 cm hoch; Köpfchen (= fertiler Teil) keulenförmig oder flach gedrückt, 1–2,5 cm lang, jung rotbraun, glatt, später durch Perithezienmündungen rau, oliv- bis dunkelgrün, schwarz. Stiel schlank, steril, vom Köpfchen undeutlich abgesetzt, zur Basis hin gelb, mit gelben Myzelsträngen; einzeln bis büschelig wachsend. **SPOREN** bis 200 × 2 µm, fädig, mehrfach septiert; bei der Reife in elliptisch-zylindrische, 2–6 × 2 µm große Teilsporen zerfallend. **VORKOMMEN** Juli bis November in Nadelwäldern auf unterirdisch wachsenden Fruchtkörpern von Hirschtrüffeln (*Elaphomyces*-Arten); weit verbreitet, aber leicht zu übersehen. Die Stromata sitzen nicht wie bei der ▸ **Kanadischen Kernkeule (siehe 1)** direkt auf der Trüffel auf, sondern sind durch myzelartige Stränge mit ihr verbunden. **VERWENDUNG** Kein Speisepilz.

4 Wespen-Kernkeule

Cordyceps sphecocephala (Klotzsch) Berk. & Curtis *Clavicipitaceae*

FRUCHTKÖRPER 2–4(–6) cm lang; Köpfchen oval, mit kleiner Scheide darunter; Stielchen schlank, gebogen, weiß, zur Basis hin verjüngt, einzeln oder zu mehreren gedrängt. **SPOREN** 8–15 × 1,5–2,5 µm, glatt. **VORKOMMEN** Sommer bis Herbst auf im Boden liegenden toten Insekten, hauptsächlich Wespen; der Pilz ist selten und wird meist übersehen. **VERWENDUNG** Unbedeutend.

1

2

3

4

1 Trollhand, Weiden-Scheinflechtenpilz

Hypocreopsis lichenoides (Tode: Fr.) Seaver *Hypocreaceae*

FRUCHTKÖRPER (STROMA) 2–10 cm breit, mit kleinen, radial angeordneten, fingerartigen, vorn abgerundeten, dem Substrat anliegenden Wülsten, zunächst gelbbraun und konidientragend, später orange- bis rotbraun und von den Mündungen der eingesenkten Perithezien dicht punktiert. **SPOREN** 24–30 × 8–9 µm, hyalin, spindelförmig, Mitte septiert. **VORKOMMEN** Das ganze Jahr über in feuchten Wäldern, Gebüschen, Mooren auf abgestorbenen, noch stehenden Ästen von Weide *(Salix)*, Hasel *(Corylus)* und anderen Laubhölzern; sehr selten. **VERWENDUNG** Unbedeutend. **WISSENSWERTES** Der Pilz soll in Sukzession nach dem ► **Tabakbraunen Borstenscheibling (S. 518/2)** erscheinen. Oft findet man neben der Trollhand an den Ästen gleichzeitig Rasen von ► **Blasigen Eckenscheibchen (S. 628/3).**

2 Krusten-Pustelpilz

Hypocrea lactea (Fr.) Fr., *Hypocrea citrina* (Pers.: Fr.) Fr.
Hypocreaceae

FRUCHTKÖRPER (STROMA) flächig, bis 50 cm breit; Oberfläche hellgelb, zitronengelb, höckerig, durch Perithezienmündungen fein punktiert; Rand im Wachstum weißfaserig. **SPOREN** zunächst acht zweizellige pro Ascus, die sich bei der Reife teilen, sodass jeder Ascus 16 kugelige, 3–4 µm große Teilsporen enthält. **VORKOMMEN** Sommer bis Herbst an der Basis von Laub- und Nadelbäumen, an morschen Baumstümpfen; breitet sich oft am Erdboden aus und überzieht Blätter und Ästchen. **VERWENDUNG** Unbedeutend. **WISSENSWERTES** Bei oberflächlicher Betrachtung erinnert der Krusten-Pustelpilz an einen Rindenpilz. Unter der Lupe sind jedoch deutlich die dunklen Perithezienmündungen zu erkennen.

GATTUNG **Nectria (Pustelpilze)**
FAMILIE *Nectriaceae*

Kleine bis winzige pustelförmige, meist rot gefärbte Fruchtkörper auf Laub-, selten auf Nadelhölzern. Einige leben auf absterbenden oder toten Stromata von Pyrenomyceten. Verschiedene Arten sind sich makroskopisch sehr ähnlich und nur mikroskopisch unterscheidbar.

3 Zinnoberroter Pustelpilz

Nectria cinnabarina (Tode: Fr.) Fr., *Nectria ribis* (Tode) Oudem.,
Nectria purpurea (L.) Wils. & Seaver *Nectriaceae*

EINZELFRUCHTKÖRPER 0,2–0,4 mm breit, kugelig-oval, uneben-höckerig, Oberfläche fein warzig, leuchtend rubinrot bis braunrot, dicht gedrängt auf einem kissenförmigen, 2–6 mm breiten, aus der Rinde hervorbrechenden Stroma sitzend. Die gebündelten Fruchtkörper der Hauptfruchtform erscheinen unter der Lupe wie winzige Himbeeren. Sie wachsen oft neben den auffälligeren, kissenförmigen, blassroten bis korallenroten Pusteln der Nebenfruchtform, oft sogar vom gleichen Stroma aus, oder schieben sich unter diesem hoch. **SPOREN** 12–25 × 4–9 µm, zylindrisch-elliptisch, glatt, hyalin, in der Mitte einfach septiert. **VORKOMMEN** Das ganze Jahr über weit verbreitet oft in dichten Rasen auf dürren Ästen verschiedener Laubhölzer, gern an ungepflegten, vernachlässigten Gartensträuchern, selten an Nadelholz. Meist findet man nur die auffällige Nebenfruchtform (Konidienform) *Tubercularia vulgaris*. **VERWENDUNG** Unbedeutend.

1

2

3

1 Orangeroter Pustelpilz, Aufsitzender Pustelpilz

Nectria episphaeria (Tode: Fr.) Fr. *Nectriaceae*

EINZELFRUCHTKÖRPER 0,1–0,3 mm breit, kugelförmig bis oval, mit deutlicher Papille, glatt, durchscheinend, rötlich-rotbraun. **SPOREN** 7–11 × 3,5–5 µm, spindelig-elliptisch, einfach septiert und leicht eingeschnürt. **VORKOMMEN** Ganzjährig herdenweise auf alten Stromata verschiedener Pyrenomyceten, beispielsweise auf dem ► **Flächigen Eckenscheibchen (S. 630/1)** und dem ► **Blasigen Eckenscheibchen (siehe 3)**; sehr häufig. **VERWENDUNG** Unbedeutend.

2 Nadelholz-Pustelpilz

Nectria fuckeliana Booth, *Nectria cucurbitula* (Tode ex Fr.) Fr. ss. Munk *Nectriaceae*

EINZELFRUCHTKÖRPER 0,2–0,4 mm breit, oval, mit undeutlicher Papille, leuchtend rotbraun, zu mehreren auf einem aus der Rinde hervorbrechenden Stroma. **SPOREN** 13–16 × 5–6 µm, elliptisch, septiert und leicht eingeschnürt, mit zwei Tropfen. **VORKOMMEN** Spätwinter bis Sommer auf der Rinde von Nadelholzästchen und -stämmen. **VERWENDUNG** Unbedeutend. **WISSENSWERTES** Ebenfalls auf Nadelhölzern findet man *Nectria pinea;* dieser Pustelpilz hat größere Sporen.

GATTUNG **Diatrype (Eckenscheibchen)**
FAMILIE *Diatrypaceae*

Was als Fruchtkörper erscheint, ist ein Stroma (Hyphengewebe), in das die eigentlichen Fruchtkörper (Perithezien) eingebettet sind. Die Gattung *Diatrype* umfasst kleine, polsterförmige, unter der Rinde hervorbrechende, häufige Arten. Eine Art, das Flächige Eckenscheibchen, bildet ein flächiges Stroma. Asci achtsporig.

3 Blasiges Eckenscheibchen

Diatrype bullata (Hoffm.: Fr.) Tul. *Diatrypaceae*

FRUCHTKÖRPER (STROMA) 2–5 mm breit, rundlich-oval, kissenförmig, einzeln oder verwachsen; Oberfläche schwarz, matt, rau, durch Perithezienmündungen fein punktiert. **SPOREN** 5–8 × 1,5–2 µm, allantoid, hyalin, glatt, mit zwei Tropfen, inamyloid. **VORKOMMEN** Ganzjährig an abgestorbenen, noch berindeten Weidenästen *(Salix)* und anderen Laubhölzern; weit verbreitet. **VERWENDUNG** Unbedeutend. **WISSENSWERTES** Auf den Fruchtkörpern findet man bisweilen den kleinen dunkelroten ► **Orangeroten Pustelpilz (siehe 1)**.

4 Buchen-Eckenscheibchen

Diatrype disciformis (Hoffm.: Fr.) Fr. *Diatrypaceae*

FRUCHTKÖRPER (STROMA) 2–3 mm breit, rundlich, kissenförmig-abgeflacht, meist scharenweise, bisweilen zu wenigen zusammengewachsen; Oberfläche jung dunkelbraun, graubraun, alt schwarzbraun, rau, matt glänzend, durch Perithezienmündungen (Ostiolen) siebartig punktiert; die kleinen Fruchtkörper durchbrechen die Borke, dabei bilden sich aus den Fetzen der aufgesprengten Rinde eckige Zipfelchen. Schneidet man ein Stroma mit einem scharfen Messer waagerecht durch, kann man etwa 20 Perithezien, das sind die eigentlichen Fruchtkörper, erkennen. **SPOREN** 5–8 × 1,5–2 µm, allantoid, hyalin, glatt. **VORKOMMEN** Ganzjährig, besonders von Winter bis Frühling, in dichten Scharen an toten, am Boden liegenden, noch berindeten Buchenästchen, selten an anderen Laubhölzern; weit verbreitet. **VERWENDUNG** Unbedeutend.

1

2

3

4

1 Flächiges Eckenscheibchen, Breitkrustige Diatrype
Diatrype stigma (Hoffm.: Fr.) Fr. *Diatrypaceae*

FRUCHTKÖRPER (STROMA) oft 10–30 cm lang, flächig ausgebreitet, bis 1 mm dick, krustenförmig; das junge Stroma bildet sich unter der Rinde und löst diese ab; Oberfläche jung purpurbräunlich, bald schwarzbraun, glatt, mit winzigen Ostiolen der Perithezien schwach warzig punktiert; besonders bei Trockenheit auffällig rissig, wobei Teile vom Stroma abbröckeln können. **SPOREN** 8–12 × 2 µm, allantoid, glatt, hellbräunlich. **VORKOMMEN** Ganzjährig an toten Buchenästen und anderen Laubhölzern; weit verbreitet. **VERWENDUNG** Unbedeutend. **WISSENSWERTES** Diese Diatrype ist mit ihrem flachen, krustenförmigen Stroma (Näheres bei Gattung *Hypoxylon*, Kasten S. 632) leicht erkennbar. Oftmals sind die alten Fruchtkörper vom ▸ **Orangeroten Pustelpilz (S. 628/1)** besiedelt.

2 Warziges Eckenscheibchen
Diatrypella verrucaeformis (Ehrh.) Nitschke *Diatrypaceae*

FRUCHTKÖRPER (STROMA) rundlich-eckig, durchbricht bei der Reife die Rinde, dabei bilden sich Fetzen von aufgesprengter Rinde; Oberfläche braunschwarz, warzig, Perithezienmündungen fast nur mit der Lupe sichtbar; Perithezien etwa 0,5 mm breit, meist auf zwei Ebenen im innen weißlichen Stroma eingebettet. **SPOREN** 6–8 × 1,5 µm, allantoid, glatt, hellbräunlich; Asci vielsporig. **VORKOMMEN** Ganzjährig oft in dichten Scharen auf toten, noch berindeten Ästen und Stämmen von Hasel *(Corylus avellana)*, Esche *(Fraxinus excelsior)*, Erle *(Alnus)* und anderen Laubhölzern. **VERWENDUNG** Unbedeutend. **WISSENSWERTES** Die Gattung *Diatrypella* umfasst etwa fünf holzbewohnende Arten; sie unterscheiden sich von der nahe verwandten Gattung *Diatrype* vor allem durch ihre vielsporigen Asci.

3 Birken-Diatrypella
Diatrypella favacea (Fr.) Sacc., *Diatrypella aspera* (Fr.) Nitschke, *Diatrypella nigroannulata* (Grev.) Nitschke *Diatrypaceae*

FRUCHTKÖRPER (STROMA) bis 6 mm lang, 1–2 mm hoch, bisweilen zu zwei oder mehreren zusammenfließend, meist breitelliptisch, quer die Rinde durchbrechend, am Rand mit fest anhaftenden Fetzen aufgesprengter Rinde. Perithezien länglich-eiförmig, zu 5–30 gedrängt in zwei Lagen im innen weißlichen Fruchtkörper (Stroma) eingebettet (Näheres bei Gattung *Hypoxylon*, Kasten S. 632). **SPOREN** 6–8 × 1,5 µm, zylindrisch-gekrümmt. **VORKOMMEN** Ganzjährig an berindeten dickeren Ästen abgestorbener Birken *(Betula)*. **VERWENDUNG** Unbedeutend.

4 Ahorn-Krustenkugelpilz, Ahorn-Kohlenkrustenpilz
Eutypa acharii Tul. *Diatrypaceae*

FRUCHTKÖRPER (STROMA) in Gestalt dünner schwarzer Überzüge auf entrindeten Ahornästen und -stämmen; die Oberfläche erscheint durch die Perithezienmündungen fein punktiert. Die Äste wirken wie angebrannt, auch das Holz ist schwarz gefärbt. Im Schnitt erkennt man die im Stroma eingebetteten Perithezien. **SPOREN** 5–7 × 1 µm. **VORKOMMEN** Ganzjährig auf entrindeten, am Boden liegenden Ästen und Stämmen von Ahorn *(Acer)*. **VERWENDUNG** Unbedeutend. **WISSENSWERTES** An Ästen von Hasel *(Corylus)* und Eichen *(Quercus)* kann man nach dem ähnlichen **Gelbgrünen Krustenkugelpilz** *(Eutypa flavovirens)* suchen. Beim Schnitt mit dem Messer wird sein innen grüngelbes Stroma sichtbar. Der grüne Farbstoff ist mit Salmiakgeist löslich – eine gute Bestimmungshilfe.

1

2

3

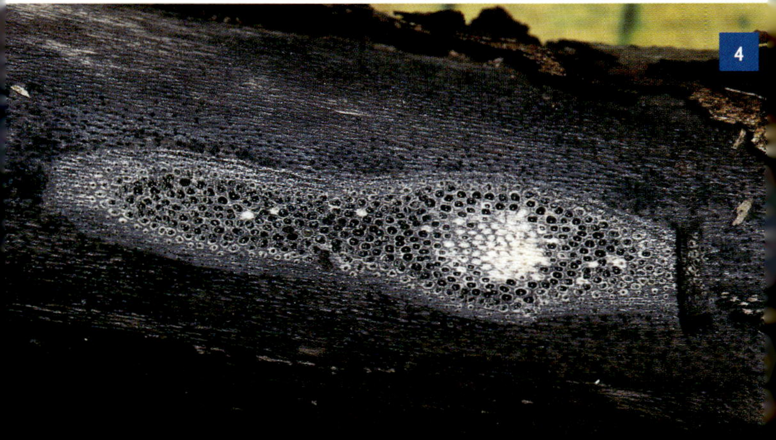
4

1 Vierfrüchtige Quaternaria

Quaternaria quaternata (Pers.: Fr.) Schroet. *Diatrypaceae*

FRUCHTKÖRPER (STROMA) winzige, etwa 0,5 mm große Vorwölbungen, die in dichten Rasen die Buchenrinde durchbrechen; die Rinde ist an den emporgewölbten Stellen typisch grau gefärbt. Jedes Stroma enthält eng gedrängt 3–5 Perithezien. **SPOREN** 13–21 × 2,5–3,5 µm. **VORKOMMEN** Ganzjährig an toten und am Boden liegenden Buchenästen; weit verbreitet. **VERWENDUNG** Unbedeutend.

GATTUNG **Hypoxylon (Kohlenbeeren)**
FAMILIE *Sphaeriaceae*

Was als halbkugeliger bis krustenförmiger Fruchtkörper erscheint, ist ein Stroma (Hyphengewebe), in das die eigentlichen Fruchtkörper (Perithezien) eingebettet sind. Die Sporen werden in den Perithezien gebildet; die Mündungen (Ostiolen), aus denen die Sporen austreten, sind ins Stroma eingesenkt oder liegen papillenförmig an der Oberfläche.

2 Zusammengedrängte Kohlenbeere

Hypoxylon cohaerens (Pers.: Fr.) Fr. *Sphaeriaceae*

FRUCHTKÖRPER (STROMA) klein, 2–5 mm breit, 1–2 mm dick, anfangs rötlich, alt schwarz, hart, oft zu größeren Belägen zusammengedrängt; Perithezien rundlich-eiförmig, mit papillenförmigem Ostiolum. **SPOREN** 9–12 × 4–5 µm. **VORKOMMEN** Ganzjährig oft dicht gedrängt an Buchenästen und -stämmen. **VERWENDUNG** Unbedeutend.

3 Brandfladen-Kohlenbeere, Brandiger Krustenpilz

Hypoxylon deustum (Hoffm.: Fr.) Grev., *Ustulina vulgaris* Tul., *Ustulina deusta* (Fr.) Petrak *Sphaeriaceae*

FRUCHTKÖRPER (STROMA) kissenförmige, wellige, spröde, unregelmäßige, bis mehrere Zentimeter breite und etwa 3 mm dicke schwarze Krusten, die leicht vom Substrat ablösbar sind. In dieses Stroma eingesenkt sind kugelige, ca. 1 mm große Perithezien, deren Mündungen die Kruste locker punktieren. Im Frühsommer entwickeln sich grauliche, weiß berandete imperfekte Fruchtkörper, die oft über die alten Stromata hinwegwachsen. Auf ihrer Oberfläche werden massenhaft 5–6,5 × 2–3 µm große Konidiensporen erzeugt. **SPOREN** Die Ascosporen reifen im Herbst, 28–40 × 8–12 µm. **VORKOMMEN** Das ganze Jahr über an Laubholz; mehrjährig; verbreitet. **VERWENDUNG** Unbedeutend. **WISSENSWERTES** Das Bild zeigt einen mit Stumpenmoos bewachsenen Laubholzstamm mit jungen weiß gerandeten Konidienfruchtkörpern, welche die alten, brüchigen, schwarzbraunen Stromata überwachsen.

4 Rötliche Kohlenbeere

Hypoxylon fragiforme (Scop.: Fr.) Kickx *Sphaeriaceae*

FRUCHTKÖRPER (STROMA) 0,5–1(–1,5) cm breit, fast kugelig **(4a)**; Außenseite ziegelrötlich-rotbraun, alt dunkelbraun, durch zahlreiche Perithezienmündungen grob höckerig. **SPOREN** 11–15 × 5,5–7,5 µm. **VORKOMMEN** Ganzjährig oft in Scharen und zusammengebacken an Rotbuche *(Fagus sylvatica)*; in Europa weit verbreitet. **VERWENDUNG** Unbedeutend. **WISSENSWERTES** Zusammen mit *Hypoxylon fragiforme* findet man bisweilen ***Isaria umbrina*** **(4b)**, einen parasitischen Hyphomyzeten (Fadenpilz).

1

2

3

4a

4b

1 Rotbraune Kohlenbeere

Hypoxylon fuscum (Pers.: Fr.) Fr. *Sphaeriaceae*

FRUCHTKÖRPER (STROMA) 3–5 mm breit, 1–3 mm hoch, unregelmäßig halbkugelig bis flach polsterförmig bzw. eingedellt, mit breiter Basis angewachsen; Oberfläche durch Perithezien rau bis höckerig, jung purpurbraun, im Alter braunschwarz; Endostroma dunkel purpurschwarz bis schwarz, Perithezien auf einer Ebene eingebettet. **SPOREN** 12–15 × 5–7 µm, einseitig abgeflacht, glatt. **VORKOMMEN** Das ganze Jahr über oft in Scharen an toten, berindeten Ästen und Stämmen verschiedener Laubhölzer, häufig an Hasel *(Corylus avellana)* und Erle *(Alnus)*; in Europa weit verbreitet. **VERWENDUNG** Unbedeutend.

2 Mährische Kohlenbeere

Hypoxylon moravicum Pouz. *Sphaeriaceae*

FRUCHTKÖRPER (STROMA) 0,2–1 cm breit, rundlich, abgeflacht, niedergedrückt, mit hochgebogenen Rändern gelappt dem Substrat anliegend; Oberfläche tabakbraun-braunrot; Perithezien fehlend oder kaum aus dem Stroma hervorragend; Endostroma schwarzbraun. **SPOREN** 10–13,5 × 5,5–7,5 µm, ungleichseitig elliptisch bis halbmondförmig, mit Keimspalte. **VORKOMMEN** Gesellig an liegenden, noch berindeten Ästen der Esche *(Fraxinus excelsior)*. **VERWENDUNG** Unbedeutend. **WISSENSWERTES** Dieser leicht erkennbare Pilz wurde 1972 von Pouzar aus mährischen und slowakischen Auenwäldern neu beschrieben. Mittlerweile wurden zahlreiche Vorkommen entdeckt.

3 Vielgestaltige Kohlenbeere

Hypoxylon multiforme (Fr.: Fr.) Fr. *Sphaeriaceae*

FRUCHTKÖRPER (STROMA) zu 1–8 cm langen, 1–3 cm breiten, bis 1 cm dicken, wulstigen, rundlichen bis länglichen, kissenförmigen dicken Krusten zusammenfließend **(3a)** und oft übereinander wachsend; Oberfläche jung braun-rotbraun, alt schwarz, wellig-gebuckelt **(3b)**, Perithezien mit papillenförmigen Ostiolen aus dem Stroma herausragend; Endostroma schwarz. **SPOREN** 8,5–10,5 × 4–5 µm, elliptisch-bohnenförmig, glatt, mit Keimspalt. **VORKOMMEN** Das ganze Jahr über meist gesellig vor allem an abgestorbenen, noch berindeten Ästen von Birken *(Betula)*, ferner an Traubenkirsche *(Prunus padus)*, Erle *(Alnus)*, selten an anderen Laubhölzern. **VERWENDUNG** Unbedeutend. **WISSENSWERTES** Große Ähnlichkeit hat die ebenfalls auf Laubholz wachsende **Gewundene Kohlenbeere** *(Hypoxylon serpens)*, sie hat aber größere Sporen.

4 Ziegelrote Kohlenkruste

Hypoxylon rubiginosum (Pers.: Fr.) Fr. *Sphaeriaceae*

FRUCHTKÖRPER (STROMA) oft großflächig und unregelmäßig ausgebreitet dünn das Substrat überziehend, bis 30 cm lang, bis 10 cm breit, 1–2 mm dick; Oberfläche wellig, uneben, oft gefurcht, von herausragenden Perithezienmündungen aufgeraut, ziegelrot, rotbraun, purpurbraun, alt stumpf schwarz; Perithezien ins Stroma eingebettet bis fast frei. **SPOREN** 7–13 × 3–6 µm, breitelliptisch-bohnenförmig, mit einem Tropfen, mit Keimspalt. **VORKOMMEN** Ganzjährig auf entrindetem Laubholz, selten auch auf Rinde, dann +/– flach polsterförmig, 2–4 mm dick; meist auf Ahorn *(Acer)* oder Esche *(Fraxinus)*; sehr variabel, weit verbreitet. **VERWENDUNG** Unbedeutend. **WISSENSWERTES** Die flachen Fruchtkörper erinnern bei oberflächlicher Betrachtung an einen Rindenpilz und nicht an eine Art der Gattung *Hypoxylon*. Mit der Lupe sind jedoch die feinen Perithezienmündungen zu erkennen, und wenn man das Stroma anschneidet, werden auch die eingebetteten Perithezien sichtbar.

1

2

3a

3b

4

1 Kohliger Kugelpilz, Lebende Holzkohle

Daldinia concentrica (Bolt.: Fr.) Ces. & De Notaris *Sphaeriaceae*

FRUCHTKÖRPER (STROMA) 2–5 cm breit, bis etwa 2 cm hoch, halbkugelig bis kissenförmig, stiellos **(1b)**; Oberfläche glatt, durch Perithezienmündungen sehr fein punktiert, jung rötlich braun, später schwarz, brüchig; im Längsschnitt durch der Fruchtkörper zeigen sich auffallend konzentrisch geformte, +/– silbrig schimmernde Zonen **(1a)**. **SPOREN** 14–16 × 6–8 µm, breitelliptisch, glatt, dunkelbraun, mit einem Tropfen. **VORKOMMEN** Ganzjährig an toten Ästen und Stämmen verschiedener Laubhölzer. **VERWENDUNG** Kein Speisepilz. **WISSENSWERTES** Beide Volksnamen kennzeichnen die leicht erkennbare Art treffend.

GATTUNG **Xylaria (Holzkeulen)**
FAMILIE *Sphaeriaceae*

Fruchtkörper (Stroma) keulen- bis geweihförmig, meist auf Holz, schwarz, innen weiß; Sporen werden innerhalb der Stroma in rundlichen Perithezien gebildet und treten durch kleine Öffnungen (Ostiolen) nach außen. Die Gattung ist in Mitteleuropa mit etwa sieben Arten vertreten.

2 Buchenfruchtschalen-Holzkeule

Xylaria carpophila (Pers.) Fr. *Spaeriaceae*

FRUCHTKÖRPER (STROMA) 0,5–3(–7) cm hoch, 0,5–1,5 mm breit, fadenförmig, zusammengedrückt, aufrecht wachsend, im oberen Teil häufig einfach verzweigt, Enden kaum flach gedrückt; Fruchtkörper braun-schwarz, im Konidienstadium mit weißgrauer Spitze, im Ascusstadium von der Mitte aufwärts verdickt und durch die Perithezien warzig-buckelig, nach unten feinfilzig; Stroma innen weiß. **SPOREN** 12–13 × 5–5,5 µm, +/– elliptisch, glatt, braun, bisweilen mit 1–2 Tropfen. **VORKOMMEN** Fast das ganze Jahr über häufig und weit verbreitet einzeln oder zu mehreren auf alten, oft im Humus liegenden Buchecker-Fruchtschalen (Cupulae). **VERWENDUNG** Kein Speisepilz. **WISSENSWERTES** Eine ähnliche Art, die seltene **Fädige Holzkeule** *(Xylaria filiformis)*, wächst auf verrottenden Pflanzenresten. Die in Mitteleuropa seltene **Weißdornbeeren-Holzkeule** *(Xylaria oxyacanthae)* fruktifiziert auf abgefallenen Weißdornbeeren. Die Fruchtkörper erscheinen im späten Frühjahr, sie werden 1–4 cm hoch und sind einfach oder gabelig bis geweihförmig verzweigt; in der Konidienphase sind sie im oberen Teil weiß, im Ascusstadium graubraun. Sie wurzeln auf oberflächlich im Humus liegenden alten mumifizierten Früchten.

3 Geweihförmige Holzkeule

Xylaria hypoxylon (L.: Fr) Grev. *Spaeriaceae*

FRUCHTKÖRPER (STROMA) 2–5(–8) cm hoch, 2–6(–10) mm breit, anfangs kurze Keulchen mit schwarzem Stielchen und weißlichem Kopf, später einfach oder gabelig bis geweihförmig verzweigt, Ästchen oft abgeplattet; der obere Teil ist meist von weißlichem Konidienstaub überpudert; die Konidien sind spindelförmig, 9–13 × 3–3,5 µm; Basis schwarzfilzig-feinhaarig. Im Frühjahr entwickeln sich im basalen Teil der Fruchtkörper Perithezien, in denen Ascosporen heranwachsen. Stroma innen zäh, weißlich; Geruch und Geschmack unbedeutend. **SPOREN** 11–14 × 5–6 µm, bohnenförmig. **VORKOMMEN** Das ganze Jahr hindurch, als Konidienform oft massenhaft an Stümpfen und abgefallenen Ästen von Buchen und anderen Laubhölzern, selten an Nadelhölzern; in Europa weit verbreitet. **VERWENDUNG** Kein Speisepilz.

1a

1b

2

3

1 Langstielige Ahorn-Holzkeule

Xylaria longipes Nitschke *Sphaeriaceae*

FRUCHTKÖRPER (STROMA) 3–6(–8) cm hoch, 0,3–1 cm breit, schlank keulenförmig, in verschmälerten, sterilen Stielabschnitt und +/– deutlich abgesetzten, breiteren, fertilen Kopfteil gegliedert; Oberfläche zur Wachstumszeit graubräunlich bestäubt, später schwarz und durch die Ostiolen der Perithezien fein punktiert-gekörnt erscheinend. **FLEISCH** weiß. **SPOREN** 13–16 × 5,5–7,5 µm, elliptisch-bohnenförmig, glatt, dunkelbraun, mit 1–2 Tropfen. **VORKOMMEN** Das ganze Jahr über einzeln, meist gesellig oder in kleinen Büscheln auf am Boden liegenden Ästen von Ahorn (*Acer*), selten Buche (*Fagus*), Eiche (*Quercus*) und anderen Laubhölzern. **VERWENDUNG** Kein Speisepilz.

2 Vielgestaltige Holzkeule

Xylaria polymorpha (Pers.: Mer.) Grev. *Sphaeriaceae*

FRUCHTKÖRPER (STROMA) 3–8 cm hoch, 1–3 cm breit, korkig-zäh, unregelmäßig keulig, bisweilen auch flach mit undeutlich geformtem Stiel, einzeln oder zu mehreren am Grunde verwachsen; Oberfläche runzelig-höckerig, im Frühjahr von einer Schicht grau-bräunlicher bis hellbrauner Konidiensporen überzogen, bei der Reife außen einheitlich schwarz gefärbt und durch Perithezienmündungen fein punktiert. **FLEISCH** faserig, weißlich; Geruch pilzartig, Geschmack mild. **SPORENPULVER** schwarz. **SPOREN** 20–30 × 5–9 µm, unregelmäßig elliptisch-spindelförmig. **VORKOMMEN** Das ganze Jahr über selten einzeln, meist büschelig an totem Laubholz, bevorzugt Buche *(Fagus)* und Esche *(Fraxinus)*. **VERWENDUNG** Kein Speisepilz. **WISSENSWERTES** Sehr ähnlich ist die ▸ **Langstielige Ahorn-Holzkeule (siehe 1)**; ein sicheres Unterscheidungsmerkmal sind deren viel kleinere Sporen.

3 Rasigkrustiger Buchenkugelpilz

Melogramma spiniferum (Wallr.) de Not. *Diaporthaceae*

FRUCHTKÖRPER (STROMA) dicht gedrängt die Rinde durchbrechend, gewölbt, rau, dazwischen stehen hochgedrückte Rindenrestchen. Perithezien zu 5–20 im schwarzen Stroma eingebettet; Perithezienmündungen (Ostiolen) aus dem Stroma hervorstehend. **SPOREN** 55–75 × 7–8 µm, spindelig-elliptisch, gebogen, siebenfach septiert, hellbraun, mit hyalinen Endzellen. **VORKOMMEN** Ganzjährig meist in dichten, krustigen Kolonien am Stammgrund noch berindeter abgestorbener Jungbuchen; verbreitet. **VERWENDUNG** Unbedeutend.

4 Maulbeer-Kugelpilz, Maulbeerförmige Bertia

Bertia moriformis (Tode ex Fr.) de Not. *Coronophoraceae*

FRUCHTKÖRPER (STROMA) 0,5–1 mm hoch, etwas höher als breit, grobwarzig, ähnlich einer kleinen Maulbeere oder Brombeere, schwarz, ohne Scheitelöffnung. **SPOREN** 40–50 × 5–6 µm, spindelförmig, meist gebogen, mit einem Septum, glatt, hyalin. **VORKOMMEN** Ganzjährig in dichten Herden oder rasig auf am Boden liegenden, entrindeten Laubholzästen, vor allem von Rotbuche *(Fagus sylvatica)*, seltener auch an Nadelholz; verbreitet. **VERWENDUNG** Unbedeutend. **WISSENSWERTES** Der ebenfalls in dichten Rasen wachsende ▸ **Rasigkrustige Buchenkugelpilz (siehe 3)** kann bei oberflächlicher Betrachtung leicht mit dem Maulbeer-Kugelpilz verwechselt werden. Ähnlichkeit hat auch der **Gesäte Kohlenkugelpilz** *(Lasiosphaeria spermoides)*, der ebenfalls eine rasige Wuchsweise hat und das ganze Jahr über an berindeten und unberindeten Hölzern vorkommt. Seine Fruchtkörper sind kugelig mit papillenförmigen Perithezienmündungen.

1

2

3

4

1 Ahorn-Runzelschorf

Rhytisma acerinum (Pers.: St. Am.) Fr. *Hypodermataceae*

ERSCHEINUNGSBILD Der Pilz befällt die grünen Blätter des Berg-Ahorns *(Acer pseudoplatanus)*. Im Herbst fallen die rundlichen, 1–2 cm breiten, schwarzen, gerunzelten Stromata auf den bunten Blättern besonders auf; sie enthalten das Konidienstadium. Zur Reifezeit im Frühjahr entwickeln sich die Apothezien, die Fruchtschicht ist ockergrau. **SPOREN** 55–80 × 1,5–2,5 µm, fädig, hyalin. **VORKOMMEN** Herbst bis Frühjahr vor allem auf den abgefallenen Blättern des Berg-Ahorns. **VERWENDUNG** Unbedeutend. **WISSENSWERTES** Auf Blättern der Rosmarinheide *(Andromeda polifolia)* parasitiert der **Rosmarinheide-Runzelschorf** *(Rhytisma andromedae)*.

2 Weiden-Runzelschorf

Rhytisma salicinum (Pers.) Fr. *Hypodermataceae*

ERSCHEINUNGSBILD Der Pilz befällt die lebenden Blätter verschiedener Weiden-Arten, auf denen im Herbst schwarze, gelbrandige, gerunzelte Stromata erscheinen; sie enthalten das Konidienstadium. Zur Reifezeit im Frühjahr entwickeln sich auf den abgefallenen Blättern die Apothezien. **VORKOMMEN** Herbst bis Frühjahr auf den abgefallenen Blättern der Sal-Weide *(Salix caprea)*. In den Alpen wurde der Pilz auch auf Blättern der Netz-Weide *(Salix reticulata)* und der Stumpfblättrigen Weide *(Salix retusa)* gefunden; beides sind niederliegende, nur etwa 20 cm hoch werdende Zwergsträuchlein alpiner Spalierweidengesellschaften oberhalb der Waldgrenze. **VERWENDUNG** Unbedeutend.

3 Eichen-Schildbecherling

Colpoma quercinum (Pers.: Fr.) Wallr. *Hypodermataceae*

FRUCHTKÖRPER 3–10(–20) mm lang, bis 3 mm breit; die schiffchenförmigen Fruchtkörper entwickeln sich unter der Rinde. Zunächst zeigen sich nur erhabene Rippen, dann wird die Rinde aufgesprengt und das schwarze Pilzgeflecht wird frei; bei feuchter Witterung reißt es auf und gibt die graugelbe Fruchtschicht frei. **SPOREN** 55–75 × 1,5–2 µm, fadenförmig, einseitig zugespitzt, glatt, hyalin. **VORKOMMEN** Das ganze Jahr über oft reihenweise auf abgestorbenen, berindeten, noch am Baum hängenden dünnen Eichenzweigen; die Fruchtkörper öffnen sich besonders vom Frühjahr bis Frühsommer bei feuchter Witterung; verbreitet. **VERWENDUNG** Unbedeutend. **WISSENSWERTES** Die Gattung *Colpoma* besteht in Mitteleuropa aus etwa fünf Arten. Auf Wacholder *(Juniperus communis)* wächst der seltene **Wacholder-Schildbecherling** *(Colpoma juniperi)*.

4 Trockene Erdzunge, Cookes Erdzunge

Geoglossum cookeianum Nannf. *Geoglossaceae*

FRUCHTKÖRPER 3–7 cm hoch, 5–10 mm breit, schwarz, glatt, trocken; Kopfteil keulig oder zungenförmig, oft abgeflacht, am Grunde undeutlich gestielt. **SPORENPULVER** schwarz. **SPOREN** 50–90 × 5–7 µm. **VORKOMMEN** September bis November einzeln bis gesellig in Trockenrasen, im Gras und Moos, auf sandigen Böden; selten. **VERWENDUNG** Kein Speisepilz. **WISSENSWERTES** Ähnlich ist die **Schwarze Erdzunge** *(Geoglossum nigritum)*. Ihre Fruchtkörper werden bis 8 cm hoch, sie sind schmal keulig geformt und zur Basis hin verjüngt; die Basis geht ohne Abgrenzung in den Kopfteil über. Der Pilz wächst auf naturbelassenen Weiden, Magerwiesen und grasigen Plätzen. Erdzungen sind schwer zu bestimmen, sie lassen sich nur mikroskopisch unterscheiden. Die Gattung ist in Europa mit etwa zehn Arten vertreten, alle sind schwarz gefärbt.

1

2

3

4

1 Gemeine Haarzunge, Behaarte Erdzunge

Trichoglossum hirsutum (Pers.: Fr.) Boud. *Geoglossaceae*

FRUCHTKÖRPER 2–8 cm hoch, 3–8 mm breit, feinsamtig behaart, schwarz; Kopfteil deutlich vom Stiel abgesetzt, keulig oder flach gedrückt spatelförmig, +/– zusammengedrückt-gefurcht, am Grunde in einen schlanken Stiel übergehend. **SPOREN** 100–150 × 6–7 µm, glatt, braun, reif mit bis zu 15 Septen. **VORKOMMEN** August bis Oktober einzeln bis gesellig im Torfmoos von Mooren und Sümpfen, kann auch auf Kalk-Magerrasen erscheinen; selten. **VERWENDUNG** Kein Speisepilz. **WISSENSWERTES** Die Behaarte Erdzunge ist wie zahlreiche andere Pilze aus Sumpf und Moor durch Veränderung ihrer Standorte stark bedroht. Alle Maßnahmen zur Entwässerung der Moore und Moorwälder mit dem Ziel der verbesserten Nutzung und Erhöhung der Holzerträge führt zum Verlust dieser seltenen Arten. Die Gattung *Trichoglossum* wurde von *Geoglossum* abgetrennt; sie enthält alle Arten mit samtig behaarten Fruchtkörpern (Haarzungen). Die beschriebene Art ist dadurch leicht zuzuordnen.

2 Grüngelbes Gallertkäppchen

Leotia lubrica Scop. (Pers.: Fr.) *Geoglossaceae*

FRUCHTKÖRPER 3–6 cm hoch, deutlich in Stiel und Köpfchen gegliedert; Köpfchen 1–2 cm breit, unregelmäßig rundlich, uneben, buckelig oder abgeflacht-genabelt; Oberfläche vom Hymenium überzogen, matt, besonders bei feuchter Witterung klebrig-schmierig (Volksname **Schlüpfriger Kappenpilz**), gelb, grüngelb, olivbraun; Rand stark nach unten eingerollt. **STIEL** bis 0,6 cm dick, röhrig bis zusammengedrückt, oft büschelig, kleiig-rau, hellgelb-goldgelb, alt zimtbraun. **FLEISCH** gallertig, zäh, weißgelblich; Geruch unbedeutend, Geschmack fade. **SPORENPULVER** weiß. **SPOREN** 20–25 × 5–6 µm, spindelig, oft leicht gekrümmt, glatt, mit Tropfen, reif mit 4–5 Septen. **VORKOMMEN** August bis November einzeln oder gesellig, oft büschelig in feuchten Laub- und Nadelwäldern, gern an moosreichen Plätzen; in Europa weit verbreitet, in den letzten Jahren vielerorts rückläufig. **VERWENDUNG** Kein Speisepilz. **WISSENSWERTES** Das **Schwarzgrüne Gallertkäppchen** *(Leotia atrovirens)* wächst an ähnlichen, feuchten Standorten. Es ist etwas kleiner und hat schwarzgrüne Fruchtkörper. Bei diesem Pilz soll es sich um eine von einem parasitischen Pilz befallenene *Leotia lubrica* handeln. Verwechselt werden kann das Grüngelbe Gallertkäppchen mit dem ▸ **Helm-Kreisling (S. 646/3).** Man findet diesen Doppelgänger selten in Berg-Nadelwäldern auf Fichtenstreu.

3 Grüne Erdzunge

Microglossum viride (Pers.: Fr.) Gill. *Geoglossaceae*

FRUCHTKÖRPER 1–6 cm hoch, schlank; Oberteil 2–7 mm breit, zungen- bis spatelförmig, fertil, glatt, tief längs gefurcht, hellgrün-olivgrün, bisweilen mit ockerlichem Ton, vom sterilen Stiel deutlich abgesetzt. **STIEL** 3–4 cm lang, 2–4 mm breit, zylindrisch, oft verbogen, in kleinen Büscheln, fein schuppig-geflockt, graugrün, gegen die Basis weißlich. **SPOREN** 15–20 × 4–6 µm, schmalelliptisch, glatt, hyalin, mit Tropfen, bei der Reife ein- bis dreifach septiert. **VORKOMMEN** September bis November meist gesellig oder in kleinen Büscheln in feuchten Laubwäldern, gern an feuchten Böschungen; selten. **VERWENDUNG** Kein Speisepilz. **WISSENSWERTES** Große Ähnlichkeit hat die **Olivbraune Erdzunge** *(Microglossum olivaceum)*. Die grünlich gefärbten Fruchtkörper werden meist an ihrem Standort in naturbelassenen Wiesen und Halbtrockenrasen übersehen und müssen gezielt gesucht werden. Die Gattung *Microglossum* hat hyaline Sporen, die der Gattung *Geoglossum* sind bräunlich.

1

2

3

1 Sumpf-Haubenpilz

Mitrula paludosa Fr.: Fr. *Geoglossaceae*

FRUCHTKÖRPER 2–6 cm hoch; Kopfteil deutlich abgesetzt, bis 1 cm breit, unregelmäßig rundlich-walzenförmig, dotter- bis orangegelb. **STIEL** 2–3 cm lang, bis 3 mm breit, hohl, weißlich-glasig. **FLEISCH** brüchig, weich; Geruch und Geschmack unbedeutend. **SPOREN** 10–15 × 2,5–3 µm, spindelförmig, glatt, hyalin, bisweilen septiert. **VORKOMMEN** Frühjahr bis Sommer, mitunter auch im Herbst, meist gesellig und herdenweise, bisweilen büschelig verbunden in Waldgräben, Sümpfen und Tümpeln auf faulenden Blättern, modernden Nadeln und anderen Pflanzenabfällen, die im Wasser liegen; fehlt in Kalkgebieten; selten. **VERWENDUNG** Kein Speisepilz. **WISSENSWERTES** Der Sumpf-Haubenpilz ist wie zahlreiche andere Pilze aus Sumpf und Moor durch Veränderung seiner Standorte stark bedroht. Alle Maßnahmen zur Entwässerung der Sümpfe und Trockenlegung von Feuchtgebieten mit dem Ziel der verbesserten Nutzung und Erhöhung der Holzerträge führt zum Verlust dieser seltenen Arten. Äußerst selten und in Deutschland vom Aussterben bedroht ist der **Zierliche Moos-Haubenpilz** *(Bryoglossum squarrosa)*. Sein Köpfchen ist lebhaft gelb bis orangegelb gefärbt. Er wächst auf Sumpfmoos *(Paludella squarrosa)*, einer Moosart nährstoffreicher Moore, welche durch Biotopzerstörung vielerorts ausgerottet ist; dies hat auch den Verlust des Pilzes zur Folge.

2 Dottergelber Spateling

Spathularia flavida Pers.: Fr. *Geoglossaceae*

FRUCHTKÖRPER 2–6(–8) cm hoch, 1–2(–3) cm breit; Kopfteil den Stiel im oberen Drittel umfassend, flach zusammengedrückt, mit unregelmäßig welligem Rand, sattgelb, gelbocker, im Alter ausblassend. **STIEL** deutlich abgesetzt, zylindrisch, oft etwas flach gedrückt, gegen die Basis verjüngt, weißlich oder gelblich. **FLEISCH** weich, blass; Geruch und Geschmack unbedeutend. **SPORENPULVER** weiß. **SPOREN** 40–50 × 2–3 µm, fadenförmig, oft mit Tröpfchen, septiert oder unseptiert. **VORKOMMEN** August bis Oktober einzeln oder gesellig und in Ringen in Laub- und Nadelwäldern zwischen Gräsern und Moosen, besonders auf Nadelstreu, gelegentlich auch auf naturbelassenen Wiesen in Waldnähe; selten, der hübsche Pilz gehört zu den vielen rückläufigen Arten und muss unbedingt geschont werden. **VERWENDUNG** Kein Speisepilz. **WISSENSWERTES** Die Gattung *Spathularia* umfasst etwa fünf Arten mit spatelförmigen Fruchtkörpern; alle sind selten und vielerorts rückläufig oder verschwunden. Der sehr ähnliche ▸ **Ledergelbe Spateling (siehe 3)** hat 60–75 µm lange Sporen. Ähnlich, aber kleiner ist der ▸ **Helm-Kreisling (S. 646/3)**. In den skandinavischen Ländern wächst in Nadelwäldern ein Doppelgänger, die **Kleine Schlauchkeule** *(Neolecta vitellina)*; in Mitteleuropa ist dieser Pilz eine große Seltenheit. Seine Fruchtkörper sind kleiner, sie werden nur 1–3 cm hoch; ihre Form ist mehr keulig, oft etwas verbogen, sie sind wie der Dottergelbe Spateling leuchtend gelb gefärbt. Kein Speisepilz.

3 Ledergelber Spateling

Spathularia neesii Bres. *Geoglossaceae*

FRUCHTKÖRPER bis 5 cm hoch und 1–1,5 cm breit, deutlich in Kopf und Stiel gegliedert; Kopfteil meist flach, rundlich bis länglich, den Stiel im oberen Teil umfassend, hellgelblich. **STIEL** rundlich bis flach gedrückt, oft verbogen, blass, weißlich. **FLEISCH** gelatinös, zäh; Geruch unbedeutend. **SPOREN** 60–75 × 2,5–3 µm, nadelförmig, gerade oder gebogen. **VORKOMMEN** Juli bis Oktober gesellig unter Nadelbäumen, an Waldrändern; als Seltenheit zu schonen. **VERWENDUNG** Kein Speisepilz.

1

2

3

1 Grauweißes Holzscheibchen

Propolis versicolor (Fr.) Fr. *Dermateaceae*

FRUCHTKÖRPER 1–5 mm lang, 1–3 mm breit, etwas ins Substrat eingesenkt; bei der Reife reißt das Holz auf und gibt die weißliche Fruchtscheibe frei, wobei die Ränder +/– mit Resten vom durchbrochenen Holz umgeben sind; Hymenium braun. **SPOREN** 20–27 × 6–8 µm, länglich, unseptiert. **VORKOMMEN** Ganzjährig gesellig auf totem, entrindetem Laubholz. **VERWENDUNG** Unbedeutend.

2 Büscheliger Tannenbecher

Durandiella gallica Morelet *Dermateaceae*

FRUCHTKÖRPER etwa 1 mm breit, in kleinen Büscheln zu 3–20 Exemplaren aus der Rinde hervorbrechend, schwarz, glatt; Rindenrestchen etwas hoch stehend. Das Ascusstadium ist makroskopisch kaum vom Konidienstadium zu unterscheiden. Beide können eigene Büschel bilden oder in einem Büschel gemischt auftreten. **ASCOSPOREN** spindelig, gebogen, hyalin, mit 3–4 Septen. **VORKOMMEN** Ganzjährig herdenweise auf berindeten Ästen der Weißtanne *(Abies alba)*. Der Pilz ist sehr leicht zu übersehen und muss gezielt an am Boden liegenden Tannen gesucht werden. **VERWENDUNG** Unbedeutend. **WISSENSWERTES** Der beschriebene Pilz gleicht einem schwarz gefärbten, büschelig wachsenden Pustelpilz *(Nectria)*. Pilze dieser Gattung kommen meist auf Laubhölzern vor, sie haben +/– rötlich gefärbte Fruchtkörper. Eine Ausnahme macht der auf Nadelhölzern wachsende ▸ **Nadelholz-Pustelpilz (S. 628/2)**. Einen Größenvergleich ermöglicht die im Bild rechts oben erkennbare Tannennadel.

3 Helm-Kreisling

Cudonia circinans (Pers.: Fr.) Fr. *Geoglossaceae*

FRUCHTKÖRPER in Hut und Stiel gegliedert. Hut 0,5–1,5 cm breit, anfangs gewölbt, später unregelmäßig gebuckelt, gerunzelt, in der Mitte etwas eingedellt; Oberfläche feucht schmierig-klebrig, blass zimtfarben, ocker-weißlich; Rand stark nach unten eingerollt. **STIEL** 2–3(–5) cm lang, zylindrisch, bisweilen zusammengedrückt, hohl, besonders im oberen Teil oft längsfurchig oder gerieft, hutfarben, an der Basis leicht verdickt, rötlich braun. **FLEISCH** weich, weiß-gelblich; Geruch und Geschmack unbedeutend. **SPOREN** 32–40 × 2 µm, zylindrisch, schmal, bisweilen gebogen, reif mehrfach septiert. **VORKOMMEN** Juli bis Oktober gesellig, oft gedrängt, auch in Ringen in moosreichen Nadelwäldern und Mischwäldern auf Nadelstreu; selten. **VERWENDUNG** Kein Speisepilz. **WISSENSWERTES** Manche Autoren halten den beschriebenen Pilz und den **Schlanken Kreisling** *(Cudonia confusa)* für eine einzige, variable Art.

4 Orangefarbiges Brennnesselbecherchen

Callorina fusarioides (Berk.) Korf. *Dermateaceae*

FRUCHTKÖRPER 0,5–1 mm breit, scheiben- bis linsenförmig, stiellos dem Substrat aufsitzend; Fruchtschicht orangefarben. **SPOREN** 11–15 × 3–4 µm, zylindrisch-elliptisch, glatt, hyalin, einfach septiert. **VORKOMMEN** Im Frühling in großen Scharen an abgestorbenen Stängeln der Brennnessel *(Urtica)*; verbreitet. **VERWENDUNG** Unbedeutend. **WISSENSWERTES** Das Orangefarbene Brennnesselbecherchen ist in Ruderalbeständen regelmäßig an Brennnesseln zu finden. Dürre, bleiche, grauweiße vorjährige Brennnesselstängel machen im Vorfrühling oft durch eine Orangefärbung auf den kleinen Ascomyceten aufmerksam, wobei jedoch meist das makroskopisch ähnliche Konidienstadium *(Cylindrocolla urticae)* angetroffen wird; das seltenere Ascusstadium erscheint später.

1

2

3

4

1 Stechpalmen-Deckelbecherchen

Trochila ilicina (Nees ex Fr.) Greehalgh & Morgan-Jones
Dermateaceae

FRUCHTKÖRPER gleichmäßig rasig über die ganze Oberseite von *Ilex*-Blättern verteilt, 0,3–0,5 mm breit, ins Blattgewebe eingesenkt; bei der Reife reißt die lederartige Epidermis deckelartig auf und gibt die schwarzbraune Fruchtschicht frei. **SPOREN** 9–12 × 3,5–4,5 µm, elliptisch, glatt, hyalin. **VORKOMMEN** Das ganze Jahr über auf abgefallenen Blättern der Stechpalme *(Ilex aquifolium)*, einem bis 10 m hohen, vorwiegend subatlantischen Strauch oder Baum in Gärten, Parkanlagen und Wäldern; verbreitet. **VERWENDUNG** Unbedeutend. **WISSENSWERTES** Der Pilz ist bei gezielter Suche auf abgefallenen Blättern zu finden. Weitere *Trochila*-Arten wachsen auf abgefallenen Efeu- *(Hedera helix)* und Kirschlorbeerblättern *(Prunus laurocerasus)*.

GATTUNG **Dasyscyphus (Haarbecherchen)**
FAMILIE *Hyaloscyphaceae*
Fruchtkörperchen mit behaarter Außenseite; artenreiche Gattung. Die zahlreichen Arten sind nur mikroskopisch zu unterscheiden.

2 Schneeweißes Haarbecherchen

Dasyscyphus niveus (Hedw. ex Fr.) Sacc. *Hyaloscyphaceae*

FRUCHTKÖRPER 0,5–2 mm breit, scheiben- bis flach schüsselförmig, deutlich gestielt; Fruchtschicht rein weiß, später blassgelb; Außenseite mit weißen Haaren bedeckt (Lupe!). **SPOREN** 6–8,5 × 1,5–2 µm, spindelig, glatt, hyalin. **VORKOMMEN** Das ganze Jahr über auf dem Kernholz von lose im Wald vergrabenen alten Ästen und Stümpfen von Eichen *(Quercus)*. Die winzigen Haarbecherchen wachsen gesellig bis rasig auf der dem Erdboden zugewandten Seite, sie sind oft von Laub und Humusresten bedeckt; dreht man die Eichenhölzer um, dann sind sie leicht zu erkennen. Seltener findet man sie auch an Rotbuche *(Fagus sylvatica)*. **VERWENDUNG** Unbedeutend. **WISSENSWERTES** Ebenfalls an Eichenholz findet man das ähnliche, aber stiellose **Durchscheinende Weißhaarbecherchen** *(Hyaloscypha hyalina)*.

3 Schwefelgelbes Haarbecherchen

Dasyscyphus sulfureus (Pers. ex Fr.) Massee *Hyaloscyphaceae*

FRUCHTKÖRPER 0,5–2 mm breit, scheibenförmig, ohne Stiel; Fruchtschicht weißlich; Rand und Außenseite von schwefelgelben Haaren bedeckt. **SPOREN** 26–29 × 2 µm, spindelig, glatt, hyalin. **VORKOMMEN** Frühjahr bis Herbst an Brennnesselstängeln und abgestorbenen, noch stehenden Stängeln verschiedener Stauden, insbesondere von Doldenblütlern *(Umbelliferae)*. **VERWENDUNG** Unbedeutend.

4 Weißes Haarbecherchen

Dasyscyphus virgineus S. F. Gray *Hyaloscyphaceae*

FRUCHTKÖRPER 0,5–1 mm breit, jung pokalförmig, später becherförmig bis ausgebreitet, mit bis 1 mm langem Stielchen; Fruchtschicht weißlich-cremefarben; Rand und Außenseite dicht mit weißen Haaren besetzt. **SPOREN** 6–10 × 1,5–2,5 µm, spindelig, glatt, hyalin, unseptiert. **VORKOMMEN** Ganzjährig, besonders im Frühjahr, gesellig bis rasig an Pflanzenabfällen wie Ästchen, Stängeln, Bucheckerschalen, Zapfen; häufig. **VERWENDUNG** Unbedeutend. **WISSENSWERTES** Das Weiße Haarbecherchen kann mit dem ▸ **Schneeweißen Haarbecherchen (siehe 2)** verwechselt werden.

1

2

3

4

1 Seggen-Sklerotienbecherling

Myriosclerotinia sulcata (Whetzel) Buchwald, *Sclerotinia sulcata* Whetzel *Sclerotiniaceae*

FRUCHTKÖRPER bis 10 mm breit, pokalförmig bis becherförmig, mit 2–20 mm langem Stiel; Fruchtschicht hellbraun bis rötlich braun; außen schwach bereift. Das schwärzliche, bis 25 mm lange Sklerotium ist im Substrat eingebettet oder abgefallen. **SPOREN** 9–17 × 5–8 µm, elliptisch, hyalin, ohne Tropfen. **VORKOMMEN** Im Frühjahr auf den Stängeln verschiedener Seggen-Arten *(Carex)*, u. a. auf der Zittergras-Segge, dem bekannten „Seegras" feuchter Laubwälder, ferner auf Rispen-Segge, Ufer-Segge, Fuchs-Segge. **VERWENDUNG** Unbedeutend.

2 Kastanienschalen-Stromabecherling

Lanzia echinophila (Bull.: Fr.) Korf, *Rutstroemia echinophila* (Bull. ex Mérat) v. Höhnel *Sclerotiniaceae*

FRUCHTKÖRPER 3–7 mm breit, flach, jung halbkugelig, später schüssel- bis scheibenförmig, sitzend bis kurz gestielt, zimtbraun-dunkelbraun, bisweilen mit purpurlichem Ton. **SPOREN** 16–20 × 4,5–6 µm, allantoid, reif mit bis zu drei Septen und mit Sekundärsporen. **VORKOMMEN** Spätsommer bis Herbst meist gesellig auf der Innenseite von alten, am Boden liegenden Cupulae (Fruchthüllen) der Edelkastanie *(Castanea sativa)*. **VERWENDUNG** Unbedeutend. **WISSENSWERTES** Im natürlichen Areal der Edelkastanie ist der beschriebene Pilz nicht selten.

3 Derber Stromabecherling

Lanzia firma (Pers. ex Gray), *Rutstroemia firma* (Pers.) Karst. *Sclerotiniaceae*

FRUCHTKÖRPER 0,5–1 cm breit, jung becherförmig, später scheibenförmig, alt +/– wellig, kurz gestielt, gelbbräunlich-rotbräunlich; Konsistenz zäh. **SPOREN** 14,5–19,5 × 4–5,5 µm, schmalelliptisch, leicht gekrümmt, glatt, reif mit 3–5 Septen und Sekundärsporen. **VORKOMMEN** Frühjahr bis Herbst gesellig auf abgestorbenen Eichenästen *(Quercus)*, auch an anderen Laubhölzern. **VERWENDUNG** Unbedeutend. **WISSENSWERTES** Ähnlich ist der **Hainbuchen-Stromabecherling** *(Ciboria bolaris)*, der im Frühjahr auf Hainbuche *(Carpinus betulus)* vorkommt; er hat größere Sporen.

4 Gemeiner Anemonenbecherling

Dumontinia tuberosa (Bull. ex Mérat) Kohn, *Sclerotinia tuberosa* (Hedw.: Fr.) Fuckel *Sclerotiniaceae*

FRUCHTKÖRPER 1–2,5 cm breit, zuerst kugelförmig mit kleiner Öffnung, dann krug- bis becherförmig, zuletzt flach schüsselförmig bis wellig ausgebreitet, bisweilen grubig-runzelig; Innenseite hell- bis dunkelbraun, rötlich braun, außen ähnlich gefärbt, oft heller. Der obere Teil des Stiels ragt nur kurz aus der Erde und geht verdickt in den Becher über; er wächst mit einem 2–10 cm langen unterirdischen, braunschwärzlichen Myzelstrang aus einem unregelmäßig-knolligen, außen schwarzen, innen weißen, etwa 2 cm langen Sklerotium. **FLEISCH** dünn, zäh, hellbräunlich; Geruch unbedeutend, Geschmack mild. **SPOREN** 12–18 × 6–9 µm, elliptisch, glatt, hyalin, zum Teil mit zwei Tropfen. **VORKOMMEN** März bis Mai verbreitet in Laubwäldern, Parkanlagen, an Weg- und Bachböschungen, meist bei Buschwindröschen *(Anemone nemorosa)*; verbreitet, aber leicht zu übersehen. **VERWENDUNG** Unbedeutend. **WISSENSWERTES** Der Anemonenbecherling wurde auch schon bei Scharbockskraut und Gelbem Buschwindröschen gefunden. Er wächst parasitisch in Verbindung mit den Rhizomen dieser Hahnenfußgewächse.

1

2

3

4

1 Fichtenzapfen-Stromabecherling

Ciboria bulgarioides (Rabenh.) Baral, *Rutstroemia bulgarioides* (Rabenh.) Karst., *Piceomphale bulgarioides* (Rabenh.) Svrček
Sclerotiniaceae

FRUCHTKÖRPER jung kelchförmig, später flach schalen- bis scheibenförmig, 2–10 mm breit, in ein kurzes, dickes Stielchen auslaufend; Innenseite mit dem Hymenium dunkel braunoliv bis fast schwarz, runzelig, matt; Außenseite gleichfarben, etwas heller. **SPOREN** 7–9 × 3–5 µm, elliptisch, glatt, hyalin, ohne Tropfen, nicht septiert. **VORKOMMEN** Februar bis Mai, in manchen Jahren massenhaft, in feuchten, moosigen Nadelwäldern auf am Boden liegenden Fichtenzapfen; meist zu mehreren, bis über hundert Pilze auf einem Zapfen; in den Nadelwäldern Süddeutschlands und in den Alpen verbreitet, sonst selten. **VERWENDUNG** Unbedeutend. **WISSENSWERTES** Dieser am Habitus und dem Vorkommen auf Fichtenzapfen leicht erkennbare Becherling erscheint oft in Gesellschaft des ▸ **Fichtenzapfen-Nagelschwamms (S. 198/1).**

2 Zapfenschuppen-Stromabecherling

Ciboria rufofusca (Weberb.) Sacc. *Sclerotiniaceae*

FRUCHTKÖRPER 3–15 mm breit, jung blasenförmig, später becher- bis schüsselförmig ausgebreitet, braun bis kastanienbraun, glatt, kurz oder bis 2 cm lang gestielt. **SPOREN** 5–7 × 3–3,5 µm, elliptisch, glatt, hyalin, bisweilen mit zwei Tropfen, unseptiert. **VORKOMMEN** Im Frühjahr verbreitet auf Weißtannen-Zapfenschuppen, die auf dem Boden oder etwas im Humus vergraben liegen; 1–3 Fruchtkörper pro Schuppe; auch auf Zapfenschuppen anderer Nadelhölzer. **VERWENDUNG** Unbedeutend. **WISSENSWERTES** Ähnlich ist der **Kätzchen-Stromabecherling** *(Ciboria caucasus).* Er wächst auf am Boden liegenden Erlenkätzchen.

3 Buchen-Gallertkreisling

Ombrophila pura (Pers.: Fr.) Baral in Baral & Krglst., *Neobulgaria pura* (Pers.: Fr.) Petrak *Helotiaceae*

FRUCHTKÖRPER 0,5–3 cm breit, jung kreiselförmig, zur Basis verjüngt, dann unregelmäßig becherförmig, im Alter schlaff; blass grauweiß bis blassrötlich, bisweilen mit lila Ton, gallertig; Rand etwas vorstehend; Außenseite dunkler, feinkörnig. **FLEISCH** gelatinös; geruchlos. **SPORENPULVER** weiß. **SPOREN** 6–8,5 × 3–4 µm, elliptisch, glatt, hyalin, mit zwei Tropfen. **VORKOMMEN** Juli bis Dezember meist in dicht gedrängten Knäueln auf abgestorbenen, noch berindeten Laubholzästen, meist an Rotbuche *(Fagus sylvatica);* häufig und weit verbreitet. **VERWENDUNG** Kein Speisepilz.

4 Wasser-Kreislingchen, Wasser-Holzkreisling

Cudoniella clavus (Alb. & Schw.: Fr.) Dennis, *Cudoniella aquatica* (Lib.) Sacc., *Helotium clavus* (Alb. & Schw.) Gill. *Helotiaceae*

FRUCHTKÖRPER 4–10 mm breit, jung kreiselförmig, Oberfläche später meist gewölbt, grauweißlich oder ockerweißlich, bisweilen mit lila Schimmer, glatt, Konsistenz wässrig-gelatinös; Rand abwärts gebogen. **STIEL** deutlich entwickelt, bis 2 cm lang, grauweißlich, glatt. **SPOREN** 10–15 × 4–5 µm, spindelförmig bis schmalelliptisch, glatt, hyalin, ohne Tropfen. **VORKOMMEN** Frühling bis Sommer einzeln bis gesellig auf abgestorbenen Stängeln, Zweigen und anderen Pflanzenresten an nassen Standorten, in Wassergräben an Waldwegen, in Bächen, bisweilen ganz im Wasser untergetaucht und leicht zu übersehen. **VERWENDUNG** Unbedeutend. **WISSENSWERTES** Die Gattung *Cudoniella* umfasst drei europäische Arten, die früher zu *Helotium* gestellt wurden.

1

2

3

4

1 Fleischroter Gallertbecher

Ascocoryne sarcoides (Jacq.: Fr.) Grov. & Wils. *Helotiaceae*

FRUCHTKÖRPER 0,5–1,5 cm breit, stiellos, rundlich, becherförmig-schalenförmig, kreiselförmig, wellig verbogen, alt unregelmäßig gelappt; Fruchtschicht rosa-violett bis fleischrot, glatt. **FLEISCH** gallertig-gelatinös. **SPOREN** 10–18 × 3–5 µm, schmalelliptisch, glatt, hyalin. **VORKOMMEN** Herbst bis Winter dicht knäuelig gedrängt auf am Boden liegenden Stämmen und Ästen verschiedener Laubhölzer, vorwiegend Rotbuche *(Fagus sylvatica)*, selten auch an Nadelholz. **VERWENDUNG** Kein Speisepilz. **WISSENSWERTES** Manche Schlauchpilze können neben der so genannten Hauptfruchtform auch eine Nebenfruchtform bilden. Beide Formen können vermischt auftreten. Die Hauptfruchtform erzeugt sexuell gebildete Sporen, die Nebenfruchtform erzeugt nur vegetative, ungeschlechtliche Sporen (Konidien) durch Abschnürung von Hyphenteilen. Beim Fleischroten Gallertbecher ist die Hauptfruchtform der Konidienform sehr ähnlich und nur mikroskopisch sicher zu unterscheiden.

2 Gemeiner Schmutzbecherling

Bulgaria inquinans (Pers.) Fr. *Helotiaceae*

FRUCHTKÖRPER 1–3(–4) cm breit, anfangs rundlich-kugelig, dann flach kreiselförmig bis tellerförmig, Basis bisweilen stielartig zusammengezogen; Innenseite mit der Fruchtschicht schwarzbraun bis schwarz, bei feuchter Witterung glänzend, trocken matt; Außenseite warzig-drüsig bis kleiig, im Jugendstadium dunkelbraun, alt schwarz; Rand etwas vorstehend. **FLEISCH** gallertig, zäh, eingetrocknet hart, lederartig; ohne besonderen Geruch und Geschmack. **SPORENPULVER** schwarz. **SPOREN** 11–15 × 6–8 µm, elliptisch-bohnenförmig, glatt; die oberen vier Sporen im Fruchtschlauch (Ascus) sind dunkel, die unteren vier bei gleicher Form etwas kleiner und hyalin. **VORKOMMEN** September bis März gesellig bis reihig auf berindeten Ästen und Stämmen gefällter Eichen (*Quercus*), seltener an Edelkastanien *(Castanea sativa)*, Hainbuchen *(Carpinus betulus)* und Ulmen *(Ulmus)*. **VERWENDUNG** Kein Speisepilz. **WISSENSWERTES** Fährt man mit den Fingern über die reifen Fruchtkörper, so färben sich diese schmutzig schwarz. Mit diesem einfachen Test ist der Pilz auch leicht vom ähnlichen ► **Warzigen Drüsling (S. 588/1)** zu unterscheiden. Die Gattung *Bulgaria* besteht nur aus dieser einen Art.

3 Zitronengelbes Holzbecherchen

Bisporella citrina (Batsch: Fr.) Korf & Carp., *Calycella citrina* (Hedw.: Fr.) Boud. *Helotiaceae*

FRUCHTKÖRPER etwa 2 mm breit, schalenförmig, konkav, stiellos oder mit sehr kurzem Stielchen auf dem Holz aufsitzend; Fruchtschicht glatt, lebhaft zitronengelb, trocken und im Alter dottergelb; Außenseite meist etwas blasser; Rand leicht aufgebogen. **SPOREN** 9–14 × 3–5 µm, elliptisch, hyalin, mit zwei Tröpfchen. **VORKOMMEN** Spätsommer bis Herbst, bisweilen auch in milden Wintern in großen Scharen gedrängt an entrindeten Laubholzästen, vorzugsweise an Rotbuche *(Fagus sylvatica)*, seltener an Erle *(Alnus)* und Hasel *(Corylus)*. **VERWENDUNG** Unbedeutend. **WISSENSWERTES** Der beschriebene Pilz ist leicht erkennbar, er zählt zu den häufigsten und auffälligsten Kleinbecherlingen und ist in der kühlen, feuchten Jahreszeit in jedem Laubwald leicht auffindbar. Wichtige Merkmale der Zitronengelben Holzbecherchen sind ihre lebhaft gelbe Farbe und ihr zusammengedrängtes Wachstum. Sie erscheinen meist auf der Oberseite von am Boden liegenden, bereits entrindeten Ästen.

1

2

3

1 Kommasporiger Stängelbecherling

Hymenoscyphus serotinus (Pers.: Fr.) Phil. *Helotiaceae*

FRUCHTKÖRPER 1,5–4 mm breit, schüsselförmig, deutlich gestielt, Fruchtschicht blassgelb, glatt. **SPOREN** 21–30 × 3–4 µm, meist kommaförmig gekrümmt, mit Tropfen. **VORKOMMEN** In dichten Büscheln auf entrindeten Rotbuchenzweigen *(Fagus sylvatica),* die im Humus liegen; er erscheint an den Stellen, wo das Holz von einem Hyphomyceten schwärzlich gefärbt ist. **VERWENDUNG** Unbedeutend. **WISSENSWERTES** Vermutlich ist der beschriebene Pilz mit dem **Kelchförmigen Stängelbecherling** *(Hymenoscyphus calyculus)* identisch. Sehr ähnlich ist der an morschen Ästen von Weiden *(Salix)* vorkommende **Weiden-Becherling** *(Hymenoscyphus conscriptum)*. Er ist in den Rissen der Stämme oder auf verletztem Holz zu finden. Der Kommasporige Becherling kann auch mit dem viel häufigeren ▸ **Zitronengelben Holzbecherchen (S. 654/3)** verwechselt werden.

2 Dünnstieliges Kreislingchen, Winziger Kreisling

Cudoniella acicularis (Bull.:Fr.) Schroet. *Helotiaceae*

FRUCHTKÖRPER 1–4 mm breit, Oberfläche gewölbt, weiß, später fleckig-bräunlich; Rand abwärts gebogen; Stielchen 2–10 mm lang, zylindrisch oder zur Basis hin verschmälert. **SPOREN** 15–22 × 4–5 µm, spindelförmig, hyalin, ohne Tropfen, reif ein- bis dreifach septiert. **VORKOMMEN** September bis Dezember gesellig auf morschen, entrindeten Eichenstümpfen oder teilweise vergrabenen Eichenästen, bisweilen auch an anderen Laubhölzern; verbreitet. **VERWENDUNG** Unbedeutend.

3 Weidenkätzchen-Becherchen

Pezizella amenti (Batsch ex Fr.) Dennis *Helotiaceae*

FRUCHTKÖRPER bis etwa 1 mm breit, becherförmig, tellerförmig; Fruchtschicht weißlich bis cremefarben, feinflaumig; Stielchen bis 1 mm lang. **SPOREN** 6–12 × 3–4 µm, kommaförmig, glatt, hyalin. **VORKOMMEN** März bis April gesellig auf abgefallenen, faulenden weiblichen Weiden-, seltener Pappelkätzchen. **VERWENDUNG** Unbedeutend. **WISSENSWERTES** Die winzigen Becherlinge der Gattung *Pezizella* findet man u. a. auf Erlenzäpfchenschuppen, Rotbuchen-Knospenschuppen, Farn- und Kräuterstängeln und Gräsern. Man kann sie nur durch gezielte Suche auf den betreffenden Substraten entdecken.

4 Pappelknospen-Becherchen

Pezizella gemmarum (Boud.) Dennis *Helotiaceae*

FRUCHTKÖRPER bis etwa 1 mm breit, jung pokalförmig, dann becherförmig, schüsselförmig; Fruchtschicht glatt, grau-weißlich, Außenseite weiß, Rand, Außenseite und Stiel feinflaumig; Stielchen bis 1 mm lang. **SPOREN** 6–8 × 2–2,5 µm, elliptisch-spindelig, glatt, hyalin, unseptiert. **VORKOMMEN** März bis Mai gesellig auf im Humus und unter Fall-Laub liegenden alten Pappelknospen *(Populus);* verbreitet. Um den unauffälligen Pilz zu finden, muss man im Frühjahr unter alten Pappeln im Laub und Humus nach abgefallenen vorjährigen Knospen suchen; auf den in Zerfall übergehenden Knospen sind die winzigen weißen Becherchen häufig anzutreffen. **VERWENDUNG** Unbedeutend. **WISSENSWERTES** Auf faulenden Knospen der Rotbuche findet man das **Buchenknospen-Becherchen** *(Pezizella fagi)*. All diese kleinen reizvollen Pilzchen muss man zur richtigen Jahreszeit in geeigneten Biotopen gezielt suchen. Die Beschäftigung mit diesen Mini-Pilzen bietet nicht nur dem Pilzspezialisten, sondern jedem Naturfreund ein reiches Betätigungsfeld.

1

2

3

4

1 Kleinsporiger Grünspanbecherling

Chlorociboria aeruginascens (Nyl.) Kanouse & Ramam. et al., *Chlorosplenium aeruginascens* (Nyl.) Karst. *Helotiaceae*

FRUCHTKÖRPER 2–10 mm breit, ganz jung pokalförmig, später schalenförmig ausgebreitet, alt abgeflacht und unregelmäßig wellig verbogen, sitzend oder sehr kurz gestielt, ganzer Pilz blaugrün. **SPOREN** 6–10 × 1,5–2 µm, spindelförmig, glatt, hyalin, meist mit zwei Tropfen, nicht septiert. **VORKOMMEN** April bis November, hauptsächlich im Herbst, gesellig, oft zu mehreren an einer Anwachsstelle beisammen, an abgefallenen, morschen, entrindeten, feuchten Eichenästen *(Quercus)*, gelegentlich auch an anderen Laubhölzern. **VERWENDUNG** Unbedeutend. **WISSENSWERTES** Das Myzel verfärbt das durchwachsene Holz ebenfalls stets auffällig blaugrün. Verfärbtes Holz trifft man häufiger an, Fruchtkörper sind seltener zu finden. Der seltenere **Großsporige Grünspanbecherling** *(Chlorociboria aeruginosa)* unterscheidet sich vom beschriebenen Pilz lediglich durch die größeren Sporen (9–15 × 1,5–2,5 µm), makroskopisch sind die beiden Arten nicht zu unterscheiden.

2 Weiden-Büschelbecherling

Encoelia fimbriata Spoon. & Trig. *Helotiaceae*

FRUCHTKÖRPER 0,5–4 mm breit, jung und bei trockener Witterung fast kugelig geschlossen, kurz gestielt in sehr dichten Büscheln durch die Rinde hervorbrechend. Außenseite stark kleiig, Fruchtschicht bräunlich, Rand behaart. **SPOREN** 7–11 × 2–3 µm, zylindrisch, allantoid. **VORKOMMEN** In Auenwäldern, Mooren und anderen Feuchtgebieten während der Feuchtperioden in der kühlen Jahreszeit auf abgestorbenen, noch stehenden, berindeten Weidenästen; mit auffälliger Verbreitung in Luxemburg (dort wohl gezielt gesucht), in Deutschland sehr selten. **VERWENDUNG** Unbedeutend. **WISSENSWERTES** Als Begleitart findet man den ▸ **Tabakbraunen Borstenscheibling (S. 518/2)**, einen bekannten Pilz feuchter Weidengebüsche, die für Pilzfreunde geradezu ein Paradies darstellen. Auf den weichen Hölzern findet man selbst im Winter viele interessante Kleinpilze wie den ▸ **Kreisel-Drüsling (S. 588/2)**, verschiedene Arten von Stummelfüßchen *(Crepidotus)* und auf den schwarzen Fruchtkörperchen des ▸ **Blasigen Eckenscheibchens (S. 628/3)** den winzigen ▸ **Aufsitzenden Pustelpilz (S. 628/1)**.

3 Kleiiger Büschelbecherling

Encoelia furfuracea (Roth: Pers.) Karst. *Helotiaceae*

FRUCHTKÖRPER 0,5–2 cm breit, anfangs blasig geschlossen, später öffnen sich die Fruchtkörper +/– sternförmig an der Oberseite und geben die zimtbraune bis schwarzbraune, glatte Fruchtschicht frei; Außenseite kleiig-körnig, blass lederfarben bis schmutzig bräunlich. Die Pilze bleiben selbst bei Frost lange erhalten, alte Fruchtkörper sind +/– flach ausgebreitet. **SPOREN** 9–11 × 2–2,5 µm, zylindrisch, leicht gekrümmt mit abgerundeten Enden, glatt, hyalin, mit zwei Tropfen. **VORKOMMEN** Dezember bis April meist in Gruppen und Büscheln auf abgestorbenen, aber noch stehenden, berindeten Ästen und Stämmen von Hasel *(Corylus avellana)* und Erle *(Alnus)*; verbreitet, aber in der kalten Jahreszeit oft nicht beachtet. **VERWENDUNG** Unbedeutend. **WISSENSWERTES** Ebenfalls in dichten Büscheln findet man auf am Boden liegenden Pappelästen einen nahen Verwandten, den seltenen **Schwarzbraunen Büschelbecherling** *(Encoelia fascicularis)*, auch **Schwarzbrauner Pappelbecherling** genannt. Seine Abmessungen sind etwa gleich, die Fruchtkörper sind jedoch außen braunschwarz bis schwarz gefärbt, die Fruchtschicht ist schwarzbräunlich.

1

2

3

GATTUNG **Morchella (Morcheln)**
FAMILIE *Morchellaceae*
Fruchtkörper in Hut und Stiel gegliedert, innen hohl; Hutoberfläche wabenförmig gekammert, das Hymenium überzieht die Innenseite der Kammern.

1 Spitz-Morchel

Morchella elata Fr., *Morchella conica* Pers., *Morchella deliciosa* Fr. *Morchellaceae*

HUT 3–10(–15) cm hoch, 1,5–4 cm breit, walzenförmig bis spitzkegelig, mit +/– parallel verlaufenden, welligen Längsrippen, die durch etwas niedrigere Querrippen verbunden sind, graubraun bis olivbraun, Rippen im Alter schwärzlich; innen hohl, weißlich, kleiig; Rand mit dem Stiel verwachsen. **STIEL** 3–6(–10) cm lang, 1,5–4 cm breit, hohl, grubig-runzelig, weißlich bis hellbräunlich, körnig-kleiig. **FLEISCH** dünn, brüchig; Geruch unbedeutend, Geschmack mild. **SPORENPULVER** weißlich. **SPOREN** 18–24 × 10–14 µm. **VORKOMMEN** Februar bis Mai einzeln oder gesellig in Auenwäldern, Gärten, Parks, Laub- und Nadelwäldern, auf Brandstellen und Holzlagerplätzen; oft auf verletzten und gemulchten Böden. **VERWENDUNG** Essbar; empfindliche Personen sollten Morcheln abkochen und das Kochwasser weggießen.
VERWECHSLUNG MIT GIFTPILZEN Wie bei der ▸ **Speise-Morchel (siehe 3).**

2 Käppchen-Morchel, Halbfreie Morchel

Morchella gigas (Batsch: Fr.) Pers., *Morchella semilibera* DC. *Morchellaceae*

HUT 2–4 cm hoch, innen hohl, in Relation zum Stiel ziemlich klein, spitz kegelförmig, käppchenförmig, nur mit der oberen Hälfte am Stiel angewachsen; Oberfläche hellbraun bis dunkelbraun, mit +/– senkrecht verlaufenden, schwärzenden Längsrippen, die durch schwächer ausgebildete Querrippen verbunden sind. **STIEL** 4–8(–15) cm lang, 1–3 cm breit, hohl, dünnfleischig, zerbrechlich, weißlich, später blass lederfarben, etwas gefurcht, kleiig; Basis schwach verdickt. **FLEISCH** dünn, wachsartig; ohne besonderen Geruch und Geschmack. **SPOREN** 22–30 × 14–18 µm. **VORKOMMEN** April bis Mai einzeln oder gesellig auf feuchten, humusreichen Wiesen, in Gärten, Parks, Wäldern und Bachauen. **VERWENDUNG** Essbar, aber als Seltenheit zu schonen.

3 Speise-Morchel, Rund-Morchel

Morchella esculenta (L.: Fr.) Pers., *Morchella vulgaris* Pers. *Morchellaceae*

HUT 4–12 cm hoch, 3–8 cm breit, rundlich-eiförmig, oft stumpfkegelig; Oberfläche hellbräunlich, hellocker oder graugelb, unregelmäßig wabenartig gekammert; innen hohl, rau, körnig; Hutrand mit dem Stiel verwachsen **(3b)**. **STIEL** 3–9 cm lang, 2–4 cm breit, wellig gefurcht, hohl, weißlich bis blassgelb, mit körnig-kleiiger Oberfläche; Basis oft verdickt. **FLEISCH** dünn, wachsartig, brüchig, weißlich; Geruch angenehm, Geschmack mild. **SPOREN** 18–23 × 11–14 µm. **VORKOMMEN** April bis Mai einzeln oder gesellig in Laubwäldern, Auenwäldern und Gebüsch. **VERWENDUNG** Essbar; empfindliche Personen sollten Morcheln abkochen und das Kochwasser weggießen.
VERWECHSLUNG MIT GIFTPILZEN Die ▸ **Frühjahrs-Lorchel (S. 664/2)** hat eine hirnartig gewundene Oberfläche.

Frühjahrs-Lorchel

1

2

3a

3b

1 Runzel-Verpel, Böhmische Verpel

Verpa bohemica (Krombh.) Schroet., *Ptychoverpa bohemica* (Krombh.) Boudier *Morchellaceae*

FRUCHTKÖRPER bis 15 cm hoch; Hut 2–5 cm hoch, 2–3 cm breit, glockig bis walzenförmig, nur an der Stielspitze am Stiel angewachsen, sonst frei hängend; unregelmäßig hirnartig-runzelig oder mit stark hervortretenden Längs- und kurzen Querrippen; gelblich, ockerbraun, hell- bis dunkelbraun; Unterseite weißlich-ockerfarben. **STIEL** 5–10 cm lang, 1–3 cm breit, jung ausgestopft, bald gekammert-hohl, zerbrechlich, zuerst weißlich, dann ockerlich, mit feinen weißlichen Körnchen. **FLEISCH** wachsartig, brüchig; Geruch angenehm, Geschmack mild. **SPOREN** 55–80 × 17–20 µm, zylindrisch, glatt, hyalin. **VORKOMMEN** April bis Mai einzeln bis gesellig in Flussauen und Gebüsch; selten. **VERWENDUNG** Kein Speisepilz; kann Verdauungsstörungen verursachen.

2 Fingerhut-Verpel, Glocken-Verpel

Verpa conica (Timm: Fr.) Swartz, *Verpa digitaliformis* Pers.: Fr. *Morchellaceae*

FRUCHTKÖRPER bis 12 cm hoch; Hut 1–4 cm hoch, 2–3 cm breit, jung eiförmig, dann glocken- bis fingerhutförmig, nur im oberen Abschnitt mit dem Stiel verwachsen; abgerundet, glatt oder schwach gerunzelt, hellbraun-olivbraun. **STIEL** 3–10 cm lang, 0,5–1,5 cm breit, zylindrisch, weißlich-ockerlich, feinkörnig, hohl. **FLEISCH** brüchig, wachsartig. **SPOREN** 20–24 × 12–14 µm, breitelliptisch, glatt, hyalin. **VORKOMMEN** April bis Mai einzeln bis gesellig in Auen, Gärten, Gebüsch, an Waldrändern Fluss- und Bachufern, auf Kalkböden; selten. **VERWENDUNG** Essbar, aber als Seltenheit unserer Pilzflora unbedingt zu schonen. **WISSENSWERTES** Der Pilz kann jahrelang ausbleiben und dann wieder zur Freude der Pilzkenner an den bekannten Plätzen in beachtlichen Mengen erscheinen.

3 Gemeiner Morchelbecherling, Flatschmorchel

Disciotis venosa (Pers.: Fr.) Boud., *Disciotis reticulata* (Grév.) Boud. *Morchellaceae*

FRUCHTKÖRPER 3–15(–25) cm breit, erst halbkugelig, später schüsselförmig ausgebreitet; Innenseite zur Mitte hin radial mit Falten und Runzeln überzogen, gelbbraun, graubraun bis dunkelbraun; Außenseite heller, kleiig, im Alter durch aufsteigende Stielrippen oft aderig. **STIEL** 0,5–2 cm lang, bis 3 cm breit, kurz, dick, gerippt, oft im Boden steckend, bisweilen fehlend, blassgrau. **FLEISCH** dünn, wachsartig, brüchig, weißlich bis hellbräunlich; Geruch deutlich nach Chlor, Geschmack unbedeutend, mild. **SPOREN** 19–25 × 12–15 µm, breitelliptisch, glatt, hyalin. **VORKOMMEN** März bis Mai einzeln oder in Gruppen in feuchten Laubwäldern, Bachschluchten und Auenwäldern. **VERWENDUNG** Essbar. Gut abkochen, der Chlorgeruch verliert sich dabei. Der Gemeine Morchelbecherling ist ein ausgezeichneter und an Form und Geruch leicht kenntlicher Speisepilz. Er eignet sich wie die nahe verwandten Morcheln zum Trockenkonservieren.

VERWECHSLUNG MIT GIFTPILZEN Unerfahrene Pilzsammler können den Gemeinen Morchelbecherling mit dem ebenfalls im Frühjahr erscheinenden ▸ **Violetten Kronenbecherling (S. 674/1)** verwechseln. Er ist roh sehr giftig und verursacht auch gekocht und abgebrüht nach Weggießen des Kochwassers Erbrechen und heftige Magen- und Darmstörungen.

Violetter Kronenbecherling

1

2

3

GATTUNG **Gyromitra (Lorcheln)**
FAMILIE *Helvellaceae*
Verschiedene Arten der Gattung *Gyromitra* haben wie die unten beschriebene *Gyromitra ancilis* schon mehrere Gattungen „durchlaufen".

1 Scheiben-Lorchel

Gyromitra ancilis (Pers.: Fr.) Kreis., *Discina perlata* (Fr.) Fr., *Rhizina helvetica* Fuckel, *Peziza macrosperma* Migula *Helvellaceae*

FRUCHTKÖRPER 3–15 cm breit, 2–4 cm hoch, becher-, teller-, scheibenförmig; Innenseite (Hymenium) faltig, hell- bis mittelbraun, auch rotbraun; Außenseite mit Adern und Runzeln, die sich nach unten in dem kurzen Stiel vereinigen, jung und bei feuchter Witterung von gleicher Farbe wie das Hymenium, später weißlich; Rand wellig. **STIEL** kurz (1–3 cm lang), dick, bisweilen nur angedeutet, tief gefurcht, runzelig. **FLEISCH** blassbräunlich; Geruch unbedeutend, Geschmack mild. **SPOREN** 24–30 × 13–14 µm (ohne Anhängsel), elliptisch, feinwarzig, hyalin. **VORKOMMEN** April bis Juni einzeln bis gesellig auf alten, entrindeten, oft bereits vermorschten und moosüberwachsenen Stümpfen und Stämmen von Fichte *(Picea abies)* und Kiefer *(Pinus)* oder in deren unmittelbarer Nähe; nicht häufig. **VERWENDUNG** Essbar; gut abkochen. **WISSENSWERTES** Ähnlichkeit hat der ▸ **Gemeine Morchelbecherling (S. 662/3).** Er hat einen auffälligen Chlorgeruch und wächst im Auenwald auf der Erde. Ebenfalls im Auenwald wächst die seltene ▸ **Schildförmige Lorchel (S. 666/2)** auf morschem Laubholz.

2 Gift-Lorchel, Frühjahrs-Lorchel

Gyromitra esculenta (Pers.: Fr.) Fr. *Helvellaceae*

FRUCHTKÖRPER 5–9(–15) cm hoch und breit, rundlich; Oberfläche auffallend hirnartig gewunden, gelb-, rot- bis schwarzbraun. **STIEL** kurz, grubig bis stark gefurcht, fein kleiig, hohl, gekammert, grauweißlich bis gelblich; Hut und Stiel sind unregelmäßig verwachsen. **FLEISCH** brüchig, wachsartig; Geruch und Geschmack angenehm. **SPOREN** 18–22 × 9–12 µm, elliptisch, glatt. **VORKOMMEN** Ende März bis Juni einzeln bis gesellig in sandigen Nadelwäldern, auf Holzlagerplätzen, an Stümpfen, auf Kahlschlägen; vor allem im östlichen Europa recht häufig. **VERWENDUNG** Tödlich giftig; enthält das Pilzgift Gyromitrin. Der Pilz galt früher als essbar, wenn man ihn gut kocht und das Kochwasser weggießt. Das Abkochen bietet jedoch nachgewiesenermaßen keine Gewähr gegen Vergiftungen. Der früher verwendete Volksname „Speise-Lorchel" und die wissenschaftliche Bezeichnung „esculenta" (= essbar) sind irreführend. Vor dem Verzehr der Gift-Lorchel muss dringend gewarnt werden! **WISSENSWERTES** Verwechslungen sind möglich mit der ▸ **Speise-Morchel (S. 660/3)** und der ▸ **Spitz-Morchel (S. 660/1).**

3 Riesen-Lorchel

Gyromitra gigas (Krombh.) Cke., *Discina gigas* (Kromh.) Cke., *Neogyromitra gigas* (Krombh.) Imai *Helvellaceae*

FRUCHTKÖRPER 5–20 cm hoch, 5–15 cm breit, rundlich-klumpenförmig; Oberfläche faltig, gewunden, gelbbraun-hellocker, bisweilen olivbräunlich. **STIEL** kurz, 3–6 cm lang, oft tief in das morsche Holz eingesenkt, weißlich, oft grubig und längsfaltig, zellig-hohl. **FLEISCH** wachsartig, gelblich; Geruch und Geschmack angenehm. **SPOREN** 23–28 × 10–12,5 µm. **VORKOMMEN** März bis Mai einzeln bis gesellig an morschen Stümpfen, bisweilen auch neben alten Baumstümpfen; selten. **VERWENDUNG** Giftig.

1

2

3

1 Bischofsmützen-Lorchel, Bischofsmütze

Gyromitra infula (Schaeff.: Fr.) Quél. *Helvellaceae*

FRUCHTKÖRPER bis 20 cm hoch; Hut bis 8 cm hoch, 3–8 cm breit, mit 2–4 Lappen, die mitraförmig nach oben gerichtet sind (Name!), Lappen meist am Stiel angewachsen; Oberfläche ockerbraun bis rotbraun. **STIEL** 2–8 cm lang, bis 3 cm breit, oft flach gedrückt, mit wenigen Längsfalten, hohl und gekammert, schmutzig weißlich bis fleischbräunlich, bisweilen mit Lilaton. **FLEISCH** im Hut brüchig, im Stiel elastisch-zäh, weißlich; Geruch unbedeutend, Geschmack mild, angenehm. **SPOREN** 20–23 × 8,5–9,5 µm, elliptisch, glatt, mit zwei Tropfen. **VORKOMMEN** September bis November in Nadelwäldern meist einzeln an morschen Stümpfen, auch auf Brandstellen und Holzlagerplätzen auf dem Erdboden; sehr selten, schonenswert. **VERWENDUNG** Kein Speisepilz. Die Bischofsmütze wird gelegentlich bei Abkochen und Weggießen des Kochwassers als essbar bezeichnet, sollte jedoch als Seltenheit unserer Pilzflora unbedingt geschont werden. **WISSENSWERTES** Von den nahe verwandten Morcheln lässt sich der Pilz durch seine glatte oder gefaltete, aber niemals gekammerte Oberfläche deutlich abgrenzen. Ein weiteres Unterscheidungsmerkmal ist seine Erscheinungszeit im Herbst.

2 Schildförmige Lorchel

Gyromitra parma Breitenbach & Maas-Geest., *Discina parma* Breitenbach & Maas-Geest. *Helvellaceae*

FRUCHTKÖRPER 5–10 cm breit, jung scheibenförmig-becherförmig, später wellig, faltig, alt nach unten gebogen; Innenseite uneben-runzelig, gelbbraun, Außenseite heller; Rand wellig. **STIEL** kurz, hohl, gekammert, weiß; Basis faltig-grubig. **FLEISCH** hellbraun, ohne besonderen Geruch und Geschmack. **SPOREN** 25–32,5 × 11–12,5 µm, elliptisch, hyalin. **VORKOMMEN** April bis Mai einzeln bis gesellig in Auenwäldern auf der Erde bei moderigen Holzresten und direkt auf Holz. **VERWENDUNG** Kein Speisepilz. **WISSENSWERTES** Dieser Pilz aus warmen Auenwäldern kann mit der ► **Scheiben-Lorchel (S. 664/1)** verwechselt werden, die zur gleichen Jahreszeit auf Nadelhölzern vorkommt. Ähnlichkeit hat auch der ► **Gemeine Morchelbecherling (S. 662/3)**, auch **Flatschmorchel** genannt, der aber selbst von unerfahrenen Pilzsammlern sicher an seinem charakteristischen Chlorgeruch erkannt werden kann.

3 Wellige Wurzellorchel

Rhizina undulata Fr.: Fr., *Rhizina inflata* (Schaeff.) Karst. *Helvellaceae*

FRUCHTKÖRPER 4–12 cm breit, bis etwa 5 cm hoch, ohne Stiel, unregelmäßig kissenförmig bis flach polsterförmig, wellig-faltig, rotbraun, kastanienbraun bis schwarzbraun, jung mit hellerem Rand; Unterseite hohl, weißlich bis blassgelb, später bräunlich; auf dem Erdboden mit zahlreichen weißen, wurzelähnlichen Hyphensträngen (Rhizoiden) verankert. **FLEISCH** dick, alt zäh-lederig, weißlich bis hellbraun; Geruch und Geschmack unbedeutend. **SPORENPULVER** weiß. **SPOREN** 30–40 × 7–10 µm (ohne Anhängsel), spindelförmig-schiffchenförmig, feinwarzig-rau, mit zwei Tropfen, mit zwei polaren, spitzen Anhängseln. **VORKOMMEN** Juni bis Oktober gesellig, bisweilen zu mehreren verwachsen, auf alten Brandstellen und auf Kahlschlägen, gern im Bereich der Wurzeln von Nadelhölzern; saprophytisch auf Kiefern *(Pinus)*, auch in jungen Fichtenbeständen. Der unverwechselbare Pilz ist nicht häufig anzutreffen und in den letzten Jahren rückläufig. **VERWENDUNG** Kein Speisepilz. **WISSENSWERTES** Die Gattung *Rhizina* besteht aus nur einer Art.

1

2

3

GATTUNG **Helvella (Lorcheln)**
FAMILIE *Helvellaceae*

Fruchtkörper in Hut und Stiel gegliedert, Hüte meist +/– sattelförmig, unregelmäßig gelappt oder pokalförmig; Sporenpulver weiß, Sporen elliptisch, meist mit einem großen Tropfen.

1 Hochgerippte Becher-Lorchel

Helvella acetabulum (L.: Fr.) Quél., *Paxina acetabulum* (L.) Kuntze
Helvellaceae

FRUCHTKÖRPER 2–7(–11) cm hoch, 2–6 cm breit, schalen-, kelch- bis becherförmig; Innenseite mit dem Hymenium rauchgrau, graubräunlich oder dunkelbraun, auch mit lila Tönen; Außenseite gleichfarben oder etwas heller, feinkleiig mit auslaufenden Stielrippen, die sich zumindest bis zu einem Drittel oder bis zum Becherrand fortsetzen. Rand jung deutlich eingerollt, dann wellig verbogen und eingeschnitten. **STIEL** deutlich ausgeprägt, Stielrippen mit tiefen Gruben, oben allmählich in der Becher übergehend; innen gekammert und hohl, weißlich bis cremeocker. **FLEISCH** brüchig, weißlich bis blassgrau; ohne besonderen Geruch und Geschmack. **SPOREN** 17–19 × 12–14 µm, breitelliptisch, glatt mit großem Tropfen. **VORKOMMEN** April bis Juli einzeln bis gesellig in schattigen Laub- und Nadelwäldern, selten auch auf Weiden und in Gärten. **VERWENDUNG** Kein Speisepilz. Über den Speisewert der beschriebenen Art ebenso wie der verwandten ► **Herbst-Lorchel (siehe 3)**, der ► **Elastischen Lorchel (S. 670/2)** und der ► **Gruben-Lorchel (S. 670/3)** gibt es unterschiedliche Meinungen. Insbesondere empfindliche Personen sollten vorsorglich auf den Verzehr von Lorcheln verzichten.

2 Schwarze Lorchel

Helvella atra Holmsk.: Fr., *Leptopodia atra* (König: Fr.) Boud.
Helvellaceae

FRUCHTKÖRPER 4–10 cm hoch, Kopfteil bis 3 cm breit, unregelmäßig sattelförmig; Fruchtschicht glatt, schwarzgrau; Außenseite heller, kahl-feinflaumig, schwarzgrau bis schwarzbräunlich. **STIEL** 2–5 cm lang, bis 1 cm breit, flaumig, oft längsgrubig-furchig, graulich bis schwarzbräunlich; Basis heller, etwas verbreitert. **FLEISCH** dünn, brüchig, grauschwarz; Geruch und Geschmack unbedeutend. **SPOREN** 17–19 × 11–12 µm, breitelliptisch, glatt, hyalin, mit großem Tropfen. **VORKOMMEN** Juni bis Oktober gesellig an Wegrändern, in Parks und Wäldern; selten. **VERWENDUNG** Kein Speisepilz.

3 Herbst-Lorchel

Helvella crispa (Scop.) Fr. *Helvellaceae*

FRUCHTKÖRPER bis 15 cm hoch, Kopfteil sattelförmig oder unregelmäßig zwei- bis dreilappig, Lappen am Rand aufgebogen, nicht mit dem Stiel verwachsen; Oberseite (Fruchtschicht) weißlich, hellgelblich-hellbräunlich, glatt; Unterseite +/– gleichfarben. **STIEL** 3–8 cm lang, 0,5–2,5(–4) cm breit, hohl, tief längsrippig gefurcht, mit länglichen Kammern, weißlich. **FLEISCH** dünn, brüchig; Geruch und Geschmack angenehm. **SPORENPULVER** weißlich. **SPOREN** 17–20 × 10–13 µm, breitelliptisch, glatt, hyalin, mit einem Tropfen. **VORKOMMEN** August bis November einzeln oder gesellig, gern an Wegrändern, in Laub- und Mischwäldern zwischen Gräsern und Kräutern; weit verbreitet und häufig. **VERWENDUNG** Kein Speisepilz.

1

2

3

1 Sattel-Lorchel, Sattelförmige Lorchel

Helvella ephippium Lév., *Leptopodia ephippium* (Lév.) Boud.
Helvellaceae

FRUCHTKÖRPER am Kopfteil 1,5–2 cm breit, meist sattelförmig mit etwas eingebogenem Rand, nicht am Stiel angewachsen; Oberseite (Fruchtschicht) glatt, hellgrau-graubraun, Unterseite feinfilzig-flaumig. **STIEL** bis 5 cm lang, zylindrisch, bisweilen etwas zusammengedrückt, aber weder gefurcht noch gekammert, elastisch, weißlich bis blass graugelb, fein weißfilzig bereift; Stielbasis etwas angeschwollen. **SPOREN** 17,5–21 × 11,5–12,5 µm. **VORKOMMEN** Juli bis Oktober einzeln bis gesellig an schattigen Plätzen zwischen Moosen in Laub- und Nadelwäldern, bevorzugt auf lehmigen Böden. **VERWENDUNG** Kein Speisepilz. **WISSENSWERTES** Die Sattel-Lorchel ist eine formenreiche Art, die leicht mit verschiedenen ähnlichen Verwandten verwechselt werden kann.

2 Elastische Lorchel

Helvella elastica Bull.: Fr., *Leptopodia elastica* (Bull. ex St. Amans) Boud. *Helvellaceae*

FRUCHTKÖRPER am Kopfteil 2–4 cm breit und hoch, unregelmäßig lappig, 2–3 Lappen oft wellig geschweift, herabgebogen und nach innen eingeschlagen; Oberseite mit der Fruchtschicht schwach wellig, gelbgrau, bräunlich gelb, Unterseite glatt, weißlich. **STIEL** 3–6 cm lang, bis 1 cm breit, hohl, elastisch, glatt, weder gerippt noch gekammert, oft flach gedrückt, weißlich bis blassgelblich oder blassocker, Stielspitze ganz fein bereift, Basis oft etwas verdickt. **FLEISCH** weißlich, im Stiel zäh; Geruch und Geschmack unbedeutend. **SPOREN** 18–22 × 12–14 µm, elliptisch, glatt, hyalin, mit einem großen Tropfen. **VORKOMMEN** August bis Oktober zwischen Gräsern und Kräutern in lichten Laub- und Nadelwäldern, an Waldwegen; in Mitteleuropa weit verbreitet. **VERWENDUNG** Kein Speisepilz. **WISSENSWERTES** Der Pilz ist der ▸ **Sattel-Lorchel (siehe 1)** makroskopisch sehr ähnlich, auch die Sporenabmessungen bieten keine Unterschiede; die Elastische Lorchel ist viel häufiger anzutreffen.

3 Gruben-Lorchel

Helvella lacunosa Afz. *Helvellaceae*

FRUCHTKÖRPER am Kopfteil 2–7 cm hoch, beulig-zipfelig, +/– aufgeblasen, meist mit 2–3 gewundenen oder verbogenen Lappen, bisweilen sattelförmig, grauschwarz oder braunschwarz, unterseits heller; Ränder am Stiel angewachsen. **STIEL** 2–7 cm lang, 1–3 cm breit, hohl, tief längs gefurcht, grubig-zellig, blass graubräunlich, innen zellig-hohl, hellgrau-grau. **FLEISCH** brüchig; Geruch und Geschmack anfangs würzig. **SPOREN** 17–20 × 10–13 µm, elliptisch, mit einem Tropfen. **VORKOMMEN** Juli bis Oktober einzeln oder gesellig in Laub- und Nadelwäldern an Wegrändern. **VERWENDUNG** Kein Speisepilz. Über den Speisewert der beschriebenen Art liegen unterschiedliche Informationen vor. Zumindest empfindliche Personen sollten vorsorglich auf den Verzehr von Lorcheln verzichten. **WISSENSWERTES** Die hier beschriebene hellgrau bis schwärzlich gefärbte Gruben-Lorchel ist im Habitus der ▸ **Herbst-Lorchel (S. 668/3)** sehr ähnlich; hellhütige Exemplare können mit dieser verwechselt werden, zumal beide Arten ähnliche Standorte bevorzugen und zur gleichen Jahreszeit erscheinen. Im Farbton heller ist die ▸ **Dunkle Herbst-Lorchel (S. 672/2)**. Diese grauhütige, dunkelstielige Art ist in den Wäldern Südfrankreichs nicht selten. Sie wird nur als Farbvariante unserer Herbst-Lorchel betrachtet. Auch die ▸ **Weißstielige Lorchel (S. 672/3)** ist ähnlich; sie hat jedoch, wie ihr Name schon sagt, einen weißen Stiel, der nur schwach gefurcht und nicht tief längs gerippt ist.

1

2

3

1 Langfuß-Lorchel, Grauer Langfüßler

Helvella macropus (Pers.: Fr.) Karsten, *Macroscyphus macropus* Pers.: Gray *Helvellaceae*

FRUCHTKÖRPER gestielt mit schüsselförmigem, seltener +/– sattelförmigem, 1–3 cm breitem Kopfteil; Innenseite mit der Fruchtschicht glatt, grau bis graubräunlich; Außenseite fein mehlig-filzig, grau bis graubräunlich oder heller. **STIEL** 2–5 cm lang, zylindrisch, zur Basis hin etwas verdickt, voll, alt hohl, fein mehlig-filzig, grau bis graubräunlich. **FLEISCH** dünn, zerbrechlich, grauweiß, im Stiel weiß; Geruch und Geschmack unbedeutend. **SPOREN** 20–30 × 10–12 µm, schmalelliptisch, hyalin, mit einem großen und meist 1–2 kleineren Tropfen. **VORKOMMEN** Juli bis Oktober meist einzeln in Laub- und Nadelwäldern zwischen Gräsern und Kräutern, bisweilen auch auf stark vermorschtem Holz; ziemlich häufig und leicht erkennbar. **VERWENDUNG** Kein Speisepilz. **WISSENSWERTES** Nahe verwandt ist der **Schwarze Langfüßler** *(Helvella corium),* auch **Lederige Lorchel** genannt. Seine Fruchtschicht ist glänzend schwarz. Dieser Pilz ist viel seltener als der Graue Langfüßler, er ist kleiner, sein Kopfteil ist bis 2 cm breit, sein Stiel bis 2 cm lang. Man findet den Schwarzen Langfüßler in der Pioniervegetation auf Dünen und Sandböden sowie auf kiesigen, sogar steinigen Ruderalböden, im Gebirge ist er auch noch oberhalb der Waldgrenze anzutreffen. Der **Wolligfilzige Langfüßler** *(H. villosa)* unterscheidet sich durch die abweichenden Sporen mit nur einem Tropfen.

2 Dunkle Herbst-Lorchel

Helvella pithyophila Boud., *Helvella crispa* var. *pithyophila* *Helvellaceae*

FRUCHTKÖRPER wie bei der ▸ **Herbst-Lorchel (S. 668/3)** *Helvella crispa,* aber dunkler gefärbt. Der Kopfteil ist ebenfalls sattelförmig, zwei- bis dreilappig, mehr gelbbräunlich. Die Farbe des tief längsrippig gefurchten Stiels ist graubräunlich, jung mit violettlichem Ton. **FLEISCH** Geruch und Geschmack unbedeutend. **SPOREN** 18–20 × 11–13 µm. **VORKOMMEN** Vom Sommer bis zum Spätherbst einzeln oder gesellig in trockenen mediterranen Laub- und Nadelwäldern und steinigen Macchien. **VERWENDUNG** Kein Speisepilz. **WISSENSWERTES** Dieser Pilz gilt als dunkel gefärbte Variante der Herbst-Lorchel.

3 Weißstielige Lorchel

Helvella spadicea Schaeff., *Helvella monachella* ss. Boudier, Bresadola, *Helvella leucopus* Pers. *Helvellaceae*

FRUCHTKÖRPER 3–6 cm hoch; Hut mit 2–3 unregelmäßig sattelförmig aufgebogenen Zipfeln, am Rand teilweise mit dem Stiel verwachsen; Fruchtschicht glatt, graubraun bis schwarzbraun. **STIEL** 2,5–5 cm lang, dick, stämmig, nur leicht furchig, ohne Längsrippen, weißlich, hohl, Basis bisweilen etwas verdickt. **FLEISCH** im Hut brüchig, im Stiel zäh; Geruch unbedeutend, Geschmack mild. **SPOREN** 18–22 × 10–13 µm, elliptisch, glatt, hyalin. **VORKOMMEN** Frühjahr und Herbst in Wäldern auf sandigen Böden, in Dünenlandschaften; in Mitteleuropa selten. Die Aufnahme stammt aus dem französischen Mittelmeerraum, wo die Art nicht selten in trockenen Wäldern und auf Kalkböden der Macchien nach der langen Sommertrockenheit mit dem Beginn der Herbstniederschläge von Oktober bis Dezember erscheint, zu einer Jahreszeit, wenn in Mitteleuropa Nachtfröste schon längst dem Pilzwachstum ein Ende bereitet haben. **VERWENDUNG** Kein Speisepilz. **WISSENSWERTES** Die Weißstielige Lorchel ist eine formenreiche Art.

1

2

3

1 Violetter Kronenbecherling, Kronenbecherling

Sarcosphaera coronaria (Jacq.) Schroeter, *Sarcosphaera crassa* (Santi ex Steudel) Pouz., *Sarcosphaera eximia* (Dur. & Lév.) Mre.
Pezizaceae

FRUCHTKÖRPER 5–15 cm breit, 6–10 cm hoch, anfangs als geschlossene Kugel im Boden heranwachsend, dann aus dem Boden herausragend und am Scheitel sternförmig aufreißend, die entstehenden Lappen biegen sich dabei nach außen, alt sind sie ausgebreitet; Innenseite jung blass, bald schön violett, braunviolett, schließlich schmutzig verblassend, Außenseite schmutzig weißlich. **STIEL** kaum ausgebildet. **FLEISCH** dick, brüchig, weiß; geruchlos, Geschmack mild. **SPOREN** 15–18 × 7–9 µm, breitelliptisch, glatt, hyalin, mit zwei Tropfen. **VORKOMMEN** Mai bis Juli einzeln oder gesellig, oft nesterweise beisammen, in Laub- und Nadelwäldern, in Parkanlagen, auf Heiden, standorttreu; auf Kalk- und Mergelböden. **VERWENDUNG** Giftig, verursacht roh als Salat zubereitet sehr heftige Magen- und Darmstörungen; auch abgebrüht und nach Weggießen des Kochwassers ist der Pilz giftig und soll nicht verzehrt werden. **WISSENSWERTES** Der Violette Kronenbecherling ist der größte mitteleuropäische Becherling und leicht zu bestimmen. Bisweilen findet man weißliche Fruchtkörper (var. *nivea*).

GATTUNG **Peziza (Becherlinge)**
FAMILIE *Pezizaceae*
Fruchtkörper schüssel- oder becherförmig, meist ungestielt; Fleisch sehr brüchig, bisweilen farbig milchend. Die Sporen bildende Fruchtschicht befindet sich auf der Innenseite der Becher. Sporen elliptisch bis spindelförmig, glatt, warzig bis netzig, hyalin. Die Gattung *Peziza* ist sehr artenreich.

2 Kastanienbrauner Becherling

Peziza badia Pers.: Fr. *Pezizaceae*

FRUCHTKÖRPER 3–8 cm breit, becherförmig, schüsselförmig, ungestielt; Innenseite dunkelbraun, olivbraun, Außenseite rotbraun-kastanienbraun, feinkleiig; Rand bald wellig. **FLEISCH** dünn, rotbraun, sondert im Schnitt eine wässrige Flüssigkeit ab; Geruch unbedeutend. **SPOREN** 17–20 × 9–12 µm, elliptisch, gratig-netzig, oft mit zwei Tropfen. **VORKOMMEN** Juni bis Oktober einzeln oder gesellig in sandig-lehmigen Laub- und Nadelwäldern, an Wegrändern, in Gräben. **VERWENDUNG** Kein Speisepilz. Die Angaben über die Verwendbarkeit sind widersprüchlich. Vorsorglich ist vom Verzehr abzuraten. **WISSENSWERTES** Es gibt mehrere ähnliche Arten, von denen der beschriebene Pilz schwer abgrenzbar ist.

3 Wachs-Becherling

Peziza cerea Bull. ex Mérat *Pezizaceae*

FRUCHTKÖRPER 1–5 cm breit, schüssel- oder tellerförmig, oft stark verformt, meist ungestielt, bisweilen auch Stiel gut entwickelt; Innenseite blassgelblich, blassocker bis blass lederfarben, außen weißlich, feinkleiig; Rand lange eingebogen. **FLEISCH** dünn, fest, weißlich; Geruch unbedeutend. **SPOREN** 14–17 × 8–10 µm, elliptisch, jung glatt, bei Vollreife körnig. **VORKOMMEN** Ganzjährig einzeln oder in dichten Büscheln auf feuchtem Mauerwerk, in Kellern und feuchten Häusern. **VERWENDUNG** Kein Speisepilz. **WISSENSWERTES** Der Pilz gilt als schwer abgrenzbar von ähnlichen Arten. Der ungewöhnliche Standort ist eine wichtige Bestimmungshilfe.

1

2

3

1 Buchenwald-Becherling

Peziza arvernensis Boud. *Pezizaceae*

FRUCHTKÖRPER 5–10(–15) cm breit, bis 5 cm hoch, stiellos dem Boden aufsitzend, jung blasenförmig, später schüsselförmig; Innenseite glatt, zur Mitte hin mit groben Falten, matt, haselnussbraun bis hell kastanienbraun; Außenseite heller, bei Trockenheit cremefarben bis weißlich, fein samtig-kleiig, zur Basis hin faltig zusammengezogen; Rand trocken etwas eingebogen. **FLEISCH** dünn, brüchig, blassbraun, im Schnitt nicht milchend. **SPOREN** 15–19 × 11–13 µm, breitelliptisch, rau punktiert, ohne Tropfen. **VORKOMMEN** Zur Haupterscheinungszeit im Frühjahr einzeln oder in Gruppen im Buchenwald, auch auf alten Holz- und Rindenabfällen. **VERWENDUNG** Kein Speisepilz. **WISSENSWERTES** Eine wichtige Bestimmungshilfe sind neben den makroskopischen Merkmalen die rau punktierten Sporen. Sehr ähnlich und kaum abzugrenzen sind der **Ausgebreitete Becherling** *(Peziza repanda)* und der **Riesen-Becherling** *(Peziza varia).*

2 Gelbmilchender Becherling

Peziza succosa Berk. *Pezizaceae*

FRUCHTKÖRPER 0,5–2,5(–5) cm breit, anfangs kugelig, dann unregelmäßig becher- bis schüsselförmig, ohne Stiel; Innenseite mit dem Hymenium glatt, graubraun, haselnussbraun bis olivbräunlich; Außenseite heller, blassgrau bis olivgelb, feinkleiig bis kahl; Rand eingebogen. **FLEISCH** brüchig, wässrig, an Bruchstellen und im Schnitt einen farblosen Saft ausscheidend, der an der Luft schnell gelb bis schwefelgelb verfärbt; Geruch und Geschmack unbedeutend. **SPOREN** 17–21 × 9–12 µm, elliptisch, grobwarzig mit kurzen Rippen, mit zwei Tropfen. **VORKOMMEN** Juni bis Oktober einzeln oder gesellig auf feuchtem Erdboden in Laub- und Nadelwäldern, in Parkanlagen und auf moosigen Wiesen. **VERWENDUNG** Kein Speisepilz. **WISSENSWERTES** Die Gelbfärbung des austretenden Saftes ist ein wichtiges Bestimmungsmerkmal. Man kann diese Färbung noch deutlicher machen, indem man die frische Schnittstelle auf einem weißen Papiertaschentuch ausdrückt. Auch Pilze, die wenig saftreich sind, färben das Papier deutlich gelb. Der **Gelbfleischige Lila-Becherling** *(Peziza michelii)* gilbt bei Verletzung langsam, führt jedoch keinen verfärbenden Saft.

3 Blasenförmiger Becherling, Blasiger Becherling

Peziza vesiculosa Bull.: Fr. *Pezizaceae*

FRUCHTKÖRPER 2–8(–15) cm breit, lange rundlich-blasenförmig mit kleiner Öffnung am Scheitel, später becher- bis schüsselförmig, alt nicht ausgebreitet, oft büschelig verwachsen und dadurch zusammengedrückt-verbogen; am Grund stielartig zusammengezogen; Rand wellig, oft tief eingerissen. Innenseite (Fruchtschicht) glatt, lehmfarben, blass gelbbraun bis bräunlich; Außenseite heller, blassbeige bis schmutzig weißlich, glatt oder kleiig-feinflockig. **FLEISCH** dick, wachsartig, sehr zerbrechlich, blass; Geruch und Geschmack unbedeutend. **SPOREN** 18–24 × 10–14 µm, elliptisch, glatt, hyalin. **VORKOMMEN** April bis November einzeln oder gesellig, oft fast rasig, auf gut gedüngten Böden in Gärten und auf Äckern, auf Dunghaufen, Pferdemist, Kompost und auf alten, durchnässten Strohballen. Der Pilz kann das ganze Jahr über auch in Gewächshäusern und selbst in Blumentöpfen auftreten. **VERWENDUNG** Kein Speisepilz. **WISSENSWERTES** Der beschriebene Pilz ist kaum verwechselbar; sichere Merkmale sind sein Vorkommen auf gut gedüngten Böden, seine lange halb geschlossenen, +/– blassbraunen Fruchtkörper, die auch im Alter nie ausgebreitet sind, und bei mikroskopischer Untersuchung seine großen Sporen ohne Tropfen. Kleiner ist der **Dung-Becherling** *(Peziza fimeti)*; er wächst auf Tierdung.

1

2

3

GATTUNG **Otidea (Öhrlinge)**
FAMILIE *Pezizaceae*
Die Öhrlinge erinnern an Becherlinge oder sind ohrförmig, die Fruchtkörper sind einseitig eingeschnitten; Basis kurz, stielartig zusammengezogen. Fruchtschicht auf der Innenseite der Fruchtkörper. Sporen glatt, hyalin, mit zwei Tropfen. In Mitteleuropa gibt es mehr als zehn Arten.

1 Schnecken-Öhrling, Umbrabrauner Öhrling

Otidea cochleata (L.: Fr.) Fuckel, *Otidea umbrina* Pers.
Pezizaceae

FRUCHTKÖRPER 3–5 cm hoch, veränderlich, becherförmig, Oberrand ohne ohrartige Verlängerung, einseitig bis zur Basis eingeschnitten, kahl, ohne Stiel dem Boden aufsitzend; Innenseite mit der Fruchtschicht dunkelbraun, Außenseite hellbraun und schwach kleiig. **FLEISCH** dünn, brüchig; Geschmack mild. **SPOREN** 16–19 × 9–11 µm, breitelliptisch, glatt, mit zwei Tropfen. **VORKOMMEN** August bis Oktober in Gruppen in Laub- und Nadelwäldern; selten. **VERWENDUNG** Kein Speisepilz.

2 Zitronengelber Öhrling, Gelber Öhrling

Otidea concinna (Pers.: Fr.) Sacc., *Otidea cantharella* (Fr.) Sacc., *Flavoscypha cantharella* (Fr.) Harmaja *Pezizaceae*

FRUCHTKÖRPER bis 5 cm hoch, länglich, seltener muschelartig, meist seitlich aufgeschlitzt und Ränder eingerollt, Innen- und Außenseite matt, leuchtend zitronengelb, Basis weißlich. **FLEISCH** dünn, weiß. **SPOREN** 10–12 × 5–6 µm, elliptisch, glatt, mit zwei Tropfen. **VORKOMMEN** Juli bis Oktober meist gedrängt in Buchenwäldern, seltener in Mischwäldern; selten. **VERWENDUNG** Kein Speisepilz.

3 Hasenohr, Hasen-Öhrling

Otidea leporina (Batsch) Fuckel *Pezizaceae*

FRUCHTKÖRPER 2–4 cm hoch, +/– schüsselförmig, meist ohrförmig verlängert, einseitig bis zur Basis eingeschnitten, ohne Stiel dem Boden aufsitzend; Innenseite mit der Fruchtschicht rotbräunlich, Außenseite bei Trockenheit heller. **FLEISCH** dünn, brüchig; Geschmack mild. **SPOREN** 12–14 × 6,5–8 µm. **VORKOMMEN** August bis Oktober in Gruppen im Berg-Nadelwald unter Fichten; selten. **VERWENDUNG** Kein Speisepilz. **WISSENSWERTES** Der ähnliche **Nadelwald-Öhrling** *(Otidea abietina)* unterscheidet sich nur durch mikroskopische Merkmale.

4 Eselsohr

Otidea onotica (Pers.: Fr.) Bonorden *Pezizaceae*

FRUCHTKÖRPER 3–5(–1) cm hoch, 2–4 cm breit, eselsohrförmig, einseitig bis zur Basis gespalten, kurz gestielt, kahl, innen ockergelb mit rosarötlichem Ton bis leuchtend gelb-orange, außen ähnlich gefärbt bis lederbraun, feinfilzig. **FLEISCH** dünn, brüchig, weiß; Geruch angenehm, Gechmack mild. **SPOREN** 11–15 × 6–8 µm, elliptisch, mit zwei Tropfen. **VORKOMMEN** August bis November einzeln, in Gruppen oder in kleinen Büscheln in Laub- und Nadelwäldern; selten. **VERWENDUNG** Essbar, aber als Seltenheit zu schonen. **WISSENSWERTES** Es gibt eine Reihe schwer bestimmbarer Öhrlinge; das Eselsohr ist aufgrund seiner Größe und Farbe relativ leicht erkennbar, es hat allerdings nicht immer, wie sein Name erwarten lässt, die langgezogene Form eines Eselsohrs.

1

2

3

4

1 Tiegelförmiger Napfbecherling

Tarzetta catinus (Holmskj.: Fr.) Korf & Rogers *Pezizaceae*

FRUCHTKÖRPER 1–4 cm breit, becher- bis schüsselförmig, im Alter bisweilen ausgebreitet und eingerissen; Innenseite mit der Fruchtschicht blass lehmbraun bis haselnussbraun, Außenseite etwas heller, feinkleiig; Rand bei älteren Pilzen schwach gekerbt; Becherboden bisweilen aderig. **STIEL** kurz oder fehlend. **FLEISCH** dünn, brüchig, blassbräunlich. **SPOREN** 20–24 × 11–13 µm, elliptisch, glatt, hyalin, mit zwei großen Tropfen, inamyloid. **VORKOMMEN** Juni bis September einzeln oder gesellig auf nacktem Boden in Laub- und Nadelwäldern, gern unter Rotbuchen *(Fagus sylvatica)*, in Gärten, Gebüschen, Parkanlagen und an Wegen; verbreitet. **VERWENDUNG** Kein Speisepilz. **WISSENSWERTES** Der sehr ähnliche **Kerbrandige Napfbecherling** *(Tarzetta cupularis)* unterscheidet sich mikroskopisch durch etwas breitere Sporen (19–21 × 13–15 µm).

2 Ockergelber Wurzelbecherling

Sowerbyella radiculata (Sow.: Fr.) Nannf. *Pezizaceae*

FRUCHTKÖRPER 1–4 cm breit, schüsselförmig, schalenförmig, alt verbogen; Innenseite mit der Fruchtschicht zitronengelb, strohgelblich bis ockergelb, Außenseite alt heller, kleiig; Rand meist glatt. **STIEL** bis 4 cm lang, bis 0,5 cm breit, verbogen, brüchig, auffällig wurzelnd; Basis weiß behaart. **FLEISCH** blass, cremegelblich; Geruch und Geschmack unbedeutend. **SPOREN** 12–14 × 7–8 µm, breitelliptisch, grobwarzig. **VORKOMMEN** September bis November gesellig in moosigen Nadelwäldern; selten. **VERWENDUNG** Kein Speisepilz. **WISSENSWERTES** Von der Gattung *Sowerbyella* sind etwa 12 Arten beschrieben worden. Viele sind sehr selten.

3 Jura-Kelchbecherling

Sarcoscypha jurana (Boud.) Baral *Sarcoscyphaceae*

FRUCHTKÖRPER 1–5(–9) cm breit, jung pokal-, dann becher- bis schüsselförmig, sitzend bis kurz gestielt; Innenseite leuchtend rot bis hell blutrot **(3b)**, äußerst selten findet man zitronengelb bis orangegelb gefärbte Fruchtkörper **(3a)**; Außenseite +/– weiß, besonders zur Basis hin feinflaumig behaart; Rand lange eingebogen, +/– gezähnt. **STIEL** bis 3 cm lang; wenn der Pilz auf tiefer vergrabenem Holz sitzt, wird der Stiel entsprechend länger. **FLEISCH** dünn, wachsartig; ohne besonderen Geruch und Geschmack. **SPOREN** 23–37 × 13,5–16 µm, elliptisch-zylindrisch, Enden oft mit Einbuchtung, meist mit zwei großen und vielen kleinen Tropfen. **VORKOMMEN** Dezember bis Mai in Tauwetterperioden, in schneefreien Wintern oder nach der Schneeschmelze einzeln oder gesellig auf von Erde, Laub und Moosen bedeckten, noch relativ harten Lindenästchen *(Tilia)*. Der Pilz wächst mit auffälligem Verbreitungsschwerpunkt im Bereich des Juragebirges (Name!). Er bevorzugt feuchte, felsige, moosreiche Schluchtwälder mit kalkreichen Böden. **VERWENDUNG** Essbar, als Seltenheit aber unbedingt zu schonen. Gefährdet ist der Pilz durch „Naturfreunde", die die farbenfrohen, zu ungewöhnlicher Jahreszeit erscheinenden Pilze mitnehmen, durch „Naturfotografen", die auf der Motivsuche die Bestände zertrampeln, und durch „Pilzexperten", die unbedingt ihr Herbar mit den Raritäten schmücken wollen. **WISSENSWERTES** Neben dem beschriebenen Pilz gibt es zwei weitere europäische Arten, den **Gemeinen Kelchbecherling** *(Sarcoscypha austriaca)* und den **Scharlachroten Kelchbecherling** *(Sarcoscypha coccinea)*. Die drei mitteleuropäischen Arten lassen sich anhand ihrer Verbreitungsgebiete nicht sicher unterscheiden. Abweichungen findet man in der Substratwahl. Sicher sind sie nur mikroskopisch zu bestimmen.

1

2

3a

3b

1 Glänzender Schwarzborstling

Pseudoplectania nigrella (Pers.: Fr.) Fuckel *Sarcoscyphaceae*

FRUCHTKÖRPER anfangs fast kugelig geschlossen, später 1–3 cm breit, bis 1,5 cm hoch, becher- bis schüsselförmig, ungestielt; Innenseite mit dem Hymenium glatt, bräunlich bis schwarz, glänzend, später matt schwarz, Außenseite schwarzbraun, filzig. **FLEISCH** grauweißlich. **SPOREN** 10–12(–14) µm, rund, glatt. **VORKOMMEN** März bis Mai einzeln bis gesellig auf saurer Nadelstreu zwischen Moosen im Nadelwald, an Waldwegen und Böschungen auf nährstoffarmen Böden, auch an stark vermoderten Nadelholzstümpfen und -ästen; sehr selten. **VERWENDUNG** Kein Speisepilz. **WISSENSWERTES** Der **Gestielte Schwarzborstling** *(Pseudoplectania vogesiaca)* ist +/– gestielt und wächst auf morschem Holz der Weißtanne *(Abies alba).*

GATTUNG **Geopora (Sandborstlinge)**
FAMILIE *Humariaceae*
Fruchtkörper jung kugelig, im Boden eingesenkt; außen filzig, mit braunen Haaren.

2 Kleinsporiger Sandborstling

Geopora arenosa (Fuck.) Boud., *Sepultaria arenosa* (Fuck.) Boud., *Geopora arenicola* ss. Rehm *Humariaceae*

FRUCHTKÖRPER 1–2 cm breit, jung als geschlossene Kugel im Boden heranwachsend, bei der Reife becher- bis schüsselförmig aus dem Boden brechend; Innenseite (Fruchtschicht) hellgrau bis ockerlich, Außenseite schmutzig braun, filzig. **FLEISCH** brüchig, weißlich; Geruch und Geschmack unbedeutend. **SPOREN** 20–21 × 10–12 µm, elliptisch, hyalin. **VORKOMMEN** Frühjahr bis Herbst einzeln bis gesellig auf sandigen Böden, auf Wegen und Brandstellen. **VERWENDUNG** Kein Speisepilz.

3 Großsporiger Sandborstling

Geopora arenicola (Lév.) Mass. *Humariaceae*

FRUCHTKÖRPER 1–4 cm breit, jung als geschlossene Kugel im Boden heranwachsend, später am Scheitel aufbrechend und becherförmig hervorbrechend; Innenseite blassgrau bis ockerlich, Außenseite braunfilzig, oft von Erdpartikeln bedeckt. **FLEISCH** brüchig, weißlich; Geruch und Geschmack unbedeutend. **SPOREN** 23–26 × 16–17 µm, elliptisch, glatt, mit einem großen Tropfen. **VORKOMMEN** August bis November gesellig auf sandigen und kiesigen Böden, gern an Wegrändern. **VERWENDUNG** Kein Speisepilz.

4 Zedern-Sandborstling, Eingesenkter Borstling

Geopora sumneriana (Cke.)Torre, *Sepultaria sumneriana* (Cke.) Mass. *Humariaceae*

FRUCHTKÖRPER 4–7 cm breit, jung als geschlossene Kugel im Boden heranwachsend, später die Erde durchbrechend und mit mehreren Zipfeln ausgebreitet; Innenseite (Fruchtschicht) jung weißlich, später hell braungelb bis blass grauocker, Außenseite schmutzig braun, dicht mit langen, dunkelbraunen Haaren besetzt. **FLEISCH** dick, spröde, weiß. **SPOREN** 30–37 × 14–16 µm, elliptisch-spindelförmig, hyalin, mit zwei großen Tropfen. **VORKOMMEN** Oktober bis Dezember und im folgenden Frühjahr in Parkanlagen, meist unter Zedern *(Cedrus);* in Mitteleuropa sehr selten. Die Aufnahme stammt aus dem Zedernwald im Luberon-Gebirge in der Provence. **VERWENDUNG** Kein Speisepilz.

1

2

3

4

1 Halbkugeliger Borstenbecherling

Humaria hemisphaerica (Weber in Wiggers: Fr.) Fuckel
Humariaceae

FRUCHTKÖRPER 0,5–3 cm breit, anfangs fast kugelig mit kleiner Öffnung, zuletzt schüsselförmig, stiellos dem Erdboden aufsitzend; Innenseite mit dem Hymenium grauweiß bis blassgrau; Rand und Außenseite dicht mit kurzen, steifen, bräunlichen Haaren bedeckt. **FLEISCH** wachsartig, blass; ohne besonderen Geruch und Geschmack. **SPOREN** 22–27 × 10–13 µm, elliptisch, warzig, hyalin, mit zwei Tropfen. **VORKOMMEN** Juli bis Oktober einzeln oder gesellig am Boden, bisweilen auch an morschen Holzresten in feuchten Laub- und Nadelwäldern; verbreitet. **VERWENDUNG** Kein Speisepilz. **WISSENSWERTES** Pilze der Gattung *Humaria* haben warzig ornamentierte Sporen mit zwei Tropfen. Sie wachsen auf dem Erdboden.

2 Holz-Schildborstling

Scutellinia scutellata (L.: Fr.) Lambotte *Humariaceae*

FRUCHTKÖRPER 0,5–1 cm breit, jung kugelig, dann flach, teller- bis scheibenförmig ausgebreitet, stiellos dem Substrat aufsitzend; Hymenium leuchtend scharlachrot bis zinnoberrot, Rand aufgebogen, wimpernartig mit bis zu 2 mm langen, dunkelbraunen, borstigen, spitzen Haaren besetzt; Unterseite blasser, fein behaart. **SPOREN** 18–20 × 10–14 µm, breitelliptisch, grobkörnig punktiert, hyalin. **VORKOMMEN** Mai bis November meist gesellig auf totem, feucht liegendem Laub- oder Nadelholz, auf Holzabfällen, oft auch auf feuchter Erde in Verbindung mit Holzresten; weit verbreitet. **VERWENDUNG** Kein Speisepilz. **WISSENSWERTES** Sammelart; die Gattung *Scutellinia* umfasst in Mitteleuropa 10–20 nur mikroskopisch unterscheidbare Arten; sie tragen durchweg steife, borstenförmige Haare.

3 Subikulum-Kleinbecherling

Pseudombrophila guldeniae Svrcek, *Nannfeldtiella aggregata* Eckbl. *Humariaceae*

FRUCHTKÖRPER 0,5–1 cm breit, schüsselförmig bis schalenförmig, ungestielt; Hymenium dunkelbraun-violettbraun; Rand etwas überstehend, unregelmäßig gekerbt. **SPOREN** 14–16 × 7,5–8,5 µm, elliptisch, warzig, hyalin. **VORKOMMEN** Nach der Schneeschmelze gesellig bis dicht büschelig auf dem Subikulum von *Byssonectria terrestris* auf Almen oberhalb der Waldgrenze in Skandinavien; aus Mitteleuropa sind nur wenige Funde bekannt. **VERWENDUNG** Unbedeutend.

4 Leuchtender Prachtbecher

Caloscypha fulgens (Pers.: Fr.) Boudier *Humariaceae*

FRUCHTKÖRPER anfangs kugelig geschlossen, dann unregelmäßig becher- bis schüsselförmig, 2–4 cm breit und hoch, ungestielt oder kurz gestielt; Innenseite leuchtend gelb-gelborange, eingetrocknet mehr orangefarben, schwach gerunzelt oder glatt, Außenseite schmutzig oliv, feinkleiig; Rand glatt bis wellig, oft eingerissen. **FLEISCH** dünn, brüchig, wachsartig, weißlich-hellorange; geruchlos. **SPOREN** 5–6 µm, rund, glatt, hyalin. **VORKOMMEN** März bis Mai einzeln bis gesellig in Fichten- und Weißtannenwäldern, selten auch in Laubwäldern, besonders auf kalkhaltigen Böden. **VERWENDUNG** Essbar, aber als Seltenheit zu schonen. **WISSENSWERTES** Der leicht erkennbare Pilz kann oft jahrelang ausbleiben, um dann plötzlich wieder an seinem alten Standort zu erscheinen, wo er zu dieser Jahreszeit nicht verwechselt werden kann.

1

2

3

4

1 Gemeiner Orangebecherling

Aleuria aurantia (Pers.: Fr.) Fuckel *Humariaceae*

FRUCHTKÖRPER 0,5–5(–10) cm breit, jung +/– halbkugelig, bald becher-, schalen- bis schüsselförmig, alt flach, unregelmäßig ausgebreitet; Innenseite mit dem Hymenium glatt, gelborange bis leuchtend rotorange, Außenseite blasser, fein mehlig-körnig bereift; ; Rand nicht behaart. Die Fruchtkörper sitzen oft gedrängt und deformiert, meist mit zusammengezogener Basis, stiellos dem Boden auf. **FLEISCH** dünn, wachsartig, brüchig; ohne besonderen Geruch und Geschmack. **SPORENPULVER** weiß. **SPOREN** 14–16 × 10–12 µm (ohne Anhängsel), elliptisch, deutlich grobnetzig ornamentiert, hyalin, mit Anhängseln. **VORKOMMEN** Juli bis Oktober meist gesellig, oft gedrängt, gern auf nackter Erde an Waldwegen und Böschungen, auch auf naturbelassenen Plätzen außerhalb des Waldes, in Gärten und Parkanlagen. **VERWENDUNG** Essbar, wird bisweilen als Salatpilz verwendet. Der Gemeine Orangebecherling wird in manchen Ländern roh gegessen oder mit Alkohol angesetzt und gesüßt zur Herstellung eines Likörs verwendet. Die dekorativen Fruchtkörper können auch wie Früchte kandiert und als Süßwaren verzehrt werden. Da sie dünn und wenig ergiebig sind, lässt man sie aber besser stehen und erfreut sich an ihrer Schönheit. **WISSENSWERTES** Die leicht erkennbare *Aleuria aurantia* ist der häufigste und auffälligste Becherling von vier Vertretern der Gattung *Aleuria.*

2 Gemeiner Kohlenbecherling, Kohlen-Kelchpilz

Geopyxis carbonaria (Alb. & Schw.: Fr.) Sacc. *Humariaceae*

FRUCHTKÖRPER 0,5–1,5 cm breit, jung fast kugelig, dann napf- bis pokalförmig; Hymenium gelbbraun-rotbraun, Außenseite gleichfarben; Rand weißlich, flockig gezähnt. **STIEL** bis 1,5 cm lang, 1–2 mm breit, im Substrat wurzelnd. **SPOREN** 13–15 × 6–8 µm, elliptisch, glatt, hyalin, ohne Tropfen, inamyloid. **VORKOMMEN** April bis Oktober gesellig bis gedrängt, bisweilen massenhaft auf Brandstellen im Wald. **VERWENDUNG** Unbedeutend. **WISSENSWERTES** Die Gattung *Geopyxis* umfasst etwa drei Arten. Der Gemeine Kohlenbecherling ist durch sein Aussehen und das Vorkommen auf Brandstellen am leichtesten erkennbar. Brandstellen sind ein Biotop für Spezialisten. Auf alten Feuerstellen kann sich eine artenreiche Pilzgesellschaft einstellen. Zu den vielen Becherlingen kommen aus der Reihe der Blätterpilze der ▸ **Kohlen-Schüppling (S. 328/3)**, der ▸ **Kohlen-Tintling (S. 294/3)**, das **Kohlen-Graublatt** *(Lyophyllum ambustum)* und der ▸ **Dunkle Kohlennabeling (S. 224/2).**

3 Höckerige Blasentrüffel

Genea verrucosa Vitt. *Geneaceae*

FRUCHTKÖRPER 1–2 cm breit, unregelmäßig knollig, unterirdisch heranwachsend, ausgewachsen oft nur mit dem Scheitel aus dem Boden herausschauend und wie alle unter der Erdoberfläche wachsenden Pilze schwer zu finden. Die Fruchtkörper zeigen unregelmäßige Höhlungen. **SPOREN** 30–35 × 22–27 µm, breitelliptisch, mit 2–4 µm langen Warzen. **VORKOMMEN** Frühjahr bis Herbst in Laub- und Nadelwäldern auf lehmigen, kalkhaltigen Böden; sehr selten. In Südfrankreich wird der Pilz häufiger gefunden. Bei der Trüffelernte in der Provence wird er in alten Trüffelpflanzungen unter Flaum-Eichen *(Quercus pubescens)* von den Suchhunden aufgespürt und vom Trüffelsucher mit einem kleinen, hakenförmigen Trüffelgraber ausgegraben. Der Trüffelbauer sortiert ihn mit Kennerblick schnell aus, eine Verwechslung mit den im Aussehen ähnlichen und geschätzten ▸ **Perigord-Trüffeln (S. 688/2)**, den „Schwarzen Diamanten“ der Provence, ist für ihn ausgeschlossen. **VERWENDUNG** Kein Speisepilz.

1

2

3

GATTUNG **Tuber (Trüffeln)**
FAMILIE *Eutuberaceae*

Fruchtkörper knollenförmig, unterirdisch wachsend, reif mitunter aus dem Erdboden herausschauend; Fruchtfleisch marmoriert; Sporen rundlich bis elliptisch, netzig oder stachelig, die Schläuche enthalten 1–6 Sporen (nie 8).

1 Sommer-Trüffel

Tuber aestivum Vitt. *Eutuberaceae*

FRUCHTKÖRPER 2–10(–20) cm breit, unregelmäßig kugelig-knollig; Oberfläche mit großen, meist sechseckigen, etwas zugespitzten Höckern besetzt, schwarzbräunlich **(1a)**. **FRUCHTMASSE** weißlich, später graugelb oder gelbbraun, selten purpurrot gefleckt, mit dichten weißlichen Adern marmoriert **(1b)**; Geruch aromatisch, im Alter deutlich ausgeprägt, Geschmack nussartig. **SPOREN** 25–50 × 17–37 µm, breitelliptisch bis fast kugelig, mit weiten Netzmaschen, bisweilen mit dornförmigen Auswüchsen. **VORKOMMEN** Sommer bis Winter einzeln bis gesellig bevorzugt im Humus von Kalk-Buchenwäldern oder Mischwäldern unmittelbar unter der Erdoberfläche; in Mitteleuropa sehr selten und nur in Gegenden mit mildem Klima zu finden. **VERWENDUNG** Essbar, in kleinen Mengen ein geschätzter Würzpilz, bevorzugt zu italienischen Gerichten; in Deutschland ist der Pilz als Seltenheit zu schonen. **WISSENSWERTES** Einige Trüffel-Arten sind für Nichtfachleute kaum zu unterscheiden; Fälschungen in Zubereitungen sind nur schwer zu erkennen.

2 Perigord-Trüffel

Tuber melanosporum Vitt. *Eutuberaceae*

FRUCHTKÖRPER 2–6(–10) cm breit, kugelig bis unregelmäßig knollig; Oberfläche dicht mit vieleckigen, zusammenhängenden, stumpfen Warzen besetzt, schwarzbräunlich. **FRUCHTMASSE** weißlich, bald schwarzbräunlich, dicht von weißlichen Adern durchzogen; Geruch sehr aromatisch. **SPOREN** 25–55 × 20–35 µm. **VORKOMMEN** November bis März unterirdisch in Eichenwäldern des Mittelmeergebietes; Trüffeln bevorzugen kalkhaltige Böden. **VERWENDUNG** Essbar, von Feinschmeckern hoch geschätzt. **WISSENSWERTES** Perigord-Trüffeln werden in Südfrankreich in Eichenkulturen gezüchtet; auch der Haselstrauch, der Kirschbaum und andere Laubbäume haben die Trüffel als Mykorrhizapartner. Die Trüffel-Kultur reicht etwa 200 Jahre zurück. Jungpflanzen werden mit dem Myzel infiziert und ausgepflanzt. Bis zur ersten Pilzernte vergehen Jahre. Gesucht werden Trüffeln mit Hilfe von abgerichteten Suchhunden oder Schweinen. Bei Feinschmeckern ebenso begehrt ist die in Piemont wachsende, gelbbräunlich gefärbte **Italienische Trüffel** *(Tuber magnatum)*; der Trüffelmarkt von Alba in Piemont ist alljährlich im November Treffpunkt der Trüffelhändler und Feinschmecker.

3 Rotbräunliche Trüffel

Tuber rufum Pico *Eutuberaceae*

FRUCHTKÖRPER 1–3 cm breit, knollig bis kugelig; Oberfläche mit kleinen Warzen, weiß-gelb, hell bis dunkel rotbraun. **FRUCHTMASSE** fest, weißlich, später rötlich, von dichten weißlichen Adern durchzogen; Geruch jung unauffällig. **SPOREN** 20–45 × 14–30 µm, stachelig. **VORKOMMEN** Sommer bis Herbst im Humus von Laub- und Nadelwäldern, auch in Parkanlagen, auf kalkhaltigen Böden, selten; im Mittelmeergebiet ist der Pilz häufiger und wird immer wieder in Trüffelkulturen von den Suchhunden aufgespürt. **VERWENDUNG** Kein Speisepilz.

1a

1b

2

3

1 Stachelsporige Mäandertrüffel, Weiße Trüffel

Choiromyces venosus (Fr.) Th. Fries, *Choiromyces maeandriformis* Vitt. *Eutuberaceae*

FRUCHTKÖRPER 4–12(–20) cm breit, unregelmäßig kugelig-knollig, kartoffelförmig, jung grauweiß, später lehmfarben bis ockergraulich; Oberfläche uneben, höckerig-faltig **(1a)**. **FRUCHTMASSE** kernig, fest, weißlich, von schmalen, bandartigen, vielfach verzweigten Strängen durchzogen **(1b)**; Geruch eigentümlich, streng aromatisch, im Alter an Knoblauch erinnernd, zuletzt widerlich. **SPOREN** 15–20 µm, kugelig, mit 3–5 µm langen Stacheln. **VORKOMMEN** Juli bis Oktober in Laub- und Nadelwäldern auf lehmigen, kalkhaltigen Böden; da der Pilz unterirdisch wächst und nur die ausgewachsenen Fruchtkörper mit dem Scheitel aus dem Boden herausragen, sind sie schwer zu erkennen. **VERWENDUNG** Roh giftig, gut gekocht oder in Scheiben gebraten essbar, in kleinen Mengen auch als Würzpilz verwendbar. Der Pilz erreicht allerdings nicht den Wohlgeschmack der südfranzösischen ▸ **Perigord-Trüffel (S. 688/2)** und der **Italienischen Trüffel** *(Tuber magnatum)*, die alljährlich im Städtchen Carpentras in der Provence sowie in Alba in der Provinz Piemont auf den von Pilzsammlern, Pilzzüchtern, Feinschmeckern und Touristen viel besuchten Trüffelmärkten angeboten werden. Die Mäandertrüffel wirkt leicht abführend, sie kann bei empfindlichen Personen in größeren Mengen genossen Verdauungsstörungen hervorrufen.

VERWECHSLUNG MIT GIFTPILZEN Junge Mäandertrüffeln können von unerfahrenen Pilzsammlern mit ▸ **Dickschaligen Kartoffel-Hartbovisten (S. 618/2)** verwechselt werden. Die Kartoffelboviste werden bisweilen auch zur Verfälschung von teuren echten Trüffeln missbraucht.

Dickschaliger Kartoffel-Hartbovist

2 Zugespitzter Kugelpilz

Leptosphaeria acuta (Hoffm.: Fr.) Karst., *Pleospora acuta* Fuckel *Pleosporaceae*

FRUCHTKÖRPER 0,3–0,4 mm breit, rundlich-kegelig, glänzend schwarz, mit deutlicher Spitze, durch deren kleine Öffnung (Ostiolum) die Sporen entweichen. **SPOREN** 40–50 × 6 µm, bananenförmig, glatt, meist 6- bis 10-fach septiert. **VORKOMMEN** Februar bis Juni oft rasig an der Basis abgestorbener Brennnesselstängel *(Urtica)*. Der Pilz ist überall in Brennnesselbeständen anzutreffen. Obwohl die Pilzchen winzig klein sind, können sie aufgrund ihrer Spezialisierung auf Brennnesseln leicht erkannt werden. Die in der Abbildung erkennbaren Sägezähne eines Brennnesselblattes zeigen gut die Größenverhältnisse. **VERWENDUNG** Unbedeutend. **WISSENSWERTES** Alle Vertreter der artenreichen Gattung *Leptosphaeria* wachsen auf abgestorbenen krautigen Pflanzenteilen. *Phoma acuta* ist das habituell sehr ähnliche Konidienstadium, das 4–5 × 1–2 µm große, elliptische, hyaline Konidiensporen bildet.

3 Keilförmiger Kohlenpilz

Glyphium elatum (Grev.) Zogg *Hysteriaceae*

FRUCHTKÖRPER 1–2(–3) mm hoch, etwa 0,5 mm breit, keilförmig, in der Mitte oft etwas verdickt, schwarz, glänzend, hart; Scheitel mit Längsspalte. **SPOREN** 300–500 × 2–2,5 µm, fädig, reif bräunlich, mehrfach septiert. **VORKOMMEN** Ganzjährig gesellig an abgestorbenen Zweigen verschiedener Laubholzarten wie Weide *(Salix)*, Apfel *(Malus)*, Erle *(Alnus)*, selten oder wegen seiner Unscheinbarkeit oft übersehen. **VERWENDUNG** Unbedeutend.

1a

1b

2

3

Deutschland

Landesberatungsstelle für Vergiftungserscheinungen und Embryonaltoxikologie
Pulsstr. 3–7
14059 Berlin
Tel. 0 30/19 240

Informationszentrale für Vergiftungen
Zentrum für Kinderheilkunde der Rheinischen Friedrich-Wilhelms-Universität Bonn
Adenauerallee 119
53113 Bonn
Tel. 02 28/2 87-32 11, -33 33

Gemeinsames Giftinformationszentrum der Länder Mecklenburg-Vorpommern, Sachsen, Sachsen-Anhalt und Thüringen
Nordhäuserstr. 74
99089 Erfurt
Tel. 03 61/ 73 07 30

Informationszentrale für Vergiftungen
Universitätskinderklinik Freiburg
Mathildenstr. 1
79106 Freiburg
Tel. 07 61/2 70 43 61 (Notruf),
43 00 01 (Zentrale)

Giftinformationszentrum-Nord
Zentrum Pharmakologie und Toxikologie der Universität Göttingen
Robert-Koch-Str. 40
37075 Göttingen
Tel. 05 51/38 31 80 oder 19 240

Universitätskliniken
Klinik für Kinder- und Jugendmedizin
Informations- und Beratungszentrum für Vergiftungsfälle
66421 Homburg/Saar
Tel. 0 68 41/19 240

Beratungsstelle bei Vergiftungen
II. Medizinische Klinik und Poliklinik der Universität
Langenbeckstr. 1
55131 Mainz
Tel. 0 61 31/19 240 (Notruf) oder
23 24 66 (Anfragen)

Giftnotruf München
Toxikologische Abteilung der II. Medizinischen Klinik rechts der Isar der Technischen Universität München
Ismaninger Str. 22
81675 München
Tel. 0 89/19 240

II. Medizinische Klinik des Städtischen Krankenhauses Nürnberg Nord
Toxikologische Intensivstation
Flurstr. 17
90419 Nürnberg
Tel. 09 11/3 98 24 51 (Gifttelefon)

Österreich

Vergiftungsinformation
Allgemeines Krankenhaus
Währinger Gürtel 18–20
1090 Wien
Tel. 01/40 64 34 30

Schweiz

Schweizerisches Toxikologisches Informationszentrum
Klosbachstr. 107
8030 Zürich
Tel. 01/2 51 51 51

allantoid Würstchenförmig gebogen (Sporen)
amyloid Bezeichnung für Pilzsporen, die sich mit Melzers Reagenz (jodhaltige Lösung) grau bis dunkelblau verfärben
Anastomosen Queradrige Verbindungen zwischen Lamellen, Adern oder Leisten
Apothezien Schüssel-, teller- oder becherförmige Fruchtkörper mit frei liegender Fruchtschicht
Ascomycetes Schlauchpilze; Pilz-Klasse, bei der sich die Sporen in Asci entwickeln
Ascus (Mz. Asci) Schlauchartige oder sackartige Zelle der Schlauchpilze, in der meist acht Sporen entstehen
basal Am unteren Ende
Basalfilz Myzelfilz am unteren Stielende eines Pilzes
basenreich Bezeichnung für Kalkböden mit alkalischer (basischer) pH-Reaktion über 7
Basidie Flaschenförmige Zelle der Ständerpilze, an der sich meist vier Sporen entwickeln
Basidiomycetes Ständerpilze; Pilz-Klasse, bei der sich die Sporen an Basidien entwickeln
Braunfäule Holzfäule, bei der nur die Zellulose zersetzt wird; das zerstörte Holz ist +/– rotbraun gefärbt
Cortex Rindenschicht an Stiel oder Hutoberseite
Cortina Velum der Schleierlinge und verwandter Gattungen, bildet einen spinnwebartigen Schleier zwischen Hut und Stiel
dichotom Gabelig verzweigt
Duplextrama Zweischichtige Trama
effuso-reflex Bezeichnung für resupinate Fruchtkörper mit abgebogenen Hütchen oder Hutkanten
Endoperidie Innerste Gewebeschicht der Bauchpilze
Epidermis Oberhaut
Exoperidie Äußere Gewebeschicht der Bauchpilze
exzentrisch Bezeichnung für Stiele, die nicht in der Mitte, aber auch nicht am Rand des Hutes ansitzen
fertil Fruchtbar, Sporen bildend
frei Bezeichnung für Lamellen, die nicht mit dem Stiel verbunden sind
Fruchtschicht Sporen bildende Schicht des Fruchtkörpers
Gasteromycetes Bauchpilze; Gruppe der Basidiomyceten, bei der die Sporen in einem Hohlkörper gebildet werden
Gleba Sporen bildendes Gewebe der Bauchpilze
Guttation Flüssigkeitsausscheidung am Pilzfruchtkörper in Tröpfchenform
Habitus Gesamtbild, Aussehen, Gestalt
halluzinogen Berauschend, Sinnestäuschungen hervorrufend
hyalin Farblos, durchscheinend
hygrophan Bezeichnung für Fruchtkörper, die bei Wasseraufnahme oder Austrocknung ihre Farbe wesentlich ändern
Hymenium Fruchtschicht; Sporen bildende Schicht des Fruchtkörpers
Hymenophor Träger des Hymeniums (z.B. Lamellen, Röhren, Stacheln usw.)
Hyphen Schlauchartige Zellen mit oder ohne Septen, aus denen ein Pilz aufgebaut ist
inamyloid Nicht amyloid
Keimporus Dünnere, +/– abgeflachte Stelle der Sporenwand, an der die Spore später mit der Keimhyphe auskeimt
KOH Kalilauge, meist 2–5%ig, wird in der Mikroskopie und für Makrofarbreaktionen verwendet
Kollar Den Stielansatz unter dem Hut umschließender Ring, in den die Lamellen münden
Konidien Sporen, die durch ungeschlechtliche Vermehrung durch Einschnürungen an den Hyphenenden entstehen
konkav Schüssel- bis becherförmig
konvex Linsenförmig bis rundlich gewölbt
Lamellen Blattartige Träger der Fruchtschicht bestimmter Hutpilze, die meist radial vom Stiel zum Hutrand verlaufen
Melzers Reagens Jodhaltige Lösung; siehe amyloid
Mykologie Pilzkunde

Mykorrhiza Lebensgemeinschaft zwischen Pilzen und den Wurzeln höherer Pflanzen
Myzel Pilzgeflecht aus feinen Hyphen, welches das Substrat durchwächst und aus ihm Nährstoffe aufnimmt und unter günstigen Bedingungen Fruchtkörper bildet
Ostiole Kleine Öffnung der Perithezien der *Sphaeriales* zur Sporenentleerung
Papille Warzen- bis zitzenartige Spitze der Hutmitte
Parasiten Organismen (Pflanzen und Tiere), die in oder auf anderen Organismen leben und ihnen organische Stoffe entziehen
Partialvelum Velum, das nur das Hymenium bedeckt
Peridie Äußere Fruchthülle der Bauchpilze
Peristom Scheitelöffnung bei den Erdsternen
Perithezium Fruchtkörper der *Pyrenomycetes*, enthält das Hymenium mit den Asci
pileat Hut- oder konsolenförmig
resupinat Bezeichnung für Fruchtkörper, die der Unterlage flach aufliegen
Rhizoide Wurzelartige Hyphenstränge an der Basis von Fruchtkörpern
Rhizomorphe Deutlich sichtbare, wurzelartige Hyphenstränge
Ring Meist häutiges Gebilde am Stiel, Rest des Velum partiale
rudimentär Verkümmert, schwach ausgebildet
Saprophyten Pilze, die ihre Nährstoffe aus abgestorbenem organischem Material beziehen
Scheibe Mittlere Partie der Hutoberfläche
Schneide Untere Kante der Lamellen
semipileat Hutförmig und am Substrat herablaufend
Septen Zwischen-, Querwände (bei Hyphen, Sporen, Zystiden)
Setae, Seten Dickwandige, sterile, oft dornenartige Elemente in Trama, Hymenium, Myzel oder Huthaut
Sklerotium Knolliges Gebilde aus fest verflochtenen Hyphen, aus dem Fruchtkörper wachsen können (Überdauerungsorgan)
s. lat. *sensu lato*, lateinisch „im weiteren Sinne“; bezeichnet eine künstliche systematische Einheit
Sporen Mikroskopisch kleine Vermehrungskörperchen, entsprechen funktionell den Samen höherer Pflanzen
steril Unfruchtbar; keimfrei
Stroma Hyphengewebe, auf oder in dem sich Pilzfruchtkörper entwickeln
Subgleba Bei den Bauchpilzen steriler, basaler Teil des Fruchtkörpers unterhalb der Gleba, ebenfalls von der Peridie umgeben
Substrat Nährboden (Humus, organische Stoffe, Holz, Pflanzen usw.), auf dem der Pilz wächst und dem er Nährstoffe entzieht
Symbiose Lebensgemeinschaft artungleicher Individuen zu gegenseitigem Nutzen
Synonym Weiterer Name für eine bereits benannte Art
terrestrisch Auf dem Erdboden wachsend
Tomentum Behaarte Oberfläche bei hutförmigen Pilzen
Trama Fruchtkörpergewebe (Fleisch); der Begriff wird vor allem bei Porlingen gebraucht
Varietät Systematische Kategorie unterhalb der Art (Spezies)
Velum Schutzhülle junger Fruchtkörper bestimmter Blätterpilzgattungen; Gesamthülle= Velum universale; Teilhülle= Velum partiale
Volva Scheide, häutiges Gebilde an der Stielbasis (Reste des Velum universale)
Weißfäule Holzfäule, bei der die Zellulose und das Lignin zersetzt werden und das Holz ausbleicht
µm Mikrometer; 1 µm = 0,001 Millimeter (ein Tausendstel Millimeter)
Zystiden Sterile, meist vergrößerte Zellen im Hymenium, auf der Huthaut oder an der Stieloberfläche

Die folgende Liste umfasst eine Auswahl der wichtigsten ausgewerteten Fachbücher (ohne Zeitschriften).

Bollmann, A., Gminder, A., Reil, P.: Abbildungsverzeichnis mitteleuropäischer Großpilze, Jahrbuch der Schwarzwälder Pilzlehrschau, Vol. 2, Hornberg 1996

Bon, M.: Pareys Buch der Pilze, Verlag P. Parey, Hamburg 1988

Brandrud, Lindström, Marklund, Melot, Muskos: Cortinarius Flora Photographica Teil 1–3 (z. Forts.), Schweden

Breitenbach, J., Kränzlin, F.: Pilze der Schweiz Band 1–5, Mykologia-Verlag, Luzern 1981–2000

Bresinsky, A., Besl, H.: Giftpilze; ein Handbuch für Apotheker, Ärzte und Biologen, Wissenschaftliche Verlagsgesellschaft, Stuttgart 1985

Cetto, B.: Der große Pilzführer, Band 1– 4, BLV Verlagsgesellschaft, München 1976–1984

Dähncke, R.: 1200 Pilze in Farbfotos, AT Verlag, Aarau 1993

Dennis, R.W.G.: British Ascomycetes, J. Cramer in Ganter Verlag, Vaduz 1977

Einhellinger, A.: Die Gattung Russula in Bayern; Hoppea, Denkschrift der Regensburger Botanischen Gesellschaft, Bd. 43, Regensburg 1985

Enderle, M., Laux, H.E.: Pilze auf Holz, Kosmos-Bestimmungsführer, Franckh-Kosmos Verlag, Stuttgart 1980

Engel, H.: Rauhstielröhrlinge, Engel-Verlag, Weidhausen 1978

Engel, H.: Dickröhrlinge, Engel-Verlag, Weidhausen 1983

Flammer, R., Horak, E.: Giftpilze-Pilzgifte, Franckh-Kosmos Verlag, Stuttgart 1983

Flück, M.: Welcher Pilz ist das? Franckh-Kosmos Verlag, Stuttgart 1995

Garnweidner, E.: Pilze, GU Naturführer, Gräfe und Unzer, München 1992

Gerhardt, E.: Pilze, BLV Verlagsgesellschaft, München 1995

Gerhardt, E.: Der große BLV Pilzführer, BLV Verlagsgesellschaft, München 1997

Groß, G., Runge, A., Winterhoff, W.: Bauchpilze, Beihefte zur Zeitschrift für Mykologie 2, 1980

Grünert, H. u. R.: Pilze, Mosaik Verlag, München 1984

Haas, H., Pätzold, W.: Pilze Mitteleuropas, Verlag das Beste, Stuttgart 1982

Jahn, H.: Pilze, die an Holz wachsen, Busse-Verlag, Herford 1979

Jülich, W.: Kleine Kryptogamenflora, Bd. IIb/1, Nichtblätterpilze, Gallertpilze und Bauchpilze, G. Fischer-Verlag, Stuttgart 1984

Kajan, E.: Pilzkundliches Lexikon, Einhorn-Verlag, Schwäbisch Gmünd 1988

Kell, V.: Giftpilze und Pilzgifte, Ziemsen Verlag, Wittenberg 1991

Kreisel, H.: Die phytopathogenen Großpilze Deutschlands, Fischer, Jena 1961

Krieglsteiner, G.J.: Verbreitungsatlas der Großpilze Deutschlands (West) Bd. 1 A u. B., Bd. 2, Ulmer-Verlag, Stuttgart 1991–1993

Krieglsteiner, G.J.: Die Großpilze Baden-Württembergs Band 1 u. 2, Ulmer-Verlag, Stuttgart 2000

Laux, H.E.: Essbare Pilze und ihre giftigen Doppelgänger, Kosmos Naturführer, Franckh-Kosmos Verlag, Stuttgart 1992

Lelley, J.: Pilze aus dem eigenen Garten, BLV Verlagsgesellschaft, München 1978

Michael, E., Hennig, B., Kreisel, H.: Handbuch für Pilzfreunde Bd. 1–6, G. Fischer-Verlag, Stuttgart 1958–1983

Montag, K.: Pilze, Franckh-Kosmos Verlag, Stuttgart 2000

Moser, M.: Kleine Kryptogamenflora, Bd. IIb/2, Die Röhrlinge und Blätterpilze, G. Fischer-Verlag, Stuttgart 1978

Moser, M.: Die Pilze Mitteleuropas, Die Gattung Phlegmacium, Verlag J. Cramer, Vaduz 1960

Neuhoff, W.: Die Pilze Mitteleuropas, Die Milchlinge, Verlag J. Klinkhardt, Bad Heilbrunn 1956

Philips, R.: Das Kosmosbuch der Pilze, Kosmos-Naturführer, Franckh-Kosmos Verlag, Stuttgart 1982

Ryman, S., Holmasen, I.: Pilze, Thalacker Verlag, Braunschweig 1992

Schäffer, J.: Die Pilze Mitteleuropas, Die Russulae, Verlag J. Klinkhardt, Bad Heilbrunn 1952

Schmid, H., Helfer, W.: Pilze; Wissenswertes aus Ökologie, Geschichte und Mythos, IHW-Verlag, Eching 1995

Singer, R.: Die Röhrlinge, Teil I u. II, Verlag J. Klinkhardt, Bad Heilbrunn 1965–1967

Stangl, J.: Die Gattung Inocybe in Bayern, Hoppea, Denkschrift der Regensburger Botanischen Gesellschaft, Bd. 46, Regensburg 1989

Im Bestimmungsteil ausführlich in Bild und Text vorgestellte Pilzarten sind mit Seitenzahl in Fettdruck verzeichnet, zusätzlich im Text erwähnte Pilzarten mit Seitenzahl in Magerschrift. Aus Platzgründen sind mehrteilige deutsche Pilznamen (z. B. Grüner Knollenblätterpilz; Goldgelber Lärchen-Röhrling) jeweils nur einmal verzeichnet, und zwar mit vorangestelltem Gattungsnamen (z. B. Knollenblätterpilz, Grüner; Röhrling, Goldgelber Lärchen-).